UTB **3309**

Eine Arbeitsgemeinschaft der Verlage

Böhlau Verlag · Wien · Köln · Weimar
Verlag Barbara Budrich · Opladen · Farmington Hills
facultas.wuv · Wien
Wilhelm Fink · München
A. Francke Verlag · Tübingen und Basel
Haupt Verlag · Bern · Stuttgart · Wien
Julius Klinkhardt Verlagsbuchhandlung · Bad Heilbrunn
Mohr Siebeck · Tübingen
Nomos Verlagsgesellschaft · Baden-Baden
Orell Füssli Verlag · Zürich
Ernst Reinhardt Verlag · München · Basel
Ferdinand Schöningh · Paderborn · München · Wien · Zürich
Eugen Ulmer Verlag · Stuttgart
UVK Verlagsgesellschaft · Konstanz, mit UVK / Lucius · München
Vandenhoeck & Ruprecht · Göttingen · Oakville
vdf Hochschulverlag AG an der ETH Zürich

Huib Ernste

Angewandte Statistik in Geografie und Umwelt- wissenschaften

vdf Hochschulverlag AG an der ETH Zürich

Prof. Dr. Huib Ernste war langjähriger Mitarbeiter des Geografischen Instituts der ETH Zürich und ist derzeit Vorsteher des Instituts für Humangeografie an der Radboud University Nijmegen (Niederlande).

Bibliografische Information der Deutschen Nationalbibliothek
Die Deutsche Nationalbibliothek verzeichnet diese Publikation in der Deutschen Nationalbibliografie; detaillierte bibliografische Daten sind im Internet über http://dnb.d-nb.de abrufbar.

ISBN: 978-3-8252-3309-9

978-3-8252-3309-9 (UTB-Bestellnummer)

Internet: www.vdf.ethz.ch
E-Mail: verlag@vdf.ethz.ch

Vorwort

Die meisten Anwender von multivariaten statistischen Methoden sind keine professionellen Statistiker. Es sind anwendungsorientierte Forscher – Psychologen, Soziologen, Marktforscher, Management-Wissenschaftler, Politikwissenschaftler, Humangeographen und so weiter – die ab und zu statistische Analysemethoden benötigen, um ihre Arbeit besser durchführen zu können. Dieses Buch ist für sie und für Studenten aus diesen Disziplinen geschrieben, insbesondere richtet sich dieses Buch aber an Geographen und Umweltwissenschaftler, da wir unsere Beispiele vor allem aus diesen Fachbereiche genommen haben. Das Schwergewicht liegt darum auf der Datenanalyse und den Zielen jener Leute, die solche Datenanalysen durchführen. Die praktische Forschung prägt den Aufbau dieses Buches. Beim Schreiben dieses Buches habe ich darauf geachtet, dass es intuitiv zugänglich ist. Es setzt in erster Instanz nur wenig mathematische Kenntnisse voraus, ist aber andererseits auch nicht zu simpel. Eine allzu sehr vereinfachende Herangehensweise führt vielfach nicht wirklich zur Einsicht in die Methodik, sondern bleibt auf einen kochbuchartigen Zugang beschränkt. Anwender solcher Methodenkenntnisse wissen meistens nicht genau, was sie machen, sondern befolgen relativ mechanisch die Schritte, die das Kochrezept vorschreibt. In diesem Buch wollen wir deutlich mehr: zu wirklicher Einsicht gelangen. Das bedeutet, dass versucht wird, die Methoden durch Beispiele, graphische Darstellungen und die hinter der Methodik versteckten mathematischen Prinzipien zu erläutern. Auch ein Student mit nur beschränkten Kenntnissen der Matrix-Algebra wird nachvollziehen können, was sich eigentlich abspielt, wenn man eine statische Analysemethode anwendet. Nach eigener Erfahrung führt das nach Schritt-für-Schritt-Nachvollziehen der Analyse anhand eines vereinfachten Beispiels zur wirklichen Einsicht in der Methodik. Dafür ist es manchmal nötig, sich erst gewisse Notationsweisen und mathematische Rechenregeln wieder in Erinnerung zu rufen, um die Analyse schrittweise verfolgen zu können. Hat man sich damit einmal den Durchblick in die Prinzipien der Methodik erarbeitet, dann kann man meistens die mathematischen Einzelheiten auch schnell wieder vergessen und sich auf die Computerprogramme verlassen. Die Einsicht, das

Verständnis, bleibt dann aber. Wirkliche Einsicht führt, nach unserer Überzeugung, also nicht an gewissen mathematischen Einzelheiten vorbei. Diese Überzeugung basiert nicht nur auf langjähriger Erfahrung, sondern auch auf gesicherten didaktischen Kenntnissen. So hat man verschiedene Lernstile oder Aspekte des Lernens unterschieden.[1] Dabei ist bekannt, dass wir nur etwa 20% von dem behalten, was wir nur hören, also nur verbal angeboten bekommen. Dagegen steigert sich dieser Prozentsatz auf etwa 30%, wenn wir den Lernstoff visuell angeboten bekommen, und wir behalten sogar 50% von dem, was wir hören *und* sehen. Wenn wir zusätzlich auch noch darüber diskutieren, bleibt etwa 70% vom Lernstoff haften. Schliesslich kann man diesen Lernerfolg auf fast 90% steigern, wenn man das Gelernte auch noch praktisch anwendet, es also selber 'tut'. Um also zu dauerhafter Einsicht in die Prinzipien einer statistischen Methode zu gelangen, soll man sie selbst mal praktisch durchgespielt haben und eventuell auch graphisch und mathematisch vorgeführt bekommen. Wenn man allen mathematischen und statistischen Einzelheiten aus dem Weg geht, führt das also lediglich zu 'Black-Box'- oder 'Kochbuch'-Wissen, das schnell und auch gern wieder vergessen wird und nicht zu wirklicher Einsicht führt. Bewusst haben wir darum dieses (Lehr-)Buch nicht zu einem 'Tasten-Kurs' reduzieren wollen, womit man höchstens lernt, welche Knöpfe man drucken muss, um eine bestimmtes Resultat zu erhalten, ohne dass man wirklich weiss warum. Wir haben uns die Mühe genommen, die Kerngedanken der verschiedenen statistischen Verfahren und die wichtigsten mathematischen und statistischen Prinzipien auch für ein Laienpublikum verständlich und nachvollziehbar zu machen.

Es wäre dabei aber zu viel des Guten gewesen, wenn wir alle denkbaren statistischen Verfahren behandelt hätten. Man würde vor lauter Bäumen den Wald nicht mehr sehen. Wir haben uns deshalb auf eine Auswahl von Methoden beschränkt, die — in Anbetracht der Forschungspraxis — in der Humangeographie und den Umweltwissenschaften relevant sind und gleichzeitig ein gewisses Spektrum unter-

---

[1] Kolb, D.A. (1983) *Experimental Learning, Experience as the Source of Learning and Development.* Prentice-Hall, Englewood Cliffs.

schiedliche Ansätzen repräsentieren. So werden Methoden sowohl für die Analyse kategorialer als auch metrischer Daten behandelt. Ebenso werden manifeste und auch latente Variablen betrachtet, wodurch auch die Messproblematik und die Verwendung von Indikatoren zur Messung nicht direkt messbarer Variablen berücksichtigt werden. In diesem Buch bleibt die statistische Behandlung der spezifischen Problematik von raum- und zeitabhängigen Daten unberücksichtigt. Dies entspricht weitgehend den neusten ERkenntnissen, dass Raum und Zeit vor allem als sozial konstruierte Aspekten aufgefasst werden und damit nicht mehr einfach mit dem euklidischen Raum verbunden werden können. Die entsprechenden Spezialverfahren für den Umgang z.B. mit räumlicher Autokorrelation und Ähnlichem haben damit wesentlich an Bedeutung eingebüsst und werden hier nicht angesprochen.[2] Das Methodenspektrum dieses Buches entspricht also weitgehend den heutigen Auffassungen der Geographie nach der kulturellen Wende. Auch wenn wir dabei aus Platzgründen nicht auf gewisse Methoden eingegangen sind, vermittelt dieses Buch trotzdem die Einblick in die allgemeine Problematik und statistischer Vorgehensweisen, so dass sich der Leser ohne Probleme selbst in weitere Aufgaben einarbeiten kann. Hier spielt eben die 'Einsicht' als Schlüsselgrösse eine wichtige Rolle.

Ein weiteres Prinzip dieses Buches ist es, dass es im Gegensatz zu anderen Einführungen nicht bei der klassischen Korrelations- und Regressionsanalyse stehenbleibt, sondern zu komplizierteren Methoden weiterführt (z.B. zur Strukturgleichungsanalyse). Damit wird der harmonische Übergang von der einführenden Statistik in die höhere Statistik gewährleistet. Schliesslich ist dieses Buch nicht einem bestimmten Computerprogramm verpflichtet. Inzwischen gibt es eine Vielzahl verschiedener Programmpakete, die für diese Methoden brauchbar sind. Diese sind inzwischen alle sehr benutzerfreundlich gestaltet und gut dokumentiert. Es ist vorgesehen, dass auf der dieses Buch begleitenden Website Beispiele und Übungsdatensätze zur

---

[2] Vgl. für eine Weiterführung z.B. Griffith, D.A. & Amrhein, C.G. (1997) *Multivariate Statistical Analysis for Geographers.* Prentice Hall, Upper Saddle River.

Verfügung gestellt werden. Zusammenfassend führt dies zu folgenden Zielsetzungen dieses Buches:

- praktische Anwendungsorientierung,
- intuitiver Zugang,
- Einsicht in statistische Prinzipien und Denkweisen,
- Orientierung an praktischen Forschungsfragen.

In diesem Band beschränken wir uns auf die gängigsten statistischen Methoden zur Analyse linearer Zusammenhänge und Abhängigkeiten. Besondere Aufmerksamkeit soll dabei der häufig vernachlässigten statistischen Modellierung des Messproblems gelten. In einem ersten Kapitel geben wir einen ausführlicheren Überblick über die behandelten Methoden. Kapitel 2 behandelt die einfache Zusammenhangsanalyse (einfache Korrelationsanalyse). In Kapitel 3 bis 7 wird die klassische Regressionsanalyse (Abhängigkeitsanalyse) behandelt, wobei Messfehler vorläufig noch ausser Betracht bleiben. In Kapitel 8 gehen wir dann auf die Erweiterung der Regressionsanalyse zu der simultanen Analyse mehrerer (verknüpfter) Abhängigkeiten (Pfadanalyse/Kausalmodelle)ein. Die Messproblematik wird in den Kapiteln 9 und 10 ausführlich behandelt, wo wir uns mit der sog. Faktorenanalyse beschäftigen. Schliesslich werden in Kapitel 11 die Pfadanalyse (Kausalmodellanalyse) und die Faktorenanalyse (Messmodellanalyse) in einem sog. Strukturgleichungsmodell vereinigt. Bei all diesen Methoden wird davon ausgegangen, dass die zu analysierenden Merkmale auf einer metrischen (kontinuierlichen) Messskala gemessen wurden, auch wenn wir in der Praxis mit diesen Methoden manchmal nicht metrisch skalierte Merkmale untersuchen werden. Schliesslich wenden wir uns in den Kapiteln 12 bis 14 der Analyse kategorialer Variablen zu. Im Kapitel 12 beschäftigen wir uns insbesondere mit der Analyse kategorialer abhängiger Variablen (Logit-Analyse). Im Kapitel 13 widmen wir uns der allgemeinen Analyse von Zusammenhängen zwischen kategorial skalierten Variablen in Form log-linearer Modelle. Schliesslich fragen wir uns im letzten Kapitel zur Latenten-Klassen-Analyse, wie wir anhand manifester kategorialer Variablen auf latente kategoriale Variablen schliessen können. Zur Ergänzung sind zusätzlich im Anhang zu den verbalen Erklärungen im Haupttext die wichtigsten mathematischen Einzelheiten leicht verständlich aufgeführt. Auch die allgemeinen Prinzipien der statistischen Test-Theorie wird im Anhang zusammengefasst.

Danksagung

Wenn man auf die beendete Arbeit zurückblickt, ist es nicht nur Befriedigung, was man empfindet, sondern auch grosse Dankbarkeit. So möchte ich hier Prof. Dr. Dieter Steiner von der ETH Zürich dafür danken, dass er mir die Gelegenheit und die Freiheit gelassen hat, mich in die Materie einzuarbeiten und meinen eigene Ideen dazu zu entfalten, die ich auch später als Professor für Humangeographie habe weiter ausbauen und anwenden können. Die Fachgruppe für Quantitative Geographie und Humanökologie des Geographischen Institutes der ETH Zürich war für mich der Kern einer herausfordernden und stimulierenden Arbeitsumgebung, ohne die diese Arbeit unmöglich gewesen wäre. Aber auch meine jetzige Fachgruppe für Humangeographie an der Universität Nijmegen in den Niederlanden ist für ein wichtiges Arbeitsfeld, wo ich meine Erfahrung weiter ausbauen und meine Lehrerfahrung auf dem Gebiet der Forschungsmethodik vertiefen konnte. Insbesondere ist hier auch Kollege Dr. Martin van der Velde hervorzuheben, mit dem ich viele Lehrveranstaltungen durchgeführt habe. Nicht zuletzt sei hier auch der vdf Hochschulverlag erwähnt, der mit viel Geduld und grosser Zuwendung die Publikation dieses Buches begleitet hat. Ich bin ihnen allen zu grossen Dank verpflichtet. Meiner Frau Claudia, Frau Uta Thun und die Lektorinnen des Verlags, die der Text auf orthographische Fehler durchgeschaut haben, möchte ich ebenfalls herzlich danken. Für alle verbleibende Fehler zeichne ich selbst die Verantwortung. Selbstverständlich bin ich für Hinweise auf noch verbliebene Fehler dankbar.

Prof. Dr. Huib Ernste
Nijmegen, Juli 2011

Inhaltsverzeichnis

Abbildungsverzeichnis

Tabellenverzeichnis

1. Überblick

1.1 Einleitung

Ziel dieses Kapitels ist es, einen Überblick über die üblichsten statistischen Methoden zu geben, und zwar so, dass die weniger statistisch gebildeten Forschenden anhand von seiner oder ihrer Problemstellung und Datenlage entscheiden kann, welche Methode am geeignetsten ist. Dies sollte eben einen ersten selektiven und zielgerichteten Zugang zur Statistik ermöglichen. Um unnötige Komplexität zu vermeiden, werden weniger übliche statistische Verfahren in der in diesem Kapitel vorgelegten Übersicht nicht berücksichtigt. Allenfalls wird darauf hingewiesen. Bevor wir uns diesem Überblick zuwenden können, müssen wir uns aber erst einige Begriffe zurechtlegen (Abschnitte 1.2 bis 1.4), anhand derer sich die behandelten Methoden typisieren lassen (Abschnitt 1.5).

1.2 Grundbegriffe

Die statistische Analyse von Daten steht nie nur für sich selbst, sondern ist in einen Forschungsprozess eingebunden. Die Gründe für die Verwendung einer bestimmten Auswertungsmethode haben meistens bereits in den der Auswertungsphase vorangehenden Forschungsschritten oder früheren Forschungsarbeiten ihren Ursprung. In Figur 1.1 haben wir einen möglichen Ablauf des empirischen Forschungsprozesses schematisch dargestellt. So werden schon in der Phase der Konzeptspezifikation und der Operationalisierung entscheidende methodische Weichen gestellt. Schauen wir also die Phase der Konzeptspezifikation und Operationalisierung etwas genauer an.

Zumindest zu Beginn eines Forschungsprozesses sind
die Theorien häufig noch nicht explizit und eindeutig formuliert und die Begriffe nicht deutlich von anderen Begriffen abgegrenzt. Theorien bestehen am Anfang meistens nur
aus vagen Vorstellungen und Ideen. Wenn wir eine Theorie aufstellen möchten, müssen wir also erst genauer wissen,
worüber wir reden. Wir müssen die Bedeutung der von uns
verwendeten Begriffe festlegen; wir müssen unsere Begriffe
definieren.

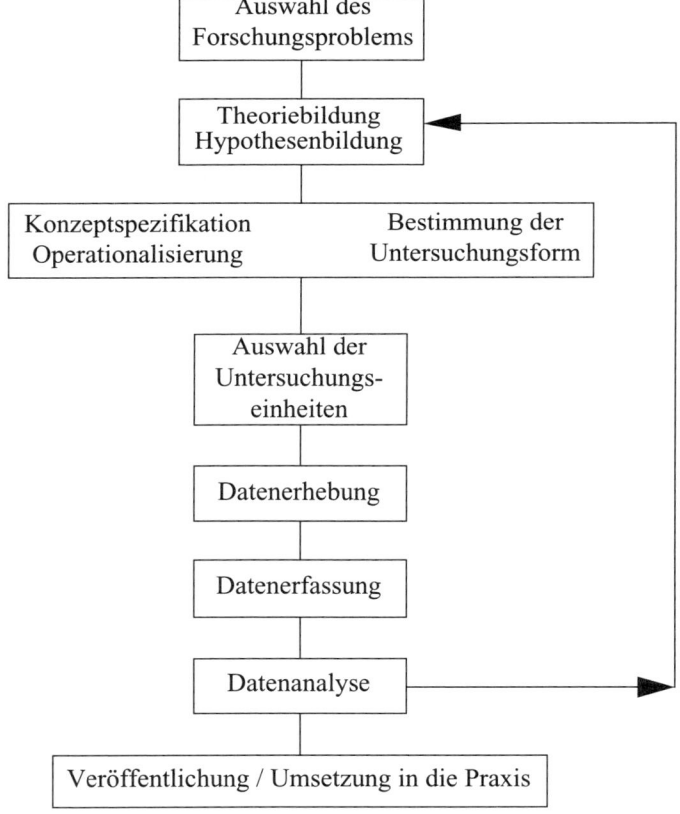

In Anlehnung an Schnell, Hill und Esser (1989, S. 110)

Abbildung 1.1: Ein mögliches Ablaufschema des empirischen Forschungsprozesses

Wenn wir unsere Begriffe wenigstens im theoretischen Sinne klar definiert haben, können wir theoretische Aussagen oder *Hypothesen* formulieren. Eine Hypothese ist nichts anderes als eine noch nicht empirisch überprüfte theoretische Aussage. Theoretische Aussagen oder Hypothesen beschreiben *Zusammenhänge* oder *Relationen* zwischen theoretischen Begriffen. Eine *Theorie* kann man sich in diesem Sinne als ein System mehrerer solcher Aussagen oder Hypothesen vorstellen. Die Relationen, die von den Hypothesen formuliert werden, haben meistens die Form von 'Wenn-dann-Aussagen' oder von 'Je-desto-Aussagen', z.B.:

Hypothese – noch nicht empirisch überprüfte theoretische Aussage

Theorie – System mehrerer Hypothesen

'*Wenn* eine Person umweltbewusst ist, *dann* handelt sie umweltverantwortlich.'

'*Je* umweltbewusster eine Person ist, *desto* umweltverantwortlicher wird sie handeln.'

In diesen Aussagen wird von verschiedenen Begriffen Gebrauch gemacht, wie z.B. 'umweltbewusst', 'umweltverantwortlich', 'handeln' und 'Person'. Vielfach sind mit diesen Begriffen noch keine *beobachtbaren* Phänomene verbunden. Wie sieht z.B. 'Umweltbewusstsein' in der Realität aus? Die Sprache, in der wir unsere Begriffe formuliert haben, wird von manchen Sprachtheoretikern auch als eine 'theoretische Sprache' bezeichnet. Um unsere theoretischen Aussagen empirisch überprüfen zu können, müssen wir versuchen, unsere Begriffe mit beobachtbaren Phänomenen zu verbinden. Sprachtheoretiker nennen diesen Prozess die 'Übersetzung in eine Beobachtungssprache'. Häufig spricht man auch von *Operationalisierung*. Diese Übersetzung erfolgt, nach dieser Vorstellung, mittels gewisser *Korrespondenzregeln*. Die Operationalisierung eines theoretischen Begriffes (oder das Aufstellen einer Korrespondenzregel) besteht in der Angabe einer *Anweisung, wie ein Begriff gemessen werden kann.*

Operationalisierung – Verknüpfung von theoretischen Begriffen mit entsprechenden beobachtbaren Phänomenen

Um die Operationalisierung durchführen zu können, muss man sich überlegen, welche theoretischen Aspekte oder *Dimensionen* durch die von uns verwendeten theoretischen Begriffe bezeichnet werden sollen. Man spricht in

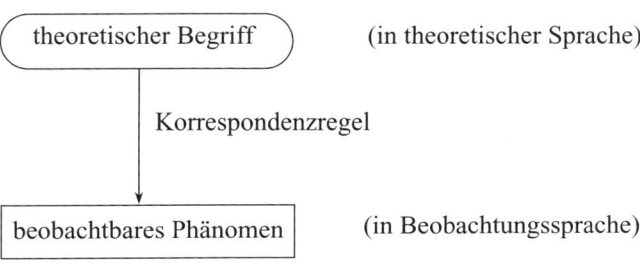

Abbildung 1.2: Operationalisierung

diesem Zusammenhang manchmal auch von *Dimensions-analyse* oder *Konzeptspezifikation* ('conceptualisation').

Ein theoretischer Begriff bedingt die Existenz (zumindest) einer Dimension, anhand derer die *Objekte* der Forschung (des Gegenstandbereiches) verglichen und unterschieden werden können.[1] Eine solche Dimension nennen wir auch ein *Merkmal* oder eine *Eigenschaft*. Beispiele für Merkmale sind: Haarfarbe, Zentralität, Interaktionsintensität, Wirtschaftsstil, Art der Kontaktpersonen, Umsatz, Einstellung zur Umwelt etc.

Merkmal – theoretische Dimension, die mehreren Objekten gemeinsam eigen ist

Objekte sind in diesem Sinne Träger der Eigenschaften, für die wir uns interessieren. Die Objekte können von einer Reihe von Merkmalen charakterisiert werden. Beispiele für Objekte sind: Personen, Regionen, Gruppen, Gesellschaften, Kontaktnetze, Firmen etc.

So können wir z.B. Personen anhand ihrer Haarfarbe und ihrer Körpergrösse beschreiben. 'Haarfarbe' und 'Körpergrösse' sind die Merkmale (Merkmalsdimensionen), anhand derer wir die Personen (Objekte) *in Relation* zueinander beschreiben. Die Personen sind bezüglich dieser Dimensionen vergleichbar – wenn auch nicht unbedingt gleich. *Welche* Haarfarbe und *welche* Körpergrösse sie haben, drückt sich in den *Ausprägungen* dieser beiden Merkmale für die einzelnen Personen aus. Manchmal weisen alle von uns untersuchten Objekte (Personen) nur eine einzige Ausprägung eines Merkmals auf (z.B. die Haarfarbe:

---

[1] Wir sehen also auch an dieser Vorstellungsweise, dass von Vergleichbarkeit, von Relationen zwischen Objekten und von Allgemeinheiten im Sinne von allgemeingültigen Dimensionen ausgegangen wird und theoretische Begriffe, die nur einen Einzelfall betreffen, in dieser Betrachtungsweise unberücksichtigt bleiben.

'Schwarz'). In so einem Fall nennt man dieses Merkmal auch eine *Konstante*. Wenn aber andererseits mehrere Ausprägungen beobachtet werden können, bezeichnen wir das Merkmal als eine *Variable*. Die Ausprägungen einer Variablen bezeichnet man auch als *Variablenwerte* oder kurz als *Werte*. Die Art und die Anzahl der möglichen Ausprägungen einer Variablen bestimmt der sog. *Skalentyp* oder das *Messniveau* einer Variablen.

Eine *Skala* ist die systematische Zuordnung einer Menge von Zahlen oder Symbolen zu den Ausprägungen einer Variablen. Wenn wir eine Befragung durchführen, wobei jede Frage[2] mehrere Antwortkategorien aufweist, dann ist jede einzelne Frage als eine Variable aufzufassen, wobei jeder Antwortkategorie eine Zahl oder ein anderes Symbol zugeordnet werden kann. Jede Frage entspricht dann einer Skala. Wie wir weiter unten noch sehen werden, werden manchmal mehrere Variablen (oder Fragen eines Fragebogens) zur Messung eines bestimmten Phänomens verwendet. Wir sprechen dann vielfach von *Indikatoren*. In solchen Fällen wird zur Vereinfachung meistens eine neue Variable – manchmal auch als *Index* bezeichnet – konstruiert, die die einzelnen betreffenden Variablen (Indikatoren) zusammenfasst. In der Skala dieser konstruierten Variablen werden die Skalen der einzelnen beobachteten Indikatoren auf eine bestimmte, im voraus festgelegte Weise miteinander verknüpft. Es gibt verschiedene Möglichkeiten, eine solche neue Variable (Index) bzw. Skala aus den einzelnen Indikatoren bzw. Indikatorskalen zu bilden.[3] Am einfachsten ist es, wenn wir jede Antwortkategorie der betreffenden Fragen mit einer Zahl versehen (z.B. 'Nein' $\to$ 0, 'Weiss nicht' $\to$ 1 und 'Ja' $\to$ 2). Die von einem Respondenden gewählten Antworten lassen sich dann als eine Reihe von Zahlen darstellen. Zum Beispiel bei vier Fragen mit gleichartigen Antwortkategorien ('Nein', 'Weiss nicht' und 'Ja') könnte sich die Reihe 1, 2, 0, 1 ergeben. Durch einfaches Addieren dieser Zahlen können wir dann eine neue Variable kreieren ($1 + 2 + 0 + 1 = 4$). Die so neu konstruierte Variable hat eine eigene Skala (in diesem Fall von 0 bis 8).

Konstante – Merkmal mit nur einer beobachteten Ausprägung

Variable – Merkmal mit mehreren beobachteten Ausprägungen

Wert – Ausprägung einer Variablen

Skala – systematische Zuordnung von Zahlen oder Symbolen zu den Ausprägungen einer Variablen

Indikator – Messvariable

Index – Variable, die direkt aus einer Reihe Indikatoren ermittelt wird

---

[2] In Fachkreisen spricht man anstelle von 'Fragen' auch von *Items*.
[3] Vgl. für einen einführenden Überblick z.B. van der Ven (1980). Das Verzeichnis der erwähnten Literaturquellen befindet sich jeweils am Ende des Kapitels.

Wenn wir von Skalen sprechen, ist also zwischen den Skalen der einzelnen beobachteten Variablen und den Skalen der daraus konstruierten Indexvariablen zu unterscheiden. In den Sozialwissenschaften wird der Begriff 'Skala' meistens im letzteren Sinne verwendet. Gemeint ist damit also eine ganze Batterie Indikatoren/Items, die zusammen einen bestimmten theoretischen Begriff repräsentieren. So gibt es Skalen (Itembatterien) für den theoretischen Begriff 'Anomie', 'umweltverantwortliches Handeln', 'umweltrelevantes Wissen' etc. Eine ganze Sammlung solcher vielfach verwendeten Skalen findet man im 'Zusammenstellung sozialwissenschaftlicher Items und Skalen' (ZIS), das man von der Webseite des GESIS - Leibniz-Institut für Sozialwissenschaften herunterladen kann.[4]

Messen – Einordnen von Objekten auf einer Skala

Wenn wir die Objekte anhand dieser Zuordnungsregeln (Skalierungsregeln) auf einer Skala einordnen oder abbilden, dann spricht man von *Messen* oder von *Skalieren*. Messen ist also nichts anderes als das Versehen eines Objektes mit einem Zahlenwert oder mit einem Symbol. Die durch die Messung erfolgte Zuordnung oder Abbildung der Objekte auf einer Skala soll so erfolgen, dass die Relationen zwischen den Zahlenwerten oder zwischen den Symbolen den Relationen zwischen den Objekten entsprechen. Also: Wenn Jean Pierre grösser ist als Katrin, soll dies auch in den entsprechenden Zahlenwerten auf der gewählten Skala zur Messung von Körpergrösse zum Ausdruck kommen.

1.3 Skalentypen

Für die Entscheidung, welche statistische Methode zur Weiterverarbeitung unserer Messergebnisse beigezogen werden sollte, ist es von grosser Bedeutung, die Skalen nach den auf ihnen zulässigen mathematischen Operationen zu unterscheiden. So unterscheidet man meistens folgende Skalentypen bzw. Skalenniveaus:[5]

---

[4] http://www.gesis.org/dienstleistungen/methoden/spezielle-dienste/zis-ehes/download-zis/

[5] Diese Einteilung ist nicht vollständig. Es gibt noch weitere (seltene) Skalentypen und auch Mischformen. Diese speziellen Skalen werden häufig so verwendet, als ob sie zu einer der hier aufgeführten Typen gehörten, obwohl es keinen strikten Beweis dafür gibt,

Nominalskala: Die Ausprägungen eines nomina_skalierten Merkmals unterscheiden sich nur nach ihrem Namen (*nomen*), z.B. die Antwortkategorien 'A', 'B' und 'C'. Die Merkmalsklassen (Ausprägungen oder Antwortkategorien) haben *keine* Rangordnung. Die Objekte werden bei e_nem nominalskalierten Merkmal 'nominal' einer *Merkmalsklasse* oder *-ausprägung* zugeordnet. Das einzige, was man von einem Objekt, das auf einer solchen Skala eingeordnet wird, sagen kann, ist, zu welcher Kategorie es gehört bzw. welche Antwortkategorie der Respondent gewählt hat. Die Messung (Einstufung) auf einer Nominalskala besteht in der Erstellung einer einfachen Klasseneinteilurg, wobei jedes Objekt genau *einer* Klasse zugeordnet wird. So gehört Katrin zu der Klasse der Frauen und Jean Pierre zu der Klasse der Männer. Beispiele solcher nominalskalierten Merkmale sind: Beruf, Geschlecht, Blutgruppe, Herkunftsland, Wohnort, Verhaltenstyp etc.

Beim Messen (Einstufen) auf einer Nominalskala kann man, vereinfacht ausgedrückt, nur Aussagen darüber machen, *welche* Merkmalsausprägung (Klasse) für ein bestimmtes Objekt zutrifft und nicht über das 'Wieviel' des Merkmals. Theoretisch können verschiedenen Klassen beliebige unterschiedliche Zahlen oder Symbole zugeordnet werden. Die Zahlen oder Symbole stellen nur eine Kennzeichnung oder einen Namen der betreffenden Klasse dar. Da aber gerade Zahlen auch eine Reihenfolge suggerieren, obwohl die Ausprägungen nominalskalierter Merkmale keine Rangordnung aufweisen, ist es leicht irreführend, für die Kennzeichnung nominaler Kategorien Zahlen zu verwenden. In der Praxis wird dies aber einfachheitshalber trotzdem häufig gemacht. Man sollte jedoch immer darauf achten, dass in solchen Fällen die Zahlen *nicht* als 'normale' Zahlen zu interpretieren sind, die man addieren, substrahieren, dividieren, multiplizieren etc. kann. Würde man dies trotzdem tun, wäre das Resultat bedeutungslos.

Auf der Ebene einer Nominalskala können wir lediglich überprüfen, ob gewisse Objekte bezüglich dieses Merkmals gleich sind oder nicht, oder anders ausgedrückt: ob sie zur gleichen Klasse gehören oder nicht. Formal sind die einzi-

---

dass dies erlaubt ist. Wir überlassen dieses Problem hier aber den Spezialisten.

gen Relationen, die auf diesem Skalenniveau definiert sind, folgende:

$$X_i = X_j, \quad X_i \neq X_j,$$

wobei X_i bzw. X_j die Ausprägung des i-ten bzw. j-ten Objektes bezüglich des Merkmals X darstellen.

Ordinalskala: Bei ordinalskalierten Merkmalen besteht neben der Möglichkeit, zu überprüfen, ob gewisse Objekte bezüglich dieses Merkmals gleich sind oder nicht, auch die Möglichkeit, den Objekten eine gewisse Rangordnung zu verleihen. Die Merkmalsausprägungen weisen also eine bestimmte *Rangfolge* auf. So wissen wir z.B., dass Jean Pierre grösser ist als Katrin. Wir wissen jedoch nicht um wieviel grösser. Beispiele solcher ordinalskalierten Merkmale sind: Rangliste bei einem Sportwettbewerb, Lohnklassen, Schulbildung etc.

Abgesehen davon, dass man weiss, wer die Nummer 1 und wer die Nummer 2 beim 100m-Sprintwettbewerb war, weiss man auch, dass die Nummer 1 besser abgeschnitten hat als Nummer 2. Wir wissen aber immer noch nicht, um wieviel besser; zumindest nicht anhand der einfachen Rangliste.[6] Viele Messverfahren in den Sozialwissenschaften basieren auf ordinalen Skalen; z.B. Likert-Skalen, Guttman-Skalen, Mokken-Skalen etc. Einstellungsfragen in schriftlichen Befragungen weisen z.B. häufig folgende Antwortkategorien auf:

völlig einverstanden	eher einverstanden	unbestimmt	eher nicht einverstanden	überhaupt nicht einverstanden
☐	☐	☐	☐	☐
1	2	3	4	5

Eine Frage mit dieser Art von Antwortkategorien stellt ein ordinalskaliertes Merkmal dar.

Wie dieses Beispiel zeigt, ist es auch hier gebräuchlich, Zahlen zur Bezeichnung der Ausprägungen zu verwenden. In diesem Fall ist das auch schon mehr berechtigt als im Falle nominalskalierter Merkmale. Die einzigen Relationen, die auf diesem Skalenniveau definiert sind, lauten:

---

[6] Erst wenn wir die Liste der erzielten Zeiten anschauen, lässt sich etwas darüber aussagen. Aber dann haben wir es bereits mit einem anderen Skalentyp zu tun.

$$X_i = X_j, \quad X_i \neq X_j, \quad X_i < X_j, \quad X_i > X_j.$$

Es ist auch hier wieder darauf zu achten, dass nicht alle mathematischen Operationen zulässig sind. So sind z.B. nur solche mathematischen Operationen erlaubt, die die Reihenfolge der Merkmalsklassen nicht verändern.

Das Skalenniveau oder *Messniveau* einer Ordinalskala ist höher, enthält also mehr Informationen als das einer Nominalskala.

Nominalskalen und Ordinalskalen sind beide *topologische* Skalen oder *diskrete* Skalen. Die Messwerte auf diesen beiden Skalentypen bestehen im Wesentlichen aus ja/nein-Informationen bezüglich des Zu- oder Nicht-Zutreffens einer Merkmalsklasse. Die Anzahl der Objekte, wofür eine bestimmte Merkmalsklasse zutrifft, lässt sich zählen. Solche *zählbaren Variablen* nennt man auch *kategoriale* oder *qualitative*[7] Variablen.

Intervallskala: Noch mehr Informationen als topologische Skalen enthalten intervallskalierte Merkmale. Die bekanntesten Beispiele dafür sind die Temperaturskalen von Celsius (1701–1744) und Fahrenheit (1686–1738).

Bei intervallskalierten Objekten wird zusätzlich zur Rangordnung auch die Grösse der Unterschiede zwischen den geordneten Kategorien einbezogen. Bei Temperaturmessungen wissen wir z.B., dass der Unterschied zwischen 15 °C und 25 °C genau 10 °C beträgt. Neben der Identifikation und Ordnung können wir nun also auch die Unterschiede zwischen den Kategorien oder Objekten bewerten, so dass Aussagen wie: 'Objekt A ist 10 °C wärmer als Objekt B' möglich und sinnvoll sind.

Der Nullpunkt der Skala wird als Konvention willkürlich festgelegt, wie z.B. im Falle der Celsius-Skala beim Gefrierpunkt von Wasser (und 100° beim Siedepunkt) und im Falle der Fahrenheitskala beim Gefrierpunkt einer Salzlösung (und 100° bei der menschlichen

topologische/diskrete Skalen – Skalen bestehend aus verschiedenen 'Kategorien'

kategoriale Variablen – nominal oder ordinal skalierte Variablen

---

[7] Die Bezeichnung 'qualitativ' ist etwas irreführend. 'Qualitativ' bedeutet nicht, dass diese Variablen qualitativ besser als quantitative Variablen wären. 'Qualitativ' heisst auch nicht, dass man nicht zählen kann. Gewisse Eigenschaften 'qualitativ' Variablen können durchaus auch quantitativ ausgedrückt werden. Die statistischen Methoden, die für die Analyse kategorialer Variablen entwickelt wurden, sind denn auch keine 'qualitativen' Methoden, sondern gehören zu den 'quantitativen' Methoden.

Körpertemperatur). Das bedeutet aber auch, dass der Unterschied eines Messwertes zum Nullpunkt willkürlich ist. So hat etwa ein Objekt mit einer Temperatur von 20 °C *nicht* die doppelte Wärme eines Objektes mit einer Temperatur von 10 °C.

Die auf diesem Skalenniveau definierten Relationen sind:

$$X_i = X_j, \quad X_i \neq X_j, \quad X_i < X_j, \quad X_i > X_j, \quad X_i = X_j + a,$$

$$X_i = X_j - b, \quad X_i + X_j = c,$$

wobei a, b und c Konstanten sind.

Intervallskalen sind in den Sozialwissenschaften nicht sehr gebräuchlich. Sozialwissenschaftliche Beispiele wären: Thurstoneskalen und psychophysikalische Skalen.

Die **Verhältnisskala** (oder **Ratio-Skala**) ist eine Intervallskala mit einem natürlichen Nullpunkt. Beispiele: Gewicht, Steuereinnahmen, Alter, Länge, Temperatur in °K (Kelvin) etc.

Der Name 'Ratio-Skala' beruht auf der Möglichkeit, Quotienten von Messwerten sinnvoll interpretieren zu können. Dies setzt einen natürlichen Nullpunkt voraus. Ist der Nullpunkt willkürlich gewählt – wie bei der Intervallskala –, so sind die Quotienten von Messwerten nicht mehr interpretierbar. Das können wir an einem Beispiel erläutern: Ergibt eine Messung eines Objektes z.B. eine Temperatur von 100 °K und eine andere Messung 200 °K, so besitzt das zweite Objekt doppelt so viel Bewegungsenergie der Moleküle. (Bei 0 °K wären die Moleküle zum Stillstand gekommen.) Der Quotient (200 °K/100 °K) hat eine eindeutige Bedeutung, nämlich 200 °K ist zweimal so warm wie 100 °K. Nehmen wir nun zwei Skalen mit jeweils gleichen Einheiten, aber einem anderen Nullpunkt, z.B. °K und °C, dann ändert sich die Situation. 100 °K = -173.16 °C und 200 °K = -73.16 °C. Die Bedeutung des Verhältnisses der beiden Messwerte ist nun nicht mehr eindeutig. 200 °K/100 °K = 2, während -73.16 °K/-173.16 °K = 0.42. Letzterer Quotient hat keine sinnvolle Interpretation.

Der Messwert 'Null' sollte bei einer Ratio-Skala also tatsächlich der völligen 'Abwesenheit' des gemessenen Merkmals entsprechen. Bei einer Ration-Skala werden dadurch Aussagen, wie 'Objekt A besitzt doppelt so viel vom

Merkmal X wie das Objekt B', erst sinnvoll. Bei einer Ration-Skala ist die Distanz der Messwerte zum Nullpunkt bis auf die Wahl der Messeinheit festgelegt. Die Relationen, die auf diesem Skalenniveau definiert sind, sind:

$$X_i = X_j, \quad X_i \neq X_j, \quad X_i < X_j, \quad X_i > X_j, \quad X_i = X_j + a,$$

$$X_i = X_j - b, \quad X_i + X_j = c, \quad X_i = a * X_j,$$

$$X_i = X_j/b, \quad X_i * X_j = c.$$

Bei intervall- oder ratio-skalierten Merkmalen spricht man auch von quantitativen, kardinalen, *metrischen* oder *kontinuierlichen* bzw. *stetigen* Variablen.

Es ist möglich, Variablen eines bestimmten Messniveaus in Variablen eines anderen Messniveaus umzuwandeln. So kann man selbstverständlich metrische Merkmalswerte in nominale oder ordinale Klassen zusammenfassen. In umgekehrter Richtung ist es nicht ganz so einfach, da wir dann von einer Skala mit weniger Informationsinhalt (niedrigerem Skalenniveau) zu einer Skala mit mehr Informationsinhalt (höherem Skalenniveau) übergehen, und woher sollen wir diese zusätzlichen Informationen bekommen?

Ausser nach Skalenniveau unterscheidet man die verschiedenen Skalen auch nach der Anzahl der möglichen Ausprägungen. Manche Variablen, wie z.B. 'Geschlecht', haben nur zwei Ausprägungen und werden *dichotome* Variablen genannt. Andere Variablen, wie z.B. 'Haarfarbe', weisen mehr als zwei mögliche Ausprägungen auf und werden daher als *polytome* oder *polychotome* Variablen bezeichnet.

Daneben gibt es noch die Unterscheidung zwischen *manifesten* und *latenten* Variablen. Diese Unterscheidung bezieht sich auf die unmittelbare *Beobachtbarkeit* der Variablen. 'Direkt' und 'unmittelbar' beobachtbare Variablen werden dabei als manifeste Variablen, und nicht direkt, sondern nur mittelbar beobachtbare Variablen als latente Variablen bezeichnet.

Um die Körpergrösse einer Person zu messen, kann man mit einer Messlatte direkt zu ihr gehen und ihre Grösse messen. In diesem Fall ist Körpergrösse also eine manifeste Variable. Wenn man aber nicht über eine Messlatte für das mich interessierende Merkmal verfügt, muss man einen

metrische Variablen – intervall- oder ratio-skalierte Variablen

dichotome Variablen – Variablen mit nur zwei möglichen Ausprägungen

polytome Variablen – Variablen mit mehr als zwei möglichen Ausprägungen

manifeste Variablen – direkt beobachtbare Variablen

latente Variablen – nicht direkt beobachtbare Variablen

anderen Weg finden, um die Körpergrösse der Testperson einzuschätzen. Man kann dazu Zuflucht zu anderen Variablen nehmen, die man direkt beobachten kann und von denen man vermutet, dass sie mit der Körpergrösse zu tun haben (in Relation stehen). Zum Beispiel 'Körpergewicht', 'Schuhgrösse', 'Kragenweite' etc. In der Situation, in der man nicht über eine Messlatte zur Messung der Körpergrösse verfügt, ist das Merkmal 'Körpergrösse' also eine *latente* Variable, während die Merkmale 'Körpergewicht', 'Schuhgrösse' und 'Kragenweite' *manifeste* Variablen sind, womit man versucht, indirekt ein Bild der Grösse einer Testperson zu bekommen.

Wir haben bereits gesehen, dass theoretische Begriffe vielfach nicht direkt messbar sind und erst operationalisiert werden müssen. Theoretische Begriffe sind also als latente Merkmale aufzufassen. Die Verknüpfung eines theoretischen Begriffes mit beobachtbaren Sachverhalten erfolgt durch die Angabe von Korrespondenzregeln ($\approx$ Operationalisierung). Diese Korrespondenzregeln sind Ausdruck von unseren Vermutungen über die Zusammenhänge zwischen der latenten Variablen (z.B. 'Körpergrösse') und den manifesten Variablen ('Körpergewicht', 'Schuhgrösse' und 'Kragenweite'). Diese direkt beobachtbaren (manifesten) Variablen, mit denen wir die latente Eigenschaft erfassen wollen, werden auch als *Indikatoren* bezeichnet.

Indikatoren – manifeste Variablen zur Messung theoretischer Konstrukte bzw. latenter Variablen

1.4 Relationen: Kausalität und Kovariation

Es ist eine allgemein geläufige Beobachtung, dass gewisse Phänomene die Tendenz aufweisen, gemeinsam vorzukommen. Zum Beispiel 'reiche Leute leben in schönen Häusern' oder 'wir haben Fieber, wenn wir krank sind'. Wissenschaftliche Theorien bestehen zum grössten Teil aus Aussagen, die solche Relationen beschreiben oder postulieren. Zur Erklärung solcher Relationen beziehen Wissenschaftler sich meistens auf gewisse *Kausalitäten*. Einer der meist essentiellen Aspekte des *Kausalitätsbegriffes, wie er in der Statistik verwendet wird*,[8] ist die Idee der 'Produktion', 'Kraft' oder 'Ursache'. Das heisst, dass davon ausgegangen

---

[8] Die charakteristische Kausalitätsform (Ursachentyp), mit der wir es in der Statistik zu tun haben, ist die Wirkursache (*causa ef-*

wird, dass eine Veränderung in einer Variablen (die Ursache) eine Veränderung bei einer anderen Variablen (die Auswirkung) 'produziert'. *Kovariation* dagegen bedeutet nichts anderes, als dass gewisse Ausprägungen einer Variablen öfters gemeinsam mit gewissen Ausprägungen einer anderen Variablen auftreten. Sie variieren gemeinsam: sie 'ko-variieren'. Wenn ein kausaler Zusammenhang (im wirkursachlichen Sinne) vorliegt, muss — nach dieser Auffassung — zwangsläufig auch eine Kovariation vorliegen. *Das Umgekehrte ist jedoch nicht der Fall*, wie wir später noch sehen werden.

Kovariation – gehäuftes gemeinsames Auftreten bestimmter Ausprägungen zweier Variablen

Kausalität liegt *nach dieser Auffassung* nur vor, wenn drei Bedingungen erfüllt sind:[9]

1. *Kovariation:* Wenn Variable X als Ursache der Variablen Y angesehen wird, müssen die Ausprägungen von X und die Ausprägungen von Y gehäuft zusammen auftreten. Zum Beispiel: In Gebieten mit ergiebigen Niederschlägen (Variable X) sollten – angenommen, alle weiteren Umstände blieben gleich – auch mehr Überschwemmungen (Variable Y) auftreten als in Gebieten mit nur wenig Niederschlag. Und Leute, die mehr über Umweltprobleme wissen, sollten auch tatsächlich umweltverantwortlicher handeln. Die statistischen Methoden, die auf dieser Auffassung der Kausalität beruhen, sind also grundsätzlich nur für die Analyse von 'Regularitäten' einsetzbar. Die Analyse von Einzelfällen liegt ausserhalb des Bereiches der statistischen Methoden; hierfür gibt es andere, eher qualitative Verfahren.

2. *Zeitliche Verschiebung:* Wenn X Ursache von Y ist, sollte eine Veränderung von X der Veränderung von Y vorausgehen. Das heisst z.B., dass die Überschwemmung immer nach dem Niederschlag kommt und nicht umgekehrt. Oder in einem weniger eindeutigen Fall: dass das Wissen über Umweltprobleme immer dem umweltverantwortlichen Handeln voraus geht.

---

ficiens). Es gibt aber auch andere Formen von Kausalität. Wir dürfen bei der Interpretation unserer statistischen Analyse bestimmter Phänomene also nie aus dem Auge verlieren, dass eventuell auch andere ursächliche Prozesse im Spiel sind, die wir mittels der Statistik nicht ohne weiteres erfassen können.

[9] Vgl. auch Blalock (1964).

3. *Produktion:* Bei einem kausalen Zusammenhang wird eine Veränderung in X nicht nur einfach gefolgt von einer Veränderung in Y, sondern die Veränderung von X sollte die Veränderung in Y *produzieren.* Nach Regen kommt Sonnenschein. Das heisst aber noch nicht, dass der Regen Sonnenschein 'produziert'. Überschwemmungen dagegen werden als Produkt von schweren Niederschlägen angesehen und umweltverantwortliches Handeln wird unter anderem als Produkt von Wissen über Umweltprobleme aufgefasst.

In der Praxis ist man vielmehr an Kausalitäten interessiert als an Kovariationen. Wenn z.B. politische Instanzen wissen, welche Kausalitäten dem Umweltproblem zugrunde liegen, können sie auch versuchen, diese Ursachen zu beeinflussen. Wenn sich z.B. herausstellt, dass die Schweizer nicht umweltverantwortlich handeln, weil sie durch die Struktur des Marktsystems direkt (kausal) daran gehindert werden, kann man eher etwas an dieser Situation ändern, als wenn keine Informationen über diesen kausalen Zusammenhang vorlägen. Wenn nur Informationen über Kovariationen vorliegen und keine Informationen darüber, *wie* eine Variable eine andere wirkursächlich 'produziert', kann die gleiche Behörde nur im Dunkeln tappen. Statistik ist nun ein wichtiges Instrument bei der Erforschung solcher wirkursächlichen Kausalitäten, mit dem Ziel, hiermit Anhaltspunkte für die Handlungen in der Praxis zu liefern.[10]

Graphisch wird eine (wirkursachliche) kausale Relation als *einseitiger* gerader Pfeil dargestellt, der Ursache und Folge direkt verbindet. Eine solche graphische Darstellung nennt man auch ein *Pfaddiagramm.* Bei dieser Art von kausalen Relationen unterscheidet man zwischen den Ursachen (den *unabhängigen* Variablen) und den Folgen (den *abhängigen* Variablen). Die abhängigen Variablen sind also

Pfaddiagramm – graphische Darstellung von Kausalrelationen

unabhängige Variable – verursachende Variable (Ursache)

---

[10] Hier zeigt sich wiederum deutlich, dass das Interesse an gerade dieser Art von Kausalität, und damit auch an den statistischen Analysen, mittels deren sie untersucht werden, in dem realen und manchmal auch legitimen Bedürfnis nach Einflussnahme auf unsere Umwelt und/oder auf unsere Mitmenschen liegt. Wenn wir solche Methoden einsetzen, produzieren wir unter Umständen implizit ein Wissen, das uns oder anderen erlaubt, auch gewisse *Macht* auszuüben. Diese Machtausübung ist legitimationsbedürftig. Jeder Wissenschaftler hat zu bedenken, dass mit der Ausübung seines Berufes darum eine grosse ethische Verantwortung verbunden ist.

jene Variablen, auf die der Pfeil zeigt. Die unabhängigen Variablen sind solche, von denen der Pfeil ausgeht.

abhängige Variable
– verursachte Variable (Folge)

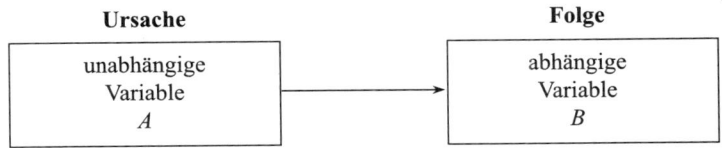

Abbildung 1.3: Pfaddiagramm einer einfachen kausalen Beziehung

Wie wir wissen, bedeutet dies auch, dass es immer eine zeitliche Verschiebung zwischen dem Auftreten des unabhängigen Merkmals und demjenigen des abhängigen Merkmals liegt. Eine Kovariation, deren kausaler Hintergrund uns unbekannt ist oder uns nicht interessiert, wird hingegen als ein gebogener, *zweiseitiger* Pfeil angegeben.

Abbildung 1.4: Pfaddiagramm einer Kovariation

Eine Kovariation bedeutet nicht immer, dass es auch eine direkte kausale Relation zwischen den jeweiligen Variablen gibt. Fehlt eine solche direkte kausale Relation, so spricht man in solchen Fällen auch von einer *Scheinrelation* (Scheinkovarianz oder Scheinkorrelation). Eine Scheinrelation kann z.B. entstehen, wenn zwei verschiedene Merkmale durch eine dritte Variable verursacht werden.

Scheinrelation – Kovariation ohne direkte kausale Beziehung

Manchmal gibt es auch eine Kombination solcher Scheinrelationen mit direkten kausalen Verknüpfungen. In solchen Fällen redet man auch von partiellen Scheinrelationen.

Ein weiterer Typ Kausalzusammenhang ist die *Interaktion*. Bei einer Interaktion haben wir es mit einer *konditionalen* Variablen zu tun. Konditionale Variablen bestimmen (konditionieren) das Ausmass eines kausalen Zusammenhanges zwischen zwei Variablen. Durch den Einfluss einer

Interaktion – Zusammenwirken (Wechselwirkung) zweier unabhängiger Variablen

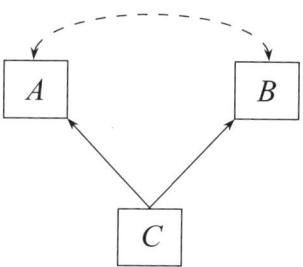

Abbildung 1.5: Pfaddiagramm einer Scheinrelation

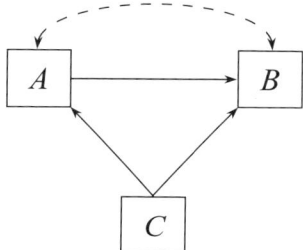

Abbildung 1.6: Pfaddiagramm einer partiellen Scheinrelation

konditionale Variable – Drittvariable, die die Stärke einer kausalen Relation zwischen zwei Variablen bestimmt

konditionalen Variablen kann eventuell sogar die kausale Wirkung von einer anderen Variablen auf eine dritte Variable total zum Erliegen kommen, ohne dass die kausale Kraft, die dahinter steckt, ausgelöscht wäre. Der Pfeil von einer solchen konditionalen Variablen führt nicht zu einer anderen Variablen, sondern zu einem anderen Pfeil (Figur 1.7a). Man kann dies auch als ein 'Zusammenwirken' (Interaktion) der beiden ursächlichen Variablen auffassen (Figur 1.7b).

Ein Beispiel einer solchen konditionalen Variablen könnte sein: das Vorhandensein von Handlungsangeboten (Glascontainer, Kompost- und Altpapiersammlung etc.). Diese Variable beeinflusst den kausalen Zusammenhang zwischen Umweltbewusstsein und umweltverantwortlichem Handeln (vgl. Figur 1.8).

Neben diesen direkten kausalen Beziehungen und Interaktionen kann man sich auch indirekte kausale Beziehungen vorstellen. So ist in Figur 1.9 das Problembewusstsein eine intervenierende Variable, die den Zusammenhang zwischen Ausbildung und umweltverantwortlichem Handeln verdeutlicht.

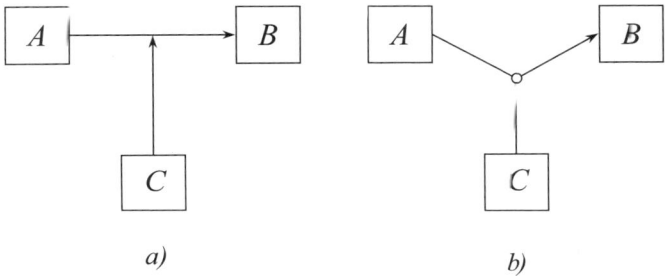

Abbildung 1.7: Pfaddiagramme mit einer konditionalen Variablen (Interaktion)

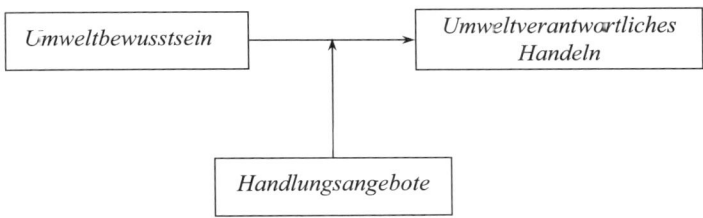

Abbildung 1.8: Beispiel einer konditionalen Variablen

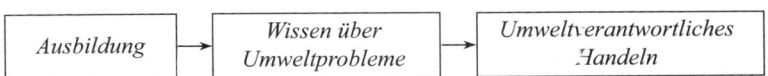

Abbildung 1.9: Verkettung von Abhängigkeitsbeziehungen

In den bisher beschriebenen kausalen Beziehungen wurde die kausale Verursachung immer nur als ein Einbahnprozess dargestellt. Die vorausgehende Ursache und die nachfolgende Wirkung waren immer klar voneinander getrennt. Für gewisse theoretische Fragen kann diese Unterscheidung zwischen Ursache und Folge jedoch nicht mehr so klar erscheinen. In solchen Fällen können wir es mit sog. *reziproken* kausalen Prozessen zu tun haben. Eine reziproke kausale Relation liegt vor, wenn, im Gegensatz zur Ein-

reziproke kausale Relation – gegenseitige Beeinflussung zweier Variablen

Richtungs-Kausalität, zwei Variablen sich *gegenseitig* beeinflussen (verursachen). Solche reziproke kausale Beziehungen können natürlich wiederum direkt oder indirekt sein (vgl. Figur 1.10).

Wie wir gesehen haben, basiert die Vorstellung einer wirkursächlichen Kausalität aber auch auf einer zeitlichen Verschiebung von Ursache und Folge. In diesem Sinne sind solche reziproken Beziehungen also prinzipiell unmöglich. Streng genommen lassen sich solche Rückkopplungen nur als kausale Kette zeitlich deutlich voneinander getrennter Ursachen und Folgen darstellen.

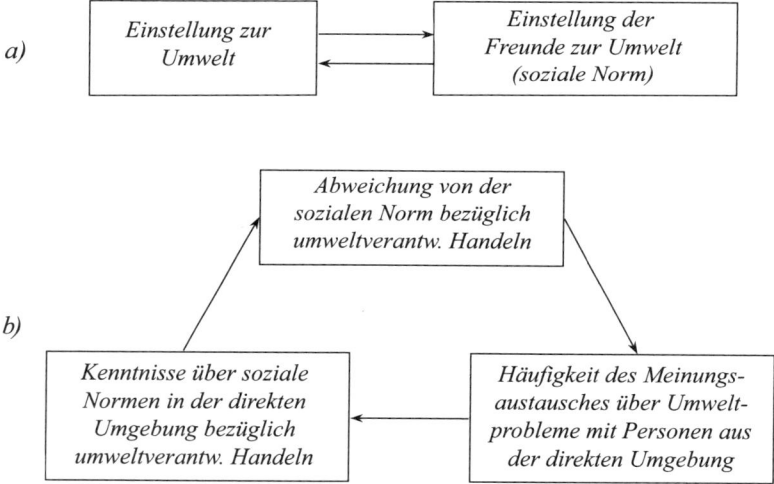

Abbildung 1.10: Reziproke Beziehungen

Reziproke Beziehungen sind in diesem Sinne nur ein Artefakt unseres Erhebungsinstrumentes, das offenbar eine feine Unterscheidung zwischen dem, was vorher (die Ursache) und dem, was nachher (die Folge) war, verunmöglicht. Die Reaktionen unserer Respondenten auf eine soziale Norm und die Veränderung dieser sozialer Norm durch diese Reaktion können z.B. sehr schnell aufeinander folgen, während unser Erhebungsinstrument solche Aktionen (Handlungen) und Reaktionen nur über eine längere Periode erfassen kann. An sich stellen solche reziproken kausalen Beziehungen in unserem Pfaddiagramm keine

grundlegenden methodischen Probleme dar.[11] Wir wollen
uns in diesem Buch aber auf Pfaddiagramme ohne reziproke kausale Beziehungen beschränken. Solche Modelle *ohne*
reziproke Relationen nennt man – paradoxerweise – *rekur-*
sive Modelle, während man Modelle *mit* reziproken kausalen Relationen als *nicht-rekursiv* bezeichnet.

rekursive Modelle – Modelle ohne reziproke Relationen

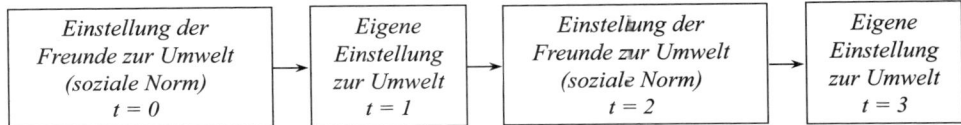

Abbildung 1.11: Rekursives Modell

Wir kommen nun zur Übersicht der etablierten statistischen Methoden, von denen wir in diesem Buch einige
behandeln werden.

1.5 Statistische Methoden: Ein erster Überblick

In dieser Vorlesungsreihe beschränken wir uns grundsätzlich auf Methoden zur Analyse linearer Beziehungen. Kurzum Relationen, die sich mathematisch als lineare Gleichung
darstellen lassen. Da sich aber vielfach, wie wir bei der
Regressionsanalyse noch sehen werden, nicht-lineare Zusammenhänge durch Transformation der Daten in lineare
umwandeln lassen, ist dies keine schwerwiegende Einschränkung. Jene (linearen) Methoden, die nur die Zusammenhänge ('Kovarianzen' oder 'Korrelationen') analysieren
und keine Unterscheidung zwischen abhängigen und unabhängigen Variablen machen, nennen wir *symmetrische*
Methoden. Mit diesen Methoden versucht man, Zusammenhänge zu entdecken und ihre Stärke zu schätzen. Man
spricht darum auch von *Zusammenhangsanalyse*. Ob die
Kovarianz durch eine Scheinrelation oder durch eine direk-

**symmetrische Me-
thoden –** Analyse-
methoden ohne Un-
terscheidung zwischen
unabhängigen und
abhängigen Variablen

---

[11] Nur in bestimmten Situationen können bei der statistischen Ermittlung der Parameter (Eigenschaften) dieser Beziehungen Probleme (Identifikationsprobleme) auftreten.

te oder indirekte kausale Beziehung zustande kommt, spielt
bei diesen Methoden keine Rolle.

Tabelle 1.1: Zusammenhangsanalyse

metrisch	gemischt	kategorial
Korrelationsanalyse	log-lineare Modellanalyse	log-lineare Modellanalyse

Im Wesentlichen gibt es nur zwei etablierte Methoden
in dieser Gruppe. Nämlich die klassische Korrelationsanalyse für den Fall, dass die Variablen alle auf einem metrischen Skalenniveau gemessen wurden, und die log-lineare
Modellanalyse, für den Fall, dass die Variablen nicht metrisch sind. Wir werden uns hier auf die Korrelationsanalyse beschränken. Im Kapitel 13 werden wir näher auf log-
lineare Modelle eingehen.

Es gibt verschiedene Masse für die Stärke der Zusammenhänge zwischen zwei Variablen. Das bekannteste Mass,
das in der klassischen Korrelationsanalyse zur Anwendung
kommt, ist die Pearson-Produkt-Moment-Korrelation.

Die zweite Gruppe von Methoden besteht aus den Methoden der Abhängigkeitsanalyse. Diese Methoden untersuchen also die kausalen Relationen zwischen Variablen.
Es wird der Einfluss (Effekt) der unabhängigen Variablen
auf eine (oder mehrere) abhängige Variable analysiert. Die
Richtung der kausalen Relation spielt also eine entscheidende Rolle. Man spricht darum auch von *asymmetrischen
Methoden*.

**asymmetrische
Methoden** – Ana-
lysemethoden zur
Untersuchung kau-
saler Beziehungen

Eine letzte Gruppe statistischer Methoden, von denen
wir in Kapiteln 9 und 10 die Faktorenanalyse und im Kapitel 14 die Latente-Klassen-Analyse ansprechen werden,
umfasst jene Methoden, die Relationen zwischen latenten
und manifesten Variablen untersuchen. Man kann diese
Methoden als Methoden zur 'Messmodellanalyse' bezeichnen. Grundsätzlich wird bei diesen Methoden aus einer Reihe von manifesten Indikatorvariablen auf eine oder mehrere
latente Variablen geschlossen.

Bei der Faktorenanalyse werden, anhand der Korrelationen zwischen den manifesten Variablen, diese Variablen
quasi zu neuen (latenten) Dimensionen oder 'Faktoren' zu-

Tabelle 1.2: Abhängigkeitsanalyse

		unabhängige Variablen		
		metrisch	gemischt	kategorial
abhängige Variablen	metrisch	Regressions- analyse (Pfadanalyse)	Regressionsanalyse mit Dummy- Variablen (Kovarianzanalyse)	Varianzanalyse
	kategorial	logistische Regression Diskriminanz- analyse	Logitanalyse log-lineare Modellanalyse	Logitanalyse log-lineare Modellanalyse

sammengefasst, wonach jedes Objekt auf diese neue (metrische) Dimension eingestuft wird. Die Faktorenanalyse verfolgt also ein zweigliedriges Ziel.

1. Die Zusammenfassung von manifesten Variablen zu latenten Dimensionen (das Suchen nach den grundlegenden Dimensionen).
2. Die Einstufung der Objekte auf diese grundlegenden latenten Dimensionen.

Meistens wird das erste Ziel als das Hauptziel der Faktorenanalyse betrachtet.

Eine besondere Form einer solchen Suche nach grundlegenden Dimensionen stellt die multidimensionale Skalierung (MDS) ebenso wie die Korrespondenzanalyse dar. Anstelle der absoluten Ausprägungen der manifesten Merkmale der Objekte werden bei der multidimensionalen Skalierung üblicherweise direkt die Ähnlichkeiten/Unterschiede zwischen den Objekten gemessen. Man fragt z.B. die Respondenten nicht nach ihrer Meinung zur umweltpolitischen Massnahme X (z.B. Einführung eines Ökobonus) und danach nach ihrer Meinung zur umweltpolitischen Massnahme Y (z.B. Förderung des öffentlichen Verkehrs), sondern fragt direkt danach, welche der beiden Massnahmen sie vorziehen.[12] Bei der Korrespondenzanalyse werden die Zusammenhänge zwischen gewissen (nominalska-

---

[12] Für weitere Einzelheiten vgl. z.B. Borg und Staufenbiel (2007).

Tabelle 1.3: Messmodellanalyse oder Ähnlichkeitsanalyse

latente Variablen	manifeste Variablen			
	metrisch	metrisch + ordinal	ordinal	nominal
metrisch	Faktoren- analyse	Faktoren- analyse	Faktoren- analyse Multi- dimensionale Skalierung	Faktorenanalyse dichotomer Variablen
ordinal			Latente-Klassen- Analyse mit Restriktionen	
nominal	Cluster- analyse (Diskri- minanz- analyse)	Clusteranalyse mit angepassten Distanzmassen	Clusteranalyse mit angepassten Distanzmassen	log-lineare Modellanalyse (Latente-Klassen- Analyse) (Clusteranalyse mit angepassten Distanzmassen) (Korrespondenz- analyse)

lierten) Merkmalen in einer Kreuztabelle dargestellt, deren relative Spalten- und Zeilenverteilungen dann jeweils faktoranalytisch untersucht werden. Es werden also nicht die einzelnen Objekte, sondern die relativen Verteilungen der Objekte über die verschiedenen Ausprägungen der Merkmale analysiert.[13]

Bei der Clusteranalyse ist die latente Dimension eine nominalskalierte Variable. Falls wir bei der Clusteranalyse mehrere nominalskalierte latente Dimensionen postulieren, lassen sich diese immer zu einer einzigen nominalen Variablen zusammenfassen. Die Clusteranalyse geht darum immer nur von einer latenten Dimension aus und lässt offen, ob es sich dabei um eine oder um die Zusammenfassung mehrerer latenter nominalskalierter Variablen handelt. In

---

[13] Für weitere Einzelheiten vgl. z.B. Greenacre (2007).

der Figur 1.12 werden z.B. die latenten nominalen Variablen L_1 und L_2 mit je drei Ausprägungen zu einer einzigen latenten Variablen L_3 mit neun Ausprägungen zusammengefasst.

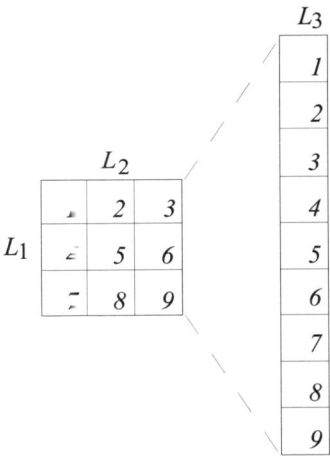

Abbildung 1.12: Zusammenfassung mehrerer nominaler Variablen zu einer nominalen Variablen

Bei der Clusteranalyse werden direkt alle Beobachtungen auf die latente Skala eingestuft, was in diesem Fall bedeutet, dass sie in die entsprechenden Klassen eingeteilt werden. Während bei der Faktorenanalyse das Hauptziel die Zusammenfassung von *Variablen* war, ist bei der Clusteranalyse die Zusammenfassung der *Objekte* zu 'typischen' Gruppen (Klassen oder Clustern) das Hauptziel. Die Gruppen werden dabei so gebildet, dass alle Objekte einer Gruppe einander möglichst ähnlich sind, während die Objekte verschiedener Gruppen möglichst verschieden sind.

Die Diskriminanzanalyse kann zusätzlich auch zur Überprüfung von Ergebnissen einer Clusteranalyse verwendet werden. Die gefundene Gruppierung ist dabei die abhängige, nominale Variable und die beobachteten manifesten Variablen bilden die unabhängigen Variablen. Ebenso lassen sich, ausgehend von der bereits gefundenen Grup-

pierung, neue Beobachtungen mittels Diskriminanzanalyse
zu einer dieser Klassen einordnen.

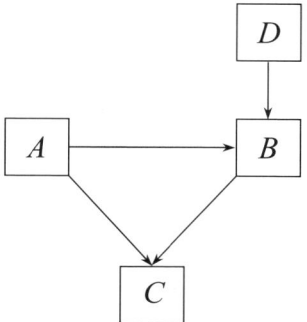

Abbildung 1.13: Beispiel eines Pfaddiagramms einer
Pfadanalyse

Es werden manchmal auch verschiedene Ansätze miteinander kombiniert. Wenn man z.B. simultan verschiedene
Regressionsanalysen durchführt, also mehrere Abhängigkeitsrelationen gleichzeitig untersucht, spricht man von
Pfadanalyse oder Kausalanalyse (vgl. Figur 1.13). Wir werden in diesem Buch noch ausführlicher auf die Pfadanalyse
eingehen.

Wenn man eine Pfadanalyse mit einer Faktorenanalyse
kombiniert, bekommt man sog. Strukturgleichungsmodelle.

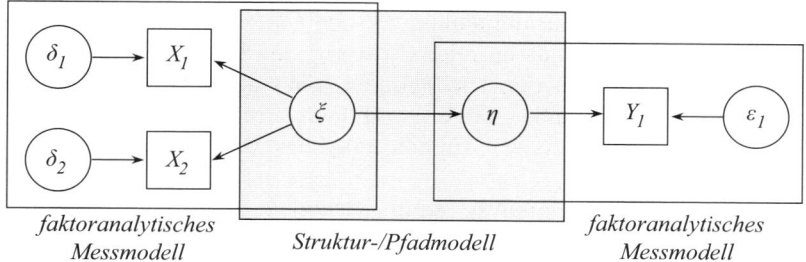

Abbildung 1.14: Beispiel eines Pfaddiagramms eines
Strukturgleichungsmodells

Literatur

Blalock, H.M. (1964) *Causal Inferences in Nonexperimental Research.* University of North Carolina, Chapel Hill.

Borg I. & Staufenbiel, Th. (2007, 4. Aufl.) *Lehrbuch Theorien und Methoden der Skalierung.* Huber, Bern.

Greenacre, M.J. (2007) *Correspondence Analysis in Practice.* Chapman & Hall, Boca Ralton.

Schnell, R., Hill, P.B. & Esser, E. (1989, 2. Aufl., inzwischen auch 2008, 8. Aufl.) *Methoden der empirischen Sozialforschung.* Oldenbourg, München.

Ven, A. van der (1980) *Einführung in die Skalierung.* Huber, Bern. Deutsche Ausgabe von (1977) *Inleiding in de Skalering.* Van Loghum Slaterus, Deventer.

2. Zusammenhangsanalyse: Einfache Korrelationsanalyse

2.1 Einleitung

Ziel dieses Kapitels ist es, einige erste Grundbegriffe der Zusammenhangsanalyse (Korrelationsanalyse) einzuführen.

Die Korrelationsanalyse gehört zu den einfachsten und meistverwendeten Verfahren in der Statistik. Auch im täglichen Sprachgebrauch ist der Begriff *Korrelation* schon fast eingebürgert. In der empirischen Forschung werden, nach der Aufbereitung eines Datensatzes (Erhebung, Erfassung und Kontrolle), die einzelnen Merkmale (Variablen) in erster Instanz isoliert betrachtet. Die Häufigkeiten, mit denen die verschiedenen Ausprägungen einer Variablen in einer Stichprobe vorkommen, bilden zusammen die *uni-variate* Verteilung der betreffenden Variablen. Diese Verteilung lässt sich anhand der üblichen Kennzahlen, wie Mittelwert, Median, Maximum, Minimum, Standardabweichung, Varianz etc. beschreiben (beschreibende Statistik). Mit der Behandlung der Korrelationsanalyse setzen wir nun einen Schritt weiter in der Analyse an, nämlich bei der Beschreibung und Analyse *bi*-variater Zusammenhänge. Die Korrelationsanalyse wird auch für die Beschreibung multivariater Zusammenhänge bzw. für Zusammenhänge zwischen drei oder mehr Variablen verwendet.

Wir werden uns in diesem Kapitel auf die Behandlung der *einfachen Pearson-Produkt-Moment-Korrelation* beschränken. Wegen des engen Zusammenhangs zwischen Korrelationsanalyse und Regressionsanalyse werden wir die *multiple Korrelation* erst später, gemeinsam mit der multiplen Regression, behandeln. Einerseits werden wir darstellen, wie, im Sinne der beschreibenden Statistik, bi-variate Zusammenhänge mittels des Pearson-Produkt-Moment-

Korrelationskoeffizienten beschrieben werden können. Andererseits werden wir zeigen, wie, anhand der Ergebnisse einer Stichprobe, auch auf die Zusammenhänge in der Grundgesamtheit (Population), woraus die Stichprobe gezogen wurde, geschlossen werden kann (schliessende oder Inferenz-Statistik). Es wird dabei vorausgesetzt, dass die elementarsten Begriffe der schliessenden Statistik (Stichprobe, Grundgesamtheit, Wahrscheinlichkeit, statistische Signifikanz, Wahrscheinlichkeitsverteilungen, überschreitungswahrscheinlichkeit, t-Test etc.) bekannt sind.[1]

2.2 Das Messen von einfachen Zusammenhängen

Die Messwerte für ein bestimmtes Merkmal können wir mit Hilfe solcher Masszahlen wie Mittelwert und Median (Masszahlen für die *Zentralität* einer univariaten Verteilung) oder Standardabweichung und Varianz (Masszahlen für die *Streuung* der Verteilung) etc. statistisch beschreiben. So eine Beschreibung ist natürlich keine vollständige Beschreibung, aber sie gibt zumindest die wichtigsten Informationen über diese Variable wieder. Meistens verfügen wir über Messwerte für mehrere Merkmale der gleichen Objekte und interessieren und nicht nur für die Verteilung einzelner Merkmale, sondern auch für die Beziehung (Relation) *zwischen* diesen Merkmalen. So können wir uns z.B. fragen: 'Handeln Personen, die umweltbewusster sind, tatsächlich auch umweltverantwortlicher?'

Eine Relation bedeutet nichts anderes, als dass die beiden Variablen 'etwas miteinander zu tun' haben. Es gibt irgend etwas, das sie verbindet. Es gibt z.B. eine Relation zwischen Bruder und Schwester: Beide haben die gleichen Eltern. Es gibt auch eine Relation zwischen dem Vorkommen von Sonnenstichen und der Jahreszeit: Sonnenstiche kommen häufiger im Sommer und weniger häufig im Winter vor. Leute, die ein grösseres Sachwissen über Umweltprobleme haben, handeln vielleicht umweltverantwortlicher. Diese Sachen haben 'etwas miteinander zu tun'.

---

[1] Zur Auffrischung dieser elementaren Kenntnisse der schliessenden Statistik sei hier auf Anhang B: 'Grundbegriffe der Testtheorie' dieses Buches verwiesen.

Wie sieht diese Beziehung jedoch aus? Nehmen die beiden Variablen gemeinsam zu, wie bei den Merkmalen 'Körpergrösse' und 'Körpergewicht' von Menschen oder wie auch beim 'Wissen über Umweltprobleme' und dem zugehörigen 'umweltverantwortlichem Handeln'? Oder neigen sie dazu, sich gegensätzlich zu entwickeln wie die 'Anzahl gerauchter Zigaretten pro Tag' und die 'Lebenserwartung der Raucher' oder 'die Anzahl Fahrten mit öffentlichen Verkehrsmitteln' und das 'Einkommen' dies tun? Solche Verbindungen oder Zusammenhänge sind ein Grund dafür, warum wir diese Variablen gemeinsam untersuchen wollen. Der Zusammenhang zwischen zwei Variablen lässt sich nicht aus der Beschreibung ihrer univariaten Verteilung ablesen. Ein Mass für die Zusammenhänge muss beide Variablen simultan einbeziehen. Wir werden nun unseren Sprachgebrauch diesbezüglich etwas genauer festlegen.

Zusammenhang ('association') zwischen zwei Variablen bedeutet, dass eine systematische Verbindung zwischen der Veränderung der einen Variablen und der Veränderung der anderen Variablen besteht.

Wenn eine Zunahme einer Variablen dazu neigt, gemeinsam mit einer Zunahme der anderen Variablen aufzutreten, weisen diese Variablen einen *positiven Zusammenhang* auf. Ein positiver Zusammenhang liegt dann vor, wenn relativ hohe Werte der einen Variablen vielfach gemeinsam mit relativ hohen Werten der anderen Variablen auftreten und umgekehrt, dass relativ niedrige Werte der einen Variablen häufig gemeinsam mit relativ niedrigen Werten der anderen Variablen auftreten. Ein Beispiel für einen positiven Zusammenhang ist in Figur 2.1 wiedergegeben. Je länger die Ausbildung, desto grösser ist das Wissen um die Umweltprobleme, und je kürzer die Ausbildung, desto geringer das Wissen über Umweltprobleme.

Wenn eine Zunahme einer Variablen dazu neigt, gemeinsam mit einer Abnahme der anderen Variablen aufzutreten, weisen diese Variablen einen *negativen Zusammenhang* auf. Ein negativer Zusammenhang liegt dann vor, wenn relativ hohe Werte einer Variablen häufig gemeinsam mit relativ niedrigen Werten in der anderen Variablen auftreten. Ein Beispiel für einen negativen Zusammenhang ist in Figur 2.2 widergegeben. Leute der niedrigeren Einkommensstufen benützen häufiger öffentliche Verkehrsmittel.

Zusammenhang – es existiert ein Zusammenhang zwischen zwei Variablen, wenn die beiden Variablen kovariieren, das heisst, eine Veränderung einer dieser Variablen geht in der Regel mit einer Veränderung der anderen Variablen einher

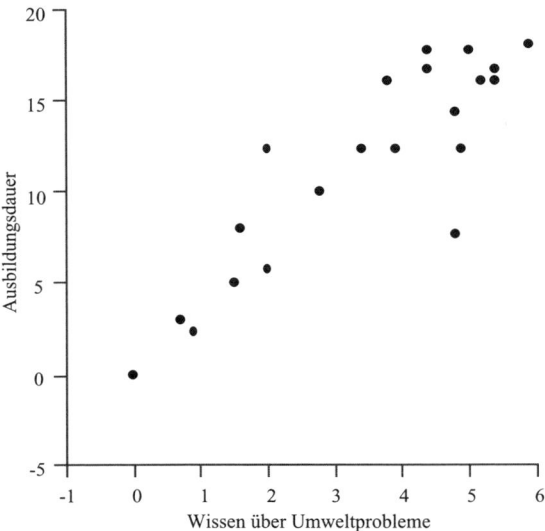

Abbildung 2.1: Zusammenhang zwischen 'Ausbildungs-dauer' und 'Wissen über Umweltprobleme'

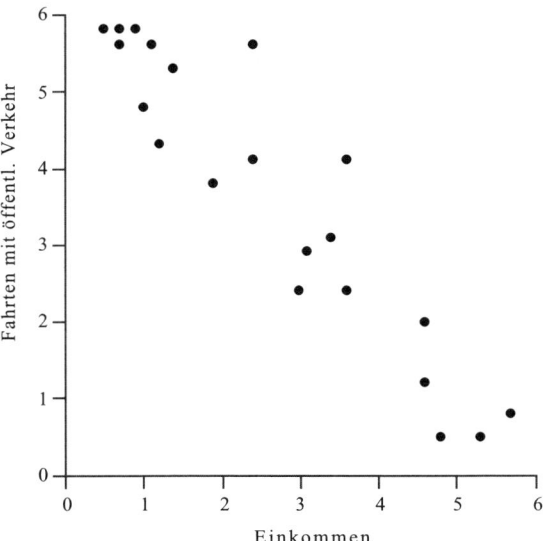

Abbildung 2.2: Zusammenhang zwischen 'Anzahl Fahr-ten mit öffentl. Verkehr' und 'Einkommen'

Der Zusammenhang zwischen Variablen wird im Allgemeinen als 'durchschnittlicher' Zusammenhang in einem Datensatz gemessen. Ausbildungsdauer und Wissen über Umweltprobleme weisen einen positiven Zusammenhang auf. D.h., eine Person, die viel über den Zustand der Umwelt weiss, hat meistens auch eine langjährige Ausbildung (z.B. 10 Jahre) hinter sich. Jedoch gibt es Ausnahmen, denn eine geistig sehr früh gereifte Person wird vielleicht bereits nach 5 Jahren Ausbildung ein erhebliches Umweltwissen aufweisen. Der Zusammenhang ist durchschnittlicher Art und keine unumstössliche (deterministische) Verbindung, die Personen mit einer längeren Ausbildung dazu zwingt, auch mehr über die Umweltprobleme zu wissen. Statistik beschäftigt sich vor allem mit diesen durchschnittlichen Zusammenhängen.

Tabelle 2.1: Zusammenhang zwischen kategorialen Variablen

| | | Geschlecht | | |
		Frauen	Männer	
letzte abgeschlosse-	Mittelschule	46%	54%	100%
ne Schulstufe	Hochschule	23%	77%	100%

Zusammenhänge können zwischen allerlei Variablen vorkommen, unabhängig davon, auf welchem Skalenniveau sie gemessen wurden. Zum Beispiel zeigt Tabelle 2.1 den Zusammenhang zwischen der nominal skalierten Variablen 'Geschlecht' und der ordinal skalierten Variablen 'letzte abgeschlossene Schulstufe'. 46% der Mittelschuldiplome wurden an Frauen vergeben, während nur 23% aller Frauen die Doktorwürde an einer Hochschule erteilt bekamen.[2] Zusammenhänge können jedoch nur als positiv oder negativ beschrieben werden (eine *Richtung* haben), wenn beide Variablen auf einer ordinalen oder auf einer Intervall-/Ratio-Skala gemessen wurden. Nur für diese Skalen hat 'Zunahme' und 'Abnahme' oder 'hoch' und 'tief' überhaupt eine Bedeutung. Für die Darstellung von Zusammenhängen

---

[2] Man könnte sich also fragen, ob hier Frauen diskriminiert werden oder ob andere Ursachen vorliegen.

zwischen kategorial skalierten Variablen verwendet man darum spezielle Grössen. Wir wollen uns hier ausschliesslich mit Zusammenhängen zwischen metrisch skalierten Variablen beschäftigen.

Korrelation – Stärke des *linearen* Zusammenhangs zwischen zwei metrisch skalierten Variablen

Das meistverwendete Mass für den Zusammenhang zweier metrisch skalierter Variablen (z.B. X und Y) ist die *Korrelation*. Die Korrelation misst nicht den generellen Zusammenhang zwischen zwei Variablen, sondern nur einen *linearen* Zusammenhang. Das heisst, dass sich der ('durchschnittliche') Zusammenhang mathematisch in einer linearen Gleichung, z.B.

$$Y = beta_0 + \beta_1 X_1$$

darstellen lässt. Geometrisch heisst dies, dass wir es mit einer langgestreckten, mehr oder weniger gradlinigen Punktwolke zu tun haben (vgl. Figur 2.1 und 2.2).

2.3 Der einfache Korrelationskoeffizient

Ausgangspunkt für die Entwicklung des einfachen Korrelationskoeffizienten als Mass für die Stärke eines *linearen* Zusammenhangs ist die *bi-variate Normalverteilung*. Bevor wir also den Korrelationskoeffizienten genauer anschauen, versuchen wir uns erst etwas genauer vor Augen zu führen, was es bedeutet, wenn wir von einer bi-variaten Normalverteilung ausgehen.

2.3.1 Die bi-variate Normalverteilung

Wir haben bereits gesehen, dass der Zusammenhang zwischen zwei Variablen X und Y meistens keinen deterministischen bzw. zwingenden Zusammenhang hat und dass im Einzelfall Abweichungen von der 'Regel' auftreten können. In der Alltagssprache sagt man auch, dass der Zusammenhang 'nicht perfekt' ist. Nehmen wir an, wir haben es mit einem solchen nicht-perfekten Zusammenhang zu tun. Wir müssen dann damit rechnen, dass mehrere Objekte die gleiche Ausprägung des X-Merkmals, aber verschiedene Ausprägungen des Y-Merkmals aufweisen. Auch das Umgekehrte, nämlich, dass mehrere Objekte die gleiche Ausprägung des Y-Merkmals, aber verschiedene Ausprägungen des X-Merkmals aufweisen, ist zu erwarten. Zu jedem

X-Wert X_i gehört also eine bestimmte (bedingte) Verteilung von Y, und zu jedem Y-Wert Y_i gehört eine bestimmte (bedingte) Verteilung von X.

Bedingte Verteilung – die Wahrscheinlichkeitsverteilung einer Variablen, unter der Bedingung, dass eine andere Variable eine bestimmte Ausprägung ausweist. Zum Beispiel die Verteilung von Y unter der Bedingung, dass X den Wert X_i aufweist

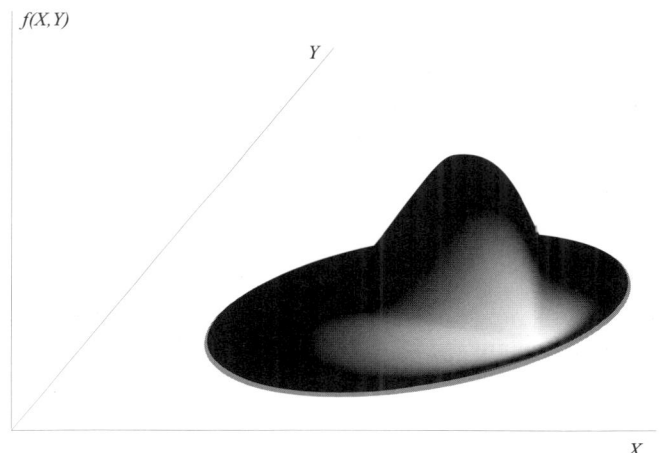

Abbildung 2.3: Bedingte Verteilungen von X und Y

Diese bedingten Verteilungen lassen sich auch wieder durch ihren Mittelwert und ihre Streuung charakterisieren. Wenn nun der Zusammenhang zwischen den beiden Variablen stärker ist, ist auch die Streuung in diesen bedingten Verteilungen geringer. Wenn der Zusammenhang perfekt ist, wird zu einem bestimmten Wert von X nur noch ein Wert von Y zu beobachten sein. Umgekehrt gilt dann auch, dass zu einem gegebenen Y-Wert nur noch ein X-Wert zu beobachten ist. Die bedingten Verteilungen verkümmern unter diesen Umständen also zu einem einzelnen Wert. Ihre Streuung ist nun gleich Null. So ist ein einzelner Wert dann selbstverständlich auch gerade der Mittelwert der entsprechenden bedingten Verteilung.

Die bedingten Verteilungen (von Y bei gegebenem X, oder von X bei gegebenem Y) weisen in vielen Fällen eine ganz bestimmte Form auf. Die Abweichungen vom Mittelwert sind nämlich häufig auf eine ganze Reihe an sich relativ unbedeutender Ursachen (z.B. Ungenauigkeiten bei den Messungen oder andere Störfaktoren etc.) zurückzuführen. Wenn diese relativ unbedeutenden Einflussfaktoren kei-

nen systematischen Einfluss ausüben, also z.B. nicht nur
Abweichungen in einer bestimmten Richtung verursachen,
sind wir dazu geneigt sie als 'zufällig' abzustempeln. Die
bedingte Verteilung ist also eine Zufallsverteilung. Wenn
nun jede Beobachtung auch die Folge einer Vielzahl solcher zufälligen Einflüsse ist, wird die (bedingte) Zufallsverteilung einer sog. Normalverteilung gleichen.

Was eine Normalverteilung ist, können wir uns folgen-
dermassen vor Augen führen: Stellen wir uns z.B. vor,
dass die Abweichungen vom Mittelwert in unserer bedingten Verteilung von zehn verschiedenen (Stör-)Faktoren
abhängt. Jeder Faktor kann die Abweichung entweder vergrössern oder verringern. Ob das eine oder das andere zutrifft, ist rein zufällig. Die Wahrscheinlichkeit, dass es zu einer Vergrösserung oder Verringerung der Abweichung vom
Mittelwert kommt, ist in etwa gleich gross. Wie sieht dann
unsere bedingte Verteilung aus?

Wir können dies anhand eines Gerätes, dass von Sir
Francis Galton (1822–1911) entwickelt wurde, verdeutlichen. Dieses Gerät nennt man auch 'Quincunx' oder 'Brett
von Galton'.

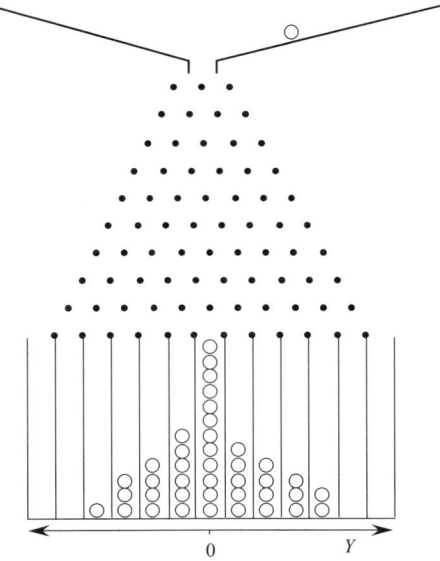

Abbildung 2.4: Das Brett von Galton

Es besteht aus einem Trichter mit Kugeln. Jede Kugel
repräsentiert eine Beobachtung von Y bei gegebenem X
(oder von X bei gegebenem Y). Jede Reihe von Nägeln
auf dem Brett entspricht so einem an sich relativ zufälligen Einflussfaktor. Wenn nun eine Kugel hinunter rollt,
stösst sie immer wieder auf einen der Nägel (einer der Einflussfaktoren) und wird dadurch entweder nach links oder
nach rechts abgelenkt. Wenn die Kugel nach rechts abgelenkt wird, bedeutet dies, dass Y zunimmt; wenn die Kugel nach links abgelenkt wird, bedeutet dies, dass Y abnimmt. Die Wahrscheinlichkeit, dass dies passiert, beträgt
in beiden Fällen 0,5. Es gibt nun viele mögliche Wege, wie
eine Kugel hinunterrollen kann. Die Wahrscheinlichkeit eines bestimmten Weges bei einem Brett von Galton mit 10
Reihen mit Nägeln ist gegeben durch

$$0,5 * 0,5 * 0,5 * \ldots * 0,5 = (0,5)^{10} \approx 0,0009$$

Es gibt nun verschiedene Wege, die zum mittleren Auffangbecken führen, jedoch nur einen Weg, der zum äus-
sersten Auffangbecken führt. Die Wahrscheinlichkeit, dass
eine Kugel in einem bestimmten Auffangbecken landet, ist
also nicht für jedes Auffangbecken gleich. Je weiter das
Auffangbecken vom mittleren Auffangbecken entfernt liegt,
desto kleiner ist die Wahrscheinlichkeit, dass eine Kugel
dort hineinrollt. Übersetzt in unser Beispiel heisst dies,
dass die Wahrscheinlichkeit, dass wir ein Y beobachten,
das weit vom Mittelwert entfernt liegt, kleiner ist als die
Wahrscheinlichkeit, dass wir ein Y nahe dem Mittelwert
beobachten. Wenn wir nun genügend Kugeln hinunterrollen
lassen wird die Verteilung der Kugeln über die verschiedenen Auffangbecken eine ganz bestimmte Form aufweisen.
Dieses Phänomen, diese Form, wurde von Blaise Pascal
1665 erstmals mathematisch festgehalten (vgl. Figur 2.5).
Das Resultat unseres Experiments können wir nun in
einem Häufigkeitshistogramm festhalten (vgl. Figur 2.6).
Wenn wir die Häufigkeiten durch die Gesamtzahl der Kugeln dividieren, bekommen wir die relativen Häufigkeiten.
Verbinden wir die Spitzen dieser Stäbe miteinander, bekommen wir ein Frequenzpolygon.
Diese relativen Frequenzen können wir nun als Wahrscheinlichkeiten, dass einen bestimmter Y-Wert auftritt,
interpretieren.

```
Niveaus                                              Anzahl verschiedener Wege
1                             1                                      1
2                          1     1                                   2
3                       1     2     1                                4
4                    1     3     3     1                             8
5                 1     4     6     4     1                          16
6              1     5    10    10     5     1                       32
7           1     6    15    20    15     6     1                    64
8        1     7    21    35    35    21     7     1                 128
9     1     8    28    56    70    56    28     8     1              256
10  1    9    36    84   126   126    84    36     9     1           512
```

Abbildung 2.5: Das Dreieck von Pascal für 10 Niveaus

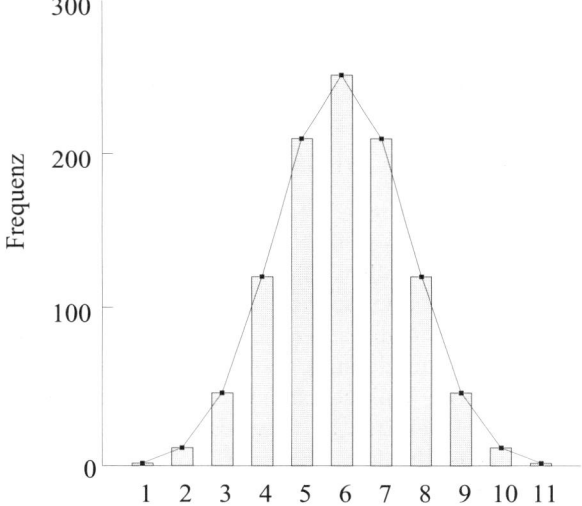

Abbildung 2.6: Häufigkeitshistogramm und Häufigkeits-polygon

Bis jetzt sind wir in unserem Experiment davon aus-gegangen, dass nur ganz bestimmte Y-Werte vorkommen können. Die Anzahl möglicher Y-Werte entsprach der An-zahl der Auffangbecken und hing mit der Anzahl zufälli-ger Einflussfaktoren zusammen. Wenn wir nun die An-zahl zufälliger Einflussfaktoren und damit auch die Anzahl möglicher Werte von Y erhöhen, wird unser Frequenzpo-lygon etwas weniger zackig. Es glättet sich langsam und gleicht immer mehr einer schön abgerundeten Kurve. Wenn wir unendlich viele Einflussfaktoren und unendlich viele Y-

Die 'Erfindung' des Korrelationskoeffizienten geht auf Francis Galton (1822-1911) zurück. Er entdeckte die Bedeutung der Beziehung zwischen Variablen anhand von Daten über Vererbung. Er zeichnete die Werte gewisser Variablen für Eltern und ihre Nachkommen auf und bemerkte dabei, dass die Mittelwerte der Variablen, grob gesehen, auf einer geraden Linie gelagert waren.

Dabei entdeckte er etwas, was er mit 'reversion' (Rückgriff) betitelte und was schliesslich als Regression (Zurückschreiten) bekannt wurde. Bei seiner Forschung über Vererbung zog er verschiedene Schlussfolgerungen aus der Regression.

Auf einem Bahnsteig in der Nähe von Ramsgate grübelte er über seine Daten nach, als er plötzlich eine Regelmässigkeit in seinen Egebnissen entdeckte: Die Variablen aus seinen Stichproben verteilten sich in einem regelmässigen Muster rings um eine gerade Linie!

Er bemerkte: Wenn die Werte der Variablen gemäss ihrem Wert miteinander verkoppelt werden, ergibt sich ein annähernd elliptischer Umriss mit der Regressionslinie als Achse. Mit diesem Gedankensprung wurde die Korrelation geboren (obwohl frühere Schriftsteller über ihre Existenz gestolpert waren, ohne die entsprechenden mathematischen Grundlagen auszuarbeiten).

Ein Mathematiker aus Cambridge, Hamilton Dickson, verschaffte Galton die mathematische Einsicht in die Eigenschaften, die seine Daten offenbarten. 1880, zwei Jahre später, erblickte der Korrelationskoeffizient erstmals das Licht der Welt. Er wurde bald zu einem der gebräuchlichsten Merkmale statistischer Analysen und spielt eine Hauptrolle in den späteren Stufen der meisten Statistikkurse.

Neben Francis Galton war vor allem Karl Pearson (1857-1936) entscheidend an der Weiterentwicklung des Korrelationskoeffizienten beteiligt. Hier nochmals das Streuungsdiagramm der Körpergrössen von Vater und Sohn nach Pearson und Lee (1902, Biometrika, Bd. 2, S. 364).

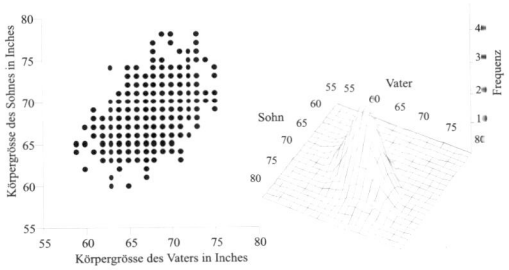

In Anlehnung an Kennedy, G. (1985) Einladung zur Statistik. S. 218-219, Campus, Frankfurt.

Werte nehmen – wir haben es dann also mit einer stetigen Y-Variablen zu tun – bekommen wir als Resultat eine Normalverteilungskurve.

Diese Kurve wurde von einem der grössten Mathematiker, Carl Gustav Gauss (1777–1855), entdeckt. Er benützte die Normalverteilungskurve, um Fehler in astronomischen Messungen zu studieren. Diese Kurve wird zu seiner Ehre manchmal auch als Gauss'sche Glockenkurve bezeichnet.

Die Gauss'sche Normalverteilung ist die wichtigste aller theoretischen Verteilungen in der Statistik. Man hätte sie besser 'Die Verteilung unendlich vieler Werte, die von unendlich vielen Zufallsereignissen bestimmt werden' genannt, aber das ist zu kompliziert zum Aussprechen. Die Wahrscheinlichkeitsdichte dieser Normalverteilung ist gegeben durch

$$f(Y) = \frac{1}{\sigma_y \sqrt{2\,\pi}} \exp\left(-\frac{(Y_i - \mu_y)^2}{2\,\sigma_y^2}\right) \quad ,$$

wobei σ_y die jeweilige Standardabweichung von Y darstellt. Die Schreibweise 'exp $(\cdot)$' ist eine vereinfachte Darstellung von '$e^{(\cdot)}$'. Die Grössen μ_y und σ_y bezeichnet man auch als *Parameter* der Normalverteilung. Kennt man diese beiden Parameter, so lässt sich mittels der obigen Gleichung für jeden beliebigen Wert von Y ihre Auftretenswahrscheinlichkeit berechnen.

Bi-variate Normalverteilung – gemeinsame Wahrscheinlichkeitsverteilung zweier Variablen, wofür gilt, dass die jeweiligen bedingten Verteilungen eine Normalverteilung aufweisen

Vielfach wird die bedingte Verteilung tatsächlich solch eine Normalverteilung aufweisen. Wenn dies sowohl für die bedingte Verteilung von Y bei gegebenen X als auch für die bedingte Verteilung von X bei gegebenen Y zutrifft und zusätzlich der Zusammenhang zwischen X und Y linear ist, dann haben wir es mit einer sogenannten *bi-variaten Normalverteilung* zu tun.

In Figur 2.3 wurde eine solche bi-variate Normalverteilung bereits graphisch dargestellt. Die Wahrscheinlichkeitsdichte dieser Verteilung wurde dabei auf die vertikale Achse eingetragen. Unsere bedingte (und damit univariate) Verteilung ist als Schnittlinie durch die bivariate Dichtefläche gegeben. Mathematisch ausgedrückt sieht die bi-variate Wahrscheinlichkeitsdichte wie folgt aus:

$$f(X, Y) = \frac{1}{2\,\pi\,\sigma_x\,\sigma_y\,\sqrt{1 - \rho_{xy}^2}} \exp\left\{-\frac{1}{2\,(1 - \rho_{xy}^2)} \left[\left(\frac{X_i - \mu_x}{\sigma_x}\right)^2\right.\right.$$
$$\left.\left. -2\,\rho_{xy}\left(\frac{X_i - \mu_x}{\sigma_x}\right)\left(\frac{Y_i - \mu_y}{\sigma_y}\right) + \left(\frac{Y_i - \mu_y}{\sigma_y}\right)^2\right]\right\} \quad ,$$

wobei μ_x und μ_y den Mittelwert von X bzw. Y, σ_x bzw. σ_y die jeweilige Standardabweichung von X und Y und ρ_{xy} den im nächsten Abschnitt noch näher zu definierenden Produkt-Moment-Korrelationskoeffizienten als Mass

für die Stärke des linearen Zusammenhangs zwischen X
und Y darstellen. Wie wir noch sehen werden, kann man
ρ_{xy} auch als $\frac{\sigma_{xy}}{\sigma_x\,\sigma_y}$ schreiben. Dabei stellt σ_{xy} die ebenfalls später noch zu definierenden Kovarianz dar. Insgesamt
brauchen wir zur Beschreibung der bi-variaten Normalver-
teilung fünf Parameter (μ_x, μ_y, σ_x und ρ_{xy}). Die Parameter der bi-variaten Normalverteilung lassen sich wie folgt
in Matrizen zusammenfassen:

$$\boldsymbol{\mu} = \left[\begin{array}{c} \mu_x \\ \mu_y \end{array} \right], \boldsymbol{\Sigma} = \left[\begin{array}{cc} \sigma_x^2 & \sigma_{xy}^2 \\ \sigma_{xy}^2 & \sigma_y^2 \end{array} \right], \rho_{xy} = \frac{\sigma_{xy}}{\sigma_x\,\sigma_y} \quad .$$

Die Dichtefunktion der bi-variaten Normalverteilung lautet
dann:

$$f(X,Y) \quad = \quad \frac{1}{2\,\pi\,\sigma_x\,\sigma_y\,\sqrt{1-\rho_{xy}^2}} \exp\left\{ -\frac{1}{2} \left[\begin{array}{c} X-\mu_x \\ Y-\mu_y \end{array} \right]' \boldsymbol{\Sigma}^{-1} \left[\begin{array}{c} X-\mu_x \\ Y-\mu_y \end{array} \right] \right\} \quad .$$

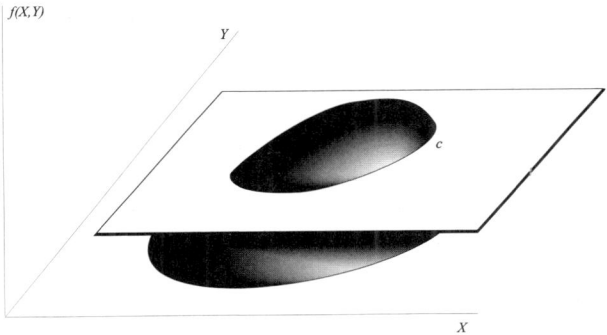

Abbildung 2.7: Iso-Wahrscheinlichkeitsellipse einer bi-
variaten Normalverteilung

Wir können diese bi-variate Dichteoberfläche auch horizontal durchschneiden. Die resultierende Schnittfigur ist
nun eine Ellipse, die alle Kombinationen von X und Y
darstellt, die gleich wahrscheinlich sind. Die Ellipse ist also
eine Iso-Wahrscheinlichkeits-Kurve, definiert als

$$\left(\frac{1}{1-\rho_{xy}^2} \right) \left[\left(\frac{X_i - \mu_x}{\sigma_x} \right)^2 - 2\,\rho_{xy} \left(\frac{X_i - \mu_x}{\sigma_x} \right) \left(\frac{Y_i - \mu_y}{\sigma_y} \right) + \left(\frac{Y_i - \mu_y}{\sigma_y} \right)^2 \right] = c \, ,$$

oder in Matrix-Form:

$$\left[\begin{array}{c} X - \mu_x \\ Y - \mu_y \end{array} \right]' \boldsymbol{\Sigma}^{-1} \left[\begin{array}{c} X - \mu_x \\ Y - \mu_y \end{array} \right] = c \quad ,$$

Wobei c eine Konstante ist (vgl. Figur 2.8). Wir können
die bi-variate Dichteoberfläche natürlich auf verschiedenen Wahrscheinlichkeitsniveaus durchschneiden. Die jeweiligen Iso-Wahrscheinlichkeitsellipsen können wir nun auf
die Grundfläche projizieren.

Da es sich hier um zwei stetige Zufallsvariablen X und
Y handelt, kann man strikt genommen nicht von der Wahrscheinlichkeit einer bestimmten Kombination von X und
Y sprechen. Es gibt schliesslich unendlich viele solcher
Kombinationen und die Summe ihrer Wahrscheinlichkeiten
muss definitionsgemäss wieder 1 betragen. Daraus folgt automatisch, dass die Wahrscheinlichkeit einer exakten Kombination von X und Y unendlich klein, also 0, sein muss.
Wir können nur von einer Wahrscheinlichkeit, dass X und
Y innerhalb eines bestimmten Bereichs liegen, sprechen.
In diesem Sinne spricht man nicht von der Wahrscheinlichkeit, dass eine bestimmte Kombination von X und Y auf
einer Iso-Wahrscheinlichkeitsellipse liegt, sondern von der
Wahrscheinlichkeit, dass eine Kombination *entweder* auf
der Iso-Wahrscheinlichkeitsellipse *oder* innerhalb der Ellipse liegt. Die 0,9 Iso-Dichtekurve zeigt somit an, dass 90
Prozent aller Realisationen dieser zwei-dimensionalen Normalverteilung im Inneren und 10 Prozent im Äusseren zu
erwarten sind.

Die Form der Ellipsen hängt von σ_x, σ_y und ρ_{xy} ab.
Für $\rho_{xy} = 0$ sind die Achsen der Ellipse parallel zu einer
der Koordinatenachsen. Wenn ebenfalls gilt, dass $\sigma_x > \sigma_y$,
ist die grössere Achse parallel zur X-Achse. Wenn aber
umgekehrt gilt, dass $\rho_{xy} = 0$ und $\sigma_x < \sigma_y$, ist die grössere
Achse parallel zur Y-Achse. Für $\sigma_x = \sigma_y$ und $\rho_{xy} = 0$
ergeben sich Kreise. Für $\rho_{xy} \neq 0$ liegen die Achsen nicht
mehr parallel zu den Koordinatenachsen.

2.3.2 Der Pearson-Produkt-Moment-Korrelations-koeffizient

Die Korrelationsanalyse ist stark mit der Regressionsanalyse verwandt. Auch die Regressionsanalyse untersucht li-

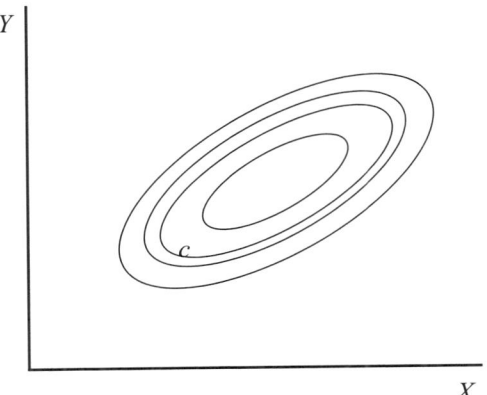

Abbildung 2.8: Iso-Wahrscheinlichkeitsellipse

neare Zusammenhänge zwischen Merkmalen. Wie wir gesehen haben, ist es aber für die Regressionsanalyse notwendig, eine genaue Vorstellung davon zu haben, was Ursache und was Folge bzw. was die unabhängige Variable und was die abhängige Variable ist. Die kausale Richtung der Relation ist bei der Regressionsanalyse also genau festgelegt. In der Praxis kommt es jedoch häufig vor, dass wir zwar wissen oder vermuten, dass zwei Variablen zusammenhängen, gleichzeitig aber keine genaue Vorstellung darüber haben, welche Variable nun eigentlich welche beeinflusst. Auch kann es sein, dass gar keine direkte Abhängigkeit besteht (Scheinzusammenhänge, indirekte Abhängigkeiten). Bei der Korrelationsanalyse ist die kausale Richtung der Relation also nicht bekannt oder interessiert uns (noch) nicht.

Eine Analyse, die sich besonders für die Untersuchung solcher Relationen eignet, ist nun die Korrelationsanalyse.

Die Korrelation oder der Korrelationskoeffizient ist eine einfache Masszahl für die Stärke eines linearen Zusammenhangs. In erster Instanz werden wir hier die einfache Korrelation zweier metrisch skalierter Variablen schrittweise entwickeln. Aus den einzelnen Schritten sollte deutlich werden, warum Karl Pearson den Korrelationskoeffizienten gerade so und nicht anders definierte.

Als erstes bilden wir das Produkt des Wertes der Variablen X mit dem der Variablen Y. Für jedes Objekt gibt es so ein Produkt. Die Summe all dieser Produkte nehmen wir nun als ersten Vorschlag für eine Masszahl, die die Stärke des Zusammenhangs zum Ausdruck bringen soll.

$$\sum_{i=1}^{N} X_i Y_i \quad ,$$

wobei N die Anzahl Objekte in der Grundgesamtheit und i ein Index für das i-te Objekt repräsentiert.

Es wäre natürlich gut, wenn das Vorzeichen dieser Summe auch gerade der Richtung des Zusammenhangs entsprechen würde. Dies ist hier deutlich nicht der Fall. Das Vorzeichen ist von den jeweiligen Nullpunkten der beiden Messskalen abhängig. So kann es z.B. vorkommen, dass wir es mit einem Merkmal, mit einem natürlichen Nullpunkt zu tun haben. Die Werte könnten dann nur positiv sein. Wenn beide Messskalen so einen natürlichen Nullpunkt hätten, würde die Summe der Produkte immer positiv sein. Zur Verbesserung unseres Zusammenhangsmasses werden nun die Daten erst wie folgt transformiert.

$$X_i^d = X_i - \mu_x \qquad \text{und} \qquad Y_i^d = Y_i - \mu_y \quad ,$$

wobei x_i und y_i die neue Variable und μ_x und μ_y den Mittelwert von X bzw. von Y darstellen.

Diese Transformation kommt einer Verschiebung des Ursprungs unseres Achsensytems gleich (vgl. Figur 2.9). Die Punktwolke, die den Zusammenhang zwischen den beiden Variablen wiedergibt, ändert dabei ihr Aussehen nicht. Der Zusammenhang zwischen den Variablen bleibt durch diese Transformation also unberührt. Wir haben lediglich die Messskala so verändert, dass beide nun einen Nullpunkt genau auf dem Mittelwert ihrer Verteilung besitzen. Statt dass wir die ursprünglichen Werte verwenden, verwenden wir die Abweichungen vom Durchschnitt als Werte.

$$\sum_{i=1}^{N} (X_i - \mu_x)(Y_i - \mu_y) = \sum_{i=1}^{N} X_i^d Y_i^d \quad .$$

Das Vorzeichen der Summe der Produkte ist nicht mehr von der Willkürlichkeit der verwendeten Messskalen

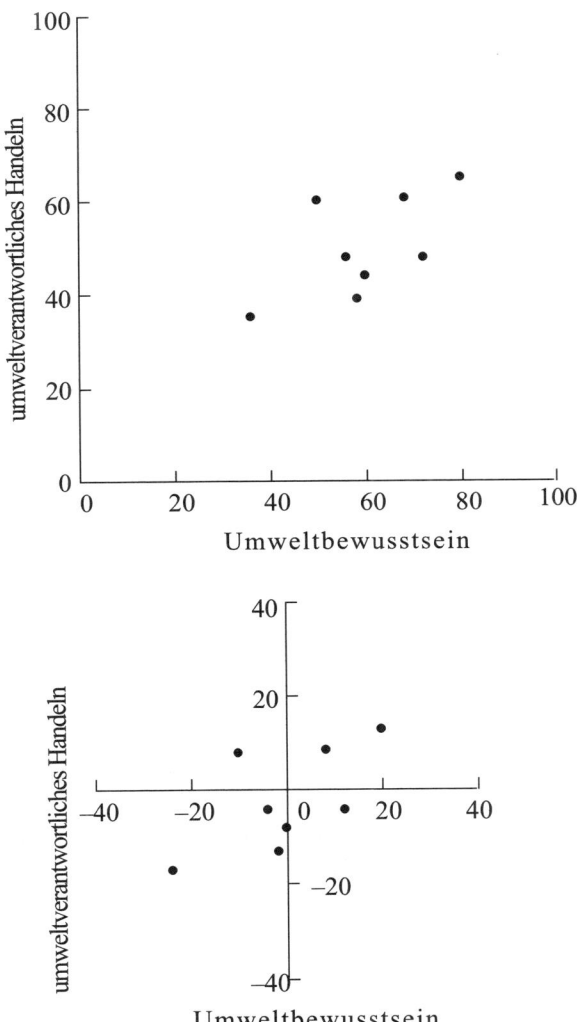

Abbildung 2.9: Transformation der ursprünglichen Werte zu Abweichungen vom Mittelwert

abhängig. Unsere Masszahl kann immer sowohl positive als auch negative Werte annehmen. Eine Abweichung ist positiv, wenn der ursprüngliche Wert (X_i oder Y_i) über, und negativ, wenn er unter dem Mittelwert (μ_x bzw. μ_y) liegt.

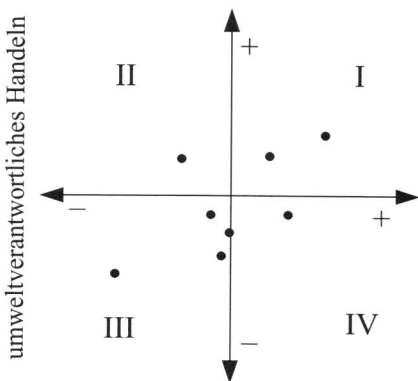

Umweltbewusstsein

Abbildung 2.10: Verteilung der Punkte über die verschiedenen Quadranten

Anhand von Figur 2.10 ist nun leicht ersichtlich, dass das Vorzeichen der so berechneten Masszahl genau die Eigenschaften aufweist, die wir uns wünschen. Wenn hohe Werte von X (= hohe positive Werte von X^d) die Tendenz zeigen, mit hohen Werten von Y (= hohen positiven Werte von Y^d) gemeinsam aufzutreten und gleichzeitig niedrige Werte von X (= stark negativen Werte von X^d) die Neigung haben, gemeinsam mit niedrigen Werten von Y (= stark negativen Werte von Y^d) vorzukommen, dann ist der Zusammenhang positiv. Die meisten Punkte liegen also hauptsächlich im ersten oder im dritten Quadranten. Da in beiden Fällen die Vorzeichen der Werte positiv sind und damit auch die entsprechenden Produkte positiv sind, wird die Summe der Produkte auch positiv sein. In unserem kleinen Beispiel haben wir es also eindeutig mit einem positiven Zusammenhang zu tun.

Wenn hohe Werte von X (= hohe positive Werte von X^d) die Tendenz zeigen, mit niedrigen Werten von Y (= stark negative Werte von Y^d) gemeinsam aufzutreten, und gleichzeitig niedrige Werte von X (= stark negative Werte von X^d) die Neigung haben, gemeinsam mit hohen Werten von Y (= hohe positive Werte von Y^d) vorzukommen, dann ist der Zusammenhang negativ. Die meisten Punk-

te liegen entweder im zweiten oder im vierten Quadranten.
Die Vorzeichen der jeweiligen Werte von X^d und Y^d sind in
beiden Fällen jeweils unterschiedlich und die entsprechenden Produkte sind also negativ. Da in dieser Situation die
negativen Werte vorwiegen, wird die Summe der Produkte
negativ ausfallen.

Wenn es keinen Zusammenhang zwischen X und Y
gibt, werden die einzelnen Punkte aller Wahrscheinlichkeit
nach mehr oder weniger gleichmässig über die ganze Fläche
verteilt sein. In diesem Fall werden die positiven Werte des
Produktes die negativen Werte kompensieren, so dass die
Summe der Produkte ungefähr Null betragen wird.

Diese Masszahl hat aber noch immer gewisse Nachteile.
Sie ist nämlich stark von der Anzahl der Objekte abhängig.
Je grösser die Anzahl der Objekte (Beobachtungen), desto
grösser wird die Masszahl ausfallen, wenn ein Zusammenhang vorliegt. Wenn wir z.B. jede Beobachtung nicht einmal, sondern zehnmal machen würden, würde das Mass für
die Stärke des Zusammenhangs ebenfalls zehnmal so gross.

Um dem nun vorzubeugen, dividieren wir die Masszahl
erst durch die Anzahl der Objekte N.

$$\text{Kovarianz zwischen } Y \text{ und } X = \sigma_{xy} = \frac{\sum\limits_{i=1}^{N} (X_i - \mu_x)(Y_i - \mu_y)}{N} \quad .$$

Diese Masszahl nennen wir die Kovarianz. Die Kovarianz drückt den Grad des (linear) miteinander Variierens
bzw. des Kovariierens, der Messwertreihen X und Y, aus.
Wir werden der Kovarianz noch häufiger begegnen.

Ein Problem haben wir noch übersehen: Die Kovarianz
ist nämlich noch immer von den gewählten Messeinheiten
abhängig. Auch wenn wir die Werte als Abweichungen von
ihrem Mittelwert darstellen, werden diese Abweichungen
noch immer in den ursprünglichen Messeinheiten (Meter,
Kilometer, kg, CHF, °C, °F etc.) ausgedrückt. Wenn wir
aber von einer Einheit zur anderen wechseln, wird dies den
Zusammenhang natürlich nicht beeinflussen. Unsere Masszahl sollte also für solche änderungen unempfindlich sein.
Um auch den Effekt der gewählten Messeinheiten herauszu-
filtern, dividieren wir die Abweichungen durch die Streuung
(dargestellt in Form der Standardabweichung) der jeweiligen Variablen. Dies kommt wiederum einer Transformation

der Daten gleich. Statt dass wir aber nun das Achsenkreuz verschieben, ändern wir nun lediglich die Achseneinheiten. Die Abweichungen werden jetzt nicht mehr in Meter oder °C, sondern in 'Standardabweichungen' der jeweiligen Variablen ausgedrückt:

$$\rho_{xy} = \frac{\sum\limits_{i=1}^{N} \left(\frac{X_i - \mu_x}{\sigma_x}\right)\left(\frac{Y_i - \mu_y}{\sigma_y}\right)}{N} = \frac{\sigma_{xy}}{\sigma_x\,\sigma_y} \quad ,$$

wobei

$$\sigma_x = \sqrt{\frac{\sum\limits_{i=1}^{N}(X_i - \mu_x)^2}{N}} \qquad \text{und} \qquad \sigma_y = \sqrt{\frac{\sum\limits_{i=1}^{N}(Y_i - \mu_y)^2}{N}}$$

die Standardabweichung von X bzw. von Y darstellen. Dies ist also nichts anderes als die bezüglich der Standardabweichung von X und Y normierte Kovarianz der beiden Variablen X und Y. Oder anders ausgedrückt stellt dieser Koeffizient das Verhältnis der beobachteten Kovarianz zur maximalen Kovarianz dar. Vereinfacht kann man auch schreiben:

$$\rho_{xy} = \frac{\sum\limits_{i=1}^{N}(X_i - \mu_x)(Y_i - \mu_y)}{\sqrt{\sum\limits_{i=1}^{N}(X_i - \mu_x)^2 \sum\limits_{i=1}^{N}(Y_i - \mu_y)^2}} \quad .$$

ρ_{xy} (Rho) ist nun der von uns gesuchte Pearson-Produkt-Moment-Korrelationskoeffizient als Mass für die Stärke eines linearen Zusammenhangs zwischen X und Y.

Wir wollen die Eigenschaften dieses Korrelationskoeffizienten ρ_{xy} noch etwas genauer betrachten:

1. ρ_{xy} kann variieren zwischen -1 und $+1$. $\rho_{xy} = 0$ bedeutet, dass es keinen linearen Zusammenhang zwischen X und Y gibt. Liegt dagegen ρ_{xy} nahe 1, haben wir es mit einer stark positiven Korrelation zu tun. Hohe Werte von X werden damit häufig auch hohen Werten von Y entsprechen. Und niedrige Werte von X entsprechen häufig auch niedrigen Werten von Y. Liegt

aber ρ_{xy} nahe -1, liegt eine stark negative Korrelation vor. Bei hohen Werten von X wird man also vielfach niedrige Werte von Y antreffen und umgekehrt. In den Naturwissenschaften werden manchmal sehr hohe Korrelationen (z.B. 0,9 oder höher) beobachtet, da bei naturwissenschaftlichen Experimenten störende Einflüsse einfacher ausgeschaltet werden können. In den Sozialwissenschaften ist dies viel schwieriger und Korrelationskoeffizienten von 0,6 sind bereits sehr beachtenswert.

2. Da der Korrelationskoeffizient nur von der Stärke eines Zusammenhanges und nicht von der Richtung der eventuell diesem Zusammenhang zugrundeliegenden kausalen Abhängigkeit beeinflusst wird, gilt $\rho_{xy} = \rho_{yx}$.

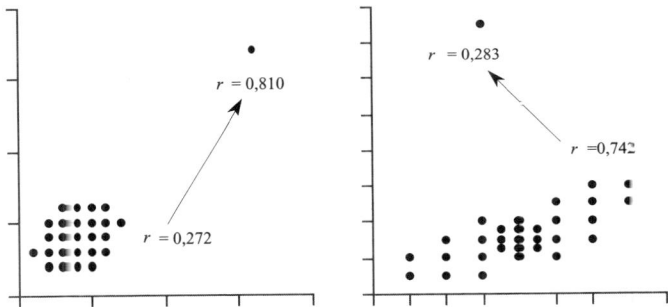

Abbildung 2.11: Einfluss eines Ausreissers auf den Korrelationskoeffizienten

3. Korrelationskoeffizienten sind sehr empfindlich für extreme Werte (vgl. Figur 2.11). Da beim Berechnen des Korrelationskoeffizienten die Abweichungen vom Mittelwert miteinander multipliziert werden, tragen Werte nahe dem Mittelwert weniger zum Korrelationskoeffizienten bei als Werte weit entfernt vom Mittelwert. Ein einzelner Ausreisser kann da bereits grosse Auswirkung haben. Grundsätzlich sind diese extremen Werte also mit Vorsicht zu geniessen und nur im Datensatz beizubehalten, wenn sicher ist, dass keine Mess- oder Kodierfehler vorliegen.

2.4 Rückschlüsse auf die Grundgesamtheit

In den meisten Fällen kennen wir den Korrelationskoeffizienten in der Grundgesamtheit nicht, sondern können nur
den Korrelationskoeffizienten unserer Stichprobe auf diese
Weise direkt ermitteln. Den Korrelationskoeffizienten der
Stichprobe bezeichnen wir mit r_{xy}.[3]

Wir können aber trotzdem anhand der Stichprobenkorrelation r_{xy} etwas über den Korrelationskoeffizienten in der
Grundgesamtheit ρ_{xy} herausfinden. Wir formulieren dazu
gewisse Hypothesen über diesen Korrelationskoeffizienten
und versuchen, diese anhand der Stichprobe zu überprüfen.
So können wir uns z.B. fragen, ob der in der Stichprobe
beobachtete Korrelationskoeffizient nicht einfach eine Folge des Stichprobenzufalls ist. Wenn in Wirklichkeit in der
Grundgesamtheit der Korrelationskoeffizient Null beträgt
(kein linearer Zusammenhang), kann es nämlich rein zufallsbedingt vorkommen, dass der Korrelationskoeffizient
in der Stichprobe von Null abweicht. Um sicher zu sein,
dass wir uns also nicht täuschen, formulieren wir die Hypothese:

$$H_0 \quad : \quad \rho_{xy} = 0$$
$$H_1 \quad : \quad \rho_{xy} \neq 0 \quad .$$

Gleichzeitig nehmen wir an, dass die bi-variate (gemeinsame) Verteilung von X und Y in der Grundgesamtheit einer
bi-variaten Normalverteilung entspricht. Mit dieser Annahme und der H_0-Hypothese können wir via einem üblichen
(zweiseitigen) t-Test ermitteln,[4] wie gross die Wahrschein-

---

[3] Diese symbolische Bezeichnung für die Produkt-Moment-
Korrelation wurde von Galton in 1877 eingeführt und steht nach
aller Wahrscheinlichkeit für 'reversion' bzw. für das, was später als
Regression bezeichnet wurde.

[4]

$$t = \frac{r_{xy}\sqrt{n-2}}{\sqrt{1 - r_{xy}^2}}$$

Wenn tatsächlich eine bi-variate Normalverteilung vorliegt, weist
diese Grösse bei kleinen Stichproben ($n < 30$) eine t-Verteilung
mit $n - 2$ Freiheitsgraden auf. Bei grösseren Stichproben ist diese
Grösse annähernd standard-normalverteilt, sogar auch dann, wenn
keine bi-variate Normalverteilung vorliegt. Vgl. auch Grundbegriffe der Testtheorie (Anhang B).

lichkeit ist, dass wir unter solchen Umständen eine Stichprobe finden, in der der Korrelationskoeffizient gleich weit
oder noch weiter von Null entfernt liegt als die von uns
beobachtete Korrelation r_{xy}. Wenn diese Wahrscheinlichkeit sehr klein ist (z.B. p oder $Prob < 0{,}05$), darf man
annehmen, dass unsere Stichprobe nicht aus einer Grundgesamtheit stammt, in der $\rho_{xy} = 0$ ist. Wir haben uns in
diesem Fall also nicht getäuscht und können ruhig behaupten, dass der von uns beobachtete Korrelationskoeffizient
auch in der Grundgesamtheit signifikant *von Null verschieden ist*. Wie gross nun aber der Korrelationskoeffizient ρ_{xy}
in der Grundgesamtheit tatsächlich ist, weiss man damit
noch nicht. Auch darüber lässt sich eine Aussage machen.
üblicherweise berechnet man dazu einen Vertrauensintervall. So zeigt sich, dass die z-Statistik[5]

$$z = \frac{1}{2} \ln \left(\frac{1 + r_{xy}}{1 - r_{xy}} \right)$$

annähernd normalverteilt ist (Mittelwert dieser Verteilung
$= \frac{1+\rho_{xy}}{1-\rho_{xy}}$ und Varianz $= \frac{1}{n-3}$), wenn X und Y tatsächlich
bi-variat normalverteilt sind. Daraus lässt sich ableiten,
dass diese z-Statistik der Grundgesamtheit mit 95%iger Sicherheit innerhalb des Intervalls

$$z = \frac{1}{2} \ln \left(\frac{1 + \rho_{xy}}{1 - \rho_{xy}} \right) = \frac{1}{2} \ln \left(\frac{1 + r_{xy}}{1 - r_{xy}} \right) \pm 1{,}96 \sqrt{\frac{1}{n-3}}$$

liegt (vgl. auch Grundbegriffe der Testtheorie in Anhang
B). Anhand von dieser Teststatistik lässt sich ein Vertrauensintervall für ρ_{xy} berechnen, indem wir die Vertrauensgrenzen von z wieder in die Vertrauensgrenzen von ρ_{xy}
zurücktransformieren. Es gilt dabei:

$$\rho_{xy} = \frac{e^{2 \cdot z} - 1}{e^{2 \cdot z} + 1} \quad .$$

Ein Beispiel mag dies noch verdeutlichen: Nehmen wir an,
wir hätten in einer Stichprobe mit Stichprobeumfang 50
($n = 50$) einen Korrelationskoeffizienten r_{xy} von 0,65 beobachtet. Setzen wir diese Werte in die Formel für das Vertrauensintervall von z ein, erhalten wir:

---

[5] Diese Statistik nennt man manchmal auch die Fischer-z-Statistik.

$$z = \frac{1}{2} \ln \left(\frac{1 + 0{,}65}{1 - 0{,}65} \right) \pm 1{,}96 \sqrt{\frac{1}{50 - 3}} = 0{,}7753 \pm 0{,}2859 \quad .$$

Rechnen wir dieses Ergebnis in Werte für ρ_{xy} um, dann sehen wir, dass mit 95%iger Wahrscheinlichkeit der wahre Wert von ρ_{xy} in der Grundgesamtheit zwischen 0,49 und 0,79 liegt.

3. Einfache Regressionsanalyse

3.1 Einführung

Die einfache Regressionsanalyse dient der Analyse von *direkten kausalen Relationen* zwischen einer *abhängigen Variablen* und einer *unabhängigen Variablen* und ist in diesem Sinne eine Variante der *Abhängigkeitsanalyse*. Bei der einfachen Korrelationsanalyse interessierten wir uns noch nicht für die effektiven kausalen Relationen zwischen den Variablen. Wir wollten lediglich wissen, ob und wie stark die beiden Variablen in einem festen Verhältnis (d.h. linear) miteinander kovariieren. Es blieb dabei völlig offen, ob dieses Kovariieren auf eine direkte kausale Relation oder auf irgendwelche andere Ursachen zurückzuführen ist. Wir unterschieden denn auch nicht zwischen Ursache und Folge. Bei der Regressionsanalyse steht jedoch die direkte kausale Relation zwischen den Variablen im Vordergrund. Wir unterscheiden eindeutig zwischen Ursache und Folge, zwischen unabhängiger und abhängiger Variablen. In diesem Sinne sagt man auch, die Regressionsanalyse sei ein *asymmetrischer* Ansatz zur Analyse von Relationen zwischen Variablen. Die *kausale Richtung* der Relation steht im voraus fest.

Ebenso wie bei der Korrelationsanalyse wird aber auch bei der Regressionsanalyse davon ausgegangen, die Relation zwischen der abhängigen Variablen und der oder den unabhängigen Variablen sei linear. Linear bedeutet, dass sich die abhängige Variable Y (Folge) immer in gleicher Proportion wie die unabhängige Variable X (Ursache) verändert.

$$\frac{\Delta Y}{\Delta X} = c \quad ,$$

wobei c eine Konstante darstellt. Wenn z.B. das Umweltwissen zunimmt, so wird sich das umweltverantwortliche
Handeln in gleicher Proportion verändern. Viele Untersuchungen sind jedoch nicht so ausgelegt, dass sie Veränderungen wahrnehmen können. Häufig liegen nur Daten zu einem einzigen Zeitpunkt vor.[1] Anstelle von Veränderungen
eines Merkmals einer bestimmten Person werden dann Unterschiede zwischen verschiedenen Personen bezüglich des
gleichen Merkmals analysiert. Eine lineare Beziehung bedeutet dann, dass ein Unterschied zwischen zwei Personen
bezüglich der abhängigen Variablen Y mit einem proportional gleich grossen Unterschied bezüglich der unabhängigen
Variablen X einhergeht.

Auch wenn in Wirklichkeit die Relation zwischen zwei
Variablen nicht linear ist, ist die Annahme eines linearen
Zusammenhangs oft eine gute Approximation. In anderen
Fällen lassen sich die nicht-linearen Zusammenhänge oft
durch eine Transformation der Variablen in lineare umwan-
deln. Wir werden hierauf im Kapitel 7 noch näher eingehen.

Bei der Regressionsanalyse geht es nun darum, die exakte (mathematische) Formulierung dieser linearen kausalen
Relation zu finden. Aus einer solchen Formulierung wird
ersichtlich, wie gross der Einfluss der unabhängigen Variablen X auf die abhängige Variable Y ist (Bestimmung
der Grössenordnung des Einflusses), und damit natürlich
auch, ob eine unabhängige Variable X überhaupt etwas zur
Erklärung der abhängigen Variablen Y beiträgt. Die Regressionsanalyse kann dazu verwendet werden, darüber zu
entscheiden, ob eine Variable überhaupt eine Ursache für
die abhängige Variable ist (Ursachenselektion). Schliesslich lässt sich mit dieser mathematischen Formulierung der
Wert der abhängigen Variablen Y für (noch) nicht beobachtete Werte der unabhängigen Variablen X vorhersagen.
Die lineare Relation wird quasi auf Wertebereiche, die wir
noch nicht beobachtet haben, ausgedehnt oder extrapoliert
(Prognose).

Bei der Regressionsanalyse wird, wie auch schon bei
der Korrelationsanalyse, davon ausgegangen, dass alle be-

---

[1] Untersuchungen, die sich auf einen einzigen Zeitpunkt beschränken, bezeichnet man manchmal auch als 'Querschnittsanaly-
se'. Liegen dagegen Daten zu verschiedenen Zeitpunkten vor, dann
spricht man von einer 'Längsschnittanalyse'.

troffenen Variablen auf *metrischem Skalenniveau* gemessen
wurden.

Die *abhängige Variable Y* nennen wir die *zu erklärende
Variable*, *Regressand*, *Zielvariable* oder 'dependent variable'. Die *unabhängige(n) Variable(n) X* bzw. $X_1, \ldots, X_m$
bezeichnet man als die *erklärende(n) Variable(n)*, *Regres-
sor(en)*, *Prädiktorvariable(n)* oder 'independent variables'.
Der Name 'unabhängige Variable' ist ein wenig irreführend,
da diese Variable ziemlich sicher nicht völlig unabhängig
ist, sondern ihrerseits auch von anderen Merkmalen beeinflusst wird. Diese Bezeichnung beschränkt sich ausschliesslich auf den engen Rahmen unserer Betrachtung, nämlich
die kausale Relation zwischen Y und X. Dass es weitere Variablen geben könnte, die ihrerseits wieder X bestimmen
(X wäre dann von diesen weiteren Variablen 'abhängig'),
wird dabei (vorläufig) ausser Betracht gelassen.

3.2 Kausalität und Geschlossenheit

Um die unabhängige Variable X eindeutig als (Wirk-)Ursa-
che der abhängigen Variablen Y festlegen zu können, muss,
nach der der Statistik zugrundeliegenden Auffassung von
Kausalität (vgl. Kapitel 1: 'Überblick') eine Regularität in
Form einer Kovariation (ein gemeinsames Variieren) von
den beiden Variablen X und Y vorliegen. Damit eine solche Regularität überhaupt auftreten kann, müssen einige
Bedingungen erfüllt sein. Wenn z.B. sowohl bei Katrin als
auch bei Jean Pierre gewisse Eigenschaften als Folge eines kausalen Prozesses gemeinsam auftreten, muss dieser
kausale Prozess sowohl für Katrin als auch für Jean Pierre gelten. Er muss also, innerhalb eines gewissen Raumes
oder Bereiches, der sowohl Katrin als auch Jean Pierre umfasst, eine gewisse Konstanz aufweisen. Oder wenn Jean
Pierre unter ganz bestimmten Bedingungen als Folge eines
kausalen Prozesses wiederholt immer die gleiche Handlung
tätigt, muss der betreffende kausale Prozess über eine gewisse Zeitspanne konstant seine Wirkung entfalten können.
Das Auftreten von Regularitäten in Form von Kovariationen als Folge eines kausalen Prozesses setzt voraus, dass
dieser kausale Prozess über eine gewisse Zeit oder über

einen bestimmten Raum auf konstante Weise seine Wirkung entfalten kann. Das bedeutet auch, dass keine weiteren Faktoren in diesen Prozess 'hineinfunken' und die Wirkung des zu untersuchenden kausalen Prozesses zunichte machen oder beeinflussen. Auch müssen die Bedingungen, unter denen der kausale Prozess seine Wirkung entfaltet, gleich bleiben, wenn wir überhaupt von einer Wiederholung, von einer Regularität sprechen können. Kurzum, das Ursachensystem muss geschlossen sein. Solche geschlossenen Systeme können natürlich sein (wie z.B. das Sonnensystem) oder werden künstlich z.B. in der Anordnung eines Experimentes im Labor hergestellt. Dies bedeutet, dass:

1. Die kausalen Mechanismen dürfen sich nicht verändern, sondern sollten kontinuierlich weiter funktionieren. Man nennt dies, die *intrinsische Geschlossenheitsbedingung*. So wird der World Wildlife Fund (WWF) nicht den gleichen Einfluss auf die Umweltverantwortlichkeit der Menschen ausüben können, wenn seine interne Struktur auseinander brechen würde, oder wenn die Leute unabhängig von irgendwelchen externen Ursachen plötzlich ganz anders auf die Kampagnen des WWF reagieren würden.

2. Die externen Bedingungen (externen Ursachen), unter denen das Ursachensystem seine Wirkung entfaltet, sollten sich ebenfalls nicht verändern. In der Literatur ist dies als die *extrinsische Geschlossenheitsbedingung* bekannt. Wenn sich die politischen Sympathien in der Bevölkerung, z.B. unter Einfluss einer Rezession, plötzlich ändern, wird der Effekt einer WWF-Kampagne keine Regularität aufweisen können.

In der sozialen Wirklichkeit haben wir es im Normalfall mit weit offenen Ursachensystemen zu tun. So sind z.B. Menschen lernende Geschöpfe, die ihre Interpretationen ihrer handlungsleitenden Situation und die Ziele ihrer Handlungen ständig verändern. Es ist ja auch diese Veränderung, zu deren Grundlagen die Wissenschaft beitragen möchte. Hierdurch reagieren sie nicht mehr in gleicher Weise bzw. sind sie nicht mehr die gleichen Personen (Untersuchungsobjekte) und so wäre die intrinsische Geschlossenheitsbedingung verletzt. Auch die Bedingungen, unter denen unsere Untersuchungsobjekte handeln, verändern sich andauernd, wie z.B. im Falle einer Rezession, oder werden von ihnen verändert, womit auch die extrinsische Geschlossenheitsbedingung nicht mehr erfüllt wäre. Dies heisst jedoch noch nicht, dass jede Veränderung eine Analyse von Regularitäten, von Kovariationen, verunmöglichen würde. Häufig beobachten wir neben dem Wesentlichen (d.h. kausal verknüpften) auch vieles, das sich im nachhinein als unwesentlich erweist. Selbstverständlich sind nur Änderungen im Wesentlichen von Bedeutung für die Geschlossenheit kausaler Systeme.

Das Nicht-Erfüllt-Sein einer oder beider Bedingungen bedeutet, dass die Regularitäten, die wir eventuell beobachten könnten, nur annäherungsweise regulär und häufig auch nur von kurzer Dauer oder nur in einem beschränkten Bedingungsgefüge gegeben sind. Auch wenn soziale Systeme oder Handlungssysteme offenen Ursachensystemen unterliegen, könnten wir eventuell eine Situation, eine bestimmte Konfiguration von Umständen, finden, unter der die Ursachen ihr wahres Gesicht in Form von regulären Ereignissen zeigen, z.B. wenn, unter bestimmten Umständen, diese Ursachen alle anderen Ursachen völlig übertreffen. Wenn z.B. der Einfluss der Konjunkturlage relativ zu den Auswirkungen einer gross angelegten WWF-Kampagne gering ist, können wir durchaus annehmen, dass in gewissem Masse eine Geschlossenheit vorliegt. Solche Systeme mit beschränktem Potenzial für die Produktion von Regularitäten nennen wir *quasi-geschlossene Systeme.*

Die meisten Versuchsanordnungen im Labor bilden solche quasi-geschlossenen Kausalsysteme. Wir kennen das sowohl von den experimentellen Naturwissenschaften (Physik, Chemie etc.) als auch von der experimentellen Psychologie etc. Ausserhalb des Labors kommen solche quasigeschlossenen Systeme weniger häufig vor. So kämpfen sowohl nicht-experimentelle Naturwissenschaften, wie Klimatologie oder Meteorologie, als auch die meisten Sozialwissenschaften, die ihre Testpersonen nicht einfach zu Laborratten reduzieren können, mit der Schwierigkeit der Untersuchung offener Kausalsysteme. Während solche nicht-experimentellen Naturwissenschaften aber zumindest noch von den Ergebnissen ihrer experimentellen Schwesterwissenschaften profitieren können, ist dies für die meisten Sozialwissenschaften weit weniger der Fall.

Auch in der sozialen Realität gibt es aber eine Reihe von Situationen, in denen trotz relativer Offenheit gewisse Kausalfaktoren so beherrschend zu sein scheinen, als dass wir von einem quasi-geschlossenen Kausalsystem sprechen können. Denken wir z.B. nur schon an die vielen Gewohnheiten, Gepflogenheiten und formale Regulierungen, die in unserem Alltag vorkommen. Obwohl es z.B. theoretisch durchaus auch möglich ist, selbst biologisches Gemüse anzubauen, bringt es das hektische städtische Arbeitsleben im Allgemeinen mit sich, dass wir erst bereit sind, umweltfreundliches Biogemüse zu konsumieren, wenn das Angebot in den Läden sich entsprechend ändert. Die Kausalrelation zwischen dem Angebot in den Läden und umweltverantwortlichem Handeln lässt sich somit durchaus untersuchen, auch wenn der kausale Zusammenhang nicht den universalen Charakter eines Naturgesetzes aufweist. Eine solche Kausalrelation wird darum nicht als universal, sondern als *kontingent* bezeichnet.[2] Im Falle eines solchen quasi-geschlossenen Kausalsystems wäre die Anwendung bei der Analyse von Regularitäten spezialisierter Methoden der Abhängigkeitsanalyse durchaus gerechtfertigt.

3.3 Regressionsanalyse und Geschlossenheit

Gehen wir nun davon aus, dass diese Bedingungen der Quasi-Geschlossenheit erfüllt sind und versuchen wir die Abhängigkeitsrelation zwischen der abhängigen Variablen

---

[2] Diese Überlegungen zur Kausalität tönen schrecklich mechanistisch, wie wenn wir über eine Maschine sprechen würden. Hierin birgt sich eine gewisse Gefahr. Gerade auch im sozialwissenschaftlichen Kontext kann es nicht genug betont werden, dass die Zusammenhänge und Abhängigkeiten, die wir beobachten, immer menschgemachte und damit keine naturgesetzlich zwingenden Zusammenhänge und Abhängigkeiten sind. Die Gefahr des sog. social engineering, als der Versuch die soziale Wirklichkeit so zu manipulieren, als ob sie eine Maschine wäre, die eindeutige universale kausalen Gesetzlichkeiten unterliegt, steckt aber weniger im Begriff der Kausalität als solche, als in der Vernachlässigung des kontingenten Charakters der kausalen Zusammenhänge. Nicht zuletzt ist die grundlegende Handlungsfreiheit des Menschen eine nicht zu übersehende Kontingenz aller sozialen Relationen.

Y und der unabhängigen Variablen X mittels Regressionsanalyse näher zu bestimmen.

Regression bedeutet 'Zurückführung' auf eine oder mehrere unabhängige Variablen. Man spricht denn auch von der *Regression von Y auf X*. Einfachheitshalber gehen wir in erster Instanz davon aus, dass die abhängige Variable Y *vollständig* auf die unabhängige Variable X zurückgeführt werden kann, dass Y also ausschliesslich und allein von X beeinflusst wird. Mathematisch ausgedrückt können wir Y als Funktion von X auffassen:

Regression von Y auf X – Zurückführung der Variation der abhängigen Variablen Y auf eine Variation der unabhängigen (verursachenden) Variablen X

$$Y = f(X) \quad .$$

Eine weitere Annahme war, dass diese Funktion $f(X)$ linear ist; d.h., dass wir die Funktion $f(X)$ als lineare Gleichung schreiben können:[3]

$$Y = f(X) = \beta_0 + \beta_1 X_1 \quad .$$

Es sind die Parameter β_0 und β_1 in dieser Gleichung, die wir nun mittels der Regressionsanalyse näher bestimmen wollen. In dieser Gleichung wird die abhängige Variable Y völlig und ausschliesslich von der unabhängigen Variablen X bestimmt (determiniert). Die obige lineare Funktion $f(X)$ beschreibt somit eine rein *deterministische* Relation, die nichts anderes bedeutet, als dass eine Veränderung von X um eine Einheit eine Veränderung von Y um β_1 Einheiten bewirkt. Die unabhängige Variable X wird als eindeutige und einzige (Wirk-)Ursache von Y betrachtet. Eine solche Situation kann, wie gesagt, nur in einem geschlossenen kausalen System auftreten. Nur wenn die Bedingungen der Geschlossenheit erfüllt sind und wir eine Kovariation von Y und X beobachten, können wir sicher sein, dass Y tatsächlich von X und nicht von irgendwelchen anderen Faktoren (Variablen) beeinflusst wird.

Wir haben aber auch gesehen, dass dies in der Praxis relativ selten vorkommt. Isolation oder Geschlossenheit ist ein unerreichbares Ideal, auch wenn wir als Menschen viel dazu beitragen können, wie dies in den experimentellen Wissenschaften gang und gäbe ist. In Wirklichkeit gibt es

---

[3] Wobei es egal ist, ob wir die Konstanten (Parameter) als α und β oder als β_0 und β_1 schreiben. Beide Notationen werden in der Fachliteratur verwendet.

neben der unabhängigen Variablen X oft noch viele weitere Eigenschaften (Merkmale), von denen einige auch einen
kausalen Einfluss auf die abhängige Variable Y ausüben,
ohne dass wir dies beabsichtigen oder vermuten. In quasi-
geschlossenen Systemen werden diese Einflüsse im Allgemeinen aber relativ gering sein, und wenn es um eine grosse Anzahl solcher Effekte geht, wird es auch schwierig sein,
eine Systematik in ihren Einflüssen zu entdecken. Sie erscheinen uns als ein mehr oder weniger *zufälliges* Rauschen
im Hintergrund.

Um dem Rechnung zu tragen, führen wir neben der unabhängigen Variablen X noch einen Störfaktor ε (Epsilon)
in unsere Funktion ein. Der Störfaktor ε besteht dabei aus
dieser Vielzahl uns weiter nicht bekannten oder nicht interessierenden Einflussfaktoren

$$Y = f(X, \varepsilon) = \beta_0 + \beta_1 X_1 + \varepsilon \quad .$$

Dies bedeutet, dass eine Veränderung von X_1 um eine
Einheit einen *erwarteten* Einfluss von β_1 auf Y hat, dass
aber die wirklichen Werte von Y, wegen des Störfaktors,
manchmal etwas von diesem erwarteten (vorhergesagten)
Wert $\hat{Y}$ von Y abweichen, und somit eine (Zufalls-)Ver-
teilung rund um den erwarteten Wert $\hat{Y}$ von Y für einen
gegebenen Wert von X_1 aufweisen. Für jeden gegebenen
Wert X können wir nun nicht mehr, wie bei der deterministischen Funktion, mit Sicherheit behaupten, dass nur
ein Wert von Y vorkommen wird. Wir können nur noch
mit einer bestimmten *Wahrscheinlichkeit* ('probability')
annehmen, dass dieser Wert innerhalb eines bestimmten
Bereiches rund um den erwarteten Wert liegt. Da wir den
Störfaktor ε nicht manipulieren, konstant halten oder aus-
schalten können – dies ist ja der Grund, weshalb er uns
auch so 'stört' –, können wir eine Veränderung von Y nicht
mehr mit hundertprozentiger Sicherheit auf eine Veränderung (auf die Ursache) von X_1 zurückführen. Wir haben es
hier mit einer *probabilistischen* Auffassung von Kausalität
zu tun.

Um trotzdem einige Aussagen über die Relation zwischen Y und X_1 machen zu können, treffen wir gewisse
Annahmen bezüglich des Verhaltens von Störfaktor ε. Treffen diese Annahmen zu, dann sprechen wir von *Pseudo-
Isolation* oder *Pseudo-Geschlossenheit*. Es handelt sich

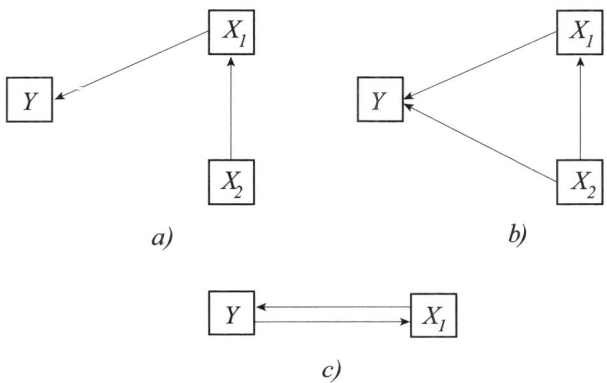

Abbildung 3.1: (a) Intermediäre, (b) gemeinsame und (c) reziproke Verursachung

hierbei um einen Sonderfall von Quasi-Geschlossenheit. Die bekannteste Annahme ist, dass der Störfaktor ε keinen Zusammenhang (Kovarianz/Korrelation) mit X_1 aufweist. Der Störfaktor ε ist dann unabhängig von den unabhängigen Variablen $X_1, X_2, \ldots, X_m$ bzw. $\sigma_{\varepsilon x_j} = 0$. Damit können wir die Abhängigkeitsrelation zwischen Y und X_1 isoliert (unabhängig) von ε betrachten. Die Isolation ist nicht perfekt, da die abhängige Variable Y immer noch vom Störfaktor ε beeinflusst wird, auch wenn der Einfluss im Allgemeinen relativ gering und unsystematisch (zufällig) ist. Der Koeffizient β_1 hat unter diesen Umständen jedoch nur noch mit dem Einfluss von X_1 auf Y zu tun und wird nicht von ε beeinflusst. Weiterhin wird angenommen, dass für eine bestimmte Ausprägungskombination der unabhängigen Variablen die störenden Einflüsse von ε auf die unabhängige Variable Y einander insgesamt aufheben. Das bedeutet, dass für jede Ausprägungskombination der unabhängigen Variablen die Störvariable ε einen Durchschnitt von Null aufweist bzw. $\bar{\varepsilon}_i = 0$ für $(i = 1, 2, \ldots, n)$ oder $E(\varepsilon) = \mathbf{0}$. Mit einer Situation der Pseudo-Geschlossenheit haben wir es z.B. zu tun, wenn alle Variablen (sowohl abhängige als unabhängige) gemeinsam eine multivariate Normalverteilung aufweisen.

Kommt es trotzdem vor, dass bei den vielen Störfaktoren weitere Variablen einen erheblichen und systemati-

schen (nicht zufälligen) Einfluss auf die abhängige Variable
Y ausüben, dann lassen sich zwei Fälle unterscheiden: erstens der Fall, in dem diese zusätzliche erklärende Variable
keinen Zusammenhang mit X aufweist. Der Regressionskoeffizient β_1 für den Einfluss von X_1 auf Y bleibt dadurch
unberührt, und die Bedingung der Pseudo-Geschlossenheit
ist weiterhin gültig. Zur Ermittlung des Einflusses der zweiten unabhängigen Variablen – nennen wir sie X_2 – können
wir ohne weiteres eine zweite Regressionsanalyse für die
Regression von Y auf X_2 durchführen. Die Resultate der
beiden Analysen sind unabhängig voneinander. Im zweiten
Fall weist diese zusätzliche unabhängige Variable X_2 aber
einen Zusammenhang mit X_1 auf. Da der Störfaktor ε das
Aggregat aller nicht berücksichtigten und nicht konstant
gehaltenen Einflussfaktoren darstellt, führt dies dazu, dass
der Strörfaktor ε einen Zusammenhang mit der unabhängigen Variablen X_1 aufweist ($\sigma_{x_1\varepsilon} \neq 0$).

Die Bedingung der Pseudo-Geschlossenheit ist damit
verletzt, und β_1 gibt nicht mehr den ausschliesslichen Einfluss von X_1 auf die abhängige Variable Y an, sondern
enthält auch immer einen Teil des Einflusses von X_2 auf
Y. Solche zusätzlichen Variablen können z.B. intermediäre
('intervening') Variablen oder gemeinsame Ursachen von
X_1 und Y sein (vgl. Figur 3.1).[4] Um dem Rechnung zu tragen, müssen wir unsere lineare Funktion um diese zusätzlichen Variablen erweitern

$$
\begin{aligned}
Y &= f(X_1, X_2, \ldots, X_m, \varepsilon) \\
&= \beta_0 + \beta_1 X_1 + \beta_2 X_2 + \ldots + \beta_m X_m + \varepsilon \quad .
\end{aligned}
$$

Die Regressionskoeffizienten β_1, β_2 etc. geben dann wieder den direkten Einfluss der entsprechenden unabhängigen Variablen auf die abhängige Variable Y wieder. Dies
ist bei der *multiplen Regression* der Fall, die wir hier noch
einen Moment ruhen lassen möchten. Wir beschränken uns

---

[4] Ein weiterer Fall, in dem $\sigma_{x_1\varepsilon} = \sigma_{x_1\varepsilon} \neq 0$ ist, tritt ein, wenn die
ursprüngliche Richtung der kausalen Abhängigkeitsrelation falsch
spezifiziert wurde oder wenn reziproke Abhängigkeitsbeziehungen
existieren, ohne dass dies spezifiziert wurde. Auch tritt eine solche
Kovarianz auf, wenn zwei oder meherere Störfaktoren miteinander
korreliert sind oder wenn die Relation nicht linear ist. Für weitere
Ausführungen zu diesen Fällen verweisen wir hier auf Bollen (1989)
S. 45–56.

vorläufig auf die einfache Regression mit nur einer unabhängigen Variablen.

3.4 Die Schätzung der Parameter der Regressionsgleichung

Wir werden jetzt das Prinzip der einfachen linearen Regression an einem Beispiel aus einer Dissertationsstudie zum Umweltbewusstsein und umweltverantwortlichen Handeln erläutern. Wir gehen dabei von einer (nicht ganz willkürlichen) Auswahl von 30 real befragten Respondenten aus einer Bergregion in der Schweiz aus. Diese Respondenten stellen eine Stichprobe mit $n = 30$ dar.

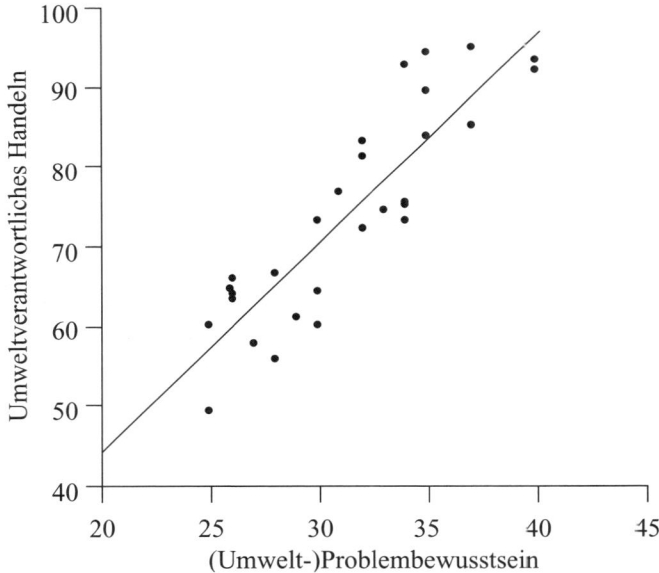

Abbildung 3.2: Streuungsdiagramm umweltverantwortliches Handeln und Problembewusstsein

Diese Daten kann man als ein Streuungsdiagramm darstellen. Wir postulieren, dass umweltverantwortliches Handeln (Y) vom (Umwelt-)Problembewusstsein des Respondenten abhängt. Wir wollen nun versuchen, diese Abhängigkeit des umweltverantwortlichen Handelns (Y) vom (Umwelt-)Problembewusstsein (X) in der Grundgesamtheit als lineare Gleichung zu beschreiben. Die gesuchte lineare Funktion lässt sich als eine gerade Linie im Streuungsdiagramm darstellen. Angenommen, dass unsere Stichprobe repräsentativ für die Grundgesamtheit ist, wird diese lineare Gleichung eine gute Beschreibung der Abhängigkeitsrelation darstellen und somit gut zu den beobachteten Daten passen. Um die Parameter β_0 und β_1 der gesuchten linearen Funktion in der Grundgesamtheit zu ermitteln, wählen wir die Gerade so, dass sie möglichst gut an die beobachtete Punktewolke 'angepasst' ist. Wir können das natürlich über den Daumen peilen, möchten es aber doch ein wenig genauer haben.

Im folgenden Abschnitt wollen wir in erster Linie die Parameter β_0 und β_1 für die beobachtete Stichprobe näher bestimmen.

3.4.1 Entscheidungskriterien für die Schätzung

Was ist nun eine gute Anpassung? Das wäre eine Anpassung, bei der die Abweichungen (Distanzen) zwischen der Geraden und den einzelnen Punkten möglichst gering wäre. Es bleibt jetzt noch zu klären, wie die Abweichung (Distanz) genau definiert werden soll. So sind etwa die Möglichkeiten 'kürzeste Entfernung' oder 'vertikale Entfernung' zwischen den einzelnen Punkten und der Geraden denkbar (vgl. Figur 3.3). Da wir aber ausschliesslich die Variation von Y (umweltverantwortliches Handeln) – also die Variation in *vertikaler* Richtung – auf X (Problembewusstsein) zurückführen wollen, benutzen wir hier die vertikale Entfernung (vgl. Figur 3.4) als Kriterium für die zu minimierende Entfernung.

Diese vertikalen Abweichungen, e_i, werden auch als *Residuen* oder *Residualwerte* bezeichnet, da sie bei optimaler Anpassung unserer Geraden an die Punktewolke als nicht auf X reduzierbare Reststreuung von Y rund um den vorhergesagten Wert (der Wert auf der Gerade) übrig bleiben.[5] Sie geben an, wie gross die Differenz zwischen

---

[5] Wir verwenden hier nicht den griechischen Buchstabe ε, sondern den normalen Buchstaben e, um deutlich zu machen, dass es sich

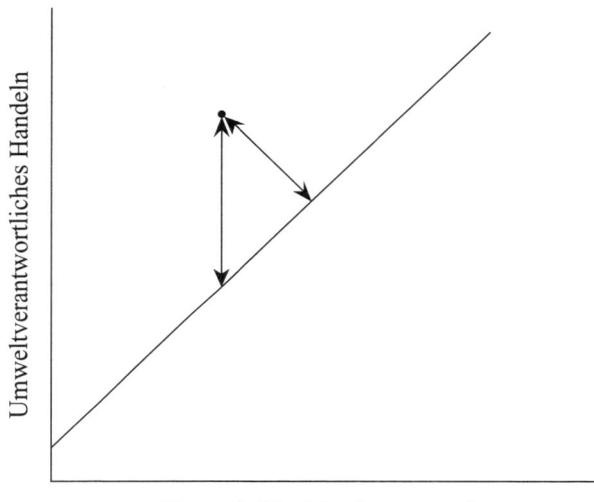

Abbildung 3.3: Verschiedene Entfernungen zur Regressionsgeraden

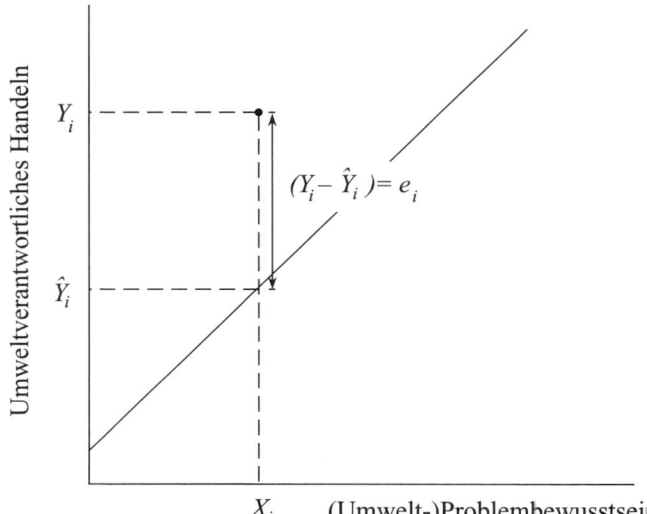

Abbildung 3.4: Vertikale Abweichung oder Residualwert

dem tatsächlichen Y_i-Wert und dem zu X_i gehörenden Y-Wert auf der Regressionsgeraden ist. Den zu X_i gehörenden tatsächlich beobachteten Wert für Y bezeichnen wir als Y_i, während der dem gleichen X_i-Wert entsprechende, mittels der Regressionsgeraden vorhergesagte Wert $\hat{Y}_i$ entspricht.[6] Der Unterschied zwischen diesen beiden Werten, den wir zu minimieren suchen, lässt sich also wie folgt ausdrücken:

$$e_i = \left(Y_i - \hat{Y}_i \right) \quad ,$$

wobei $\hat{Y}_i = \hat{\beta}_0 + \hat{\beta}_1 X_{1i}$.

Die aus der Stichprobe ermittelte Regressionskonstante $\hat{\beta}_0$ und der Regressionskoeffizient $\hat{\beta}_1$ bestimmen zusammen den für Y vorhergesagten Wert $\hat{Y}_i$ unter der Bedingung, dass X den Wert X_{1i} aufweist. Gleichzeitig wird damit auch der Residualwert e_i bestimmt, den wir zu minimieren versuchen. Da wir diese Parameter $\hat{\beta}_0$ und $\hat{\beta}_1$ unserer Regressionsgerade nicht anhand der gesamten Grundgesamtheit, sondern anhand unserer Stichprobe bestimmen müssen, benützen wir hier, entsprechend der allgemeinen Konvention, lateinische Buchstaben anstelle von griechischen Buchstaben. Der Wert e_i stellt somit den beobachteten, auf den Störfaktor ε zurückgehenden Residualwert des i-ten Objektes unserer Stichprobe dar.

Es gibt nun verschiedene Verfahren, um die gesuchten Regressionsgeraden bzw. die gesuchten Parameter ausfindig zu machen. Wir wollen versuchen, das einfachste Verfahren plausibel zu machen.

1. Wir haben inzwischen festgestellt, dass wir jene Gerade suchen, die die Summe der Residualwerte minimiert

$$\sum_{i=1}^{n} \left(Y_i - \hat{Y}_i \right) \rightarrow \text{minimal} \quad .$$

Nachteil dieses Kriteriums ist jedoch, dass positive und negative Abweichungen einander aufheben, mit

---

um Residualwerte handelt, die wir in der *Stichprobe* beobachten. Der griechische Buchstabe ε bezieht sich dagegen auf die Residualwerte in der *Grundgesamtheit*.

[6] Es sei hier nochmals darauf hingewiesen, dass das Dächlein auf dem Y angibt, dass wir es hier mit einer *Schätzung* oder *Vorhersage* von Y mittels des Regressionsmodells zu tun haben.

der Folge, dass z.B. die Geraden in den Figuren 3.5a und 3.5b nach diesem Kriterium beide gleich gut an die Punktewolke angepasst sind. Intuitiv ist aber sofort klar, dass die Variante a) der Variante b) vorzuziehen ist.

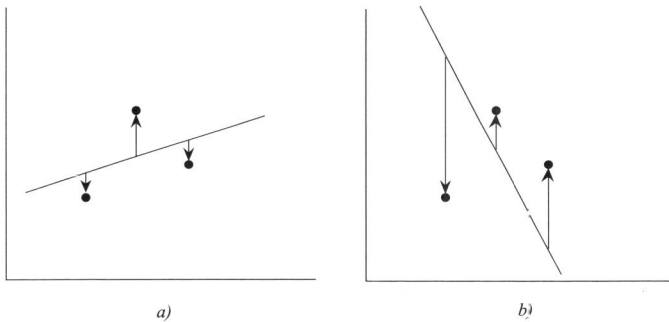

a)   b)

Abbildung 3.5: Zwei Regressionsgeraden, die beide gleich gut zu den beobachteten Punkten passen

2. Als Alternative bietet es sich an, die Gerade so zu wählen, dass die Summe der Absolutwerte der Residuen minimiert wird:

$$\sum_{i=1}^{n} \left| Y_i - \hat{Y}_i \right| \to \text{minimal} \quad .$$

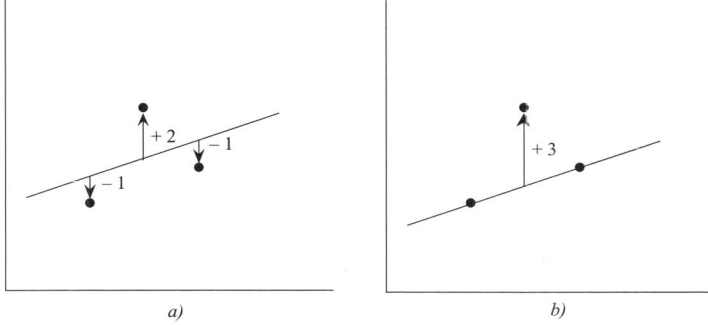

a)   b)

Abbildung 3.6: Beispiel zweier Regressionslinien

Diese Summe hat bei der Variante b) in Figur 3.6 den Wert 3 und ist damit klar der Variante a) mit dem Wert 4 vorzuziehen. Bei der nach diesem Kriterium besseren Variante b) wird jedoch der mittlere Punkt völlig vernachlässigt und ist somit trotzdem nicht die idealste Lösung.

3. Als dritten und vorläufig letzten Vorschlag betrachten wir die *Summe der kleinsten Quadrate* ('sum of squares' oder 'ordinary least squares', OLS)

$$\sum_{i=1}^{n} \left(Y_i - \hat{Y}_i \right)^2 \to \text{minimal} \quad .$$

Nach dieser Variante wird beim vorhergehenden Beispiel die Variante a) als die bessere ausgewählt. Diese Lösung stellt uns vorläufig zufrieden. Dieses Kriterium hat zusätzlich noch den Vorteil, dass es algebraisch einfach ist und statistisch einige sehr günstige Eigenschaften aufweist. Wir wollen vorläufig bei dieser Lösung bleiben.

3.4.2 Die Schätzung der Koeffizienten

Nun da wir das Gütekriterium (die Summe der kleinsten Quadrate, OLS) kennen, können wir die gesuchten Parameter $\hat{\beta}_0$ und $\hat{\beta}_1$ wie folgt ermitteln:

Schritt 1: Um die Mathematik zu vereinfachen, transformieren wir als erstes die X-Werte in den Abweichungen vom Mittelwert von X

$$X_{1\,i}^d = X_i - \overline{X} \quad .$$

Diese neuen X-Werte $(X_{1\,i}^d)$ haben nun die günstige Eigenschaft, dass ihre Summe 0 beträgt. Wie wir bereits bei der Behandlung der Korrelation gesehen haben (vgl. Kapitel 2), stimmt diese Transformation mit einer Verschiebung des Ursprungs im Streuungsdiagramm überein. Die Y-Werte und der Zusammenhang zwischen X und Y bleiben dabei unverändert. Der Regressionskoeffizient $\hat{\beta}_1$ ändert sich durch diese Transformation nicht (der Winkel der Geraden mit der X-Achse ändert sich nicht). Nur die

Regressionskonstante $\hat{\beta}_0$ bekommt durch diese Transformation einen anderen Wert. Die Regressionskonstante $\hat{\beta}_0$ ersetzen wir darum vorläufig durch $\hat{\beta}_0^*$:

$$\hat{Y}_i = \hat{\beta}_0^* + \hat{\beta}_1\, X_{1\,i}^d \quad ,$$

wobei $\hat{\beta}_0^* = \hat{\beta}_0 + \hat{\beta}_1\, \overline{X}$.

Schritt 2: Wir suchen noch immer die Gerade, die am besten zur beobachteten Punktewolke passt. Die Gerade wird nun, in unserem transformierten Achsensystem, durch die Parameter $\hat{\beta}_0^*$ und $\hat{\beta}_1$ bestimmt. Wir suchen also die optimalen Werte für a^* und b. Als Kriterium haben wir bereits festgelegt, dass

$$\sum_{i=1}^{n} \left(Y_i - \hat{Y}_i \right)^2 \to \text{minimal}$$

sein sollte. Wenn wir dabei $\hat{Y}_i$ durch $\beta_0^* + \beta_1\, X_{1\,i}^d$ ersetzen, folgt daraus, dass

$$\sum_{i=1}^{n} \left(Y_i - \hat{\beta}_0^* - \hat{\beta}_1\, X_{1\,i}^d \right)^2$$

minimiert werden soll. Für das Minimum dieses Ausdrucks gilt, dass die partielle Ableitung nach $\hat{\beta}_0^*$ und $\hat{\beta}_1$ Null betragen soll. Die partielle Ableitung dieser Formulierung des Kleinste-Quadrate-Kriteriums nach $\hat{\beta}_0^*$ lautet:[7]

$$\frac{\partial \sum\limits_{i=1}^{n} \left(Y_i - \hat{\beta}_0^* - \hat{\beta}_1\, X_{1\,i}^d \right)^2}{\partial \hat{\beta}_0^*} = \sum_{i=1}^{n} 2(-1) \left(Y_i - \hat{\beta}_0^* - \hat{\beta}_1\, X_{1\,i}^d \right)^1 = 0$$

$$\left. \begin{array}{l} \Rightarrow \sum\limits_{i=1}^{n} Y_i - n\,\hat{\beta}_0^* - \hat{\beta}_1 \sum\limits_{i=1}^{n} X_{1\,i}^d = 0 \\[2mm] \sum\limits_{i=1}^{n} X_{1\,i}^d = 0 \end{array} \right\} \Rightarrow \hat{\beta}_0^* = \frac{\sum\limits_{i=1}^{n} Y_i}{n} = \overline{Y} \quad .$$

Analog gilt für die partielle Ableitung nach $\hat{\beta}_1$:

---

[7] Weniger mathematisch interessierte Leser können die nachfolgende Ableitung überspringen und direkt beim Ergebnis der Ableitung im nächsten Absatz weiterlesen.

$$\frac{\partial \sum\limits_{i=1}^{n} \left(Y_i - \hat{\beta}_0^* - \hat{\beta}_1 X_{1\,i}^d\right)^2}{\partial \hat{\beta}_1} = \sum_{i=1}^{n} 2(-X_{1\,i}^d)\left(Y_i - \hat{\beta}_0^* - \hat{\beta}_1 X_{1\,i}^d\right)^1 = 0$$

$$\Rightarrow \sum_{i=1}^{n} X_{1\,i}^d \left(Y_i - \hat{\beta}_0^* - \hat{\beta}_1 X_{1\,i}^d\right) = 0$$

$$\left.\begin{array}{c}\Rightarrow \sum\limits_{i=1}^{n} X_{1\,i}^d\,Y_i - \hat{\beta}_0^* \sum\limits_{i=1}^{n} X_{1\,i}^d - \hat{\beta}_1 \sum\limits_{i=1}^{n} X_{1\,i}^{d\,2} = 0 \\ \sum\limits_{i=1}^{n} X_{1\,i}^d = 0 \end{array}\right\} \Rightarrow \hat{\beta}_1 = \frac{\sum\limits_{i=1}^{n} X_{1\,i}^d\,Y_i}{\sum\limits_{i=1}^{n} X_{1\,i}^{d\,2}} \quad .$$

Als Ergebnis erhalten wir:

$$\hat{\beta}_0^* = \overline{Y} \qquad \text{und} \qquad \hat{\beta}_1 = \frac{\sum\limits_{i=1}^{n} X_{1\,i}^d\,Y_i}{\sum\limits_{i=1}^{n} X_{1\,i}^{d\,2}} \quad .$$

Daraus folgt für unser Beispiel zum umweltverantwortlichen Handeln und (Umwelt-)Problembewusstsein, dass $\hat{\beta}_0^* = 74{,}054$ und $\hat{\beta}_1 = 2{,}630$ und

$$\hat{Y}_i = 74{,}052 + 2{,}630\,X_{1\,i}^d \quad .$$

Schritt 3: Anhand des Wertes von $\hat{\beta}_0^*$ können wir nun den Wert von $\hat{\beta}_0$ ableiten: $\hat{\beta}_0 = \hat{\beta}_0^* - \hat{\beta}_1\,\overline{X}$. Für unser Beispiel finden wir nun $\hat{\beta}_0 = -8{,}529$ und $\hat{\beta}_1 = 2{,}630$, so dass sich folgende Regressionsgleichung ergibt:

$$\hat{Y}_i = -8{,}529 + 2{,}630\,X_i \quad .$$

Es lässt sich nun zeigen, dass wir $\hat{\beta}_0$ und $\hat{\beta}_1$ auch wie folgt formulieren können:

$$\hat{\beta}_1 = \frac{\sum\limits_{i=1}^{n}\left(X_i - \overline{X}\right)\left(Y_i - \overline{Y}\right)}{\left(X_i - \overline{X}\right)^2} = \frac{s_{xy}}{s_x^2}$$

und

$$\hat{\beta}_0 = \overline{Y} - \hat{\beta}_1\,\overline{X} \quad .$$

Damit haben wir aus der Stichprobe eine (Kleinste-Quadrate-)Schätzung für β_0 und β_1 in der Grundgesamtheit erhalten.

Völlig analog zu den bisherigen Überlegungen lässt sich eine Regressionsgerade von X auf Y bestimmen. Es ist dabei darauf zu achten, dass die beiden Regressionsgeraden von Y auf X und von X auf Y im Allgemeinen verschieden sind. Sie schneiden sich im Mittelpunkt $(\overline{X}, \overline{Y})$. Man sagt auch, dass sie eine *Regressionsschere* bilden.[8] Wenn der lineare Zusammenhang (Korrelation) perfekt ist, sind die beiden Regressionsgeraden identisch. Wenn die Korrelation dagegen Null beträgt, stehen die Regressionsgeraden senkrecht aufeinander.

Regressionsschere – die Regression von Y auf X ergibt normalerweise nicht das gleiche Resultat wie die Regression von X auf Y. Die Regressionsgeraden schneiden sich in $(\overline{X}, \overline{Y})$ und bilden so eine 'Schere'

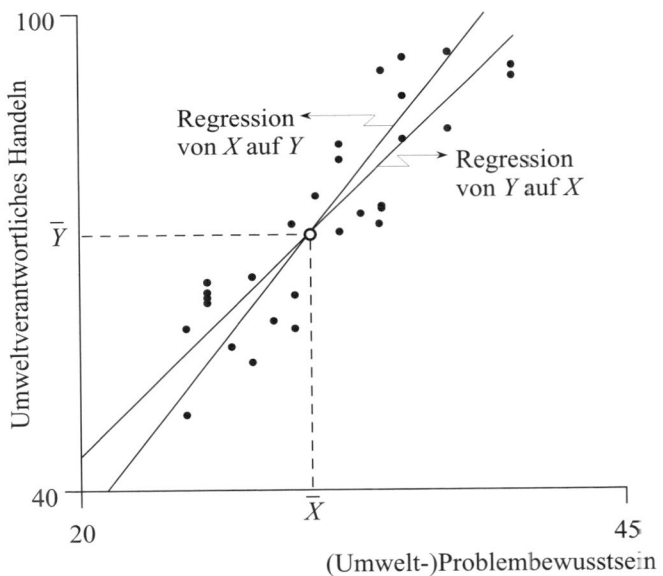

Abbildung 3.7: Regressionsschere

---

[8] Der Korrelationskoeffizient r verbindet die beiden Regressionskoeffizienten miteinander, da er den geometrischen Mittelwert aus den beiden Regressionskoeffizienten darstellt: $r = \sqrt{b_{yx}\, b_{xy}}$.

3.5 Die Interpretation der Resultate

Regressionskon-
stante ('Intercept')
– Schnittpunkt der
Regressionsgera-
den mit der ver-
tikalen Y-Achse

Regressionskoef-
fizient – gibt die
Steigung der Re-
gressionsgeraden an

Die Regressionsgerade wird gegeben durch:

$$\hat{Y}_i = \hat{\beta}_0 + \hat{\beta}_1 X_i \quad ,$$

wobei β_0 die *Regressionskonstante* ('intercept') genannt wird und die Y-Koordinate des Schnittpunktes der Regressionsgerade mit der vertikalen Y-Achse darstellt. Die X-Koordinate ist dabei selbstverständlich $= 0$. Der Koeffizient β_1 stellt den *Regressionskoeffizienten* von X_1 dar und gibt die Steigung ($=$ Winkel mit der horizontalen X-Achse) ('slope') der Regressionsgeraden an. Die Regressionsgerade verläuft *immer* durch den Mittelpunkt $\left(\overline{X_1}, \overline{Y}\right)$. Es ist dieser Regressionskoeffizient, der uns, da er den (wirk-)ursächlichen Einfluss der unabhängigen Variablen X_1 auf die abhängige Variable Y zum Ausdruck bringt, in den häufigsten Fällen am meisten interessiert. Dem Regressionskoeffizienten entspricht die Veränderung der abhängigen Variablen Y sowie sie durch eine Veränderung der unabhängigen Variablen X_1 um eine Einheit verursacht wird. Die Regressionskonstante dagegen ist nur interessant, wenn man exakte Vorhersagen machen möchte und auch die absolute Höhe des vorhergesagten Wertes $\hat{Y}_i$ bei gegebenem X_{1i} von Bedeutung ist.

Der Regressionskoeffizient β_1 gibt die Veränderung der abhängigen Variablen Y bei einer Veränderung der unabhängigen Variablen X um eine Einheit an und wird somit in Einheiten von Y pro Einheit von X_1 ausgedrückt. Der Wert von β_1 ist damit abhängig von den gewählten Messeinheiten für X_1 und Y. Ebenso ist β_0 von den gewählten Messeinheiten von Y abhängig. Um den Einfluss der gewählten Messeinheiten zu eliminieren, werden häufig sowohl die X_1- als auch die Y-Werte im voraus *standardisiert*. Die Standardisierung ist nichts anderes als eine Transformation, wobei das Abhängigkeitsverhältnis zwischen Y und X_1 unberührt bleibt

$$X_1{}_i^s = \frac{X_i - \overline{X}}{s_{x_1}} \qquad \text{und} \qquad Y_i^s = \frac{Y_i - \overline{Y}}{s_y} \quad .$$

Für standardisierte Merkmale beträgt der Mittelwert $\overline{X}$ bzw. $\overline{Y}$ Null und die Standardabweichung s_{x_1} bzw. s_x Eins.

Bei der Verwendung von standardisierten Daten verläuft die Regressionsgerade

$$\hat{Y}_i^s = \beta_0' + \beta_1' X_{1i}^s$$

durch den Ursprung, der dann ja Mittelpunkt der Punktewolke ist. Die Regressionskonstante β_0' beträgt also Null. Der Regressionskoeffizient β_1' ist bei standardisierten Daten identisch mit dem Korrelationskoeffizienten r. Der Regressionskoeffizient β' kann bei standardisierten Daten also maximal den Wert $+1$ und minimal den Wert -1 annehmen. Ist $\beta_1' = 1$ oder $\beta_1' = -1$, dann wird die gesamte Abweichung von Y durch X_1 erklärt.

3.6 Die Güte des Regressionsmodells

Was haben wir nun durch die Regression von Y auf X_1 gewonnen? Wenn wir nichts über X_1 wissen würden und Y schätzen oder vorhersagen müssten, würden wir intuitiv den beobachteten Mittelwert $\overline{Y}$ von Y als die beste Schätzung angeben. In Wirklichkeit wird aber Y um seinen Mittelwert $\overline{Y}$ schwanken. Wir haben bis jetzt angenommen, dass diese Schwankungen durch X und ε verursacht werden. Wir haben sogar eine Vorstellung darüber, wie Y durch X_1 beeinflusst wird. Diese Vorstellung drückt sich in der von uns ermittelten Regressionsgleichung aus. Wenn wir also über den Wert von X_1 Bescheid wissen, können wir, mit Hilfe unserer Regressionsgleichung, eine bessere Schätzung/Vorhersage für Y abgeben. Wie gut diese Vorhersage sein wird, hängt von der Richtigkeit der von uns gefundenen Regressionsgleichung ab.

Um nun die Resultate unserer Schätzung der Parameter der Regressionsgeraden beurteilen zu können, zerlegen wir die Streuung von Y (rund um seinen Mittelwert) in einen erklärten und in einen unerklärten Teil.

3.6.1 Die Zerlegung der Variation

Die Abweichung eines einzelnen beobachteten Wertes Y_i vom Mittelwert lässt sich in zwei Teile aufteilen:

$$\left(Y_i - \overline{Y}\right) \quad = \quad \left(\hat{Y}_i - \overline{Y}\right) \quad + \quad \left(Y_i - \hat{Y}_i\right) \quad ,$$

<table>
<tr><td style="text-align:center">a</td><td style="text-align:center">b</td><td style="text-align:center">c</td></tr>
<tr><td style="text-align:center">totale Abweichung
vom Mittelwert</td><td style="text-align:center">durch Einfluss von
X auf Y 'erklärter'
Teil</td><td style="text-align:center">'unerklärter' Teil</td></tr>
</table>

wobei b den Teil der Abweichung einer Beobachtung Y_i vom Mittelwert $\overline{Y}$ darstellt, der durch die Regression von Y auf X 'erklärt' werden kann. Der unerklärte Teil der Abweichung c wird durch Messfehler und eventuelle, zusätzlich nicht berücksichtigte Variablen bzw. durch ε verursacht.

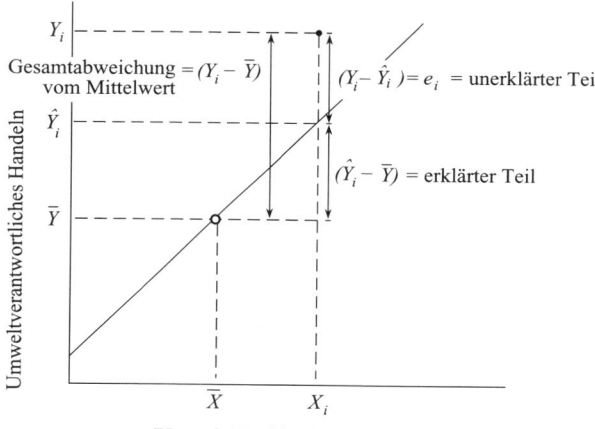

Abbildung 3.8: Variationszerlegung graphisch dargestellt

Wir haben bereits gesehen, dass die Summe aller quadrierten Abweichungen uns ein Bild über die Abweichung aller Punkte gemeinsam verschafft:

$$\sum_{i=1}^{n} \left(Y_i - \overline{Y}\right)^2 \;=\; \sum_{i=1}^{n} \left(\hat{Y}_i - \overline{Y}\right)^2 \;+\; \sum_{i=1}^{n} \left(Y_i - \hat{Y}_i\right)^2 \quad.$$

$$\underset{a}{} \qquad\qquad \underset{b}{} \qquad\qquad \underset{c}{}$$

Durch die Quadrierung haben wir hier nicht mehr mit der Zerlegung der Abweichung zu tun, sondern mit der Zerlegung der Variation. Der Term a links von dem Gleichheitszeichen repräsentiert die gesamte (zu erklärende) Variation von Y, während b den Variationsanteil, der durch die unabhängige Variable X 'erklärt' wird, darstellt. Der Rest c ist die unerklärte Variation.

Der erklärte Teil der Variation ist nun ein Mass für den 'Informationsgewinn', den wir durch Kenntnis der Regressionsgleichung (des Einflusses von X auf Y) gegenüber einer Schätzung von Y, mit Hilfe des Mittelwertes, erreichen. Je besser das Modell, desto grösser wird der Informationsgewinn sein.

Das Verhältnis zwischen erklärtem und unerklärtem Teil der Variation nennen wir den Bestimmtheitskoeffizienten ('coefficient of determination'):

$$R^2 = \frac{\textit{erklärte Variation}}{\textit{gesamte Variation}} = \frac{\displaystyle\sum_{i=1}^{n} \left(\hat{Y}_i - \overline{Y}\right)^2}{\displaystyle\sum_{i=1}^{n} \left(Y_i - \overline{Y}\right)^2} = 1 - \frac{\textit{Restvariation}}{\textit{Gesamtvariation}} \quad.$$

Der Bestimmtheitskoeffizient R^2 beträgt genau Eins, wenn alle Punkte auf der Regressionsgeraden liegen und keine Fehler e_i auftreten und die Abhängigkeit also streng deterministisch ist. Je näher R^2 bei 1 liegt, desto mehr wird die abhängige Variable durch die unabhängige Variable bestimmt. Je näher R^2 bei 0 liegt, desto weniger erklärt die unabhängige Variable die Variabilität der abhängigen Variablen. Im Extremfall $R^2 = 0$ liefert X_1 keinerlei Beitrag zur Erklärung der Variation von Y; diese wird dann ausschliesslich durch die Fehler e_i hervorgerufen. Wenn man R^2 mit 100 multipliziert, bekommt man den erklärten Anteil der Variation in Y ausgedrückt in Prozent. In unserem Beispiel bezüglich des umweltverantwortlichen Handelns und des (Umwelt-)Problembewusstseins beträgt das Bestimmtheitsmass R^2 0,768. Wir konnten also fast 77% der Variation des umweltverantwortli-

Bestimmtheitskoeffizient R^2 – Anteil der Variation der abhägigen Variablen Y, der durch die unabhängigen Variablen $(X_1, X_2, \ldots, X_m)$ 'erklärt' werden kann

chen Handelns durch das mehr oder weniger vorhandene (Umwelt-)Problembewusstsein 'erklären'.

Die Schreibweise 'R^2' für den Bestimmtheitskoeffizienten ist auf den Zusammenhang mit dem Korrelationskoeffizienten zurückzuführen:

$$R^2 = r^2 \quad .$$

Aber Achtung: Dieses Mass scheint nach erstem Hinsehen gut dazu geeignet zu sein, die Erklärungsleistung mehrerer Modelle miteinander zu vergleichen. Dementsprechend ist in der Praxis der Regressionsanalyse auch oftmals eine richtige Jagd nach einem noch höheren R^2 zu beobachten. Die Forschenden versuchen einander ständig zu überbieten. Man muss aber aufpassen: Das Bestimmtheitsmass R^2 ist von der Restvariation, die unter anderem auch durch Messfehler bei der Messung von Y versursacht wird, abhängig. Das bedeutet, dass eine Verbesserung in der Messtechnik automatisch auch eine Verbesserung des R^2 beinhaltet, ohne dass sich das Abhängigkeitsverhältnis dabei geändert haben muss. Auch lässt sich zeigen, dass R^2 wie folgt umformuliert werden kann:

$$R^2 = \frac{\hat{\beta}_1^2 \, \hat{\sigma}_x^2}{\hat{\beta}_1^2 \, \hat{\sigma}_x^2 + \hat{\sigma}_{\hat{\varepsilon}}^2} = \frac{\hat{\beta}_1^2 \, \hat{\sigma}_x^2}{\hat{\sigma}_y^2} \quad ,$$

wobei $\hat{\sigma}_{\hat{\varepsilon}} = \sqrt{\dfrac{\sum\limits_{i=1}^{n} \left(Y_i - \hat{Y}_i\right)^2}{n-2}}$.

Diese Formulierung zeigt, dass R^2 auch von der Varianz von X_1 und von der Grösse von $\hat{\beta}_1$ abhängig ist. Es ist jetzt denkbar, dass man, wenn die Varianz von X_1 gross genug ist, ein grosses R^2 findet. Der Bestimmtheitskoeffizient R^2 hat also den Nachteil, dass er nicht nur von der Güte der Anpassung der Geraden an die beobachteten Punkte abhängt, sondern auch noch von einer Reihe weiterer Faktoren beeinflusst wird. Wenn wir später die multivariate Regression betrachten, werden wir auch feststellen können, dass R^2 zunimmt, wenn die Anzahl unabhängiger Variablen erhöht wird, auch wenn diese zusätzlichen Variablen keinen wesentlichen Einfluss auf Y ausüben. Wenn sich die Anzahl unabhängiger Variablen n nähert, wird R^2 sich 1 annähern. Um diesen Effekt zu eliminieren, wird R^2 manchmal angepasst:

$$R^2_{adj.} = \left(R^2 - \frac{m}{n-1} \right) \left(\frac{n-1}{n-m-1} \right) \quad ,$$

wobei $m =$ Anzahl unabhängiger Variablen.

Trotz seiner Popularität bei vielen relativ unerfahrenen Anwendern ist also Vorsicht bei der Interpretation von R^2 geboten.

3.6.2 Die Anzahl der Freiheitsgrade

Bis jetzt sind wir von der Variation als Mass der Streuung der abhängigen Variablen Y rund um ihren Mittelwert ausgegangen. Die Variation als Mass für die Streuung ist die Summe der quadrierten Abweichungen vom Mittelwert. Selbstverständlich ist die Grösse dieser Summe von der Anzahl der beobachteten Werte für Y abhängig. Vielfach verwenden wir darum, statt der Variation, die sog. 'Varianz' als Mass für die Streuung. Die Varianz ist die *durchschnittliche* Variation in der Grundgesamtheit (= Mass für Streuung in der Population) und wird als die Variation dividiert durch die Anzahl Objekte in der Population berechnet. Wir haben es jedoch im Allgemeinen nicht mit einer Grundgesamtheit, sondern mit einer Stichprobe aus der Grundgesamtheit zu tun. Wenn wir die Grundgesamtheit kennen würden, könnten wir die Streuung genau feststellen. Bei einer Stichprobe können wir jedoch nur die Variation in der Stichprobe feststellen und diese als Schätzung der wirklichen Variation in der Grundgesamtheit verwenden. Die Varianz in der Stichprobe bezeichnen wir als s_y^2. Diese Stichprobenvarianz wird von Stichprobe zu Stichprobe variieren. Die Stichprobenvarianz s_y^2 weist also rund um die wirkliche Varianz in der Grundgesamtheit σ_y^2 eine Zufallsverteilung auf. Mathematisch lässt sich nun zeigen, dass der Erwartungswert (Durchschnitt) $E\left(s_y^2\right)$ von s_y^2 nicht genau bei σ_y^2, sondern bei

$$\frac{n-1}{n} \sigma_y^2$$

liegt. Die Varianz s_y^2 von Y in der Stichprobe ist also eine verzerrte Schätzung der Varianz σ_y^2 von Y in der Grundgesamtheit. Diese Verzerrung ist darauf zurückzuführen, dass die Definition der Varianz von Y in der Grundgesamtheit

Freiheitsgrade – Korrekturfaktor für die Schätzung einer Kennzahl (Parameter) der Grundgesamtheit, der notwendig wird, wenn für die Schätzung bereits auf andere geschätzte Parameterwerte zurückgegriffen wird. Die Anzahl der Freiheitsgrade ist gleich der Anzahl der Objekte in der Stichprobe, minus die Anzahl der bereits geschätzten Parameter, die zur Schätzung der Populations-Kennzahl notwendig sind

$$\sigma_y^2 = \frac{\sum\limits_{i=1}^{N} (Y_i - \mu_y)^2}{N}$$

(wobei $\mu_y = \frac{1}{N} \sum_{i=1}^{N} Y_i$), ausser von den einzelnen Werten
Y_i von Y auch noch von einer weiteren Grösse, nämlich μ_y,
abhängig ist. Da wir nur über eine Stichprobe verfügen, ist
uns der exakte Wert dieser Grösse in der Grundgesamtheit
nicht bekannt. Natürlich können wir μ_y mittels $\overline{Y}$ aus der
Stichprobe schätzen. Durch die allfälligen Abweichungen
dieser Schätzung vom wahren Wert ensteht eine Verzerrung der Schätzung für σ_y^2. Je grösser die Stichprobe, umso
genauer der Schätzung. Dies gilt sowohl für die Schätzung
von μ_y als auch für die Schätzung von σ_y^2. Wenn wir aber
einmal μ_y mittels $\overline{Y}$ geschätzt haben, ist nicht mehr die
ganze Stichprobe für die Schätzung von σ_y^2 entscheidend.
Wenn wir nämlich über eine Schätzung für μ_y verfügen,
enthält die letzte Abweichung $(Y_i - \overline{Y})$ (vgl. auch die vorherige Formel für σ_y^2) von diesem Mittelwert keine wesentlichen neuen Informationen mehr und ist somit redundant.
Alle Abweichungen, ausser einer, können uneingeschränkt
(frei) irgendwelche Werte annehmen. Die letzte aber ist
nicht mehr 'frei', sondern abhängig (wird bestimmt) von
den übrigen Abweichungen. Man sagt in einer solchen Situation auch, dass wir einen Freiheitsgrad verloren haben.
Die Anzahl 'bedeutsamer' (nicht-redundanter) Objekte in
unserer Stichprobe bezeichnet man darum auch als *Freiheitsgrade* ('degrees of freedom' = d.f.). Anstelle von der
Stichprobengrösse n ist darum die Stichprobengrösse $n-1$
von Bedeutung. Dies ist bei der Schätzung von σ_y^2 mittels s_y^2 zu berücksichtigen.[9] Auf diese Weise wird bei der
Schätzung die Anzahl der Beobachtungen leicht korrigiert,
um der Situation Rechnung zu tragen, dass wir die Abweichungen rund um den *Stichproben*-Mittelwert statt rund
um den wahren *Populations*-Mittelwert gewählt haben.

Allgemein gilt, dass die Anzahl der Freiheitsgrade der
Anzahl der Objekte in der Stichprobe, minus die Anzahl

---

[9] Dieses Phänomen einer zusätzlichen Verzerrung eines Schätzers
   dadurch, dass dieser Schätzer selbst wieder auf Grössen basiert,
   die geschätzt werden müssen, tritt auch bei anderen Schätzungen
   auf. Der Korrekturfaktor, den wir anbringen müssen, variiert dabei
   je nach Anzahl der zusätzlich zu schätzenden Grössen.

der bereits geschätzten Parameter, die zur Schätzung der Populations-Kennzahl notwendig sind, entspricht.

Eine unverzerrte Schätzung für σ_y^2 ist

$$\hat{\sigma}_y^2 = \frac{n}{n-1} s_y^2 = \frac{n}{n-1} \frac{\sum\limits_{i=1}^{n} \left(Y_i - \overline{Y}\right)^2}{n} = \frac{\sum\limits_{i=1}^{n} \left(Y_i - \overline{Y}\right)^2}{n-1} \quad .$$

Dies entspricht der in der Stichprobe beobachteten Variation dividiert durch $n-1$ anstelle durch n. Der Erwartungswert $E\left(\hat{\sigma}_y^2\right)$ von $\hat{\sigma}_y^2$ ist nun genau σ_y^2.

Der Effekt der Division durch $n-1$ anstatt durch n besteht darin, dass die Schätzung der Varianz auf Grund einer kleinen Stichprobe etwas grösser wird. Im Falle einer grossen Stichprobe (etwa $n > 30$) unterscheidet sich n nicht mehr entscheidend von $n-1$. Wenn sich die Stichprobengrösse in Hunderten oder Tausenden bewegt, wird die Differenz so klein, dass sie keine Bedeutung für die Schätzung der Populationsvarianz mehr hat. Die Variationszerlegung bekommt nun folgende Form:

Tabelle 3.1: Variationszerlegung

Quelle der Variation	Variation	d.f.	Varianz
erklärt durch X	$\sum\limits_{i=1}^{n} \left(\hat{Y}_i - \overline{Y}\right)^2$	1	$\dfrac{\sum\limits_{i=1}^{n} \left(\hat{Y}_i - \overline{Y}\right)^2}{1}$
unerklärt ('residual')	$\sum\limits_{i=1}^{n} \left(Y_i - \hat{Y}_i\right)^2$	$n-2$	$\dfrac{\sum\limits_{i=1}^{n} \left(Y_i - \hat{Y}_i\right)^2}{n-2}$
total	$\sum\limits_{i=1}^{n} \left(Y_i - \overline{Y}_i\right)^2$	$n-1$	$\dfrac{\sum\limits_{i=1}^{n} \left(Y_i - \overline{Y}\right)^2}{n-1}$

Die durch die Regression erklärten Abweichungen werden durch den Mittelwert $\overline{Y}$ von Y und durch die mittels der Regressionsgerade geschätzten Werte $\hat{Y}_i$ bestimmt. Wir wissen bereits, dass die Regressionsgerade durch den Mittelpunkt $\left(\overline{X}, \overline{Y}\right)$ geht. Um also die Regressionsgerade und damit $\hat{Y}_i$ zu bestimmen, brauchen wir nur noch einen einzigen weiteren Punkt auf der Gerade. Nur dieser Punkt kann

also frei variieren, je nach Regressionsgerade. Alle übrigen
Punkte der Gerade, und damit auch alle übrigen Schätzwerte $\hat{Y}_i$ von Y, sind damit festgelegt. Wir haben hier nur
einen Freiheitsgrad. Bei der Berechnung der *erklärten* Varianz dividieren wir die Variation durch 1. Da die hier auf-
geführte Varianz eine Schätzung der 'wahren' Varianz in
der Grundgesamtheit darstellt, addiert die erklärte Varianz
und die unerklärte Varianz nicht auf zur totalen Varianz.

Die Summe der Freiheitesgrade muss wieder $n - 1$ ergeben. Daraus folgt automatisch, dass die Anzahl der Freiheitsgrade bei der Restvarianz $n - 2$ betragen muss.

4. Multiple Regression und multiple Korrelation

4.1 Einführung

Bei der einfachen Regressionsanalyse sind wir davon ausgegangen, dass Y theoretisch nur von X und einem weiteren Störfaktor ε beeinflusst wird:

$$Y = f(X, \varepsilon) \quad .$$

Dieser Störfaktor umfasst auch den Einfluss weiterer nicht-berücksichtigter verursachender Variablen. Wenn diese zusätzlichen verursachenden (unabhängigen) Variablen einen relativ geringen und gemeinsam einen unsystematischen (zufälligen) Einfluss ausüben, können wir sie weiterhin als Störvariablen, als ein Hintergrundgeräusch, betrachten, von dem sich der uns interessierende kausale Zusammenhang deutlich abhebt.

Es ist aber nicht selten der Fall, dass der Einfluss ε grösser ist als der Einfluss der verursachenden (unabhängigen) Variablen X. Die Abweichungen und damit auch die Varianz der Abweichungen werden dann relativ gross ausfallen. Dies ist ein Hinweis darauf, dass nach aller Wahrscheinlichkeit weitere unabhängige Variablen im Spiel sind. So gilt als Faustregel, dass wenn

$$\hat{\sigma}_{\hat{\varepsilon}}^2 = \frac{\left(\hat{\varepsilon}_i - \overline{\hat{\varepsilon}}\right)^2}{n} => 1/2\,\hat{\sigma}_y^2 \quad ,$$

wir uns überlegen sollten, ob nicht noch weitere erklärende Variablen in das Modell aufgenommen werden sollten.[1]

---

[1] In unserem Beispiel betrug die Varianz der Residualwerte der Regression des umweltverantwortlichen Handelns auf das (Umwelt-) Problembewusstsein (38,413), während die Varianz des umwelt-

Wenn wir diese zusätzlichen erklärenden Variablen ausfindig machen und in unser Modell einbeziehen, wird der un-
erklärte Teil der Varianz $\hat{\sigma}_\varepsilon^2$ der abhängigen Variablen Y
bzw. die Varianz, die auf unbekannte Störfaktoren zurück-
geführt werden kann, um ihren Beitrag verringert. Der 'erklärte' Teil nimmt daher um diesen Beitrag zu. Ein Teil
der vorher noch unbekannten Störvariablen wird dadurch
zu bekannten Einflussvariablen. Wir erhalten damit ein ge-
naueres Bild der Ursachen von Y. Folglich wird die 'Erklärung' der abhängigen Variablen Y verbessert.

Wie wissen wir aber, ob eine neue Variable auch tatsächlich eine erklärende Variable ist? Die Wirkung einer
noch unbekannten Variablen tritt, wenn sie überhaupt
einen Einfluss auf unsere abhängige Variable Y ausübt, bei
unserer einfachen Regression als einer der Störfaktoren in
Erscheinung. Wenn diese Variable nun einen erheblichen
Einfluss auf Y ausübt, wird sie auch eine wichtige Störquel-
le darstellen und somit einen nicht zu vernachlässigen den
Zusammenhang mit der Störgrösse e aufweisen. Nur dann
wird ihre Berücksichtigung den Anteil der unerklärten Varianz bedeutsam verringern und ihre Aufnahme ins Modell
wird sich lohnen.

Dieser Zusammenhang lässt sich am einfachsten anhand
eines Streuungsdiagramms der 'unerklärten' Abweichungen
(Residualwerte) und der potenziellen neuen unabhängigen
Variablen sichtbar machen (vgl. Figur 4.1). Wenn hier
ein offensichtlicher Zusammenhang vorliegt, dann ist es
sinnvoll, die Aufnahme dieser neuen erklärenden Variablen – nennen wir sie X_2 – ins Modell in Betracht zu
ziehen. In unserem Beispiel finden wir einen nicht allzu
starken Zusammenhang zwischen den Residualwerten der
Regression von umweltverantwortlichem Handeln auf (Um-
welt-)Problembewusstsein und der zusätzlichen erklärenden Variablen 'Externale Verantwortlichkeitszuschreibung'
(Pearson-Korrelationskoeffizient $= -0{,}446$).

Dieser Zusammenhang ist allerdings noch kein hinrei-
chender Grund für die Aufnahme von X_2 in das Modell

---

verantwortlichen Handelns um ein Vielfaches höher lag (165,587).
Die Restvarianz ist also nicht besonders gross und darum kein
Anlass, weitere erklärende Variablen in das Modell aufzunehmen.
Wir wollen zwecks Illustration trotzdem eine zusätzliche erklären-
de (unabhängige) Variable einführen.

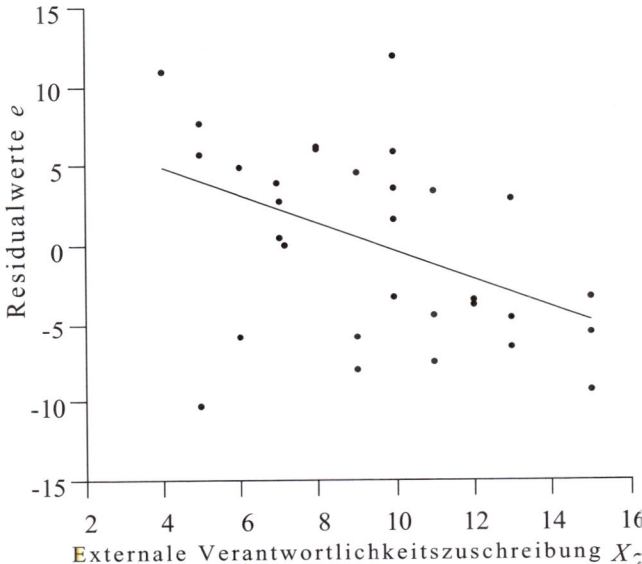

Abbildung 4.1: Streuungsdiagramm der Residualwerte e und der potenziellen zusätzlichen unabhängigen Variablen X_2

(in unsere Regressionsgleichung). Schliesslich ist es wiederum die Theorie, die uns dabei helfen sollte, keine Variablen in das Modell aufzunehmen, die nur Scheinzusammenhänge mit der abhängigen Variablen Y (und damit auch mit der Störvariablen e aus unserer einfachen Regression) aufweisen. Nur wenn auch eine fundierte Theorie über die Abhängigkeit der zu erklärenden Variablen Y von X_2 formuliert werden kann bzw. es fundierte Vermutungen gibt, dass X_2 auch tatsächlich Y mit-*produziert*, ist die Aufnahme ins Modell berechtigt.

4.2 Die Aufnahme zusätzlicher unabhängiger Variablen ins Modell

Es gibt grundsätzlich zwei Möglichkeiten, eine zusätzliche unabhängige Variable in das Modell aufzunehmen:

a) Eine erste Möglichkeit besteht darin, dass wir eine einfache Regression der Residualwerte e auf die zusätzliche unabhängige Variable X_2 durchführen. Dies resultiert in folgender Regressionsgleichung:

$$\hat{\varepsilon}_1 = \hat{\beta}_2 + \hat{\beta}_2 \, X_2 + \hat{\varepsilon}_2 \quad ,$$

wobei $\hat{\varepsilon}_1$ aus der vorherigen einfachen Regression der abhängigen Variablen Y auf die ursprüngliche unabhängige Variable X_1 ermittelt wurde:

$$
\begin{aligned}
Y &= \hat{\beta}_1 + \hat{\beta}_1 \, X_1 + \hat{\varepsilon}_1 \\
\hat{\varepsilon}_1 &= Y - \hat{\beta}_1 - \hat{\beta}_1 \, X_1 \quad .
\end{aligned}
$$

Die Restvarianz aus der ursprünglichen einfachen Regression wird damit weiter zerlegt, und zwar in einen Teil, der auf X_2 und in einen Teil $\hat{\varepsilon}_2$, der weiterhin auf mehr oder weniger zufällige Störfaktoren zurückgeführt werden kann. Für die ursprüngliche einfache Regressionsgleichung ändert sich dadurch nichts. Wir können die neue Regressionsgleichung ohne weiteres in die ursprüngliche einfache Regressionsgleichung einsetzen und erhalten damit:

$$
\begin{aligned}
Y &= \hat{\beta}_1 + \hat{\beta}_1 \, X_1 + \hat{\beta}_2 + \hat{\beta}_2 \, X_2 + \hat{\varepsilon}_2 \\
Y &= \left(\hat{\beta}_1 + \hat{\beta}_2 \right) + \hat{\beta}_1 \, X_1 + \hat{\beta}_2 \, X_2 + \hat{\varepsilon}_2 \quad .
\end{aligned}
$$

Dies wäre jedoch nur erlaubt, wenn X_1 und X_2 nicht korreliert sind bzw. keinen Zusammenhang aufweisen. Die Effekte von X_1 und X_2 werden hier nämlich einzeln und unabhängig voneinander berechnet und danach einfach addiert. Das entsprechende Kausalschema ist in Figur 4.2b dargestellt. Wenn aber ein Zusammenhang zwischen den beiden unabhängigen Variablen X_1 und X_2 besteht, vertritt X_1 auch einen Teil der Information, die in X_2 steckt und umgekehrt. Das heisst, dass der Effekt von X_1 auf die abhängige Variable Y auch bereits einen Teil des Effektes von X_2 auf Y enthält. Wenn wir die Effekte einfach addieren, würden wir damit einen Teil der Effekte doppelt zählen. Die Regressionskoeffizienten geben dann nicht mehr nur den Effekt einer einzigen unabhängigen Variablen auf die abhängige Variable an, sondern enthalten auch einen noch unbekannten Anteil des Effektes der übrigen unabhängigen Variablen auf die abhängige Variable. Wir können dann keine klaren Aussagen über die kausale Abhängigkeit der Variablen Y von den einzelnen unabhägigen Variablen mehr machen. In der Praxis sind die unabhängigen Variablen meistens miteinander korreliert (vgl. Figur 4.2a).

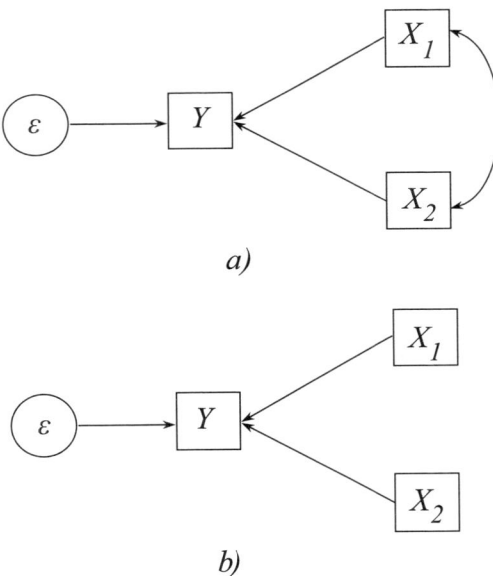

a)

b)

Abbildung 4.2: Kausalschemata für korrelierte und unkorrelierte unabhängige Variablen

b) Wenn die unabhängigen Variablen miteinander korrelieren, müssen wir eine sog. *multiple Regression* durchführen. Bei der multiplen Regression wird den Zusammenhängen zwischen den *unabhängigen* Variablen Rechnung getragen, indem die Effekte der unabhängigen Variablen nicht nacheinander, sondern simultan berechnet werden. Das Modell lautet dann:

$$Y = f(X_1, X_2, \varepsilon)$$

oder allgemeiner:

$$Y = f(X_1, X_2, \ldots, X_m, \varepsilon)$$

respektive

$$Y = \beta_0 + \beta_1 X_1 + \beta_2 X_2 + \ldots + \beta_m X_m + \varepsilon \quad ,$$

und es geht nun darum, die Koeffizienten dieser Gleichung simultan zu bestimmen.

4.3 Die graphische Darstellung der multiplen Regressionsgleichung

Bei der einfachen Regression haben wir unsere Beobachtungen als eine Punktewolke im *zwei*-dimensionalen Raum dargestellt und eine Gerade gesucht, die diese Punktewolke möglichst gut beschreibt. Im Falle einer multiplen Regression mit zwei unabhängigen Variablen können wir uns die einzelnen Beobachtungen (X_{1i}, X_{2i}, Y_i) als Punkte in einem *drei*-dimensionalen Raum mit einem gradwinkligen (orthogonalen) Achsensystem veranschaulichen (Figur 4.3).

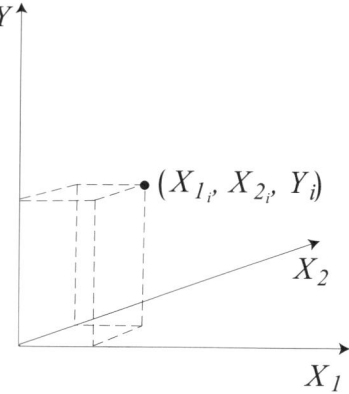

Abbildung 4.3: Darstellung in einem drei-dimensionalen Raum

Wenn wir nicht zwei, sondern mehr als zwei unabhängige Variablen haben, lässt sich das Streuungsdiagramm nicht mehr zeichnen. Ein mehr als drei-dimensionaler Raum übersteigt unsere Vorstellungskraft. Mathematisch ist das aber keine Schwierigkeit. Mathematisch können wir unsere Betrachtungen ohne weiteres auf mehr als zwei unabhängige Variablen und einen sog. *Hyperraum* erweitern.

Während sich bei der einfachen Regression die Regressionsgleichung als Gerade im zwei-dimensionalen Raum darstellen liess, haben wir es im drei-dimensionalen Fall (zwei unabhängige Variablen und eine abhängige Variable) nicht mehr mit einer Regressionsgeraden, sondern mit einer Regressionsebene oder *Regressionsfläche* zu tun (vgl. Figur 4.4). Bei mehr als zwei unabhängigen Variablen spricht man von *Regressions-Hyperebenen*. Diese Hyperebenen werden definiert durch:

$$\hat{Y}_i = a + \hat{\beta}_1 X_{1i} + \hat{\beta}_2 X_{2i} + \ldots + \hat{\beta}_m X_{mi}$$

oder anders ausgedrückt:

$$\hat{Y}_i = \hat{\beta}_0 + \hat{\beta}_1 X_{1i} + \hat{\beta}_2 X_{2i} + \ldots + \hat{\beta}_m X_{mi} \quad .$$

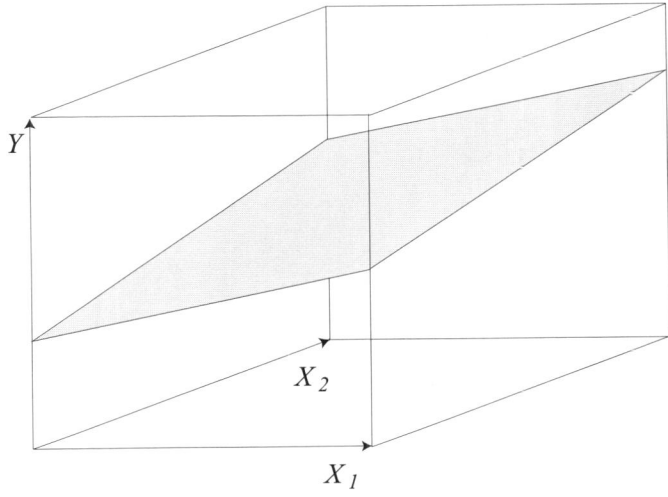

Abbildung 4.4: Regressionsebene bei zwei unabhängigen Variablen

4.4 Die Schätzung der Koeffizienten der multiplen Regressionsgleichung

In Analogie zum bi-variaten Fall der einfachen Regression versuchen wir auch jetzt wieder, die Summe der quadrierten Abweichungen zu minimieren:

$$\left. \begin{array}{l} \hat{\varepsilon}_i = Y_i - \hat{Y}_i \\ \hat{Y}_i = \hat{\beta}_0 + \hat{\beta}_1 X_{1i} + \hat{\beta}_2 X_{2i} \end{array} \right\} \Rightarrow \hat{\varepsilon}_i = Y_i - \hat{\beta}_0 - \hat{\beta}_1 X_{1i} - \hat{\beta}_2 X_{2i}$$

$$\sum_{i=1}^{n} \left(Y_i - \hat{\beta}_0 - \hat{\beta}_1 X_{1i} - \hat{\beta}_2 X_{2i} \right)^2 \rightarrow \text{minimal} \quad .$$

Damit diese Forderung erfüllt ist, müssen die partiellen Ableitungen nach den $m+1$ Koeffizienten wiederum gleich Null sein (vgl. auch Kapitel 3).

$$\frac{\partial \sum_{i=1}^{n} \hat{\varepsilon}_i^2}{\partial \hat{\beta}_0} = \frac{\partial \sum_{i=1}^{n} \hat{\varepsilon}_i^2}{\partial \hat{\beta}_1} = \ldots = \frac{\partial \sum_{i=1}^{n} \hat{\varepsilon}_i^2}{\partial \hat{\beta}_m} = 0 \quad .$$

Dies führt zu den $m+1$ *Normalgleichungen* mit genau m+1 Unbekannten:

$$\begin{array}{rclcccc}
\sum\limits_{i=1}^{n} Y_i & = & \hat{\beta}_0 & + & \hat{\beta}_1 \sum\limits_{i=1}^{n} X_{1i} n & + \ldots + & \hat{\beta}_m \sum\limits_{i=1}^{n} X_{mi} \\
\sum\limits_{i=1}^{n} X_{1i} Y_i & = & \hat{\beta}_0 \sum\limits_{i=1}^{n} X_{1i} & + & \hat{\beta}_1 \sum\limits_{i=1}^{n} (X_{1i})^2 & + \ldots + & \hat{\beta}_m \sum\limits_{i=1}^{n} X_{1i} X_{mi} \\
\vdots & & \vdots & & \vdots & & \vdots \\
\sum\limits_{i=1}^{n} X_{mi} Y_i & = & \hat{\beta}_0 \sum\limits_{i=1}^{n} X_{mi} & + & \hat{\beta}_1 \sum\limits_{i=1}^{n} X_{mi} X_{1i} & + \ldots + & \hat{\beta}_m \sum\limits_{i=1}^{n} (X_{mi})^2
\end{array}$$

Wir können die Regressionskonstante auch als einen Regressionskoeffizienten einer unabhängigen Variablen, die für alle n Objekte in der Stichprobe den Wert Eins annimmt, auffassen.[2]

$$\hat{Y} = \beta_0 X_0 + \beta_1 X_1 + \beta_2 X_2 + \ldots + \beta_m X_m \quad .$$

Damit lässt sich dieses Gleichungssystem vereinfacht in Matrix-Form schreiben:

---

[2] Aus diesem Grund wird in vielen Statistikbüchern terminologisch nicht zwischen der Regressionskonstante und dem Regressionskoeffizienten unterschieden.

$$\mathbf{X} = \begin{bmatrix} 1 & X_{11} & X_{12} & \cdots & X_{1m} \\ 1 & X_{21} & X_{22} & \cdots & X_{2m} \\ \vdots & \vdots & \vdots & & \vdots \\ 1 & X_{n1} & X_{n2} & \cdots & X_{nm} \end{bmatrix} \qquad \mathbf{y} = \begin{bmatrix} Y_1 \\ Y_2 \\ \vdots \\ Y_n \end{bmatrix} \qquad \hat{\boldsymbol{\beta}} = \begin{bmatrix} \hat{\beta}_0 \\ \hat{\beta}_1 \\ \vdots \\ \hat{\beta}_m \end{bmatrix}$$

$$(n \times (m+1)) \qquad\qquad (n \times 1) \qquad ((m+1) \times 1)$$

$$\mathbf{X}'\mathbf{y} = \mathbf{X}'\mathbf{X}\,\hat{\boldsymbol{\beta}} \quad .$$

Die erste Spalte der Matrix $\mathbf{X}$ der unabhängigen Variablen entspricht dieser 'Variablen' mit lauter Einsen. Aus dieser Gleichung lässt sich der Spaltenvektor der Regressionskoeffizienten direkt ableiten:

$$\hat{\boldsymbol{\beta}} = (\mathbf{X}'\mathbf{X})^{-1}\,\mathbf{X}'\mathbf{y} \quad .$$

Für das erste Element des Koeffizientenvektors $\hat{\boldsymbol{\beta}}$ (die Regressionskonstante $\hat{\beta}_0$) gilt

$$\hat{\beta}_0 = \overline{Y} - \hat{\beta}_1\,\overline{X}_1 - \hat{\beta}_2\,\overline{X}_2 - \ldots - \hat{\beta}_m\,\overline{X}_m$$
$$\hat{\beta}_0 = \overline{Y} - \sum_{j=1}^{m} \hat{\beta}_j\,\overline{X}_j \quad .$$

Auch die geschätzten Werte $\hat{Y}_i$ der abhängigen Variablen Y kann man als Vektor schreiben:

$$\hat{\mathbf{y}} = \begin{bmatrix} \hat{Y}_1 \\ \hat{Y}_2 \\ \vdots \\ \hat{Y}_n \end{bmatrix} = \begin{bmatrix} \hat{\beta}_0 + \sum_{j=1}^{m} \hat{\beta}_j\,X_{j\,1} \\ \hat{\beta}_0 + \sum_{j=1}^{m} \hat{\beta}_j\,X_{j\,2} \\ \vdots \\ \hat{\beta}_0 + \sum_{j=1}^{m} \hat{\beta}_j\,X_{j\,n} \end{bmatrix}$$

$$\hat{\mathbf{y}} = \mathbf{X}\,\hat{\boldsymbol{\beta}} \quad .$$

Ebenso gilt für $\hat{\varepsilon}$

$$\hat{\boldsymbol{\varepsilon}} = \begin{bmatrix} \hat{\varepsilon}_1 \\ \hat{\varepsilon}_2 \\ \vdots \\ \hat{\varepsilon}_n \end{bmatrix} = \begin{bmatrix} Y_1 - \hat{Y}_1 \\ Y_2 - \hat{Y}_2 \\ \vdots \\ Y_n - \hat{Y}_n \end{bmatrix} = \mathbf{y} - \hat{\mathbf{y}} \quad .$$

Insgesamt können wir unsere Regressionsgleichung schreiben als

$$\mathbf{y} = \mathbf{X}\,\hat{\boldsymbol{\beta}} + \hat{\boldsymbol{\varepsilon}} \quad,$$

wobei

$$
\begin{aligned}
\hat{\boldsymbol{\varepsilon}} &= \mathbf{y} - \mathbf{X}\,\hat{\boldsymbol{\beta}} = \mathbf{y} - \mathbf{X}\,(\mathbf{X}'\,\mathbf{X})^{-1}\,\mathbf{X}'\,\mathbf{y} \\
\hat{\boldsymbol{\beta}} &= (\mathbf{X}'\,\mathbf{X})^{-1}\,\mathbf{X}'\,\mathbf{y} \quad.
\end{aligned}
$$

4.5 Die Interpretation der Koeffizienten

Die Interpretation der Koeffizienten der multiplen Regressionsgleichung lässt sich am besten anhand einer graphischen Darstellung erläutern.

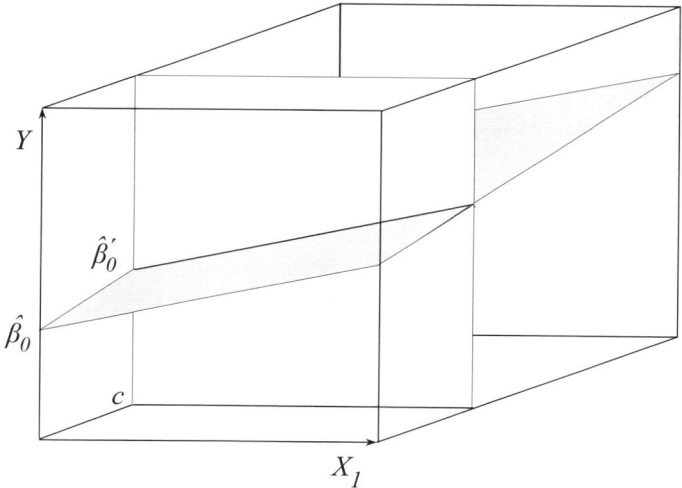

Abbildung 4.5: Die Regressionsebene und die Ebene $X_2 = c$

Die Regressionskonstante $\hat{\beta}_0$ ist der Schnittpunkt der Regressions(hyper-)ebene mit der Y-Achse der abhängigen Variablen. Für diesen Punkt gilt, dass $X_1 = X_2 = \ldots = X_m = 0$.

Was die übrigen Regressionskoeffizienten bedeuten, lässt sich am Besten anhand eines Beispiels erklären:

Wählen wir z.B. einen bestimmten konstanten Wert c für X_2. Dieser Wert c für X_2 bezeichnet einen Punkt auf der X_2-Achse. Durch diesen Punkt lässt sich eine Ebene vertikal auf der X_2-Achse und parallel zur X_1-Achse definieren. Alle Punkte auf dieser Ebene haben die gleiche X_2-Koordinate c. Diese Ebene schneidet die Regressionsebene entlang einer sog. Schnittgeraden. Der Koeffizient $\hat{\beta}_1$ stellt die Steigung dieser Schnittgeraden in der Ebene $(X_1, c.Y)$ dar. Der Schnittpunkt dieser Schnittgeraden mit der vertikalen (Y, X_2)-Ebene wird durch $\hat{\beta}_0'$ repräsentiert, wofür gilt

$$\left.\begin{array}{l} \hat{Y}_i = \hat{\beta}_0 + \hat{\beta}_1 X_{1i} + \hat{\beta}_2 X_{2i} \\ X_{2i} = c \end{array}\right\} \Rightarrow \hat{Y}_i = \hat{\beta}_0 + \hat{\beta}_1 X_{1i} + \hat{\beta}_2 c \quad .$$

Durch Zusammenfassung der konstanten Terme erhalten wir

$$\hat{Y}_i = \left(\hat{\beta}_0 + \hat{\beta}_2 c\right) + \hat{\beta}_1 X_{1i} = \hat{\beta}_0' + \hat{\beta}_1 X_{1i} \quad ,$$

wobei $\hat{\beta}_0' = \hat{\beta}_0 + \hat{\beta}_2 c$.

Der Koeffizient $\hat{\beta}_1$ stellt also den Regressionskoeffizienten der einfachen linearen Regression von Y auf X_1 *unter Konstanthaltung (oder unter Ausschaltung des Einflusses) von* X_2 dar. $\hat{\beta}_1$ ist jedoch nicht gleich jenem Regressionskoeffizienten b, den wir bei der einfachen Regression von Y auf X_1 fanden.

Übertragen auf den Fall mit m unabhängigen Variablen gibt $\hat{\beta}_j$ die Veränderung des abhängigen Merkmals Y bei einer Änderung des Merkmals X_j um eine Einheit unter Konstanthaltung der übrigen $m - 1$ unabhängigen Variablen wieder. Man nennt die Koeffizienten der multiplen linearen Regression wegen dieser Eigenschaft auch *partielle Regressionskoeffizienten*. Dies wird manchmal auch in der Notation hervorgehoben. Die Koeffizient $\hat{\beta}_1$ lässt sich z.B. auch schreiben als

$$\hat{\beta}_{(y\,x_1|x_2...x_m)} \qquad \text{oder} \qquad \hat{\beta}_{y\,x_1\bullet x_2...x_m} \quad .$$

Die verschiedenen Koeffizienten der unabhängigen Variablen lassen sich innerhalb der multiplen Regressionsgleichung nicht ohne weiteres miteinander vergleichen, da die

partieller Regressionskoeffizient $\hat{\beta}_j$ – Regressionskoeffizient der linearen Regression von Y auf X_j unter Konstanthaltung (bzw. unter Ausschaltung des Einflusses) von allen übrigen unabhängigen Variablen

Masseinheiten auf den Messskalen der unabhängigen Variablen meistens unterschiedlich sind und die Regressionskoeffizienten von diesen Masseinheiten abhängig sind (vgl. Kapitel 3). Um trotzdem einen Vergleich möglich zu machen, wird häufig von standardisierten Daten ausgegangen. Die Regressionskoeffizienten, die auf Basis standardisierter Daten berechnet wurden, nennt man auch *standardisierte partielle Regressionskoeffizienten* oder *Beta-Koeffizienten*:

$$Beta_j = \hat{\beta}_j \frac{\hat{\sigma}_{x_j}}{\hat{\sigma}_y} \qquad \hat{\beta}_j = Beta_j \frac{\hat{\sigma}_y}{\hat{\sigma}_{x_j}} \quad .$$

standardisierter Regressionskoeffizient $Beta_j$ – partieller Regressionskoeffizient der einfachen linearen Regression von Y auf X_j unter Konstanthaltung (bzw. unter Ausschaltung des Einflusses) von allen übrigen unabhängigen Variablen, wobei alle Variablen im voraus standardisiert wurden. Der standardisierte Regressionskoeffizient gibt die Veränderung der abhängigen Variablen Y (ausgedrückt in Standardabweichungen von Y) bei einer Veränderung der unabhängigen Variablen um eine Standardabweichung (von X_j) unter Konstanthaltung aller übrigen unabhängigen Variablen an

Der standardisierte Regressionskoeffizient gibt die Veränderung der abhängigen Variablen Y (ausgedrückt in Standardabweichungen von Y) bei einer Veränderung der unabhängigen Variablen um eine Standardabweichung (von X_j), unter Konstanthaltung aller übrigen unabhängigen Variablen, an. Im Spezialfall der einfachen Regression ist der standardisierte Regressionskoeffizient mit dem Korrelationskoeffizienten identisch ($Beta = r$). Im multiplen Fall ($m \geq 2$) kann man zeigen, dass

$$\mathbf{Beta} = \mathbf{R}_x \mathbf{r}_{yx} \quad ,$$

wobei **Beta** der Vektor der m standardisierten Regressionskoeffizienten, **R** die Korrelationsmatrize aller unabhängigen Variablen und $\mathbf{r}_{yx}$ den Vektor der m Korrelationskoeffizienten der abhängigen Variablen mit den jeweiligen unabhängigen Variablen darstellen.

Die standardisierten Regressionskoeffizienten erlauben einen Vergleich der Abhängigkeiten innerhalb der Regressionsgleichung. Für den Vergleich der Koeffizienten zwischen Regressionsgeraden, die aus verschiedenen Stichproben (Gruppen) ermittelt wurden, ist jedoch zusätzlich noch zu beachten, dass im Gegensatz zu den unstandardisierten Koeffizienten die standardisierten Regressionskoeffizienten für die jeweils vorliegende Varianz der unabhängigen Variablen X empfindlich sind. Je grösser diese Varianz, desto grösser ist (*ceterus paribus*) auch der standardisierte Regressionskoeffizient.

Führen wir das Beispiel noch zu Ende: Wir wollen eine multiple Regression vom umweltverantwortlichen Handeln auf (Umwelt-)Problembewusstsein und externale Verantwortlichkeitszuschreibung durchführen.

$$UVH = -4{,}091 + 2{,}767\,PROB - 0{,}916\,EXV \quad ,$$

wobei UVH = umweltverantwortliches Handeln, $PROB$ = (Umwelt-)Problembewusstsein und EXV = externale Verantwortlichkeitszuschreibung.

Wir sehen, dass das Problembewusstsein einen positiven Effekt auf das umweltverantwortliche Handeln hat; ein erhöhtes (Umwelt-)Problembewusstsein führt zu umweltverantwortlicherem Handeln. Je mehr jedoch die Verantwortung für Umweltprobleme anderen zugeschoben wird, desto weniger ist man offenbar geneigt, selbst etwas für die Umwelt zu unternehmen. Der Regressionskoeffizient von EXV ist negativ.

Um nun die Auswirkung der unabhängigen Variablen auch in ihrem Ausmass miteinander vergleichen zu können, müssen wir die standardisierten Regressionskoeffizienten berechnen. Die Regressionsgleichung mit standardisierten Regressionskoeffizienten sieht in unserem Fall wie folgt aus:

$$UVH = 0 + 0{,}922\,PROB - 0{,}224\,EXV \quad .$$

Wir stellen nun fest, dass der Effekt des Problembewusstseins auf das umweltverantwortliche Handeln mehr als viermal so gross ist wie bei der externalen Verantwortungszuweisung.

4.6 Der multiple Korrelationskoeffizient

Entsprechend dem bi-variaten Fall gibt es auch für den multivariaten Fall ein Mass für die Güte der Abbildung unserer Bobachtungen durch das Regressionsmodell ('goodness of fit'), oder anders ausgedrückt: ein Mass für die Güte der Vorhersagen auf Basis unseres Regressionsmodells. Bei der einfachen Regression verwendeten wir hierzu das sog. Bestimmtheitsmass R^2. Das *Bestimmtheitsmass* R^2 stellt, wie wir wissen, das Verhältnis der erklärten Variation und die Gesamtvariation dar.

multipler Korrelationskoeffizient – Mass für die Stärke des *linearen* Zusammenhangs zwischen einer Variablen Y und einer Reihe anderer Variablen $(X_1, X_2, \ldots, X_m)$ bzw. der positiven Quadratwurzel aus dem multiplen Bestimmtheitskoeffizienten

$$R^2 = \frac{erkl\ddot{a}rte\ Variation}{Gesamtvariation} = \frac{\sum\limits_{i=1}^{n} \left(\hat{Y}_i - \overline{Y}\right)^2}{\sum\limits_{i=1}^{n} \left(Y_i - \overline{Y}\right)^2}$$

$$= 1 - \frac{\sum\limits_{i=1}^{n} \left(Y_i - \hat{Y}_i\right)^2}{\sum\limits_{i=1}^{n} \left(Y_i - \overline{Y}\right)^2} \quad .$$

$$R^2 = 1 - \frac{(\mathbf{y} - \hat{\mathbf{y}})'\,(\mathbf{y} - \hat{\mathbf{y}})}{(\mathbf{y} - \overline{\mathbf{y}})'\,(\mathbf{y} - \overline{\mathbf{y}})} = \hat{\boldsymbol{\beta}}'\mathbf{X}'\mathbf{y} - n\,\overline{Y}^2 \quad .$$

Dies gilt auch für den multivariaten Fall. Man spricht in diesem Fall aber auch vom *multiplen Bestimmtheitskoeffizienten*. Auch wissen wir, dass im Falle der einfachen Regression das Bestimmtheitsmass dem Quadrat des einfachen Korrelationskoeffizienten entspricht. Analog wollen wir nun die *positive* Quadratwurzel aus R^2 als den *multiplen Korrelationskoeffizienten* bezeichnen:

$$r_{y\bullet x_1, x_2, \ldots, x_m} = \sqrt{R^2} = |r_{\hat{y}\,y}|$$

wobei

$$(0 \le r_{y\bullet x_1, x_2, \ldots, x_m} \le 1) \quad .$$

Ein R^2 von 0,85 bedeutet also, dass alle unabhängigen Variablen $X_1, X_2, \ldots, X_m$ *zusammen* 85% der Varianz der abhängigen Variablen Y 'erklären'. Der multiple Korrelationskoeffizient $r_{y\bullet x_1, x_2, \ldots, x_m}$ ist ein Mass für die Stärke des linearen Zusammenhangs zwischen Y und $X_1, X_2, \ldots, X_m$ zugleich. Die Zusammenhänge zwischen der jeweiligen unabhängigen Variablen und der abhängigen Variablen können aber unterschiedliche Richtungen (Vorzeichen) haben. Anhand des R^2 lässt sich allerdings nicht sagen, welche Richtung oder was für Vorzeichen der *gemeinsame* Zusammenhang zwischen der abhängigen Variablen einerseits und den einzelnen unabhängigen Variablen anderseits hat.

Der multiple Korrelationskoeffizient beträgt genau dann Eins, wenn graphisch gesehen alle Punkte exakt auf der Regressions-Hyperebene liegen. Der multiple Korrelationskoeffizient ist Null, wenn sämtliche Regressionskoeffizienten gleich Null sind, die unabhängigen Variablen $X_1, X_2, \ldots, X_m$ also nichts zur Erklärung der abhängigen Variablen Y beitragen. In diesem Fall verläuft die Regressions-Hyperebene parallel oder senkrecht zu den X_i-Achsen. Es gibt dann keine lineare Beziehung zwischen der abhängigen Variablen Y und den unabhängigen Variablen $X_1, X_2, \ldots, X_m$.

Wird in die Regressionsgleichung noch ein weiteres unabhängiges Merkmal aufgenommen, so 'verbessert' sich im Allgemeinen der Wert des multiplen Korrelationskoeffizienten. Das heisst, dass der multiple Korrelationskoeffizient näher an Eins rückt. Dies bedeutet aber noch nicht, dass diese zusätzliche Variable auch wirklich zur Verbesserung des Modells bzw. zu einer substanziellen *praktischen* Erklärung der abhängigen Variablen Y beiträgt. Wenn nämlich die Anzahl unabhängiger Variablen m nahe der Anzahl beobachteter Objekte n liegt, strebt $r_{y \bullet x_1, x_2, \ldots, x_m}$ zwangsläufig nach Eins. Die Gesamtvariation $\sum_{i=1}^{n} \left(Y_i - \overline{Y} \right)$ der abhängigen Variablen Y (der Nenner in der Definition des multiplen Bestimmtheitsmasses R^2) ist unabhängig von der Anzahl unabhängiger Variablen m. Die erklärte Variation im Zähler dagegen nimmt im Allgemeinen zu oder nimmt zumindest nicht ab, wenn die Anzahl unabhängiger Variablen zunimmt. Jede zusätzliche unabhängige Variable wird, statistisch gesehen, wahrscheinlich einen bestimmten, wenn auch manchmal einen sehr geringfügigen Anteil der Variation der abhängigen Variablen Y 'erklären'.[3] Das multiple Bestimmtheitsmass kann künstlich hoch getrieben werden, indem man willkürlich weitere unabhängige Variablen in das Modell aufnimmt.

Um diesen Nachteil des multiplen Bestimmtheitsmasses zu berücksichtigen, hat man ein angepasstes multiples Bestimmtheitsmass $R^2_{adj.}$ entwickelt, das die Anzahl der unabhängigen Variablen mitberücksichtigt.

---

[3] Dies bedeutet jedoch noch nicht, dass – gemäss der dritten Bedingung für das Vorliegen einer (wirk-)ursächlichen Kausalität (vgl. Kapitel 2) – zwischen der i-ten zusätzlichen unabhängigen Variablen X_i und der abhängigen Variablen Y, X_i auch tatsächlich Y *produziert*. Der Zusammenhang kann rein zufällig sein oder auf einem Scheinzusammenhang beruhen.

$$R^2_{adj.} = \frac{\sum_{i=1}^{n}\left(\hat{Y}_i - \overline{Y}\right)^2 / \left(n - (m+1)\right)}{\sum_{i=1}^{n}\left(Y_i - \overline{Y}\right)^2 / (n-1)}$$

$$= 1 - \frac{\sum_{i=1}^{n}\left(Y_i - \hat{Y}_i\right)^2 / (n - m - 1)}{\sum_{i=1}^{n}\left(Y_i - \overline{Y}\right)^2 / (n-1)}$$

$$= \frac{(\mathbf{y} - \hat{\mathbf{y}})'(\mathbf{y} - \hat{\mathbf{y}}) / (n - m - 1)}{(\mathbf{y} - \overline{\mathbf{y}})'(\mathbf{y} - \overline{\mathbf{y}}) / (n-1)}$$

$$= 1 - \left(1 - R^2\right)\frac{n-1}{n - m - 1} \quad ,$$

korrigiertes multiples Bestimmtheitsmass $R^2_{adj.}$ – multiples Bestimmtheitsmass korrigiert für die Anzahl unabhängiger Variablen

wobei $m+1$ für die Anzahl geschätzter Regressionskoeffizienten (m) +1 für die Regressionskonstante $\hat{\beta}$ steht. Wenn $m + 1 \geq 1$, gilt $R^2_{adj.} < R^2$. Auch ist darauf zu achten, dass $R^2_{adj.}$ auch negative Werte annehmen kann.[4] Dieses angepasste ('adjusted') multiple Bestimmtheitsmass kann nun zum Vergleich der Güte verschiedener Modelle mit unterschiedlicher Anzahl unabhängiger Variablen beigezogen werden.

4.7 Der partielle Korrelationskoeffizient

partieller Korrelationskoeffizient – Stärke des *linearen* Zusammenhangs zwischen zwei Variablen Y und X_j unter Ausschaltung des Einflusses aller übrigen Variablen

Der multiple Korrelationskoeffizient $r_{y \bullet x_1, x_2, \ldots, x_m}$ drückt die Stärke des linearen Zusammenhangs zwischen der abhängigen Variablen Y und sämtlichen unabhängigen Variablen $X_1, X_2, \ldots, X_m$ gemeinsam aus. Was uns meistens aber auch noch interessiert, ist die Stärke des linearen Zusammenhangs zwischen der abhängigen Variablen Y und der i-ten unabhängigen Variablen X_i unter Ausschaltung (oder Konstanthaltung) des Einflusses aller übrigen unabhängigen Variablen. Dieser Zusammenhang wird nun durch den sog. *partiellen Korrelationskoeffizienten* zum Ausdruck gebracht. Für den Fall zweier unabhängiger Variablen X_1 und X_2 ist die partielle Korrelation zwischen Y und X_1 unter Ausschaltung des Einflusses von X_2:

---

[4] Als Beispiel berechne man $R^2_{adj.}$, wenn $R^2 = 0{,}5$, $n = 31$ und $m = 16$.

$$r_{y\,x_1\bullet x_2} = \frac{r_{y\,x_1} - r_{y\,x_2}r_{x_1\,x_2}}{\sqrt{1 - r_{y\,x_2}^2}\,\sqrt{1 - r_{x_1\,x_2}^2}} \quad .$$

Um diese Formulierung zu verdeutlichen, gehen wir von folgendem Pfaddiagramm aus:

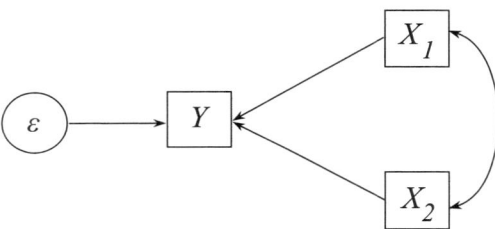

Abbildung 4.6: Einfaches Pfaddiagramm für eine multiple Regression

Wir wollen nun die partielle Korrelation zwischen Y und X_1 unter Konstanthaltung von X_2 ermitteln. Zuerst ermitteln wir dazu den Einfluss von X_2 auf X_1, indem wir die Regression von X_1 auf X_2 berechnen. Die Residualwerte $\left(X_{1i} - \hat{X}_{1i}\right)$ stellen den nicht durch X_2 erklärten Teil der Variation von X_1 dar. Dieser Teil repräsentiert also die für den Einfluss von X_2 auf X_1 bereinigten Variation von X_1. Analog können wir nun den Einfluss von X_2 auf Y ermitteln, indem wir die Regression von Y auf X_2 berechnen. Die Residualwerte $\left(Y_i - \hat{Y}_i\right)$ von Y stellen die vom Einfluss der Variablen X_2 bereinigten Variationen von Y dar. Wir haben damit sowohl die Variation von X_1 als auch die Variation von Y vom Einfluss von X_2 bereinigt. Wenn wir nun die einfache Korrelation zwischen diesen bereinigten Variationen $\left(X_{1i} - \hat{X}_{1i}\right)$ und $\left(Y_i - \hat{Y}_i\right)$ berechnen, bekommen wir die partielle Korrelation $r_{y\,x_1\bullet x_2}$ zwischen X_1 und Y unter Ausschaltung des Einflusses von X_2.

Wenn es eine perfekte einfache Korrelation zwischen X_1 und X_2 gibt ($\rho_{x_1 x_2} = 1$), wird der Nenner der partiellen Korrelation zwischen Y und X_1 (unter Konstanthaltung von X_2) gleich Null. Die partielle Korrelation lässt sich dann also nicht mehr berechnen. Dieses Problem ist auch bekannt als das Problem einer perfekten Multikollinearität.

Wir werden in Kapitel 5 noch auf dieses Phänomen zurückkommen.

Falls wir es mit einem Zusammenhang zwischen X_1 und
X_2 zu tun haben, der ausschliesslich darauf beruht, dass
beide Merkmale von einem dritten Merkmal Y beeinflusst
werden, dann beträgt der partielle Korrelationskoeffizient
$r_{x_1 x_2 \bullet y}$ genau Null (vgl. Figur 4.7). Wir können die partielle Korrelation somit für das Aufdecken von Scheinkorre-
lationen verwenden.

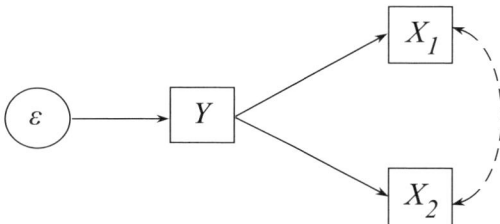

Abbildung 4.7: Pfaddiagramm einer Scheinkorrelation

Da beim partiellen Korrelationskoeffizienten, so wie
wir ihn hier vorgestellt haben, der Einfluss von nur einer
zusätzlichen unabhängigen Variablen ausgeschaltet bzw.
konstant gehalten wird, spricht man auch von der partiellen Korrelation *erster Ordnung*. Wenn weitere unabhängige
Variablen konstant gehalten werden sollen, spricht man von
der partiellen Korrelation *zweiter, dritter Ordnung* usw.
Die partiellen Korrelationskoeffizienten der nächsthöher-
en Ordnung können immer (rekursiv) aus den partiellen
Korrelationskoeffizienten der nächsttieferen Ordnung bestimmt werden. Allgemein gilt für die Konstanthaltung von
$m - 1$ Merkmalen:

$$r_{y\,x_i \bullet \mathbf{x}} = \frac{r_{y\,x_i \bullet \mathbf{x}_m} - r_{y\,x_m \bullet \mathbf{x}_{m-1}}\, r_{x_i\,x_m \bullet y\,\mathbf{x}_{m-1}}}{\sqrt{1 - r^2_{y\,x_m \bullet \mathbf{x}_{m-1}}}\,\sqrt{1 - r^2_{x_i\,x_m \bullet y\,\mathbf{x}_{m-1}}}} \quad,$$

wobei

$$\mathbf{x}_m = x_1, x_2, \ldots, x_{i-1}, x_{i+1}, \ldots, x_m$$

und

$$\mathbf{x}_{m-1} = x_1, x_2, \ldots, x_{i-1}, x_{i+1}, \ldots, x_{m-1} \quad .$$

5. Das Schliessen auf die Grundgesamtheit bei der Regressionsanalyse

5.1 Einleitung

Bisher haben wir uns im Zusammenhang mit der Regressionsanalyse nicht besonders darum gekümmert, dass wir die Analyse nicht anhand einer Gesamterhebung, sondern anhand einer Stichprobe durchgeführt haben. Wir haben bis hierher implizit angenommen, dass die gefundene Regressionsgerade (bzw. die Parameterwerte der Regressionsgleichung) sowohl für die Stichprobe als auch für die Grundgesamtheit gelten würde(n). Jede Stichprobe besteht aber wieder aus anderen Objekten oder Personen aus unserer Grundgesamtheit. Bedingt durch die Zufälligkeit unserer Stichprobe variieren die Resultate von Stichprobe zu Stichprobe. Es stellt sich also wieder die Frage, ob wir anhand einer solchen Stichprobe überhaupt etwas über unsere Grundgesamtheit aussagen können. Ebenso wie bei der einfachen Korrelationsanalyse können wir tatsächlich einige Aussagen über die lineare Abhängigkeit zwischen Variablen in unserer Grundgesamtheit machen. Wir formulieren dazu diese Aussagen in Form einer Hypothese und überprüfen (mittels eines statistischen Tests), ob das Resultat unserer Stichprobe die Annahme dieser Hypothese für die Grundgesamtheit plausibel erscheinen lässt. Wenn ja, dann gehen wir davon aus, dass die Aussage (Hypothese) für die Grundgesamtheit zutrifft; wenn nicht, dann nehmen wir an, dass die Aussage für die Grundgesamtheit nicht zutrifft. Solche Entscheidungen sind nie mit hundertprozentiger Sicherheit, sondern nur mit einer gewissen Wahrscheinlichkeit, zu treffen.[1] Aber lieber eine Aussage mit einer gewissen Wahrscheinlichkeit als gar keine.

---

[1] Vgl. auch Anhang B über die Grundbegriffe der Testtheorie.

Im nächsten Abschnitt 5.2 werden wir auf diese Weise versuchen, gewisse Aussagen über die Güte des Gesamtmodells in der Grundgesamtheit bzw. über die Stärke des gesamten linearen Zusammenhangs zu machen. In Abschnitt 5.3 wollen wir nicht Aussagen über das gesamte Modell, sondern über die Regressionskoeffizienten im Einzeln überprüfen. Analog wird im Abschnitt 5.4 das Verfahren zur Überprüfung von Hypothesen über die Regressionskonstante vorgestellt. In einem letzten Abschnitt 5.5 werden wir eine Verallgemeinerung dieser Testverfahren vorstellen, mittels der sich auch noch komplexere Hypothesen prüfen lassen. Wenden wir uns aber erst dem Test für Hypothesen über die Güte des Gesamtmodells in der Grundgesamtheit zu:

5.2 Test für das Bestimmtheitsmass oder Test der 'Güte' des Gesamtmodells

Wir wissen inzwischen, dass das Bestimmtheitsmass den Anteil der durch das gesamte Regressionsmodell erklärten (quadrierten) Abweichungen der Beobachtungswerte vom Mittelwert der abhängigen Variablen Y in der Stichprobe ausdrückt (vgl. Kapitel 4). Es könnte nun sein, dass sich der Wert des Bestimmtheitsmasses nur aufgrund des Zufalls der Stichprobenziehung ergeben hat und in Wirklichkeit (d.h. in der Grundgesamtheit) das Modell gar nicht gültig ist bzw. dass in der Grundgesamtheit eine Veränderung der Y-Werte gar nicht auf eine Veränderung der X-Werte zurückzuführen ist. Dieser Test ist vor allem im multivariaten Fall sinnvoll. Bei der einfachen Regression, in der der Einfluss der unabhängigen Variablen bereits durch einen einzigen Regressionskoeffizienten dargestellt werden kann, reicht im Prinzip die Überprüfung dieses Regressionskoeffizienten aus, um die Güte des ganzen Modells zu beurteilen. Wir wollen die Überprüfung des Gesamtmodells einfachheitshalber hier trotzdem anhand der einfachen Regression vorführen.

Es wird eine Hypothese H_0 formuliert, die besagt, dass kein Zusammenhang zwischen der abhängigen Variablen Y und der oder den unabhängigen Variablen X besteht, d.h., dass die gefundene Regressionsgleichung als ganze unbrauchbar ist bzw. uns nicht weiter bringt.

$$H_0 : \beta_1 = \beta_2 = \ldots = \beta_m = 0 \quad \text{oder} \quad H_0 : R^2 = 0$$

wobei m die Anzahl unabhängiger Variablen darstellt. Diese beiden Hypothesen sind identisch. Die entsprechenden Alternativhypothesen H_1 sind selbstverständlich einfach wieder ihre Verneinung.

Für diesen Test steht die folgende Prüfgrösse zur Verfügung:

$$F = \frac{R^2/m}{1 - R^2/n - m - 1} = \frac{R^2\,(n - m - 1)}{(1 - R^2)\,m}$$

$$= \frac{erkl\ddot{a}rte\ Varianz}{unerkl\ddot{a}rte\ Varianz}$$

$$F = \frac{\hat{\beta}'\,\mathbf{X}'\,\mathbf{X}\,\hat{\beta} - n\,\overline{Y}^2}{\mathbf{y}'\,\mathbf{y} - \hat{\beta}'\,\mathbf{X}'\,\mathbf{X}\,\hat{\beta}}\,\frac{n - m - 1}{m}\ .$$

Diese Prüfgrösse weist unter Annahme der Null-Hypothese H_0 eine F-Wahrscheinlichkeitsverteilung auf. Diese F-Verteilung lässt sich durch zwei Parameter beschreiben, nämlich:

Freiheitsgrade (d.f.) I: m
und
Freiheitsgrade (d.f.) II: $n - m - 1$.

In unserem einfachen Regressionsmodell mit dem umweltverantwortlichen Handeln als abhängige Variable und (Umwelt-)Problembewusstsein als unabhängige Variable ist d.f. I = 1 und d.f. II = $(n - 1 - 1) = (n - 2)$ = $30 - 2 = 28$. In unserem Beispiel beträgt der F-Wert ('F-Ratio') 92,699 und die dazugehörigen Überschreitungswahrscheinlichkeit $< 0,0001$. Der F-Test ist immer einseitig, da der Erklärungswert eines Modells selbstverständlich nicht unter Null fallen kann. In unserem Fall wird also die Null-Hypothese H_0, dass das ganze Modell nichts zur Erklärung des umweltverantwortlichen Handelns beiträgt, verworfen. Das einfache Erklärungsmodell hat sich statistisch also bewährt.

5.3 Test für den Regressionskoeffizienten

Es ist wichtig, zu bedenken, dass wir den Wert der Regressionskonstante $\hat{\beta}_0$ und den Wert des Regressionskoeffizienten $\hat{\beta}_j$ der Regression von Y auf $X_1, X_2, \ldots, X_m$ aus der Stichprobe gewonnen haben und sie lediglich als Schätzungen für die tatsächlichen Parameter β_0 und β_j der Grundgesamtheit dienen können. Auch wenn in der Grundgesamtheit der Regressionskoeffizient β_j oder die Regressionskonstante β_0 einen bestimmten Wert haben, kann es, bedingt durch die Zufälligkeit unserer Stichprobe, vorkommen, dass in unserer Stichprobe der Parameter $\hat{\beta}_j$ bzw. $\hat{\beta}_0$ einen anderen Wert aufweist. Um mittels unserer Stichprobe trotzdem einige Aussagen über die Parameterwerte in der Grundgesamtheit zu machen, formulieren wir Hypothesen über die Grundgesamtheit und ermitteln – unter der Annahme, dass die Hypothese stimmt – die Wahrscheinlichkeit, dass die von uns in der Stichprobe beobachtete Abweichung von diesem hypothetischen Wert (oder eine noch stärkere Abweichung) auftritt.

Als Erstes beschränken wir uns auf einen einzelnen Regressionskoeffizienten. So wollen wir erst folgende Hypothesen prüfen:

$$H_0 \; : \; \beta_j = 0$$
$$H_1 \; : \; \beta_j \neq 0 \quad .$$

Im Falle, dass der Regressionskoeffizient in der Grundgesamtheit Null beträgt ($\beta_j = 0$), besteht keine lineare Abhängigkeit der Zufallsvariablen Y von X in der Grundgesamtheit. Mit anderen Worten: Wir prüfen die Hypothese, dass in der Grundgesamtheit Y nicht linear von X abhängig ist. Der in der Stichprobe beobachtete Regressionskoeffizient $\hat{\beta}_j$ kann von Stichprobe zu Stichprobe rund um den wahren Wert β_j in der Grundgesamtheit variieren und ist als eine Zufallsvariable mit einer bestimmten Wahrscheinlichkeitsverteilung aufzufassen. Diese Wahrscheinlichkeitsverteilung gleicht einer Normalverteilung rund um β_j mit einer Standardabweichung $\sigma_{\hat{\beta}_j}$. Wir kennen weder den wahren Wert des Regressionskoeffizienten β_j in der Grundgesamtheit noch die stichprobenbedingte Streuung $\sigma_{\hat{\beta}_j}$ des in der Stichprobe beobachteten Regressionskoeffizienten $\hat{\beta}_j$, wir müssen diese Parameter aus den Ergebnissen unserer Stichprobe zu schätzen versuchen. β_j wird mittels dem in der Stichprobe beobachteten $\hat{\beta}_j$ und $\sigma_{\hat{\beta}_j}$ mittels dem ebenfalls aus der Stichprobe abzuleitenden $s_{\hat{\beta}_j}$ geschätzt. Um die dadurch zusätzlich entstandenen Schätzunsicherheiten in unseren Test einzubeziehen, verwenden wir die t-Teststatistik als Prüfgrösse:

$$t = \frac{\hat{\beta}_j}{s_{\hat{\beta}_j}} \quad ,$$

wobei

$$s_{\hat{\beta}_j} = \sqrt{\frac{\sum\limits_{i=1}^{n} \left(Y_i - \hat{Y}\right)^2 / (n-2)}{\sum\limits_{i=1}^{n} \left(X_{j_i} - \overline{X}_j\right)^2}} = \frac{s_{\hat{\varepsilon}}}{s_{x_j}\sqrt{n-1}}$$

$$s_{x_j} = \sqrt{\frac{\sum\limits_{i=1}^{n} \left(X_{j_i} - \overline{X}_j\right)^2}{n-1}} \quad \text{und} \quad s_{\hat{\varepsilon}} = \sqrt{\frac{\sum\limits_{i=1}^{n} \left(Y_i - \hat{Y}\right)^2}{n-2}} \quad .$$

Dies lässt sich noch zu der Hypothese verallgemeinern, dass unser Regressionskoeffizient in der Grundgesamtheit einen beliebigen, im voraus definierten Wert c hat.

$$\begin{aligned} H_0 &: \quad \beta_j = c \\ H_1 &: \quad \beta_j \neq c \quad , \end{aligned}$$

mit

$$t = \frac{\hat{\beta}_j - c}{s_{\hat{\beta}_j}} \quad .$$

Wenn die Null-Hypothese H_0 zutrifft, ist die Zufallsvariable t mit $(n - m - 1)$ Freiheitsgraden t-verteilt. Wir haben es hier mit einem zweiseitigen Test zu tun (vgl. auch Anhang B). Die Überschreitungswahrscheinlichkeit drückt die Wahrscheinlichkeit aus, dass wir – unter der Annahme, dass die Null-Hypothese H_0 zutrifft – eine Stichprobe erhalten, in der der t-Wert mindestens so weit von dem unter der Null-Hypothese H_0 erwarteten Wert liegt (bei $\beta_j = 0$ ist der erwartete Wert $t = 0$) wie der tatsächlich beobachtete Wert.

$$\text{Überschreitungswahrscheinlichkeit} \;\; = \;\; P\,(|t| > t_{beob})$$
$$= \textit{Prob-value} \text{ oder } \textit{p-value} \quad,$$

wobei t_{beob} den in der Stichprobe beobachteten t-Wert dar-stellt.

Man spricht manchmal auch von der 'significance pro-bability' oder der *Signifikanz-Wahrscheinlichkeit*. Wenn diese Wahrscheinlichkeit klein ist, verwerfen wir die Hypo-these. Was nun aber als klein betrachtet wird, bestimmt das *kritische Signifikanzniveau* α. Wenn die Überschrei-tungswahrscheinlichkeit $< \alpha$ ist, wird die Null-Hypothese verworfen. In unserem Beispiel der einfachen Regression von umweltverantwortlichem Handeln auf (Umwelt-)Pro-blembewusstsein finden wir für die Hypothese, dass der Regressionskoeffizient β_j in der Grundgesamtheit Null be-trägt (für die Hypothese also, dass Umweltproblembe-wusstsein keinen linearen Einfluss auf das umweltverant-wortliche Handeln ausübt), einen t-Wert von 9,628 und eine Überschreitungswahrscheinlichkeit von $< 0{,}0001$; folglich gehen wir davon aus, dass β_j signifikant von Null verschie-den ist und verwerfen wir die Null-Hypothese H_0. Manch-mal können wir im voraus das Vorzeichen von β_j begründen (theoretisch oder empirisch). In so einer Situation ist ein einseitiger t-Test angebracht. Wir können z.B. folgende Hy-pothesen überprüfen:

$$H_0 \;\; : \;\; \beta_j \le 0$$
$$H_1 \;\; : \;\; \beta_j > 0 \quad.$$

In diesem Fall interessieren wir uns für

$$\text{Überschreitungswahrscheinlichkeit} = P\,(t > t_{beob}) \quad.$$

Wenn diese Überschreitungswahrscheinlichkeit $< \alpha$ ist, verwerfen wir die Null-Hypothese H_0 und akzeptieren die Alternativ-Hypothese H_1. In den meisten Statistik-Pro-grammpaketen wird jedoch nur die zweiseitige Überschrei-tungswahrscheinlichkeit angegeben. Da aber die t-Vertei-lung symmetrisch ist, können wir unsere Entscheidungsre-gel für einen einseitigen Test auch wie folgt formulieren:

$$P\,(|t| > t_{beob}) < 2\,\alpha \quad \Rightarrow \quad H_0 \text{ wird verworfen.}$$

Für den Fall, dass wir im voraus wissen, dass $\beta_j < 0$ sein muss, d.h.

$$H_0 \quad : \quad \beta_j \geq 0$$
$$H_1 \quad : \quad \beta_j < 0 \quad ,$$

können wir analog verfahren.

Es gibt verschiedene Gründe für das eventuelle *Nicht-signifikant-Sein* eines Regressionskoeffizienten. Ein auf der Hand liegender Grund ist natürlich, dass die unabhängige Variable X_j eben keine kausale Wirkung auf die abhängige Variable Y ausübt. Weitere Gründe können jedoch sein:

1. *Stichprobe ist zu klein:* Wenn die Stichprobe grösser ist, ist es wahrscheinlicher, dass sich ein Regressionskoeffizient als signifikant erweist. Der Test kann durch die grössere Beobachtungszahl feinere Unterschiede feststellen. Der Test ist dann empfindlicher für kleinere Abweichungen von dem auf Basis der Null-Hypothese H_0 erwarteten Wert. Unter Umständen kann es darum sinnvoll sein, mehr Beobachtungen zu sammeln. Umgekehrt ist zu bedenken, dass fast alle (sinnvollen und nicht-sinnvollen) Regressionskoeffizienten sich als signifikant von Null verschieden erweisen, wenn man nur die Stichprobe gross genug nimmt. Beim Vergleichen von Testresultaten auf Basis verschieden grosser Stichproben ist auf dieses Phänomen zu achten.

2. *Ein Fehler der zweiten Art liegt vor* (H_0 wird angenommen, während H_0 eigentlich falsch ist, es wird also angenommen, dass $\beta = 0$, während in Wirklichkeit $\beta \neq 0$): Wenn z.B. ein Koeffizient bei $\alpha = 0{,}01$ nicht signifikant ist, aber bei $\alpha = 0{,}05$ signifikant wäre (der Koeffizient bei $\alpha = 0{,}01$ also 'knapp' nicht-signifikant ist) und wir haben theoretische oder empirische Gründe, anzunehmen, dass X trotz allem Y beeinflusst, dann dürfte eventuell ein Fehler zweiter Art vorliegen (H_0 wird angenommen, während H_0 eigentlich falsch ist, es wird also angenommen, dass $\beta_j = 0$, während in Wirklichkeit $\beta_j \neq 0$). Das Risiko eines solchen Fehlers können wir verkleinern, wenn wir statt $\alpha = 0{,}01$, $\alpha = 0{,}05$ wählen (vgl. auch Anhang B).

3. *Das Modell wurde falsch formuliert* ('specification error'): z.B. könnte es sein, dass der Zusammenhang nicht-linear ist.

4. *Die beobachtete Varianz der unabhängigen Variablen X_j ist zu gering, um eine zuverlässige Aussage zu machen:* Wenn die Streuung der unabhängigen Variablen X klein ist, ist die Streuung (Standardabweichung $s_{\hat{\beta}_j}$) von $\hat{\beta}_j$ gross (vgl. oben) und damit t klein. Unter Umständen kann es darum sinnvoll sein, weitere Beobachtungen mit extremen Werten für X zu suchen, bevor man beschliesst, dass die unabhängige Variable X wirklich keinen Einfluss auf die abhängige Variable Y hat.

5. *Es liegt Multikollinarität vor* (nur bei multipler Regression): Der Regressionskoeffizient lässt sich unter diesen Umständen nur ungenau bestimmen. Hierauf kommen wir später bei der Behandlung der Überprüfung der Bedingungen (Kapitel 7) noch ausführlich zurück.

Wir sehen, dass es sehr schwierig ist, eindeutige Schlussfolgerungen zu ziehen, wenn man nicht alle Möglichkeiten überprüft oder durch gezielte Massnahmen ausgeschlossen hat. In der sozialwissenschaftlichen Praxis sind wir eher selten in der Lage, allen Möglichkeiten nachzugehen und schon gar nicht, sie zu beeinflussen. Im Gegensatz zu experimentellen Wissenschaften können wir z.B. häufig nicht eine bestimmte Streuung der X_j-Werte garantieren. In den Sozialwissenschaften können wir auf Basis der Empirie darum häufig nur relativ unsichere Aussagen machen. Umso mehr rückt die Bedeutung einer 'starken' Theorie – was immer das genau sein möge – in den Vordergrund.

5.4 Test für die Regressionskonstante

Im Allgemeinen interessieren uns vor allem die Regressionskoeffizienten, da sie bestimmen, ob eine unabhängige Variable einen Effekt auf die abhängige Variable hat oder nicht und wie gross dieser Effekt ist. Nur wenn wir anhand unserer Regressionsgleichung auch möglichst genaue *Prognosen* für den Wert der abhängigen Variablen Y bei bestimmten Werten der unabhängigen Variablen machen möchten, ist auch die Regressionskonstante von Interesse. Auch den Wert von α in der Grundgesamtheit können wir auf die vorher beschriebene Weise auf seine statistische Signifikanz überprüfen. Wenn unsere Hypothese

$$H_0 \quad : \quad \beta_0 = 0$$
$$H_1 \quad : \quad \beta_0 \neq 0$$

lautet, dann ist

$$t = \frac{\hat{\beta}_0}{s_{\hat{\beta}_0}}$$

oder wiederum verallgemeinert für die Hypothese, dass die Regressionskonstante einen spezifischen Wert c hat:

$$H_0 \quad : \quad \beta_0 = c$$
$$H_1 \quad : \quad \beta_0 \neq c$$

$$t = \frac{\hat{\beta}_0 - c}{s_{\hat{\beta}_0}} \quad .$$

In unserem Beispiel der einfachen Regression vom umweltverantwortlichen Handeln auf das (Umwelt-)Problembewusstsein stellten wir für die Hypothese, dass die Regressionskonstante in der Grundgesamtheit Null beträgt, einen t-Wert von $-0,986$ und eine Überschreitungswahrscheinlichkeit von $0,333$ fest. Bei einem kritischen Signifikanzniveau α von $0,05$ würden wir also davon ausgehen, dass die Null-Hypothese H_0 tatsächlich zutrifft. Wir beobachten zwar eine Regressionskonstante $\hat{\beta}_0$ von $-8,529$, stellen aber fest, dass dies statistisch gesehen nicht signifikant von 0 abweicht. Es ist also reltiv wahrscheinlich, dass, auch wenn in der Grundgesamtheit $\beta_0 = 0$, wir rein zufallsbedingt eine Stichprobe bekommen, in der $\hat{\beta}_0$ tatsächlich $8,529$ oder noch mehr von 0 abweicht.

5.5 Verallgemeinertes Testverfahren für allgemeine lineare Hypothesen

Alle drei hier besprochenen Tests sind eigentlich nur Varianten eines allgemeinen Testverfahrens für lineare Hypothesen. Lineare Hypothesen sind dabei nichts anderes als Hypothesen, die man als eine Linearkombination aller Koeffizienten (inkl. der Konstante) formulieren kann. Man formuliert dazu eine Matrix, z.B. $\mathbf{L}$ mit Ordnung $(k \times (m + 1))$ und ein $(k \times 1)$-Vektor $\mathbf{c}$. k ist dabei die Anzahl der Regressionskoeffizienten (inkl. die Regressionskonstante), wozu eine Hypothese formuliert wurde, die man überprüfen möchte. $(m + 1)$ ist die totale Anzahl der Regressionskoeffizienten inklusive der Regressionskonstante. Nehmen wir ein einfaches Beispiel: Wir gehen von der Regressionsgleichung

$$Y = \beta_0 + \beta_1 X_1 + \beta_2 X_2 + \beta_3 X_3 + \varepsilon$$

und von den folgenden Hypothesen aus:

$$\begin{aligned} H_0 &: \quad \beta_1 = c_1, \ \beta_2 = c_2 \\ H_1 &: \quad \beta_1 \neq c_1, \ \beta_2 \neq c_2 \quad . \end{aligned}$$

Die entsprechenden Matrizen sehen dann wie folgt aus:

$$\boldsymbol{\beta} = \begin{bmatrix} \beta_0 \\ \beta_1 \\ \beta_2 \\ \beta_3 \end{bmatrix} \quad \mathbf{X} = \begin{bmatrix} 1 & X_{11} & X_{12} & X_{13} & X_{14} \\ 1 & X_{21} & X_{22} & X_{23} & X_{24} \\ \vdots & \vdots & \vdots & \vdots & \vdots \\ 1 & X_{n1} & X_{n2} & X_{n3} & X_{n4} \end{bmatrix}$$

$$\mathbf{y} = \begin{bmatrix} Y_1 \\ Y_2 \\ \vdots \\ Y_n \end{bmatrix} \quad \boldsymbol{\varepsilon} = \begin{bmatrix} \varepsilon_1 \\ \varepsilon_2 \\ \vdots \\ \varepsilon_n \end{bmatrix} \quad \mathbf{c} = \begin{bmatrix} c_1 \\ c_2 \end{bmatrix}$$

$$\mathbf{L} = \begin{bmatrix} 0 & 1 & 0 & 0 \\ 0 & 0 & 1 & 0 \end{bmatrix} \quad .$$

Die Hypothesen lassen sich nun auch formulieren als:

$$\begin{array}{ccc} \mathbf{L} & \boldsymbol{\beta} & = & \mathbf{c} \end{array}$$

$$\begin{bmatrix} 0 & 1 & 0 & 0 \\ 0 & 0 & 1 & 0 \end{bmatrix} \begin{bmatrix} \beta_0 \\ \beta_1 \\ \beta_2 \\ \beta_3 \end{bmatrix} = \begin{bmatrix} c_1 \\ c_2 \end{bmatrix}$$

$$\begin{aligned} 0\,\beta_0 + 1\,\beta_1 + 0\,\beta_2 + 0\,\beta_3 &= c_1 \\ 0\,\beta_0 + 0\,\beta_1 + 1\,\beta_2 + 0\,\beta_3 &= c_2 \quad . \end{aligned}$$

Aus dieser Formulierung ist ersichtlich, dass durch Einsetzen der entsprechenden Werte in der Matrize **L** eine Vielzahl von Hypothesen geprüft werden kann, in der ein Regressionskoeffizient als Linearkombination der übrigen Regressionskoeffizienten ausgedrückt wird. Die F-Statistik lautet dann:

$$F = \frac{\left(\mathbf{L}\,\hat{\beta} - \mathbf{c}\right)' \left[\mathbf{L}\left(\mathbf{X}'\,\mathbf{X}\right)^{-1}\mathbf{L}'\right]^{-1} \left(\mathbf{L}\,\hat{\beta} - \mathbf{c}\right)'}{\mathbf{y}'\,\mathbf{y} - \hat{\beta}'\,\mathbf{X}'\,\mathbf{X}\,\hat{\beta}} \; \frac{k}{n - m - k} \quad .$$

Diese Statistik wird auch partielle F-Statistik oder 'F-to enter' genannt mit:

Freiheitsgrade I: k

und

Freiheitsgrade II: $n - m - k - 1$.

Auf diese Weise können wir alle bisherige Hypothesen und noch viele mehr testen. So würde z.B. die Hypothese, dass zwei Regressionskoeffizienten in unserem vorherigen Beispiel gleich sind,[2] zu folgender Formulierung der **L** Matrix führen:

$$H_0 : \beta_1 = \beta_2 \Rightarrow \mathbf{c} = [0] \quad \text{und} \quad \mathbf{L} = \left[\begin{array}{cccc} 0 & 1 & -1 & 0 \end{array}\right] \quad .$$

5.6 Vertrauensintervalle für Regressionskoeffizienten und -konstante

Unter der Annahme, dass eine bi-variate Normalverteilung vorliegt, ist für einen Regressionskoeffizienten β_1 folgendes 95%-Vertrauensintervall definiert:

$$\beta_1 = \hat{\beta}_1 \pm t_{0.025}\, s_{\hat{\beta}_1} \quad .$$

---

[2] Da die Regressionskoeffizienten abhängig von der Skala (der Messeinheit) der betreffenden Variablen sind, hat eine solche Hypothese selbstverständlich nur Sinn, wenn die betroffenen unabhängigen Variablen entweder auf der gleichen Messskala gemessen wurden oder vor der Analyse standardisiert wurden.

Wobei die t-Verteilung $n - 2$ Freiheitsgrade aufweist. Wir können auch schreiben:

$$\beta_1 = \hat{\beta}_1 \pm t_{0{,}025} \, \frac{\sqrt{\frac{1}{n-2} \sum\limits_{i=1}^{n} \left(Y_i - \hat{Y}_i\right)^2}}{\sqrt{\sum\limits_{i=1}^{n} \left(X_{1i} - \overline{X}_1\right)^2}} \quad .$$

Bei grösseren Stichproben ($n > 30$) ist $\hat{\beta}_1$ sogar standard-normal verteilt, auch wenn für die abhängigen und unabhängigen Variablen keine bi-variate Normalverteilung vorliegt:

$$\beta = \hat{\beta} \pm z_{0{,}025} \, s_{\hat{\beta}} \quad .$$

Das Gleiche gilt für die Regressionskonstante:

$$\beta_0 = \hat{\beta}_0 \pm t_{0{,}025} \, s_{\hat{\beta}_0} \quad .$$

5.7 Vertrauensintervalle für Vorhersagen

Bei Vorhersagen auf Basis unseres Regressionsmodells ist zwischen der Vorhersage des *durchschnittlichen* Wertes $\overline{Y}_i$ und der Vorhersage des genauen Wertes Y_i bei einem bestimmten Wert X_{1i} für die unabhängige Variable X_1 zu unterscheiden. Dementsprechend lassen sich zwei verschiedene 95%-Vertrauensintervalle formulieren:

$$Y_i = \hat{Y}_i \pm t_{0{,}025} \sqrt{\frac{1}{n-2} \sum\limits_{i=1}^{n} \left(Y_i - \hat{Y}_i\right)^2} \sqrt{\frac{1}{n} + \frac{(X_{1i} - \overline{X}_1)^2}{\sum\limits_{i=1}^{n} (X_{1i} - \overline{X}_1)^2} + 1}$$

$$\overline{Y}_i = \hat{Y}_i \pm t_{0{,}025} \sqrt{\frac{1}{n-2} \sum\limits_{i=1}^{n} \left(Y_i - \hat{Y}_i\right)^2} \sqrt{\frac{1}{n} + \frac{(X_{1i} - \overline{X}_1)^2}{\sum\limits_{i=1}^{n} (X_{1i} - \overline{X}_1)^2}}$$

Auch hier weist die t-Verteilung wieder $n - 2$ Freiheitsgrade auf.

6. Regressionsanalyse mit kategorialen unabhängigen Variablen

6.1 Einleitung

Wie wir bei der einfachen Regressionsanalyse (vgl. Kapitel 3) bereits gesehen haben, ist die Regressionsanalyse eine statistische Analysemethode für metrisch skalierte Variablen. Manchmal kommt es jedoch vor, dass wir neben metrisch skalierten unabhängigen (erklärenden) Variablen auch einige nicht-metrisch skalierte (kategoriale) unabhängige Variablen in die Analyse einbeziehen möchten. Im Gegensatz zu metrischen Variablen können kategoriale Variablen (Merkmale) nur einige wenige Werte (Ausprägungen) annehmen, z.B. die Merkmale 'Geschlecht', oder 'Farbe' mit den Ausprägungen 'männlich', 'weiblich' bzw. 'Rot', 'Blau', 'Schwarz', 'Grün' etc. Das Einbeziehen solcher kategorialen *un*abhängigen Variablen ist in der Regressionsanalyse nicht ohne weiteres möglich. Wir müssen hier von einem Trick Gebrauch machen. Wir müssen die diskreten Variablen in metrische Variablen umwandeln. Die einfachste Lösung wäre, eine neue Variable einzuführen, die für die erste Kategorie unserer kategorialen Variablen den Wert '1', für die zweite Kategorie den Wert '2', für die dritte Kategorie den Wert '3' usw. annimmt, und diese dann wie eine metrische unabhängige Variable in die Regressionsanalyse eingehen zu lassen. Wir begehen hierbei jedoch einen Fehler. Implizit haben wir damit nämlich eine Ordnung der Ausprägungen eingeführt, ohne dass diese bei der ursprünglichen Variablen vorhanden war. Zusätzlich haben wir dabei eine 'Distanz' zwischen den Kategorien angenommen. Durch die Numerierung der Antwortkategorien suggerieren wir nämlich, dass die erste Kategorie genau 1 kleiner ist als die zweite, und dass die dritte Kategorie genau 2 Einheiten grösser ist als die erste. Es sind gerade diese Informationen, die bei der Regressionsanalyse verwendet werden. Dies ergibt selbstverständlich für nominal skalierte Variablen keinen Sinn. Männer sind nun mal nicht Eins geringer als Frauen, und Rot ist nicht weniger farbig als Blau. Um einen solchen Unsinn zu vermeiden, bedienen wir uns lieber eines anderen Tricks.

6.2 Regression mit kategorialen unabhängigen Variablen

Die (nominal skalierten) kategorialen Variablen kann man in eine Reihe dichotomer Variablen zerlegen. Eine *dichotome* oder *binäre Variable* ist eine Variable, die nur zwei Werte annehmen kann. Für jede Kategorie der diskreten Variable definieren wir eine dichotome Variable. Eine solche dichotome Variable nennen wir auch *Dummy-Variable*[1] oder *Hilfsvariable*. Wir definieren diese Dummy-Variablen nun so, dass, wenn die betreffende Kategorie zutrifft, die neue Dummy-Variable den Wert Eins annimmt. In allen anderen Fällen hat sie den Wert Null. Für jede Kategorie der ursprünglich diskreten Variablen erhalten wir so eine Dummy-Variable. Diese Dummy-Variablen sind wiederum als metrisch skalierte Variablen zu betrachten, die wir problemlos in die Analyse aufnehmen können. Es wird weder Ordnung noch Grössenunterschied zwischen den ursprünglichen Kategorien vorgetäuscht, weil jede Kategorie durch eine eigene Variable dargestellt wird. Wie wir im nächsten Kapitel noch sehen werden, müssen bei der Regressionsanalyse die Verteilungen der unabhängigen Variablen keine weiteren Bedingungen erfüllen, ausser dass sie nicht mit den Residualwerten korrelieren. Das Regressionsmodell ist also nicht nur auf metrische, sondern auch auf dichotome unabhängige Variable anwendbar.

In beiden Beispielen können wir jedoch wieder auf *eine* der soeben eingeführten Dummy-Variablen verzichten, da ihre Information bereits vollständig in den übrigen Dummy-Variablen vorhanden ist. Dass der Wert der zweiten Dummy-Variablen im ersten Beispiel für Männer Eins

Dummy-Variable
– Hilfsvariable zur Darstellung einer bestimmten kategorialen Variablen. Eine Dummy-Variable nimmt nur den Wert 0 oder 1 an

---

[1] *Dummy* ist das englische Wort für Attrappe, Strohmann oder sonst etwas Vorgeschobenes.

Tabelle 6.1: Beispiele für Dummy-Variablen

a) Dummy-Variablen für Geschlecht

Kategoriale Variable	Ausprägung	1. Dummy-Variable	2. Dummy-Variable
Geschlecht	weiblich	1	0
	männlich	0	1

b) Dummy-Variablen für Farbe

Kategoriale Variable	Ausprägung	1. Dummy-Variable	2. Dummy-Variable	3. Dummy-Variable	4. Dummy-Variable
	Rot	1	0	0	0
Farbe	Blau	0	1	0	0
	Schwarz	0	0	1	0
	Grün	0	0	0	1

(= männlich) betragen muss, wissen wir bereits, wenn wir sehen, dass Männer bei der ersten Dummy-Variablen den Wert Null (= nicht-weiblich) haben. Auch wissen wir im zweiten Beispiel bereits, dass die Farbe Grün sein muss, wenn es nicht eine der anderen Farben ist, wenn also alle übrigen Dummy-Variablen den Wert Null haben. Die von uns eingeführten Dummy-Variablen sind also nicht unabhängig voneinander. Eine Dummy-Variable kann jeweils aus den übrigen abgeleitet werden. Diese Dummy-Variable ist damit redundant und wird für die Analyse nicht gebraucht. Wenn wir trotzdem alle Dummy-Variablen einbeziehen würden, würden wir auf das im Kapitel 7 noch ausführlicher zu behandelnde Problem der Multikollinearität stossen, weswegen sich die Regression rein mathematisch nicht mehr durchführen liesse.[2]

---

[2] Die Matrix **X** der unabhängigen Variablen (inklusive einer Spalte mit lauter Einsen für die Regressionskonstante) ist dann singulär und nicht mehr invertierbar. Auch das Produkt $\mathbf{X'X}$ ist dann nicht mehr invertierbar, und es ist gerade diese Inverse, die wir benötigen, um die Regressionskoeffizienten schätzen zu können (vgl. Abschnitt 4.3).

Wir beschränken uns also immer auf eine Dummy-Variable weniger als die Anzahl der Kategorien unserer diskreten Variable.

Die Regression mit Dummy-Variablen lässt sich am besten anhand einiger einfacher Beispiele zeigen. So wollen wir z.B. anhand einer fiktiven Stichprobe die Abhängigkeit des Einkommens vom Geschlecht untersuchen. Die abhängige Variable Y ist das Einkommen (in CHF pro Monat) und als unabhängige Variable nehmen wir die erste Dummy-Variable für die diskrete Variable 'Geschlecht' aus Tabelle 6.1a (auf die zweite Dummy-Variable können wir verzichten). Die Dummy-Variable D hat den Wert 1, wenn wir es mit einer Frau zu tun haben, sonst hat sie den Wert 0.

Tabelle 6.2: Daten für die Analyse des Einflusses des Geschlechts und der auf das Einkommen

Geschlecht	Dummy-Variable	Einkommen (CHF)	Länge der Berufspraxis (Jahr)
	D	Y	X
weiblich	1	3000	6
weiblich	1	2250	0
weiblich	1	4250	8
weiblich	1	2750	4
weiblich	1	4750	9
männlich	0	5250	7
männlich	0	4250	5
männlich	0	3250	3
männlich	0	4000	1
männlich	0	6750	10

Das Resultat unserer Analyse bestätigt unsere (schlimmsten) Erwartungen und sieht wie folgt aus:

$$\hat{Y} = 4700 - 1300\,D \quad .$$

Die Regressionskonstante gibt nun das geschätzte Einkommen $\hat{Y}$ an, wenn $D = 0$, also wenn wir es mit Männern zu tun haben.[3] Dies entspricht genau dem durchschnitt-

---

[3] Um klar zwischen Männern und Frauen zu unterscheiden, werden wir hier die Indizes 'm' bzw. 'f' verwenden.

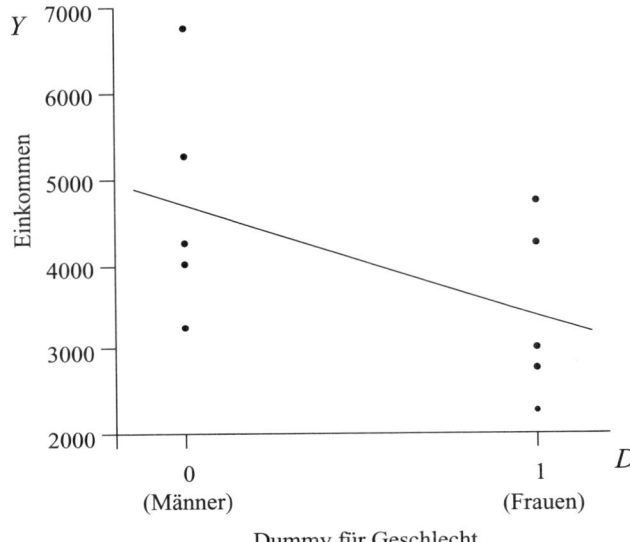

Abbildung 6.1: Regression mit nur einer Dummy-Variablen

lichen Einkommen der Männer in der Stichprobe. Sie verdienen durchschnittlich 4700 CHF pro Monat. Verallgemeinert kann man sagen:

$$\hat{\beta}_0 \;=\; \overline{Y}_m = \text{Mittelwert von } Y \text{ in jener Gruppe, die}$$
$$\text{mit '0' kodiert wurde} \quad .$$

Der Regressionskoeffizient gibt uns die Veränderung dieses Durchschnittswertes an, wenn wir es statt mit Männern mit Frauen zu tun haben. $\hat{Y}$ nimmt bei der Zunahme von D um eine Einheit um 1300 CHF ab. Die Frauen in der Stichprobe haben im Durchschnitt ein Einkommen von $4700 - 1300 = 3400$ CHF pro Monat. Verallgemeinert:

$$\hat{\beta}_1 \;=\; \overline{Y}_f - \overline{Y}_m = \text{Unterschied zwischen den Mittel-}$$
$$\text{werten der beiden Gruppen} \quad .$$

Generalisieren wir dies zu einer Analyse mit mehreren Dummy-Variablen: Dazu betrachten wir die Situation, in der wir das Einkommen anhand der höchsten abgeschlossenen Schulstufe zu erklären versuchen. Die Variable 'höchste angeschlossene Schulstufe' weist drei Kategorien auf und wird somit durch zwei Dummy-Variablen, D_1 und D_2, dargestellt. Die abhängige Variable Y ist auch in diesem Fall wieder das Monatseinkommen (in CHF).

Tabelle 6.3: Beispiel mit zwei Dummy-Variablen

Schulabschluss	D_1	D_2	Einkommen
	1	0	3900
	1	0	2990
Matura	1	0	3380
	1	0	4030
	1	0	3770
	0	1	3250
	0	1	3380
Sekundarschule	0	1	2730
	0	1	2860
	0	1	3510
	0	0	3380
	0	0	2600
Primarschule	0	0	2470
	0	0	2730
	0	0	2990

Wir erhalten folgende Regressionsgleichung:

$$\hat{Y}_i = 2834 + 780\,D_1 + 312\,D_2 \quad .$$

Nach dieser Analyse erwarten wir, dass ein Beschäftigter mit Primarschulabschluss durchschnittlich 2834 CHF pro Monat verdient ($D_1 = 0$, $D_2 = 0$). Ein Sekundarschulabschluss ($D_1 = 0, D_2 = 1$) bringt im Durchschnitt eine Zunahme des Monatseinkommens um 312 CHF mit sich, während Leuten mit Matura-Abschluss ($D_1 = 1, D_2 = 0$) sich sogar über einen um 780 CHF höheren Lohn pro Monat freuen können.

Wenn wir einen Signifikanztest für die Hypothese, dass der Regressionskoeffizient β_j einer Dummy-Variablen D_j in der Grundgesamtheit Null beträgt ($H_0 :\ \beta_j = 0$), durchführen, ist dies nichts anderes als das Testen der Hypothese, dass das durchschnittliche Monatseinkommen in beiden Gruppen (j und k) gleich ist: ($H_0 : \mu_j = \mu_k$) bzw. ($H_0 : \mu_m = \mu_f$).

6.3 Regression mit metrischen und kategorialen unabhängigen Variablen

Betrachten wir nun ein Beispiel, in dem wir eine Dummy-Variable mit einer metrischen unabhängigen Variablen kombinieren. Als metrische Variable X nehmen wir z.B. die 'Länge der Berufspraxis'. Als Dummy-Variable nehmen wir die Dummy-Variable für Geschlecht. Wir verwenden wieder die Stichprobe der Tabelle 6.2.

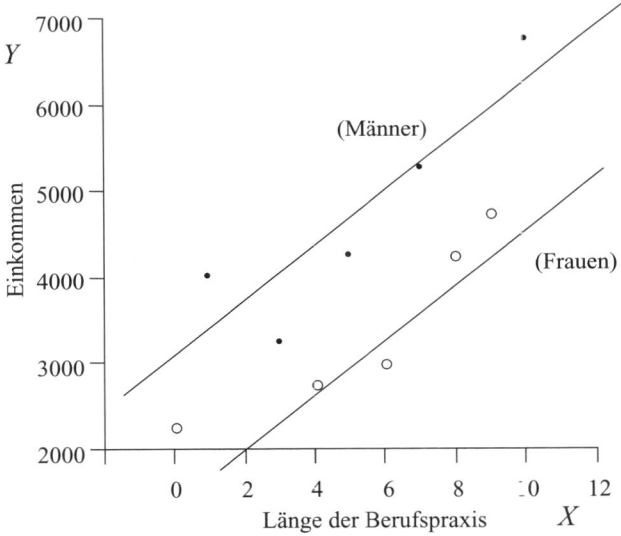

Abbildung 6.2: Regression mit einer metrisch skalierten und einer Dummy-Variablen

Als Resulat bekommen wir:

$$\hat{Y} = 3088 + 310\,X - 1362\,D \quad .$$

Für die Männer ($D = 0$) reduziert sich die Regressionsgleichung

$$\hat{Y} = \hat{\beta}_0 + \hat{\beta}_1\, X + \hat{\beta}_2\, D$$

zu

$$\hat{Y} = \hat{\beta}_0 + \hat{\beta}_1\, X \quad ;$$

und für Frauen ($D = 1$) erhalten wir

$$\hat{Y} \;=\; \hat{\beta}_0 + \hat{\beta}_1\, X + b_2$$
$$\hat{Y} \;=\; \left(\hat{\beta}_0 + \hat{\beta}_2\right) + b_1\, X \quad .$$

Wenn wir nun den konstanten Term zwischen Klammern
durch $\hat{\beta}_0'$ ersetzen, bekommen wir

$$\hat{Y} = \hat{\beta}_0' + \hat{\beta}_1\, X$$

bzw.

$$\hat{Y} = 1726 + 310\, X \quad .$$

Dieses Resultat lässt sich wiederum graphisch darstellen
(vgl. Figur 6.2). Wir erhalten für jede Gruppe eine andere
Regressionsgerade.

Die Zunahme des Einkommens durch eine Zunahme der
Länge der Berufspraxis ist in beiden Gruppen (Männer
und Frauen) gleich ($\hat{\beta}_1$ bei Frauen ist identisch mit $\hat{\beta}_1$ für
Männer). Nur der durchschnittliche Anfangslohn ist in bei-
den Gruppen unterschiedlich $\left(\hat{\beta}_0 \neq \hat{\beta}_0'\right)$. Der Anfangslohn
liegt für Frauen um $\hat{\beta}_2$ (1362 CHF) niedriger.

6.4 Interaktionseffekte zwischen metrischen und kategorialen unabhängigen Variablen

Man könnte sich aber sehr wohl vorstellen, dass dieser Anstieg der Regressionsgeraden nicht für jede Gruppe gleich
gross ist. Die Gruppenzugehörigkeit beeinflusst dann die
Abhängigkeitsrelation zwischen dem Einkommen und der
Länge der Berufspraxis, die in dem Koeffizienten $\hat{\beta}_2$ zum
Ausdruck kommt. Solche Effekte nennt man auch *Interaktionseffekte*, da hierbei mehrere Variablen 'interagieren'
(zusammenwirken) bzw. einander verstärken.

Einen solchen verstärkenden Effekt können wir in unserem Modell berücksichtigen, indem wir eine neue Variable bilden, die das Produkt der Dummy-Variablen mit der betreffenden metrisch skalierten unabhängigen Variablen darstellt. Das Modell sieht dann wie folgt aus:

$$\hat{Y} = \hat{\beta}_0 + \hat{\beta}_1 X + \hat{\beta}_2 (X \times D) \quad .$$

Bezogen auf das Beispiel von Tabelle 6.2 resultiert dies in:

$$\hat{Y} = 2410{,}8 + 416{,}1 X - 209{,}7 (X \times D) \quad .$$

Für die Frauen ($D = 1$) lässt sich dabei folgende Regressionsgleichung ableiten:

$$
\begin{aligned}
\hat{Y} &= \hat{\beta}_0 + \hat{\beta}_1 X + \hat{\beta}_2 X \\
&= \hat{\beta}_0 + \left(\hat{\beta}_1 + \hat{\beta}_2 \right) X \\
&= 2410{,}8 + 206{,}4 \, Berufspraxis \quad .
\end{aligned}
$$

Für Männer ($D = 0$) reduziert sich die Regressionsgleichung zu:

$$
\begin{aligned}
\hat{Y} &= \hat{\beta}_0 + \hat{\beta}_1 X \\
&= 2410{,}8 + 416{,}1 X \quad .
\end{aligned}
$$

Wir sehen, dass die Steigung der Geraden unterschiedlich ist, während die Regressionskonstante (Anfangslohn) dafür für beide Gruppen gleich ist (vgl. Figur 6.3).

Kombinieren wir dieses Modell mit dem vorhergehenden, bekommen wir das in Figur 6.4 dargestellte Bild und das folgende Resultat:[4]

$$\hat{Y} = 2883{,}2 + 349{,}4 X - 76{,}9 (X \times D) - 954{,}5 D \quad .$$

Der aufmerksame Leser sollte nun selbst in der Lage sein, die entsprechenden Gleichungen für Männer und Frauen abzuleiten.

---

[4] Es sei hier noch vermerkt, dass sich in diesem fiktiven Beispiel und in diesem Modell die Effekte der Dummy-Variablen und der Interaktionsvariablen (bei $\alpha = 0{,}05$) als statistisch nicht signifikant erweisen. Leider ist dieses Beispiel aber fiktiv, und die diskriminierenden Effekte dürften in Wirklichkeit immer noch signifikant sein.

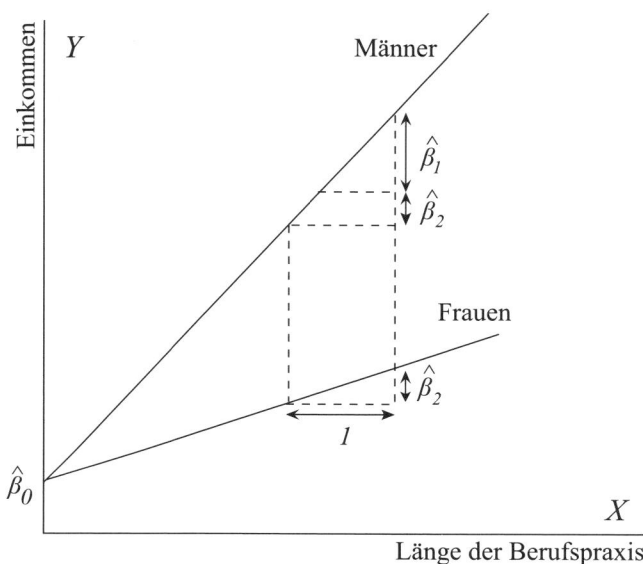

Abbildung 6.3: Interaktionseffekt zwischen einer Dummy-Variablen und einer metrisch skalierten Variablen

Durch die Einführung von Interaktionseffekten haben wir es formell nicht mehr mit einem additiven, sondern mit einem multiplikativen Modell zu tun. Solche Interaktionseffekte kann man problemlos einführen, solange mindestens eine Dummy-Variable dabei eine Rolle spielt. Die Regressionsgleichungen stellen dann weiterhin Geraden dar. Das Gleiche gilt für Interaktionen zwischen zwei Dummy-Variablen. Wenn wir aber Interaktionen zwischen zwei metrischen Variablen einbeziehen wollen, ist dies jedoch anders, z.B. wenn wir postulieren, dass der Lohnanstieg bei längerer Berufspraxis am Anfang einer Karriere nicht gleich gross ist wie am Schluss. Die Grösse des Regressionskoeffizienten $\hat{\beta}$ wird also von der Variablen 'Länge der Berufspraxis' mitbeeinflusst. Um dies zu berücksichtigen, müssten wir analog zu unseren bisherigen Beispielen den Term '*Berufspraxis* × *Berufspraxis*' oder $(Berufspraxis)^2$ als neue Interaktionsvariable in die Regressionsgleichung einführen. Das führt dann zu einer *nicht*-linearen (polynomialen) Regression. Die 'Regressionsebene' ist dann nicht mehr flach, sondern gebogen.

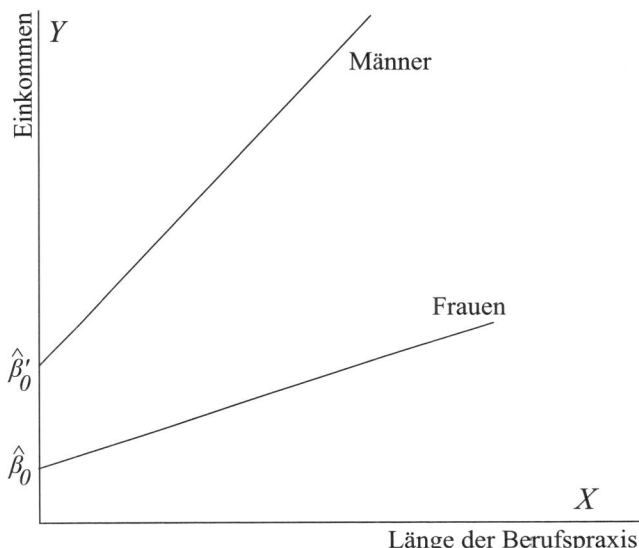

Abbildung 6.4: Kombination von einfachen Dummy-Variablen und einer Interaktion zwischen einer Dummy-Variablen und einer metrisch skalierten Variablen

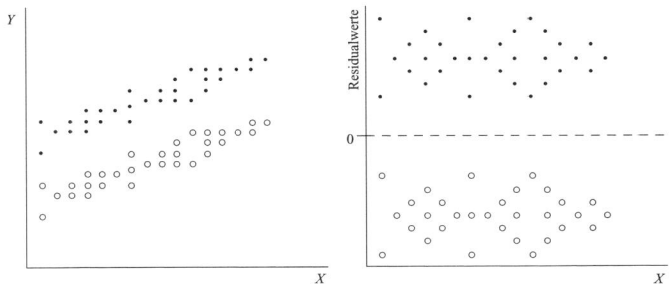

Abbildung 6.5: Typische Muster, die auf den Einfluss einer diskreten unabhängigen Variablen in Form einer additiven Dummy-Variablen hinweisen

Auch sind Interaktionseffekte höherer Ordnung, z.B. eine Interaktion zwischen drei oder mehr Variablen, denkbar. Grundsätzlich können auch solche Regressionsmodelle gerechnet werden. Die Regressionsmethode lässt sich auf alle Modelle, die als Linearkombination der Parameter

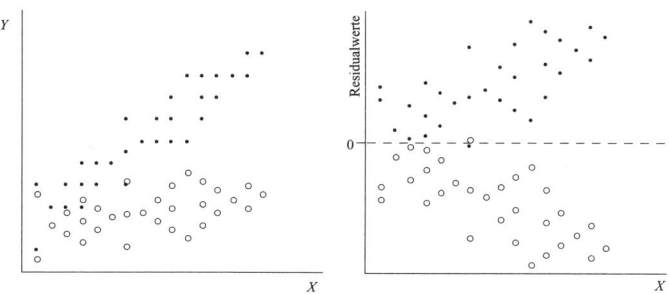

Abbildung 6.6: Typische Muster, die auf den Einfluss einer diskreten unabhängigen Variablen in Form einer Interaktionsvariablen hinweisen

$\beta_0, \beta_1, \ldots, \beta_m$ formuliert werden können, verallgemeinern. Man spricht dann auch vom generalisierten linearen Modell ('general linear model').

6.5 Wie erkennt man die Wirkung einer kategorialen Variablen?

Wie erkennt man, dass kategoriale unabhängige Variablen eine wesentliche Rolle für die Erklärung der abhängigen Variablen spielen? In einem ersten Schritt spielen wiederum unsere eigenen Vorüberlegungen eine wichtige Rolle. Vor allem durch theoretisch und empirisch begründete Vermutungen können wir solchen Variablen auf die Schliche kommen. Auf Grund solcher Vermutungen können wir das Streuungsdiagramm der Residualwerte auf eine gruppenspezifische Systematik hin untersuchen. Die Figuren 6.5 bis 6.8 geben einige einfache Beispiele (mit einer metrischen abhängigen Variablen und einer metrischen und einer dichtomen unabhängigen Variablen) dazu. Links wird jeweils das ursprüngliche Streuungsdiagramm für den Zusammenhang zwischen den beiden metrisch skalierten Variablen (ohne Berücksichtigung der dichtomen unabhängigen Variablen) dargestellt. Die unterschiedlichen Gruppen (Kategorien) werden durch Kreise bzw. durch Punkte gekennzeichnet. Hieraus ist bereits mehr oder weniger deutlich sichtbar, wie der bi-variate Zusammenhang durch die diskrete unabhängige Variable beeinflusst wird. Rechts

wird das entsprechende Streuungsdiagramm der Residualwerte dargestellt.

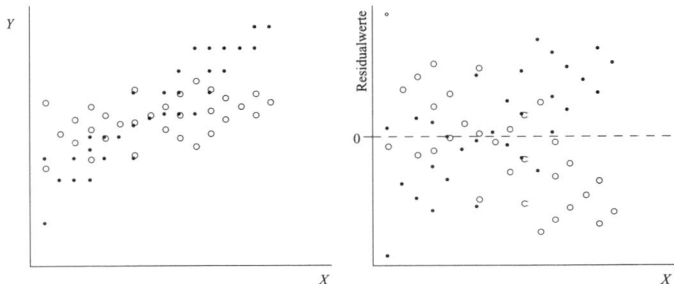

Abbildung 6.7: Typische Muster, die auf den Einfluss
einer diskreten unabhängigen Variablen in Form einer additiven Dummy-Variablen und einer Interaktionsvariablen
hinweisen

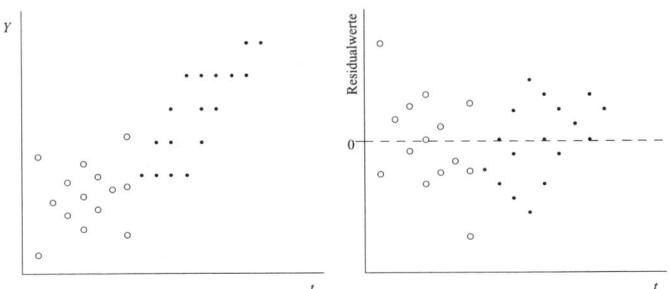

Abbildung 6.8: Typische Muster, die auf den Einfluss
einer wesentlichen Strukturveränderung hinweisen

In Figur 6.5 haben wir es deutlich mit zwei unterschiedlichen Gruppen zu tun. Sie unterscheiden sich darin, dass
die Regressionsgerade einen anderen Schnittpunkt mit der
Y-Achse aufweist. Die Steigung unserer Regressionsgeraden dagegen scheint identisch zu sein. Eine Veränderung
von X würde also in beiden Gruppen zu einer gleichen
Veränderung von Y führen. Jedoch ist das durchschnittliche Niveau der abhängigen Variablen Y für die Gruppe, die

mit den Punkten bezeichnet wurde, deutlich höher als für die andere Gruppe. Um dies zu berücksichtigen, würde es hinreichen, wenn wir eine entsprechende Dummy-Variable in unser Regressionsmodell aufnehmen.

In Figur 6.6 haben wir es mit einem Interaktionseffekt zu tun. Die Steigung der Regressionsgeraden ist für beide Gruppen verschieden, während die Regressionskonstante identisch zu sein scheint. In diesem Fall würde es ausreichen, eine Interaktionsvariable zwischen der metrischen unabhängigen Variablen X und der Dummy-Variablen für die Gruppenzugehörigkeit D einzuführen.

Figur 6.7 zeigt eine Kombination der in den beiden vorherigen Figuren dargestellten Effekte. In diesem Fall müssen wir also sowohl eine separate Dummy-Variable als auch eine Interaktionsvariable als zusätzliche unabhängige Variablen in das Regressionsmodell aufnehmen. Figur 6.7 zeigt aber auch, dass es unter Umständen sehr schwierig ist, ein solches Muster anhand des Streuungsdiagrammes zu erkennen.

In Figur 6.8 handelt es sich um ein Muster, dem wir manchmal bei der Analyse von zeitlichen Entwicklungstendenzen (Längsschnittanalysen) begegnen. Die unabhängige Variable stellt in diesem Fall die Zeit dar. Während einer ersten Periode (Kreise) scheint die abhängige Variable Y nur relativ geringfügig zuzunehmen. Dann aber scheint eine Strukturveränderung stattgefunden zu haben oder ein wichtiger Schwellenwert erreicht zu sein, wodurch bzw. wonach Y plötzlich viel stärker ansteigt (Punkte).[5] Auch solchen Brüchen können wir mittels der Einführung von Dummy- und Interaktionsvariablen Rechnung tragen. Auch bei Querschnittsanalysen sind solche Brüche, Schwellenwerte und Strukturunterschiede denkbar und wir können sie auf analoge Weise in unserem Modell berücksichtigen.

---

[5] Da in diesem Beispiel der Bruch nicht sehr gravierend ist und die betrachteten Perioden nicht sehr lange sind, ist der Effekt der diskreten unabhängigen Variablen in dem Streuungsdiagramm der Residualwerte nicht sehr deutlich. Solche für die Diagnose dieser Effekte nicht ideale Datenlagen treten in der Praxis relativ häufig auf. Umso mehr ist die Bedeutung unserer begründeten Vermutungen im Zusammenhang mit diesen Diagnosetechniken zu unterstreichen.

Hat sich anhand der Analyse solcher Streuungsdiagramme die Vermutung, dass eine zusätzliche kategoriale unabhängige Variable in unser Modell aufgenommen werden soll, in einem ersten Schritt bestätigt, dann lässt sich der potenzielle Beitrag dieser zusätzlichen unabhängigen Variablen mittels der üblichen Analyse von Streuungsdiagrammen der Residualwerte und den betreffenden Interaktions- oder Dummy-Variablen untersuchen (vgl. Kapitel 4).

6.6 Ein Beispiel

Wir wollen uns zum Schluss dieses Kapitels noch ein Beispiel aus der Umweltforschung anschauen. Ausgehend vom bereits in den vorhergehenden Kapiteln verwendeten Beispiel zur Abhängigkeit des umweltverantwortlichen Handelns (UVH) vom (Umwelt-)Problembewusstsein ($PROB$), untersuchen wir jetzt den Effekt des Alters auf diese Abhängigkeit. Das Alter der Respondenten wurde als ordinal skalierte Variable mit den Kategorien 'Jung' und 'Alt' erfasst. Um diese Variable in der Analyse berücksichtigen zu können, wurde eine Dummy-Variable 'ALTer' definiert, die den Wert 0 annimmt, wenn es sich um eine jüngere Person, und den Wert 1, wenn es sich um eine ältere Person handelte.

Aus den 30 vorliegenden Beobachtungen wurde folgende Regressionsgleichung ermittelt:

$$UVH = -21{,}850 + 3{,}002\, PROB + 22{,}773\, ALT - 0{,}635\, (PROB \times ALT) \quad .$$

Analog zum oben beschriebenen Vorgehen, lässt sich daraus leicht die für die jeweilige Gruppe spezifische Regressionsgleichung ableiten (vgl. auch Figur 6.9):

$$\text{Jüngere } (ALT=0): \quad UVH \;=\; -21{,}850 + 3{,}002\, PROB \quad ,$$

$$\text{Ältere } (ALT=1): \quad UVH \;=\; +0{,}923 + 2{,}367\, PROB \quad .$$

Wir sehen, dass die Zunahme des umweltverantwortlichen Handelns bei einer Zunahme des (Umwelt-)Problembewusstseins bei den Älteren geringer ist als bei den Jüngeren. Man könnte sagen, dass der 'Lerneffekt' bei zunehmendem Umweltbewusstsein bei Jüngeren grösser ist als bei

Älteren. Dagegen handeln die Älteren aber auch bei geringem (Umwelt-)Problembewusstsein umweltverantwortlicher als die Jüngeren. Als Erklärung dieses Phänomens wäre es denkbar, dass z.b. die Handlungsfähigkeit oder die Konfrontation mit umweltrelevanten Handlungszusammenhängen erst mit den Jahren wächst. Vielleicht ist es aber auch nur ein Artefakt der Erhebungsmethode. Wenn z.b. zur Messung des umweltverantwortlichen Handelns hauptsächlich nach typischen Handlungsweisen von Erwachsenen gefragt wird, wie z.b. ob man manchmal der Umwelt zuliebe auf den Gebrauch des Autos verzichtet, dann muss dies zwangsläufig zu einem solchen Resultat führen. Auch hier sehen wir wieder, dass wir die Resultate nur sinnvoll interpretieren können, wenn wir eine plausible kausale Theorie aufstellen können, die diese Ergebnisse erklärt.

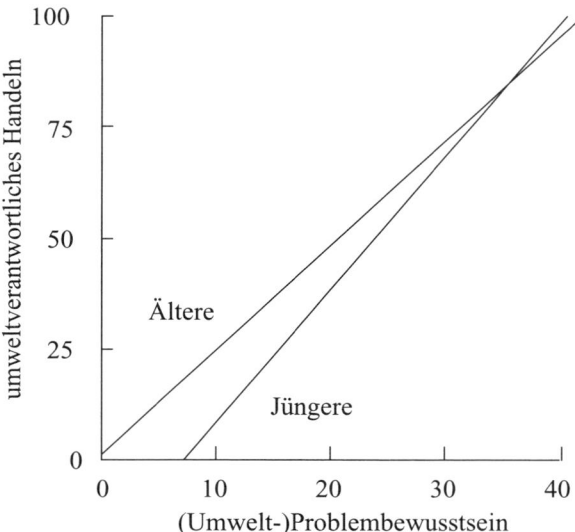

Abbildung 6.9: Regression von umweltverantwortlichem Handeln auf (Umwelt-)Problembewusstsein unter Berücksichtigung der Altersklassen

Bevor wir dieses Resultat jedoch zu ernst nehmen, muss vollständigkeitshalber noch erwähnt werden, dass sowohl der Einfluss der Dummy-Variablen (ALT) als auch der des Interaktionseffektes ($PROB \times ALT$) sich (bei $\alpha = 0{,}05$) als statistisch *nicht* signifikant herausstellt ($p = 0{,}203$ bzw. $p = 0{,}261$).

7. Überprüfung der Anwendungsbedingungen der Regressionsanalyse

7.1 Einleitung

Bei der Regressionsanalyse haben wir versucht, anhand einer Stichprobe aus einer Grundgesamtheit die linearen Abhängigkeiten zwischen Variablen in der Grundgesamtheit zu untersuchen. Diese Abhängigkeiten wurden durch die Regressionskoeffizienten und die Regressionskonstante in der Regressionsgleichung gekennzeichnet. Diese Regressionskoeffizienten und diese Regressionskonstante sind Konstanten (Parameter), die für die gesamte Population (Grundgesamtheit) gelten. Diese 'wahren' in der Grundgesamtheit gültigen Parameter haben wir mit den Symbolen $\beta_0, \beta_1, \ldots, \beta_m$ bezeichnet. Da wir aber nicht über Angaben zu *sämtlichen* Objekten der Population verfügen, sondern nur die Objekte unserer Stichprobe näher kennen, sind uns diese wahren Parameter nicht bekannt. Wir haben demzufolge versucht, die wahren Parameter anhand unserer Stichprobe zu schätzen. Diese Schätzungen haben wir mit $\hat{\beta}_0, \hat{\beta}_1, \ldots, \hat{\beta}_m$ bezeichnet.

Als Schätzverfahren haben wir bisher die sog. Kleinste-Quadrate-Schätzmethode ('ordinary least squares' = OLS) verwendet, da uns diese Schätzmethode recht plausibel vorkam. Dabei sind wir nicht weiter der Frage nachgegangen, ob diese Schätzung tatsächlich eine gute Schätzung für die 'wahren' Parameter in der Grundgesamtheit ist bzw. welche Bedingungen erfüllt sein müssen, um dies zu gewährleisten. Wir wollen das in diesem Kapitel nachholen. Es ist dabei grundsätzlich zwischen den Bedingungen für eine gute Schätzung der Parameter und den (strengeren) Bedingungen für die Anwendung der üblichen Testverfahren zur Überprüfung von Hypothesen über die Grundgesamtheit zu unterscheiden. Nachdem wir diese Bedingungen heraus-

robust – ist eine Methode, wenn eine Verletzung der notwendigen Bedingungen keinen wesentlichen Einfluss auf das Resultat hat

geschält haben, wollen wir herausfinden, wie wir das Zutreffen dieser Bedingungen überprüfen können. Zu bedenken ist dabei, dass die Aussagen unserer Regressionsanalyse nicht unbedingt völlig falsch sind, wenn gewisse Bedingungen in der Praxis nicht zutreffen. Es zeigt sich nämlich vielfach, dass die Resultate, je nach verletzter Bedingung, mehr oder weniger *robust* (unempfindlich) sind oder dass die Analyse durch Anwendung gewisser 'Tricks' im Vorfeld der eigentlichen Analyse zu robusten Resultaten führt.

7.2 Bedingungen der gewöhnlichen Kleinste-Quadrate-Schätzung (OLS)

unverzerrt – ist eine Schätzmethode, wenn der Erwartungswert der Schätzung dem wahren Wert der Parameter in der Grundgesamtheit entspricht

Im Allgemeinen wird gefordert, dass die Schätzungen der Parameter *möglichst unverzerrt* ('unbiased') sind; d.h. dass der Erwartungswert[1] $E\left(\hat{\beta}_j\right)$ (Mittelwert) des Schätzwertes ($\hat{\beta}_0$ oder $\hat{\beta}_1$) gleich dem 'wahren' Wert (β_0 bzw. β_1) in der Grundgesamtheit ist. Es mus also nicht der Schätzwert selbst, sondern nur der Erwartungswert des Schätzwertes mit dem 'wahren' Wert in der Population identisch sein. Wenn keine systematische Über- oder Unterschätzung vorliegt, erhalten wir eine präzise Schätzung im Durchschnitt. Die Unter- und Überschätzungen mitteln sich dann aus.

effizient – ist eine Schätzmethode, wenn der Schätzwert eine möglichst kleine stichprobenbedingte Streuung aufweist

Je nach Genauigkeit des Schätzverfahrens können in einer Stichprobe grössere oder kleinere Abweichungen vom 'wahren' Parameterwert vorkommen. Als zusätzliches Kriterium einer präzisen Schätzung wird darum eine *möglichst kleine Streuung*(Varianz) rund um den 'wahren' Wert angestrebt. Wenn ein bestimmtes Schätzverfahren Schätzungen mit einer sehr geringen Streuung erzeugt, spricht man auch von einer *effizienten* Schätzung.

---

[1] Der Wert, den man erwarten würde, wenn keine weitere Informationen vorliegen. Wenn wir mehrere Stichproben aus einer einzigen Grundgesamtheit ziehen, werden wir stichprobenbedingt jeweils wieder andere Schätzwerte ($\hat{\beta}_0$ und $\hat{\beta}_1$) erhalten, während die 'wahren' Parameterwerte (β_0 und β_1) in allen Fällen die gleichen bleiben. Wenn wir nun, bevor wir eine neue Stichprobe ziehen, erraten sollten, wie diesmal die Schätzwerte aussehen, so würden wir logischerweise den Mittelwert der Schätzwerte des entsprechenden Parameters in den bisherigen Stichproben als *erwarteten Wert* angeben. Der Erwartungswert eines Schätzwertes ist in diesem Fall der Mittelwert dieses Schätzwertes (über alle Stichproben).

Ein drittes Kriterium zur Beurteilung von Schätzungen ist ihre *Konsistenz*. Die Konsistenz betrifft die Stabilität der Eigenschaften der Stichprobenverteilung, wenn die Stichprobenumfänge sich vergrössern. Schätzwerte sind konsistent, wenn bei Vergrösserung des Stichprobenumfangs:

konsistent – ist eine Schätzmethode, wenn eine Vergrösserung der Stichprobe zu einer geringeren Verzerrung und zu einer geringeren stichprobenbedingten Streuung der Schätzwerte führt

- die Verzerrung ('bias') des Schätzwertes kleiner wird,
- die Streuung (Varianz) des Schätzwertes geringer wird[2] bzw. die Effizienz des Schätzverfahrens zunimmt.

Schätzverfahren, die Schätzwerte mit den Eigenschaften 'effizient', 'konsistent' und 'unverzerrt' erzeugen, ergeben die bestmöglichen Schätzungen. In unserem Fall haben wir ein Schätzverfahren gesucht, das unter der Annahme einer linearen Abhängingkeitsrelation die bestmöglichen Schätzungen der Parameter $\beta_0, \beta_1, \ldots, \beta_m$ ergibt. Ein solches Schätzverfahren bezeichnet man auch als BLEU ('best linear efficient unbiased'). Nach dem sog. Gauß-Markov-Theorem sind die Ergebnisse des von uns verwendeten Kleinste-Quadrate-Schätzverfahrens genau dann die besten linearen unverzerrten und effizienten Schätzungen, wenn folgende Bedingungen erfüllt sind:

1. Der Erwartungswert der bedingten Abweichungen (Residualwerte) *in der Grundgesamtheit* ist für jede Ausprägungskombination der unabhängigen Variablen genau Null.
2. Die bedingten Residualwerte einer Ausprägungskombination der unabhängigen Variablen ist von den bedingten Residualwerten aller übrigen Ausprägungskombinationen unabhängig (keine *Autokorrelation*).

---

[2] Wie entsteht Konsistenz? Konsistenz folgt direkt aus dem Zentralen-Grenzwert-Satz der Statistik: Bei einer Menge von unabhängigen Zufallsereignissen X_i ($i = 1, 2, \ldots, n$) mit dem Mittelwert μ und der Varianz σ^2 in der Grundgesamtheit wird sich, bei Zunahme der Stichprobengrösse n, die stichprobenbedingte Wahrscheinlichkeitsverteilung des Mittelwerts $\overline{X}$ der Normalverteilung mit dem Mittelwert μ und der Varianz σ^2/n annähern. Dies ist unabhängig davon, welche Verteilung X ursprünglich hatte. Wenn die Stichprobengrösse unendlich gross ist, reduziert oder verengt sich diese Normalverteilung zu einem einzelnen Punkt, dem 'wahren' Mittelwert von $\overline{X}$. Schätzmodelle, die konsistent sind, nennt man auch *asymptotisch*.

3. Die Streuung der bedingten Residualwerte ist für jede Ausprägungskombination der unabhängigen Variablen gleich (*Homoskedastizität*).

4. Die unabhängigen Variablen sind unabhängig von den Residualwerten bzw. nicht mit den Residualwerten korreliert.[3]

5. Die unabhängigen Variablen sollten nicht perfekt voneinander abhängig (perfekt miteinander korreliert) sein (keine Kollinearität).

6. Die (bedingten) Residualwerte sind normalverteilt.[4]

7.2.1 Erwartungswert der Residualwerte beträgt Null

Um die erste Bedingung verstehen zu können, müssen wir erst noch eine bestimmte Notation einführen: Für jede Ausprägungskombination k der unabhängigen Variablen $X_1, X_2, \ldots, X_m$ kommen in der Grundgesamtheit verschiedene Werte $Y_{(i|k)}$ von Y vor. Zu jedem dieser Werte gehört ein Residualwert $\varepsilon_{(i|k)}$

$$\varepsilon_{(i|k)} = Y_{(i|k)} - \hat{Y}_k \quad .$$

$\hat{Y}_k$ repräsentiert dabei den mittels dem 'wahren' Regressionsparameter β_0, β_1, β_2, $\ldots$, β_m für die Ausprägungskombination k vorhergesagten Wert der abhängigen Variablen Y.

Die Residualwerte einer bestimmten Ausprägungskombination können wir als eine neue Variable auffassen, nämlich die Variable der *bedingten* Residualwerte ε_k. Wir bezeichnen mit dem Index k also nicht die i-te Beobachtung oder das i-te Objekt, sondern die k-te Ausprägungskombination. Die erste Bedingung besagt nun, dass für eine gegebene Ausprägungskombination k der Erwartungswert $E(\varepsilon_k)$ der bedingten Residualwertvariablen ε_k *in der Grundgesamtheit* Null betragen soll. Wie wir wissen, entspricht der Erwartungswert einer Variablen dem Mittelwert

---

[3] Nur notwendig, wenn die unabhängigen Variablen nicht experimentell kontrolliert werden, sondern ebenfalls anhand der Stichprobe erhoben werden.

[4] Nur bei der Anwendung von Signifikanztests notwendig.

dieser Variablen. Es muss für jede Ausprägungskombination k also gelten, dass

$$E(\varepsilon_k) = \overline{\varepsilon}_k = 0 \quad ;$$

oder in Matrizenschreibweise:

$$E(\boldsymbol{\varepsilon}) = E\left(\begin{bmatrix} \varepsilon_1 \\ \varepsilon_2 \\ \vdots \\ \varepsilon_k \\ \vdots \\ \varepsilon_g \end{bmatrix}\right) = \begin{bmatrix} \overline{\varepsilon}_{i|1} \\ \overline{\varepsilon}_{i|2} \\ \vdots \\ \overline{\varepsilon}_{i|k} \\ \vdots \\ \overline{\varepsilon}_{i|g} \end{bmatrix} = \begin{bmatrix} 0 \\ 0 \\ \vdots \\ 0 \\ \vdots \\ 0 \end{bmatrix} ,$$

wobei g die Anzahl unterschiedlicher Ausprägungskombinationen der m unabhängigen Variablen $(X_1, X_2, \ldots, X_m)$ und $\boldsymbol{\varepsilon}$ den Vektor der g bedingten Residualvariablen ε_k darstellt.

Anders ausgedrückt heisst dies, dass die Summe der Abweichungen einer bestimmten Ausprägungskombination der unabhängigen Variablen in der Grundgesamtheit Null beträgt.

Diese Bedingung besagt nichts anderes, als dass der Erwartungswert $E\big(Y_{(i|k)}\big)$ von Y bei einer gegebenen Ausprägungskombination k dem Mittelwert $\overline{Y}_{(i|k)}$ aller Y-Werte für diese Ausprägungskombination *in der Grundgesamtheit* entspricht, oder einfacher ausgedrückt, dass in der Grundgesamtheit die bedingten Erwartungswerte $E\big(Y_{(i|k)}\big)$ von Y genau auf der 'wahren' Regressionsebene liegen

7.2.2 Keine Autokorrelation

Es sollte keinen Zusammenhang zwischen den Residualwerten $\varepsilon_{(i|k)}$ für die Ausprägungskombination k der unabhängigen Variablen und den Residualwerten für die Ausprägungskombination l geben. Oder anders gesagt, es sollte keiner Zusammenhang zwischen den Residualwerten zweier unterschiedlicher Ausprägungskombinationen geben. Man sagt auch, dass es keine Autokorrelation ('autocorrelation' oder 'serial correlation')[5] geben sollte. Übersetzt heisst das, dass die einzelnen Beobachtungen (mit

Autokorrelation – Korrelation zwischen den Residualwerten verschiedener Ausprägungskombinationen der unabhängigen Variablen

---

[5] Manche Autoren machen einen Unterschied zwischen Autokorrelation und serieller Korrelation. Erstere bezieht sich auf den Zu-

unterschiedlichen Ausprägungen für die unabhängigen Variablen) unabhängig voneinander sein sollten. Gehen wir z.B. davon aus, dass Katrin eine andere Kombination von Eigenschaften als Jean Pierre aufweist. Dann sollte, wenn ich Jean Pierre frage, seine Antwort nicht die Antwort von Katrin auf die Frage beeinflussen. Die Kovariation zwischen zwei unterschiedlichen bedingten Residualwertvariablen ε_k und ε_l muss Null betragen:

$$E(\varepsilon_k \varepsilon_l) = \sigma_{\varepsilon_k \varepsilon_l} = 0 \qquad \text{für} \quad k \neq l \quad .$$

Man kann sich leicht Situationen vorstellen, in denen diese Bedingung nicht erfüllt wird, z.B. wenn Katrin und Jean Pierre nacheinander und in beider Gegenwart mündlich über ein beide betreffendes Thema, z.B. über ihre Beziehungen zueinander, befragt werden.

Das Phänomen der Autokorrelation können wir anhand eines Beispiels noch etwas näher erläutern: Betrachten wir dazu den Umfang der Bevölkerung in der Stadt Zürich in Abhängigkeit von der Zeit. Als abhängige Variable haben wir den Bevölkerungsumfang (Anzahl Einwohner) und als unabhängige Variable die Zeit, z.B. in Form der Jahreszahl. Wenn wir nur wüssten, dass Zürich 1987 360'000 Einwohner hatte, würde diese Vorkenntnis unsere Schätzung für das Jahr 1988 beeinflussen? Die Antwort ist ein klares 'Ja'. Mit dieser Vorkenntnis würden wir die Zürcher Bevölkerung für 1988 sicher nicht auf 500'000 oder auf 150'000 schätzen. Viel eher würden wir eine Schätzung in der Nähe von 360'000 abgeben. Unsere Vorkenntnisse kommen im Phänomen der Autokorrelation zum Ausdruck. Wir wissen, dass es einen Zusammenhang zwischen den Bevölkerungsumfängen dieser beiden Jahre gibt. Der Bevölkerungsumfang von 1988 ist nicht vom Bevölkerungs-

---

sammenhang zwischen zwei Ausprägungskombinationen bezüglich eines einzigen Merkmals, während letztere sich auf einen Zusammenhang zwischen zwei unterschiedlichen Merkmalen der jeweiligen Ausprägungskombinationen bezieht. Im Zusammenhang mit Zeitreihen kann man z.B. bei der Betrachtung einer einzigen Zeitreihe (ein Merkmal in Abhängigkeit der Zeit) nur von Autokorrelation sprechen, während man bei der Betrachtung mehrerer Zeitreihen (mehrere Merkmale in Abhängigkeit der Zeit) eventuell auch von serieller oder Kreuz-Korrelation reden könnte. Diese Unterscheidung ist für unsere jetzigen Darlegungen jedoch unerheblich.

umfang von 1987 unabhängig, wie z.B. das Ergebnis eines Würfelwurfes vom vorhergehenden Wurf unabhängig ist. Wir haben im Bevölkerungsbeispiel mit einem klaren Fall von Autokorrelation zu tun. Dies lässt sich auch substanziell begründen: Die meisten Leute, die 1987 in Zürich wohnhaft waren, leben auch 1988 noch in Zürich. Der Bevölkerungsstand von 1988 ist nicht von dem von 1987 unabhängig. Dieses Beispiel zeigt auch, wieso man anstelle von 'Autokorrelation' manchmal auch von 'Erhaltungsneigung' spricht.

Analog zur zeitlichen Autokorrelation können wir uns auch eine räumliche Autokorrelation vorstellen. Die Luftverschmutzungswerte in einer Region sind nicht immer unabhängig von den Luftverschmutzungswerten in einer anderen Region, da der Wind die Luftverschmutzung von einer Region in die benachbarte Region transportiert. So sind natürlich viele weitere Beispiele denkbar, in denen ein räumlicher Ausbreitungsprozess (Diffusion) stattfindet und die Autokorrelation verursachen kann. Einen extremen Fall haben wir implizit bereits kennengelernt: Nämlich bei der Befragung von Personen in direkter räumlicher Gegenwart, wodurch die Information durch die Antwort von Jean Pierre auf unsere Frage ohne Probleme für Katrin zugänglich war und sie in ihrem Antwortverhalten beeinflusst hat.

Manchmal gibt es keine Abhängigkeit zwischen im Raum oder in der Zeit direkt benachbarten Beobachtungen, sondern eher eine 'verzögerte' Abhängigkeit, z.B. zwischen einer Beobachtung und der vierten darauffolgenden Beobachtung. Gerade bei zyklischen Prozessen in Zeitreihen kommt dies häufig vor. Zum Beispiel wäre der saisonale Umsatz von Ski-Ausrüstungen nicht vom Umsatz in der direkt vorhergehenden Jahreszeit, sondern viel eher vom Umsatz in der letzten Wintersaison abhängig. Aber auch bei räumlichen Prozessen ist dies denkbar. Es ist also zwischen einer Autokorrelation erster Ordnung (Abhängigkeit zwischen direkt benachbarten Beobachtungen) und einer Autokorrelation höherer Ordnung (Abhängigkeit zwischen nicht direkt benachbarten Beobachtungen) und zwischen einer positiven und einer negativen Autokorrelation, je nach dem, ob ein positiver bzw. ein negativer Zusammenhang zwischen den autokorrelierten Beobachtungen besteht, zu unterscheiden.

Dies sind alles substanzielle Beispiele von Autokorrelation verursachenden Prozessen. Autokorrelation kann aber auch auftreten, wenn keine solchen Prozesse vorliegen, sondern wenn wir unser Modell falsch spezifiziert haben. Wenn wir z.B. einer in Wirklichkeit nicht-linearen Abhängigkeitsrelation mit einem linearen Regressionsmodell zuleibe rücken, werden die Residualwerte nicht mehr unabhängig voneinander sein und wird Autokorrelation auftreten. Ebenso wird das irrtümliche Weglassen einer wesentlichen erklärenden Variablen zu autokorrelierten Residualwerten führen. Es liegt dann ein Spezifikationsfehler vor. Das Modell wurde falsch spezifiziert. Im Gegensatz zu den vorherigen Beispielen ist in solchen Fällen die Verletzung dieser Bedingung durch eine Berichtigung der Modellspezifikation auf einfache Weise wieder zu beheben.

Ist die Autokorrelation nicht zu beheben, so führt dies zu Verzerrungen der Schätzung des Streuungsbereichs der Koeffizienten und damit zu Verzerrungen bei der Ermittlung der Werte unserer t- und F-Teststatistik für die Koeffizienten. Die Vertrauensintervalle der Regressionskoeffizienten werden dadurch grösser und der Signifikanztest weniger scharf.[6] Strikt genommen sind solche Tests dann gar nicht mehr zulässig. Liegt Autokorrelation vor, dann ist die gewöhnliche Kleinste-Quadrate-Schätzung nicht mehr effizient und können die Koeffizientenschätzungen irreführend sein.

7.2.3 Homoskedastizität

Die Streuung (Varianz) $\sigma^2_{\varepsilon_{(i|k)}}$ der Residualwerte für eine bestimmte Ausprägungskombination k der unabhängigen Variablen $(X_1, X_2, \ldots, X_m)$ ist für jede der Ausprägungskombinationen gleich. Man spricht in diesem Zusammenhang auch von der Bedingung der *Homoskedastizität* (Streuungsgleichheit). Das Nicht-Erfüllt-Sein dieser Bedingung nennt man *Heteroskedastizität*. Wer hat wohl diese zungenbrecherische Bezeichnung erfunden? Die Varianz einer Variablen ist nichts anderes als die Kovariation dieser Va-

Homoskedastizität
– liegt vor, wenn die Residualwerte für die jeweiligen Ausprägungskombinationen der unabhängigen Variablen die gleiche Streuung aufweisen

---

[6] D.h. wenn die Null-Hypothese in Wirklichkeit nicht wahr ist, tritt schneller ein Fehler (zweiter Art) auf, in dem die Null-Hypothese trotzdem angenommen wird (vgl. auch Anhang B).

riablen mit sich selbst. Wir können darum unsere Bedingung der Homoskastizität schreiben als:

$$E(\varepsilon_k\,\varepsilon_k) = E\left(\varepsilon_k^2\right) = \sigma_{\varepsilon_k}^2 \qquad (k = 1, 2, \ldots, g) \quad .$$

Da der Mittelwert der bedingten Residualwerte immer Null betragen muss (Bedingung 1) und somit für alle bedingten Residualwertvariablen gleich ist, bedeutet Streuungsgleichheit automatisch auch, dass die Streuung σ_k^2 der bedingten Residualwerte der Streuung σ_ε^2 aller (unbedingten) Residualwerte entspricht.

Leider gibt es viele Situationen, in denen die Streuungsgleichheit nicht gegeben ist, also Heteroskedastizität vorliegt. Hier seien drei Beispiele genannt:

a) Heteroskedastizität tritt häufig dann auf, wenn z.B. bei einer Zeitreihe von einem Lernprozess die Rede ist. Wenn wir z.B. die Veränderung des Wissens über Umweltprobleme in Abhängigkeit der Zeit untersuchen, wird, wenn wir immer wieder die gleiche Person befragen, durch den Lernprozess die Streuung der Antworten rund um den wahren Wert (richtige Antwort) wahrscheinlich abnehmen.

b) Betrachten wir den Zusammenhang zwischen dem Einkommen einer Familie und ihren Ausgaben für (noch immer relativ teuere) umweltgerechte Produkte. Je geringer das Einkommen ist, desto geringer wird der familiäre Entscheidungsspielraum bezüglich der Möglichkeiten der Geldverwendung (Konsumieren relativ billiger, aber umweltbelastender Produkte oder relativ teuerer, umweltfreundlicher Produkte) sein. Der Lebensunterhalt erfordert ganz einfach eine bestimmte Minimalmenge von Produkten, und wenn diese nicht mehr als umweltfreundliche Produkte gekauft werden können, muss auf umweltschädlichere Produkte zurückgegriffen werden. Bei Familien mit hohem Einkommen ist das anders. Einige können und werden sich für umweltfreundliche Produkte entscheiden, andere eher für günstigere umweltschädlichere Produkte. Dementsprechend werden die höheren Einkommensgruppen höhere Variationen in der Art ihres Konsums haben als die unteren.

c) Heteroskedastizität tritt auch häufig auf, wenn wir mit aggregierten Werten arbeiten. Zum Beispiel sind die

Werte der nationalen Geburtenrate Durchschnittswerte, die durch Aggregation (in diesem Fall das Zählen der Einwohner und der Geburten) gewonnen werden. Bei ihnen hängt die Genauigkeit der Messung von der Anzahl der aggregierten Einheiten ab. Länder mit vielen Einwohnern werden eine genauere Geburtenrate ermitteln können als Länder mit nur wenig Einwohnern. Folglich werden diese unterschiedlichen Anzahlen auch die Streuungsbreite beeinflussen.

Die Verletzung dieser Bedingung hat die gleichen Konsequenzen wie das Vorliegen einer Autokorrelation. So bewirkt auch eine Verletzung der Streuungsgleichheitsannahme, dass die Kleinste-Quadrate-Schätzung der Parameter nicht mehr effizient ist. Die stichprobenbedingte Streuung der Schätzungen wird dann sehr gross und damit also die Schätzungen äusserst unsicher. Die Unverzerrtheit und die Konsistenz der Schätzung bleiben bei einer solchen Verletzung jedoch unberührt. Es gibt keine systematische Über- oder Unterschätzung der Parameter und die Schätzungen würden sich auch jetzt durch eine Erhöhung des Stichprobenumfangs verbessern.

Dies hat zur Folge, dass Vertrauensintervalle sehr gross werden und statistische Tests an Trennschärfe ('power') verlieren. Die t- und F-Tests sind strikt genommen nicht mehr zulässig.

Die beiden letzten Bedingungen (keine Autokorrelation und keine Heteroskastizität) fasst man manchmal auch wie folgt zusammen:

$$
\begin{aligned}
E(\boldsymbol{\varepsilon\varepsilon'}) &= \sigma_\varepsilon^2 \mathbf{I} \\
&= \begin{bmatrix} E(\varepsilon_1\varepsilon_1) & E(\varepsilon_1\varepsilon_2) & \cdots & E(\varepsilon_1\varepsilon_n) \\ E(\varepsilon_2\varepsilon_1) & E(\varepsilon_2\varepsilon_2) & \cdots & E(\varepsilon_2\varepsilon_n) \\ \vdots & \vdots & & \vdots \\ E(\varepsilon_n\varepsilon_1) & E(\varepsilon_n\varepsilon_2) & \cdots & E(\varepsilon_n\varepsilon_n) \end{bmatrix} \\
&= \begin{bmatrix} \sigma_\varepsilon^2 & 0 & \cdots & 0 \\ 0 & \sigma_\varepsilon^2 & \cdots & 0 \\ \vdots & \vdots & & \vdots \\ 0 & 0 & \cdots & \sigma_\varepsilon^2 \end{bmatrix} = \sigma_\varepsilon^2 \begin{bmatrix} 1 & 0 & \cdots & 0 \\ 0 & 1 & \cdots & 0 \\ \vdots & \vdots & & \vdots \\ 0 & 0 & \cdots & 1 \end{bmatrix}.
\end{aligned}
$$

In der ersten Matrize stehen Ausserhalb der Hauptdiagonale die Autokorrelationen und auf der Hauptdiagonale die bedingte Streuung für die jeweilge Ausprägungskombination.[7]

7.2.4 Kein Zusammenhang zwischen der Störvariablen und den unabhängigen Variablen

Es sollte keinen Zusammenhang zwischen den unabhängigen Variablen $(X_1, X_2, \ldots, X_m)$ und der Residualvariablen ε geben. Wir haben diese Bedingung bereits als die Bedingung der Pseudo-Geschlossenheit (vgl. Kapitel 3) kennengelernt. Diese Annahme ist essentiell für die Regressionsanalyse. In experimentellen Situationen können die beobachteten Werte der unabhängigen Variablen oft durch die Versuchsanordnung bestimmt oder gesteuert werden. Die Werte der unabhängigen Variablen sind dann völlig unter unserer Kontrolle und werden vermutlich nicht gerade so manipuliert, dass sie systematisch mit den Residualwerten (ko-)variieren. In solchen Fällen kümmert man sich im allgemeinen nicht um die Erfüllung dieser Bedingung. Das birgt jedoch gewisse Gefahren in sich. Auch in experimentellen Situationen ist diese Bedingung nämlich nicht immer erfüllt. Das Variieren von einer unabhängigen Variablen X kann unter Umständen auch andere Variablen, die wir nicht in unserem Regressionsmodell berücksichtigt haben, und die darum im Störfaktor enthalten sind, beeinflussen. Es entsteht dann ein Zusammenhang zwischen unseren unabhängigen Variablen und der Störvariablen. In den unabhängigen Variablen ist dann immer ein wenig des Einflusses dieser nicht berücksichtigten Variablen enthalten, und die entsprechenden partiellen Regressionskoeffizienten geben nicht mehr rein und allein den Einfluss dieser unabhängigen Variablen an. Um die Resultate unserer Regressionsanalyse also eindeutig interpretieren zu können, müssen wir annehmen, dass unser Modell pseudogeschlossen ist bzw. dass die Residualwerte keine nennenswerte

---

[7] Dem aufmerksamen Leser wird es nicht entgangen sein, dass hier nicht mehr k als Index für die jeweilige Ausprägungskombination, sondern i für eine einzelne Beobachtung verwendet wird. Implizit wird hier also angenommen, dass keine Wiederholungen von Ausprägungskombinationen in der Stichprobe vorkommen und dass jede Beobachtung für sich eine einmalige Ausprägungskombination darstellt $(g = n)$.

Korrelation mit den unabhängigen Variablen aufweisen. Mathematisch lautet diese Bedingung:

$$\boldsymbol{\Sigma}(\varepsilon, \mathbf{X}) = E(\mathbf{X}\,\varepsilon') = \mathbf{0}' \quad .$$

Diese Annahme macht es erst möglich, die Variation der abhängigen Variablen überhaupt auf den Einfluss der unabhängigen Variablen zurückzuführen, sonst wären die Parameterschätzungen irreführend.

7.2.5 Keine Kollinearität

Diese Bedingung besagt, dass die unabhängigen Variablen nicht perfekt miteinander korreliert sein sollten; das heisst, dass keine der unabhängigen Variablen eine Linear-Kombination der übrigen Variablen sein sollte, oder, technisch ausgedrückt, dass die Matrix $\mathbf{X}$ vollen Rang hat.

$$rang(\mathbf{X}) = m + 1, \qquad \text{wobei} \quad m + 1 < n \quad .$$

Kollinearität – liegt dann vor, wenn zwei oder mehrere unabhängige Variablen hoch miteinander korreliert sind

Liegt doch eine perfekte lineare Abhängigkeit vor, sagt man auch, dass die betroffenen Variablen *kollinear* oder *multi-kollinear* sind.[8] Wenn so eine perfekte lineare Abhängigkeit zwischen einer bestimmten unabhängigen Variablen und den übrigen unabhängigen Variablen besteht, ist die betroffene Variable für die 'Erklärung' der abhängigen Variablen redundant. Alle Informationen, die diese unabhängige Variable uns bietet, sind auch bereits in den übrigen unabhängigen Variablen enthalten.

Wenn gewisse unabhängige Variablen *perfekt* miteinander korreliert sind, ergibt die Regressionsanalyse keine

---

[8] Der Begriff 'kollinear' bezieht sich auf die geometrische Vorstellung eines solchen Zusammenhangs. Wie wir später bei der Faktorenanalyse sehen werden, kann man sich die einzelnen Variablen geometrisch auch als Vektoren in einem von den Objekten aufgespannten Raum vorstellen. Die Winkel zwischen zwei solchen Variablen drücken dann die Stärke (Korrelation) des linearen Zusammenhangs aus. Wenn dieser Zusammenhang perfekt ist bzw. der Korrelationskoeffizient 1 oder −1 beträgt, ist der Winkel zwischen den betreffenden Variablen-Vektoren gleich Null. Die beiden Vektoren liegen dann auf einer Linie (sind kollinear). Verallgemeinert kann man sagen, dass wenn m Variablen kollinear sind, die entsprechenden Vektoren alle in einem Raum liegen, der weniger als m Dimensionen hat. In diesem Fall kann man ohne Informationsverlust auf gewisse Dimensionen verzichten.

Lösung, d.h. die Berechnungen sind mathematisch nicht durchführbar. In der Terminologie der Matrix-Algebra bedeutet eine perfekte lineare Abhängigkeit, dass die Datenmatrix $\mathbf{X}$ keinen vollen Spaltenrang hat. Das hat wiederum zur Folge, dass die quadratische Matrix $\mathbf{X}'\mathbf{X}$ nicht invertierbar ist und die Matrizen-Gleichung

$$\hat{\boldsymbol{\beta}} = \left(\mathbf{X}'\mathbf{X}\right)^{-1}\mathbf{X}'\mathbf{y}$$

nicht mehr lösbar ist. In der Praxis kommt so eine Situation selten vor. Wenn aber die lineare Abhängigkeit (Korrelation) nicht perfekt, sondern nahezu perfekt ist, ist die Matrizen-Gleichung zwar lösbar, die Schätzungen für die Regressionskoeffizienten sind dann aber unter Umständen verzerrt. Im weiteren Sinne spricht man deswegen bereits von einem Kollinearitätsproblem, wenn die linearen Abhängigkeiten (Korrelationen) *beinahe* perfekt sind. Kollinearität liegt bereits vor, wenn bei der (multiplen) Regression einer der erklärenden (unabhängigen) Variablen auf die übrigen erklärenden Variablen eine hohe (multiple) Korrelation bzw. ein hoher (multipler) Bestimmtheitskoeffizient festgestellt werden kann. Die Informationen, die in kollinearen Variablen vorhanden sind, unterscheiden sich nicht sehr stark von den Informationen, die bereits in den übrigen erklärenden Variablen enthalten sind. Es wird darum schwierig, den separaten Einfluss solcher Variablen auf die abhängige Variable zu ermitteln.

Die Schätzungen der entsprechenden Regressionskoeffizienten können in einem solchen Fall von Stichprobe zu Stichprobe erhebliche Unterschiede aufweisen. Die Streuung (Varianz oder Standardabweichung) unserer Koeffizientenschätzung wird durch das Vorkommen von Kollinearitäten erhöht. Unsere Schätzungen sind nicht sehr zuverlässig.

Bei der multiplen Regression haben wir es grundsätzlich mit korrelierten erklärenden Variablen zu tun. Wie wir bereits gesehen haben, können wir nämlich bei unkorrelierten erklärenden Variablen auch für jede erklärende Variable gesondert eine einfache Regressionsanalyse durchführen. Entscheidend für das Problem der Kollinearität ist nicht das Vorkommen korrelierter unabhängiger Merkmale an sich, sondern die *Stärke* dieser Zusammenhänge zwischen den erklärenden Variablen.

In den nachfolgenden Figuren wird der Effekt von Kollinearität auf die Genauigkeit bzw. Eindeutigkeit, womit die Parameter unseres Regressionsmodells zu bestimmen sind, bildlich für eine Situation mit zwei unabhängigen Variablen dargestellt.

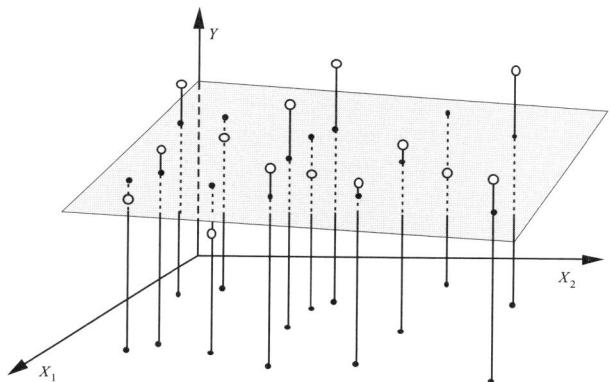

Abbildung 7.1: Beispiel für Situation ohne Kollinearität

In Figur 7.1 liegt keine Kollinearität vor. Die Projektion der Punkte auf die Bodenfläche zeigt das Streuungsdiagramm der beiden unabhängigen Variablen. Es besteht kein Zusammenhang zwischen diesen beiden Variablen, wodurch die Projektionen der Punkte auf die Regressionsebene ebenfalls schön gestreut sind. Die Regressionsebene lässt sich somit mit der Kleinste-Quadrate-Methode gut bestimmen. Alle Koeffizienten sind eindeutig bestimmt. Eine geringe Veränderung in den Parameterwerten der Regressionsebene wird eine relativ grosse Veränderung der Summe der quadrierten Residualwerte mit sich bringen.

In Figur 7.2 dagegen liegt eine eindeutige Kollinearität vor und es sind demzufolge die Regressionskoeffizienten und die Regressionskonstante völlig unbestimmt. Die Regressionskonstante stellt den Schnittpunkt der Regressionsebene mit der Achse der abhängigen Variablen Y dar. Die partiellen Regressionskoeffizienten geben jeweils die Steigung der Schnittgerade der Regressionsebene mit der Ebene, die durch die betreffende unabhängige Variable und die abhängige Variable Y aufgespannt wird, wieder. Es gibt

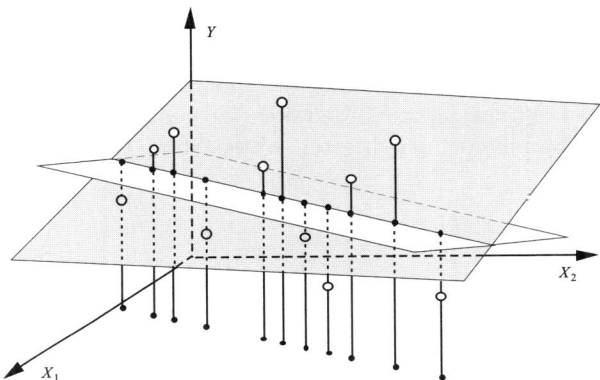

Abbildung 7.2: Beispiel für Situation mit perfekter Kollinearität

verschiedene Regressionsebenen, die etwa gleich gut zu unserer Punktewolke passen. Eine Veränderung in den Koeffizienten kann die Summe der quadratischen Abweichungen
unberührt lassen.

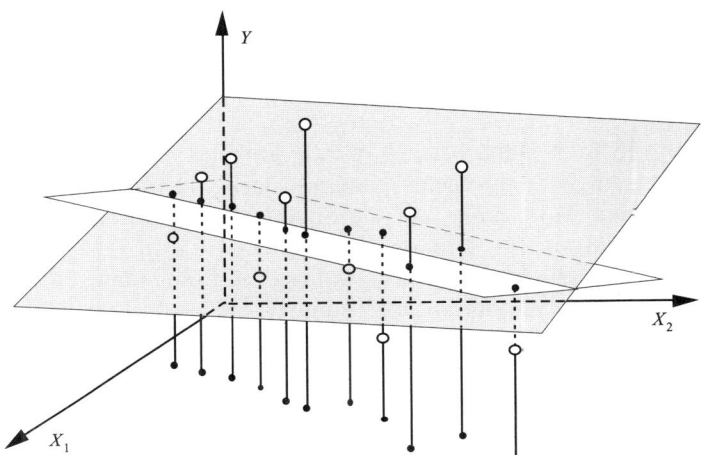

Abbildung 7.3: Beispiel für Situation mit starker, aber
nicht perfekter Kollinearität

Figur 7.3 vermittelt ein ähnliches Bild. Die Regressionskoeffizienten und die Regressionskonstante sind nur ungenau bestimmbar. Eine simultane Veränderung der Koeffizienten bewirkt unter Umständen nur eine geringe Veränderung der Summe der quadrierten Abweichungen.

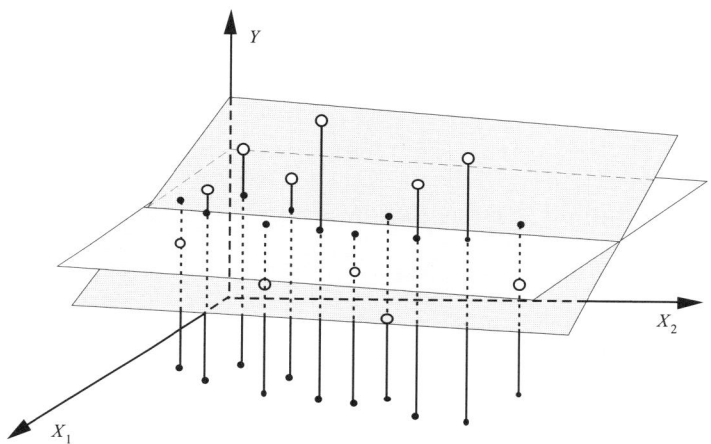

Abbildung 7.4: Beispiel für Situation mit starker Kollinearität, wobei nur ein Regressionskoeffizient genau bestimmbar ist

In Figur 7.4 ist nur $\hat{\beta}_2$ relativ gut bestimmt. Veränderungen der Regressionskonstante oder von $\hat{\beta}_1$ haben nur
geringe Auswirkung auf die Summe der quadrierten Abweichungen.

Eine ähnliche Situation, wobei aber diesmal nur die Regressionskonstante gut bestimmbar ist, wird in Figur 7.5
dargestellt. Veränderungen in den Regressionskoeffizienten
haben dabei nur eine geringe Auswirkung auf die Summe
der quadrierten Abweichungen.

Schliesslich haben wir es in Figur 7.6 mit einer starken Kollinearität zu tun, die von einem Ausreisser verdeckt
wird. Der Ausschluss dieses Ausreissers würde das Resultat der Regression völlig zusammenbrechen lassen. Auf die
Analyse vom Ausreisser werden wir in Abschnitt 7.4 noch
ausführlicher eingehen.

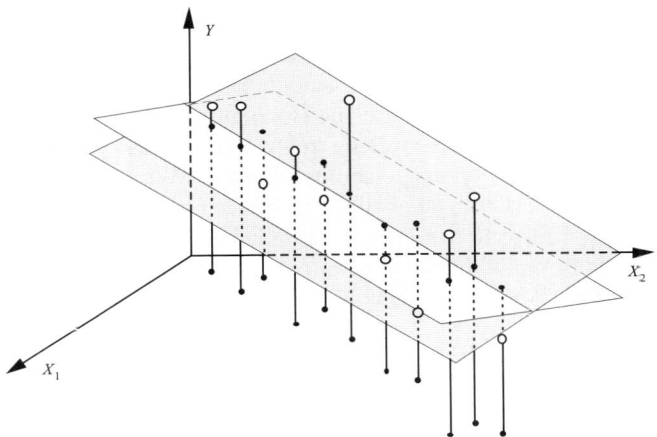

Abbildung 7.5: Beispiel für Situation mit starker Kollinearität, wobei nur die Regressionskonstante gut bestimmbar ist

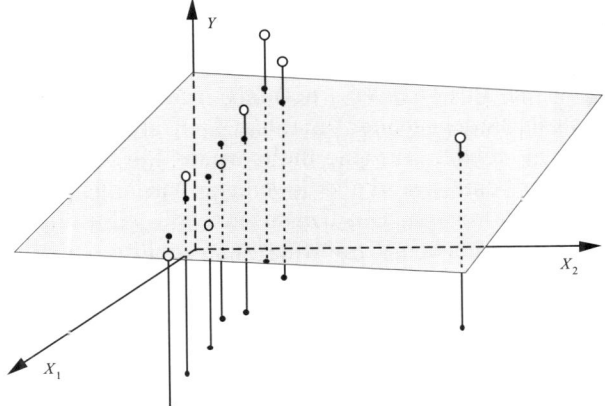

Abbildung 7.6: Beispiel für Situation mit starker Kollinearität, die durch einen Ausreisser verdeckt wird

7.2.6 Residualwerte sind normalverteilt

Die letzte Bedingung lautet, dass die Residualwerte normalverteilt sind. Alle bisherigen Bedingungen stellten zwar gewisse Anforderungen an die Residualwerte. Keine ging dabei jedoch soweit, dass damit die Form der Verteilung völlig festlag. Das Kleinste-Quadrate-Verfahren (OLS) ergibt also, unabhängig von der eigentlichen Form der Residualwerte-Verteilung, die bestmöglichen Schätzungen der Parameter, wenn zumindest die Bedingungen 1 bis 5 erfüllt sind. Wir wollen aber häufig mehr als nur die Parameter unserer Regressionsgleichung schätzen. Wir wollen auch gewisse Hypothesen über die Parameter unserer Grundgesamtheit überprüfen und Wahrscheinlichkeitsintervalle (Vertrauensintervalle) berechnen können. Dafür müssen wir aber die genaue Wahrscheinlichkeitsverteilung der Residualwerte kennen.

Die von uns in Kapitel 5 vorgestellten Testverfahren gehen darum zusätzlich zu den obigen Bedingungen davon aus, dass die Residualwerte normalverteilt sind. Dies trifft genau dann zu, wenn die von uns beobachteten Variablen aus einer multivariaten Normalverteilung stammen. Manchmal wird aber irrtümlicherweise behauptet, dass es reicht, wenn die unabhängigen und abhängigen Variablen jede für sich normalverteilt sind. Dies ist jedoch *nicht* der Fall. Dies ist zwar eine notwendige, jedoch keine hinreichende Bedingung dafür, dass die Residualwerte normalverteilt sind. Wenn die Residualwerte normalverteilt sind, weisen die ihnen zugrundeliegenden unabhängigen und abhängigen Variablen gemeinsam eine multivariate Normalverteilung auf, und damit sind die jeweiligen Variablen auch univariat normalverteilt. Das Umgekehrte gilt jedoch nicht immer. Um die üblichen Signifikanztests durchführen oder Vertrauensintervalle berechnen zu können, müssen also die Residualwerte normalverteilt sein.

Als nächstes wollen wir diese Bedingungen einzeln durchgehen und schauen, wie wir die Erfüllung dieser Bedingungen überprüfen können, was für Effekte eine Verletzung der Bedingungen auf die Ergebnisse hat und wie diese Verletzungen eventuell zu beheben sind.

7.3 Überprüfung der Bedingungen

In den nachfolgenden Abschnitten wollen wir die Möglichkeit der Überprüfung der in Kapitel 7.2 erwähnten Bedingungen der Kleinste-Quadrate-Schätzung genauer nachgehen.

7.3.1 Der Erwartungswert der Residualwerte beträgt Null

Diese Bedingung bezieht sich auf den Mittelwert der Residualwerte *in der Grundgesamtheit* bei einer gegeben Ausprägungskombination der unabhängigen Variablen. Um diesen Mittelwert berechnen zu können, müssten wir eine Gesamterhebung von allen Objekten mit der betreffenden Ausprägungskombination durchführen. Dies ist normalerweise praktisch nicht durchführbar. In den meisten Fällen sind nur die Residualwerte für die *in der Stichprobe* erfassten Objekte bekannt. Die Erfüllung dieser Bedingung lässt sich darum meistens nicht überprüfen. Wenn diese Bedingung nicht zutrifft, ergibt die Schätzung der Regressionskonstante ein leicht verzerrtes Resultat. Kleinere Abweichungen von dieser Bedingung beeinflussen das Resultat jedoch nur geringfügig und sind nicht als gravierend zu beurteilen. Da nur die Regressionskonstante davon betroffen ist und diese häufig nur von geringer theoretischer Bedeutung ist, brauchen wir uns nicht zu sehr um die Erfüllung dieser Bedingung zu kümmern.

7.3.2 Keine Autokorrelation

Im Gegensatz zur ersten Bedingung ist diese Bedingung von erheblicher Bedeutung und das Fehlen jeglicher Autokorrelation ist leider nicht immer gegeben. Gerade wenn die Beobachtungen im Raum oder in der Zeit geordnet sind und nahe Beobachtungen einander beeinflussen, liegt Autokorrelation vor.

Die spezifischen Probleme der Autokorrelation in Zeitreihen wollen wir in dieser Abhandlung nicht behandeln. Hier sei lediglich noch auf ein einfaches Testverfahren zur Ermittlung von Autokorrelation erster Ordnung, den sog. *Durbin-Watson-Test*, aufmerksam gemacht.

Wenn Autokorrelation erster Ordnung vorliegt, besteht eine (lineare) Korrelation zwischen den Residualwerten zweier einander benachbarter Beobachtungen. Wir können dies überprüfen, indem wir eine Regression mit den normalen Residualwerten ε_i als abhängige Variable und die Residualwerte der jeweils vorangehenden Beobachtung ε_{i-1} als unabhängige Variable berechnen:

Durbin-Watson-Test – Test zur Überprüfung, ob Autokorrelation erster Ordnung vorliegt

$$\varepsilon_i = \beta_0 + \beta_1\,\varepsilon_{i-1} + \mu_i \quad .$$

Der Regressionskoeffizient β_1 wird dabei als der sog. *Autoregressionskoeffizient* erster Ordnung bezeichnet. Dieser Autoregressionskoeffizient wird symbolisch auch durch ρ (Rho) dargestellt. Das Vorzeichen dieses Koeffizienten bestimmt dann, ob man von positiver oder negativer Autokorrelation erster Ordnung spricht. Wenn der Bestimmtheitskoeffizient R^2 dieser Regression hoch ist, deutet dies auf erhebliche Autokorrelation hin. Liegt ausschliesslich eine Autokorrelation erster Ordnung vor, dann weist diese Regression der Residualwerte selbst keine Autokorrelation mehr auf.

Der Durbin-Watson-Test geht von folgenden Annahmen aus:

a) Auch die Regressionskonstante wurde in das Modell aufgenommen;

b) die unabhängigen Variablen sind keine Zufallsvariablen, sondern wurden vom Forscher bei der Erhebung gesteuert. Der Test ist nur unter Experimentalbedingungen anwendbar;

c) die unabhängigen Variablen stellen keine verzögerte Werte der abhängigen Variablen dar:

$$Y_t \neq \beta_0 + \beta_1\,Y_{t-1} \quad ;$$

d) es liegt eine Autokorrelation erster Ordnung vor;

e) die Residualwerte μ_i der Regression von ε_i auf ε_{i-1} weisen eine Normalverteilung auf.

Die Hypothesen lauten:

$$H_0 : \rho \;=\; 0$$
$$H_1 : \rho \;\neq\; 0 \quad .$$

Die Teststatistik wird wie folgt berechnet:

$$d_w = \frac{\sum\limits_{i=2}^{n}\left(\hat{\varepsilon}_i - \hat{\varepsilon}_{i-1}\right)^2}{\sum\limits_{i=1}^{n}\hat{\varepsilon}_i^2}$$

und kann zwischen 0 und 4 variieren. Liegt eine positive Autokorrelation (ersten Grades) vor, so wird die Durbin-Watson-Statistik zu einem Wert > 2 tendieren. Keine Autokorrelation (ersten Grades) ist zu vermuten, wenn die

Durbin-Watson-Statistik in der Nähe von 2 liegt. Bei negativer Autokorrelation wird die Durbin-Watson-Statistik zu einem Wert kleiner 2 tendieren. Bei kleinen Stichproben ($n = 20$) kann dieser Test jedoch leicht irreführend sein, da dann, auch wenn keine Autokorrelation vorliegt, die Durbin-Watson-Teststatistik trotzdem einen erheblich von 2 abweichenden Wert annehmen kann. Insgesamt weist die Durbin-Watson-Teststatistik die in Figur 7.7 dargestellte Wahrscheinlichkeitsdichte auf.

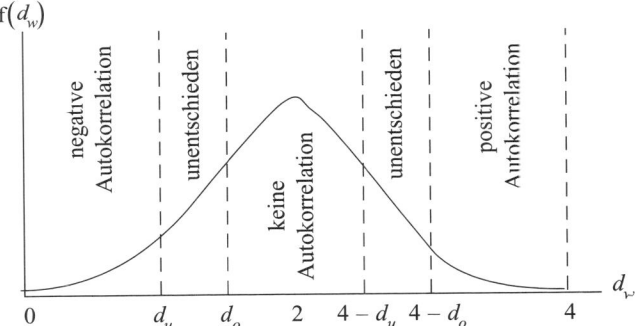

Abbildung 7.7: Durbin-Watson-Entscheidungsregel

Die oberen und unteren Grenzen d_o, d_u der Durbin-Watson-Statistik hängen sowohl von der Anzahl der Beobachtungen n in der Stichprobe als auch von dem gewählten Signifikanzniveau α ab und sind aus einer entsprechenden Tabelle zu entnehmen (vgl. Tabelle 7.3 am Ende dieses Kapitels).

Die Autokorrelation erster Ordnung ist relativ leicht durch eine Transformation der Daten zu beheben. Wir multiplizieren dazu alle Variablen mit dem Faktor $\sqrt{1 - r^2}$, wobei r die Schätzung des Autoregressionskoeffizienten ρ anhand der Stichprobe darstellt:

$$r = \frac{\sum\limits_{i=2}^{n} \left(\hat{\varepsilon}_i \, \hat{\varepsilon}_{i-1} \right)}{\sum\limits_{i=1}^{n} \hat{\varepsilon}_i^2} \quad .$$

Die Regression wird dann auf Basis dieser transformierten Variablen berechnet. Um die richtige Schätzung der Regressionskonstante zu bekommen, muss die aus der Regression stammende Schätzung nochmals durch den Transformationsfaktor dividiert werden. Diese Methode bezeichnet man auch als die *Prais-Winston-Methode*. Die auf diese Weise ermittelte Parameter-Schätzungen lassen sich noch verbessern, indem man diesen Vorgang wiederholt. Bereits nach einigen solchen Schritten werden sich in den meisten Fällen die Koeffizientenschätzungen nicht mehr wesentlich verändern.

7.3.3 Homoskedastizität

Um die Bedingung der Streuungsgleichheit zu überprüfen, betrachtet man meistens den Zusammenhang zwischen den Residualwerten und den unabhängigen Variablen in Form eines Streuungsdiagrammes. Im Falle multipler Regression wird, um nicht mehrere solche Streuungsdiagramme (für jede unabhängige Variable eines) analysieren zu müssen, auch häufig ein Streuungsdiagramm für den Zusammenhang zwischen den Residualwerten und den vom Regressionsmodell vorhergesagten Werten ('predicted Values') gewählt, die schliesslich direkt von den unabhängigen Variablen abhängen (vgl. Fig. 7.8). Da die vorhergesagten Werte direkt von den X-Werten abhängig sind, sind diese beiden graphischen Darstellungen bei der einfachen Regression identisch. Im Falle von Streuungsungleichheit bei einer multipler Regression wird man für die Beantwortung der Frage, welche der unabhängigen Variablen für das Phänomen der Heteroskedastizität verantwortlich ist, trotzdem wieder auf die einzelnen Streuungsdiagramme der Zusammenhänge zwischen den Residualwerten und den unabhängigen Variablen zurückgreifen müssen. Wie wir später noch sehen werden, weisen die Residualwerte unserer Stichprobe sehr häufig eine gewisse Streuungs*un*gleichheit auf, auch wenn in der Grundgesamtheit Streuungsgleichheit vorherrscht. Um diesen Stichprobeneffekt zu kompensieren, ziehen es manche Leuten vor, in diesen Streuungsdiagrammen anstelle der normalen Residualwerte die 'studentized' Residualwerte zu nehmen. Wie diese 'studentized' Residualwerte berechnet werden können, werden wir im Abschnitt 7.4 behandeln. Die Interpretation der Streuungsdiagramme ändert sich dadurch jedoch nicht grundlegend.

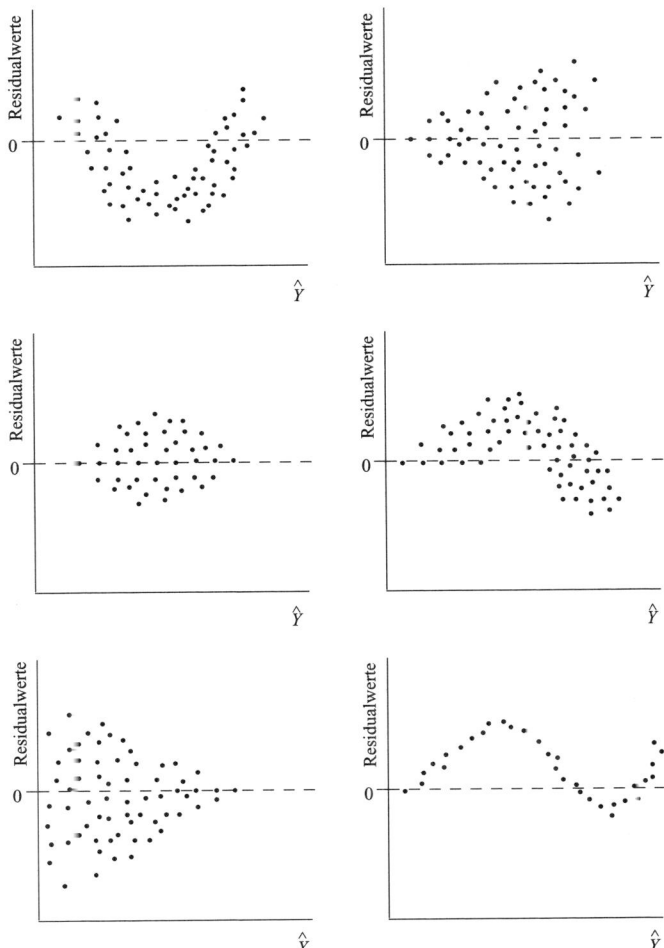

Abbildung 7.8: Beispiele von Heteroskeastizität anhand des Streuungsdiagramms der Residualwerte

Wenn Streuungsgleichheit gegeben ist, werden die Residualwerte in einer bestimmten konstanten Bandbreite, d.h. unabhängig von X, um die '0-Achse' herum variieren. Zeigt das Streuungsbild jedoch irgend eine andere Regelmässigkeit, ist auf Heteroskedastizität zu schliessen.

Wenn nur wenige Beobachtungen vorliegen, ist nur sehr schwer aus der Graphik ersichtlich, ob Streuungsgleichheit gegeben ist. In diesem Fall kann man Zuflucht zu einer Darstellung in Form eines Histogramms nehmen. Dabei werden die beobachteten Werte der unabhängigen Variablen (oder die vorhergesagten Werte) in Klassen eingeteilt. Auch in diesem Histogramm sollten, wenn Homoskedastizität vorliegt, die durchschnittlichen Residualwerte keinen 'Trend' aufweisen.

Streuungsungleichheit lässt sich in vielen Fällen durch die Transformation der Variablen beseitigen oder verringern. Eine sehr populäre Transformation ist die sog. Box-Cox-Transformation der abhängigen Variablen Y:

$$Y_i^* = \begin{cases} \frac{Y_i^\lambda - 1}{\lambda} & \text{für} \quad \lambda \neq 0 \\ ln(Y_i) & \text{für} \quad \lambda = 0 \end{cases} .$$

Den geeigneten Wert für λ kann man durch einfaches Ausprobieren herausfinden oder man kann ein statistisches Verfahren dazu anwenden, worauf wir hier aber nicht näher eingehen werden. Eine solche Transformation kommt der Gewichtung der Beobachtungen gleich. Man spricht denn auch von der Gewichteten-kleinsten-Quadrate-Technik ('Weighted Least Squares' oder 'WLS'). Die Beobachtungen in einer Lage mit starker Streuung bekommen dabei weniger Gewicht.

7.3.4 Kein Zusammenhang zwischen den Residualwerten und den unabhängigen Variablen

Diese Bedingung wird erfüllt sein, wenn es (1) viele solcher nicht berücksichtigten unabhängigen Variablen gibt, sie einzeln relativ unbedeutend sind und nicht miteinander korreliert sind, oder wenn diese (2) nicht berücksichtigten Variablen zwar bedeutungsvoll sind, aber nicht mit den unabhängigen Variablen in unserem Modell korreliert sind. Ohne den Einbezug dieser möglichen weiteren Einflussvariablen lässt sich diese Bedingung nicht überprüfen.

7.3.5 Keine Kollinearität

Das Multikollinearitätsproblem spielt selbstverständlch nur bei der multiplen Regression eine Rolle. Erste oberflächliche Indizien für das Vorkommen von Multikollinearität sind z.B.:

1. Die Regressionskoeffizienten haben sehr tiefe t-Test-Werte;
2. die Resultate werden beeinflusst vom Weglassen einer Beobachtung oder einer unabhängigen Variablen;
3. die Vorzeichen der Regressionskoeffizienten sind anders als man erwartet hat.

Zur Feststellung, ob Multikollinearität vorliegt, kann man in erster Instanz die Korrelationsmatrix der unabhängigen Variablen auf das Vorkommen hoher Korrelationskoeffizienten durchsuchen. Auch wenn nur geringe Korrelationskoeffizienten vorkommen, kann es jedoch sein, dass Kollinearitäten vorliegen. Es können z.B. versteckte Kollinearitäten in der Form *multipler* linearer Zusammenhänge (Korrelationen höherer Ordnung) vorkommen. Um Kollinearitäten ausfindig zu machen, sind verschiedene Indizes entwickelt worden.

Varianz-Inflations-Faktor. Dieser Index ('variance inflation factor', VIF) gibt die Stärke des linearen Zusammenhangs zwischen der betreffenden unabhängigen Variablen und allen übrigen unabhängigen Variablen wider. Der VIF-Indikator ist wie folgt definiert:

$$VIF_j = \frac{1}{1 - R_j^2} \quad ,$$

wobei R_j^2 den multiplen Bestimmtheitskoeffizienten der Regression der betreffenden unabhängigen Variablen X_j auf die übrigen unabhängigen Variablen $X_1, X_2, \ldots, X_{j-1}, X_{j+1}, \ldots, X_m$ darstellt. Wenn eine starke (Multi-)Kollinearität bezüglich einer unabhängigen Variablen vorliegt, die betreffende unabhängige Variable also linear von den übrigen unabhängigen Variablen abhängig ist, nimmt dieser Index einen sehr hohen Wert an (R_j^2 liegt dann nahe bei Eins), während ein Wert nahe Eins auf das Fehlen einer Kollinearität für die betreffende unabhängigen Variable hinweist

Varianz-Inflations-Faktor – Index für die Stärke des linearen Zusammenhangs zwischen der betreffenden unabhängigen Variablen und allen übrigen unabhängigen Variablen

(R_j^2 liegt dann nahe bei Null). Ein hoher Wert dieses Index führt dazu, dass die Varianz des betreffenden Regressionskoeffizienten $\hat{\beta}_j$ sehr gross wird. Darum auch der Name 'Varianz-Inflations-Faktor'.

Toleranz – Mass
für das Fehlen
von Kollinearität

Toleranz. Dieser Index ist dem VIF sehr ähnlich und ist direkt aus dem VIF abzuleiten:

$$\text{Toleranz} = \frac{1}{VIF_j} = 1 - R_j^2 \quad .$$

Die Toleranz nimmt bei fehlender Multikollinearität den Wert Eins an und strebt bei zunehmender Stärke der Abhängigkeit nach Null. Erfahrungsgemäss geht man davon aus, dass Variablen, die einen Toleranzwert kleiner als 0,01 aufweisen, kollinear sind. Um die Kollinearität zu beseitigen, entfernt man die Variable mit der kleinsten Toleranz aus der Analyse. Es ist jedoch zu bedenken, dass das Entfernen einer der unabhängigen Variablen aus der Analyse auch bedeutet, dass bei den übrigen partiellen Regressionskoeffizienten der Effekt dieser ausgeschiedenen Variablen nicht mehr konstant gehalten wird. Um also keinen zu grossen Informationsverlust zu erfahren, werden manchmal unabhängige Variablen, die eine starke gemeinsame Kollinearität ausweisen, in einer Variablen zusammengefasst.

Eigenwertstruktur der Korrelationsmatrix. Weitere Methoden zur Aufdeckung eventueller Multikollinearitäten basieren auf einer Transformation der Daten. Man nennt diese Transformation auch die *Singular-Wert-Zerlegung* ('singular value decomposition'). Um zu erklären, was dies bedeutet, kommen wir leider nicht um ein Minimum an Matrix-Algebra herum (vgl. Anhang A). Die ursprüngliche ($n \times p$) Datenmatrize wird dabei in drei weitere Matrizen zerlegt, wobei p die Anzahl unabhängiger Variablen m plus Eins (Eins für die Regressionskonstante) darstellt:

$$\begin{array}{cccc} \mathbf{X} & = & \mathbf{U} & \mathbf{D} & \mathbf{V}' \\ {\scriptstyle (n \times p)} & & {\scriptstyle (n \times p)} & {\scriptstyle (p \times p)} & {\scriptstyle (p \times p)} \end{array} \quad ,$$

wobei $\mathbf{U}'\mathbf{U} = \mathbf{V}'\mathbf{V} = \mathbf{I}$ oder mit anderen Worten: Die Matrizen $\mathbf{U}$ und $\mathbf{V}$ sind orthogonal,[9] und $\mathbf{D}$ ist eine Diagonalmatrix mit nicht-negativen Elementen μ_k ($k = 1, 2, \ldots, p$)

---

[9] Wie wir uns von der Matrix-Algebra (vgl. Anhang A) noch erinnern, bedeutet dies, dass die Spalten dieser Matrizen linear voneinander unabhängig (unkorreliert) sind.

auf der Hauptdiagonale. Diese Elemente bezeichnet man auch als die Singular-Werte von $\mathbf{X}$. Wenn nun eine perfekte Kollinearität vorliegt, hat $\mathbf{X}$, wie wir wissen, einen Rang, der kleiner als p ist ($rang(\mathbf{X}) < p$, vgl. auch oben). Dies führt dazu, dass

$$rang(\mathbf{X}) = rang(\mathbf{D}) \quad .$$

Die Diagonal-Matrix $\mathbf{D}$ hat also genau soviele Null-Elemente auf der Hauptdiagonale wie es perfekte Abhängigkeiten zwischen den unabhängigen Variablen gibt. Wir können diese Null-Elemente als Indiz für das Vorkommen von perfekten Abhängigkeiten verwenden.

Wir können die obige Gleichung noch weiter umformulieren:

$$\mathbf{X} = \mathbf{UDV'} = \mathbf{U} \begin{bmatrix} \mathbf{D}_{11} & \mathbf{0} \\ \mathbf{0} & \mathbf{0} \end{bmatrix} \mathbf{V} \quad ,$$

wobei $\mathbf{D}_{11}$ eine (nicht-singuläre) $(r \times r)$ Matrix ist, wobei r den Rang der ursprünglichen Matrix $\mathbf{X}$ darstellt. Durch Multiplikation von rechts mit $\mathbf{V}$ und weitere Partitionierungen erhalten wir folgende Gleichung:

$$\mathbf{X}[\mathbf{V}_1\mathbf{V}_2] = [\mathbf{V}_1\mathbf{V}_2] \begin{bmatrix} \mathbf{D}_{11} & \mathbf{0} \\ \mathbf{0} & \mathbf{0} \end{bmatrix} \mathbf{V} \quad ,$$

wobei $\mathbf{D}_{11}$ eine $(p \times r)$, $\mathbf{U}_1$ eine $(n \times r)$, $\mathbf{V}_2$ eine $(p \times (p-r))$ und $\mathbf{U}_2$ eine $(n \times (p-r))$ Matrix ist. Daraus lässt sich ableiten, dass

$$\mathbf{XV}_2 = \mathbf{0} \quad \text{und} \quad \mathbf{XV}_1 = \mathbf{U}_1\mathbf{D} \quad .$$

Die erste dieser beiden Gleichungen stellt genau die gesuchten perfekten linearen Abhängigkeitsbeziehungen dar. Nehmen wir ein kleines fiktives Beispiel: Wir haben fünf Objekte und drei unabhängige Variablen. Jede unabhängige Variable repräsentiert eine Spalte in der Matrix $\mathbf{X}$. Zusätzlich gehen wir von einer Regressionskonstante aus. Die erste Spalte der $\mathbf{X}$-Matrix enthält also lauter Einsen. Insgesamt hat $\mathbf{X}$ also 4 Spalten ($p = 3 + 1 = 4$). Eine der unabhängigen Variablen ist nun redundant und lässt sich direkt aus den beiden übrigen ableiten ($r = 4 - 1 = 3$).

$$\begin{bmatrix} 1 & X_{11} & X_{12} & X_{13} \\ 1 & X_{21} & X_{22} & X_{23} \\ 1 & X_{31} & X_{32} & X_{33} \\ 1 & X_{41} & X_{42} & X_{43} \\ 1 & X_{51} & X_{52} & X_{53} \end{bmatrix} * \begin{bmatrix} v_{11} \\ v_{21} \\ v_{31} \\ v_{41} \end{bmatrix} = \begin{bmatrix} 0 \\ 0 \\ 0 \\ 0 \\ 0 \end{bmatrix}$$

$$v_{11} + v_{21}X_{11} + v_{31}X_{12} + v_{41}X_{13} = 0$$
$$v_{11} + v_{21}X_{21} + v_{31}X_{22} + v_{41}X_{23} = 0$$
$$v_{11} + v_{21}X_{31} + v_{31}X_{32} + v_{41}X_{33} = 0$$
$$v_{11} + v_{21}X_{41} + v_{31}X_{42} + v_{41}X_{43} = 0$$
$$v_{11} + v_{21}X_{51} + v_{31}X_{52} + v_{41}X_{53} = 0 \quad .$$

Oder vereinfacht

$$v_{11} + v_{21}X_{i1} + v_{31}X_{i2} + v_{41}X_{i3} = 0 \qquad (i = 1, 2, \dots, 5) \quad .$$

Aus dieser Gleichung bzw. anhand der Elemente von $\mathbf{V}_2$, die nicht Null sind, ist abzulesen, welche unabhängigen Variablen für die Kollinearität verantwortlich sind. Ist so ein Element relativ gross, so ist dies ein Hinweis dafür, dass eine unabhängige Variable stark von der mit der betreffenden Zeile von $\mathbf{V}_2$ verbundenen Spalte von $\mathbf{X}$ beeinflusst wird. Oder konkreter anhand unseres Beispiels: Wenn v_{41} gross ist, bedeutet dies, dass die dritte unabhängige Variable (die vierte Spalte von $\mathbf{X}$) in erheblichem Masse eine andere unabhängige Variable mitbestimmt. Auf diese Deutung kommen wir nochmals zurück.

In den meisten praktischen Fällen treten Kollinearitätsprobleme nicht wegen perfekter, sondern wegen *nahezu* perfekter Abhängigkeiten auf. Die betreffenden Elemente der Diagonalmatrix $\mathbf{D}$ sind meistens nicht genau Null. Solche nahezu perfekten Abhängigkeiten drücken sich nun in kleinen Singularwerten μ_k auf der Hauptdiagonalen von $\mathbf{D}$ aus. Wie klein ist jedoch klein? Als Massstab zur Beurteilung, ob ein Singularwert klein oder gross ist, verwenden wir hier den maximalen Singularwert der betreffenden $\mathbf{X}$-Matrix.

Dementsprechend definieren wir die sog. *Konditionszahl* ('condition number') als

$$\kappa(\mathbf{X}) = \frac{\mu_{max}}{\mu_{min}} \quad .$$

Es kann nun gezeigt werden, dass wenn die Spalten der Matrix $\mathbf{X}$ orthonormal sind, also keine Kollinearitäten vorliegen, $\kappa(\mathbf{X})$ den minimalen Wert Eins annimmt. Ein hoher Wert der Konditionszahl ist ein Hinweis auf Kollinearität. Ein Wert > 1000 ist ein Indikator für ernsthafte und problematische Kollinearität. Als Indikator für allfällige Kollinearitäten verwenden wir im Allgemeinen jedoch nicht die Konditionszahl, sondern der *Konditions-Index* ('condition index'):

$$\eta_j = \frac{\mu_{max}}{\mu_j} \quad ,$$

Konditions-Index – Verhältnis des maximalen Singularwertes zum betreffenden Singularwert

wobei $\eta_j \geq 1$. Der Maximalwert, den dieser Index annehmen kann, entspricht nun der Konditionszahl der betreffenden Matrix $\mathbf{X}$. Ein hoher Konditions-Index deutet auf einen im Vergleich zum maximalen Singularwert μ_{max} relativ kleinen Singularwert μ_j hin. Wir haben die Frage, wie klein klein ist, also nun in die Frage, wie hoch hoch ist, übersetzt. Bisherige experimentelle Erfahrungen haben gezeigt, dass unproblematische relativ schwache Kollinearitäten (multipler Korrelationskoeffizient $< 0{,}9$) sich in Konditionsindizes ab 5 oder 10 manifestieren. Bei einem multiplen Korrelationskoeffizienten von 0,9 ist ein Konditionsindex von 15–30 zu beobachten. Wenn starke Kollinearitäten vorliegen, drückt sich dies in Konditionsindizes von 100 oder mehr aus.

Um bestimmen zu können, welche unabhängigen Variablen zu den Kollinearitätsproblemen führen, wird eine Verbindung zwischen der Singular-Wert-Zerlegung und der Schätzung der Modellparameter hergestellt. Ausgangspunkt dabei ist die stichprobenbedingte Streuung der Parameterschätzungen. Diese werden durch die Varianz-Kovarianz-Matrix der Parameterschätzungen gegeben:

$$\sigma_{\hat{\beta}}^2 = \sigma_{\varepsilon}^2 \left(\mathbf{X}'\mathbf{X}\right)^{-1} = \sigma_{\varepsilon}^2 \, \mathbf{V}\mathbf{D}^{-2}\mathbf{V}' \quad .$$

Den Term rechts vom letzten Gleichzeichen erhält man, wenn man für $\mathbf{X}$ unsere Singularwert-Zerlegung einsetzt.[10]

---

[10] Dem aufmerksamen Leser wird es aufgefallen sein, dass dieser Ausdruck grosse Ähnlichkeit mit der Eigenwertzerlegung ('Diagonalisierung' oder 'orthogonale Transformation') einer quadratischen Matrix aufweist:

$$\mathbf{A} = \mathbf{P}\mathbf{\Lambda}\mathbf{P}' \quad ,$$

Das k-te Element auf der Hauptdiagonalen der Varianz-Kovarianz-Matrix $\sigma^2_{\hat{\beta}}$ – also die Stichprobenvarianz des k-ten Parameters unseres Modells – kann nun also als Summe verschiedener Komponenten geschrieben werden

$$\sigma^2_{\hat{\beta}_k} = \sigma^2_\varepsilon \sum_{j=1}^{p} \frac{v^2_{kj}}{\mu^2_j} \quad ,$$

wobei μ_j den j-ten Singularwert von $\mathbf{X}$ darstellt. μ^2_j entspricht übrigens dem j-ten Eigenwert der Varianz-Kovarianz-Matrix $\Sigma_{\hat{\beta}}$. Die Komponenten stellen jenen Teil der Stichprobenvarianz der Schätzung eines Koeffizienten dar, der auf die Wirkung einer bestimmten unabhängigen Variablen zurückgeführt werden kann. Ist v^2_{kj} hoch, dann ist das, wie wir bereits gesehen haben, ein Hinweis dafür, dass die k-te Spalte von $\mathbf{X}$ einen wesentlichen Einfluss auf weitere unabhängige Variablen ausübt. Ist μ^2_j niedrig, dann ist dies ein Hinweis dafür, dass die j-te Spalte von $\mathbf{X}$ stark von den übrigen unabhängigen Variablen bestimmt wird.

Jede Varianzkomponente ist mit einem spezifischen Singularwert assoziert. Da dieser Singularwert im Nenner steht, wird die entsprechende Komponente gross, wenn der Singularwert klein ist (und alles andere unverändert bleibt). Und der Singularwert ist, wie wir gesehen haben, gerade klein, wenn Kollinearitäten auftreten. Anhand dieser Komponenten ist nun ersichtlich, welche *Parameter* durch eine bestimmte Kollinearität, d.h. durch einen bestimmten, sehr kleinen Singularwert, beeinflusst werden.

Wir können den relativen Anteil einer bestimmten Komponente einer solchen Summe wie folgt darstellen:

$$p_{jk} = \frac{\phi_{kj}}{\phi_k} \qquad \text{für} \quad (k, j = 1, 2, \ldots, p) \quad ;$$

$$\phi_{kj} = \frac{v^2_{kj}}{\mu^2_j}, \qquad \phi_k = \sum_{j=1}^{p} \phi_{kj} \quad \text{für} \quad (k = 1, 2, \ldots, p) \quad .$$

Üblicherweise stellt man die Resultate einer solchen Zerlegung der stichprobenbedingten Varianz der Parameter-Schätzungen in Komponenten in einer $\boldsymbol{\Pi}$-(Pi-)Matrix dar.

---

wobei $\mathbf{A}$ quadratisch, $\mathbf{P}$ orthogonal und $\boldsymbol{\Lambda}$ diagonal ist. Die Elemente auf der Hauptdiagonalen von $\boldsymbol{\Lambda}$ nennt man auch Eigenwerte.

Tabelle 7.1: Matrix mit den Anteilen der Varianzkomponenten

assozierter Singularwert	Anteile von $\sigma^2_{\hat{\beta}_1}$	$\sigma^2_{\hat{\beta}_2}$	$\cdots$	$\sigma^2_{\hat{\beta}_p}$
μ_1	π_{11}	π_{12}	$\cdots$	π_{1p}
μ_2	π_{21}	π_{22}	$\cdots$	π_{2p}
$\vdots$	$\vdots$	$\vdots$		$\vdots$
μ_p	π_{p1}	π_{p2}	$\cdots$	π_{pp}
	1	1	$\cdots$	1

Es ist also zu erwarten, dass wenn Kollinearitäten auftreten und damit einer oder mehrere der Singularwerte sehr klein sein werden, die damit assoziierten Varianzanteile der entsprechenden Zeile der $\boldsymbol{\Pi}$-Matrix (wenn alles Andere gleich bleibt) hoch sein werden. Alles andere bleibt aber nicht immer gleich. So ist aus den obigen Formeln auch ersichtlich, dass wenn v^2_{kj} ebenfalls sehr klein ist, dies nicht unbedingt zu einer grossen Varianzkomponente führen wird. Der v^2_{kj}-Wert, der mit den beiden Spalten k und j von $\mathbf{X}$ verbunden ist, wird sogar Null, wenn diese beiden Spalten orthogonal, also linear unabhängig voneinander sind. Trotz vorliegender Kollinearität sind also gewisse Parameter weiterhin gut bestimmbar bzw. wird ihre Schätzung nicht von der Kollinearität beeinträchtigt. Wir haben bereits einige graphische Beispiele dazu gesehen (vgl. Figuren 7.1–7.6). Wenn wir nämlich eine zusätzliche unabhängige Variable, die orthogonal zu allen bereits vorher im Modell berücksichtigten unabhängigen Variablen steht – also linear von ihnen unabhängig ist –, in unser Modell einführen, dann werden die Regressionskoeffizienten der früher bereits aufgenommenen unabhängigen Variablen durch diese Neu-Spezifikation des Modells nicht beeinflusst und bleiben also unverändert. Wenn nun zwei neue unabhängige Variablen dazu kommen, die untereinander eine hohe Kollinearität (lineare Abhängigkeit) aufweisen, zu den vorherigen unabhängigen Variablen jedoch orthogonal sind, tritt zwar Kollinearität auf, die auch die Koeffizienten-Schätzung der beiden betreffenden Variablen erheblich beeinträchtigen wird, aber die Koeffizienten-Schätzung der vorherigen unabhängigen Variablen bleibt auch jetzt unbeeinträchtigt. Die negative Auswirkung kleiner Singularwerte kann also durch Orthogonalität (lineare Unabhängigkeit) oder Fast-Orthogonalität zwischen gewissen unabhängigen Variablen wieder aufgehoben werden.

In diesem Zusammenhang ist noch zu bemerken, dass hohe Anteile der Varianzkomponenten nur als Indiz für Kollinearität aufgefasst werden dürfen, wenn zwei oder mehrere solcher Anteile in *einer Zeile* der $\boldsymbol{\Pi}$-Matrix hoch sind. Sind nämlich alle unabhängigen Variablen orthogonal (linear unabhängig von einander), dann sind alle $v_{kj}^2 = 0$, wofür gilt, dass $k \neq j$. Alle Elemente der $\boldsymbol{\Pi}$-Matrix ausserhalb der Hauptdiagonalen betragen damit Null, während die Elemente auf der Hauptdiagonalen genau Eins betragen. Dies ist jedoch selbstverständlich nicht als Indiz für Kollinearität zu verstehen.

Aus all diesen komplizierten mathematischen Überlegungen folgen nun die folgende Regeln für die Überprüfung der Keine-Kollinearitäts-Bedingung:

1. Berechne die Konditionsindizes der $\boldsymbol{\Pi}$-Matrix.
2. Bestimme die Anzahl der Konditionsindizes, die grösser als ein bestimmter Schwellenwert sind, z.B. grösser als 10, 15 oder 30. Diese geben an, welche Parameter von der Kollinearität betroffen sind. Ist z.B. der Konditionsindex der dritten Zeile unserer $\boldsymbol{\Pi}$-Matrix sehr hoch, bedeutet dies, dass der dritte Parameter möglicherweise stark durch eine Kollinearität betroffen ist.
3. Untersuche die Konditionsindizes auf einander konkurrenzierende Abhängigkeiten (ungefähr gleich grosse Konditionsindizes) und auf dominierende Abhängigkeiten (Konditionsindizes grösser als der Schwellenwert neben noch höheren Konditionsindizes).
4. Bestimme nun endgültig, welche Parameter unseres Modells durch die Kollinearitäten betroffen sind. Betrachte dazu jene Zeilen der $\boldsymbol{\Pi}$-Matrix, die einen hohen Konditionsindex aufweisen. Sind mehrere der Varianz-

komponenten auf einer solchen Zeile ebenfalls relativ
hoch, dann weist dies darauf hin, dass der mit dieser Zeile verbundene Regressionskoeffizient stark von
jenen Variablen, die mit den hohen Varianzanteilen
verbunden sind, bestimmt wird. Als Schwellenwert für
die Varianz-Komponenten-Anteile nimmt man häufig
0,5 an. Wenn es sich um miteinander konkurrieren-
de Abhängigkeiten handelt, ist es empfehlenswert, die
entsprechenden Varianz-Komponenten-Anteile für die
miteinander konkurrierenden Abhängigkeiten zu addieren und die Summen auf eine eventuelle Überschrei-
tung des Schwellenwertes zu überprüfen. Man kann
damit feststellen, welche Parameter von einer dieser
Abhängigkeiten betroffen sind, jedoch nicht, welcher
Parameter von welcher Abhängigkeit beeinflusst wird.
Im Falle einer Abhängigkeit, die durch eine andere do-
miniert wird, ist die Interpretation unsicher und es
kann also nicht richtig festgestellt werden, welche Parameter überhaupt betroffen sind. In diesem Fall muss zu
zusätzlichen Hilfsmitteln gegriffen werden (z.B. durch
das Ausprobieren verschiedener Regressionen von einer der unabhängigen Variablen auf die übrigen unabhängigen Variablen). Für weitere Einzelheiten sei
auf Belsley, Kuh und Welsch (2004) verwiesen.

Beseitigen kann man die Multikollinearität kaum. Höchstens kann man sich neue Daten beschaffen oder man kann
einige der betroffenen Variablen aus der Analyse ausschliessen oder mit anderen zusammenfassen.

7.3.6 Die Residualwerte sind normalverteilt

Diese Bedingung ist nur von Bedeutung, wenn wir Signifikanztests durchführen möchten. Nur dann muss die genaue
Verteilung der Residualwerte bekannt sein. Die üblichen t-
und F-Statistiken gehen davon aus, dass die Residualwerte
in der Grundgesamtheit normalverteilt sind. Wir können
diese Residualwerte in der Grundgesamtheit anhand der
Residualwerte der Stichprobe $e_i = \left(Y_i - \hat{Y}_i \right)$ schätzen. e_i
stimmt jedoch nicht perfekt mit ε_i in der Grundgesamtheit
überein. Die Überprüfung der Erfüllung der verschiedenen

Bedingungen anhand der Residualwerte aus der Stichprobe ist dann auch nicht über jeden Zweifel erhaben. Gerade auch die Nicht-Normalität und die Streuungsungleichheit der Residualwerte in der Grundgesamtheit kommen bei den Residualwerten in der Stichprobe nicht immer zur Geltung. Man verwendet darum häufig auch verschiedene Transformationen von e_i. Diese Transformationen heben gewissermassen die Nachteile der Verwendung der Residualwerte der Stichprobe auf. Die Streuung, die die Residualwerte für eine bestimmte Ausprägungskombination der unabhängigen Variablen von Stichprobe zu Stichprobe aufweisen, spielt dabei eine entscheidende Rolle. So verwenden wir auch hier für die Überprüfung der Normalverteilungsbedingung die sog. 'studentised' Residualwerte. Diese gibt es in zwei Formen:

$$internally \text{ studentised residual } = \frac{e_i}{\sigma_e}$$

$$externally \text{ studentised residual } = \frac{e_i}{\sigma_{-e_i}} ,$$

wobei bei der letzteren Variante die Streuung der Residualwerte unter Ausschluss der i-ten Beobachtung berechnet wird. Den Grund dafür werden wir später bei der Ausreisseranalyse noch näher kennenlernen. Im Allgemeinen sind die 'externally studentised' Residualwerte wegen ihre günstigen Eigenschaften den anderen vorzuziehen.

Bei grossen Stichproben ($n > 20$) ist die Normalitätsbedingung meistens erfüllt, und in solchen Fällen wird ihre Erfüllung denn auch nicht speziell überprüft, vor allem auch da bei Verstössen gegen diese Bedingung die Resultate der Regressionsanalyse nur geringfügig beeinflusst werden. Diese Bedingung ist also eine sog. *schwache* Bedingung, und die Regressionsanalyse ist eine relativ robuste Analysemethode in Bezug auf die Verletzung der Normalitätsbedingung.

In erster Instanz können wir uns bei der Überprüfung der Erfüllung der Normalitätsbedingung auf zwei Kennzahlen stützen, nämlich:

Die *Schiefe* ('Skewness') ist ein Mass für die Abweichung einer Verteilung von vollständiger Symmetrie. Für die Verteilung eines willkürlichen Merkmals Y ist die Schiefe definiert als:

Internally Studentised Residuals – standardisierte Residualwerte

Externally Studentised Residuals – standardisierte Residualwerte, wobei die Standardabweichung ohne den betreffenden Residualwert berechnet wird

Schiefe – Mass für die Asymmetrie einer Verteilung

$$\text{Schiefe} = \sum_{i=1}^{n} \frac{1}{n} \left(\frac{Y_i - \overline{Y}}{\sigma_y} \right)^3 \quad .$$

Wenn die Verteilung symmetrisch ist – und das ist sie, wenn sie normalverteilt ist –, hat die Schiefe dieser Verteilung den Wert Null. Wenn die Verteilung nicht symmetrisch ist und der Schwerpunkt links vom Mittelwert (unter dem Mittelwert) liegt, hat die Schiefe einen negativen Wert. Wenn der Schwerpunkt rechts vom Mittelwert (über dem Mittelwert) liegt, hat die Schiefe einen positiven Wert. Wenn also die Verteilung annähernd normalverteilt sein soll, hat sie eine Schiefe mit einem Wert nahe Null. Als Daumenregel gilt, dass die Schiefe erheblich von Null verschieden ist, wenn ihr Absolutwert grösser als $2\,(6/n)^2$ ist.

Als zweite Grösse ist die *Kurtosis* als Mass für die Steilheit einer Verteilung von Bedeutung

Kurtosis – Mass für die Steilheit einer Verteilung

$$\text{Kurtosis} = \left(\sum_{i=1}^{n} \frac{1}{n} \left(\frac{Y_i - \overline{Y}}{\sigma_y} \right)^4 \right) - 3 \quad .$$

Wenn die Verteilung normalverteilt ist, hat die Kurtosis den Wert 0. Wenn die Verteilung steiler (d.h., dass graphisch gesehen die Verteilung spitziger) ist, hat die Kurtosis einen positiven Wert. Wenn die Verteilung weniger steil (flacher) ist, hat die Kurtosis einen negativen Wert. Wenn also die Verteilung annähernd normalverteilt sein soll, hat sie eine Kurtosis mit einem Wert nahe Null. Weicht die Kurtosis erheblich von Null ab, dann wird die Verteilung als nicht-normal betrachtet. Im Allgemeinen wird dabei angenommen, dass die Kurtosis sich erheblich von Null unterscheidet, wenn ihrer Absolutwert grösser als $(24/n)^2$ ist.

Da aber sowohl die Schiefe als auch die Kurtosis relativ unstabile Kennzahlen sind, sollte man auch sie nur bei relativ grossen Stichproben verwenden.

Daneben kann man einen statistischen Test zur Überprüfung der Normalität durchführen lassen.

Die Null-Hypothese dabei lautet, dass in der Grundgesamtheit eine Normalverteilung vorliegt.

Für Stichproben von 1 bis einschliesslich 50 Beobachtungen wird häufig der *Shapiro-Wilk-Test* verwendet. Es

Shapiro-Wilks-Test – Test für kleine Stichproben zur Prüfung, ob eine Verteilung einer Normalverteilung gleicht

wird dafür die sog. W-Statistik berechnet. W kann zwischen Null und Eins variieren. Wenn die Verteilung in der Stichprobe einer Normalverteilung ähnelt, nähert sich W dem Wert Eins. Wenn W nahe Null ist und die Verteilung in der Stichprobe also relativ stark von einer Normalverteilung abweicht, wird die Null-Hypothese verworfen. Der beobachtete Wert der W-Statistik wird von Stichprobe zu Stichprobe verschieden sein. Auch wenn unsere Stichprobe aus einer normal-verteilten Population stammt, kann trotzdem die extreme Situation auftreten, in der wir in unserer Stichprobe eine W-Statistik feststellen, die relativ klein ist oder sogar nahe Null liegt. In so einem Fall würden wir dann fälschlicherweise die Null-Hypothese verwerfen (wir machen dann einen Fehler erster Art). Wenn unsere Stichprobe jedoch tatsächlich aus einer normal-verteilten Grundgesamtheit stammt, ist die Wahrscheinlichkeit, dass wir einen solchen (oder noch näher an Null liegenden) Wert der W-Statistik beobachten, relativ gering. Je grösser die Differenz zwischen dem 'wirklichen' W-Wert in der Grundgesamtheit und dem in der Stichprobe beobachteten W-Wert, desto kleiner ist diese (Unterschreitungs-)Wahrscheinlichkeit. Ist diese Wahrscheinlichkeit gering, dann haben wir es offenbar entweder mit einer sehr selten vorkommenden (unwahrscheinlichen) Stichprobe aus der normalverteilten Grundgesamtheit zu tun, oder unsere Annahme einer normal-verteilten Population stimmt nicht. Üblicherweise wird bei einer Unterschreitungs-Wahrscheinlichkeit $p\,(W < W_{beob})$ kleiner als 0,05 oder 0,01 ($\alpha = 0{,}05$ bzw. 0,01) angenommen, dass die Null-Hypothese falsch sei und verworfen werden müsste. Wir gehen dann davon aus, dass die Grundgesamtheit nicht normalverteilt ist.

Bei einer Wahrscheinlichkeit, die grösser als 0,05 oder 0,01 ist, wird dagegen die Null-Hypothese angenommen. Das heisst also, dass wenn $p\,(W < W_{beob})$ grösser als 0,05 oder 0,01 ist, angenommen werden darf, dass die Verteilung normalverteilt ist.

Kolmogorov-D-Test – Test für grosse Stichproben zur Prüfung, ob eine Verteilung einer Normalverteilung gleicht

Wenn die Stichprobe mehr als 50 Beobachtungen umfasst, wird häufig die *Kolmogorov-D*-Kennzahl berechnet. Wir vergleichen dazu die in unserer Stichprobe beobachtete kumulative Frequenzverteilung mit der theoretisch erwarteten kumulativen Frequenzverteilung einer normalverteilten Stichprobe gleichen Umfangs. Der grössten Differenz

zwischen den beiden Verteilungen entspricht die Kolmogo-
rov-D-Kennzahl. Wenn $D = 0$, stimmen beide Verteilungen perfekt miteinander überein. Wenn D stark von Null
verschieden ist, weicht unsere Stichprobenverteilung stark
von der theoretisch angenommenen Normalverteilung ab.
Auch dies kann jedoch rein stichprobenbedingt sein und
sagt also nocht nicht viel über die Grundgesamtheit aus.
Auch hier gehen wir also wieder von der Wahrscheinlichkeit eines solchen extremen Falles aus. Im Gegensatz zum
Shapiro-Wilks-W wird jetzt aber die Null-Hypothese angenommen, wenn die Überschreitungswahrscheinlichkeit kleiner als 0,025 bzw. 0,050 ist;[11] also wenn $p\,(D > D_{beob})$
grösser als 0,025 oder 0,050 ist, darf man annehmen, dass
die Verteilung normalverteilt ist.

Eine weitere Möglichkeit zur Überprüfung der Normalität der Residualwerte ist ein sog. *Quantil-Quantil-Diagramm*, auch 'Q-Q-Plot', 'Rankit-Plot' oder 'Normal-Plot'
genannt. Ein Q-Q-Plot ist eine graphische Darstellung in
Form eines Streuungsdiagrammes des Zusammenhangs zwischen den Quantilen der Residualwerte und den erwarteten Quantilen, wenn man eine Zufallsstichprobe gleicher
Grösse aus einer normalverteilten Population ziehen würde.
Wenn die Residualwerte normalverteilt sind, sollte der Zusammenhang zwischen den Residualwerten und diesen erwarteten Werten *linear* sein, d.h. graphisch gesehen, dass
die Punktwolke wie eine Gerade aussieht. Ist dies nicht der
Fall, dann liegt keine Normalverteilung vor.

Da mit Sicherheit nicht alle Leser in ihrem täglichen
Leben regelmässig mit solchen Quantil-Quantil-Diagram-
men zu tun gehabt haben, wollen wir hier die Entstehung
eines sochen Diagramms etwas genauer betrachten.

Ein *Quantil* ist etwas Ähnliches wie ein Quartil oder
ein Percentile. Damit ist dem Leser aber noch nicht viel
geholfen. Nehmen wir ein Beispiel: Das 85. Percentil ist gerade jener Wert der betreffenden Variablen, für den gilt,
dass 85% aller Beobachtungen unserer Stichprobe oder in
unserer Grundgesamtheit einen *niedrigeren* Wert aufweisen. Der einzige Unterschied zwischen einem Quantil und
einem Percentil ist nun, dass ein Percentil sich auf einen

**Quantil-Quantil-
Diagramm** – Dia-
gramm zum Verglei-
chen zweier Verteilun-
gen

---

11 Nota bene: Da D sowohl grösser als auch kleiner als Null werden
kann, haben wir es hier mit einem zweiseitigen Test zu tun.

Prozentanteil, ein Quantil dagegen auf einen normalen Anteil bezieht. Wir bezeichnen diesen Anteil mit p_i. Wenn wir also alle Beobachtungen einer Stichprobe in der Rangfolge (mit als der jeweiligen Rangzahl) nach ihrer Ausprägung für die uns interessierende Variable auflisten, dann stellt jede Beobachtung ein p-Quantil dar. $(r - 1)$ Beobachtungen weisen *niedrigere* Werte auf. Den Anteil p_i können wir in erster Instanz also definieren als $(r - 1)/n$.

Es ist dabei jedoch eine reine Konvention, dass wir die Beobachtung Y_i nicht zu dieser Anzahl $(r - 1)$ zählen. Bei einer grossen Anzahl Beobachtungen wird es keinen grossen Unterschied machen, ob wir diese Beobachtung dazu zählen würden oder nicht. So spielt es keine wesentliche Rolle, ob wir bei 4000 Beobachtungen bei der 124. Beobachtung $(r = 124)$ vom $(r_i/n = 124/4000) = 0{,}03100$-Quantil oder vom $((r_i - 1)/n = (124 - 1)/4000) = 0{,}03075$-Quantil sprechen. Bei kleinen Stichproben jedoch macht dies einen grossen Unterschied. Verfügen wir z.B. nur über zehn Beobachtungen, repräsentiert jede Beobachtung 10% oder einen Anteil von 0,1 der ganzen Stichprobe. Bei der dritten Beobachtung $(r = 3)$ spricht man dann vom $(r_i/n = 3/10) = 0{,}3$-Quantil oder vom $(r_i - 1)/n = (3 - 1)/10 = 0{,}2$-Quantil. Als Kompromiss hat man sich darum auf den Goldenen Mittelweg geeinigt und p_i wie folgt definiert:

$$p_i = \frac{r_i - 0{,}5}{n} \quad .$$

Der Wert des p-Quantils $Q(p)$ entspricht dem Wert unserer Beobachtung Y_i. Figur 7.9 gibt ein einfaches Beispiel für eine Stichprobe mit nur zehn Beobachtungen (Objekte) wieder.

Ein Quantil-Diagramm ist nun nichts anderes als das Streuungsdiagramm für $Q(p_i)$ und p_i. Für jede Verteilung können wir ein solches Quantil-Diagramm zeichnen. Auf diese Weise können wir auch Verteilungen miteinander vergleichen. Wir verwenden dazu einen *Quantil-Quantil-Plot.* Das ist auch wieder ein Streuungsdiagramm, wobei wir auf der vertikalen Achse die Quantil-Werte $Q(p_i)$ der uns interessierenden Verteilung und auf der horizontalen Achse die Quantil-Werte der (Referenz-)Verteilung, mit der wir unsere Verteilung vergleichen wollen, auftragen. Ein Quantil-

Tabelle 7.2: Links ursprüngliche Daten mit Rangnummern; rechts gleiche Daten in der Reihenfolge ihrer Rangnummern

i	Y_i	Rang r		i	Y_i	Rang r	p_i	$Q(p_i)$
1	5	2		8	1	1	0,05	1
2	10	6		1	5	2	0,15	5
3	20	10		4	6	3	0,25	6
4	6	3		5	7	4	0,35	7
5	7	4		9	9	5	0,45	9
6	13	8		2	10	6	0,55	10
7	15	9		10	11	7	0,65	11
8	1	1		6	13	8	0,75	13
9	9	5		7	15	9	0,85	15
10	11	7		3	20	10	0,95	20

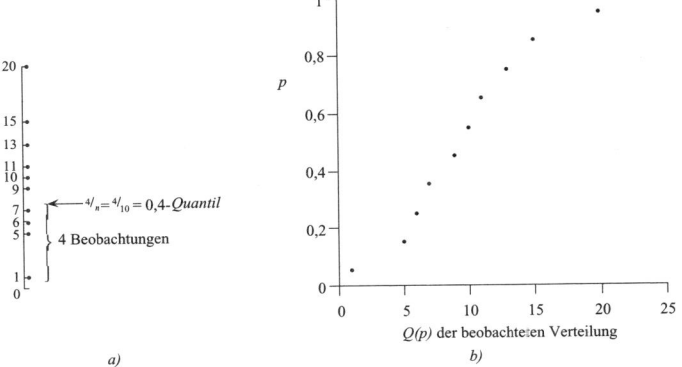

a) b)

Abbildung 7.9: a) Beispiel eines Quantils; b) Quantil-Diagramm

Quantil-Plot ist also nichts anderes als ein Streuungsdiagramm der *geordneten* Beobachtungen zweier Variablen.

Ausgangspunkt unserer Überlegungen war aber, dass wir die Verteilung der Residualwerte unserer Regressionsgleichung mit einer Normalverteilung (mit der gleichen Anzahl Beobachtungen) vergleichen wollten. Auch das können wir nun mit einem Quantil-Quantil-Diagramm tun. Wie wir wissen, gibt es eine ganze Familie von Normalverteilungen. Die einzelnen Normalverteilungen unterscheiden sich dabei lediglich in ihrer Streuung (Varianz) und in ihrem Mittelwert. Für unseren Vergleich spielt es keine Rolle, welche Normalverteilung wir als Referenzverteilung nehmen, da die Quantil-Diagramme für alle Normalverteilungen identisch sind. Zur Vereinfachung nehmen wir die Standard-Normal-Verteilung.

Den p-Wert des Quantils eines bestimmten Wertes Y_i der Standardnormalverteilung können wir anhand der kumulativen Verteilung $F(Y)$ der Standardnormalverteilung ermitteln. Diese kumulative Verteilung gibt uns nämlich für jeden Wert von Y_i die Wahrscheinlichkeit, dass ein Y-Wert kleiner oder gleich gross ist als dieser Wert.

$$F(Y_i) = P(Y = Y_i) = F(Q(p)) = p \quad ,$$

wobei $F(Y_i) = \frac{1}{\sqrt{2\pi}} \int_{-\infty}^{Y_i} e^{-t^2/2} dt$.

Wir suchen nun jene Y-Werte der Standardnormalverteilung, die genau den p-Werten unserer Residualwerteverteilung entsprechen. Aus der vorherigen Formel folgt nun, dass

$$Q(p) = F^{-1}(p) \quad .$$

Selbstverständlich wird der Computer die Berechnungen für uns vornehmen. So brauchen wir uns diese Formeln nicht zu merken. Das Quantil-Diagramm einer standardnormalverteilten Stichprobe mit zehn Beobachtungen ist in Figur 7.10 dargestellt.

Für den Vergleich unserer beobachteten Verteilung mit der Standardnormalverteilung können wir Figur 7.11 beiziehen. Wenn alle Punkte unseres Quantil-Quantil-Diagrammes ungefähr auf einer geraden Linie liegen, dann haben die beiden Verteilungen die *gleiche Form*.

Generell gilt für einen solchen Vergleich einer Verteilung mit einer Referenzverteilung, dass wenn die Punkte alle auf einer geraden Linie parallel an der $Q(p) = Q_{ref}(p)$ liegen, sich die Verteilungen lediglich bezüglich ihres Mittelwertes unterscheiden. Liegen die Punkte genau auf der $Q(p) = Q_{ref}(p)$-Linie, dann ist ihr Mittelwert identisch. Liegen die Punkte auf einer geraden Linie, aber ist diese Linie nicht parallel zu der $Q(p) = Q_{ref}(p)$-Linie, dann ist die Streuung der beiden Verteilungen verschieden. Befinden sich die Punkte nicht auf einer Geraden, dann weisen die beiden Verteilungen eine unterschiedliche Form auf.

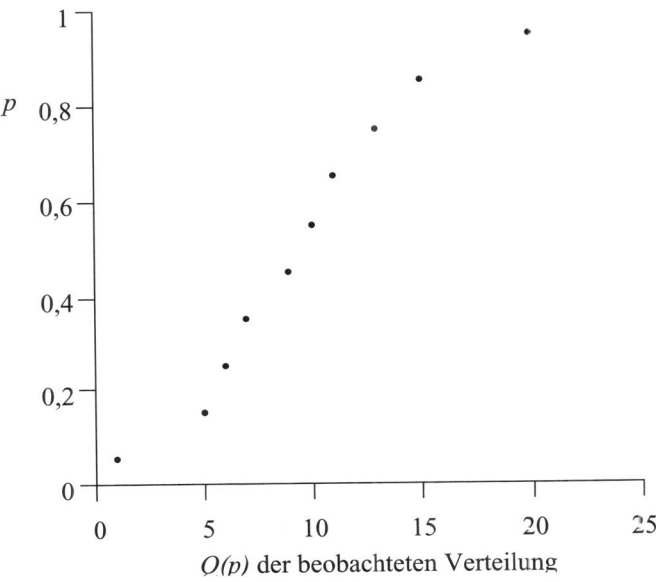

Abbildung 7.10: Quantil-Diagramm der Standardnormalverteilung

In Figur 7.12 sind Beispiele einiger typischer Fälle dargestellt.

Was muss man aber machen, wenn die Bedingung der Normalität nicht erfüllt ist, während man statistische Tests für die Resultate der Regressionsanalyse verwenden möchte? Theoretisch gibt es die Möglichkeit, dass man die abhängige Variable (Y) transformiert. Die Transformationen, die wir bei der Überprüfung der Streuungsgleichheit bereits erwähnt haben, haben sehr häufig auch den Nebeneffekt, dass die Verteilung sich eher einer Normalverteilung nähert. Eine andere Möglichkeit ist die Erhöhung der Anzahl der Beobachtungen, so dass die Verteilung annähernd normal wird.

7.4 Ausreisser

Zum Schluss dieses Kapitels möchten wir hier noch kurz auf *Ausreisser* eingehen. Die Regressionsanlyse ist ebenso wie

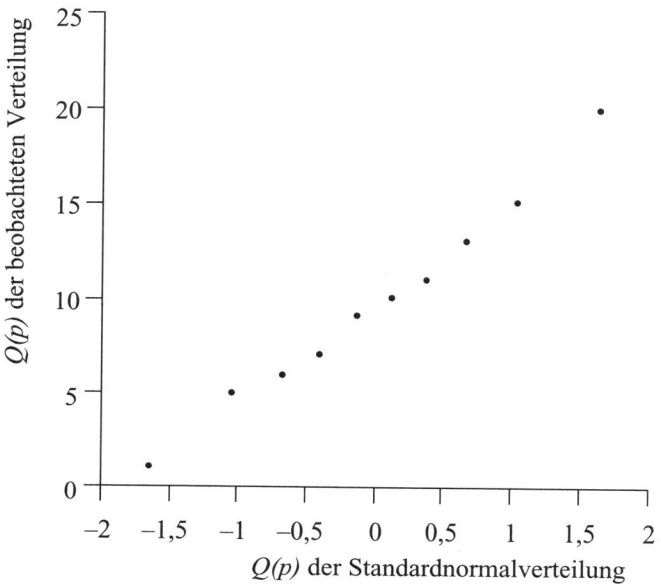

Abbildung 7.11: Quantil-Quantil-Diagramm für den Vergleich der beobachteten Verteilung mit der Standardnormalverteilung

Ausreisser – besonders extremer Beobachtungswert

die Korrelationsanalyse besonders empfindlich auf extreme Beobachtungswerte. Im Zusammenhang mit der Korrelationsanalyse (Kapitel 1) haben wir bereits einige Beispiele dazu kennengelernt. Solche extremen Beobachtungswerte bezeichnen wir auch als Ausreisser. Es gibt verschiedene mögliche Ursachen für die Beobachtung solcher extremen Werte. Die erste und meist auf der Hand liegende Möglichkeit ist, dass Mess- oder Kodierungsfehler vorliegen. Man hat sich zum Beispiel beim Ablesen eines Messinstrumentes um eine Dezimalstelle geirrt oder man hat sich beim Eintippen der Ergebnisse einer Befragung in den Computer um eine Taste geirrt. Die zweite Möglichkeit besteht darin, dass der beobachtete extreme Wert in der Grundgesamtheit gar nicht so extrem ist, die Stichprobe aber aus irgendwelchen Gründen etwas unausgewogen ausgefallen ist und nur einige wenige Fälle in diesem Wertebereich erfasst hat, die dann als extreme Werte in Erscheinung treten. Im ersten Fall haben wir es klar mit falschen Werten zu tun,

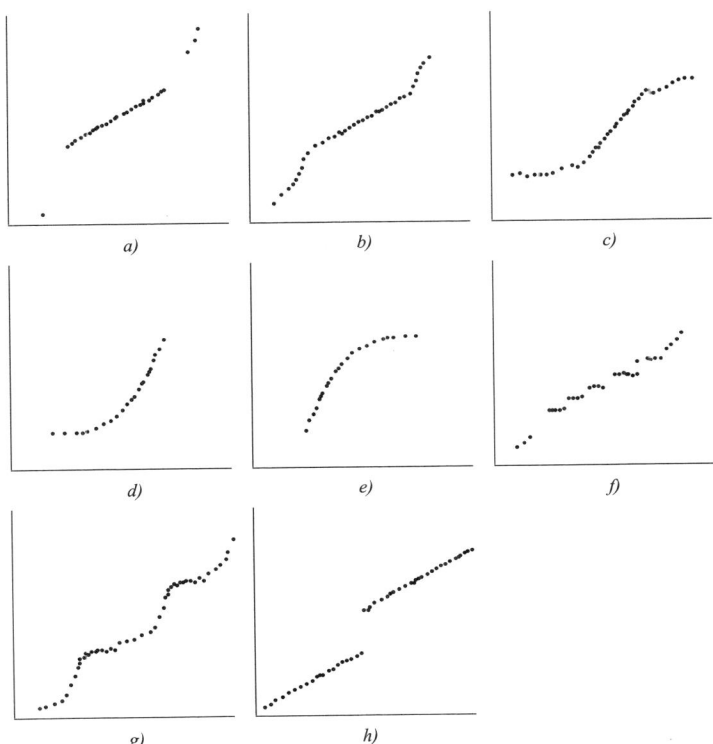

Abbildung 7.12: Beispiele verschiedener Quantil-Quantil-Diagramme

die eigentlich nicht in unsere Analyse einbezogen werden
sollten. Im zweiten Fall ist die extreme Beobachtung aber
völlig korrekt erfasst und stellt wichtige neue Informationen für unsere Analyse zur Verfügung. Ausreisser sind also
nicht immer als störend zu betrachten. Bevor man eine
Beobachtung von der Analyse ausschliesst, sollte man also
erst versuchen, zu eruieren, was die Ursachen des extremen
Beobachtungswertes sein könnten.

Ausreisser können die Resultate unserer Analyse erheblich beeinflussen, Zusammenhänge und Abhängigkeiten vertuschen oder Zusammenhänge und Abhängigkeiten
vortäuschen, wo es unter Umständen gar keine gibt. Es ist
darum wichtig, bei jeder Analyse auch auf mögliche Ausreisser zu achten.

Es sind verschiedene Verfahren entwickelt worden, um diese extremen Werte ausfindig zu machen.

Einen ersten Überblick über Ausreisser bei der einfachen Regression gibt selbsverständlich wieder das Streuungsdiagramm der abhängigen Variablen Y und der unabhängigen Variablen X. Figur 7.13 gibt einige Beispiele dazu an. So sehen wir in Figur 7.13a einen Ausreisser mit einem extremen Wert bezüglich der abhängigen Variablen Y. Bezüglich der unabhängigen Variablen X weist diese Beobachtung jedoch einen Wert in der Nähe des Mittelwertes von X auf. In diesem Fall wird diese Beobachtung keinen besonders grossen Einfluss auf die Steigung der Regressionsgeraden haben. Der Einfluss auf die Regressionskonstante ist jedoch nicht zu vernachlässigen. Die Regressionsgerade wird von einer solchen Beobachtung etwas gehoben, ohne dass sich dadurch jedoch der Winkel zur X-Achse wesentlich verändert.

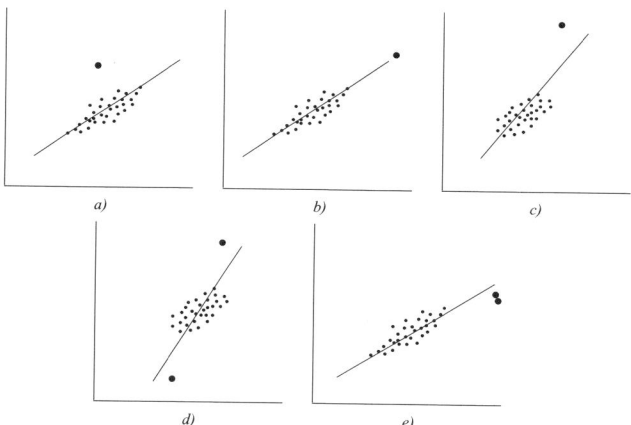

Abbildung 7.13: Beispiele für Streuungsdiagramme mit Ausreisser

In Figur 7.13b weist der Ausreisser sowohl bezüglich der abhängigen Variablen Y als auch bezüglich der unabhängigen Variablen X einen extremen Wert auf. Der Ausreisser befindet sich aber in der Nähe der vermuteten Regressionsgeraden und wird also nur geringen Einfluss auf die Regressionskonstante und auf den Regressionskoeffizienten haben.

Nicht jeder Ausreisser hat also einen grossen Einfluss auf das Resultat unserer Analyse.

In Figur 7.13c ist der Einfluss des Ausreissers dagegen gravierend. In diesem Fall ist die Steigung der Regressionsgeraden zu einem beträchtlichen Teil vom Ausreisser bestimmt. Auch die Regressionskonstante ist stark von diesem extremen Wert abhängig.

In Figur 7.13d liegt eine Situation vor, in der zwei Ausreisser auftreten. Ihr Einfluss auf das Resultat unserer Analyse ist besonders gross, da ihre Wirkungen einander noch verstärken. Beide Ausreisser einzeln betrachtet üben aber auch einen erheblichen Einfluss auf die Regressionskonstante und auf den Regressionskoeffizienten aus.

In Figur 7.13e schliesslich ist eine Situation dargestellt, in der das Ausschliessen eines einzelnen Ausreissers keinen grossen Effekt auf das Resultat unserer Analyse haben wird, da immer noch der zweite Ausreisser einen ähnlichen Effekt verursacht. Der Effekt des einen Ausreissers maskiert also den Effekt des zweiten. Die Effekte solcher Ausreisser lassen sich nur mittels dieser visuellen Methode oder mittels der Analyse des Einflusses der Ausschliessung mehrerer Beobachtungen gleichzeitig ermitteln.

Wir werden uns hier in erster Linie auf die Analyse des Einflusses einzelner Beobachtungen beschränken.

Bei der multiplen Regression können wir uns bei der Suche nach extremen und einflussreichen Beobachtungen nicht mehr auf die Betrachtung eines solchen Streuungsdiagrammes beziehen. Es sind darum verschiedene Kennzahlen für die Ermittlung des Einflusses der einzelnen Beobachtungen entwickelt worden.

Die Hebelwirkung einer Beobachtung. Als erstes wollen wir den gesamten Einfluss einer einzelnen Beobachtung sowohl auf die Regressionskonstante als auch auf die Regressionskoeffizienten und somit auf die Güte des gesamten Modells betrachten. Wie wir wissen, wird die Güte des Modells durch die quadrierten Residualwerte $e_i^2 = \left(Y_i - \hat{Y}_i \right)^2$ bestimmt. Der Einfluss der i-ten Beobachtung auf diesen Residualwert wird am direktesten durch ihren Einfluss auf den entsprechenden geschätzten Wert $\hat{Y}_i$ wiedergegeben. Wir sind es inzwischen gewohnt, solche direkte Einflüsse mittels linearer Gleichungen darzustellen. Wir wollen das auch hier wieder tun. Die Abhängigkeit der geschätzten $\hat{Y}_i$-Werte von den beobachteten Y_i-Werten können wir in diesem Sinne schreiben als:

$$\hat{Y}_i = h_{i1}\,Y_1 + h_{i2}\,Y_2 + \cdots + h_{ii}\,Y_i + \cdots + h_{in}\,Y_n = \sum_{j=1}^{n} h_{ij}Y_j \quad ,$$

wobei $\hat{Y}_i = \hat{\beta}_0 + \hat{\beta}_1\,X_1 + \cdots + \hat{\beta}_m\,X_m \quad ,$
oder in Matrizenform:

$$\hat{\mathbf{y}} = \mathbf{X}\,\hat{\boldsymbol{\beta}} = \mathbf{H}\,\mathbf{y} \quad ,$$

wobei $\mathbf{H}$ definiert ist als

$$\mathbf{H} = \mathbf{x}\,(\mathbf{X'}\,\mathbf{X})^{-1}\,\mathbf{X'} \quad .$$

Jeder geschätzte $\hat{Y}_i$-Wert setzt sich nach dieser Gleichung aus der gewichteten Summe der beobachteten Y_i-Werte zusammen, wobei h_{ij} das Gewicht der j-ten Beobachtung für die Bestimmung des i-ten Schätzwertes $\hat{Y}_i$ ist. Haben wir es nur mit einer einfachen Regression zu tun, lässt sich zeigen, dass:

$$h_{ii} = \frac{1}{n} + \frac{(X_i - \overline{X})\,(X_j - \overline{X})}{\sum\limits_{k=1}^{n}(X_i - \overline{X})^2} \quad .$$

Aus dieser Formel für h_{ii} ist auch deutlich abzulesen, dass, je weiter der beobachtete Wert X_j vom Mittelwert $\overline{X}$ dieser Variablen entfernt liegt, dieses Gewicht umso grösser ist. Je näher die Beobachtung zum Mittelwert der unabhängigen Variablen liegt, desto kleiner ist der Einfluss dieser Beobachtung auf die geschätzten Werte $\hat{Y}_i$ der abhängigen Variablen Y.

Die Matrix $\mathbf{H}$ wird auch als 'Hat-Matrix' bezeichnet. 'Hat' bedeutet 'Hut' und ist die englische umgangssprachliche Bezeichnung für ein Zirkumflex ($\hat{}$) ('Hütchen' oder 'accent circonflexe'). Diese Matrix wurde so benannt, da es sich hier um die Gewichte zur Bestimmung der *geschätzten* $\hat{Y}_i$-Werte handelt. Diese geschätzten $\hat{Y}_i$-Werte haben wir nach den üblichen Konventionen mit einem Dächlein oder Hütchen versehen.

Die Diagonalwerte h_{ii} dieser Matrix $\mathbf{H}$ geben also das Gewicht der i-ten Beobachtung bei der Bestimmung des dieser Beobachtung entsprechenden Schätzwertes $\hat{Y}_i$ an. Im Falle einer einfachen Regression gilt:

$$h_{ii} = \frac{1}{n} + \frac{\left(X_i - \overline{X}\right)^2}{\sum\limits_{k=1}^{n} \left(X_i - \overline{X}\right)^2} \quad .$$

Dieser Ausdruck ist ein Mass für die Abweichung einer bestimmten Beobachtung vom Mittelwert $\overline{X}$ der unabhängigen Variablen X. Im Falle multipler Regression ist h_{ii} ein Mass für die Abweichung (Distanz) einer Beobachtung vom gemeinsamen Mittelwert (Zentroid) aller *unabhängigen* Variablen.

Es lässt sich nun zeigen, dass dieses h_{ii} die Summe des Quadrates des Einflusses der i-ten Beobachtung auf alle geschätzten Werte der abhängigen Variablen Y darstellt.

$$h_{ii} = \sum_{j=1}^{n} h_{ij}^2 \quad .$$

Hebelwirkung – Mass für die Abweichung der betreffenden Beobachtung vom gemeinsamen Mittelwert der unabhängigen Variablen bzw. Mass für den Einfluss dieser Beobachtung auf die geschätzten Werte der abhängigen Variablen

Die Diagonalwerte h_{ii} der Matrix $\mathbf{H}$ können wir daher als Kennzahl für den Einfluss einer Beobachtung auf die Güte des gesamten Modells verwenden. Man nennt die Elemente h_{ii} auf der Hauptdiagonalen der 'Hütchen-Matrix' nun die *Hebelwirkung* ('leverage') oder *Hütchen-Wert* ('hat value') der entsprechenden (i-ten) Beobachtung.

In Matrixschreibweise lässt sich die Hebelwirkung der einzelnen Beobachtungen wie folgt berechnen:

$$\mathbf{h}_i = \mathbf{x}_i \left(\mathbf{X}' \, \mathbf{X}\right)^{-1} \mathbf{x}_i' \quad ,$$

wobei $\mathbf{x}_i'$ die i-te Zeile der Datenmatrix $\mathbf{X}$ darstellt. Die Hebelwirkung einer Beobachtung kann theoretisch zwischen 0 und 1 variieren, wobei 1 auf eine starke Hebelwirkung (Einfluss) und 0 auf eine geringe Hebelwirkung hinweist. Wie gross muss die Hebelwirkung einer einzelnen Beobachtung sein, damit wir uns veranlasst sehen, sie als einen Ausreisser zu betrachten und sie näher auf ihre Gültigkeit zu untersuchen? Es gibt dazu keine objektiven Kriterien, sondern lediglich einige Erfahrungswerte.

So verwendet man üblicherweise einen der folgenden Schwellenwerte ('cut-off values') zur Beurteilung, ob eine Beobachtung als (einflussreicher) Ausreisser zu betrachten ist oder nicht:

a)　$h_i > 0{,}2$

b)　$h_i > 2\,m/n$　,

wobei m = Anzahl der zu schätzenden Parameter (inklusive Konstante oder 'Intercept') und n = Anzahl Beobachtungen. Liegt die Hebelwirkung einer Beobachtung also über 0,2 oder über $2\,m/n$, dann ist diese Beoabchtung als Ausreisser zu betrachten.

Wie wir gesehen haben, wird der Einfluss einer Beobachtung auf das Resultat der Regressionsanalyse nicht nur durch das Mass der Abweichung der beobachteten Werte von den jeweiligen Mittelwerten der unabhängigen Variablen bestimmt, sondern auch dadurch, ob eine Beobachtung weit von der Regressionsgeraden entfernt liegt, die wir erhalten würden, wenn wir die betreffende Beobachtung bei der Analyse nicht berücksichtigen würden. Letzteren Aspekt nennt man auch *Diskrepanz*. Der Einfluss einer spezifischen Beobachtung auf das Resultat der Regressionsanalyse setzt sich also sowohl aus der Hebelwirkung als auch aus der Diskrepanz zusammen.

Diskrepanz – Distanz einer Beobachtung von der Regressionsgerade, die man erhalten würde, wenn diese Beobachtung nicht berücksichtigt wird

Cooks-D – Mass für den Einfluss einer Beobachtung auf die Regressionskoeffizierten inklusive der Regressionskonstanten

Cooks Distance. Ebenso wie die Hebelwirkung gibt auch die Cooks Distance ('Cooks-D') den Einfluss der einzelnen Beobachtungen an. Diesmal jedoch wird auch die Diskrepanz mitberücksichtigt. Der gemeinsame Einfluss der Hebelwirkung und der Diskrepanz kommt im Einfluss einer Beobachtung auf die einzelnen Regressionskoeffizienten, inklusive der Regressionskonstanten, zum Ausdruck. Diese bilden auch die Basis für die Cooks Distance. Es wird dazu erst eine Regressionsanalyse anhand aller Beobachtungen durchgeführt. Danach führen wir die gleiche Regressionsanalyse nochmals durch, diesmal jedoch ohne die i-te Beobachtung. Dann vergleichen wir die resultierenden Regressionskoeffizienten der beiden Analysen. Cook formuliert nun die Hypothese, dass alle Regressionskoeffizienten der beiden Analysen einander gleich sind. Zur Überprüfung der Hypothese, dass die Regressionskoeffizienten simultan bestimmte Werte aufweisen, haben wir in der Vergangeheit von der sog. F-Statistik oder F-Kennzahl gebrauch gemacht. Auch Cook verwendet nun diese Kennzahl als

---

[12] Wir können diese Kennzahl in diesem Fall jedoch nicht als F-Statistik interpretieren. Cook verwendet die Formel der F-

Mass für die Übereinstimmung.[12] Dies resultiert in folgender Formulierung für Cooks Distance:

$$D_i = \frac{e_i^2}{s_e^2 \, (m+2)} \, \frac{h_i}{(1-h_i)^2} \quad ,$$

wobei m die Anzahl unabhängiger Variablen darstellt. Der zweite Teil des Terms rechts vom Gleichheitszeichen repräsentiert ein Mass für die Hebelwirkung, während der erste Teil der Diskrepanz dieser Beobachtung entspricht.

Wenn Cooks Distance klein ist, ist der Einfluss der Beobachtung ebenfalls klein. Stärkerer Einfluss drückt sich in einem höheren Wert für Cooks-D aus. In der Regel betrachtet man Beobachtungen, die einen Cooks-D grösser als 1 aufweisen, als Ausreisser. Nimmt man es etwas genauer, dann betrachtet man Beobachtungen mit einem Cooks-D $\geq 2\sqrt{m+1/n-m-1}$ als Ausreisser.

COVRATIO. Auch die Streuungen der geschätzten Regressionskoeffizienten und der Regressionskonstanten können durch Ausreisser beeinflusst werden. Die Streuung dieser Koeffizientenschätzungen ist ein Ausdruck für die Präzision der Schätzung. In Figur 7.13b wurde ein Fall dargestellt, in dem eine Beobachtung eine erhebliche Hebelwirkung aufwies, der Regressionskoeffizient von ihr jedoch nicht beeinflusst wurde. Die geschätzte Standardabweichung des Regressionskoeffizienten bei einer einfachen Regression kann man schreiben als:

$$\hat{\sigma}_{\hat{\beta}} = \frac{\hat{\sigma}_e}{\sqrt{\sum\limits_{i=1}^{n} \left(X_i - \overline{X} \right)^2}} \quad .$$

Wenn wir also die Varianz von X, und somit auch $\left(X_i - \overline{X} \right)$, durch die Einführung einer extremen Beobachtung in unserer Analyse steigern, dann wird die Streuung unserer Koeffizientenschätzung geringer. Wir erhalten also eine präzisere Schätzung des Regressionskoeffizienten. Beruht diese extreme Beobachtung jedoch auf einem Irrtum,

---

Statistik lediglich, um eine Masszahl für die Unterschiede zwischen den Koeffizienten der beiden Analysen zu bekommen, die unabhängig von den gewählten Messeinheiten der unabhängigen Variablen ist.

COVRATIO – Einfluss einer bestimmten Beobachtung auf die Varianz-Kovarianz-Matrix der geschätzten Parameter

dann überschätzen wir dadurch die Präzision unserer Koeffizientenschätzungen. Auf ähnliche Weise kann eine einzelne Beobachtung auch die Zusammenhänge (Kovarianzen) zwischen den Koeffizientenschätzungen beeinflussen.

Die Varianzen und Kovarianzen der Koeffizientenschätzungen kann man in einer Varianz-/Kovarianz-Matrix festhalten. Wir können diese Varianz-/Kovarianz-Matrix einmal unter Berücksichtigung der i-ten Beobachtung und einmal ohne berechnen. Die beiden resultierenden Matrizen kann man dann wiederum miteinander vergleichen. Um die Unterschiede zwischen den beiden Matrizen in einer einzigen Kennzahl darstellen zu können, haben Belsey, Kuh und Welsch (2004) vorgeschlagen, jeweils die Determinanten dieser Matrizen zu berechnen und diese als Verhältniszahl darzustellen:

$$
COVRATIO_i = \frac{\left| \boldsymbol{\Sigma}_{\hat{\beta}_{-i}} \right|}{\left| \boldsymbol{\Sigma}_{\hat{\beta}} \right|} = \frac{1}{\left[\frac{n-p-1+\left(e_i^s\right)^2}{n-p} \right]^p (1 - h_i)} \quad ,
$$

wobei e_i^s die sog. 'studentised' Residualwerte (vgl. weiter unten), p die Anzahl unabhängiger Variablen + 1 und $\boldsymbol{\Sigma}_{\hat{\beta}_{-i}}$ die Varianz-/Kovarianz-Matrix der Koeffizientenschätzungen ohne Berücksichtigung der i-ten Beobachtung darstellen. Wenn der Einfluss der Beobachtung gering ist, hat dieses Mass einen Wert nahe Eins; wenn aber die Beobachtung einen relativ starken Einfluss ausübt, weicht es von 1 ab. Als Faustregel wird eine Beobachtung als kritisch gekennzeichnet, wenn $|COVRATIO - 1| \geq 3\,p/n$. Eine Beobachtung mit einer starken Hebelwirkung aber einem kleinen Residualwert[13] führt zu einem hohen *COVRATIO* (die Präzision der Schätzungen nimmt stark zu). Andererseits führt eine Beobachtung mit nur schwacher Hebelwirkung und grossem Residualwert zu einem niedrigen *COVRATIO*. Die Koeffizienten selbst werden durch diese Beobachtung unter Umständen nur geringfügig beeinflusst, die Präzision der Schätzungen wird durch die

---

[13] Dies bedeutet nichts anderes, als dass die Beobachtung nicht weit von der Regressionsgeraden oder von der Regressionsebene entfernt liegt, die wir erhalten würden, wenn wir diese Beobachtung nicht berücksichtigen würden, kurzum, diese Beobachtung weist eine geringe Diskrepanz auf.

Berücksichtigung dieser Beobachtung jedoch erheblich beeinträchtigt. Der Nachteil dieser Ratio ist, dass gewisse Einflüsse einander aufheben könnten und dies dann nicht in den Kovarianzmatrizen zum Ausdruck kommt.

DFFITS. Auch die Kennzahl *DFFITS* für den Einfluss einer Beobachtung auf das Resultat unserer Regressionsgleichung wurde von Belsey, Kuh und Welsch (2004) vorgeschlagen. Sie ist verwandt mit Cooks-D. Ausgangspunkt dabei ist eine andere Kennzahl, nämlich:

$$\text{DFFIT}_i = \overline{Y}_i - \overline{Y}_{-i} = \mathbf{x}'_i \left[\hat{\boldsymbol{\beta}} - \hat{\boldsymbol{\beta}}_{-i} \right] = \frac{h_i \, e_i}{1 - h_i} \quad,$$

wobei $\overline{Y}_{-i}$ den Mittelwert der abhängigen Variablen ohne Berücksichtigung der i-ten Beobachtung darstellt. Analog ist $\hat{\boldsymbol{\beta}}_{-i}$ der Vektor mit den Schätzungen der Koeffizienten ohne Berücksichtigung der i-ten Beobachtung.

Diese Kennzahl gibt die Unterschiede zwischen den geschätzten Werten der abhängigen Variablen mit und ohne Berücksichtigung der betreffenden Beobachtung wieder. Um besser bestimmen zu können, wann dieses Mass als besonders gross aufzufassen ist, betrachtet man üblicherweise diese Zahl in Relation zur Standardabweichung der geschätzten Werte für Y. Dies resultiert in der relativen Kennzahl *DFFITS*. Man achte auf der S am Schluss!

$$DFFITS_i = e_i^s \sqrt{\frac{h_i}{1 - h_i}} \quad.$$

Diese Kennzahl ist Cooks-D sehr ähnlich. Für $|DFFITS|$ verwendet man darum, wie beim Cooks-D, wieder einen Schwellenwert von $2\sqrt{(m + 1)/(n - m - 1)}$.

DFFITS – relatives Mass für die Unterschiede zwischen den geschätzten Werten der abhängigen Variablen mit und ohne Berücksichtigung der betreffenden Beobachtung

DFBETAS. Schliesslich ist *DFBETAS* ein Mass für den Einfluss einer Beobachtung auf einen *bestimmten* Koeffizienten β_j. Es gibt also für jeden Koeffizienten und jede Beobachtung einen *DFBETAS*-Wert. Er beruht auf der Differenz zwischen $\hat{\beta}_j$ und $\hat{\beta}_{j(-i)}$, wobei $\hat{\beta}_{j(-i)}$ der geschätzte Koeffizient β_j bei Elimination der i-ten Beobachtung ist.

DFBETAS – Mass für den Einfluss einer Beobachtung auf einen *bestimmten* Koeffizienten β_j

$$DFBETA_{ij} = \hat{\beta}_j - \hat{\beta}_{j(-i)} \quad \text{für} \quad (i = 1, 2, \dots, n)$$
$$\text{und} \quad (j = 1, 2, \dots, m) \quad.$$

Die j verschiedenen *DFBETA*-Werte der i-ten Beobachtung lassen sich in einem Vektor zusammenfassen. In Matrizen-Schreibweise kann man darum schreiben

$$DFBETA_i \;=\; \hat{\boldsymbol{\beta}} - \hat{\boldsymbol{\beta}}_{-i}$$

$$=\; \frac{(\mathbf{X}'\mathbf{X})^{-1}\,\mathbf{x}_i\,e_i}{1-h_i} \quad .$$

Ob der Einfluss einer spezifischen Beobachtung gross oder klein ist, lässt sich am besten relativ zur Varianz des entsprechenden Koeffizienten ermitteln. Dies resultiert in der sog. *DFBETA***S**-Kennzahl. Man achte wiederum auf das letzte S.

$$DFBETAS_{ij} = \frac{\hat{\beta}_j - \hat{\beta}_{j(-i)}}{\sigma_{e(-i)}\sqrt{(\mathbf{X}'\mathbf{X})_{jj}^{-1}}} \;=\; \frac{\hat{\beta}_j - \hat{\beta}_{j(-i)}}{\sigma_{\hat{\beta}(-i)}}$$

$$=\; \frac{e_i}{\sigma_{e(-i)}\,(1-h_i)} \quad .$$

Für den Absolutwert von *DFBETAS* wird oft ein Schwellenwert von $2/\sqrt{n}$ verwendet. Wird dieser Schwellenwert überschritten, ist der Einfluss der betreffenden Beobachtung auf den j-ten Koeffizienten besonders gross, so dass man von einem Ausreisser sprechen darf.

'Studentised' oder standardisierte Residualwerte. Die Diskrepanz einer Beobachtung bzw. die Distanz einer Beobachtung zur Regressionslinie oder -ebene, die wir erhalten würden, wenn wir die Regressionsanalyse ohne die betreffende Beobachtung durchführen würden, findet ihren Ausdruck im Residualwert dieser Beobachtung. Beobachtungen mit einer hohen Diskrepanz weisen relativ grosse Residualwerte auf. Bei der Regressionsanalyse gehen wir davon aus, dass die Streuung der (bedingten) Residualwerte für jede Wertekombination der unabhängigen Variablen in der Grundgesamtheit gleich ist (Annahme der Streuungsgleichheit oder Homoskedastizität). Dies trifft jedoch für die von uns beobachteten Stichproben im Allgemeinen nicht zu. Es lässt sich sogar zeigen, dass die Varianz der Residualwerte in der Stichprobe wie folgt von der Varianz der Residualwerte in der Grundgesamtheit abhängt:

$$\sigma_{e_i}^2 = \sigma_{\varepsilon}^2\,(1-h_i) \quad .$$

Die Streuung der Residualwerte von Beobachtungen mit einer starken Hebelwirkung ist somit relativ klein. Das ist auch verständlich, da diese (einflussreichen) Beobachtungen die Fähigkeit haben, die Regressionslinie quasi zu sich heranzuziehen. Es sind diese Beobachtungen, die die Regressionsgerade oder -ebene 'zu sich heran ziehen' können. Die Residualwerte sind darum nur beschränkt vergleichbar. Wir können natürlich die Residualwerte standardisieren, indem wir sie durch ihre geschätzte Standardabweichung dividieren:

$$e_i^s = \frac{e_i}{\hat{\sigma}_\varepsilon \sqrt{1 - h_i}} \quad,$$

wobei $\hat{\sigma}_\varepsilon = \sqrt{\sum_{i=1}^{n} e_i^2 / (n - m - 2)}$.

Nenner und Zähler dieses Ausdrucks sind aber nicht voneinander unabhängig. Wäre dies der Fall, dann würde der standardisierte Residualwert eine t-Verteilung aufweisen. Wenn wir mehrere Stichproben aus der gleichen Grundgesamtheit ziehen, dann würden die daraus ermittelten Residualwerte für die betreffende Ausprägungskombination der unabhängigen Variablen eine t-Wahrscheinlichkeitsverteilung aufweisen. Wie wir noch sehen werden, hätte das gewisse Vorteile. Um dies zu erreichen, schätzen wir die Standardabweichung der Residualwerte dieser Ausprägungskombination nicht auf Basis der gesamten Stichprobe, sondern auf Basis der Stichprobe ohne die i-te Beobachtung

$$e_{-i}^s = \frac{e_i}{\hat{\sigma}_{\varepsilon(-i)} \sqrt{1 - h_i}} \quad.$$

Nenner und Zähler sind nun unabhängig voneinander. Wir bezeichnen die so berechneten standardisierten Residualwerte auch als die 'externally studentised residuals', während die standardisierten Residualwerte e_i^s auch 'internally studentised residuals' genannt werden. Die externally studentised residuals weisen nun tatsächlich eine t-Verteilung mit $n - m - 2$ Freiheitsgraden auf.

Diese Kennzahl lässt sich auch als die t-Statistik für die Hypothese interpretieren, dass der Koeffizient einer zusätzlichen 'Dummy'-Variablen, die für die i-te Beobachtung eine Eins und für alle übrigen Beobachtungen eine Null aufweist, also vernachlässigbar ist. Die Anzahl der Freiheits-grade für einen solchen Test beträgt $(n - m - 2)$. Betrach-ten wir nur einen Residualwert, dann können wir so tes-ten, ob er einen signifikanten Einfluss ausübt oder nicht. Ist z.B. die Überschreitungswahrscheinlichkeit kleiner als 0,05, dann wären wir veranlasst anzunehmen, dass diese Beobachtung einen signifikanten Einfluss auf die Güte des gesamten Modells ausübt. Ist der t-Wert grösser als 1,96 oder kleiner als $-1,96$, dann haben wir es mit einer ein-flussreichen Beobachtung zu tun.

Um die einflussreichen Beobachtungen auf einen Blick sichtbar zu machen, wird anstelle von den einzelnen hier aufgeführten Indizes, die vielfach sowohl auf der Hebelwir-kung als auch auf der Diskrepanz beruhen, manchmal auch ein Streuungsdiagramm gezeichnet, mit der Hebelwirkung auf der X-Achse und den (studentized) Residualwerten auf der Y-Achse. Eventuell kann man dann die einzelnen Punk-te noch als Kreise darstellen, deren Fläche dem Wert von Cooks-D entspricht.

Partielle-Hebelwirkungs-Diagramme. Wir haben be-reits gesehen, dass aus einem einfachen zwei-dimensionalen Streuungsdiagramm viele wichtige Informationen abzule-sen sind (vgl. Figur 7.13). Partial-Regression-Leverage-Plots bieten nun eine Alternative für diese einfachen Streuungs-diagramme im Falle einer multiplen Regression.

Wir berechnen dazu zuerst eine Regression der abhängi-gen Variablen Y auf die unabhängigen Variablen $X_1, X_2,$ $\ldots, X_{j-1}, X_{j+1}, \ldots, X_m$ *ohne* die unabhängige Variable X_j. Die resultierenden Residualwerte bezeichnen wir mit e_y. Danach führen wir eine Regression von X_j auf alle übri-gen unabhängigen Variablen $X_1, X_2, \ldots, X_{j-1}, X_{j+1}, \ldots,$ X_m durch. Die daraus resultierenden Residualwerte be-zeichnen wir ihrerseits mit e_j. Schliesslich berechnen wir noch die Regression von e_y auf e_j und zeichnen das Resul-tat im Streuungsdiagramm, dem sog. 'Partial-Regression Leverage Plot' auf. Die Residualwerte e_y tragen wir auf der Y-Achse und e_j auf der X-Achse ab. Es lässt sich nun zeigen, dass die Steigung dieser Regressionsgeraden ge-nau dem Regressionskoeffizienten der j-ten unabhängigen Variablen des ursprünglichen vollständigen Regressionsmo-dells entspricht. Auch die Residualwerte sind die gleichen wie jene beim vollständigen Regressionsmodell. Wiederholen wir diesen Vorgang für jede der m unabhängigen Variablen unseres ursprünglichen Modells, dann bekommen wir m solcher zwei-dimensionalen Graphiken. Diese lassen sich nun analog zu den Beispielen in Figur 7.13 interpretieren und zwar für den Einfluss der einzelnen Beobachtungen auf die betreffenden Regressionskoeffizienten. Dies klingt vielleicht alles etwas umständlich, aber der Computer wird dies alles für uns erledigen.

Anhang zu Kapitel 7: Ober- und Untergrenzen für den Durbin-Watson-Test

Tabelle 7.3: Ober- und Untergrenzen für den Durbin-Watson-Test mit nur einer unabhängigen Variablen

n	obere Grenze		untere Grenze	
	$\alpha = 0{,}05$	$\alpha = 0{,}01$	$\alpha = 0{,}05$	$\alpha = 0{,}01$
15	1,08	0,81	1,36	1,07
16	1,10	0,84	1,37	1,09
17	1,13	0,87	1,38	1,10
18	1,16	0,90	1,39	1,12
19	1,18	0,93	1,40	1,13
20	1,20	0,95	1,41	1,15
25	1,29	1,05	1,45	1,21
30	1,35	1,13	1,49	1,26
35	1,40	1,19	1,52	1,31
40	1,44	1,25	1,54	1,34
50	1,50	1,32	1,59	1,40
60	1,55	1,38	1,62	1,45
70	1,58	1,43	1,64	1,49
80	1,61	1,47	1,66	1,52
90	1,63	1,50	1,68	1,54
100	1,65	1,69	1,52	1,56

Eine ausführlichere Tabelle findet man bei Durbin, J. & Watson, G.S. (1951) Testing for Serial Correlation in Least Squares Regression. In: *Biometrika*. Bd. 38, S. 159-177. Die gleiche Tabelle wurde auch abgedruckt in: Dillon, W.R. und Goldstein, M. (1984) *Multivariate Analysis. Methods and Applications*. Wiley, New York.

Literatur

Belsley, D.A., Kuh, E. & Welsch, R.E. (2004) *Regression Diagnostics: Identifying Influential Data and Sources of Collinearity.* Wiley, New York.

Berry, W.D. (1993) *Understanding Regression Assumptions.* Quantitative Applications in the Social Sciences. Nr. 92, Sage, Newbury Park.

Chatterjee, S. & Price, B. (2006, 4. Aufl.) *Regression Analysis By Example.* Wiley, New York.

Dillon, W.R. & Goldstein, M. (1984) *Multivariate Analysis. Methods and Applications.* Wiley, New York.

Fox, J. (1991) *Regression Diagnostics.* Quantitative Applications in the Social Sciences. Nr. 79, Sage, Newbury Park.

Weisberg, S. (2005, 3. Aufl.) *Applied Linear Regression.* Wiley, New York.

8. Pfadanalyse

8.1 Einleitung

Ausgangspunkt bei der einfachen Regressionsanalyse war eine (praktische) Problemstellung, im Rahmen derer wir uns besonders für die Ursachen eines bestimmten Phänomens interessieren. Wir haben dazu vielfach ein Beispiel aus der sozialwissenschftlichen Umweltforschung herbeigezogen. Es handelte sich um die zentrale Frage, was die Ursachen dafür sind, dass gewisse Leute umweltverantwortlich handeln und andere nicht. So haben wir u.a. untersucht, ob das umweltverantwortliche Handeln eventuell auch durch das Wissen über Umweltprobleme und durch das Bewusstsein der Existenz von Umweltproblemen mitbestimmt (verursacht) wird. Das umweltverantwortliche Handeln war dabei das zu erklärende Phänomen bzw. die abhängige Variable; das Umweltwissen und das Problembewusstsein waren die Ursachen bzw. die unabhängigen Variablen. Anfänglich haben wir im Rahmen der einfachen Regressionsanalyse die Abhängigkeit des umweltverantwortlichen Handelns (Y) von jeweils nur einer einzigen verursachenden Variablen (X) untersucht:

$$Y = \beta_0 + \beta_1 X_1 \quad .$$

Es wurde dabei angenommen, dass sich diese Abhängigkeitsrelation mathematisch als eine lineare Gleichung und graphisch als eine Gerade darstellen lässt. Das heisst nichts anderes, als dass der Einfluss von X auf Y, sowie dieser im Regressionskoeffizienten β_1 zum Ausdruck kommt, konstant ist. Eine Veränderung von X um eine Einheit bewirkt also immer eine Veränderung von Y um β_1 Einheiten, unabhängig davon, was die Ausgangsgrösse von X_1 war.

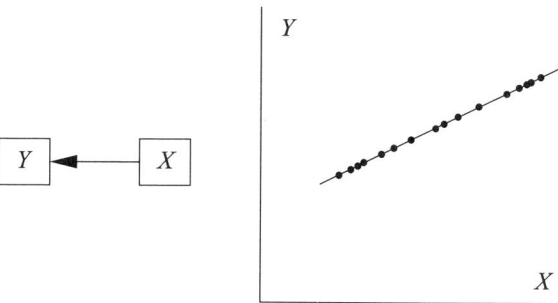

Abbildung 8.1: Einfaches deterministische Regressions-modell

In der Praxis werden diese Idealvorstellungen – wie wir gesehen haben – jedoch selten zutreffen. Meistens wird die abhängige Variable Y (z.B. das umweltverantwortliche Handeln) durch weitere nicht berücksichtigte Ursachen mitbestimmt. Es kann sich dabei um relativ unbedeutende Ursachen handeln, z.B. wenn das umweltverantwortliche Handeln als Kaufverhalten operationalisiert wird. Es mag darum gehen, ob eine Person gerade genügend Geld dabei hat, wenn sie vor der Wahl steht, ein leicht teureres umweltfreundliches Produkt oder ein etwas billigeres, aber weniger umweltverantwortliches Produkt zu kaufen. Ein anderes Beispiel für eine relativ unbedeutende ursächliche Variable wäre gegeben, wenn die Person es gerade eilig hat und einfach jenes Produkt nimmt, welches zuvorderst im Gestell steht. So sind eine Vielzahl solcher relativ unbedeutenden Ursachen denkbar, von denen einige vielleicht einen negativen Effekt und andere vielleicht einen positiven Effekt auf das umweltverantwortliche Handeln haben. Gesamthaft gesehen ergibt der Effekt dieser vielen weiteren relativ unbedeutenden Ursachen kein systematisches Bild, und die positiven und negativen Zufallseinflüsse werden sich im Durchschnitt etwa die Waage halten. Wir können ihren Einfluss darum auch als zufällig betrachten und als eine zufällig verteilte 'Störvariable' oder 'Restvariable' ε in unser Regressionsmodell aufnehmen. Die Abhängigkeitsrelation zwischen Y und X_1 hat dadurch ihren Charakter etwas geändert; sie hat sich nämlich von einer deterministi-

schen zu einer probabilistischen (vom Zufall mitbestimm-
ten) Abhängigkeitsrelation gewandelt (vgl. Figur 8.2):

$$Y = \beta_0 + \beta_1 X + \varepsilon \quad .$$

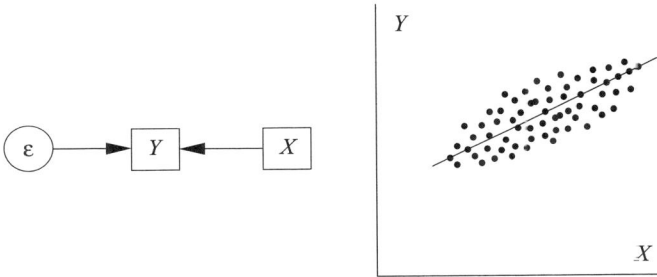

Abbildung 8.2: Einfaches probabilistisches Regressionsmodell

Vielfach reicht eine einzige bedeutsame Ursache X_1 (zusammen mit einem Zufallsfaktor ε) nicht aus, um die abhängige Variable bzw. das zu erklärende Phänomen (z.B.
das umweltverantwortliche Handeln) hinreichend zu erklären. Es sind dann noch weitere bedeutende erklärende
(unabhängige) Variablen in unser Modell einzubeziehen.
Die unabhängigen Variablen weisen meistens untereinander auch noch gewisse Zusammenhänge (Korrelationen)
auf. Diese letzten Zusammenhänge interessieren uns zwar
im Kontext unserer Fragestellung nicht besonders, aber sie
haben, wie wir im Kapitel 4 gesehen haben, einen Einfluss
auf die Regressionskoeffizienten unseres Modells. Um eine
solche Situation adäquat analysieren zu können, haben wir
auf die multiple Regression zurückgegriffen (vgl. Figur 8.3):

$$Y = \beta_0 + \beta_1 X_1 + \beta_2 X_2 + \varepsilon \quad .$$

In vielen praktischen Problemstellungen reichen solche
relativ einfachen Analysen zur Beantwortung der zentralen Fragen nicht aus. So können wir uns z.B. vorstellen,
dass wir nicht zufrieden wären, wenn wir beim Untersuchen
des umweltverantwortlichen Handelns mittels einer multiplen Regressionsanalyse herausfinden würden, dass das

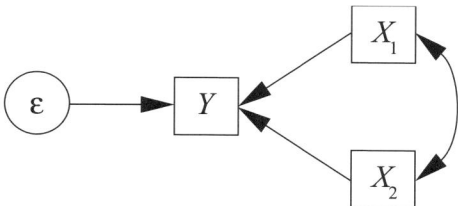

Abbildung 8.3: Beispiel eines multiplen Regressionsmodells

umweltverantwortliche Handeln (Y) sowohl vom Problembewusstsein (X_1) als auch vom Wissen über Umweltprobleme (X_2) abhängig ist. Schliesslich möchten wir gerne etwas zur Lösung der Umweltprobleme beitragen und Mittel finden, wie wir das Problembewusstsein oder das Wissen über Umweltprobleme stärken können und wie sich solche Massnahmen auf das umweltverantwortliche Handeln auswirken. In diesem Fall wollen wir also die Kausalkette noch weiter zurückverfolgen.

Auch wäre es denkbar, dass wir feststellen möchten, was für *Folgen* das umweltverantwortliche Handeln für z.B. unsere Wirtschaft oder für unseren Sozialstaat hat. Welche sozialen Kosten brächte eine weitere Steigerung der Umweltbelastung durch umwelt*un*verantwortliches Handeln mit sich? Wir interessieren uns also für kausal nachgelagerte Merkmale und versuchen, die Kausalkette weiter vorwärts zu verfolgen.

Um solche komplexe Kausalstrukturen zu untersuchen, müssen wir unseres Modell noch weiter ausbauen (vgl. Figur 8.4):

$$
\begin{aligned}
Y_1 &= \upsilon_1 + \gamma_{11}\, X_1 + \gamma_{12}\, X_2 + \zeta_1 \\
Y_2 &= \upsilon_2 + \beta_{21}\, Y_1 + \zeta_2 \\
Y_3 &= \upsilon_3 + \beta_{31}\, Y_1 + \beta_{32}\, Y_2 + \zeta_3 \\
Y_4 &= \upsilon_4 + \beta_{43}\, Y_3 + \zeta_4 \quad .
\end{aligned}
$$

In den in Figur 8.4 graphisch dargestellten Kausalrelationen entsprechen X_i und Y_j den i-ten bzw. j-ten beobachteten Variablen und β_{ij} und γ_{ij} den Regressionskoeffizienten für den linearen Effekt (Einfluss) der beobachteten Variablen X_i bzw. Y_i auf die beobachtete Variable Y_j.

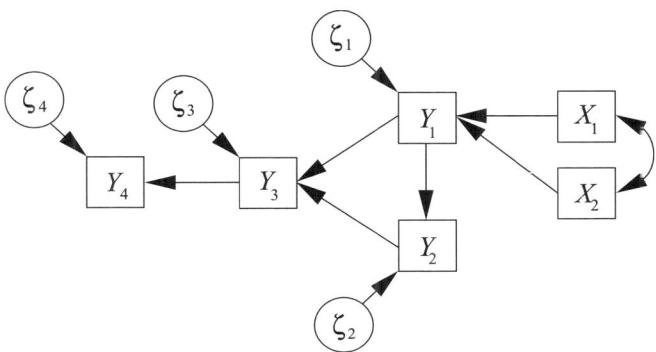

Abbildung 8.4: Beispiel eines komplexen Kausalmodells

Mit v_j wird die entsprechende Regressionskonstante dargestellt. Schliesslich wird mit ζ_j die Störvariable der abhängigen Variablen Y_j bezeichnet.

Solche komplexen Kausalstrukturen lassen sich im Allgemeinen nicht mehr mittels einer einzigen Regressionsgleichung darstellen, sondern bestehen aus der Verkettung von
verschiedenen Regressionsgleichungen. Jede dieser Kausal-
ketten stellt einen *Pfad* dar. Die Pfadanalyse ist nichts anderes als die simultane Analyse verschiedener (verknüpfter)
Regressionsgleichungen bzw. Abhängigkeitsrelationen.

Manchmal spricht man anstelle von 'Pfadanalyse' auch
von *Kausalanalyse*. Wir ziehen es jedoch vor, den Begriff
'Pfadanalyse' zu verwenden, da diese Bezeichnung weniger
irreführend ist. Auch wenn hinter den von uns postulierten
Modellen tatsächlich Kausalüberlegungen stehen, können
unsere statistischen Analysen lediglich etwas über die äus-
serlich vorliegenden Regularitäten und nichts über eventuell dahinter stehende kausale Prozesse bzw. die inneren Ursachen aussagen (vgl. auch Kapitel 1). Schliesslich legen wir
nicht nur dem Modell der Pfadanalyse, sondern auch anderen Modellen gewisse Kausalüberlegungen zugrunde. Dies
ist also überhaupt kein Monopol der Pfadanalyse. Kurzum:
Wir belassen es lieber bei 'Pfadanalyse'.

8.2 Transformation der Variablen

Bei der Pfadanalyse geht man selten von den ursprünglich beobachteten, sondern meistens von den transformierten Variablenwerten aus. Hierdurch vereinfacht sich die Analyse wesentlich.

8.2.1 Pfadanalyse mit zentrierten Variablen

Bereits in der Regressionsanalyse haben wir festgestellt, dass die Regressionskonstante uns meistens nur am Rande interessiert. Wir sind viel mehr an Regressionskoeffizienten als Ausdruck des Effektes einer Variablen auf eine andere Variable interessiert. Die Regressionskonstante ist eigentlich nur dann von wesentlicher Bedeutung, wenn wir exakte numerische Vorhersagen für die abhängige Variable machen möchten. Obwohl wir grundsätzlich, im Rahmen der Pfadanalyse, auch die Regressionskonstanten schätzen können, wird meistens darauf verzichtet. Dies vereinfacht die Darstellung und Berechnungen erheblich. Wir wollen darum in diesem Kapitel von der Analyse der Regressionskonstanten absehen.

Bevor wir die Pfadanalyse durchführen, transformieren wir dazu die ursprünglich beobachteten Variablen in den Abweichungen von ihren jeweiligen Mittelwerten, z.B. im Falle einer einfachen Regression:

$$Y_i^d = Y_i - \overline{Y} \qquad \text{bzw.} \qquad X_{1\,i}^d = X_i - \overline{X}_1 \quad ,$$

wobei X_{1i} und Y_i die ursprünglich beobachteten Merkmalswerte der i-ten Person darstellen. Die neuen (transformierten) Variablen $X_{1\,i}^d$ und Y_i^d bezeichnet man auch als *zentrierte* Variablen und die Variablenwerte als 'Abweichungen' ('deviation scores').

Graphisch gesehen kommt eine solche Transformation der Verschiebung des Achsensystems zum Mittelpunkt der Punktewolke gleich. Die Regressionsgerade (oder Hyperebene) schneidet die Y-Achse nun genau im Ursprung. Die Regressionskonstante beträgt somit genau Null. Der Winkel der Regressionsgeraden mit der X_1-Achse bleibt dadurch aber unverändert. Durch diese Transformation reduziert sich die Regressionskonstante auf Null und fällt somit aus der Regressionsgleichung heraus. Ein Beispiel aus der einfachen Regressionsgleichung möge dies illustrieren. Wir gehen dabei von folgender Regressionsgleichung aus:

$$Y_i = \beta_0 + \beta_1 X_{1i} + \varepsilon_i \quad .$$

Wir wissen, dass $\overline{Y} = \beta_0 + \beta_1 \overline{X}_1 + \overline{\varepsilon}$, wobei nach den üblichen Annahmen der Regressionsanalyse $\overline{\varepsilon} = 0$. Die Regressionsgleichung, ausgedrückt in Abweichungen vom jeweiligen Mittelwert, lässt sich wie folgt ableiten:

$$
\begin{aligned}
Y_i - \overline{Y} &= (\beta_0 + \beta_1 X_{1i} + \varepsilon_i) - (\beta_0 + \beta_1 \overline{X}_1) \\
&= \beta_1 (X_i - \overline{X}) + \varepsilon_i \\
Y_i^d &= \beta_1 X_{1i}^d + \varepsilon_i \quad ,
\end{aligned}
$$

wobei Y_i^d und X_{1i}^d die Abweichungen der ursprünglichen (untransformierten) Variablen von ihren jeweiligen Mittelwerten darstellen.

Durch diese Transformation haben wir unser Modell erheblich vereinfachen und übersichtlicher machen können, ohne dass die Resultate unserer Analyse dadurch wesentlich an Aussagekraft verlieren. Wenn nichts anderes angegeben ist, werden wir in diesem Kapitel immer von zentrierten Variablen ausgehen.

8.2.2 Pfadanalyse mit standardisierten Variablen

Neben der Zentrierung der beobachteten Variablen kennen wir auch bereits eine andere Transformation, nämlich die *Standardisierung*.

$$Y_i^s = \frac{Y_i - \overline{Y}}{\sigma_y} \qquad \text{bzw.} \qquad X_{1i}^s = \frac{X_{1i} - \overline{X}_1}{\sigma_{x_1}}$$

oder

$$Y_i = Y_i^s \, \sigma_y + \overline{Y} \qquad \text{bzw.} \qquad X_{1i} = X_{1i}^s \, \sigma_{x_1} + \overline{X}_1 \quad ,$$

wobei auch hier wieder X_{1i} und Y_i die ursprünglich beobachteten Merkmalswerte der i-ten Person darstellen. Mit X_{1i}^s und Y_i^s sind die neuen standardisierten Variablen gemeint

Graphisch gesehen entspricht eine solche Transformation nicht nur einer Verschiebung des Achsensystems zum Mittelpunkt der Punktewolke, sondern gleichzeitig auch einer Stauchung oder Streckung der einzelnen Achsen. Die Skaleneinheiten auf den Achsen entsprechen nun nicht mehr den ursprünglichen Messeinheiten (z.B. cm, Kilo oder CHF), sondern 'Standardabweichungen' der betreffenden Variablen. Die Regressionsgerade (oder Hyperebene) schneidet weiterhin die Y-Achse im Ursprung und die Regressionskonstante beträgt Null. Der Winkel der Regressionsgerade mit der X-Achse bzw. der Regressionskoeffizient hat sich nun aber verändert. Den neuen Regressionskoeffizienten nennt man auch den *standardisierten* Regressionskoeffizienten β^s oder BETA-Koeffizienten. Im Rahmen der Pfadanalyse spricht man auch von *Pfadkoeffizienten*.

Auch hier können wir wieder zur Illustration die einfache Regression beiziehen:

$$Y_i = \beta_0 + \beta_1 X_{1i} + \varepsilon_i \quad .$$

In dieser Gleichung können wir die Ausdrücke

$$Y_i = Y_i^s \, \sigma_y + \overline{Y} \qquad \text{bzw.} \qquad X_{1i} = X_{1i}^s \, \sigma_{x_1} + \overline{X}_1$$

einsetzen und erhalten so:

$$Y_i^s \, \sigma_y + \overline{Y} = \beta_0 + \beta_1 \left(X_{1i}^s \, \sigma_{x_1} + \overline{X}_1 \right) + \varepsilon_i \quad .$$

Auch wissen wir wieder, dass $\overline{Y} = \beta_0 + \beta_1 \overline{X}_1 + \overline{\varepsilon}$, wobei nach den üblichen Annahmen der Regressionsanalyse $\overline{\varepsilon} = 0$. Setzen wir auch dies in die Gleichung ein, dann können wir die Regressionsgleichung der standardisierten Variablen wie folgt ableiten:

$$Y_i^s \, \sigma_y + \overline{Y} = \beta_0 + \beta_1 \left(X_{1i}^s \, \sigma_{x_1} + \overline{X}_1 \right) + \varepsilon_i$$

$$Y_i^s \, \sigma_y + \beta_0 + \beta_1 \overline{X}_1 = \beta_0 + \beta_1 X_{1i}^s \, \sigma_{x_1} + \beta_1 \overline{X}_1 + \varepsilon_i$$

$$Y_i^s \, \sigma_y = \beta_0 + \beta_1 X_{1i}^s \, \sigma_{x_1} + \beta_1 \overline{X} - \beta_0 - \beta_1 \overline{X}_1 + \varepsilon_i$$

$$Y_i^s \, \sigma_y = \beta_1 X_{1i}^s \, \sigma_{x_1} + \varepsilon_i$$

$$Y_i^s = \beta_1 X_{1i}^s \frac{\sigma_{x_1}}{\sigma_y} + \frac{\varepsilon_i}{\sigma_y}$$

$$Y_i^s = \beta_1 \frac{\sigma_{x_1}}{\sigma_y} X_{1i}^s + \frac{\varepsilon_i}{\sigma_y}$$

$$Y_i^s = \beta_1^s X_{1i}^s + \varepsilon_i^s \quad ,$$

wobei Y_i^s und $X_{1\,i}^s$ die i-ten standardisierten Variablenwerte darstellen und ε_i^s dem Residualwert der i-ten Beobachtung – ausgedrückt in Anzahl Standardabweichungen der abhängigen Variablen (Y) – entspricht. Den standardisierten Regressionskoeffizienten ($BETA_1$) haben wir hier mit β_1^s bezeichnet.

Ohne die Variablen tatsächlich zu transformieren, lassen sich die standardisierten Regressionskoeffizienten auch direkt aus den unstandardisierten Regressionskoeffizienten und den Standardabweichungen der einzelnen Variablen ableiten:

$$BETA_j = \beta_j^s = \beta_j \frac{\sigma_{x_j}}{\sigma_{y_j}} \quad .$$

Der standardisierte Regressionskoeffizient oder *BETA*-Koeffizient ist im Gegensatz zum 'normalen' (unstandardisierten) Regressionskoeffizienten unabhängig von den gewählten Messeinheiten für die beobachteten Variablen.

Hierin liegt auch der Sinn einer solchen Standardisierung. Die verschiedenen (*un*standardisierten) Regressionskoeffizienten innerhalb eines Modells sind nämlich nur insoweit miteinander vergleichbar, als dass sie mit den gleichen Messeinheiten gemessen wurden. Dies ist aber häufig nicht der Fall. Um trotzdem den Einfluss der einzelnen unabhängigen Variablen auf die abhängigen Variablen vergleichen zu können, standardisiert man sämtliche Variablen vor der eigentlichen Analyse bzw. berechnet man die standardisierten Regressionskoeffizienten aus den unstandardisierten Regressionskoeffizienten und den Standardabweichungen der betreffenden Variablen (vgl. auch Kapitel 3).[1]

---

[1] Auch hier gilt wieder, wie wir später noch sehen werden, dass die Analyse in der Praxis nicht anhand der einzelnen (transformierten oder untransformierten) Messwerte, sondern anhand der Varianzen und Kovarianzen durchgeführt wird. Die Varianz-Kovarianz-Matrix der standardisierten Variablen entspricht genau der Korrelationsmatrix der ursprünglichen Variablen. Gehen wir also von der Korrelationsmatrix der beobachteten Variablen aus, dann erhalten wir automatisch die standardisierten Regressionskoeffizienten.

8.3 Notation und Begriffe

8.3.1 Endogene und exogene Variablen

Wenn nichts anderes erwähnt ist, wird bei der Pfadanalyse von zentrierten Variablen ausgegangen (vgl. Abschnitt 8.2.1). Die Begriffe 'abhängige' und 'unabhängige' Variable werden im Rahmen der Pfadanalyse meistens nicht mehr verwendet. Im Gegensatz zu der einfachen und multiplen Regression lassen sich, im Falle der Pfadanalyse, die Variablen nämlich nicht mehr eindeutig als abhängige oder unabhängige Variablen klassifizieren.

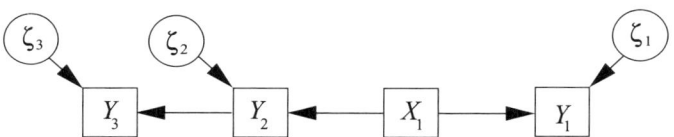

Abbildung 8.5: Beispiel eines Pfadmodells

So ist in dem in Figur 8.5 dargestellten Pfaddiagramm die Variable Y_2 einerseits eine abhängige Variable, nämlich bezüglich der Abhängigkeitsrelation zwischen X_1 und Y_2

$$Y_2 = \gamma_{21} X_2 + \zeta_2 \quad ,$$

andererseits ist die Variable Y_2 aber auch eine unabhängige Variable, nämlich bzgl. der Abhängigkeitsrelation zwischen Y_3 und Y_2

$$Y_3 = \beta_{32} Y_2 + \zeta_3 \quad .$$

Anstelle von 'abhängigen' oder 'unabhängigen' Variablen zieht man es darum im Kontext der Pfadanalyse vor, von *endogenen* und *exogenen* Variablen zu sprechen.

endogene Variable – Variable, die durch andere Variablen unseres Modells determiniert (beeinflusst) wird

Eine endogene Variable ist eine Variable, die durch andere Variablen unseres Modells determiniert (beeinflusst) wird. Sie ist somit 'endogen' bestimmt. Anders gesagt: Eine endogene Variable ist eine Variable, die mindestens einmal in unserem Modell als 'abhängige' Variable auftritt. Die endogenen Variablen lassen sich in unserem Pfaddiagramm leicht ausfindig machen. Endogene Variablen sind nämlich jene Variablen, auf die mindestens ein Pfeil verweist. Wir wollen solche endogenen Variablen vorläufig mit Y_j darstellen.

Exogene Variablen sind solche Variablen, die nicht von einer anderen Variablen unseres Modells bestimmt (determiniert) oder beeinflusst werden. Wenn sie nicht von Variablen innerhalb unseres Modells bestimmt werden, müssen sie selbstverständlich von irgendwelchen Ursachen ausserhalb unseres Modells (ausserhalb unserer Betrachtung) bestimmt werden. Darum nennt man sie auch exogen. Exogene Variablen bezeichnen wir vorläufig mit X_j.

Die j-te endogene Variable bezeichnen wir mit Y_j, während die j-te exogene Variable mit X_j dargestellt wird. Schliesslich bezeichnen wir die Störvariable der j-ten endogenen Variablen als ζ_j (Zeta).

exogene Variable
– Variable, die *nicht* von einer anderen Variablen unseres Modells determiniert (beeinflusst) wird

8.3.2 Regressions- und Pfadkoeffizienten

Die Regressionskoeffizienten der Abhängigkeitsrelationen zwischen den j-ten exogenen Variablen und den i-ten endogenen Variablen bezeichnen wir als γ_{ij} (Gamma). Der erste Index i verweist dabei auf die 'abhängige' Variable in dieser Beziehung, also auf jene Variable, auf die der betreffende Pfeil im Pfaddiagramm zeigt. Der zweite Index j bezieht sich auf die 'unabhängige' Variable, also auf den Ursprung des Pfeiles im Pfaddiagramm.

Die Regressionskoeffizienten der Abhängigkeitsrelationen zwischen den i-ten und den j-ten endogenen Variablen bezeichnen wir analogerweise als β_{ij} (Beta).

8.3.3 Strukturgleichung

Diese Notationsweise erlaubt es, die verschiedenen Regressionsgleichungen eines Pfadmodells sehr übersichtlich in Form von Matrizen zusammenzufassen. Um dies zu erläutern, betrachten wir das in Figur 8.6 dargestellte Beispiel. Wir haben der Vollständigkeit halber sämtliche zu schätzenden Parameter unseres Modells eingezeichnet.

Die dem in Figur 8.6 dargestellten Pfaddiagramm entsprechenden Regressionsgleichungen lauten:

$$Y_1 = \gamma_{12} X_2 + \zeta_1$$
$$Y_2 = \beta_{21} Y_1 + \gamma_{22} X_2 + \zeta_2$$
$$Y_3 = \beta_{31} Y_1 + \beta_{32} Y_2 + \gamma_{31} X_1 + \zeta_3 \quad ,$$

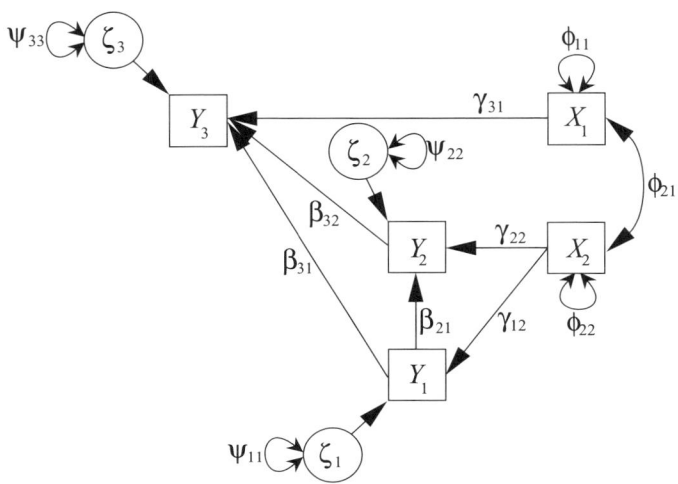

Abbildung 8.6: Beispiel eines komplexen Pfadmodells

oder etwas anders angeordnet:

$$
\begin{array}{rclclcl}
Y_1 &=& & & & \gamma_{12}\,X_2 &+& \zeta_1 \\
Y_2 &=& \beta_{21}\,Y_1 &+& & \gamma_{22}\,X_2 &+& \zeta_2 \\
Y_3 &=& \beta_{31}\,Y_1 &+& \beta_{32}\,Y_2 &+& \gamma_{31}\,X_1 &+& \zeta_3
\end{array} \quad .
$$

Es wird nun ersichtlich, dass wir auch hätten schreiben können:

$$
\begin{array}{rclclclclcl}
Y_1 &=& 0\,Y_1 &+& 0\,Y_2 &+& 0\,Y_3 &+& 0\,X_1 &+& \gamma_{12}\,X_2 &+& \zeta_1 \\
Y_2 &=& \beta_{21}\,Y_1 &+& 0\,Y_2 &+& 0\,Y_3 &+& 0\,X_1 &+& \gamma_{22}\,X_2 &+& \zeta_2 \\
Y_3 &=& \beta_{31}\,Y_1 &+& \beta_{32}\,Y_2 &+& 0\,Y_3 &+& \gamma_{31}\,X_1 &+& 0\,X_2 &+& \zeta_3
\end{array} \quad .
$$

Dies wiederum lässt sich wie folgt in Matrizenform schreiben:[2]

$$
\begin{bmatrix} Y_1 \\ Y_2 \\ Y_3 \end{bmatrix} =
\begin{bmatrix} 0 & 0 & 0 \\ \beta_{21} & 0 & 0 \\ \beta_{31} & \beta_{32} & 0 \end{bmatrix} *
\begin{bmatrix} Y_1 \\ Y_2 \\ Y_3 \end{bmatrix} +
\begin{bmatrix} 0 & \gamma_{12} \\ 0 & \gamma_{22} \\ \gamma_{31} & 0 \end{bmatrix} *
\begin{bmatrix} X_1 \\ X_2 \end{bmatrix} +
\begin{bmatrix} \zeta_1 \\ \zeta_2 \\ \zeta_3 \end{bmatrix}
$$

bzw.

$$
\mathbf{y} = \mathbf{B}\,\mathbf{y} + \boldsymbol{\Gamma}\,\mathbf{x} + \boldsymbol{\zeta} \quad ,
$$

wobei

---

[2] Vgl. für Matrizenschreibweise auch Anhang A

$$\mathbf{y} = \begin{bmatrix} Y_1 \\ Y_2 \\ Y_3 \end{bmatrix}, \mathbf{B} = \begin{bmatrix} 0 & 0 & 0 \\ \beta_{21} & 0 & 0 \\ \beta_{31} & \beta_{32} & 0 \end{bmatrix}, \boldsymbol{\Gamma} = \begin{bmatrix} 0 & \gamma_{12} \\ 0 & \gamma_{22} \\ \gamma_{31} & 0 \end{bmatrix},$$

$$\mathbf{x} = \begin{bmatrix} X_1 \\ X_2 \end{bmatrix}, \boldsymbol{\zeta} = \begin{bmatrix} \zeta_1 \\ \zeta_2 \\ \zeta_3 \end{bmatrix}.$$

Schliesslich lassen sich neben diesen Matrizen noch zwei weitere unterscheiden, die nicht direkt in die Regressionsgleichungen eingehen, in denen jedoch einige wichtige Eigenschaften unseres Modells festgehalten sind. In der sog. $\boldsymbol{\Phi}$-(Phi-)Matrix

$$\boldsymbol{\Phi} = \begin{bmatrix} \phi_{11} & \phi_{12} \\ \phi_{21} & \phi_{22} \end{bmatrix} = \begin{bmatrix} \sigma_{x_1 x_1} & \sigma_{x_1 x_2} \\ \sigma_{x_2 x_1} & \sigma_{x_2 x_2} \end{bmatrix}$$

$$= \begin{bmatrix} \sigma_{x_1}^2 & \sigma_{x_1 x_2} \\ \sigma_{x_2 x_1} & \sigma_{x_2}^2 \end{bmatrix}$$

sind die Varianzen/Kovarianzen der exogenen Variablen enthalten. Nach Konvention bezeichnen wir Kovarianzen oder Korrelationen, bzw. die Elemente ausserhalb der Hauptdiagonale der $\boldsymbol{\Phi}$-Matrix, in einem Pfaddiagramm mit einem gebogenen zweiseitigen Pfeil (vgl. Kapitel 1). Da die Varianz einer Variablen (bzw. das entsprechende Element auf der Hauptdiagonalen der $\boldsymbol{\Phi}$-Matrix) nichts anderes ist als die Kovarianz dieser Variablen mit sich selbst, können wir die Varianz einer Variablen im Pfaddiagramm als gebogenen zweiseitigen Pfeil, der auf die betreffende Variable selbst zeigt, darstellen (vgl. Fig. 8.6). Analogerweise sind in der $\boldsymbol{\Psi}$-(Psi-)Matrix

$$\boldsymbol{\Psi} = \begin{bmatrix} \psi_{11} & & \\ 0 & \psi_{22} & \\ 0 & 0 & \psi_{33} \end{bmatrix} = \begin{bmatrix} \sigma_{\zeta_1 \zeta_1} & & \\ 0 & \sigma_{\zeta_2 \zeta_2} & \\ 0 & 0 & \sigma_{\zeta_3 \zeta_3} \end{bmatrix}$$

$$= \begin{bmatrix} \sigma_{\zeta_1}^2 & & \\ 0 & \sigma_{\zeta_2}^2 & \\ 0 & 0 & \sigma_{\zeta_3}^2 \end{bmatrix}$$

die Varianzen/Kovarianzen der Störvariablen festgehalten. Verallgemeinert können wir das Pfadmodell wie folgt darstellen:

Strukturgleichung

$$\mathbf{y} = \mathbf{B}\,\mathbf{y} + \boldsymbol{\Gamma}\,\mathbf{x} + \boldsymbol{\zeta}$$

Modellannahmen

$E(\mathbf{y}) = 0$ Die Mittelwerte der jeweiligen Y-Variablen = 0 bzw. die Y-Variablen sind zentriert

$E(\mathbf{x}) = 0$ Die Mittelwerte der jeweiligen X-Variablen = 0 bzw. die X-Variablen sind zentriert

$E(\boldsymbol{\zeta}) = 0$ Mittelwert der jeweiligen Störvariablen (ζ) = 0

$E(\boldsymbol{\zeta}\mathbf{x}) = 0$ Die Störvariablen (ζ) sind nicht mit den exogenen Variablen (X) korreliert

Variablen-Matrizen

$\mathbf{x}$		$q \times 1$	Vektor der exogenen Variablen (X)
$\mathbf{y}$		$p \times 1$	Vektor der endogenen Variablen (Y)
$\boldsymbol{\zeta}$	Zeta	$p \times 1$	Vektor der Störvariablen (ζ)

Koeffizienten-Matrizen

$\mathbf{B}$	Beta	$p \times p$	Matrix der Regressionskoeffizienten für die Beziehungen zwischen den endogenen Variablen (Y)
$\boldsymbol{\Gamma}$	Gamma	$p \times q$	Matrix der Regressionskoeffizienten für die Beziehungen zwischen den exogenen (X) und endogenen (Y) Variablen

Varianz-Kovarianz-Matrizen

$\boldsymbol{\Phi}$	Phi	$q \times q$	Matrix der Varianzen und Kovarianzen $E(\mathbf{x}\mathbf{x}')$ der exogenen Variablen
$\boldsymbol{\Psi}$	Psi	$p \times p$	Matrix der Varianzen und Kovarianzen $E(\boldsymbol{\zeta}\boldsymbol{\zeta}')$ der Störvariablen

$p =$ Anzahl der endogenen Variablen (Y),
$q =$ Anzahl der exogenen Variablen (X).

Selbstverständlich handelt es sich hier lediglich um Konventionen und es sind auch andere Notationsweisen denkbar. Die hier verwendete Notationsweise lehnt sich an die in der Literatur weit verbreitete und mit dem Computerprogramm 'LISREL' verbundene Notation an. Wir werden dieser Schreibweise später bei der konfirmatorischen Faktorenanalyse (Kapitel 9) und bei den Strukturgleichungsmodellen (Kapitel 11) wieder begegnen.

8.3.4 Rekursive und nicht-rekursive Pfadmodelle

Bei der einfachen und multiplen Regressionsanalyse gehen wir immer davon aus, dass die verursachenden (unabhängigen) Variablen klar von den verursachten (abhängigen) Variablen getrennt sind. Der kausale Prozess wird dabei ausschliesslich als ein Ein-Weg-Prozess von Ursache zu Folge aufgefasst. Im Rahmen der Pfadanalyse gibt es, wie wir gesehen haben, diese eindeutige Trennung nicht mehr. Folgen können auch Ursachen und Ursachen auch Folgen sein.

Es gibt nun Situationen, in denen wir davon ausgehen können, dass eine Variable zwar eindeutig eine andere beeinflusst, gleichzeitig aber die 'Folge'-Variable auch wieder eine Wirkung auf die 'verursachende' Variable ausübt. Wir haben es dann mit einer sog. *Rückkopplung* oder, in der Terminologie der Pfadanalyse, mit einer *reziproken Beziehung* zu tun (vgl. auch Kapitel 1). Wie wir später noch ausführlicher sehen werden, wird z.B. die Einstellung einer von uns befragten Person zur ihrer Umwelt meistens auch von der Einstellung jener Leute beeinflusst, zu denen wir eine sehr enge Beziehung pflegen (z.B. Partner, Freunde, Verwandte, Berufskollegen etc.). Im umgekehrten Sinne aber ist auch zu erwarten, dass die Einstellung dieser 'Bekannten' von der Einstellung der von uns befragten Person beeinflusst wird.

Eine reziproke Beziehung ist also eine Beziehung, in der zwei Variablen einander beeinflussen bzw. eine Wechselwirkung aufeinander ausüben. Solche reziproken Beziehungen können dabei sowohl direkt (vgl. Figur 8.7) als auch indirekt (vgl. Figur 8.8) sein.

reziproke Beziehung – Beziehung, in der zwei Variablen einander beeinflussen bzw. eine Wechselwirkung aufeinander ausüben

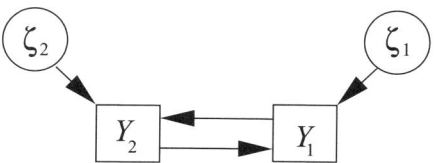

Abbildung 8.7: Beispiel für eine direkte reziproke Beziehung

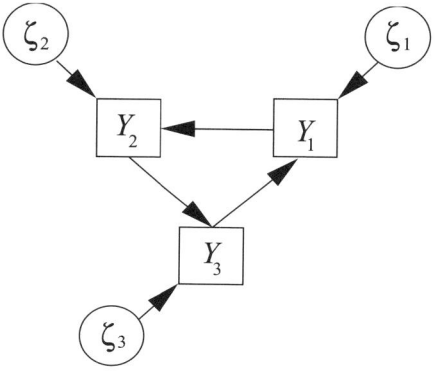

Abbildung 8.8: Beispiel für eine indirekte reziproke Beziehung

rekursives Modell
– Modell, in dem *keine* Rückkopplungen bzw. reziproken Beziehungen vorkommen

nicht-rekursives Modell – Modell, in dem Rückkopplungen bzw. reziproke Beziehungen vorkommen

Pfadmodelle, in denen *keine* Rückkopplungen bzw. reziproke Beziehungen vorkommen, nennt man auch *rekursiv*. Modelle mit reziproken Beziehungen werden dagegen als *nicht-rekursiv* bezeichnet. Nicht-rekursive Pfadmodelle stellen uns bei der Schätzung der Koeffizienten vor besondere Probleme. Wir wollen sie darum in diesem Buch ausser Betracht lassen. Wir beschränken uns auf rekursive Modelle (ohne Rückkopplungen).[3]

Nebenbei sei bemerkt, dass die Matrizen, mit deren Hilfe wir unser Modell darstellen können, im Falle rekursiver Modelle einige Besonderheiten aufweisen: Bei rekursiven Modellen können wir nämlich grundsätzlich die endogenen Variablen so numerieren, dass die Matrix **B** die Gestalt

---

[3] Es sei hier noch auf Kapitel 1 verwiesen, in dem dargelegt wird, dass in vielen Fällen nicht-rekursive Modelle in rekursive umgewandelt werden können, wenn man bereits bei der Erhebung der Daten die entsprechenden Vorkehrungen trifft.

einer 'unteren Dreiecksmatrix' hat.[4] Gleichzeitig hat die Ψ-Matrix die Gestalt einer 'Diagonalmatrix'.[5]

8.4 Die Beziehung zwischen den (Ko-)Varianzen und den Parametern

Im Abschnitt 8.2.1 wurde dargestellt, dass man bei der Pfadanalyse meistens nicht von den ursprünglichen beobachteten Merkmalswerten, sondern von den Abweichungen dieser Merkmalswerte von ihrem jeweiligen Mittelwert ausgeht. Dieses Vorgehen lag darin begründet, dass wir uns erstens meistens sowieso nur für die Regressions- bzw. für die Pfadkoeffizienten interessieren und dass zweitens die Berechnungen durch diese Transformation der beobachteten Variablen erheblich vereinfacht werden. Die Regressionskoeffizienten ändern sich durch diese Transformation nicht.

Eine der Vereinfachungen, die durch den Verzicht auf die Schätzung der Regressionskonstanten bzw. durch die Zentrierung der Variablen stattfindet, hat mit den benötigten Informationen zu tun. Alle Informationen, die uns zur Verfügung stehen, sind in der gemeinsamen Verteilung der beobachteten Variablen enthalten. Bei der Pfadanalyse gehen wir im Allgemeinen davon aus, dass die beobachteten Variablen zusammen eine multivariate Normalverteilung aufweisen. Diese Verteilung, und damit auch sämtliche Informationen über die linearen Zusammenhänge zwischen den beobachteten Variablen, lässt sich dann mittels einiger weniger Kennzahlen, nämlich durch die Mittelwerte und die Varianzen/Kovarianzen der beobachteten Variablen, darstellen. Kennen wir diese, so kennen wir auch die exakte Form der vorliegenden Verteilung. Wenn wir nun auf die Schätzung der Regressionskonstanten verzichten bzw. wenn wir von zentrierten Variablen ausgehen, brauchen wir die Informationen über die Mittelwerte nicht mehr. Wir brauchen zur Berechnung der Regressionskoeffizienten lediglich noch die Varianzen und Kovarianzen der

---

[4] In einer unteren Dreiecksmatrix sind sämtliche Elemente oberhalb oder auf der Hauptdiagonale gleich Null (siehe auch Anhang A).

[5] In einer Diagonalmatrix sind sämtliche Elemente ausserhalb der Hauptdiagonale gleich Null (siehe auch Anhang A).

auf diese Weise zentrierten Variablen, um die von uns gesuchten Koeffizienten schätzen zu können.

Gingen wir bei der Regressionsanalyse noch von den
Rohdaten der beobachteten Variablen, also von sämtlichen
uns zur Verfügung stehenden Informationen, aus, so können
wir uns bei der Pfadanalyse zur Schätzung der Pfadkoeffizienten auch mit der Analyse der Varianz-Kovarianz-Matrix begnügen. Das Prinzip unserer Analyse bleibt jedoch
gleich.

Ausgangspunkt unserer Analyse ist immer ein grund-
legendes Interesse, die natürlichen und gesellschaftlichen
Zusammenhänge zu erklären. Wir versuchen dabei, die
vielfältigen realen (kausalen) Zusammenhänge auf möglichst wenige und damit möglichst allgemeine Regelmässigkeiten zurückzuführen. Diese vermuteten (mehr oder weniger theoretisch begründeten) Regelmässigkeiten haben wir
in Form einer oder mehrerer linearer Gleichungen festgehalten. Diese linearen Gleichungen bilden unser theoretisches
Modell. Das Modell wurde jedoch nicht vollständig spezifiziert. Der exakte Wert der Parameter (Regressionskoeffizienten) wurde nicht im voraus festgelegt. Selbstverständlich
möchten wir, dass das Modell die realen Zusammenhänge
auch tatsächlich repräsentiert. Analog zur klassischen Regressionsanalyse wollen wir auch bei der Pfadanalyse die
noch unspezifizierten Parameter so festlegen, dass das Modell möglichst gut zur Wirklichkeit passt.

Wir haben bereits erwähnt, dass wir zur Schätzung der
Parameter unseres Modells lediglich die Varianz-Kovarianz-Matrix der von uns beobachteten Variablen zu analysieren brauchen. Diese Matrix enthält bereits alle notwendigen Informationen für unsere Analyse. Um zu zeigen,
wie sich anhand der beobachteten Varianz-Kovarianz-Matrix die gesuchten Parameterwerte ermitteln lassen, müssen
wir den Zusammenhang zwischen den gesuchten Parameterwerten und unserer (modell-)implizierten Varianz-Kovarianz-Matrix darstellen. In diesem Abschnitt möchten wir
nun diesen Zusammenhang etwas genauer anschauen.

Die Kovarianz zweier Variablen ist gegeben durch (vgl.
auch Anhang zu diesem Kapitel):

$$\sigma_{xy} = \sum_{i=1}^{N} \left((X_i - \mu_x)(Y_i - \mu_y) \frac{1}{N} \right)$$

bzw. durch:

$$\sigma_{xy} = E[(X - E(X))(Y - E(Y))] \quad .$$

Werden alle beobachteten Variablen zentriert bzw. als Abweichungen von ihrem jeweiligen Mittelwert dargestellt, so reduziert sich die Formel für die Kovarianz zweier Variablen zu:

$$\sigma_{xy} = E(XY) \quad .$$

Da die Varianz einer Variablen nichts anderes als die Kovarianz mit sich selbst ist, können wir für die Varianz einer Variablen auch schreiben:

$$\sigma_{yy} = \sigma_y^2 = E(YY) = E(Y^2) \quad .$$

Demzufolge können wir die Varianz-Kovarianz-Matrix $\boldsymbol{\Sigma}_{xy}$ (Sigma) schreiben als

$$\boldsymbol{\Sigma}_{xy} = E(\mathbf{x}\mathbf{y}') \quad .$$

Wir können nun in der Formel $\sigma_{xy} = E(XY)$ jeweils die Modellgleichung für die entsprechende beobachtete endogene Variable einsetzen. Hiermit ist die Verbindung zwischen unseren Parametern und der (modell-)implizierten Varianz-Kovarianz-Matrix der von uns beobachteten Variablen hergestellt:

$$\boldsymbol{\Sigma}(\boldsymbol{\theta}) = \left[\begin{array}{cc} \boldsymbol{\Sigma}_{yy}(\boldsymbol{\theta}) & \boldsymbol{\Sigma}_{yx}(\boldsymbol{\theta}) \\ \boldsymbol{\Sigma}_{xy}(\boldsymbol{\theta}) & \boldsymbol{\Sigma}_{xx}(\boldsymbol{\theta}) \end{array} \right] \quad ,$$

wobei $\boldsymbol{\Sigma}_{yy}(\boldsymbol{\theta})$ die Matrix der Varianzen und Kovarianzen der endogenen Variablen darstellt. Der Vektor $\boldsymbol{\theta}$ (Theta) umfasst alle für unser Modell relevanten Parameter. $\boldsymbol{\Sigma}(\boldsymbol{\theta})$ stellt also die *modellimplizierte* Varianz-Kovarianz-Matrix dar. Analog ist $\boldsymbol{\Sigma}_{xx}(\boldsymbol{\theta})$ die Varianz-Kovarianz-Matrix der exogenen Variablen und $\boldsymbol{\Sigma}_{xy}(\boldsymbol{\theta})$ die Matrix der Varianzen und Kovarianzen zwischen den exogenen Variablen und den endogenen Variablen. Da die Varianz-Kovarianz-Matrix $\boldsymbol{\Sigma}(\boldsymbol{\theta})$ symmetrisch ist, ist $\boldsymbol{\Sigma}_{xy}(\boldsymbol{\theta})$ identisch mit $\boldsymbol{\Sigma}_{yx}(\boldsymbol{\theta})$. Etwas ausführlicher können wir auch schreiben:

modellimplizierte Varianz-Kovarianz-Matrix – Varianz-Kovarianz-Matrix, die auf Grund der Modellstruktur und den geschätzten Parameterwerten eruiert wurde

$$\boldsymbol{\Sigma}(\boldsymbol{\theta}) = \left[\begin{array}{cc} (\mathbf{I} - \mathbf{B})^{-1} \left(\boldsymbol{\Gamma}\boldsymbol{\Phi}\boldsymbol{\Gamma}' + \boldsymbol{\Psi} \right) \left[(\mathbf{I} - \mathbf{B})^{-1} \right]' & (\mathbf{I} - \mathbf{B})^{-1} \boldsymbol{\Gamma}\boldsymbol{\Phi} \\ \boldsymbol{\Phi}\boldsymbol{\Gamma}' \left[(\mathbf{I} - \mathbf{B})^{-1} \right]' & \boldsymbol{\Phi} \end{array} \right] \quad .$$

Dies sieht, mit all dem Griechisch, vielleicht schrecklich kompliziert aus. So schlimm ist es bei näherem Hinsehen jedoch nicht, und zusätzlich können wir uns noch von der Tatsache beruhigen lassen, dass der Computer für uns die Rechenarbeit in Sekundenschnelle leisten wird.

Für den mathematisch interessierten Leser ist im Anhang zu diesem Kapitel die ausführliche Ableitung der obigen Gleichung aus unseren Modellgleichungen wiedergegeben.

Wenn wir die beobachteten Variablen nicht nur zentriert, sondern auch standardisiert haben, ist unserer Ausgangspunkt nicht eine Varianz-Kovarianz-Matrix, sondern eine standardisierte Varianz-Kovarianz-Matrix bzw. eine Korrelationsmatrix. Die Varianzen der beobachteten Variablen (die Elemente auf der Hauptdiagonalen unserer Varianz-Kovarianz-Matrix) sind dann auf Eins 'normiert', und die Elemente ausserhalb der Hauptdiagonalen sind mit den Korrelationskoeffizienten identisch. An der obigen Gleichung ändert sich dadurch nichts. Allerdings fallen dadurch die Schätzungen der Regressionskoeffizienten anders aus. Die aus unserer Analyse resultierenden Regressionskoeffizienten stellen dann den *standardisierten* Regressionskoeffizienten dar.

8.5 Die Anpassung der Modellparameter an die Wirklichkeit: Das Schätzen der Parameter

Im vorhergehenden Abschnitt haben wir eine Verbindung zwischen den einzelnen linearen Gleichungen unseres Modells und den Varianzen und Kovarianzen der uns interessierenden Variablen hergestellt. Ausgehend von diesen Gleichungen und der in ihnen enthaltenen Modellparameter können wir die theoretisch erwarteten Varianzen und Kovarianzen berechnen.

Die Matrix $\Sigma(\theta)$ der theoretisch erwarteten Varianzen und Kovarianzen nennt man auch die (durch das Modell) *implizierte Varianz-Kovarianz-Matrix*. Diese Matrix enthält die Varianzen (auf der Hauptdiagonalen) und die Kovarianzen (ausserhalb der Hauptdiagonalen), die wir erwarten würden, wenn unser Modell, inklusive der darin enthaltenen Parameterwerte, in Wirklichkeit (d.h. in der Grundgesamtheit) zutreffen würde.

Wir können diese (theoretische) implizierte Kovarianz-Matrix $\Sigma(\theta)$ mit der wirklichen Kovarianz-Matrix Σ in der Grundgesamtheit vergleichen. Dazu müssen wir aber von *sämtlichen* Objekten (z.B. Testpersonen) aus unserer Grundgesamtheit (z.B. allen erwachsenen Einwohnern der Schweiz) die uns interessierenden Merkmale erfassen und aus diesen Daten die entsprechenden Varianzen und Kovarianzen berechnen. Diese können wir dann in der sog. *wahren* Kovarianz-Matrix Σ zusammenfassen.

Da unser Modell die komplexe Wirklichkeit meistens vereinfacht darstellt, werden die Elemente der *implizierten* Kovarianzmatrix $\Sigma(\theta)$ vielfach auch von den entsprechenden Elementen der *wahren* Kovarianzmatrix Σ abweichen. Je kleiner jedoch die Unterschiede, umso besser scheint unser Modell die Wirklichkeit zu repräsentieren. Bevor wir aber einen solchen Vergleich ziehen können, müssen wir über das vollständige Modell (inklusive *aller* seiner Parameter) verfügen. Wir verfügen jedoch noch nicht über sämtliche Parameterwerte. Gewisse Regressionskoeffizienten haben wir z.B. auf einen bestimmten Wert, etwa 0, fixiert, weil wir davon ausgegangen sind, dass die entsprechende kausale Relation nicht existiert oder nicht wesentlich ist und darum nicht in unser Modell aufgenommen werden sollte. Auch haben wir angenommen, dass gewisse Varianzen und Kovarianzen 1 bzw. 0 betragen. Von allen anderen Parametern haben wir jedoch angenommen, dass sie einen Wert ungleich 0 bzw. 1 haben. Gleichzeitig haben wir aber noch offengelassen, wie gross der Wert dieser Parameter sein wird. Wir haben also noch einen gewissen Spielraum, die Parameterwerte so zu wählen, dass die Unterschiede $(\Sigma - \Sigma(\theta))$ zwischen der implizierten Kovarianzmatrix $\Sigma(\theta)$ und der wahren Kovarianzmatrix Σ möglichst klein sind.

Im Allgemeinen lassen wir uns dabei durch die beobachteten Daten leiten. Man kann auch sagen, dass wir die betreffenden Parameter anhand der beobachteten Daten *schätzen*. Während wir also die Grobstruktur des Modells (die Gleichungen und alle fixierten Parameter) deduktiv aus unseren theoretischen Überlegungen ableiten, werden die Werte der übrigen Parameter induktiv aus den Beobachtungen abgeleitet.

Leider verfügen wir meistens nicht über die wahre Kovarianzmatrix $\boldsymbol{\Sigma}$, da es vielfach praktisch unmöglich oder zu aufwendig ist, sämtliche Objekte einer Grundgesamtheit zu erfassen. Im besten Fall steht uns eine Zufallsstichprobe aus unserer Grundgesamtheit zur Verfügung. Je nach Zusammenstellung der Stichprobe wird die Stichprobenkovarianzmatrix $\mathbf{S}$ dabei nicht immer mit der wahren Kovarianzmatrix $\boldsymbol{\Sigma}$ übereinstimmen. Um trotzdem einige Hinweise für die Wahl der noch nicht festgelegten Parameterwerte zu bekommen, bleibt uns nichts anderes übrig, als, anstelle der wahren Kovarianzmatrix, auf die Stichprobenkovarianzmatrix $\mathbf{S}$ zurückzugreifen. Wir versuchen nun, unsere noch fehlenden Parameterwerte so zu wählen, dass die Unterschiede $(\mathbf{S} - \boldsymbol{\Sigma}(\boldsymbol{\theta}))$ zwischen der implizierten Kovarianzmatrix $\boldsymbol{\Sigma}(\boldsymbol{\theta})$ und der Stichprobenkovarianzmatrix $\mathbf{S}$ möglichst klein sind.

Die Unterschiede sind selbstverständlich minimal bzw. gleich Null, wenn unser Modell die beobachtete Varianz-Kovarianz-Matrix exakt reproduziert. Dies ist natürlich der Fall, wenn:

$$
\mathbf{S}(\boldsymbol{\theta}) = \begin{bmatrix} (\mathbf{I} - \mathbf{B})^{-1} \left(\boldsymbol{\Gamma \Phi \Gamma'} + \boldsymbol{\Psi} \right) \left[(\mathbf{I} - \mathbf{B})^{-1} \right]' & (\mathbf{I} - \mathbf{B})^{-1} \boldsymbol{\Gamma \Phi} \\ \boldsymbol{\Phi \Gamma'} \left[(\mathbf{I} - \mathbf{B})^{-1} \right]' & \boldsymbol{\Phi} \end{bmatrix} .
$$

Wir haben es dann mit einem Gleichungssystem zu tun, in dem die Parameter unseres Modells die *Unbekannten* und die beobachteten Varianzen und Kovarianzen die *Bekannten* sind. Insgesamt umfasst dieses Gleichungssystem $(p + q) \times (p + q)$ Gleichungen. Wobei p die Anzahl endogener Variablen und q die Anzahl exogener Variablen darstellen. Für jede beobachtete Varianz und Kovarianz verfügen wir über eine Gleichung. Da die Varianz-Kovarianz-Matrix aber symmetrisch ist, enthalten die Gleichungen für die Kovarianzen in der oberen Dreiecksmatrix von $\mathbf{S}$ die gleichen Informationen wie die entsprechenden Gleichungen für die Kovarianzen in der unteren Dreiecksmatrix. Mathematisch gesehen kann man sagen, dass diese Gleichungen voneinander abhängig sind. Die Hälfte dieser Gleichungen für die Kovarianzen sind redundant und tragen nicht zur Lösung des Gleichungssystems bei und sind aus dem Gleichungssystem zu entfernen. Damit gibt es

$$\frac{\{(p+q) \times (p+q)\} - (p+q)}{2} + (p+q)$$

nicht-redundante Gleichungen im Gleichungssystem.

Am einfachsten wäre es, wenn wir dieses Gleichungssystem direkt auf analytischem Weg lösen könnten. Dabei sind drei verschiedene Fälle zu unterscheiden:

1. Es gibt *keine* einzige Kombination von Parameterwerten, die dieses Gleichungssystem erfüllt. Die Parameterwerte sind dann unbestimmt. Dies ist bekanntlich z.B. dann der Fall, wenn unser Gleichungssystem mehr Unbekannte (zu schätzende Parameter) als Gleichungen enthält. Man sagt auch, dass das Gleichungssystem *unter-identifiziert* ist. Für solche Modelle lassen sich keine Parameterschätzungen ermitteln und diese Modelle sind für uns wertlos.

2. Es gibt nur eine einzige Kombination von Parameterwerten, die dieses Gleichungssystem erfüllt. Die Lösung ist dann eindeutig. Dies ist z.B. meistens dann der Fall, wenn wir über genauso viele Gleichungen wie Unbekannte verfügen. Das Modell ist in diesem Fall *gerade identifiziert*.

3. Aus den Gleichungen lassen sich eine Reihe verschiedener Parameterkombinationen ermitteln. Dies tritt manchmal dann auf, wenn wir über mehr Gleichungen als Unbekannte verfügen. Für eine analytische Lösung brauchen wir also nicht alle zur Verfügung stehenden (nicht-redundanten) Gleichungen, sondern nur einen Teil davon. Die aufgrund einer solchen Teilmenge des Gleichungssystems ermittelten Parameterwerte reproduzieren die *in diesen* Gleichungen links vom Gleichheitszeichen stehenden Varianzen und Kovarianzen auf perfekte Weise. Setzt man die gleichen Parameter jedoch in den anderen Gleichungen ein, dann kann es vorkommen, dass die betreffenden Gleichungen nicht mehr aufgehen bzw. dass die links stehenden (beobachteten) Varianzen oder Kovarianzen nicht genau reproduziert werden können. Eine solche Lösung führt dazu, dass die anhand der Parameterwerte und mittels unseres Modells vorhergesagte Varianz-Kovarianz-Matrix

unter-identifiziert – Modell, wofür keine Parameterschätzungen möglich sind (Anzahl Freiheitsgrade < 0)

gerade-identifiziert – Modell mit nur einer möglichen Lösung für die Parameterschätzungen (Anzahl Freiheitsgrade = 0)

über-identifiziert –
Modell, wofür mehrere Lösungen für die Parameterschätzungen existieren (Anzahl Freiheitsgrade > 0)

nicht mehr genau mit der beobachteten Varianz-Kovarianz-Matrix übereinstimmt. Je nach dem, welche Teilmenge der Gleichungen unseres Gleichungssystems wir wählen, bekommen wir eine andere Lösung.[6] Die optimale Lösung ist somit nicht mehr eindeutig bestimmbar. Man sagt auch, dass das Modell *über-identifiziert* ist. Es gibt unter Umständen verschiedene Lösungen, die in dem Sinne, dass sie alle eine bestimmte Teilmenge aller Gleichungen erfüllen, gleich gut sind. Welche dieser Lösungen wir wählen, hängt dann von einigen zusätzlichen Überlegungen ab.

Wann gibt es nun aber eine eindeutige Lösung? Wann ist das Modell genau identifiziert? Diese Fragen lassen sich nicht zufriedenstellend beantworten. Trotzdem können wir gewisse Hinweise dazu geben. Bevor wir uns der eigentlichen Schätzung der Parameterwerte zuwenden, wollen wir darum noch ein wenig beim Problem der Identifikation verbleiben.

8.5.1 Identifikation

Über das Problem der Identifikation haben sich schon viele Mathematiker den Kopf zerbrochen und es ist auch immer noch nicht restlos gelöst. Immerhin hat man aber einige Modellstrukturen ermitteln können, von denen man mathematisch beweisen kann, dass sie identifiziert sind, d.h. dass wir auch sicher sein können, dass es nur eine einzige optimale Lösung für unsere Parameterschätzungen gibt und dass diese sich auf analytischem Wege ermitteln lässt. Wir werden uns die Beweise ersparen und nur die Regeln darstellen, die, wenn sie erfüllt werden, garantiert zu identifizierten Lösungen führen:

---

[6] Nur wenn unser Modell in der Grundgesamtheit exakt zutrifft und wir über die wahren Varianzen und Kovarianzen der beobachteten Variablen in der Grundgesamtheit verfügen würden, wären die verschiedenen Lösungen eines überidentifizierten Modells identisch. Dies ist jedoch praktisch nie der Fall. Modelle werden bewusst als Abstraktion der Wirklichkeit formuliert, und wir können es uns meistens nicht leisten, eine Gesamterhebung durchzuführen, um die Varianzen und Kovarianzen unserer Variablen in der Grundgesamtheit zu ermitteln.

Identifikationsregeln für Pfadmodelle:

- **Normalisierungskonvention.** Diese erste Regel ist eigentlich keine Identifikationsregel, sondern lediglich eine Konvention, die aber zur Identifizierbarkeit des Modells beiträgt, indem sie verschiedene Parameter im voraus auf Null fixiert, und somit die Anzahl zu ermittelnder Unbekannter reduziert. So wird bei der Pfadanalyse als allgemeine Konvention akzeptiert, dass jede endogene Variable keinen direkten Effekt auf sich selbst hat. Die Elemente der Hauptdiagonalen der Matrix **B** der Regressionskoeffizienten für die Beziehungen zwischen den endogenen Variablen haben also alle den Wert Null. Wenn diese Bedingung nicht erfüllt ist, ist das Pfadmodell nicht identifiziert.

- **Konvention bzgl. der Koeffizienten der Störvariablen.** Auch diese zweite Regel ist eine reine Konvention. Es wird implizit immer angenommen, dass die Koeffizienten der Störvariablen (ζ) immer genau Eins betragen. Das heisst, dass die Störvariable den gleichen Massstab wie die abhängige Variable hat.[7]

- **T-Regel.** Eine grobe Bedingung für die Identifizierbarkeit der von uns gesuchten Parameter haben wir bereits kennengelernt, nämlich, dass wir über mindestens soviele Gleichungen verfügen wie wir Unbekannte (Parameter) haben. Die Differenz zwischen der Anzahl der Gleichungen (die Anzahl nicht-redundanter Varianzen und Kovarianzen in der beobachteten Varianz-Kovarianz-Matrix) und der Anzahl zu schätzender Parameter bezeichnet man auch als die Anzahl der *Freiheitsgrade* ('degrees of freedom' oder *df.*) unseres Modells

$$ t \leq \left(\frac{1}{2} \right) (p + q) (p + q + 1) \quad , $$

---

[7] Die Störvariablen (ζ) können wir nicht direkt beobachten. Jede Störvariable stellt somit eine 'latente' Variable dar. Wie wir in Kapitel 9 zur konfirmatorischen Faktorenanalyse noch ausführlicher darstellen werden, müssen wir diese latente Variable einer Skala zuweisen, um sie auch sinnvoll interpretieren zu können. Dies können wir auf zwei verschiedenen Wegen erreichen. Erstens, indem wir die Varianz dieser Störvariablen auf einen bestimmten Wert (z.B. 1) festlegen und zweitens, indem wir den entsprechenden Regressionskoeffizienten auf 1 fixieren.

wobei:

t = die Anzahl zu schätzender Parameter,

p = die Anzahl endogener Variablen,

q = die Anzahl exogener Variablen ist.

Diese Bedingung stellt zwar eine *notwendige*, jedoch noch keine *hinreichende* Bedingung dar.

- **Null-B-Regel.** Keine der endogenen (abhängigen) Y-Variablen sollte eine andere endogene Variable beeinflussen. Die endogenen Variablen werden also ausschliesslich von exogenen (unabhängigen) Variablen geprägt. Mathematisch bedeutet dies, dass sämtliche Elemente der **B**-Matrix der Regressionskoeffizienten der Abhängigkeitsrelationen zwischen den endogenen Y-Variablen Null betragen. Daraus folgt, dass z.B. die klassischen Regressionsmodelle alle identifiziert sind.

- **Rekursionsregel.**
  - ▷ Es gibt keine direkten 'Rückkopplungen' zwischen den endogenen Y-Variablen. Wenn eine Y_i-Variable eine andere Y_j-Variable beeinflusst, sollte also das Umgekehrte nicht auch der Fall sein. Mathematisch bedeutet das, dass die **B**-Matrix, direkt oder durch Veränderung der Reihenfolge der endogenen Variablen, als eine untere Dreiecksmatrix geschrieben werden kann.
  - ▷ Die Störvariablen (ζ) der verschiedenen Regressionsgleichungen des Pfadmodells sind nicht miteinander korreliert. Das heisst, dass die **Ψ**-Matrix der Varianzen/Kovarianzen der ζ-Variablen diagonal ist (alle Elemente ausser der Hauptdiagonalen sind Null).

  Das heisst, dass alle rekursiven Pfadmodelle mit den üblichen Annahmen, dass die Störvariablen weder untereinander ($\sigma_{\zeta_i \zeta_j} = 0$ für alle i und j) noch mit den unabhängigen Variablen korreliert sind ($\sigma_{\zeta_i x_j} = 0$ für alle i und j), identifiziert sind.

- **Rang-Regel.** Diese Regel ist etwas umständlich und geht von der folgenden zusammengesetzten Matrize aus:

$$\mathbf{C} = \left[\ (\mathbf{I} - \mathbf{B}) \ | \ -\boldsymbol{\Gamma} \ \right] \ .$$

Dann kontrolliert man für jede Regressionsgleichung des Pfadmodells die sog. Rang-Regel. Um die i-te Strukturgleichung zu überprüfen, eliminiert man alle Spalten von **C**, die keine Nullen in der i-ten Zeile dieser Matrix haben. Aus den verbleibenden Spalten bildet man eine neue

Matrix $\mathbf{C}_i$. Als hinreichende Bedingung für die Identifikation dieser spezifischen Regressionsgleichung gilt nun, dass der Rang dieser neuen Matrix $(p-1)$ beträgt, wobei p die Anzahl endogener Y-Variablen darstellt. Wenn alle Regressionsgleichungen des Pfadmodells auf diese Weise identifiziert sind, ist das Pfadmodell als Ganzes identifiziert. Diese Regel gilt allerdings nur, wenn der Varianz-Kovarianz-Matrix $\boldsymbol{\Psi}$ der Störvariablen ζ keinerlei Restriktionen auferlegt wurden.

In der Praxis ermitteln wir die beste Lösung unseres Gleichungssystems nicht durch das analytische Auflösen der einzelnen Gleichungen des Gleichungssystems. Dies hat hauptsächlich damit zu tun, dass die meisten unserer Modelle über-identifiziert sind. Eine analytische Lösung wäre somit oft eine von mehreren. Eine rein analytische Lösung an sich wäre dann nicht zufriedenstellend, sondern wir müssen weitere Kriterien beiziehen, um zwischen diesen Lösungen wählen zu können. Im Allgemeinen bezieht man dazu die Differenzen zwischen den beobachteten und den modellimplizierten Varianzen und Kovarianzen in die Überlegungen ein. Es gibt nun verschiedene Kriterien, die wir dazu benutzen können, anhand dieser Residualwerte zwischen den verschiedenen möglichen Lösungen auszuwählen. All diese Kriterien kommen einer Gewichtung der Unterschiede zwischen den beobachteten und den implizierten Varianzen/Kovarianzen gleich. Da die von uns in der Stichprobe beobachteten Varianzen und Kovarianzen nicht unbedingt mit jenen der Grundgesamtheit übereinstimmen, wäre es wünschenswert, dass wir ein Kriterium wählen, das die durch die Zufälligkeit der Stichprobe bedingten Abweichungen der beobachteten von den realen Varianzen und Kovarianzen in der Grundgesamtheit berücksichtigen würde.

8.5.2 Das Prinzip der Parameter-Schätzung bei der klassischen Regressionsanalyse

Die Modellgleichung bei der Regressionsanalyse lautete (vgl. auch Kapitel 3):

$$\hat{Y} = \hat{\beta}_0 + \hat{\beta}_1 X_1 + \cdots + \hat{\beta}_m X_m$$
$$\hat{\mathbf{y}} = \mathbf{X}\hat{\boldsymbol{\beta}} \; .$$

Diese Gleichung wird durch die Parameter $(\hat{\beta}_0, \hat{\beta}_1, \ldots,$ $\hat{\beta}_m)$ des Modells charakterisiert. Die verschiedenen möglichen Modellgleichungen unterscheiden sich also nur in den Werten dieser Parameter. Wir können die verschiedenen möglichen Gleichungen unseres Modells als Funktion der Parameterwerte schreiben:

$$\hat{Y} = f\left(\hat{\beta}_0, \hat{\beta}_1, \ldots, \hat{\beta}_m\right) = f\left(\hat{\boldsymbol{\beta}}\right) \quad .$$

Um zu entscheiden, welche dieser Gleichungen auf adäquate Weise zu unseren Beobachtungen passt bzw. mittels welcher Parameterwerte das Modell einigermassen zu den Daten passt, haben wir uns in Kapitel 3 für das Kleinste-Quadrate-Kriterium ('ordinary least squares' = OLS) entschieden. Anstatt einfach sämtliche Abweichungen der beobachteten Werte (Y_i) von den mittels des Modells vorhergesagten Merkmalswerten $(\hat{Y}_i)$ zu minimieren, minimierten wir die Summe der Quadrate dieser Abweichungen. Wir können dieses Schätzkriterium darum als eine Funktion der Abweichungen, oder strikt genommen sogar als eine Funktion der beobachteten und der vorhergesagten Werte, auffassen:

$$
\begin{aligned}
F_{OLS}(\mathbf{y} - \hat{\mathbf{y}}) &= F_{OLS}\left(\mathbf{y} - f\left(\hat{\boldsymbol{\beta}}\right)\right) \\
&= F_{OLS}\left(\mathbf{y}, f\left(\hat{\boldsymbol{\beta}}\right)\right) \longrightarrow \min!
\end{aligned}
$$

Solche Funktionen, die ein Schätzkriterium repräsentieren, bezeichnet man als 'Schätzfunktion'.[8] Durch die Quadrierung der Abweichungen erhalten extreme Abweichungen ein grösseres Gewicht als sehr kleine Abweichungen. Die Kleinste-Quadrate-Schätzfunktion ist damit auch eine Gewichtungsfunktion der Abweichungen.

8.5.3 Das Prinzip der Parameter-Schätzung bei der Pfadanalyse

Bei der Pfadanalyse gehen wir im Prinzip auf gleiche Weise vor, auch wenn wir jetzt nicht von den einzelnen Beobachtungen, sondern von den beobachteten Varianzen und Kovarianzen ausgehen.

---

[8] Es sind selbstverständlich auch andere Schätzkriterien bzw. Schätzfunktionen denkbar. Wir werden später noch einige weitere solcher Schätzfunktionen kennenlernen.

Aus den verschiedenen Regressionsgleichungen und den weiteren Annahmen unseres Pfadmodells leiten wir die auf Basis unseres Modells vorhergesagten Varianzen und Kovarianzen der beobachteten Variablen ab. Diese vorhergesagten Varianzen und Kovarianzen fassen wir in der sog. (modell-)implizierten Varianz-Kovarianz-Matrix $\boldsymbol{\Sigma}(\boldsymbol{\theta})$ zusammen, wobei die Elemente des Vektors $\boldsymbol{\theta}$ (Theta) die zu schätzenden Parameter unseres Modells darstellen. Diese (modell-)implizierte Varianz-Kovarianz-Matrix ist als Funktion der Modellparameter aufzufassen.

Auch jetzt versuchen wir wieder eine Funktion der Abweichungen zwischen den beobachteten Varianzen/Kovarianzen und den vom Modell vorhergesagten Varianzen/Kovarianzen zu minimieren:

$$F(\boldsymbol{\Sigma} - \boldsymbol{\Sigma}(\boldsymbol{\theta})) \longrightarrow \min! \quad .$$

Wir verfügen jedoch nicht über die 'wahre' Varianz-Kovarianz-Matrix $\boldsymbol{\Sigma}$ der Grundgesamtheit, sondern nur über die in der Stichprobe beobachtete Varianz-Kovarianz-Matrix $\mathbf{S}$. Das bedeutet, dass wir folgende Funktion minimieren müssen:

$$F(\boldsymbol{\Sigma} - \mathbf{S}(\boldsymbol{\theta})) \longrightarrow \min! \quad .$$

Es sind nun je nach Ausgangssituation verschiedene solcher Funktionen vorgeschlagen worden. Wir könnten auch jetzt wieder das Kleinste-Quadrate-Kriterium als Schätzfunktion verwenden:

$$F_{OLS}(\boldsymbol{\Sigma} - \boldsymbol{\Sigma}(\boldsymbol{\Theta})) = F_{OLS}(\boldsymbol{\Sigma}, \boldsymbol{\Sigma}(\boldsymbol{\Theta})) \longrightarrow \min! \quad .$$

Die weitaus meistverwendete dieser Funktionen ist jedoch die Maximum-Likelihood-Funktion.

8.5.4 Maximum-Likelihood-Schätzfunktion

Die Maximum-Likelihood-Schätzfunktion ist nicht irgendeine Funktion, sondern hinter ihr steht eine kluge Idee. Grobweg kann man sich diese Idee wie folgt vorstellen:

Weil wir es mit einer Stichprobe und nicht mit der Grundgesamtheit zu tun haben, kann es vorkommen, dass wir, bedingt durch die Zufälligkeit unserer Stichprobe, eine

ungewöhnlich grosse Anzahl Objekte (z.B. Testpersonen)
mit für bestimmte Merkmale besonders hohen oder niedrigen Werten antreffen. Der Stichprobendurchschnitt und
die Stichprobenvarianz dieses Merkmals könnte dadurch
etwas höher oder niedriger ausfallen als sonst. Das Gleiche lässt sich für die Stichprobenkovarianz und die Stichprobenkorrelation zwischen zwei Merkmalen sagen, wenn
z.b. ungewöhnlich viele Objekte mit gewissen Merkmalsausprägungskombinationen in unserer Stichprobe vorkommen. Diese Kennwerte werden also von Stichprobe zu Stichprobe variieren, obwohl der Wert dieser Kennzahlen in der
Grundgesamtheit, woraus die Stichproben gezogen wurden
immer der gleiche ist. Im Allgemeinen werden die Werte dieser Kennzahl in den verschiedenen Stichproben rund
um den wahren Wert dieser Kennzahl in der Grundgesamtheit variieren. Starke Abweichungen vom wahren Wert sind
dabei unwahrscheinlicher als geringe Abweichungen.

Schauen wir uns ein einfaches hypothetisches Beispiel
an. Ich *vermute* z.b., dass die Kovarianz zwischen zwei Variablen in der Grundgesamtheit, die *Populationskovarianz*,
13,3 beträgt. In unserer Stichprobe aber beobachten wir
eine Kovarianz von 10. Wenn unsere Einschätzung richtig wäre, dann müsste die festgestellte Abweichung zwischen der Stichprobenkovarianz und der vermuteten Kovarianz in der Grundgesamtheit auf die zufälligen Stichprobenfluktuationen zurückzuführen sein. Die Wahrscheinlichkeit,[9] ein bestimmtes beobachtetes Stichprobenresultat, unter der Annahme einer bestimmten Konfiguration
in der Grundgesamtheit zu bekommen nennt man nun
auch die *Likelihood*, oder, auf Deutsch, die Mutmasslichkeit dieser Konfiguration. Figur 8.9 zeigt die hypothetische Wahrscheinlichkeitsdichte der Stichprobenkovarianz,

Likelihood – Mutmasslichkeit (Wahrscheinlichkeit), eine solche Stichprobe zu bekommen,
wenn das Modell in
der Grundgesamtheit zutreffen würde

---

[9] Strikt genommen handelt es sich hier nicht um eine Wahrscheinlichkeit, da eine Wahrscheinlichkeit nur Werte zwischen 0 und 1
annehmen kann. Auch muss, nach den üblichen Vorstellungen einer
Wahrscheinlichkeit, die Summe der Wahrscheinlichkeiten aller einander ausschliessenden Ereignisse eines Ereignisraumes (in diesem
Fall also des Raumes aller möglichen Parameterwertkombinationen) genau 1 betragen. Diese beiden Bedingungen sind im Falle der
Likelihood nicht immer erfüllt. Korrekter ist darum die Bezeichnung 'Mutmasslichkeit' oder eben 'Likelihood'. An dem Prinzip
der Maximum-Likelihood-Schätzung ändert diese Spitzfindigkeit
jedoch nichts.

unter der (hypothetischen) Annahme, dass die Kovarianz
in der Grundgesamtheit tatsächlich 13,3 betragen würde.
Bekanntlich ist die Wahrscheinlichkeit, dass eine stetige Zufallsvariable exakt einen bestimmten Wert annimmt, unendlich klein. Man kann in solchen Fällen sinnvollerweise nur von einer Wahrscheinlichkeit für einen bestimmten
Werte*bereich* der Zufallsvariablen sprechen. Diese Wahrscheinlichkeit entspricht der durch diesen Wertebereich ab-
gegrenzten Fläche unterhalb der Wahrscheinlichkeitsdichtekurve. Die Fläche der dunkelgefärbten Säule in Figur 8.9
gibt also die Wahrscheinlichkeit ('Likelihood') an, dass wir
eine Stichprobe erhalten, in der die Kovarianz ungefähr 10
beträgt, wenn die Populationskovarianz 13,3 wäre. Es fällt
sofort auf, dass diese Wahrscheinlichkeit recht klein ist. Es
ist zwar möglich, aber nicht sehr wahrscheinlich, eine solche Stichprobe zu bekommen, wenn die Kovarianz in der
Grundgesamtheit tatsächlich 13,3 beträgt.

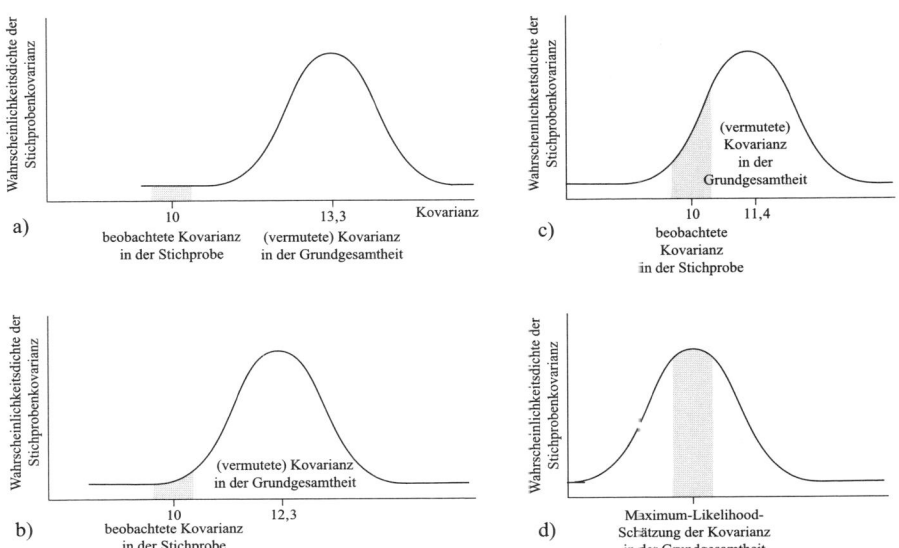

Abbildung 8.9: Das Prinzip der Maximum-Likelihood-
Schätzung

Es erscheint darum sinnvoll, unsere Vermutung über die Kovarianz in der Grundgesamtheit anzupassen. Wir können z.B. annehmen, dass die Kovarianz in der Grundgesamtheit doch eher 12,3 beträgt. Die entsprechende Wahrscheinlichkeitsdichtekurve der Stichprobenkovarianz wird ebenfalls in Figur 8.9 dargestellt. Die Wahrscheinlichkeit, eine Stichprobe zu erhalten, in der die Stichprobenkovarianz 10 beträgt, ist nun bereits leicht höher.

Wir können so weiterfahren, bis diese Wahrscheinlichkeit nicht mehr grösser wird. Die dazugehörige Schätzung der Populationskovarianz ist die sog. *Maximum-Likelihood-Schätzung*. Was hier vereinfacht für nur eine Kennzahl dargestellt wurde, lässt sich auch auf die simultane Schätzung mehrerer Kennzahlen verallgemeinern. Um die Likelihood einer Schätzung bestimmen zu können, müssen wir selbstverständlich die Wahrscheinlichkeitsverteilung der uns interessierenden Kennwerte in der Stichprobe bzw. die Form der Kurven in Figur 8.9 kennen. Für die Maximum-Likelihood-Schätzung der Parameter unseres Strukturgleichungsmodells wird meistens angenommen, dass die uns interessierenden Merkmale multivariat-normalverteilt sind. Daraus lässt sich dann ableiten, dass die Stichprobenkovarianzen eine sog. Wishart-Verteilung aufweisen. Damit lässt sich dann auch die Formel für die Likelihood-Schätzfunktion bestimmen.

In unserem Fall wird die Maximum-Likelihood-Schätzung durch unser Modell und seine Parameter bestimmt. Sobald die Likelihood sich nicht mehr nennenswert erhöhen lässt, haben wir sowohl jene implizierte Kovarianzmatrix gefunden, die nach dem Maximum-Likelihood-Kriterium unserer Stichprobenkovarianz am nächsten kommt, als auch die damit verbundenen Parameterschätzungen. Es ist dabei zu beachten, dass diese implizierte Kovarianzmatrix nicht die beste Schätzung der Populationskovarianz im Sinne des Maximum-Likelihood-Kriteriums, sondern nur die beste Schätzung *unter der Bedingung unseres Modells* ist.

In der Praxis ist das Suchen nach einer Maximum-Likelihood-Lösung nicht ganz so einfach, wie es hier dargestellt wurde. Beim Kleinste-Quadrate-Kriterium der klassischen Regressionsanalyse konnten wir die optimale Lösung auf einfachem algebraischen Weg ermitteln (vgl. Kapitel 3). Wir ermittelten die (ersten) partiellen Ableitungen unserer

Schätzfunktion nach dem jeweiligen Parameter und setzten diese gleich Null. So erhielten wir ein System von Normalgleichungen, woraus wir ohne weiteres die gesuchten Parameterwerte ableiten konnten. Dies funktioniert nun bei der Maximum-Likelihood-Schätzung im Rahmen der Pfadanalyse nicht mehr immer. Die resultierenden Normalgleichungen sind z.B. meistens nicht mehr linear und lassen eine einfache Ableitung der Parameter nicht zu. In der Praxis verwenden die Computerprogramme darum ein numerisches iteratives Verfahren, wonach, ausgehend von gewissen Startwerten für die Parameter, die Maximum-Likelihood-Funktion ermittelt wird und geprüft wird, ob diese Parameterwertekombination einem Maximum entspricht. Ist dies nicht der Fall, werden die Parameterwerte nach einem bestimmten Algorithmus leicht verändert und es wird erneut geprüft, ob ein Maximum erreicht wurde. Diese schrittweise Suche setzt sich fort, bis ein Maximum gefunden wird oder bis festgestellt werden muss, dass in vernünftiger Zeit kein Maximum auffindbar ist. Diese Vorgehensweise lässt sich mit der Suche nach dem höchsten Punkt in einer Landschaft vergleichen. Von einem bestimmten Ausgangspunkt aus wandern wir los, wobei wir ständig darauf bedacht sind, dass wir Hangaufwärts wandern, bis wir auf eine Hügelspitze gelangen und nur noch wieder hinuntergehen können. Durch dieses schrittweise (iterative) Vorgehen besteht aber grundsätzlich die Gefahr, dass nicht das absolute (globale) Maximum, sondern nur ein lokales Maximum gefunden wird. Wir haben dann zwar eine Hügelspitze gefunden, wir sind aber zufälligerweise nicht auf den höchsten aller Hügel gestiegen. Es gibt noch einen höheren Hügel. Diesen hätten wir vielleicht erreicht, wenn wir von einem anderen Ausgangspunkt losmarschiert wären. In der Praxis der Pfadanalyse brauchen wir uns kaum um dieses Risiko zu kümmern, da die meisten Computerprogramme so gemacht sind, dass sie nicht irgendwelche Startwerte für die Parameter wählen, sondern nach einem anderen Verfahren bereits solche Startwerte wählen, die wahrscheinlich zur richtigen Lösung führen.

8.6 Die Interpretation der Resultate

8.6.1 Interpretation der standardisierten und der unstandardisierten Lösung

Bei der Interpretation der unstandardisierten Lösung spielen die Skalen, auf denen die einzelnen Variablen gemessen worden sind, eine entscheidende Rolle. Anhand der unstandardisierten Lösung können wir die Regressionsgleichungen unseres Modells aufschreiben, wobei die Variablen dann als Abweichungen ihrer jeweiligen Mittelwerte, also als zentrierte Variablen, dargestellt werden. Die Messeinheiten sind aber weiterhin die Ursprünglichen. Die Regressionskoeffizienten dieser Regressionsgleichungen sind auf die üblichen Weise zu interpretieren (vgl. Kapitel 3):

$$Y_2 = \beta_{21}\, Y_1 + \gamma_{21}\, X_1 + \zeta_2 \quad .$$

So bedeutet z.B. in der obigen Gleichung, dass eine Veränderung der unabhängigen Variablen Y_1 um eine Einheit im Durchschnitt und unter Konstanthaltung der übrigen unabhängigen Variablen (hier nur X_1) eine Veränderung der abhängigen Variablen Y_2 um β_{21} Einheiten bewirkt. Analog gilt dies für den Effekt der zweiten unabhängigen Variablen X_1 auf die abhängige Variable Y_2.

Um aber die Effekte der beiden unabhängigen Variablen miteinander vergleichen zu können, muss man die jeweils verwendeten Messskalen berücksichtigen. Eine Veränderung von einer Einheit auf der Skala von Y_1 oder auf der Skala von X_1 ist schliesslich nicht das gleiche. Wir würden dann Äpfel mit Birnen vergleichen. Um trotzdem einen solchen Vergleich ziehen zu können, müssen wir auf die standardisierte Lösung zurückgreifen. Die standardisierte Lösung gibt uns die Effekte ausgedrückt in Standardabweichungen der betreffenden Variablen wieder, als ob die Variablen im voraus standardisiert worden wären:

$$Y_2^s = \beta_{21}^s\, Y_1^s + \gamma_2 1^s\, X_1^s + \zeta_2^s \quad .$$

Eine Veränderung der unabhängigen Variablen Y_1^s um eine Standardabweichung (von Y_1) bewirkt somit im Durchschnitt und unter Konstanthaltung der übrigen unabhängigen Variablen (hier nur X_1^s) eine Veränderung der abhängigen Variablen Y_2^s um β_{21}^s Standardabweichungen (von Y_2).

Auf diese Weise können wir die standardisierten Regressionskoeffizienten der verschiedenen unabhängigen Variablen miteinander vergleichen.

Schwieriger wird es aber, wenn wir die Resultate unserer Modellschätzung mit den Resultaten der gleichen Modellschätzung anhand einer anderen Stichprobe vergleichen wollen. Dies kommt z.b. dann vor, wenn wir wissen möchten, ob ein Modell, das in einer anderen Untersuchung empirisch geprüft wurde (z.b. in einer anderen Region oder zu einem anderen Zeitpunkt), auch in unserer aktuellen Grundgesamtheit Gültigkeit hat. Die Standardabweichungen in den beiden Stichproben werden aller Wahrscheinlichkeit nach verschieden sein. Auch wenn das Modell in den beiden Grundgesamtheiten genau identisch wäre, würde dies zu unterschiedlichen standardisierten Koeffizienten führen. Die unstandardisierten Parameterschätzungen dagegen weisen diesen Nachteil nicht auf, obwohl wir dann selbstverständlich nur jene Variablen aus den verschiedenen Modellen miteinander vergleichen können, die auch auf derselben Messskala gemessen wurden (z.B. β_{21} aus der einen Stichprobe mit β_{21} aus der anderen Stichprobe). Für den Vergleich zwischen verschiedenen Stichproben oder Grundgesamtheiten ist also immer auf die unstandardisierte Parameterschätzung zurückzugreifen.

8.6.2 Direkte, indirekte und totale Effekte

Unser komplexes Pfaddiagramm weisst bereits darauf hin, dass wir uns nicht nur auf die direkten Effekte einer Variablen auf eine andere Variable konzentrieren sollen. Es ist zu erwarten, dass gewisse Variablen zwar keinen oder nur einen geringen *direkten*, aber sehr wohl einen indirekten Einfluss auf eine bestimmte Variable ausüben. Die Summe der direkten und indirekten Einflüsse einer Variablen auf eine andere gibt uns ein deutlicheres Bild ihrer Wirkung. Diese Summe nennt man auch den *totalen Effekt* einer Variablen.

Die *direkten Effekte* werden durch die entsprechenden Regressionskoeffizienten repräsentiert. Ein *indirekter Effekt* lässt sich direkt aus dem Produkt der Regressionskoeffizienten der betroffenen kausalen Verbindungen ermitteln. Es ist denkbar, dass es mehrere solcher indirekter Pfade

totaler Effekt – Summe der direkten und indirekten Einflüsse einer Variablen auf eine andere

direkter Effekt – Regressionskoeffizient der direkten kausalen Verbindungen

indirekter Effekt – Produkt der Regressionskoeffizienten der betroffenen kausalen Verbindungen

von einer 'abhängigen' Variablen zu einer 'abhängigen' Variablen gibt. Der Totaleffekt ist dann nichts anderes als die Summe der direkten und aller so ermittelten indirekten Effekte.

Bei komplexen unübersichtlichen Pfad- oder Strukturgleichungsmodellen übersieht man schnell eine der indirekten Verbindungen zwischen zwei Variablen. Die üblichen Programmpakete geben darum meistens auch diese direkten, indirekten und totalen Effekte, inklusive ihrer statistischen Signifikanzen, aus.[10] In Tabelle 8.1 sind die Formeln dieser Effekte wiedergegeben.

Tabelle 8.1: Zerlegung der Effekte

	$X \longrightarrow Y$	$Y \longrightarrow Y$
direkt	$\boldsymbol{\Gamma}$	$\mathbf{B}$
indirekt	$(\mathbf{I}-\mathbf{B})^{-1}\,\boldsymbol{\Gamma}-\boldsymbol{\Gamma}$	$(\mathbf{I}-\mathbf{B})^{-1}-\mathbf{I}-\mathbf{B}$
total	$(\mathbf{I}-\mathbf{B})^{-1}\,\boldsymbol{\Gamma}$	$(\mathbf{I}-\mathbf{B})^{-1}-\mathbf{I}$

8.7 Modellevaluation

Das Schätzen der gesuchten Parameter ist eine Sache, die Beurteilung der Resultate dieser Schätzung eine andere. Wie auch bei der Modellformulierung spielen bei der Beurteilung der Resultate auch wieder theoretische und praktische Vorkenntnisse eine wichtige Rolle. So ist z.B. das Resultat unserer Analyse daraufhin zu untersuchen, ob die Vorzeichen der von uns geschätzten Regressionskoeffizienten auch tatsächlich mit unseren inhaltlich (kausal-)theoretisch begründeten Vermutungen übereinstimmen. Erweisen sich die von uns vermuteten Effekte auch als statistisch signifikant, oder müssen wir davon ausgehen, dass es eher stichprobenbedingte Zufallseffekte sind? Welche der miteinander konkurrierenden, theoretisch begründeten Modelle erweisen sich als die besseren? Um all diese Fragen beant-

---

[10] Diese Signifikanztests entsprechen einem simultanen Test der Signifikanz aller betroffenen Regressionskoeffizienten. Vgl. auch weiter unten.

worten zu können, wurden verschiedene Masse zur Evaluation der Resultate unserer Modellschätzung entwickelt. Als
erstes werden wir einige ausgewählte Masse für die Güte
des gesamten Modells betrachten (Abschnitt 8.7.1), um danach einige Masse für die Beurteilung der einzelnen Parameterwerte zu erläutern (Abschnitt 8.7.2). Was hier im
Rahmen der Pfadanalyse zur Modellevaluation ausgeführt
wird, lässt sich auch auf die konfirmatorische Faktorenanalyse (Kapitel 9) und auf die Strukturgleichungsmodelle
(Kapitel 11) anwenden. Wir werden in den Kapiteln 9 und
11 dann auch nicht mehr auf die Modellevaluation als solche eingehen.

8.7.1 Die Güte des gesamten Modells

Die Hypothese, die unseren Pfadmodellen zugrunde liegt,
ist, dass das von uns formulierte Modell in der Grundgesamtheit zutrifft. Ist dies der Falls, muss die modellimplizierte Varianz-Kovarianz-Matrix $\Sigma(\theta)$ mit der wahren Varianz-Kovarianz-Matrix in der Grundgesamtheit Σ übereinstimmen. Über diese letzte Matrix verfügen wir jedoch
nicht, sondern lediglich über eine Stichprobe aus dieser
Grundgesamtheit und über die in der Stichprobe beobachtete Varianz-Kovarianz-Matrix $\mathbf{S}$. Zur Beurteilung der
Güte des gesamten Modells wird darum auf den Vergleich
zwischen der modellimplizierten Varianz-Kovarianz-Matrix
$\Sigma(\theta)$ und der in der Stichprobe beobachteten Varianz-Kovarianz-Matrix $\mathbf{S}$ zurückgegriffen. Als ein gutes Modell betrachtet man ein Modell, dessen modell-implizierte Varianz-Kovarianz-Matrix hinreichend mit der in der Stichprobe beobachteten Varianz-Kovarianz-Matrix übereinstimmt.
   Der Vorteil solcher Masse zur Beurteilung des gesamten Modells ist, dass eventuelle geringfügige Inadäquat-
heiten einzelner Teile des Modells, die einzeln betrachtet
nicht gravierend sind, aber gemeinsam im Kontext des gesamten Modells zu einem schlechten Modell führen, aufge-
deckt werden können. Während z.B. verschiedene Parameterschätzungen noch signifikant sind, kann es vorkommen,
dass das gesamte Modell nicht mehr hinreichend zu den
beobachteten Daten passt. Dieser Vorteil kann aber auch
zum Nachteil werden, wenn z.B. die Folgen gravierender
Inadäqatheiten einzelner Teile des Modells durch andere,

sehr gut 'passende' Teile des Modells verdeckt werden. Gewisse Parameterschätzungen könnten z.B. nicht-signifikant sein, während das gesamte Modell trotzdem hinreichend zu den beobachteten Daten passt.

Auch können wir mit diesen 'overall goodness of fit'-Massen nur etwas anfangen, solange das Modell über-identifiziert ist. Ist das Modell nämlich gerade identifiziert (liegen Null Freiheitsgrade vor), dann stimmen die beiden Varianz-Kovarianz-Matrizen zwangsläufig miteinander überein. Es treten dann keine Abweichungen mehr auf, die wir darauf prüfen können, ob sie durch die Zufälligkeit der Stichprobe entstanden sein könnten. Im Falle gerade identifizierter Modelle bleibt uns also nichts anderes übrig, als die einzelnen Koeffizienten zu betrachten.

Schliesslich können diese Masse für die Güte des gesamten Modells auch nichts darüber aussagen, wie gut nun eigentlich die unabhängigen Variablen tatsächlich die abhängigen erklären. Im Rahmen der Regression wurde dieser Erklärungsgrad durch das sog. Bestimmtheitsmass dargestellt. Die in der Pfadanalyse verwendeten Masse für die Güte des Gesamtmodells basieren jedoch nicht auf diesem Bestimmtheitsmass der einzelnen Regressionsgleichungen im Modell.

Um zu einer richtigen Beurteilung unseres Modells zu kommen, müssen wir darum immer sowohl die einzelnen Komponenten des Modells als auch das gesamte Modell einer Evaluation unterziehen.

Residualwerte. Die Abweichungen zwischen den einzelnen modellimplizierten Varianzen oder Kovarianzen und den entsprechenden in der Stichprobe beobachteten Varianzen und Kovarianzen bezeichnen wir als *Residualwerte*. Auch diese können wir in einer Matrize zusammenfassen:

$$\mathbf{S} - \boldsymbol{\Sigma}(\boldsymbol{\theta}) \quad .$$

Im Idealfall sollten die Residualwerte natürlich ungefähr Null betragen. Ein positiver Residualwert bedeutet, dass das Modell die entsprechende Varianz oder Kovarianz unterschätzt, während ein negativer Residualwert darauf hindeutet, dass die vom Modell vorhergesagte Varianz oder Kovarianz zu hoch ausgefallen ist. Solche Abweichungen können nun aber von verschiedenen Ursachen herrühren:

Erstens kann das Modell von der wirklichen Situation in der Grundgesamtheit abweichen; zweitens kann aufgrund der Zufälligkeit unserer Stichprobe die darin beobachtete Varianz-Kovarianz-Matrix von der wahren Varianz-Kovarianz-Matrix in der Grundgesamtheit abweichen, während das Modell vielleicht trotzdem mit der Wirklichkeit in der Grundgesamtheit übereinstimmt; und schliesslich wird der Umfang der Abweichungen auch von den für die Messung der Merkmale verwendeten Skalen mitbeeinflusst.

Als Mass für die Güte des Modells wird darum manchmal auch der Mittelwert der Absolutwerte der Residualwerte berechnet. Da die Varianz-Kovarianz-Matrix symmetrisch ist, werden dabei nur die Residualwerte der unteren Dreicksmatrix und der Hauptdiagonalen berücksichtigt:

$$\text{durchschnittlicher Residualwert} = 2 \sum_{i=1}^{q} \sum_{j=1}^{i} \frac{|s_{ij} - \hat{\sigma}_{ij}|}{q\,(q+1)} \quad .$$

Ein ähnliches Mass wurde von Jöreskog und Sörbom (1986) vorgeschlagen:

$$\text{durchschnittlicher Residualwert} = \sqrt{2 \sum_{i=1}^{q} \sum_{j=1}^{i} \frac{(s_{ij} - \hat{\sigma}_{ij})^2}{q\,(q+1)}} .$$

Beide Masszahlen sollten aber zur gleichen Schlussfolgerung führen.

Um das Problem des Einflusses der Merkmalsskalen auf die Residualwerte zu lösen, wird manchmal auch von den (skalenunabhängigen) Abweichungen der modellimplizierten Korrelationen von den in der Stichprobe beobachteten Korrelationen ausgegangen:

$$\mathbf{R} - \mathbf{R}(\theta) \quad .$$

Diese Residualwerte der Korrelationen können zwischen -2 und $+2$ variieren, wobei ein Wert nahe $+2$ oder nahe -2 auf ein sehr schlechte Übereinstimmung hinweist, während Werte in der Nähe von Null als Hinweis für ein gut 'passendes' Modell betrachtet werden können.

Um schliesslich den Einfluss der Zufälligkeit unserer Stichprobe zu berücksichtigen, wurde vorgeschlagen, die *normalisierten* oder *standardisierten Residualwerte* zu berechnen:

$$\text{normalisierter Residualwert} = \frac{s_{ij} - \hat{\sigma}_{ij}}{\sqrt{(\hat{\sigma}_{ii}\,\hat{\sigma}_{jj} + \hat{\sigma}_{ij}^2)/n}}\quad.$$

Unter dem Bruchstrich steht die Wurzel aus der geschätzten asymptotischen Varianz des Residualwertes.[11] Wenn das Modell korrekt ist, sind die Residualwerte nur auf die Zufälligkeit unserer Stichprobe zurückzuführen. Dies bedeutet, dass dann die auf diese Weise standardisierten Residualwerte eine Standardnormalverteilung aufweisen würden. Ob dies annäherungsweise zutrifft, lässt sich anhand eines Q-Q-Diagrammes[12] der Residualwerte feststellen.

Es gibt aber auch einen formalen statistischen Test zur Überprüfung der Hypothese, dass das Modell in der Grundgesamtheit zutrifft und die beobachteten Residualwerte also rein zufallsbedingt sind.

Chi-Quadrat-Test für die Güte des Gesamtmodells.
Ausgangspunkt für diesen Test für die Güte des Gesamtmodells ist die H_0-Hypothese, dass das Modell in der Grundgesamtheit zutrifft. Angenommen, diese Hypothese trifft zu, dann beträgt die Log-Likelihood unserer Schätzung

$$ln(L_0) = -\frac{n-1}{2}\left\{ln|\boldsymbol{\Sigma}(\boldsymbol{\theta})| + tr\left(\boldsymbol{\Sigma}(\boldsymbol{\theta})^{-1}\,\mathbf{S}\right)\right\}\quad.$$

Die Alternativhypothese H_1 stellt hier ein Modell dar, das perfekt zu den Daten passt. Unter Annahme der Alternativhypothese ist also $\mathbf{S} = \boldsymbol{\Sigma}(\boldsymbol{\theta})$. Die Log-Likelihood dieser Alternative beträgt somit:

---

[11] Auch wenn unser Modell in der Grundgesamtheit zutrifft, ist es denkbar, dass wir rein aufgrund der Zufälligkeit unserer Stichprobe gewisse Abweichungen zwischen den vom Modell vorhergesagten Varianzen und Kovarianzen und den in der Stichprobe beobachteten Varianzen und Kovarianzen feststellen. Wenn wir nicht nur eine Stichprobe aus dieser Grundgesamtheit, sondern mehrerere ziehen würden, so erhielten wir für jede dieser Stichproben auch andere Residualwerte. Für jede Varianz oder Kovarianz weisen die Residualwerte dann also eine gewisse Streuung auf. Vergrössern wir nun die Anzahl der Stichproben sukzessive, wird sich die durchschnittliche Varianz des betreffenden Residualwertes irgendwann nicht mehr nennenswert ändern; sie wird sich asymptotisch einem bestimmten Wert nähern. Genau diesen Wert bezeichnet man nun als die asymptotische Varianz des betreffenden Residualwertes.

[12] Vgl. auch die Erklärungen zu Q-Q-Diagrammen in Kapitel 7.

$$ln(L_1) \;=\; -\frac{n-1}{2}\left\{ ln|\mathbf{S}| + tr(\mathbf{S})^{-1}\mathbf{S}\right\}$$

$$=\; -\frac{n-1}{2}\left\{ ln|\mathbf{S}| + (p+q)\right\} \quad.$$

Der Vergleich von L_0 mit L_1 gibt uns nun einen Hinweis darauf, wie gut unser Modell mit den beobachteten Varianzen und Kovarianzen übereinstimmt. Um diesen Unterschied zwischen den beiden Modellen auf ihre statistische Signifikanz zu prüfen, verwenden wir die sog. *Log-Likelihood-Ratio*-Teststatistik:

$$-2\,ln\left(\frac{L_1}{L_0}\right) = -2\,ln(L_0) + 2\,ln(L_1)$$

$$= (n-1)\left[ln|\boldsymbol{\Sigma}(\boldsymbol{\theta})| + tr\left(\boldsymbol{\Sigma}(\boldsymbol{\theta})^{-1}\mathbf{S}\right)\right] - (n-1)\left(ln|\mathbf{S}| + (p+q)\right)$$

$$= (n-1)\left(ln|\boldsymbol{\Sigma}(\boldsymbol{\theta})| + tr\left(\boldsymbol{\Sigma}(\boldsymbol{\theta})^{-1}\mathbf{S}\right) - ln|\mathbf{S}| - (p+q)\right) \quad.$$

Dieser Ausdruck entspricht nun genau $(n-1)$-mal der Maximum-Likelihood-Schätzfunktion für unser Modell. Diese Teststatistik ist annäherungsweise Chi-Quadrat-verteilt mit $\frac{1}{2}(p+q)(p+q+1)-t$ Freiheitsgraden, wobei t die Anzahl zu schätzender Parameter unseres Modells darstellt. Die üblichen Computerprogramme rechnen uns die entsprechende Überschreitungswahrscheinlichkeit aus.

Bei der Interpretation dieses Likelihood-Ratio-Chi-Quadrat-Tests für die Güte des gesamten Modells ist darauf zu achten, dass die Logik dieses Tests nicht der Logik eines Signifikanztests für einen einzelnen Parameter, z.B. eines t-Tests in der Regressionsanalyse, oder des F-Tests für die Güte des gesamten Modells bei der klassischen Regressionsanalyse oder Varianzanalyse, entspricht. Während beim F-Test die Null-Hypothese so formuliert wurde, dass sie genau dem Gegenteil unserer Vermutungen entspricht (sämtliche Regressionskoeffizienten betragen in der Grundgesamtheit Null), entspricht im Falle des Log-Likelihood-Ratio-Chi-Quadrat-Tests für die Güte des gesamten Modells die Null-Hypothese ('Das Modell trifft in der Grundgesamtheit zu') genau unseren theoretischen Vermutungen. Im Falle des F-Tests hoffen wir, die Null-Hypothese verwerfen zu können bzw. wir strebten eine sehr kleine Überschreitungswahrscheinlichkeit (z.B. $p < 0{,}05$) an. Im Falle des Log-Likelihood-Ratio-Chi-Quadrat-Tests für die Güte des gesamten Modells hoffen wir, die Null-Hypothese *nicht* verwerfen zu müssen. Wir streben darum eine relativ grosse Überschreitungswahrscheinlichkeit an (z.B. $p > 0{,}05$)!

Angenommen, man wählt ein kritisches Signifikanzniveau von 0,05, würde man sich bei einer Überschreitungswahrscheinlichkeit p kleiner als 0,05 dazu entschliessen, das Modell zu verwerfen. Das Modell passt dann nicht mehr hinreichend zu den Daten. Liegt die Überschreitungswahrscheinlichkeit jedoch über 0,05, so haben wir es mit einem hinreichend guten Modell zu tun.

Es ist aber auch gewisse Vorsicht bei der Interpretation dieses Tests angebracht. Es müssen nämlich gewisse Bedingungen erfüllt sein, damit die Teststatistik auch tatsächlich annäherungsweise eine Chi-Quadrat-Verteilung aufweist. Erstens dürfen die beobachteten Variablen nicht zu schief verteilt sein, zweitens muss die Analyse von einer Varianz-Kovarianz-Matrix (und nicht von einer Korrelationsmatrix) ausgehen, drittens sollte die Stichprobe genügend gross (z.B. > 50 oder 100) sein und schliesslich wird davon ausgegangen, dass das Modell in der Grundgesamtheit *exakt* zutrifft, was vielleicht gerade im Falle von Modellen, die als Abstraktion von der Wirklichkeit formuliert werden, zu einem zu strengen Test führt. Um diesen Problemen bei der Modellevaluation zu begegnen, wird intensiv an anderen (robusteren) Schätz- und Test-Methoden geforscht. Bis eventuell bessere Alternativen in die einschlägigen Programmpakete aufgenommen worden sind, werden wir uns mit dem hier beschriebenen Verfahren begnügen, wenn wir sie auch mit Vorsicht geniessen wollen.

Weitere Kennzahlen für die Güte des Gesamtmodells. Im Laufe der Zeit wurde eine ganze Reihe weiterer Kennzahlen für die Güte des Gesamtmodells vorgeschlagen. Es würde zu weit führen, alle hier ausführlich darzulegen. Wir wollen uns darum auf die meist verwendeten beschränken.

Goodness-of-Fit-Index. Der *Goodness-of-Fit-Index* (GFI) und der *Adjusted-Goodness-of-Fit-Index* (AGFI) sind beide ein Mass für den Anteil der beobachteten Varianzen und Kovarianzen, die mittels des Modells erklärt werden konnten. Haben wir die Maximum-Likelihood-Schätzmethode verwendet, dann sind diese Indizes gegeben durch:[13]

$$GFI_{ml} = 1 - \frac{tr\left[\left(\boldsymbol{\Sigma}(\boldsymbol{\theta})^{-1}\,\mathbf{S} - \mathbf{I}\right)^2\right]}{tr\left[\left(\boldsymbol{\Sigma}(\boldsymbol{\theta})^{-1}\,\mathbf{S}\right)^2\right]} \quad ,$$

$$AGFI_{ml} = 1 - \left[\frac{(p+q)\,(p+q+1)}{2\,df}\right]\,[1 - GFI_{ml}] \quad .$$

Beide Indizes erreichen Ihr Maximum bei 1, was auf ein Modell, das gut zu den Daten passt, hinweist. Ähnlich wie beim Bestimmtheitskoeffizienten der Regressionsnalyse kann der GFI nicht sinken, wenn das Modell um eine zusätzliche Beziehung ergänzt wird oder irgendeine andere Restriktion aufgehoben wird. Dies gilt auch, wenn es sich um Beziehungen oder Restriktionen handelt, die statistisch nicht signifikant sind. Um solchen Modellen nicht wesentlich bessere Modelle zu vorzuziehen, wurde der AGFI entwickelt, der diesem Effekt Rechnung trägt. Ein Problem dieser Idexwerte ist, dass auch schlecht angepasste Modelle bereits relativ hohe Werte aufweisen. Ein 'gutes' Modell muss demnach mindestens etwa einen GFI-Wert $> 0{,}95$ und einen AGFI-Wert $> 0{,}90$ aufweisen.

Akaikes-Information-Criterion, Akaikes-Consistent-Information-Criterion und Schwarz's-Bayesian-Criterion. Akaikes-Informations-Criterion und Akaikes-Consistent-Information-Criterion sind definiert als

$$AIC = \chi^2 - 2\,df \qquad CIC = \chi^2 - df\,[ln(n) + 1] \quad ,$$

wobei *df* die Anzahl der Freiheitsgrade darstellt. Schwarz's-Bayesian-Criterion ist lediglich eine Modifikation von Akaikes-Informations-Criterion.

$$SBC = \chi^2 - df\,ln(n) \quad .$$

Alle drei Kriteria weisen bei einem gut passenden Modell einen niedrigen Wert auf. Es sind daher Modelle mit einem geringen Wert dieser Indizes vorzuziehen.

---

[13] Für die entsprechenden Formulierungen im Falle der Kleinste-Quadrate-Schätzmethode (Ordinary Least Squares bzw. Unweighted Least Squares) oder der generalisierten Kleinste-Quadrate-Schätzmethode (Generalised Least Squares) sei hier verwiesen auf Bollen (1989, S. 277).

8.7.2 Die Beurteilung der einzelnen Komponenten des Modells

Neben der Beurteilung des Gesamtmodells ist auch die Beurteilung der einzelnen Teile des Modells unerlässlich. Insbesondere, wenn das Modell gerade identifiziert ist, bleibt uns nichts anderes übrig, als es auf Basis einer Evaluation der einzelnen Teile zu beurteilen.

Unstandardisierte und standardisierte Parameterschätzungen. In einem ersten Schritt wird im Allgemeinen untersucht, ob die einzelnen Parameterschätzungen auch tatsächlich mit den erwarteten Werten übereinstimmen. Dabei spielt natürlich in erster Instanz das Vorzeichen ein Rolle. Es stellt sich also die Frage, ob die Vorzeichen der einzelnen Parameter mit unseren Vermutungen übereinstimmen. Ist dies nicht der Fall, könnte es ein Hinweis darauf sein, dass etwas an dem Modell nicht stimmt. In zweiter Instanz ist auch der Vergleich des Betrages der Parameterschätzungen untereinander von Bedeutung. Da meistens die Merkmale auf unterschiedlichen Messskalen erfasst wurden, müssen wir dazu auf die *standardisierten* Parameterschätzungen zurückgreifen. Welche Effekte sind viel grösser als andere, und stimmt das auch mit unseren theoretisch begründeten Vermutungen überein?

Schliesslich ist noch darauf zu achten, ob gewisse Parameterwerte unmögliche Werte annehmen. So ist es schätztechnisch z.B. möglich, dass Schätzungen von Varianzen negative Werte aufweisen. Man spricht in solchen Fällen auch von sog. *Heywood*-Fällen. Negative Varianzen kann es aber definitionsgemäss nicht geben. Ebenso kann es theoretisch vorkommen, dass Korrelationen grösser als Eins geschätzt werden. Solche Fälle können aus rein numerischen Gründen auftreten, wenn die wahren Werte dieses Parameters in der Grundgesamtheit tatsächlich in der Nähe eines extremen Wertes liegt, aber auch wenn die beobachtete Varianz-Kovarianz-Matrix stark durch einige wenige Ausreisser in unserem Datensatz geprägt wird. Schliesslich kann auch eine grundlegend falsche Spezifikation des Modells zu solchen 'unmöglichen' Schätzwerten führen.

Wald-Test zur Prüfung einzelner Koeffizienten. Wir können auch die einzelnen Koeffizienten auf ihre statistische Signifikanz prüfen. Die H_0-Hypothese lautet dabei, dass der betreffende Parameter (z.B. β_{ij}) in der Grundgesamtheit Null beträgt. Die dazu verwendete Teststatistik ist die sog. *Wald-Teststatistik*:

$$W = \frac{\hat{\theta}_{ij}^2}{\hat{\sigma}_{\theta_{ij}}} \qquad \text{bzw.} \qquad Z = \frac{\hat{\theta}_{ij}}{\sqrt{\hat{\sigma}_{\theta_{ij}}}} \quad ,$$

wobei θ_{ij} einen beliebigen Parameter unseres Modells darstellt. Unter dem Bruchstrich im linken Ausdruck steht die asymptotische Varianz der Parameterschätzung. Unter dem Bruchstrich im rechten Ausdruck steht der asymptotische Standardschätzfehler[14] des betreffenden Parameterwertes. Diese Teststatistik W weist eine Chi-Quadrat-Verteilung auf, während Z einer Standardnormalverteilung folgt. Wir haben es hier also mit einem Chi-Quadrat- bzw. mit einem Z-Test zu tun. Wenn die Z-Teststatistik einen Wert grösser als $+1{,}96$ oder kleiner als $-1{,}96$ annimmt, wissen wir, dass der betreffende Parameter bei einem Signifikanz-Niveau von 0,05 in der Grundgesamtheit statistisch signifikant von Null verschieden ist. Der Chi-Quadrat-Test der Testgrösse W würde zur gleichen Schlussfolgerung führen.

Wir können die Ergebnisse dieses Testes dazu verwenden, unser Modell zu vereinfachen, indem wir auf die Schätzung gewisser Parameter, die sowieso nicht signifikant von Null abweichen, verzichten. So könnten wir z.B. auf jene ursprünglich vermuteten Kausalbeziehungen verzichten, die

---

[14] Auch wenn der von uns ermittelte Parameterwert in der Grundgesamtheit eigentlich Null beträgt, ist es denkbar, dass wir, rein aufgrund der Zufälligkeit unserer Stichprobe, für diesen Parameter einen Wert, der von Null abweicht, schätzen. Wenn wir nicht nur eine Stichprobe aus dieser Grundgesamtheit, sondern mehrere ziehen würden, erhielten wir für jede einzelne andere Schätzwerte. Die Schätzwerte dieses Parameters weisen dann also eine gewisse Streuung auf. Vergrössern wir nun die Anzahl der Stichproben sukzessive, dann wird sich die durchschnittliche Varianz des betreffenden Parameterwertes irgendwann nicht mehr nennenswert ändern; sie wird sich asymptotisch einem bestimmten Wert nähern. Genau diesen Wert bezeichnet man nun als die asymptotische Varianz des betreffenden Residualwertes. Die Quadratwurzel aus dieser Varianz ist nun der asymptotische Standardschätzfehler unserer Schätzung. Wie dieser asymptotische Standardschätzfehler mathematisch ermittelt wird, braucht uns hier nicht zu kümmern. Die üblichen Computerprogrammpakete erledigen dies für uns auf Knopfdruck.

sich mittels des Wald-Tests als nicht-signifikant erwiesen
haben.

Auch wenn gewisse Parameter zwar statistisch signifikant sind, können wir unter Umständen – z.B. aus theoretischen Gründen – diesen Parameter auf einen bestimmten Wert fixieren wollen. Die Testgrösse W gibt uns dann eine Schätzung für den Anstieg der Log-Likelihood-Chi-Quadrat-Statistik für die Güte des Gesamtmodells.

Asymptotische Korrelationsmatrix der Parameterschätzungen. Wir haben bereits die asymptotische Varianz einer Parameterschätzung erwähnt. Analog lassen sich auch asymptotische Kovarianzen der Parameterwerte ermitteln. Diese lassen sich in der sog. *asymptotischen Varianz-Kovarianz-Matrix der Parameterschätzwerte* zusammenfassen. Wie jede Varianz-Kovarianz-Matrix können wir auch diese durch Standardisierung in eine Korrelationsmatrix der Parameterschätzwerte umwandeln:

$$
asym \; \hat{\rho}_{\hat{\theta}_i \hat{\theta}_j} = \frac{acov\left(\hat{\theta}_i, \hat{\theta}_j\right)}{\sqrt{acov\left(\hat{\theta}_i\right) \; acov\left(\hat{\theta}_j\right)}} \quad ,
$$

wobei $\hat{\theta}_i$ und $\hat{\theta}_j$ den i-ten bzw. j-ten geschätzten Parameter darstellen. Es handelt sich hier um Korrelationen der Parameterschätzwerte und nicht um Korelationen zwischen Merkmalen! Sehr hohe Korrelationen (z.B. $> 0{,}9$) zwischen den Schätzwerten deuten darauf hin, dass Kollinearitäten vorliegen (vgl. auch Kapitel 7). Es sind somit gewisse Variablen oder Beziehungen zwischen Variablen aus dem Modell zu entfernen, wenn dieses Kollinearitätsproblem mit den damit verbundenen ungenauen Schätzungen vermieden werden soll.

Bestimmtheitsmass für die endogenen Variablen. Schliesslich lassen sich Teile des Modells anhand der Bestimmtheitsmasse der endogenen Variablen beurteilen. Wir kennen diese Kennzahl bereits von der Regressionsanalyse (vgl. Kapitel 3). Sie gibt uns den Anteil der Variation, der endogenen Variablen, die anhand der verursachenden Variablen erklärt werden konnte und lässt sich wie folgt berechnen:[15]

---

[15] Haben wir es nicht mit einem reinen Pfadmodell, sondern mit einem konfirmatorischen Faktoranalysemodell oder mit einem

$$R_{y_i}^2 = 1 - \frac{\hat{\sigma}_{\zeta_i}}{\hat{\sigma}_{y_i}} \quad .$$

Das Bestimmtheitsmass kann zwischen Null und Eins variieren. Werte nahe Null deuten auf ein gutes Modell hin.

8.8 Vergleich und Verbesserung von Modellen

Wenn in einem ersten Schritt das postulierte Modell nicht hinreichend zu den beobachteten Daten passt, oder wenn gewisse Parameter sich statistisch als nicht signifikant erweisen, oder auch wenn wir neue theoretische Einsichten haben, liegt es auf der Hand, unser bisheriges Modell zu ändern und das so entstandene Modell mit dem vorherigen zu vergleichen. Für den Vergleich verschiedener Modelle stehen uns verschiedene Hilfsmittel zur Verfügung. So können wir selbstverständlich die verschiedenen Modelle anhand ihrer Güte miteinander vergleichen. Wir haben dazu die einschlägigen Kennzahlen (GFI, AGFI und Log-Likelihood-Ratio-Chi-Quadrat) bereits kennengelernt.

In diesem Abschnitt wollen wir nicht weiter auf diese Masse eingehen, nur das Log-Likelihood-Ratio-Chi-Quadrat wollen wir noch etwas weiter vertiefen.

8.8.1 Log-Likelihood-Ratio-Chi-Quadrat-Test für den Unterschied zwischen Modellen

Wir haben bereits gesehen, dass die Log-Likelihood-Ratio auf dem Vergleich eines möglichst allgemeinen (perfekt passenden) Modells mit einem restriktiveren Modell basiert. Es lässt sich nun zeigen, dass wir die Log-Likelihood-Ratio auch für den Vergleich verschiedener restriktiver Modelle verwenden können. Wesentlich ist jedoch, dass es sich dabei ebenfalls um ein allgemeineres und ein weniger allgemeines

---

Strukturgleichungsmodell zu tun, dann lauten die entsprechenden Formeln:

$$R_{\theta_i^\varepsilon}^2 = 1 - \frac{\hat{\sigma}_{\zeta_i}}{\hat{\sigma}_{y_i}}, \quad R_{x_i}^2 = 1 - \frac{\hat{\sigma}_{\theta_i^\delta}}{\hat{\sigma}_{x_i}}, \quad R_{\eta_i}^2 = 1 - \frac{\hat{\sigma}_{\zeta_i}}{\hat{\sigma}_{\eta_i}} \quad .$$

Modell handelt. Das bedeutet, dass das restringiertere Modell keine freien (zu schätzenden) Parameter enthält, die im weniger restringierten (allgemeineren) Modell auf einen bestimmten Wert fixiert waren, oder anders gesagt, dass die freien Parameter des restriktiveren Modells eine Teilmenge der freien Parameter des allgemeineren Modells sind.

Ergänzen wir z.B. ein Modell mit einer zusätzlichen kausalen Beziehung, so ist das neue Modell allgemeiner als das erste. Das erste ist quasi im zweiten enthalten. Man spricht denn auch von verschachtelten ('nested') Modellen. Verzichten wir dagegen auf einige kausale Beziehungen, weil z.B. die betreffenden Relationen sich statistisch nicht als signifikant erwiesen haben, so ist das neue Modell weniger allgemein als das erste. Das zweite Modell ist im ersten enthalten. In beiden Fällen können wir also von verschachtelten oder *hierarchischen* Modellen sprechen.

Würden wir, ausgehend von unserem ursprünglichen Modell, sowohl gewisse Kausalrelationen ergänzen als auch auf gewisse Beziehungen verzichten, so ist das neue Modell nicht im alten enthalten und auch umgekehrt ist das alte Modell nicht im neuen enthalten. Es ergibt sich ein Beispiel für zwei nicht-hierarchische Modelle.

Nur im Falle hierarchischer Modelle können wir die Log-Likelihood-Ratio-Chi-Quadrat-Statistik zum Vergleich der verschiedenen Modelle verwenden. Die entsprechende Statistik wird dann gegeben durch:

$$LR = -2\left[ln\, L\left(\hat{\boldsymbol{\theta}}_r\right) - ln\, L\left(\hat{\boldsymbol{\theta}}_u\right) \right] \quad ,$$

wobei $L\left(\hat{\boldsymbol{\theta}}_r\right)$ die Likelihood des restringierteren Modells und $L\left(\hat{\boldsymbol{\theta}}_u\right)$ die Likelihood des weniger restringierten oder unrestringierten Modells ist. Dies entspricht genau der Differenz zwischen der Log-Likelihood-Ratio des restringierten Modells und der des weniger restringierten Modells:

$$-2\, ln\left(\frac{L\left(\hat{\boldsymbol{\theta}}_u\right)}{L_0}\right) + -2\, ln\left(\frac{L\left(\hat{\boldsymbol{\theta}}_r\right)}{L_0}\right) =$$

$$= -2\, ln\, L_0 + 2\, ln\, L\left(\hat{\boldsymbol{\theta}}_u\right) + 2\, ln\, L_0 - 2\, ln\, L\left(\hat{\boldsymbol{\theta}}_r\right)$$

$$= 2\, ln\, L\left(\hat{\boldsymbol{\theta}}_u\right) - 2\, ln\, L\left(\hat{\boldsymbol{\theta}}_r\right) \quad .$$

Auch diese Teststatistik ist annäherungsweise Chi-Quadrat-verteilt. Die Anzahl der Freiheitsgrade lässt sich analogerweise aus der Differenz der den jeweiligen Modellen entsprechenden Anzahl der Freiheitsgrade ermitteln:

$$df_u - df_r \quad .$$

Diese Anzahl an Freiheitsgraden ergibt sich aus der Anzahl der zusätzlichen Restriktionen im restringierten Modell im Vergleich zum allgemeineren (weniger restringierten) Modell.

Die H_0-Hypothese dieses Testes besagt, dass die beiden Modelle gleich gut sind bzw. dass die Unterschiede vernachlässigbar sind. Da wir die Verbesserungen unseres Modells gezielt angebracht haben, vermuten wir aber, dass die Unterschiede *nicht* vernachlässigbar sind. Wir streben also an, die H_0-Hypothese zu verwerfen bzw. wir streben eine möglichst kleine Überschreitungswahrscheinlichkeit an (z.B. $p < 0{,}05$)! Die Logik dieses Tests ist also genau das Gegenteil vom Log-Likelihood-Ratio-Test für die Güte des Gesamtmodells.

Selbstverständlich könnten wir diesen Test auch für die Prüfung der statistischen Signifikanz der einzelnen Parameter verwenden. Wir bräuchten dann für jeden Parameter nur ein neues Modell zu formulieren, in dem der betreffende Parameter auf Null fixiert wird und dieses mit dem ursprünglichen Modell zu vergleichen.

Ein Nachteil dieses Tests zum Vergleich verschiedener Modelle ist, dass immer zwei separate Modelle geschätzt werden müssen. Dies ist beim sog. Lagrange-Multiplier-Test oder Score-Test nicht der Fall.

8.8.2 Lagrange-Multiplier-Test für mögliche Erweiterungen des Modells

Mit dem Lagrange-Multiplier-Test wird geprüft, ob die Befreiung gewisser Parameter, die bis jetzt auf einen bestimmten Wert fixiert waren, einen statistisch signifikanten Beitrag zur Güte des Modells leisten würde. So können wir z.B. mittels dieses Tests prüfen, ob die Erweiterung unseres Modells um eine zusätzliche Kausalbeziehung dieses erheblich verbessern würde oder nicht. Dieser Test basiert darauf,

dass die ersten partiellen Ableitungen der Log-Likelihood-
Funktion des weniger restringierten Modells nach den jeweiligen Parametern die Veränderung dieser Log-Likelihood
angeben, die dadurch entsteht, dass ein Koeffizient seinen
Wert verändert. Die partielle Ableitung nach den nicht-
restringierten Parametern des restringierteren Modells beträgt als Folge des Maximum-Likelihood-Schätzkriteriums
Null. Das Maximum-Likelihood-Schätzkriteriums sucht genau jene Parameterwerte, wofür diese partielle Ableitung
Null beträgt. Dies muss für die bisher nicht restringierten Parameterwerte nicht unbedingt der Fall sein. Es ist
nur dann der Fall, wenn die Restriktionen in der Grundgesamtheit zutreffen. Ansonsten sind sie von Null verschieden und lässt sich also die 'Befreiung' des betreffenden Parameters den Log-Likelihood-Ratio-Chi-Quadratwert noch
weiter erhöhen. Der Lagrange-Multiplier-Test testet nun,
ob diese erste partiellen Ableitungen tatsächlich signifikant
von Null abweichen:

$$LM = \left[\frac{\partial \ln L(\boldsymbol{\theta})}{\partial \boldsymbol{\theta}_i} \right]^2 \left[\mathbf{I}^{-1} \left(\hat{\boldsymbol{\theta}}_r \right) \right]_{ii} \quad ,$$

wobei ii auf das i-te Element der Hauptdiagonale von
$\mathbf{I}^{-1} \left(\hat{\boldsymbol{\theta}}_r \right)$ hinweist.

Die Teststatistik gibt an, um welchen Wert das Log-
Likelihood-Ratio-Chi-Quadrat für die Güte des gesamten
Modells sinkt, wenn der entsprechende Parameter $\boldsymbol{\theta}_i$ freigegeben wird. Diese Teststatistik ist, unter Annahme der
Null-Hypothese, asymptotisch chi-quadrat-verteilt mit einem Freiheitsgrad. Die H_0-Hypothese dieses Tests lautet:
'Der betreffende Parameter ist tatsächlich (in der Grundgesamtheit) restringiert' bzw. 'die partielle Ableitung der
Log-Likelihood-Funktion ist tatsächlich Null.' Ist die Überschreitungswahrscheinlichkeit der beobachteten Teststatistik kleiner als unser kritisches Signifikanzniveau (z.B. <
0,05), dann ist die Verbesserung der Güte des Modells,
die die Befreiung des betreffenden Parameters verursachen
würde, erheblich und statistisch signifikant. Ohne auf die
Überschreitungswahrscheinlichkeit Bezug zu nehmen, wird
manchmal auch eine Faustregel angewendet, die besagt,
dass ein Modifikationsindex grösser als 7 sein soll, bevor
der entsprechende Modellparameter zur Schätzung freigegeben wird.

Zusätzlich wird von den meisten Computerprogrammen eine erste grobe Schätzung des Betrages des neuen Parameters, den er bei Befreiung vermutlich annehmen wird, ausgegeben.

Weisen mehrere Modellparameter identische Werte auf, kann dies ein Hinweis sein, dass jeweils nur einer der Parameter freigegeben werden kann, da andernfalls das Modell nicht identifiziert ist. Auch Modifikationsindizes von Null sind ein Hinweis auf Parameter, die bei Befreiung eventuell nicht identifiziert sind.

8.8.3 Reformulierung des Modells

Mittels des Lagrange-Multiplier-Tests und mittels des Wald-Signifikanztests können wir auf explorative Weise unser Modell Schritt für Schritt anpassen, so dass schliesslich ein gut 'passendes' Modell resultiert. Es ist jedoch zu bedenken, dass ein solches exploratives Vorgehen nur für relativ geringfügige Änderungen des Modells Sinn hat. So geben uns die erwähnten Tests keine Auskunft darüber, ob zusätzliche Variablen berücksichtigt werden sollen oder ob auf gewisse Variablen verzichtet werden kann.[16] Wenn man trotzdem explorativ vorgeht, so ist die Güte des endgültigen Modells mit Vorsicht zu geniessen. Da wir uns bei der Änderung unseres Modells von einem einzigen Datensatz leiten liessen, könnte es gewissermassen ein Artefakt unserer zufälligen Stichprobe sein. Die Güte des Modells, gemessen anhand der gleichen Stichprobe, sagt dann natürlich nicht viel aus. Selbstverständlich muss das Modell passen; schliesslich haben wir es genau an jenen Datensatz angepasst. Um die Güte dieses Modells zu testen, müssten wir eigentlich eine neue Stichprobe ziehen und die Güte unseres Modells anhand dieser prüfen.

Verfügen wir anfänglich über eine hinreichend grosse Stichprobe, können wir sie selbstverständlich auch am Anfang halbieren und anhand der einen Hälfte unser Modell explorativ (und gleichzeitig theoretisch begründet) anpassen, um dann schliesslich das resultierende Modell in der

---

[16] Dies spielt besonders dann eine Rolle, wenn, wie bei einer konfirmatorischen Faktorenanalyse, eine gewisse Unsicherheit darüber besteht, wieviele latente Faktoren hinter den manifesten Indikatoren stehen.

zweiten Hälfte der Stichprobe auf seine Güte zu prüfen. Man spricht hier von *Kreuzvalidierung*.

Natürlich sollten solche Anpassungen nur gemacht werden, wenn sie gleichzeitig auch theoretisch Sinn ergeben. Es ist z.B. nicht sinnvoll, auf kausale Beziehungen zu verzichten, von denen man anhand anderer Untersuchungen oder aus theoretischen Überlegungen mit grosser Sicherheit annehmen muss, dass diese Effekte existieren. Andererseits ist es auch nicht vernüftig, kausale Relationen zuzulassen, von denen man sich keine substanzielle Vorstellung machen kann, wie der kausale Prozess aussehen könnte. Kurzum, es sollten nur Modelle geschätzt werden, die auch sinnvoll interpretiert werden können.

8.9 Spezielle Aspekte

Heutzutage werden pfadanalytische Modelle meistens mit Computerprogrammen analysiert, die für die Analyse von sog. Strukturgleichungsmodellen entworfen wurden. Wie wir uns noch aus Kapitel 1 erinnern, wird im Rahmen eines Strukturgleichungsmodells für jede der Variablen des Pfadmodells ein sog. Messmodell aufgestellt. Dies ist besonders dann interessant, wenn wir davon ausgehen müssen, dass Messfehler vorliegen.

Sowohl bei der einfachen als auch bei der multiplen Regressionsanalyse (vgl. Kapitel 4) sind wir aber davon ausgegangen, dass die von uns beobachteten Merkmalswerte auch tatsächlich den wahren Werten entsprechen, oder anders gesagt, dass unsere Messungen (Beobachtungen) fehlerfrei sind. Diese Annahme ist insbesondere im sozialwissenschaftlichen Kontext selbstverständlich nicht immer realistisch und wir werden später im Rahmen des Kapitels 9 (konfirmatorische Faktorenanalyse) und des Kapitels 11 (Strukturgleichungsmodelle) auf die Bedeutung von Messfehlern ausführlicher eingehen. Vorläufig jedoch werden wir weiterhin davon ausgehen, dass keine Messfehler vorliegen.

Um trotzdem von den Computerprogrammen der Strukturgleichungsmodelle Gebrauch machen zu können, müssen wir uns kurz überlegen, was unsere Annahme, dass keine nennenswerten Messfehler vorliegen, für die entsprechenden Messmodelle bedeutet. In den Kapiteln 9 und 10 werden wir dann ausführlicher auf die Problematik der Messfehler eingehen. Für den Moment reicht es aus, wenn wir festhalten, dass die Relation zwischen den von uns tatsächlich *beobachteten* Merkmalswerten und den *wirklichen* (nicht direkt beobachtbaren) Merkmalswerten ebenfalls als eine lineare Regressionsgleichung vorgestellt werden kann. Die von uns beobachteten Merkmalswerte sind dabei selbstverständlich von den wahren Merkmalswerten abhängig:

$$Y_j = \alpha_j + 1\,\eta_j + \varepsilon_j \qquad \text{bzw.} \qquad X_j = \upsilon_j + 1\,\xi_j + \delta_j \quad ,$$

wobei Y_j bzw. X_j die tatsächlich *beobachteten* endogenen bzw. exogenen Merkmale und η_j (Eta) und ξ_j (Ksi) die entsprechenden *wirklichen* Merkmale darstellen. Da wir hier aber davon ausgehen, dass keine Messfehler vorliegen, sind die beide Fehlerterme ε_j und δ_j gleich Null. Gehen wir zusätzlich von zentrierten Variablen aus, dann fallen auch noch die Regressionskonstanten weg (vgl. Abschnitt 8.2.1) und die Regressionsgleichungen reduzieren sich zu einfachen Identitätsrelationen:

$$Y_j = \eta_j \qquad \text{bzw.} \qquad X_j = \xi_j \quad .$$

Mit diesen einfachen Messmodellen für die endogenen und exogenen Variablen im Hinterkopf, können wir unser Pfadmodell mittels der üblichen Computerprogramme analysieren.

Anhang: Die Ableitung der modellimplizierten Varianz-Kovarianz-Matrix

$$\boldsymbol{\Sigma}_{yy}(\boldsymbol{\theta}) = E(\mathbf{yy}') =$$
$$= E\left[(\mathbf{I} - \mathbf{B})^{-1}\left(\boldsymbol{\Gamma}\mathbf{x} + \boldsymbol{\zeta}\right)\left((\mathbf{I} - \mathbf{B})^{-1}\left(\boldsymbol{\Gamma}\mathbf{x} + \boldsymbol{\zeta}\right)\right)'\right]$$
$$= E\left[(\mathbf{I} - \mathbf{B})^{-1}\left(\boldsymbol{\Gamma}\mathbf{x} + \boldsymbol{\zeta}\right)\left(\mathbf{x}'\boldsymbol{\Gamma}' + \boldsymbol{\zeta}'\right)\left((\mathbf{I} - \mathbf{B})^{-1}\right)'\right]$$
$$= (\mathbf{I} - \mathbf{B})^{-1}\left(E(\boldsymbol{\Gamma}\mathbf{x}\mathbf{x}'\boldsymbol{\Gamma}') + E(\boldsymbol{\Gamma}\mathbf{x}\boldsymbol{\zeta}') + E(\boldsymbol{\zeta}\mathbf{x}'\boldsymbol{\Gamma}') + E(\boldsymbol{\zeta}\boldsymbol{\zeta}')\right)\left((\mathbf{I} - \mathbf{B})^{-1}\right)'$$
$$= (\mathbf{I} - \mathbf{B})^{-1}\left(\boldsymbol{\Gamma}\boldsymbol{\Phi}\boldsymbol{\Gamma}' + \boldsymbol{\Psi}\right)\left((\mathbf{I} - \mathbf{B})^{-1}\right)'$$

$$\boldsymbol{\Sigma}_{xx}(\boldsymbol{\theta}) = E(\mathbf{xx}') = \boldsymbol{\Phi}$$

$$\boldsymbol{\Sigma}_{xy}(\boldsymbol{\theta}) = E(\mathbf{xy}') =$$
$$= E\left[\mathbf{x}\left((\mathbf{I} - \mathbf{B})^{-1}\left(\boldsymbol{\Gamma}\mathbf{x} + \boldsymbol{\zeta}\right)\right)'\right]$$
$$= \boldsymbol{\Phi}\boldsymbol{\Gamma}'\left((\mathbf{I} - \mathbf{B})^{-1}\right)'$$

$$\boldsymbol{\Sigma}(\boldsymbol{\theta}) = \begin{bmatrix} (\mathbf{I} - \mathbf{B})^{-1}\left(\boldsymbol{\Gamma}\boldsymbol{\Phi}\boldsymbol{\Gamma}' + \boldsymbol{\Psi}\right)\left[(\mathbf{I} - \mathbf{B})^{-1}\right]' & (\mathbf{I} - \mathbf{B})^{-1}\boldsymbol{\Gamma}\boldsymbol{\Phi} \\ \\ \boldsymbol{\Phi}\boldsymbol{\Gamma}'\left[(\mathbf{I} - \mathbf{B})^{-1}\right]' & \boldsymbol{\Phi} \end{bmatrix}$$

Literatur

Backhaus, K., Erichson, B., Plinke, W., & Weiber, R. (2008, 12. Aufl.) *Multivariate Analysemethoden. Eine anwendungsorientierte Einführung.* Springer, Berlin. (Im deutschen Sprachraum fehlt leider eine gute Einführung in Pfadmodelle, in die konfirmatorische Faktorenanalyse und in Strukturgleichungsmodelle. Für einen minimalen Einstieg ist lediglich Kapitel 6 zu empfehlen.)

Bollen, K. E. (1989) *Structural Equations with Latent Variables.* Wiley, New York. (Das vollständigste Nachschlagewerk zum Thema Pfadanalyse, konfirmatorische Faktorenanalyse und Strukturgleichungsmodelle. Um dieses Werk lesen zu können, sind jedoch Kenntnisse der Matrix-Algebra vorausgesetzt. Das Buch ist auch nicht ganz billig.)

Hayduk, L.A. (1987) *Structural Equation Modeling with LISREL. Essentials and Advances.* John Hopkins University Press, Baltimore. (Eine weitere populäre Einführung auf Englisch. Es kann aber nicht mit dem Buch von Bollen mithalten.)

Saris, W. & Stronkhorst, H. (1984) *Causal Modelling in Nonexperimental Research. An Introduction to the LISREL Approach.* Sociometric Research Foundation, Amsterdam. (Eine didaktisch hervorragende und einfach geschriebene Einführung in die Denkweise der Pfadanalyse und der Strukturgleichungsmodelle. Es richtet sich zwar hauptsächlich auf sog. Pfadmodelle, aber der Schritt zu vollständigen Strukturgleichungsmodellen ist nach dem Lesen dieses Buches nur noch eine Kleinigkeit.)

9. Konfirmatorische Faktorenanalyse

9.1 Einleitung

Bei der klassischen Regressionsanalyse haben wir bisher angenommen, dass unsere lineare Regressionsgleichung mit ihren Regressionskoeffizienten und ihrer Regressionskonstanten die kausale Relation zwischen der abhängigen Variablen und den unabhängigen Variablen adäquat beschreibt. Auch haben wir bereits eine Reihe von Bedingungen kennengelernt, die erfüllt sein müssen, um die entsprechenden Koeffizienten (mit der Kleinste-Quadrate-Methode) schätzen zu können. Wie wir gesehen haben, sind diese Bedingungen in der Praxis nicht immer erfüllt. Es gibt dabei vor allem zwei wesentliche Probleme, die uns vielfach zu schaffen machen. Erstens sind unsere Messungen fast immer bis zu einem gewissen Grad fehlerhaft; wir haben es also mit einem *Messproblem* zu tun. Zweitens ist häufig nicht ausgeschlossen, dass andere, von uns nicht erfasste Ursachen für den beobachteten Zusammenhang zwischen der unabhängigen Variablen und der abhängigen Variablen verantwortlich sind. Das ist der Fall, wenn es eine gemeinsame Ursache sowohl für die abhängige Variable als auch die in unserer Regressionsanalyse als unabhängig behandelte Variable gibt, die wir nicht in unsere Betrachtung eingeschlossen hatten. Die Annahme des Unkorreliert-Seins der Residualwerte unserer Regressionsgleichung (worin der Effekt aller nicht spezifizierten Variablen enthalten ist) mit den unabhängigen Variablen in der Grundgesamtheit trifft dann nicht zu. Folglich entspricht das Regressionsmodell nicht der Wirklichkeit, oder anders gesagt: Das Regressionsmodell ist falsch spezifiziert. Wir haben es dann mit einem *Spezifikationsproblem* zu tun.

Messproblem – die Messungen der manifesten Variablen sind nicht fehlerfrei

Spezifikationsproblem – das Modell unfasst nicht alle relevanten Variablen

9.1.1 Das Messproblem

Das Messproblem lässt sich in drei Teilprobleme aufgliedern:

Gültigkeit – die Messungen entsprechen tatsächlich dem zu messenden Phänomen

1. Die *Validität* unserer Messungen ist das erste Problem. Eine Messung nennt man 'valid' oder 'gültig', wenn die Messwerte tatsächlich das repräsentieren, was man messen wollte. Wenn dies nicht der Fall ist, dann beschreiben natürlich auch die Regressionskoeffizienten nicht die uns interessierende kausale Relation, sondern irgend etwas anderes. So kann es z.B. vorkommen, dass die gemessene Variable nur einen Aspekt des zu erfassenden Phänomens darstellt. Man spricht dann von unvollständiger Repräsentation. Andererseits kann es vorkommen, dass die gemessene Variable auch noch andere Sachverhalte erfasst, die man eigentlich gar nicht erfassen wollte. Diesen Fall bezeichnet man als Überrepräsentation. Um mittels klassischer Regressionsanalyse adäquate Koeffizientenwerte zu bekommen, muss die Validität unserer Messinstrumente gewährleistet sein. Jeder, der schon einmal in der Praxis Daten erhoben (gemessen) hat, wird wissen, dass dies eine sehr schwierig zu erfüllende Bedingung ist.

Zuverlässigkeit – das Messinstrument liefert bei mehrmaligem Messen stabile Messwerte

2. Das zweite Problem ist die *Zuverlässigkeit* oder 'reliability' unserer Messungen. Ein Messinstrument nennt man zuverlässig ('reliable'), wenn es bei wiederholtem Messen des gleichen Merkmals am gleichen (unveränderten) Objekt immer den gleichen Messwert anzeigt. Ist unser Messinstrument nicht zuverlässig, werden wir je nach Messung bei unserer Regressionsanalyse andere Koeffizienten bekommen. Die Resultate werden dadurch weitgehend unbrauchbar. Um eine adäquate Beschreibung der uns interessierenden kausalen Relation zu bekommen, muss also auch die Zuverlässigkeit ('reliability') unserer Messinstrumente vorausgesetzt werden können.

3. Das dritte Problem bei der Messung unserer Variablen ist das sog. Messniveau der Variablen. Wie wir in Kapitel 1 bereits ausführlich dargestellt haben, können Variablen auf verschiedenen Skalenniveaus gemessen werden. In den Sozialwissenschaften werden Variablen selten auf Intervallniveau, sondern vielfach höchstens

auf ordinalem oder sogar nominalem Niveau gemessen. Es wird einleuchten, dass, wenn man eine Variable auf ordinalem Niveau erfasst und die Kategorien mit beliebigen Rangnummern versieht, dies in der Regressionsanalyse je nach verwendeten Rangnummern zu gravierenden Unterschieden führen kann. Strikt genommen müssen in der klassischen Regressionsanalyse alle Variablen auf einer Intervallskala gemessen werden.[1] In der Praxis ist diese Bedingung jedoch nicht erfüllt.

Um nun die Validität und Zuverlässigkeit unserer Messungen berücksichtigen und prüfen zu können, hat man die sog. *Faktorenanalyse* entwickelt. Einerseits umfasst die Faktorenanalyse die *explorative Faktorenenalyse*, die von den tatsächlich gemessenen (manifesten) Merkmalen ausgeht und auf explorativer Weise versucht zu ermitteln, welche (latenten) Dimensionen oder Pänomene nun eigentlich von ihnen erfasst wurden. Anderseits umfasst sie die *konfirmatorische Faktorenanalyse*, die explizit von den gesuchten (latenten) Dimensionen und den vom Forscher oder von der Forscherin postulierten Zusammenhängen mit den tatsächlich gemessenen Merkmale ausgeht und versucht zu ermitteln, wie gut die gemessenen Merkmale auch tatsächlich diese (latenten) Dimensionen repräsentieren. Anhand einer Faktorenanalyse können wir somit, ausgehend von den tatsächlich beobachteten (manifesten) Variablen, auf die gesuchten (latenten) Variablen schliessen. Wir erhalten quasi die 'wahren' Werte des von uns zu erfassen gesuchten (latenten) Phänomens. Indem man anstelle der (fehlerbehafteten) direkt gemessenen Variablen die (von den Fehlern und Abweichungen befreiten) *latenten* Variablen in die Regressionsanalyse eingehen lässt, erhalten wir auch die theoretisch 'richtigen' Koeffizientenwerte.

Neben dem Messproblem haben wir es auch noch mit dem Spezifikationsproblem zu tun.

explorative Faktorenanalyse – Methode zur Ermittlung von bisher unbekannten latenten Dimensionen, die hinter den manifesten Variablen stehen

konfirmatorische Faktorenanalyse – Methode zur Prüfung einer voraus postulierten Struktur von latenten Variablen, die hinter den manifesten Variablen stehen

---

[1] Kategorial skalierte unabhängige Variablen kann man unter Zuhilfenahme von sog. 'Dummy-Variablen', die ihrerseits wieder als metrisch-skalierte Variablen betrachtet werden können, in die Regression einführen (vgl. Kapitel 6).

9.1.2 Das Spezifikationsproblem

Der beobachtete Zusammenhang zwischen zwei Variablen kann verschiedene Ursachen haben. Erstens kann natürlich ein Zusammenhang von einer direkten kausalen Relation herrühren. Zweitens aber kann der gleiche Zusammenhang auch durch eine dritte Variable, die die beiden anderen kausal beeinflusst, entstehen. Der Zusammenhang ist dann ein sog. Scheinzusammenhang ('spurious relationship'). Drittens kann sowohl das eine als auch das andere auftreten. Wir haben es dann mit einer Kombination von einer direkten kausalen Beziehung mit einer dritten Variablen als gemeinsamer Ursache zu tun. Die klassische Regressionsanalyse kann diese einzelnen Effekte nicht auseinanderhalten. So kann es vorkommen, dass wir mittels der Regressionsanalyse eine Beschreibung einer kausalen Beziehung bekommen, die es gar nicht gibt oder deren Beschreibung nicht alle relevanten kausalen Faktoren umfasst. In beiden Fällen ist die Beschreibung nicht gültig.

Auch hierfür hat man eine Methode entwickelt, die diese Probleme berücksichtigt. Es handelt sich dabei um eine Methode zur Analyse komplexer Kausalstrukturen (*Pfadanalyse* oder Kausalanalyse). Dabei werden verschiedene simultan auftretende Abhängigkeitsbeziehungen in einem komplexen Modell zusammengefasst, simultan analysiert und auf ihre Güte geprüft. Auf diese Art und Weise kann zwischen den verschiedenen Ursachen eines Zusammenhangs unterschieden werden. In Kapitel 8 sind wir bereits ausführlich auf die Pfadanalyse eingegangen.

In diesem Kapitel wollen wir uns kurz mit der Analyse von Messmodellen in Form der konfirmatorischen Faktorenanalyse auseinandersetzen. Da grosse Analogien zwischen Pfadmodellen und Messmodellen bestehen – schliesslich können wir auch Messmodelle als eine Reihe simultaner Regressionsgleichungen auffassen – gehen wir hier davon aus, dass der Leser oder die Leserin Kenntnisse der Pfadanalyse hat. Wir werden denn auch nicht mehr ausführlich auf die Grundbegriffe, auf die Interpretation der Resultate oder auf die Evaluation der Modelle eingehen.

9.2 Das Messmodell: Die explorative und die konfirmatorische Faktorenanalyse

Ausgangspunkt bei der Aufstellung eines Messmodells ist eine gewisse Vorstellung von dem, was wir messen möchten, egal, ob es dabei um Einkommen, Alter, Einstellungen oder, wie im nachfolgenden Beispiel, um umweltverantwortliches Handeln geht. Es lohnt sich im Allgemeinen, solche inzwischen alltäglich gewordenen Begriffe oder Merkmale nicht immer für bare Münze zu nehmen, sondern sich genauestens zu überlegen, was man darunter versteht. So könnten wir z.B. das umweltverantwortliche Verhalten als ein Verhalten definieren, das der Natur möglichst wenig schadet. Eine solche relativ abstrakte Formulierung des zu messenden Merkmals nennt man in der Wissenschaftstheorie manchmal auch ein *theoretisches Konstrukt*. In unserem Zusammenhang ziehen wir jedoch den Begriff *latente Variable* vor. Latent, da es in dieser Form nicht messbar ist. Um es messen zu können, müssen wir uns erst noch Gedanken dazu machen, wie es sich in der Wirklichkeit manifestiert. Das umweltverantwortliche Handeln kann sich auf ganz verschiedene Weise manifestieren; z.B. indem wir weniger Auto fahren, nur biologisch angebautes Gemüse essen, Abfälle zur Wiederverwertung sammeln und so weiter und so fort. Diese 'Manifestationen' bezeichnet man in der Wissenschaftstheorie manchmal auch als (beobachtbare) *empirische Begriffe*. Wir wollen uns hier wieder lieber an den Sprachgebrauch der angewandten Statistik halten und von (beobachtbaren) *manifesten Variablen* sprechen. Bezeichnungen wie *Indikatoren* oder *Indikatorvariablen* sind aber auch nicht unüblich. Weniger-Auto-Fahren ist ein Indikator für das umweltverantwortliche Handeln einer Person. Wir gehen dabei davon aus, dass, *wenn* eine Person umweltverantwortlich handelt, sie *dann* auch weniger Auto fährt als dies sonst üblich ist. Eine solche Wenn-Dann-Aussage stellt eine Abhängigkeitsrelation dar. Das (manifeste) Weniger-Auto-Fahren ist vom (latenten) umweltverantwortlichen Handeln abhängig. Wie wir aus Kapitel 3 über die klassische Regressionsanalyse bereits wissen, ist die einfachste Art, eine solche Abhängigkeit darzustellen, eine lineare Gleichung. So könnten wir z.B. schreiben:

latente Variable – nicht direkt messbare Variable bzw. nicht direkt messbares theoretisches Konstrukt

manifeste Variable – direkt messbare Variable

$$Y = \beta_0 + \beta_1 X_1 + \varepsilon \quad .$$

Es ist dabei egal, mit welchen Buchstaben wir die einzelnen Variablen und Koeffizienten kennzeichnen. In der LISREL-Notation lautet diese Gleichung z.B. wie folgt:

$$X = \upsilon + \lambda\,\xi + \delta \quad ,$$

wobei X den abhängigen (manifesten) Indikator (Weniger-Auto-Fahren) für die unabhängige (latente) Variable ξ ('Ksi') (umweltverantwortliches Handeln) darstellt. Die lineare Relation zwischen dem latenten theoretischen Konstrukt und der manifesten Indikatorvariablen bezeichnet man in der Wissenschaftstheorie auch als *Korrespondenzregel*. Wir wollen es bei *Messgleichung* belassen.

Die Analyse eines Messmodells nennt man in der Statistik manchmal auch *Faktorenanalyse*. Die sog. Faktoren sind dabei nichts anderes als die latenten Variablen, die wir zu messen versuchen. Grundsätzlich unterscheidet man zwei Arten der Faktorenanalyse. Erstens die *konfirmatorische Faktorenanalyse* und zweitens die *explorative Faktorenanalyse*. Wir haben bereits festgestellt, dass der Ausgangspunkt jedes Messvorgangs gewisse Vorstellungen sind über das, was man messen möchte und darüber, wie (bzw. mit welchen Indikatoren) man es messen möchte. Bei der konfirmatorischen oder 'bestätigenden' Faktorenanalyse wird z.B. im voraus postuliert, welche Indikatoren von welchen latenten Konstrukten bestimmt werden. Diese Annahmen werden in Form unseres Messmodells explizit festgelegt. So könnten wir z.B. die Hypothese formulieren, dass wir das umweltverantwortliche Handeln der Bevölkerung unter anderem mit Hilfe der Fragen nach dem Sammeln von Alu-Deckeln und nach der Intensität des Autogebrauchs messen können. Gleichzeitig können wir auch die Hypothese formulieren, dass die politische Präferenz am besten mit Hilfe der Frage nach der Parteimitgliedschaft operationalisiert werden kann. Das Messmodell würde dann wie in Figur 9.1 dargestellt aussehen.

Unsere Annahmen implizieren, dass das umweltverantwortliche Handeln keinen Einfluss auf die Parteimitgliedschaft hat. Der entsprechende Regressionskoeffizient ist denn auch im voraus auf Null fixiert. Andererseits ist es aber denkbar, dass politische Präferenz durchaus einen

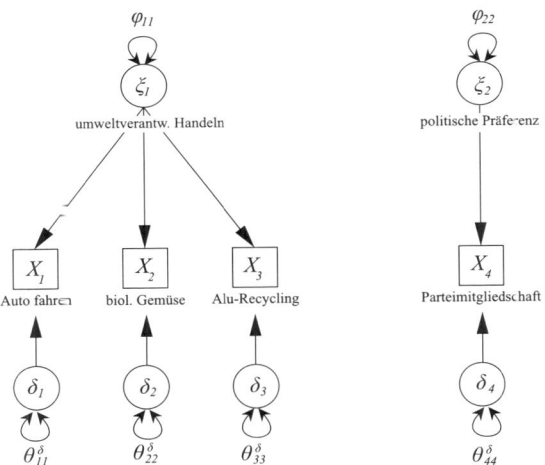

Abbildung 9.1: Beispiel eines einfachen Messmodells für die konfirmatorische Faktorenanalyse

Zusammenhang mit dem umweltverantwortlichen Handeln aufweist. Die entsprechende Kovarianz wird also nicht auf Null fixiert, sondern soll geschätzt werden. Wenn diese Annahmen in der Wirklichkeit zutreffen, dann wird auch das geschätzte Modell, abgesehen von einigen zufälligen Abweichungen, die beobachtete Varianz-Kovarianz-Matrix (der manifesten Variablen) hinreichend reproduzieren können. Das Messmodell hat sich dann bewährt bzw. *bestätigt*.

Bei der explorativen Faktorenanalyse werden die Annahmen über das Messmodell weit weniger genau festgelegt. Es wird lediglich festgehalten, welche Variablen man zur Messung einer (oder mehrerer) Konstrukte herbeigezogen hat. Bewusst lässt man aber offen, welche Indikatoren von welchen latenten Konstrukten abhängig sind. Es werden also keine Regressionskoeffizienten oder Kovarianzen im voraus auf Null fixiert. Es geht sogar soweit, dass die Anzahl latenter Konstrukte, von denen die manifesten Variablen abhängig sind, nicht von vornherein festgelegt werden. Figur 9.2 gibt ein Beispiel eines solchen Messmodells wieder.

Die Modellschätzung wird dann aufzeigen, ob gewisse Koeffizienten und/oder Kovarianzen statistisch signifikant

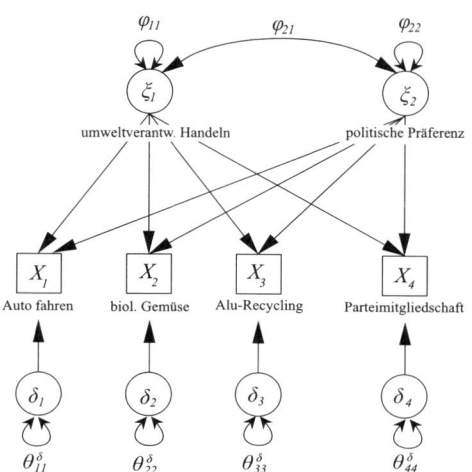

Abbildung 9.2: Beispiel eines Messmodells einer explorativen Faktorenanalyse

von Null abweichen oder nicht. Man kann sich nun fragen, warum denn nicht immer die explorative Faktorenanalyse vorgezogen wird. Der Grund dafür liegt darin, dass Modelle zur explorativen Faktorenanalyse als solche grundsätzlich nicht identifiziert sind. Es gibt also eine Vielzahl gleich guter Lösungen (Schätzungen für die Parameter). Um die Modellparameter eindeutig schätzen zu können, müssen wiederum Restriktionen eingeführt werden. Häufig verwendete zusätzliche Restriktionen bei der explorativen Faktorenanalyse sind z.B., dass die latenten Variablen untereinander keinen Zusammenhang aufweisen (nicht korreliert sind) und dass sie sich nach dem auf sie zurückführbaren Anteil der gesamten Varianz der beobachteten Variablen ordnen lassen.[2] Auch bei der explorativen Faktorenanalyse werden darum Restriktionen eingeführt und diese sind häufig nicht inhaltlich begründet, sondern werden lediglich eingeführt, um das Modell identifizierbar zu machen. Die Unterschiede zwischen den beiden Arten der Faktorenanalyse sind also äusserst relativ. Welche Form der Faktorenanalyse man bevorzugt, hängt also hauptsächlich damit zusammen, welche

---

[2] Dies sind genau die Bedingungen der sog. *Hauptkomponentenanalyse*.

Art der Restriktionen man vorzieht bzw. welche Restriktionen sich besser begründen lassen. So hat es sich eingebürgert, dass in Fällen, in denen wenig über die latenten Konstrukte und wenig über die Zusammenhänge zwischen ihnen und den beobachteten Variablen bekannt ist, eher die explorative Faktorenanalyse verwendet wird. Sind dagegen klare Hypothesen formulierbar, zieht man die konfirmatorische Faktorenanalyse vor.

Der Unterschied wird noch weiter abgeschwächt, wenn man bedenkt, dass Forscher mit 'schlecht passenden' konfirmatorischen Faktorenanalysemodellen meistens ihre Modelle auf explorative Weise schrittweise anpassen und dass Forscher, die die traditionelle explorative Faktorenanalyse verwenden, durch eine gezielte Auswahl der zu analysierenden manifesten Variablen auch bereits implizit ein bestimmtes Modell postulieren.

Wir werden uns hier in diesem Kapitel auf die konfirmatorische Faktorenanalyse beschränken.

9.3 Die konfirmatorische Faktorenanalyse

In diesem Abschnitt wollen wir uns speziell der konfirmatorischen Faktorenanalyse zuwenden. Als Nächstes müssen wir uns deshalb Gedanken dazu machen, wie wir das konfirmatorische Faktorenmodell spezifizieren können. In den vorherigen Beispielen haben wir schon einige Aspekte der Spezifikation des Messmodells kennengelernt. So gehen wir z.B. im Allgemeinen davon aus, dass die latenten theoretischen Konstrukte die kausalen 'Ursachen' der Ausprägungen der manifesten Variablen sind. Diese Abhängigkeitsbeziehungen werden in unserem Modell mittels linearer Regressionsgleichungen dargestellt, in denen die manifeste Variable jeweils die abhängige Variable darstellt. Darüber hinaus sind aber noch einige weitere Aspekte zu berücksichtigen. Diese werden wir im Abschnitt über die Festlegung einer Skala für die jeweilge latente Variable und im darauffolgenden Abschnitt über das Problem der Identifikation näher beleuchten.

9.3.1 Die Festlegung einer Skala für die latenten Variablen

Bisher haben wir die manifesten Variablen relativ ungenau definiert. Die manifeste Variable ist erst so richtig manifest oder beobachtbar, wenn wir dazu eine Messskala festgelegt haben, z.B. 'Kilometer'. Die vollständige Beschreibung unserer manifesten Variablen 'Weniger-Auto-Fahren' lautet dann: 'die Anzahl der im vergangenen Jahr gefahrenen Kilometer'. Je mehr Kilometer im vergangenen Jahr mit dem Auto zurückgelegt wurden, desto weniger umweltverantwortlich hat die betreffende Person gehandelt. Für die latente Variable verfügen wir jedoch noch nicht über eine solche Skala, auf der wir das Score (bzw. 'Antwort') der befragten Person eintragen können. Wir wissen noch nicht, in was für Einheiten wir den Unterschied zwischen dem umweltverantwortlichen Handeln einer Person im Vergleich zu einer anderen Person ausdrücken sollen. Handelt eine Person nun soviel Kilo oder Schweizerfranken umweltverantwortlicher als die andere? Wenn wir also sinnvoll über das umweltverantwortliche Handeln einer Person reden wollen, müssen wir eine Skala für unsere latente Variable festlegen. Für viele solcher Skalen gibt es in der wissenschaftlichen Gemeinschaft Abmachungen (Konventionen). Für viele andere uns interessierenden theoretischen Konstrukte ist dies jedoch (noch) nicht der Fall. Wir können dann eine beliebige Messskala wählen.

Wie wir eine Messskala für eine latente Dimension festlegen können, lässt sich am besten anhand einiger Beispiele illustrieren: So wollen wir z.B. von der willkürlichen hypothetischen Situation ausgehen, in der wir die Temperatur an einem bestimmten Ort in der Schweiz, sagen wir Bern, messen wollen. Es ist uns aber zu teuer und zu aufwendig, für jede Messung von Zürich nach Bern zu reisen. Die Schweizerische Meteorologische Anstalt in Zürich hat in den vergangenen Jahren jedoch festgestellt, dass die Temperatur in Bern, von Zufallsschwankungen abgesehen, eine (relativ) konstante Relation mit der Temperatur in Zürich aufweist. Wir können somit die Temperatur in Zürich messen und diese als Indikator für die Temperatur in Bern verwenden. Die Temperatur in Bern ist unsere latente Variable und die Temperatur in Zürich unsere manifeste Indikatorvariable.[3] Die Erfahrung hat uns gelehrt, dass die Temperatur in Zürich, die wir hier als X bezeichnen wollen, auf folgende Weise von der Temperatur in Bern ξ abhängt:

$$X_{zh} = 2 + 0{,}9\,\xi_{be} + \delta \quad .$$

Sowohl die Temperatur in Zürich X_{zh} als auch die Temperatur in Bern ξ_{be} und die Störvariable δ sind dabei auf der Temperaturskala von Celsius abgebildet. Wir wollen sie darum mit einem hochgestellten Index (c) für Celsius versehen:

$$X_{zh}^{(c)} = 2 + 0{,}9\,\xi_{be}^{(c)} + \delta^{(c)} \quad .$$

Schauen wir jetzt, was passiert, wenn wir für die latente Variable (Temperatur in Bern) eine andere Messskala wählen. Wir wählen dazu die Temperaturskala von Kelvin. Bekanntlich entspricht $0°K$ genau $-273{,}16°C$. Der Nullpunkt beider Skalen ist verschieden. Die Schrittgrösse (Messeinheit) beider Skalen ist aber gleich, d.h. dass $1°$ Temperaturunterschied auf der Celsius-Skala auch $1°$ Temperaturunterschied auf der Kelvin-Skala entspricht. Um $°K$ in $°C$ umzurechnen braucht man also lediglich $273{,}16$ zu addieren. Selbstverständlich ändert sich dadurch die Relation an sich nicht. Nur die Darstellung dieser Relation in Form unserer Regressionsgleichung ändert sich:

$$
\begin{aligned}
X_{zh}^{(c)} &= 2 + 0{,}9\left(\xi_{be}^{(k)} + 273{,}16\right) + \delta^{(c)} \\
&= 2 + 245{,}84 + 0{,}9\,\xi^{(k)} + \delta^{(c)} \\
&= 247{,}84 + 0{,}9\,\xi_{be}^{(k)} + \delta^{(c)} \quad .
\end{aligned}
$$

---

[3] Diese Situation mag vielleicht allzu hypothetisch anmuten. Bei genauerer Inventarisierung vieler Forschungsprobleme werden wir aber immer wieder auf solche und ähnliche Problemstellungen stossen. Ein weiteres Beispiel stammt aus der eigenen geographischen ETH-Küche. Dabei wurde versucht, mittels einer ganzen Reihe von Indikatoren eine Schätzung von den Wasservorräten in der Schnee- und Eisdecke im Hochgebirgseinzugsgebiet eines Flusses zu bekommen. Auch hier wurde zur Messung einer latenten Variablen von Indikatoren Gebrauch gemacht. Eine ähnliche Situation würden wir antreffen, wenn wir die Temperatur in Zürich messen wollen und nur ein Thermometer haben, das fehlerhafte Daten liefert. Die richtige Temperatur wäre dann jene Temperatur, die wir theoretisch messen wollen. Sie ist unsere latente Variable. Die tatsächlich gemessene, wenn auch fehlerhafte Temperatur entspricht dann unserer manifesten Indikatorvariablen.

Lediglich die Regressionskonstante hat sich geändert. Auch wenn wir nicht $°K$, sondern $°$Fahrenheit als Skala für die Temperatur in Bern wählen, ändert sich die Gleichung. Wir rechnen dazu wieder $°F$ in $°C$ um und setzen dies in die ursprüngliche Gleichung ein. Dazu subtrahieren wir erst 32 und dividieren das Resultat durch 1,8. In diesem Fall sind also nicht nur die Nullpunkte beider Skalen verschieden, sondern auch die Messeinheiten. Ein Temperaturunterschied von $1°C$ entspricht *nicht* einem Temperaturunterschied von $1°F$, sondern einem Temperaturunterschied von $\frac{1}{1,8} = 0{,}556°F$:

$$
\begin{aligned}
X_{zh}^{(c)} &= 2 + 0{,}9 \left(\frac{\xi_{be}^{(f)} - 32}{1{,}8} \right) + \delta^{(c)} \\
&= 2 - \frac{0{,}9}{1{,}8}\, 32 + \frac{0{,}9}{1{,}8}\, \xi_{be}^{(f)} + \delta^{(c)} \\
&= 2 - 16 + 0{,}5\, \xi_{be}^{(f)} + \delta^{(c)} \\
&= -14 + 0{,}5\, \xi_{be}^{(f)} + \delta^{(c)} \quad .
\end{aligned}
$$

Wir sehen, dass sowohl die Regressionskonstante als auch der Regressionskoeffizient numerisch einen anderen Wert bekommen haben, obwohl sich an der Relation zwischen der Temperatur in Bern und Zürich physikalisch nichts geändert hat.

Auf analoge Weise können wir für die latente Variable (Temperatur in Bern) eine völlig neue Skala einführen. Auch dadurch ändert sich der physikalischen Zusammenhang nicht. So können wir z.B. die neue Temperaturskala so wählen, dass der Regressionskoeffizient genau Eins beträgt. Die Regressionskonstante lassen wir unverändert, das heisst, unsere neue Skala hat den gleichen Nullpunkt wie die Celsius-Skala:

$$
X_{zh}^{(c)} = 2 + 1\, \xi_{be}^{(?)} + \delta^{(c)} \quad .
$$

Um die Einheiten der neuen Skala in $°C$ umzurechnen, müssen wir sie mit $\frac{1}{0{,}9} = 1{,}111$ multiplizieren. Ein Grad Temperaturunterschied auf unserer neuen Skala entspricht also $0{,}9°C$.

Wir stellen fest, dass wir durch die Wahl einer bestimmten Regressionskonstanten und eines bestimmten Regressionskoeffizienten die Skala unserer latenten Variablen festlegen können, ohne dass sich dadurch der Zusammenhang zwischen der latenten Dimension und unserem Indikator ändert.

Bei Strukturgleichungsmodellen gehen wir in der Regel aber von zentrierten Daten aus, d.h., dass wir alle Variablen vor der Analyse als Abweichungen von ihrem Mittelwert darstellen. Wie wir uns noch von der klassischen Regressionsanalyse erinnern, bedeutet dies, dass die Regressionskonstante Null wird und aus der Regressionsgleichung 'herausfällt'. Die Regressionskoeffizienten dagegen bleiben unverändert. Um in dieser Situation die Skala einer latenten Variablen festzulegen, reicht es also aus, wenn wir den Regressionskoeffizienten *eines* der Indikatoren dieser latenten Variablen auf eine beliebige Zahl, z.B. '1', fixieren. Es spielt dabei keine Rolle, welchen der Indikatoren der betreffenden latenten Variablen man dazu auswählt.

Die Wahl einer bestimmten Skala für die latente Variable beeinflusst, wie wir gesehen haben, den Regressionskoeffizienten für die Abhängigkeitsrelation der Indikatorvariablen von der latenten Variablen. Ist einmal die Skala der latenten Variablen festgelegt, dann sind damit auch die Regressionskoeffizienten für die Beziehungen zu den anderen Indikatoren dieser latenten Variablen bestimmt. Wählen wir eine andere Skala für die latente Variable, werden auch diese Regressionskoeffizienten sich ändern. Das heisst, dass sich, je nachdem welchen der Regressionskoeffizienten wir in Figur 9.3 auf '1' fixieren, der Wert der Regressionskoeffizienten der übrigen Indikatoren dieser latenten Variablen verändert wird.

Ein Nachteil dieser Art der Festlegung einer Messskala für eine latente Variable ist, dass wir den Regressionskoeffizienten, den wir auf '1' fixiert haben, nicht mehr auf seine Signifikanz prüfen können. Wir können nicht prüfen, ob dieser Regressionskoeffizient statistisch signifikant von Null abweicht, bzw. ob dieser Indikator überhaupt signifikant von unserer latenten Variablen abhängt, oder anders ausgedrückt: ob es überhaupt ein guter Indikator für unsere latente Variable ist. Manchmal verwenden wir darum eine andere Methode zur Festlegung der Skala einer latenten Variablen.

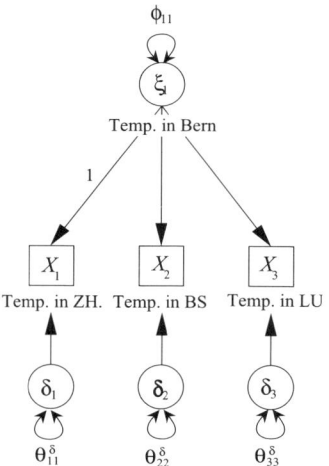

Abbildung 9.3: Beispiel eines Messmodells

Eine andere mögliche Methode besteht z.B. darin, nicht einen Regressionskoeffizienten der Abhängigkeitsrelation zwischen einem Indikator und der latenten Variablen zu fixieren, sondern die Varianz der latenten Variablen auf einen bestimmten Wert, z.B. '1', festzulegen. Ausgehend von unserem Beispiel und der Definition der Varianz einer Variablen können wir die Gleichung

$$X^{(c)} = \upsilon + \lambda_x\, \xi^{(?)} + \delta^{(c)}$$

auch schreiben als:

$$\sigma^2_{X^{(c)}_{zh}} = \lambda_x^2\, \sigma^2_{\xi^{(?)}_{be}} + \sigma^2_{\delta^{(c)}} \quad .$$

Selbstverständlich liegt die Varianz $\sigma^2_{X^{(c)}_{zh}}$ des beobachteten Indikators ebenso wie die 'unerklärte' Restvarianz $\sigma^2_{\delta^{(c)}}$ durch die physikalischen Gegebenheiten und durch die Tatsache, dass wir einen bestimmten Skala festgelegt haben, im vornherein fest. Die Varianz $\sigma^2_{\xi^{(?)}_{be}}$ der latenten (exogenen) Variablen ξ_{be} bezeichnet man in der LISREL-Terminologie auch als ϕ_ξ (Phi):

$$\sigma^2_{X^{(c)}_{zh}} = \lambda_x^2\, \phi_{\xi_{be}} + \sigma^2_{\delta^{(c)}} \quad .$$

Aus dieser Gleichung ist direkt ersichtlich, dass durch eine Festlegung der Varianz ϕ_ξ für die latente Variable auch der Regressionskoeffizient λ_x und somit die Skala für die latente Variable eindeutig festgelegt wird. Falls wir die Varianz aller exogenen latenten Variablen in unserem Modell auf '1' fixieren, würden damit auf der Hauptdiagonalen der Matrix $\boldsymbol{\Phi}$ lauter Einsen vorkommen. In diesem Fall stellt diese Matrix also nicht die Varianzen/Kovarianzen, sondern die Korrelationen der exogenen latenten Variablen dar.

9.3.2 Die Identifikation des Messmodells

Im Zusammenhang mit der Schätzung der Parameter eines Pfadmodells (vgl. Kapitel 8) haben wir bereits von über- und unter-identifizierten Modellen gesprochen. Wir werden darum hier nicht ausführlicher darauf eingehen und uns mit einer Aufzählung der wichtigsten Identifikationsregeln für Messmodelle begnügen.

Identifikationsregeln für das Messmodell:

- **t-Regel.** Die Anzahl unbekannter Parameter soll kleiner oder gleich der Anzahl nicht-redundanter Gleichungen (Varianzen/Kovarianzen) sein. Diese Bedingung besagt nichts anderes, als dass die Anzahl der Freiheitsgrade in unserem Modell positiv oder Null sein soll. Wie wir bereits gesehen haben (vgl. Kapitel 8), reicht diese Bedingung nicht aus. Sie ist lediglich eine notwendige, jedoch nicht eine hinreichende Bedingung. Diese Bedingung sollte also immer erfüllt sein. Aber auch wenn sie erfüllt ist, heisst dies noch nicht, dass das Modell auch tatsächlich identifiziert ist.

- **3-Indikatorenregel.**
  ▷ Die latenten Variablen sind nicht miteinander korreliert. Ihre Kovarianz beträgt also Null bzw.: Die Matrix $\boldsymbol{\Phi}$, die die Varianzen/Kovarianzen der latenten Variablen darstellt, ist diagonal (alle Elemente ausserhalb der Hauptdiagonalen sind Null).
  ▷ Jeder manifeste Indikator ist nur von einer einzigen latenten Variablen abhängig. Jede manifeste Variable ist also nur ein Indikator für ein einziges theoretisches

laden – wenn eine manifeste Variable mit einer latenten Variablen korreliert, sagt man auch, dass die manifeste Variable auf die latente Variable 'lädt'

Konstrukt oder anders gesagt: Jede manifeste Variable 'lädt' nur auf eine einzige latente Variable. Mathematisch bedeutet dies, dass jede Zeile der Λ^x-Matrix nur ein Element mit einem Wert, der nicht gleich Null ist, aufweist.

▷ Für jede latente Variable verfügen wir in unserem Messmodell über mindestens drei Indikatoren. Jede Spalte der Λ^x-Matrix weist also mindestens drei Elemente mit einem Wert auf, der nicht gleich Null ist.

▷ Alle Messfehlervariablen δ sind untereinander unkorreliert. Die Θ^δ-Matrix, die die Varianzen/Kovarianzen der Messfehlervariablen darstellt, ist also diagonal (alle Elemente ausserhalb der Hauptdiagonalen sind Null).

▷ Die Skalen der latenten Variablen sind alle festgelegt (vgl. Abschnitt 9.3.1).

- **Zwei-Indikatorenregel.**
  ▷ Jede latente Variable ist mit mindestens einer anderen latenten Variablen korreliert. Die Spalten der Matrix Φ, die die Varianzen/Kovarianzen der latenten Variablen darstellt, weist also mindestens zwei Elemente mit einem Wert auf, der nicht gleich Null ist;
  ▷ Die weitere Bedingungen stimmen mit der Drei-Indikatorenregel überein (vgl. oben), mit der Annahme, dass jede latente Variable jetzt nur noch zwei (oder mehr) Indikatoren aufweisen muss.

Die Zwei- und die Drei-Indikatorenregeln stellen hinreichende, jedoch nicht notwendige Bedingungen dar. Wenn sie erfüllt sind, ist das Messmodell mit Sicherheit identifiziert. Wenn sie nicht erfüllt sind, heisst dies jedoch noch *nicht*, dass das Modell *nicht* identifiziert ist. Es ist also durchaus möglich, dass, auch wenn diese beiden Bedingungen nicht erfüllt sind, das Modell trotzdem identifiziert ist. Sicherheit darüber haben wir dann jedoch nicht.

Um bezüglich der Identifikation unseres Messmodells trotzdem nicht ganz im Dunkeln zu tappen, ist es ratsam, die Parameter des Modells mehrmals mit jeweils anderen (möglichst weit auseinander liegenden) Startwerten zu schätzen. Wenn mehrere gleich-optimale Lösungen existieren (das Modell also nicht identifiziert ist), ist es relativ wahrscheinlich, dass wir auf diese Weise tatsächlich andere Schätzwerte erhalten. Ist das Modell jedoch identifiziert,

existiert nur eine einzige optimale Lösung, dann werden
wir aller Wahrscheinlichkeit nach auch immer wieder diese eine Lösung erhalten. Dies ist also ein Indiz dafür, dass
das Modell identifiziert ist. Aber auch dann sind wir noch
immer nicht ganz sicher, da es immer noch Kombinationen
von Startwerten gibt, die wir nicht haben und alle ausprobieren können wir ja nicht.

9.3.3 Die Validität oder Gültigkeit des Messmodells

In der Einführung zu diesem Kapitel haben wir bereits davon gesprochen, dass die Tatsache, dass unsere Messungen meistens fehlerbehaftet sind, der Grund dafür ist, dass
man überhaupt Messmodelle aufstellt (und diese allenfalls
mit unserem Strukturmodell kombiniert). Selbstverständlich wollen wir dabei auch etwas mehr über die Güte unseres Messmodells und unserer Messungen sagen können. In
diesem Abschnitt wollen wir darum noch etwas tiefer auf
die Validität oder Gültigkeit unserer Messungen eingehen.

Wir wissen bereits, dass ein Messinstrument, unabhängig davon, ob es ein Thermometer oder ein Fragebogen
ist, als gültig (oder 'valid') bezeichnet werden kann, wenn
es tatsächlich das misst, was es messen sollte. So könnte
es z.B. vorkommen, dass, wenn wir in unseren Bemühun-
gen, das umweltverantwortliche Handeln der Bevölkerung
zu messen, nach dem Sammeln von Alu-Deckeln fragen,
gewisse Männer antworten, dass sie nie Alu-Deckel sammeln, weil sie nie selbst ihre Joghurt-Becher aufmachen.
Es könnte sein, dass ihnen das die liebende Ehefrau abnimmt. Die Ehefrau sammelt vielleicht fleissig diese Alu-
Deckel und bringt sie regelmässig zur Sammelstelle. Heisst
das nun aber, dass dieser Mann nicht umweltverantwortlich handelt? Natürlich nicht! Es heisst nur, dass er vielleicht ein Patriarch ist und sein Essen nicht selbst zuberei-
tet. Die Frage nach dem Sammeln von Alu-Deckeln alleine
ist also nicht gerade ein sehr valides Messinstrument zur
Messung des umweltverantwortlichen Handelns. Nur bezogen auf Hausfrauen dürfte ihre Validität jedoch bedeutend
höher sein.

Wir können vier verschiedene Typen der Validität unterscheiden:

1. Inhaltsvalidität;
2. Kriteriumsvalidität;
3. Konstruktionsvalidität;
4. Konvergenz- und Diskriminanzvalidität.

Inhaltsvalidität
– alle Teildimensionen des latenten theoretischen Konstrukts werden mittels der manifesten Variablen erfasst

Die *Inhaltsvalidität* bezieht sich darauf, dass möglichst alle Aspekte der latenten Dimension, die gemessen werden sollten, berücksichtigt wurden. Umweltverantwortliches Handeln ist zum Beispiel ein vielseitiges Phänomen, das vom Umweltschutz im Haushalt bis zur professionellen Umweltpolitik und bis zum Überreden anderer zu umweltverantwortlichem Handeln reicht. Die Inhaltsvalidität kann empirisch nicht abschliessend geprüft werden, sondern muss bereits bei der Begriffsbildung und Operationalisierung gebührend beachtet werden. Das, was nicht übersehen und nicht gemessen wurde, wird sich auch in den Daten nicht manifestieren. Manchmal jedoch kommt es vor, dass man anhand einer grossen Anzahl von Fragen in einem Fragebogen (manifeste Variablen) versucht, einem komplexen Phänomen auf die Schliche zu kommen. Die Schätzung unseres Messmodells anhand der konfirmatorischen Faktorenanalyse zeigt jedoch, dass gewisse Indikatoren sich immer wieder anders verhalten als andere und dass das gesamte Modell irgendwie nicht so recht 'passt'. In diesem Fall haben wir vielleicht mehr oder andere Dinge gemessen als wir eigentlich wollten. In so einem Fall kann man mit Hilfe einer explorativen Faktorenanalyse versuchen, das Phänomen weiter auszufransen, um weitere Dimensionen ans Tageslicht zu bringen. Auf die explorative Faktorenanalyse werden wir noch zurückkommen.

Kriteriumsvalidität – Messung entspricht einer Referenzmessung, von der man annehmen darf, dass sie den 'wahren' Wert repräsentiert

Mit der *Kriteriumsvalidität* ist die Übereinstimmung unserer Messungen mit irgendwelchen externen Referenzmessungen gemeint, die man quasi als Eichvariable beizieht. Diese externe Referenzmessung nennt man das *Kriterium*. So kann man sich fragen, ob die Frage nach dem Sammeln von Alu-Deckeln tatsächlich einen Eindruck von umweltverantwortlichem Handeln vermittelt. Um die Antworten zu kontrollieren, stelle ich mich eine Woche lang neben der Sammelstelle auf und registriere minutiös, wer alles Alu-Deckel bringt und wer nicht. Diese Ergebnisse verwende ich als Kriterium, um zu prüfen, ob die Antworten, die ich bekommen habe, kriteriumsvalid sind. Der Absolutwert der Korrelation oder Kovariation der beiden Ergebnisse ist ein Mass für die Kriteriumsvalidität und wird manchmal auch *Validitätskoeffizient* genannt.

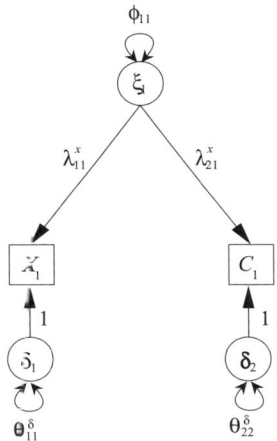

Abbildung 9.4: Beispiel eines Modells zur Überprüfung der Kriteriumsvalidität

Figur 9.4 gibt eine einfache Situation zur Feststellung der Kriteriumsvalidität eines Messinstruments wieder. X_1 stellt dabei die zu validierende Messung und C_1 die Kriteriumsmessung dar. Die Korrelation der beiden Messungen ist gegeben durch:

$$\rho_{x_1 c_1} = \frac{\lambda_{11}^x \lambda_{21}^x \phi_{11}}{\sqrt{\sigma_{x_1}^2 \sigma_{c_1}^2}}$$

Wir sehen, dass $\rho_{x_1 c_1}$ von mehr als nur der Übereinstimmung zwischen X_1 und C_1 abhängt. Nur wenn $\lambda_{21}^x = 1$ und $\delta_2 = 0$ bzw. $\theta_{22}^\delta = 0$ hat der Validitätskoeffizient seine Berechtigung. Gewisse Vorsicht ist hierbei also geboten.

Eine besondere Form der Prüfung der Kriteriumsvalidität ist die *Methode der bekannten Gruppen*. Sind zwei Gruppen bekannt, die auf der betreffenden latenten Dimension erhebliche Unterschiede aufweisen, so muss ein valides Messinstrument in der Lage sein, diese Gruppen deutlich zu unterscheiden. In unserem Beispiel zur Messung umweltverantwortlichen Handelns könnten wir dies

z.B. anhand von Mitgliedern der Autopartei und Mitgliedern von Greenpeace versuchen. Es ist dabei jedoch darauf
zu achten, dass diese Gruppen sich unter Umständen nur
bezüglich bestimmter Teilaspekte des umweltverantwortlichen Handelns unterscheiden.

Konstruktvalidität
– die gemessene Va-
riable verhält sich
in einem Kausalmo-
dell den Erwartun-
gen entsprechend

Eine dritte Art der Validität ist die *Konstruktvalidität*.
Vielfach sind unsere theoretischen Konstrukte nur vage
oder unvollständig bestimmt und festgelegt. So scheint zwar
jeder eine gewisse Vorstellung von umweltverantwortlichem
Handeln zu haben, aber eine exakte operationalisierbare
Definition kann fast niemand abgeben. Auf irgendeine Art
versuchen wir aber ständig, so gut und so schlecht als dies
nunmal geht, auch diese latente Variable zu messen. Es
ist dann aber nicht gut möglich, die Inhaltsvalidität des
Messinstrumentes zu bestimmen. Auch fehlen dann klare
Kriterien für eine Referenzmessung und die Kriteriumsvalidität kann somit auch nicht geprüft werden. Es bleibt dann
nichts anderes übrig als die Bestimmung der Konstruktvalidität. Ein Messinstrument ist konstruktvalid, wenn die
Beziehungen zwischen den gemessenen Variablen mit den
theoretischen Erwartungen übereinstimmen.

So erwarten wir z.B. aus theoretischen Überlegungen
heraus, dass der Zusammenhang zwischen verbal geäusser-
ter (umweltbezogener) Handlungsbereitschaft und umweltverantwortlichem Handeln positiv ist. Für beide Konstrukte stehen gewisse manifeste Indikatoren zur Verfügung.
Wenn nun unser Messinstrument für umweltverantwortliches Handeln valid ist, dann sollte der entsprechende Indikator für umweltverantwortliches Handeln auch mit den Indikatoren für Handlungsbereitschaft positiv korreliert sein.

Das Problem einer solchen Überprüfung ist jedoch, dass
eine Abweichung vom erwarteten Muster eine Vielzahl von
Gründen haben kann. Zum Beispiel:

- die Messung ist tatsächlich nicht valid;
- unsere theoretische Annahmen über die Zusammenhänge
  zwischen den latenten Variablen sind falsch;
- die anderen Variablen wurden mit nicht validen Mitteln
  gemessen;
- die Messfehler sind untereinander korreliert;
- der Indikator wird auch noch von anderen latenten Variablen beeinflusst.

Bei der *Konvergenz- und Diskriminanz-Validität* wird davon ausgegangen, dass alle Konstrukte immer auf zwei oder mehr Arten gemessen wurden. Es stehen also immer mehrere Indikatoren für eine latente Variable zur Verfügung. Zum Beispiel können wir das umweltverantwortliche Handeln in einem Fragebogen messen, in dem der Befragte auf einer 7-Punkte-(Likert-)Skala das Mass seines Einverständnisses mit einer Aussage kennbar macht. Andererseits können wir im gleichen Fragebogen den Befragten mit drei Aussagen zunehmender Schwierigkeit bezüglich des umweltverantwortlichen Handelns konfrontieren, worauf er lediglich mit einverstanden oder nicht-einverstanden antworten kann, z.B. bei folgender Guttman-Skala:

- Es sollten keine weiteren chemischen Fabriken geplant werden.

- Es sollten keine weiteren chemischen Fabriken in Betrieb genommen werden.

- Alle chemischen Fabriken sollten sofort stillgelegt werden.

Die Reaktionen auf diese drei Items können wir dann wieder zu einem Score auf einer sog. Guttman-Skala zusammenfassen.

Konvergenzvalidität liegt dann vor, wenn die Korrelation zwischen den Resultaten beider Messmethoden für das gleiche theoretische Konstrukt statistisch signifikant und genügend gross ist.

Man spricht von *Diskriminanzvalidität*, wenn diese Korrelation ebenfalls grösser ist als die Korrelation mit irgendwelchen anderen manifesten Variablen.

Diese Validitätskriterien finden besonders dann Anwendung, wenn wir über verschiedene Konzepte verfügen, die alle mit den gleichen zwei oder mehr Messmethoden gemessen wurden. Es handelt sich dann um sog. 'multi-trait-multi-method'-Modelle, die wir im Kontext dieses Buches aber nicht näher erläutern wollen.

Auch diese beiden Kriterien basieren wieder auf Korrelationen, von denen leicht nachzuweisen ist, dass sie von mehr als nur der Validität abhängen.

Insgesamt lassen alle bisherigen Validitätskriterien die latenten Variablen selbst unberücksichtigt. Sie basieren alle

Konvergenzvalidität – die mittels zweier unterschiedlicher Messmethoden ermittelten Messwerte des gleichen Phänomens konvergieren

Diskriminanzvalidität – Konvergenz zwischen Messwerten der beiden unterschiedlichen Messmethoden ist deutlich grösser als die Konvergenz mit Messwerten anderer gemessener Variablen

ausschliesslich auf Korrelationen zwischen den beobachteten Variablen.

Der im vorherigen Kapitel bereits zitierten Bollen (1989) hat nun einige Alternativen vorgeschlagen, über die wir hier kurz referieren wollen. Er verwendet dazu eine leicht andere Definition der Validität, nämlich: die Stärke der direkten Beziehung zwischen der latenten Variablen und dem manifesten Indikator.

- *Nicht-standardisierter Validitätskoeffizient* (γ). Ein Nachteil dieses Validitätskriteriums ist, dass es auch von den Messeinheiten der latenten und der manifesten Variablen abhängt.
- *Standardisierter Validitätskoeffizient* (γ^s). Dieser Koeffizient entspricht den standardisierten Regressionskoeffizienten für die Abhängigkeitsbeziehung zwischen der latenten Variablen und dem Indikator. Sein Nachteil ist, dass er von der Streuung der beobachteten Variablen abhängig ist und somit nicht für Vergleiche zwischen verschiedenen Stichproben geeignet ist.
- *'Unique validity variance'* ($U_{x_1 \xi_1}$). Dieses Validitätsmass entspricht dem Anteil der erklärten Varianz der manifesten Variablen, der ausschliesslich auf die betreffende latente Variable zurückzuführen ist:

$$U_{x_1 \xi_1} = R^2_{x_i} - R^2_{x_i \xi_{(j)}} \quad ,$$

$$R^2_{x_i} = \frac{\boldsymbol{\sigma}_{x_i \xi} \, \boldsymbol{\Phi}^{*-1} \boldsymbol{\sigma}'_{x_i \xi}}{\sigma^2_{x_i}} \quad ,$$

wobei $\boldsymbol{\sigma}_{x_i \xi}$ ein $(1 \times d)$-Vektor der Kovarianzen der latenten Variablen mit dem Indikator darstellt. Die Grösse d entspricht dabei der Anzahl latenter Variablen, die einen direkten Effekt auf den Indikator X_i ausüben. $\boldsymbol{\Phi}^*$ entspricht der Varianz-Kovarianz-Matrix der latenten Variablen, die einen solchen direkten Effekt auf X_i ausüben:

$$R^2_{x_i \xi_{(j)}} = \frac{\boldsymbol{\sigma}_{x_i \xi_{(j)}} \, \boldsymbol{\Phi}^{*-1}_{(j)} \boldsymbol{\sigma}'_{x_i \xi_{(j)}}}{\sigma^2_{x_i}} \quad ,$$

wobei die Bedeutung der Matrizen und Vektoren die gleiche ist wie oben, nur mit dem Unterschied, dass der Index (j) bedeutet, dass die j-te latente Variable ausgeschlossen wurde.

Wenn die Messung valid ist, strebt dieses Mass zu Eins.
Wenn sie nicht valid ist, liegt es eher bei Null. Leider
wird dieses Mass von den üblichen Computerprogrammen noch nicht standardmässig berechnet.

- *Kollinearitätsgrad* $R^2_{\xi_j}$. Wenn die latenten Variablen, die
  einen direkten Effekt auf den manifesten Indikator haben, miteinander korreliert sind, lässt sich der vorherige
  Index nicht genau berechnen, da sich der Effekt auf die
  manifeste Variable nicht eindeutig auf die latenten Variablen zurückführen lässt. Wir kennen dieses Problem von
  der klassischen multiplen Regressionsanalyse. Je grösser
  die Kollinearität zwischen den latenten Variablen, die
  einen Einfluss auf X_i haben, desto geringer der 'unique-
  validity-variance'-Koeffizient, und desto ungenauer misst
  unser Indikator das, was wir wirklich messen wollen. Als
  Mass für diese Kollinearität können wir den üblichen
  multiplen Korrelationskoeffizienten für die Abhängigkeit
  der j-ten latenten Variablen von den übrigen latenten
  Variablen, die einen Effekt auf X_i haben, verwenden:

$$R^2_{\xi_{(j)}} = \frac{\sigma_{\xi_j\xi_{(j)}} \boldsymbol{\Phi}^*_{(j)} - 1}{\sigma'_{\xi_j\xi_{(j)}} \phi_{jj}} \quad .$$

9.3.4 Die Zuverlässigkeit oder Konsistenz des Messmodells

Die Zuverlässigkeit einer Messung bezieht sich auf ihre
'Stabilität' bei wiederholtem Messen. So kann man einer
Person eine Vielzahl verschiedener Fragen über ihr umweltverantwortliches Handeln und auch noch über viele andere
Themen stellen und die Antworten registrieren. Wenn man
eine Weile später der gleichen Person die gleichen Fragen
nochmals vorlegt, und man bekommt genau die gleichen
Antworten, dann ist die Messung (angenommen es hat sich
sonst nichts geändert) einigermassen zuverlässig. Ist das
Antwortmuster nicht stabil, dann sind die Messungen nicht
zuverlässig. Je grösser die Fluktuationen bei den Antworten, desto geringer die Zuverlässigkeit (angenommen, das
umweltverantwortliche Handeln der befragten Person habe sich nicht geändert). Solche Fluktuationen sind meistens mehr oder weiniger zufällig. Die Zuverlässigkeit einer

Messung entspricht dann dem Messwert minus der zufälligen Abweichung. Sie entspricht dem zufallsfehlerfreien Teil der Messung. Um den Umfang der Fluktuationen möglichst genau feststellen zu können muss man die gleiche Person unendlich viele Male die gleiche Frage stellen. Diese Messungen dürfen dabei nicht zu kurz aufeinander erfolgen, da sonst der Respondent sich unter Umständen an die frühere Antwort noch erinnert und aus Konsistenzüberlegungen tatsächlich die gleiche Antwort wieder gibt. Dies hat dann aber nur noch beschränkt mit Zuverlässigkeit zu tun. Vielmehr hat dies dann mit dem Erinnerungsvermögen und dem Konsistenzwillen der Respondent zu tun. Andererseits dürfen die Messungen auch nicht zu weit auseinander liegen, da sonst die Umstände sich eventuell zu sehr verändert haben oder die Respondenten haben inzwischen eine Entwicklung durchgemacht und würden aus diesen Gründen eine andere Antwort vorziehen. Wir sehen, dass Zuverlässigkeit darum – gerade auch im sozialwissenschaftlichen Kontext – schwer feststellbar ist.

Anstatt der gleichen Person unendlich viele Male nacheinander die gleiche Frage zu stellen, kann man auch 'unendlich vielen', oder wenn wir etwas realistischer bleiben: 'sehr vielen' Personen zu nur einigen wenigen (z.B. zwei) Zeitpunkten die gleiche Frage stellen. Dabei müssen wir dann aber annehmen, dass in etwa alle Personen die gleiche Konsistenz in ihrem Antwortverhalten aufweisen.

Im Falle einer Querschnittuntersuchung mit Beobachtungen zu lediglich einem einzelnen Zeitpunkt versucht man, die Zuverlässigkeit eines Messinstrumentes auf Umwegen annäherungsweise zu bestimmen. Wenn z.B. eine latente Variable mittels verschiedener manifester Indikatoren gemessen wird, können wir diese manifesten Indikatoren als wiederholte Messungen des gleichen (latenten) Phänomens auffassen. Wenn wir z.B. davon ausgehen, dass es nur zwei Indikatoren X_i und X_j gibt, dann können wir folgende Beziehung zwischen den gemessenen Werten X_i und X_j und den wahren Werten τ_i und τ_j definieren:[4]

---

[4] In der Testtheorie wird dabei zwischen drei verschiedenen Fällen unterschieden:

Parallele Messung: Die Messskalen beider manifester Variablen sind identisch bzw. $\alpha_i = \alpha_j = 1$ und die Fluktuation (der Abweichungen) für beide manifeste Variablen ist ebenfalls identisch:

$$
\begin{aligned}
X_i &= \alpha_i\,\tau + e_i \quad, \\
X_j &= \alpha_j\,\tau + e_j \quad.
\end{aligned}
$$

Die Zuverlässigkeit einer Messung ist generell definiert als

$$
\rho_{x_i} = \frac{\alpha_i^2\,\sigma_{\tau_i}^2}{\sigma_{x_i}^2} \quad,
$$

was dem Quadrat der Korrelation zwischen der gemessenen Variablen und der 'wahren' Variablen entspricht. Die wahre Variable kennen wir im Normalfall nicht.

Zuverlässigkeit einer Itembatterie als Ganzes. Das meistverwendete Mass für die Zuverläsigkeit der Messung eines bestimmten latenten Phänomens mittels einer Itembatterie bzw. einer Reihe Indikatoren ist der sog. *Cronbachs-Alpha-Koeffizient*. In einem ersten Schritt werden dabei alle Indikatoren so kodiert bzw. umgepolt, dass angenommen werden kann, dass sie alle eine positive oder alle eine negative Korrelation mit der 'wahren' Variablen aufweisen werden. Dann wird für jede befragte Person die Summe H aus all diesen Indikatorwerten gebildet. Die Zuverlässigkeit der gesamten Itembatterie wird dann anhand der Zuverlässigkeit dieser Summe als Indikator für den 'wahren' Variablenwert gemessen

$$
\begin{aligned}
\rho_{\tau\,h}^2 &= \frac{\left(\sigma_{\tau\,h}\right)^2}{\sigma_\tau^2\,\sigma_h^2} \\[2mm]
&= \frac{\left[\sigma_{(\tau,X_1+X_2+\ldots+X_m)}\right]^2}{\sigma_\tau^2\,\sigma_h^2} \\[2mm]
&= \frac{\left[\sigma_{\left(\tau,m\,\tau+\sum_{i=1}^m e_i\right)}\right]^2}{\sigma_\tau^2\,\sigma_h^2} \\[2mm]
&= \frac{\left[m\,\sigma_\tau^2\right]^2}{\sigma_\tau^2\,\sigma_h^2}
\end{aligned}
$$

$\sigma_{e_i}^2 = \sigma_{e_j}^2$. Dies trifft z.B. am ehesten zu, wenn tatsächlich die gleiche Frage zweimal im gleichen Fragebogen gestellt wurde.

Tau-äquivalente Messung: $\alpha_i = \alpha_j = 1$, $\sigma_{e_i}^2 \neq \sigma_{e_j}^2$.

Gleichartige ('congeneric') Messung: $\alpha_i \neq \alpha_j$, $\sigma_{e_i}^2 \neq \sigma_{e_j}^2$. Dies ist in der Praxis der häufigsten Fall.

$$
\begin{aligned}
\rho_{\tau h}^2 &= \frac{m^2\, m\, \sigma_\tau^2}{\sigma_h^2} \\[2mm]
&= \frac{m^2\,(m-1)\,m\,\sigma_\tau^2}{(m-1)\,\sigma_h^2} \\[2mm]
&= \left(\frac{m}{m-1}\right)\left(\frac{m^2\sigma_\tau^2 - m\,\sigma_\tau^2}{\sigma_h^2}\right) \\[2mm]
&= \left(\frac{m}{m-1}\right)\left(\frac{m^2\sigma_\tau^2 + \sum_{i=1}^m \sigma_{e_i}^2 - m\,\sigma_\tau^2 - \sum_{i=1}^m \sigma_{e_i}^2}{\sigma_h^2}\right) \\[2mm]
&= \left(\frac{m}{m-1}\right)\left(\frac{\sigma_h^2 - \left[\sum_{i=1}^m \sigma_\tau^2 + \sum_{i=1}^m \sigma_{e_i}^2\right]}{\sigma_h^2}\right) \\[2mm]
&= \left(\frac{m}{m-1}\right)\left(1 - \frac{\sum_{i=1}^m \sigma_{x_i}^2}{\sigma_h^2}\right) \quad .
\end{aligned}
$$

Wir können auf diese Weise, auch ohne die 'wahren' Werte τ zu kennen, ein Eindruck der Zuverlässigkeit einer Itembetterie erhalten.

Zuverlässigkeit einzelner Items. Ausgangspunkt beim Zuverlässigkeitsmass eines einzelnen Items oder Indikatorwerts X_i ist folgende Überlegung: Unter der Annahme, dass $\alpha_i = 1$ die Relation ist zwischen dem 'wahren' Wert τ_i und dem beobachteten Wert X_i einer Variablen, gegeben durch:

$$
X_i = \tau_i + e_i \quad .
$$

Weiter nehmen wir an, dass dieser 'wahre' Wert τ_i durch eine latente Variable verursacht wird:

$$
\tau_i = \Lambda_{x_j}\,\xi_j + s_j \quad .
$$

Wir sehen, dass der Messfehler des i-ten Indikators zur Messung der j-ten latenten Variablen ξ_j aus zwei Komponenten besteht:

$$
\begin{aligned}
\tau_i &= \Lambda_{x_j}\,\xi_j + s_j + e_i \\
&= \Lambda_{x_j}\,\xi_j + \delta_{ij}^x \quad .
\end{aligned}
$$

Die Komponente e_i ist der Messfehler, der auftritt, wenn wir versuchen, den 'wahren' Wert des betreffenden Indikators zu messen. Die Komponente s_j ist der Messfehler, der entsteht, wenn wir versuchen, mit diesem Indikator die j-te latente Variable zu messen.

Setzen wir dies in die allgemeine Gleichung für die Zuverlässigkeit

$$\rho_{x_i} = \frac{\alpha_i^2\, \sigma_{\tau_i}^2}{\sigma_{x_i}^2}$$

ein, dann erhalten wir

$$\rho_{x_i} = \frac{1\, \sigma_{\tau_i}^2}{\sigma_{x_i}^2}$$
$$= \frac{\lambda_{ij}^2\, \phi_{jj} + \sigma_{s_j}^2}{\sigma_{x_i}^2}\quad.$$

Im Allgemeinen kennen wir $\sigma_{s_j}^2$ nicht. Wenn wir annehmen, dass dieser Term Null betragen wird, dann würden wir die wirkliche Zuverlässigkeit unterschätzen:

$$\rho_{x_i} = \frac{\lambda_{ij}^2\, \phi_{jj}}{\sigma_{x_i}^2}\quad.$$

Wir können dieses Mass dann als konservatives Mass für die Zuverlässigkeit eines einzelnen Items verwenden.

Eine Alternative ist es, die Zuverlässigkeit eines Items zu definieren als jenen Anteil der Variation der manifesten Variablen, der auf *alle* latenten verursachenden Variablen (ausser die λ^x-Variablen) zurückzuführen ist. Als Zuverlässigkeitsmass können wir dann das Bestimmtheitsmass $R_{x_i}^2$ für den betreffenden Indikator beiziehen.

Literatur
Vgl. Kapitel 8.

10. Explorative Faktorenanalyse

10.1 Einleitung

In Kapitel 1 haben wir verschiedene Gruppen von statistischen Methoden kennengelernt. Einerseits handelt es sich dabei um statistische Methoden zur Analyse von Zusammenhängen (Assoziationen oder Korrelationen). Diese Methoden entsprechen einem symmetrischen Ansatz, in dem kein Unterschied zwischen Ursachen und Folgen bzw. zwischen unabhängigen und abhängigen Variablen gemacht wird. Andererseits haben wir mit der Regressionsanalyse eine statistische Methode kennengelernt, in der dieser Unterschied explizit beachtet wird. Solche Methoden entsprechen einem asymmetrischen Ansatz.

In diesem Kapitel haben wir es nun mit sog. *latenten* – nicht direkt beobachtbaren – Variablen zu tun. Um solche latente Variablen ermitteln zu können, verwenden wir sog. *Indikatorvariablen*. Diese weisen einen direkten Zusammenhang mit der gesuchten latenten Variablen auf, sind aber nicht genau mit ihr identisch. Um eine latente Variable hinreichend genau erfassen zu können, brauchen wir im Allgemeinen mehrere solcher Indikatoren. Jeder der Indikatoren vertritt dabei wieder einen anderen Aspekt der gesuchten latenten Dimension. So ist es zum Beispiel sehr schwierig, das Umweltbewusstsein einer Person direkt zu messen. Wir verfügen nicht über eine klar definierte Messlatte für Umweltbewusstsein, anhand derer wir das Umweltbewusstsein einer Person direkt ablesen können. Wir wissen aber, dass umweltbewusste Leute im Allgemeinen mehr über die verschiedenen Aspekte der Umwelt Bescheid wissen, dass sie umweltverantwortlicher handeln, z.B. dass sie ökologisch bewusst einkaufen, Abfälle getrennt sammeln und entsorgen, die Heizung abdrehen,

latente Variablen – nicht direkt beobachtbare Variablen

Indikatorvariablen – manifeste Variablen, die als Indikator für latente Variablen dienen

wenn sie länger aus dem Haus gehen etc. Wir können die
betreffende Person nach diesen verschiedenen Verhaltensweisen fragen. Die Antworten auf diese Fragen können wir
als manifeste (direkt beobachtbare) Indikatoren für die latente Variable 'Umweltbewusstsein' verwenden. Es wird
dabei davon ausgegangen, dass das Umweltbewusstsein einer Person die Ursache für ihr Umweltwissen und ihr umweltverantwortlichen Handeln ist. Alle von uns gewählten
Indikatoren haben nach dieser Vorstellung zumindest eine gemeinsame Ursache (vgl. Figur 10.1). Die Indikatoren
werden darum zwangsläufig einen gewissen Zusammenhang
(Korrelation) aufweisen. Ein Teil dieses Zusammenhanges
zwischen den Indikatoren lässt sich auf die gemeinsame Ursache (Umweltbewusstsein) zurückführen. Auf diese Weise
können wir von den Zusammenhängen zwischen den Indikatoren auf die latente Dimension schliessen.

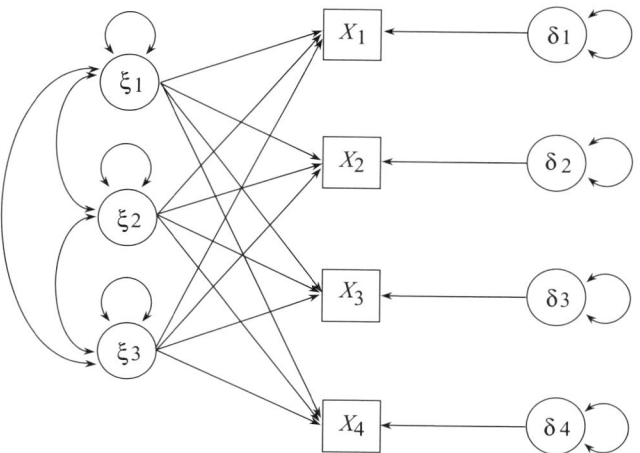

Abbildung 10.1: Beispiel eines Pfaddiagramms für explorative Faktorenanalyse

Anders als bei der Korrelationsanalyse oder bei der
log-linearen Modellanalyse interessieren uns hier die Zusammenhängen zwischen den manifesten Variablen selbst
nicht, sondern nur die hinter diesen Zusammenhängen stehenden latenten Variablen sind für uns von Interesse. Wir

könnnen dabei die in Tabelle 10.1 festgehaltenen Methoden unterscheiden.

Tabelle 10.1: Verschiedene statistische Methoden zur Bestimmung latenter Variablen

latente (nicht-beobachtbare) Variable	manifeste (beobachtbare) Variable	
	metrisch	kategorial
metrisch	Faktorenanalyse multi-dimensionale Skalierung	Faktorenanalyse mit Dummy-Variablen nicht-metrische multi-dimensionale Skalierung
kategorial	Cluster-Analyse Diskriminanzanalyse	Latente-Klassen-Analyse (log-lineare Modelle mit latenten Variablen) Korrespondenzanalyse

In diesem Kapitel beschäftigen wir uns ausschliesslich mit der Faktorenanalyse. Wie auch bei der Korrelationsanalyse und bei der Regressionsanalyse gehen wir davon aus, dass sowohl die manifesten als auch die latenten Variablen metrisch skaliert sind.

In vielen Situationen ist es leichter, eine Reihe von Indikatoren für ein bestimmtes theoretisches Konstrukt wie z.B. das Umweltbewusstsein aufzulisten, als eine klare und eindeutige Definition dieses Begriffes zu geben. Wir vermuten dann zwar, dass es so etwas wie eine gemeinsame Ursache für die Indikatorvariablen gibt, sind uns aber nicht im Klaren darüber, wie diese aussieht und wie stark sie mit den einzelnen Indikatorvariablen zusammenhängt.

Auch kommt es häufig vor, dass ein derartiges theoretisches Konstrukt sich wiederum aus verschiedenen Teilkonzepten zusammensetzt. So können wir, z.B. beim Umweltbewusstsein, manchmal zwischen kognitiven (Umweltwissen), affektiven (Bewertung der Umwelt) und konativen

(Handlungsintentionen bzgl. der Umwelt) Aspekten unterscheiden. Wieviele solcher Teilaspekte es dabei gibt, ist oft
nicht im voraus eindeutig festzulegen.

In solchen Situationen ist es sinnvoll, die Indikatorvariablen einer explorativen Faktorenanalyse zu unterziehen. Explorativ bedeutet dabei, dass die Anzahl latenter Dimensionen und die Stärke der Zusammenhänge zwischen den Indikatorvariablen und den verschiedenen latenten Faktoren nicht im voraus festliegen, sondern sich erst
aus der Analyse ergeben.

Im Gegensatz dazu werden in der sog. konfirmatorischen Faktorenanalyse genaue Kenntnisse über die Anzahl
latenter Dimensionen und zum Teil auch über ihre Zusammenhänge mit den manifesten Indikatoren vorausgesetzt.
Bei der konfirmatorischen Faktorenanalyse ist es das Ziel,
diese Vorkenntnisse einer statistischen Prüfung zu unterziehen. Die konfirmatorische Fakltorenanalyse wird in Kapitel
9 behandelt. In diesem Kapitel beschränken wir uns auf die
explorative Faktorenanalyse.

10.2 Ziele der Faktorenanalyse

Die Faktorenanalyse wird nicht nur für die Ermittlung
latenter Variablen, sondern auch noch für einige andere
Zwecke verwendet, nämlich:

1. *Ermittlung grundlegender Dimensionen:* Vielfach können wir bestimmte Phänomene aus irgendwelchen
   Gründen nicht (direkt) beobachten. Man kann beispielsweise die Intelligenz einer Person nicht mit einer
   Messlatte messen. Intelligenz ist ein nicht (direkt) be-
   obachtbares Merkmal, eine sog. *latente* Variable. Weitere Beispiele solcher in der Praxis nicht direkt beob-
   achtbarer latenten Variablen sind: Verstädterung, wirtschaftliche Entwicklung, Kontinentalität etc. Manchmal spricht man auch von einer *grundlegenden Dimension.* Man kann aber sehr wohl eine Reihe von Tests
   an Personen durchführen. Die Ergebnisse eines solchen
   Tests können eine Variable darstellen. Diese Testvariablen sind *beobachtbar oder manifest*, im Gegensatz
   zu der grundlegenden Dimension Intelligenz, die nicht

beobachtbar oder latent ist. Die Tests sind so entworfen, dass jeder Test für sich – mehr oder weniger gut – einen Teilaspekt der Intelligenz erfasst. Jede Testvariable wird also von dem nicht direkt beobachteten Merkmal 'Intelligenz' der Testperson beeinflusst. Oder anders ausgedrückt, die Ausprägungen der Testvariablen sind von der Intelligenz der Testperson *abhängig*. Dadurch, dass diese Testvariablen alle von der gleichen grundlegenden Dimension abhängen, ist zu erwarten, dass sie eine relativ hohe Korrelation untereinander aufweisen.

2. *Reduzierung eines Datensatzes:* In vielen naturwissenschaftlichen Disziplinen kommt man mit einer relativ kleinen Zahl von Variablen aus, um z.B. bestimmte physikalische Effekte erklären oder prognostizieren zu können. Vor allem in experimentellen Situationen, bei denen störende Einflüsse ausgeschaltet werden können, ist dies häufig der Fall. Bei den nicht-experimentellen naturwissenschaftlichen Disziplinen, wie in verschiedenen Bereichen der physikalischen Geographie, aber auch bei den Sozial- und Wirtschaftswissenschaften, kommt es häufig vor, dass wir viel mehr Einflussfaktoren einbeziehen müssen, um zu zufriedenstellenden Erklärungen kommen zu können. Um diese Datenflut etwas einzudämmen oder, besser gesagt, auf das Wesentlichste 'einzukochen', können wir mittels einer Faktorenanalyse die 'wichtigsten' Dimensionen suchen, die diesen Daten zugrunde liegen. Mit 'wichtig' ist gemeint, dass diese Dimensionen den grössten Teil der in den Daten enthaltenen Informationen repräsentieren. Solche Informationen liegen in Form von Streuungen (Varianzen und Kovarianzen) der beobachteten Variablen vor. Wenn mehrere latente Variablen den beobachteten Daten zugrunde liegen, kommt es eben sehr häufig vor, dass wir ohne wesentlichen Informationsverlust auf einige dieser latenten Variablen verzichten können. Das heisst, wir können die ursprünglichen Daten oft bereits mit einigen wenigen (grundlegenden) Variablen recht gut 'rekonstruieren'. In solchen Fällen können wir auf alle übrigen latenten Variablen verzichten und unsere Daten auf das Wesentlichste einkochen.

3. *Indexbildung* (Skalierung): Wenn wir eine grundlegende (latente) Variable gefunden haben, möchten wir
   im Allgemeinen auch die einzelnen Beobachtungen auf
   diese Dimension einstufen. So möchten wir, nachdem
   wir aus den Testergebnissen die latente Dimension 'Intelligenz' ermittelt haben, den Testpersonen auch mit-
   teilen können, wie intelligent sie nun eigentlich sind.
   Die Objekte sollen also auch auf der grundlegenden
   Variablen wertmässig eingestuft werden. Ein weiteres
   Beispiel wäre die Einordnung von Gemeinden auf einer Skala, die den Grad der Verstädterung angibt. Die
   Verstädterung lässt sich als komplexes Phänomen nicht
   direkt, sondern nur anhand einer Reihe von Indikatoren erfassen.

4. *Orthogonalisierung:* Manchmal braucht man für gewisse Analysen Variablen, die (linear) *unabhängig* voneinander sind (d.h. nicht korreliert sind). Die Faktorenanalyse kann die beobachteten Daten, ohne Veränderung des gesamten Informationsgehaltes der Daten,
   so transformieren, dass die neuen (latenten) Variablen
   nicht-korrelierte Dimensionen darstellen. Die m beobachteten korrelierten Variablen werden in m latente
   nicht-korrelierte Variablen (Faktoren) überführt.

Zusammenfassend kann man sagen, dass das *Hauptziel*
der Faktorenanalyse die Ableitung hypothetischer Grössen
oder Faktoren aus einer Menge beobachteter Variablen ist.
Die Faktoren sollen möglichst einfach sein und die Beobachtungen hinreichend genau beschreiben und erklären.

Die Faktorenanalyse stellt sich darum die Frage, welches die einfachste Struktur ist, die die vorliegenden Daten
genügend genau reproduziert und erklärt. Das faktorenana-
lytische Modell geht immer davon aus, dass das Messbare
nur eine Erscheinungsform von Grössen ist, die im Hintergrund stehen und die man nicht direkt beobachten kann.

Es wird also davon ausgegangen, dass die messbaren
Beobachtungsgrössen auf einige wenige nicht messbare Ein-
flussgrössen im Hintergrund zurückzuführen sind. Alle vor-
dergründigen Variablen, die mit einem bestimmten Faktor
zusammenhängen, werden durch diesen gemeinsamen Faktor auch untereinander einen gewissen Zusammenhang aufweisen. Je stärker dieser Zusammenhang, desto stärker ist

auch die Vermutung, dass ein gemeinsamer Faktor dahinter steckt. Die lineare Beziehung zwischen zwei Variablen wird durch den Korrelationskoeffizienten ausgedrückt. Die Faktorenanalyse analysiert also die Beziehungen mehrerer gleichzeitig beobachteter Variablen. Man möchte dabei wissen, ob sich aus den Variablen, die man beobachtet hat, eine oder mehrere Grössen isolieren lassen, die sog. Faktoren, die die beobachteten Zusammenhänge erklären.

Wie auch andere statistische Methoden ist die Faktorenanalyse entscheidend von den vorliegenden Daten abhängig. Es kann nicht genug davor gewarnt werden, planlos gesammelte Daten einer Faktorenanalyse zu unterwerfen und zu hoffen, dass diese sinnvolle Resultate bringt. Die Ergebnisse können auch hier nicht besser sein als es dem Untersuchungsplan entspricht.

10.3 Algebraische Formulierung des Grundproblems

Bei der Faktorenanalyse wird davon ausgegangen, dass die manifesten Variablen von den latenten Variablen verursacht werden und dass diese Kausalrelationen sich als lineare Gleichungen beschreiben lassen. Um die Vergleichbarkeit der Variablen zu gewährleisten, werden die Variablen meistens im voraus standardisiert. Nach der Standardisierung haben alle Variablen die gleiche Messeinheit, nämlich 'Standardabweichung'. Die Varianz einer standardisierten Variablen beträgt definitionsgemäss Eins. Bei der Faktorenanalyse werden dann die standardisierten manifesten Variablen auf einige wenige latente Faktoren zurückgeführt. Von wievielen latenten Faktoren wir dabei ausgehen, wollen wir hier noch offen lassen. Zur Vereinfachung der Darstellung betrachten wird erst den hypothetischen Fall, in dem die manifesten Variablen auf gleich viele latente Faktoren zurückgeführt werden.[1]

Für den i-ten (standardisierten) Beobachtungswert der j-ten standardisierten Variablen X_j^s heisst dies:

---

[1] Später werden wir noch sehen, dass dies der maximalen Anzahl 'gemeinsamer' Faktoren entspricht, auf die wir die manifesten Variablen zurückführen können.

$$X_{ij}^s = \lambda_{j1}^x\,\xi_{i1} + \lambda_{j2}^x\,\xi_{i2} + \ldots + \lambda_{jr}^x\,\xi_{ir} \quad (i = 1, 2, \ldots, n) \quad \text{und}$$

$$(j = 1, 2, \ldots, m) \quad ,$$

wobei:

X_{ij}^s	=	standardisierter Datenwert des i-ten Objektes und der j-ten manifesten Variablen;
λ_{jk}^x	=	Regressionskoeffizient für die Kausalrelation zwischen dem k-ten latenten Faktor und der j-ten manifesten Variablen;
ξ_{ik}	=	(Ksi), der Wert des i-ten Objektes auf dem k-ten latenten Faktor;
m	=	Anzahl manifeste Variablen;
n	=	Anzahl Objekte/Personen;
r	=	Anzahl latente Faktoren.

Schreiben wir diese Gleichung für jedes Objekt oder für jede befragte Person aus, dann erhalten wir folgendes Gleichungssystem:

$$
\begin{array}{ccccccc}
X_{1j}^s &=& \lambda_{j1}^x\,\xi_{11} &+& \lambda_{j2}^x\,\xi_{12} &+& \ldots &+& \lambda_{jr}^x\,\xi_{1r} \\
X_{2j}^s &=& \lambda_{j1}^x\,\xi_{21} &+& \lambda_{j2}^x\,\xi_{22} &+& \ldots &+& \lambda_{jr}^x\,\xi_{2r} \\
\vdots & & \vdots & & \vdots & & & & \vdots \\
X_{nj}^s &=& \lambda_{j1}^x\,\xi_{n1} &+& \lambda_{j2}^x\,\xi_{n2} &+& \ldots &+& \lambda_{jr}^x\,\xi_{nr} \quad,
\end{array}
$$

wobei $(j = 1, 2, \ldots, m)$.

Dieses Gleichungssystem können wir für die erste manifeste Variable $(j = 1)$ wie folgt in Matrizenform zusammenfassen:

$$
\underset{(n \times 1)}{\mathbf{x}_1^s} = \underset{(n \times r)}{\boldsymbol{\xi}} \; \underset{(r \times 1)}{\boldsymbol{\lambda}_1^{x\prime}} \quad ,
$$

wobei

$$
\mathbf{x}_1^s = \begin{bmatrix} X_{11}^s \\ X_{21}^s \\ \vdots \\ X_{n1}^s \end{bmatrix} \qquad
\boldsymbol{\xi} = \begin{bmatrix} \xi_{11} & \xi_{12} & \cdots & \xi_{1r} \\ \xi_{21} & \xi_{22} & \cdots & \xi_{2r} \\ \vdots & \vdots & & \vdots \\ \xi_{n1} & \xi_{n2} & \cdots & \xi_{nr} \end{bmatrix}
$$

$$
\boldsymbol{\lambda}_1^x = [\lambda_{11}^x \; \lambda_{12}^x \; \cdots \; \lambda_{1r}^x] \quad .
$$

Der Vektor $\mathbf{x}_1^s$ entspricht dabei der ersten Spalte der standardisierten Datenmatrix $\mathbf{X}^s$. Auf analoge Weise lässt sich für jede andere (standardisierte) manifeste Variable X_j^s bzw. für jede andere Spalte der standardisierten Datenmatrix eine solche Gleichung aufstellen. Insgesamt können wir schreiben:

$$\mathbf{X}^s = \boldsymbol{\xi} \; \boldsymbol{\Lambda}^{x\prime}$$
$$\substack{(n \times m) \\ } \quad \substack{(n \times r) \\ } \quad \substack{(r \times m) \\ } \quad ,$$

wobei

$$\mathbf{X}^s = \begin{bmatrix} X_{11}^s & X_{12}^s & \cdots & X_{1m}^s \\ X_{21}^s & X_{22}^s & \cdots & X_{2m}^s \\ \vdots & \vdots & & \vdots \\ X_{n1}^s & X_{n2}^s & \cdots & X_{nm}^s \end{bmatrix}$$

$$\boldsymbol{\Lambda}^x = \begin{bmatrix} \lambda_{11}^x & \lambda_{12}^x & \cdots & \lambda_{1r}^x \\ \lambda_{21}^x & \lambda_{22}^x & \cdots & \lambda_{2r}^x \\ \vdots & \vdots & & \vdots \\ \lambda_{m1}^x & \lambda_{m2}^x & \cdots & \lambda_{mr}^x \end{bmatrix} .$$

$\mathbf{X}^s$ ist die $(n \times m)$-Matrix der standardisierten manifesten Variablenwerte. $\boldsymbol{\Lambda}^x$ ist eine noch unbekannte $(m \times r)$-Matrix, die auch als *Faktorenmuster* ('factor pattern') bezeichnet wird. Die Elemente dieser Matrix nennt man *Faktorladungen* ('factor loadings'). Sie stellen die (standardisierten) Regressionskoeffizienten der Regression der (standardisierten) manifesten Variablen auf die latenten Faktoren dar.

Bei der Faktorenanalyse wird jedoch nicht die Rohdatenmatrix $\mathbf{X}^s$, sondern die auf Basis der Rohdaten berechnete Varianz-Kovarianz-Matrix $\boldsymbol{\Sigma}$ der (standardisierten) beobachteten Variablen analysiert. Diese Varianz-Kovarianz-Matrix ist eine $(m \times m)$-Matrix, wobei m die Anzahl manifester Indikatorvariablen darstellt. Auf der Hauptdiagonalen stehen die Kovarianzen der Variablen mit sich selbst, bzw. die Varianzen der betreffenden Variablen.[2] Ausserhalb der Hauptdiagonalen stehen die Kovarianzen der manifesten Variablen untereinander. Da wir es hier mit standardisierten Variablen zu tun haben, ist die Varianz-Kovarianz-Matrix identisch mit der Korrelationsmatrix der unstandardisierten Variablen (vgl. auch Kapitel 2). Wir brauchen darum in Wirklichkeit nicht den Umweg über die Standardisierung der Variablen zu machen, sondern können direkt anstelle der Varianz-Kovarianz-Matrix die Korrelationsmatrix analysieren. Auf der Hauptdiagonalen

Faktorenmuster – Matrix der **Faktorladungen** bzw. der standardisierten Regressionskoeffizienten (Korrelationen) zwischen den manifesten Variablen und den latenten Faktoren

---

[2] Die Kovarianz einer Variablen mit sich selbst entspricht der Varianz dieser Variablen.

der Korrelationsmatrix stehen die Korrelationen der Variablen mit sich selbst. Da jede Variable perfekt mit sich selbst korreliert ist, beträgt jedes Element auf der Hauptdiagonalen der Korrelationsmatrix genau Eins. Diese Elemente sind aber weiterhin auch als Varianzen zu interpretieren. Nur handelt es sich diesmal um die Varianzen der standardisierten manifesten Variablen. Ausserhalb der Hauptdiagonalen stehen die Korrelationen der manifesten Variablen miteinander.

Um zu zeigen, wie die Korrelationsmatrix mit den linearen Gleichungen der Regression der manifesten Variablen auf die latenten Faktoren zusammenhängt, betrachten wir zuerst die Definition der üblichen Pearson-Produkt-Moment-Korrelation zwischen den manifesten Variablen X_j und X_k (vgl. auch Kapitel 2):

$$r_{x_j\,x_k} = \frac{\sum\limits_{i=1}^{n} \left(X_{ij} - \overline{X}_j\right)\left(X_{ik} - \overline{X}_k\right)}{\sqrt{\sum\limits_{i=1}^{n} \left(X_{ij} - \overline{X}_j\right)^2 \sum\limits_{i=1}^{n} \left(X_{ik} - \overline{X}_k\right)^2}} \quad .$$

Wenn wir davon ausgehen, dass die manifesten Variablen vorab standardisiert wurden, dann beträgt ihr Mittelwert jeweils genau Null und die Formulierung der Pearson-Produkt-Moment-Korrelation vereinfacht sich zu:

$$r_{x_j^s\,x_k^s} = \frac{\sum\limits_{i=1}^{n} X_{ij}^s\,X_{ik}^s}{\sqrt{\sum\limits_{i=1}^{n} \left(X_{ij}^s\right)^2 \sum\limits_{i=1}^{n} \left(X_{ik}^s\right)^2}} = \frac{1}{n-1}\sum\limits_{i=1}^{n} X_{ij}^s\,X_{ik}^s \quad .$$

Für jede Kombination zweier standardisierter manifester Variablen X_j^s und X_k^s lässt sich ein solcher Korrelationskoeffizient berechnen. All diese Korrelationskoeffizienten können wir in einer symmetrischen $(m \times m)$-Korrelationsmatrix $\mathbf{R}$ zusammenfassen:

$$\underset{(m \times m)}{\mathbf{R}} = \frac{1}{n-1}\; \underset{(m \times n)}{\mathbf{X}^{s\prime}}\; \underset{(n \times m)}{\mathbf{X}^s} \quad .$$

In diese Gleichung können wir die linearen Gleichungen für die Regression der manifesten Variablen auf die latenten Faktoren einsetzen. Wir erhalten dann:

$$\mathbf{R} = \frac{1}{n-1} (\xi \Lambda^{x\prime})^\prime (\xi \Lambda^{x\prime})$$

$$= \frac{1}{n-1} \Lambda^x \xi^\prime \xi \Lambda^{x\prime}$$

$$= \Lambda^x \underbrace{\frac{1}{n-1} \xi^\prime \xi}_{\Phi} \Lambda^{x\prime} \quad ,$$

wobei Φ die Korrelationsmatrix der latenten Faktoren darstellt (angenommen, die latenten Variablen sind ebenfalls standardisiert).

Das Resultat

$$\underset{(m \times m)}{\mathbf{R}} = \underset{(m \times r)}{\Lambda^x} \underset{(r \times r)}{\Phi} \underset{(r \times m)}{\Lambda^{x\prime}}$$

entspricht der Hypothese der (linearen) Abhängigkeit der manifesten Variablen von den latenten Faktoren. Diese Gleichung bezeichnet man auch als die Fundamentalgleichung bzw. als das *Fundamentaltheorem* der Faktorenanalyse. Das grundlegende Problem, das wir in der Faktorenanalyse zu lösen haben, besteht nun darin, aus der beobachteten Korrelationsmatrix $\mathbf{R}$ (links vom Gleichheitszeichen) die Faktorenladungsmatrix Λ^x abzuleiten. Kennen wir diese, dann können wir anhand der Gleichung

Fundamentaltheorem – Grundgleichung der Faktorenanalyse

$$\mathbf{X}^s = \xi \Lambda^{x\prime} \quad \text{bzw.} \quad \xi = \left(\Lambda^{x\prime} \right)^{-1} \mathbf{X}^s$$

auch die Faktorenwertematrix ξ berechnen. Damit hätten wir dann unser Ziel, aus den beobachteten (manifesten) Variablen die nicht-beobachteten (latenten) Variablen abzuleiten, erreicht.

Betrachten wir jedoch das Fundamentaltheorem etwas näher, dann fällt sofort auf, dass die beiden Matrizen (Λ^x und Φ) rechts vom Gleichheitszeichen unbekannt sind. Das Gleichungssystem ist ohne Einführung weiterer Restriktionen nicht lösbar! Die Lösung des grundlegenden Problems der Faktorenanalyse ist grundsätzlich unbestimmt bzw. es gibt eine unendliche Zahl möglicher Lösungen, die alle Bedingungen des im Fundamentaltheorem festgehaltenen Kausalmodells erfüllen. Nur wenn wir weitere Bedingungen einführen, lässt sich unter Umständen eine eindeutige Lösung identifizieren. Eine der bekanntesten zusätzlichen Bedingungen ist die Forderung, dass die latenten Faktoren *nicht* miteinander korreliert bzw. voneinander unabhängig sind. Die Korrelationsmatrix $\boldsymbol{\Phi}$ der latenten Faktoren enthält dann ausserhalb der Hauptdiagonalen lauter Nullen und auf ihr Einsen. Dies entspricht einer sog. 'Einheitsmatrix' **I**. Das Fundamentaltheorem reduziert sich dann zu:

$$\mathbf{R} = \Lambda^x \, \boldsymbol{\Phi} \, \Lambda^{x\prime}$$
$$\mathbf{R} = \Lambda^x \, \mathbf{I} \, \Lambda^{x\prime}$$
$$\mathbf{R} = \Lambda^x \, \Lambda^{x\prime} \; .$$

Diese Zusatzbedingung reicht allerdings noch nicht aus, um eine eindeutige Lösung ermitteln zu können. Weiter unten werden wir noch einige der gebräuchlichsten Zusatzbedingungen näher kennenlernen.

10.4 Arten von Faktoren

Im vorherigen Abschnitt haben wir das grundlegende Problem der Faktorenanalyse kennengelernt, nämlich den Versuch, aus den manifesten Variablen auf die latenten Variablen zu schliessen. Wir interessieren uns aber im Allgemeinen nicht für irgendwelche latenten Variablen, sondern für ganz spezifische, von denen wir vermuten, dass sie zu einem wesentlichen Teil für die beobachteten Ausprägungen manifester Variablen verantwortlich sind. Es ist darum an der Zeit, etwas mehr über die verschiedenen Arten der latenten Variablen zu sagen.

gemeinsame Faktoren – Faktoren, die auf mehrere manifeste Variablen einen direkten Einfluss ausüben

Wir können verschiedene Typen latenter Variablen unterscheiden. So spricht man von einem *allgemeinen Faktor* ('general factor'), wenn sich alle Ladungen eines Faktors beträchtlich von Null unterscheiden; von einem *gemeinsamen Faktor* ('common factor'), wenn mindestens zwei Ladungen eines Faktors deutlich von Null verschieden sind und von *Einzelrestfaktoren* oder spezifischen Faktoren ('unique factors'), wenn sie nur mit einer einzigen manifesten Variablen zusammenhängen. Eine manifeste Variable kann

theoretisch gleichzeitig mit mehreren latenten Faktoren zusammenhängen bzw. auf mehrere Faktoren gleichzeitig 'laden'. Bei der Faktorenanalyse sind wir besonders an den
gemeinsamen Faktoren interessiert.

Entsprechend dieser Unterscheidung der verschiedenen
Arten latenter Variablen kann man auch die Grundgleichung der Faktorenanalyse weiter differenzieren. Die lineare Gleichung der Regression der j-ten manifesten Variablen
auf die latenten Faktoren sieht dann wie folgt aus:

**Einzelrestfakto-
ren** – Faktoren, die
nur auf eine einzige
manifeste Variable
einen direkten Ein-
fluss ausüben

$$X_{ij}^s = \lambda_{j1}^x \xi_{i1} + \lambda_{j2}^x \xi_{i2} + \ldots + \lambda_{jq}^x \xi_{iq} + u_j \delta_{ij}$$
$$(i = 1, 2, \ldots, n) \quad \text{und} \quad (j = 1, 2, \ldots, m) \quad .$$

Dabei stellen die ersten q-latenten Variablen die *gemeinsamen* Faktoren dar. Den Einzelrestfaktor bezeichnen wir
mit δ_j und den dazugehörigen Regressionskoeffizienten mit
u_j.

Für jede manifeste Variable und für jede Beobachtung
gibt es eine derartige Gleichung. Alle Gleichungen können
wir in Form einer Matrizengleichung zusammenfassen:

$$\mathbf{X}^s = \xi \quad \Lambda^{x\prime} + \Delta \quad \mathbf{U}' \quad ,$$
$$(n \times m) \quad (n \times q) \quad (q \times m) \quad (n \times m) \quad (m \times m)$$

wobei

$$\Lambda^x = \begin{bmatrix} \lambda_{11}^x & \lambda_{12}^x & \cdots & \lambda_{1q}^x \\ \lambda_{21}^x & \lambda_{22}^x & \cdots & \lambda_{2q}^x \\ \vdots & \vdots & & \vdots \\ \lambda_{m1}^x & \lambda_{m2}^x & \cdots & \lambda_{mq}^x \end{bmatrix} \qquad \mathbf{U} = \begin{bmatrix} u_1 & & & 0 \\ & v_2 & & \\ 0 & & \ddots & \\ & & & u_m \end{bmatrix}$$

$$\Delta = \begin{bmatrix} \delta_{11} & \delta_{12} & \cdots & \delta_{1m} \\ \delta_{21} & \delta_{22} & \cdots & \delta_{2m} \\ \vdots & \vdots & & \vdots \\ \delta_{n1} & \delta_{n2} & \cdots & \delta_{nm} \end{bmatrix} .$$

Wir sehen nun, dass in der Matrix Λ^x jetzt nur noch die
Faktorladungen der *gemeinsamen* Faktoren enthalten sind,
während $\mathbf{U}$ die Ladungen der Einzelrestfaktoren darstellt.
Setzen wir diese Gleichung wieder im Ausdruck

$$\mathbf{R} = \frac{1}{n-1} \mathbf{X}^{s\prime} \mathbf{X}^s$$

für die Korrelationsmatrix ein, dann erhalten wir:

$$
\begin{aligned}
\mathbf{R} &= \tfrac{1}{n-1}\left(\boldsymbol{\xi}\,\boldsymbol{\Lambda}^{x\prime}+\boldsymbol{\Delta}\,\mathbf{U}'\right)'\left(\boldsymbol{\xi}\,\boldsymbol{\Lambda}^{x\prime}+\boldsymbol{\Delta}\,\mathbf{U}'\right)\\
&= \tfrac{1}{n-1}\left(\boldsymbol{\Lambda}^{x}\,\boldsymbol{\xi}'+\mathbf{U}\,\boldsymbol{\Delta}'\right)\left(\boldsymbol{\xi}\,\boldsymbol{\Lambda}^{x\prime}+\boldsymbol{\Delta}\,\mathbf{U}'\right)\\
&= \tfrac{1}{n-1}\left(\boldsymbol{\Lambda}^{x}\,\boldsymbol{\xi}'\boldsymbol{\xi}\,\boldsymbol{\Lambda}^{x\prime}+\boldsymbol{\Lambda}^{x}\,\boldsymbol{\xi}'\boldsymbol{\Delta}\,\mathbf{U}'+\mathbf{U}\,\boldsymbol{\Delta}'\boldsymbol{\xi}\,\boldsymbol{\Lambda}^{x\prime}+\mathbf{U}\,\boldsymbol{\Delta}'\boldsymbol{\Delta}\,\mathbf{U}'\right)\\
&= \boldsymbol{\Lambda}^{x}\tfrac{1}{n-1}\boldsymbol{\xi}'\boldsymbol{\xi}\,\boldsymbol{\Lambda}^{x\prime}+\boldsymbol{\Lambda}^{x}\tfrac{1}{n-1}\boldsymbol{\xi}'\boldsymbol{\Delta}\,\mathbf{U}'+\mathbf{U}\tfrac{1}{n-1}\boldsymbol{\Delta}'\boldsymbol{\xi}\,\boldsymbol{\Lambda}^{x\prime}+\\
&\quad+\mathbf{U}\tfrac{1}{n-1}\boldsymbol{\Delta}'\boldsymbol{\Delta}\,\mathbf{U}' \quad .
\end{aligned}
$$

Der Term $1/(n-1)\,\boldsymbol{\xi}'\boldsymbol{\xi}$ entspricht der Korrelationsmatrix der gemeinsamen Faktoren und $1/(n-1)\,\boldsymbol{\Delta}'\boldsymbol{\Delta}$ der Korrelationsmatrix der Einzelrestfaktoren. Da wir davon ausgehen, dass die Einzelrestfaktoren nicht miteinander korreliert sind, entspricht letztere Matrix einer Identitätsmatrix $\mathbf{I}$. Die Terme $1/(n-1)\,\boldsymbol{\xi}'\boldsymbol{\Delta}$ und $1/(n-1)\,\boldsymbol{\Delta}'\boldsymbol{\xi}$ stellen beide die Korrelationen zwischen den Einzelrestfaktoren und den gemeinsamen Faktoren dar. Für diese haben wir implizit angenommen, dass sie Null betragen. Die beiden mittleren Terme der Summe können wir somit aus der Gleichung streichen. Insgesamt reduziert sie sich damit zu:

$$
\begin{aligned}
\mathbf{R} &= \boldsymbol{\Lambda}^{x}\,\boldsymbol{\Phi}\,\boldsymbol{\Lambda}^{x\prime}+\mathbf{U}\,\mathbf{I}\,\mathbf{U}'\\
&= \boldsymbol{\Lambda}^{x}\,\boldsymbol{\Phi}\,\boldsymbol{\Lambda}^{x\prime}+\mathbf{U}\,\mathbf{U}' \quad .
\end{aligned}
$$

Wenn wir zusätzlich davon ausgehen, dass die gemeinsamen latenten Faktoren nicht miteinander korreliert sind, können wir diese Gleichung sogar noch weiter vereinfachen:

$$
\mathbf{R} = \boldsymbol{\Lambda}^{x}\,\boldsymbol{\Lambda}^{x\prime}+\mathbf{U}\,\mathbf{U}' \quad .
$$

Auf diese Weise haben wir eine neue (differenziertere) Formulierung des Fundamentaltheorems der Faktorenanalyse bekommen. Gleichzeitig sehen wir anhand dieser Gleichung, dass sich die Varianz einer manifesten Variablen in verschiedene Komponenten zerlegen lässt. Betrachten wir dazu z.B. das j-te Element auf der Hauptdiagonalen von $\mathbf{R}$:

$$
\begin{aligned}
r_{jj} &= s_j^2 = 1\\
&= \lambda_{j1}^{x}\lambda_{j1}^{x}+\lambda_{j2}^{x}\lambda_{j2}^{x}+\ldots+\lambda_{jq}^{x}\lambda_{jq}^{x}+u_{jj}\,u_j\\
&= \lambda_{j1}^{x}{}^{2}+\lambda_{j2}^{x}{}^{2}+\ldots+\lambda_{jq}^{x}{}^{2}+u_j^2 \quad .
\end{aligned}
$$

Dem Term $\lambda_{jp}^{x}{}^{2}$ entspricht nun jene Komponente der (Einheits-)Varianz der j-ten (standardisierten) Variablen, die auf den p-ten gemeinsamen Faktor zurückzuführen ist. Analog ist u_j^2 die Varianzkomponente, die durch den Einzelrestfaktor verursacht wird. Da die Varianz einer standardisierten manifesten Variablen per Definition Eins beträgt, können wir diese Varianzkomponenten auch als Varianzanteile interpretieren. Die Summe der Varianzanteile, die auf die gemeinsamen Faktoren zurückzuführen sind, nennt man auch die *Kommunalität* der entsprechenden manifesten Variablen. Sie wird häufig mit dem Symbol h_j^2 bezeichnet. Die auf den Einzelrestfaktor zurückzuführende Varianz u_j^2 oder kürzer die *Einzelvarianz*, *Restvarianz* oder 'uniqueness':

$$
\begin{aligned}
s_j^2 &= 1 \\
&= \left(\lambda_{j1}^{x\ 2} + \lambda_{j2}^{x\ 2} + \ldots + \lambda_{jq}^{x\ 2} \right) + u_j^2 \\
&= h_j^2 + u_j^2 \ .
\end{aligned}
$$

Kommunalität – die Varianz einer manifesten Variablen, die auf die *gemeinsamen* Faktoren zurückgeführt werden kann

Mit den Kommunalitätswerten kann überprüft werden, wie gut die einzelnen Merkmale durch die extrahierten Faktoren repräsentiert werden. Der Wert $100 * h_j^2$ kann als Prozentsatz der Varianz des j-ten Merkmals interpretiert werden, der durch die extrahierten Faktoren erklärt wird.

Betrachten wir alle manifesten Variablen zusammen, dann repräsentieren sie eine gemeinsame Varianz von $m * 1 = m$. Nehmen wir die Summe der Varianzkomponenten des p-ten Faktors (die Summe der quadrierten Elemente der p-ten Spalte von $\boldsymbol{\Lambda}^x$ bzw. von $\mathbf{U}$), dann erhalten wir die gesamte Varianz, die durch diesen Faktor erklärt wird. Dividieren wir dies durch m, bekommen wir den Anteil der gesamten Varianz, für den der p-te Faktor verantwortlich gemacht werden kann.[3]

Restvarianz – die Varianz einer manifesten Variablen, die ausschliesslich auf einen Einzelrestfaktor zurückgeführt werden kann

Wir interessieren uns hauptsächlich für die gemeinsamen Faktoren und damit für die Verteilung der Kommunalitäten über die Faktoren. Wenn wir die Elemente auf der Hauptdiagonalen der Korrelationsmatrix $\mathbf{R}$ um die Restvarianz korrigieren, dann können wir das Fundamentaltheorem entsprechend vereinfachen:

reduzierte Korrelationsmatrix – Korrelationsmatrix mit Kommunalitäten statt Einsen auf der Hauptdiagonalen

---

[3] Es ist dabei zu beachten, dass es sich hier um die Varianz eines Faktors ausgedrückt im Masssystem der standardisierten manifesten Merkmale handelt. Betrachten wir die Varianz einer latenten Variablen bzgl. den Messskalen der latenten Variablen in standardisierter Form, dann beträgt die Varianz einer latenten Variablen per Definition genau Eins. Wir sind nämlich davon ausgegangen, dass die Faktoren ebenfalls standardisiert sind.

$$\mathbf{R} = \boldsymbol{\Lambda}^x \boldsymbol{\Lambda}^{x\prime} + \mathbf{U}\,\mathbf{U}'$$
$$\mathbf{R} - \mathbf{U}\,\mathbf{U}' = \boldsymbol{\Lambda}^x \boldsymbol{\Lambda}^{x\prime}$$
$$\mathbf{R}_h = \boldsymbol{\Lambda}^x \boldsymbol{\Lambda}^{x\prime} \quad .$$

$\mathbf{R}_h$ stellt die *reduzierte Korrelationsmatrix* dar, in der ausserhalb der Hauptdiagonalen weiterhin die Korrelationskoeffizienten zwischen den manifesten Variablen stehen. Lediglich die Elemente auf der Hauptdiagonalen haben sich im Vergleich zur vollständigen Korrelationsmatrix geändert. Anstelle der ursprünglichen Einsen (für die Einheitsvarianz der standardisierten manifesten Variablen) sind jetzt die Kommunalitäten auf der Hauptdiagonalen eingetragen ($r_{jj}^h = h_j^2$). Diese Kommunalitäten sind uns im Voraus nicht bekannt. Um eine Faktorenanalyse auf der Basis der reduzierten Korrelationsmatrix durchführen zu können, müssen diese Kommunalitäten also erst geschätzt werden.

Zusammenfassend können wir festhalten, dass das Faktorenanalyse-Modell die folgenden zwei Formen annehmen kann:

$$\mathbf{X}^s = \boldsymbol{\xi}\,\boldsymbol{\Lambda}^{x\prime} + \boldsymbol{\Delta}\,\mathbf{U}'$$
$$\mathbf{R} = \boldsymbol{\Lambda}^x\,\boldsymbol{\Phi}\,\boldsymbol{\Lambda}^{x\prime} + \mathbf{U}\,\mathbf{U}'$$
$$= \boldsymbol{\Lambda}^x\,\boldsymbol{\Phi}\,\boldsymbol{\Lambda}^{x\prime} + \boldsymbol{\Psi} \quad .$$

Dabei wird angenommen, dass die manifesten Variablen standardisiert sind. Ebenfalls wird angenommen, dass die gemeinsamen Faktoren einen Mittelwert von Null und einer Varianz von Eins aufweisen. Die latenten Faktoren sind somit ebenfalls standardisiert. Die Elemente auf der Hauptdiagonalen der Varianz-Kovarianz-Matrix $\boldsymbol{\Phi}$ bzw. Korrelationsmatrix der latenten Faktoren betragen genau Eins. Von den Einzelrestfaktoren wird angenommen, dass sie einen Mittelwert von Null und eine Varianz von u_j^2 aufweisen. Diese Varianzen sind auf der Hauptdiagonalen der Diagonalmatrix $\boldsymbol{\Psi}$ eingetragen. Schliesslich wird davon ausgegangen, dass keine Korrelationen zwischen den Einzelrestfaktoren und den gemeinsamen Faktoren bestehen. Letztere Bedingung kennen wir bereits aus der Regressionsanalyse.

10.5 Ablauf der Faktorenanalyse

Nachdem wir im vorherigen Abschnitt das Grundprinzip der Faktorenanalyse grob skizziert haben, können wir uns ein Bild vom eigentlichen Analyseprozess und von den dabei zu lösenden Problemen machen.

1. In einem ersten Schritt wird die (vollständige) Korrelationsmatrix **R** der manifesten Indikatorvariablen berechnet.

   Faktorenproblem – die Wahl einer geeigneten primären Faktorenextraktionsmethode zur Bestimmung der Anzahl zu extrahierender Faktoren

2. Danach bestimmt man die Anzahl zu extrahierender (gemeinsamer) Faktoren. Üblicherweise geschieht dies mittels einer (vollständigen[4]) Hauptkomponentenanalyse der (vollständigen) Korrelationsmatrix **R** (vgl. weiter unten). Die Bestimmung der Anzahl gemeinsamer Faktoren ist ein Teil des sog. *Faktorenproblems* (siehe auch 4. und Abschnitt 10.6).

3. Nachdem man die Anzahl zu extrahierender gemeinsamer Faktoren bestimmt hat, werden die damit zusammenhängenden Kommunalitäten geschätzt. Neben anderen Schätzverfahren kann die bereits durchgeführte (vollständige) Hauptkomponentenanalyse dazu ebenfalls Schätzungen liefern. Das sog. *Kommunalitätenproblem* umfasst die Wahl einer adäquaten Schätzmethode (vgl. Abschnitt 10.8). Aus diesen Schätzungen und der bekannten vollständigen Korrelationsmatrix lässt sich nun die reduzierte Korrelationsmatrix $\mathbf{R}_h$ erstellen, in der anstelle von Einsen nun die Kommunalitäten auf der Hauptdiagonalen eingetragen werden.

   Kommunalitätenproblem – die Wahl einer geeigneten Methode zur Schätzung der Kommunalitäten

4. Es wird eine Faktorenanalyse im engeren Sinne (nur die gemeinsamen Faktoren werden extrahiert) auf Basis der reduzierten Korrelationsmatrix $\mathbf{R}_h$ durchgeführt. Üblicherweise verwendet man dazu das Hauptachsenrotationsverfahren. Die Methode bestimmt weitgehend die Art der Faktoren, die man dabei erhält. Die Wahl einer geeigneten Methode nennt man darum auch das *Faktorenproblem* (vgl. Abschnitt 10.6).

   Faktorenproblem – die Wahl einer geeigneten Faktorenextraktionsmethode

5. Um die daraus resultierende Faktorenmustermatrix mit den Faktorladungen besser interpretieren zu können,

---

[4] Es werden dabei gleich viele Faktoren, wie es Variablen gibt, extrahiert.

Rotationsproblem
– Wahl einer geeigne-
ten Rotationsmetho-
de zur Verbesserung
der Interpretation

wird diese nochmals transformiert (rotiert), so dass eine leichter interpretierbare Einfachstruktur entsteht.
Die Wahl einer geeigneten Rotationsmethode bezeichnet man manchmal auch als das *Rotationsproblem* (vgl.
Abschnitt 10.9).

6. Aus dem rotierten Faktorenmuster wird dann schliesslich die Matrix der Faktorenwerte ξ ermittelt. Auch
hier stehen wieder verschiedene Methoden zur Auswahl und man spricht vom *Faktorenwertproblem* (vgl.
Abschnitt 10.10).

10.6 Das Faktorenproblem

Das Faktorenproblem besteht darin, die Anzahl und die
Art der Faktoren festzulegen, die hauptsächlich für die manifesten Variablen und ihre Zusammenhänge verantwortlich sind. Es sind verschiedene Lösungen für dieses Problem vorgeschlagen worden. Wir werden hier nur die zwei
wichtigsten, nämlich die Hauptkomponentenmethode oder
Hauptachsentransformation und die Maximum-Likelihood-
Methode, behandeln.

Die verschiedenen Lösungen des Faktorenproblems unterscheiden sich hauptsächlich darin, dass verschiedene zusätzliche Restriktionen eingeführt werden, um das Gleichungssystem

$$\mathbf{R} = \boldsymbol{\Lambda}^x \boldsymbol{\Phi} \boldsymbol{\Lambda}^{x\prime} + \boldsymbol{\Psi}$$

**Hauptkompo-
nentenmetho-
de** – Hauptach-
sentransformation
der vollständigen
Korrelationsmatrix

**Hauptfaktoren-
analyse** – Haupt-
achsentransforma-
tion der reduzierten
Korrelationsmatrix

eindeutig lösen zu können. Die Art der Restriktionen bestimmt auch die Art der Faktoren. In der Praxis hat sich
die Hauptachsentransformation weitgehend durchgesetzt.

Die Unterscheidung zwischen *Hauptkomponentenmethode* ('principle components analysis') und *Hauptfaktoren-
analyse* ('principle factor analysis') bezieht sich lediglich
auf die Ausgangsmatrix. Man spricht von Hauptkomponentenmethode oder Hauptkomponentenanalyse, wenn man
von der vollständigen Korrelationsmatrix $\mathbf{R}$ ausgeht (man
führt eine Faktorenanlyse im weiteren Sinne durch), und
man spricht von Hauptachsentransformation, wenn man
von der reduzierten Korrelationsmatrix $\mathbf{R}_h$ ausgeht (Faktorenanalyse im engeren Sinne). Sonst sind die beiden Varianten gleich, da beide von den gleichen Restriktionen ausgehen.

Wir wollen uns hier auf die Erläuterung der Hauptkomponentenanalyse beschränken und uns nicht um die mathematischen Einzelheiten kümmern, sondern lediglich versuchen, den Vorgang anhand einer vereinfachten geometrischen Darstellung plausibel zu machen.[5]

Bei dieser Methode werden der Lösung zwei zusätzliche Restriktionen auferlegt: Erstens sollen die Faktoren unkorreliert (orthogonal) sein, und zweitens sollen die latenten Faktoren so gewählt werden, dass sie in abnehmender Rangfolge einen grösstmöglichen Anteil der in den Daten vorhandenen Varianz 'erklären'. Bevor wir aber in die Hauptkomponenetenanalyse einsteigen können, ist es sinnvoll, uns erst einige Gedanken zur Geometrie von Vektoren und Matrizen zu machen (vgl. im Übrigen auch Anhang A).

10.7 Geometrische Grundbegriffe

Ausgangspunkt bei der Faktorenanalyse ist die Matrix der beobachteten (manifesten) Variablen. Die in der Datenmatrix enthaltenen Informationen können auf zwei Arten geometrisch dargestellt werden:

10.7.1 Punktdarstellung im Merkmalsraum

Bei dieser Darstellungsweise stellen die Merkmalsskalen die Achsen eines (normalerweise) rechtwinklig gezeichneten Koordinatensystems dar. Die Merkmalswerte des i-ten Objekts ($i = 1, \ldots, n$) sind dessen Koordinaten in diesem System; sie lokalisieren es als Punkt im Merkmalsraum. Diese Darstellungweise entspricht dem uns wohlbekannten Streuungsdiagramm.

Parallel zur Darstellung der Objekte im *Merkmalsraum* anhand der ursprünglichen Datenmatrix können wir mit Hilfe der Faktorenwertematrix die Objekte auch in einem Koordinatensystem mit den Faktorenskalen als Achsen darstellen. Es sind also verschiedene Koordinatensysteme für die gleichen Objekte denkbar.

Merkmalsraum – Raum, aufgespannt durch die Merkmalsachsen

---

[5] Für weitere mathematische Einzelheiten vgl. auch Anhang A zur Matrix-Algebra.

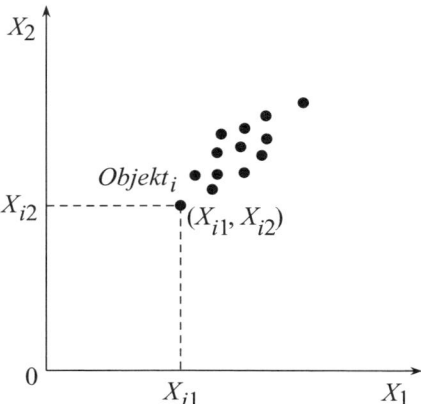

Abbildung 10.2: Streuungsdiagramm der Objekte im Merkmalsraum

Die Koordinaten eines Punktes werden in der Mathematik häufig auch als geordnetes System reeller Zahlen bezeichnet. 'Geordnet' deshalb, weil es nicht nur auf die Elemente, die zusammen ein System bilden, ankommt, sondern auch auf die Reihenfolge. Würden wir die Koordinaten eines Punktes miteinander vertauschen, ergäbe sich ein völlig anderer Punkt im Merkmalsraum. Ein solches geordnetes System $(X_1, X_2, \ldots, X_m)$ mit m reellen Zahlen nennen wir auch ein m-Tupel. Die Menge aller möglichen m-Tupel, also die Menge aller nur denkbaren Punkte, nennen wir den m-dimensionalen *Raum* $\mathbb{R}^m$. Im Falle einer Punktdarstellung im Merkmalsraum stellen die Koordinaten des i-ten Objektes das m-Tupel $(X_{i1}, X_{i2}, \ldots, X_{im})$ dar, wobei m die Anzahl der beobachten Merkmale ist. Jedes m-Tupel repräsentiert somit eine Zeile in der Datenmatrix.

Wenn wir schon von einem Raum sprechen, in der unserer Objekte dargestellt werden, ist es sinnvoll etwas näher auf die Begriffe 'Raum' und 'Unterraum' einzugehen.

Exkurs: 'Raum' und 'Unterraum'. Die Koordinaten eines Punktes werden in der Mathematik häufig auch als geordnetes System reeller Zahlen bezeichnet. 'Geordnet' deshalb, weil es nicht nur auf die Elemente, die zusammen ein System bilden, ankommt, sondern auch auf die Reihenfolge. Würden wir die Koordinaten eines Punktes miteinander vertauschen, ergäbe sich ein völlig anderer Punkt im Merkmalsraum. Ein solches geordnetes System $(X_1, X_2, \ldots, X_m)$ mit m reellen Zahlen nennen wir auch ein m-Tupel. Die Menge aller möglichen m-Tupel, also die Menge aller nur denkbaren Punkte, nennen wir den m-dimensionalen *Raum* $\mathbb{R}^m$. Im Falle einer Punktdarstellung im Merkmalsraum stellen die Koordinaten des i-ten Objektes das m-Tupel $(X_{i1}, X_{i2}, \ldots, X_{im})$ dar, wobei m die Anzahl der beobachten Merkmale ist. Jedes m-Tupel repräsentiert somit eine Zeile in der Datenmatrix.

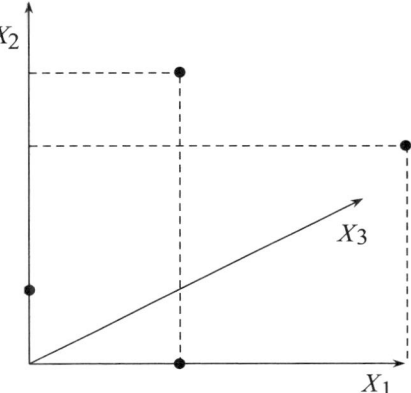

Abbildung 10.3: Streuungsdiagramm der Daten zu Beispiel a

Wir können uns vorstellen, dass wir, ohne die Position der Punkte im Raum zu verändern, ein anderes Koordinatensystem zu dieser Punktwolke wählen können. Man kann z.B. den Ursprung verschieben oder auch das Koordinatensystem als Ganzes drehen. Es gibt unendlich viele solcher (kartesischer) Koordinatensysteme[6], mit Hilfe derer wir unsere Punktwolke und die darin enthaltenen Informationen darstellen können. Die von uns betrachtete Darstellung mit den Merkmalen als Achsen ist nur eine von vielen möglichen Achsensystemen zur Darstellung der Objekte im m-dimensionalen Raum $\mathbb{R}^m$.

Der Darstellungsraum lässt sich in Teilmengen von Tupeln aufteilen. Wenn z.B. alle Objekte bezüglich einer bestimmten Variablen immer den Wert Null aufweisen, dann könnte man zur Darstellung der Objekte im Merkmalsraum auf das betreffende Merkmal als Koordinatenachse verzichten. Es gehen dabei keinerlei Informationen verloren.

---

[6] Ein kartesisches Koordinatensystem besteht aus mehreren *senkrecht* aufeinander stehenden Koordinatenachsen, die sich in einem Punkt, dem Ursprung, schneiden.

Beispiel a: Wir betrachten folgende Datenmatrix:

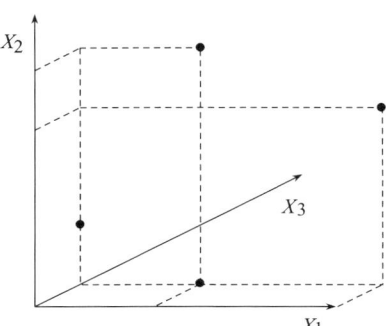

Abbildung 10.4: Streuungsdiagramm der Daten zu Beispiel b

	X_1	X_2	X_3
Objekt 1	0	1	0
Objekt 2	2	0	0
Objekt 3	5	3	0
Objekt 4	2	4	0

Alle beobachteten Objekte befinden sich hier in einem sog. *Unterraum* von $\mathbb{R}^3$, nämlich in der Ebene, die von X_1 und X_2 aufgespannt wird. Dieser Unterraum hat eine Dimension weniger und kann als $\mathbb{R}^2$ bezeichnet werden.

Beispiel b: Wir betrachten folgende Datenmatrix:

	X_1	X_2	X_3
Objekt 1	0	1	1,5
Objekt 2	2	0	1,5
Objekt 3	5	3	1,5
Objekt 4	2	4	1,5

Auch diese Objektpunkte liegen in einem zwei-dimensionalen Raum (= Ebene). Im Unterschied zum vorhergehenden Beispiel ist die betreffende Ebene in unserem Bild 'nach hinten' verschoben. In diesem Koordinatensystem können wir zur Darstellung der Objektpunkte nicht auf die dritte Achse verzichten. Wenn wir jedoch das Achsensystem ebenfalls 'nach hinten' verschieben, was einer Verschiebung des Ursprungs gleichkommt, erhalten wir wieder die ursprüngliche Darstellung und wir können auf die dritte Achse verzichten. Durch solch eine Verschiebung verändern sich selbstverständlicherweise die Koordinatenwerte der Punkte. Die Datenmatrix, die die Koordinatenwerte angibt, wird dann in eine andere Datenmatrix überführt oder 'transformiert'.

Beispiel c: Wir betrachten folgende Datenmatrix:

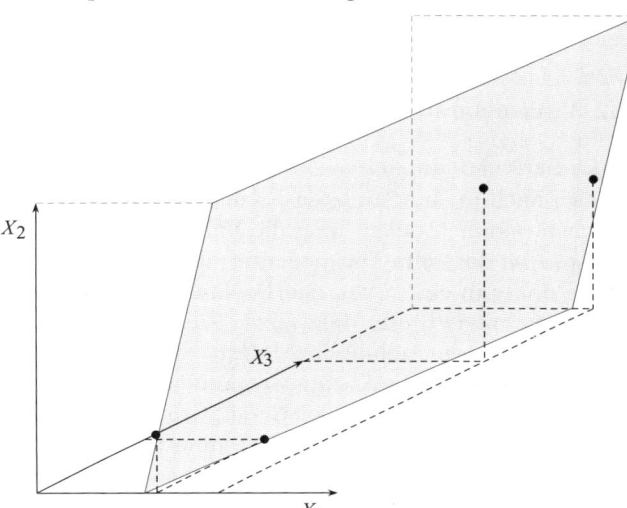

Abbildung 10.5: Streuungsdiagramm der Daten zu Beispiel c

	X_1	X_2	X_3
Objekt 1	2	1	0
Objekt 2	2	0	2
Objekt 3	3	3	5
Objekt 4	3	2	7

Auch die Objektpunkte dieser Datenmatrix liegen alle auf einer Ebene. Dies lässt sich einfach zeigen, da z.B. die Variablenwerte der dritten Variablen direkt aus den Variablenwerten der beiden anderen Merkmale abgeleitet werden können. Die dritte Variable enthält also keine Informationen, die nicht auch schon in den beiden anderen Variablen vorhanden sind. In der hier gewählten Darstellungsweise, mit den Merkmalsskalen als Koordinatenachsen, können wir zur vollständigen Darstellung der Objekte nicht auf eine der Achsen (Dimensionen) verzichten. Bezüglich unseres letzten Beispiels lässt es sich aber zeigen, dass es ein geradwinkliges Achsensystem gibt, in dem dies möglich wäre. Um dieses Achsensystem zu finden, müssen wir sowohl den Ursprung des Achsensystems verschieben als auch die Richtung der Achsen verändern (rotieren).

Durch diese Manipulationen wird der Informationsgehalt der ursprünglichen Daten *nicht* beeinträchtigt. Die Darstellung in einem Unterraum mit weniger als m Dimensionen ist nur eine vereinfachte Darstellung. Dem Wählen des entsprechenden neuen Koordinatensystems kommt eine Transformation der Daten gleich. Die faktoranalytische Suche nach einigen wenigen gemeinsamen latenten Merkmalen, die für die manifesten Merkmalswerte verantwortlich gemacht werden können, entspricht der Suche nach dem kleinsten Unterraum, anhand dessen wir die Daten ohne wesentlichen Informationsverlust darstellen können.

10.7.2 Vektordarstellung im Objektraum

Objektraum – Raum, aufgespannt durch die Objekte

Die Informationen, die in der Datenmatrix enthalten sind, lassen sich auch in einer anderen Form geometrisch veranschaulichen, nämlich indem man die Variablen als Punkte im *Objektraum* darstellt. Das bedeutet, dass wir die Variablen als Punkte in einem von den Beobachtungen (Objekten) aufgespannten Raum darstellen. Während man vorher, bei der Punktdarstellung im Merkmalsraum, die Koordinaten der einzelnen Punkte aus den Zeilen der Datenmatrix ablesen konnte, entnehmen wir jetzt die Koordinaten der 'Punkte' aus den Spalten der Datenmatrix. Die Koordinaten des j-ten 'Punktes' bzw. der j-ten Variablen im Objektraum sind also $(X_{1j}, X_{2j}, \ldots, X_{nj})$. Wir befinden uns nun im n-dimensionalen Objektraum $\mathbb{R}^n$.

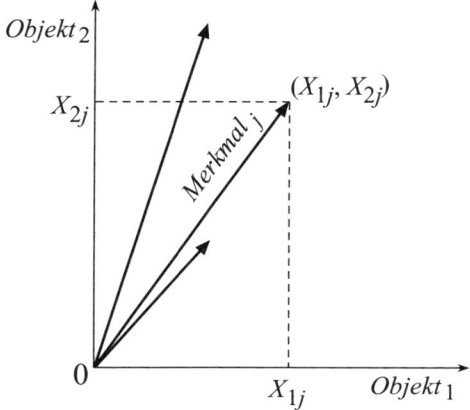

Abbildung 10.6: Merkmalsvektoren im Objektraum (nur die ersten zwei Objektachsen wurden dargestellt)

Es ist nun gebräuchlich, einen Verbindungspfeil vom Ursprung des Koordinatensystems zu den jeweiligen Punkten zu ziehen. Diese Pfeile nennen wir auch 'Vektoren'. Jeder Vektor stellt eine Variable dar.

Auf diese Weise können wir die Daten und damit auch alle darin enthaltenen Informationen, wie z.B. die Zusammenhänge zwischen den einzelnen beobachteten Variablen in einem n-dimensionalen Achsensystem, in dem die einzelnen Objekte die Achsen bilden, darstellen. Diese Darstellung hat den Vorteil, dass gewisse wichtige Eigenschaften unseres Datensatzes eine klare geometrische Bedeutung bekommen.

Die Interpretation des Winkels zwischen Merkmalsvektoren. Der Winkel zwischen den Merkmalsvektoren hat nun eine besondere Bedeutung. So können wir zeigen, dass der Cosinus dieses Winkels der Korrelation zwischen den betreffenden Variablen entspricht. Betrachten wir dazu ein einfaches Beispiel:

Wir gehen von der einfachen Situation mit nur zwei Variablen X_p und X_q und nur zwei Objekten, k und l, aus. Unsere Datenmatrix sieht also wie folgt aus:

$$\begin{array}{c|cc} & X_p & X_q \\ \hline \text{Objekt } k & X_{kp} & X_{kq} \\ \text{Objekt } l & X_{lp} & X_{lq} \end{array} \quad .$$

Die beiden Merkmalsvektoren im Objektraum sehen wie folgt aus:

$$\mathbf{x}_p = \left[\begin{array}{c} X_{kp} \\ X_{lp} \end{array} \right] \qquad \mathbf{x}_q = \left[\begin{array}{c} X_{kq} \\ X_{lq} \end{array} \right] \quad .$$

Aus Figur 10.7 ist ersichtlich, dass $\gamma = 90° - (\alpha + \beta)$. Nach einer trigonometrischen Rechenregel gilt nun, dass

$$cos\, \gamma = sin\, (\alpha + \beta) = sin\, \alpha\, cos\, \beta + cos\, \alpha\, sin\, \beta \quad .$$

Auch gilt, dass in Figur 10.8

$$cos\, \theta = \frac{b}{c} \qquad \text{und} \qquad sin\, \theta = \frac{a}{c} \quad .$$

Daraus folgt, dass für unsere Darstellung der beiden Variablen im Objektraum gilt:

$$sin\, \alpha = \frac{X_{lp}}{\|\mathbf{x}_p\|} \qquad cos\, \beta = \frac{X_{kp}}{\|\mathbf{x}_p\|}$$

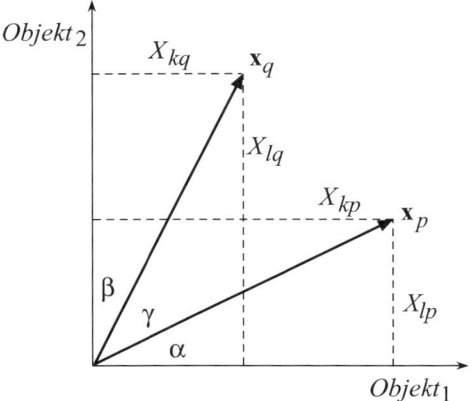

Abbildung 10.7: Winkel zwischen zwei Merkmalsvektoren

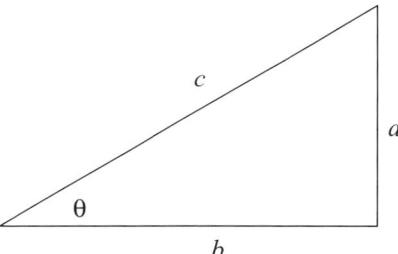

Abbildung 10.8: Rechtwinkliges Dreieck

$$sin \, \beta = \frac{X_{kq}}{\|\mathbf{x}_q\|} \qquad cos \, \beta = \frac{X_{lq}}{\|\mathbf{x}_q\|}$$

und

$$\|\mathbf{x}_p\| = \sqrt{X_{kp}^2 + X_{lp}^2} \qquad \|\mathbf{x}_q\| = \sqrt{X_{kq}^2 + X_{lq}^2} \quad .$$

Für $cos \, \gamma$ ergibt sich daraus:

$$cos\,\gamma = \frac{X_{lp}}{\|\mathbf{x}_p\|} * \frac{X_{lq}}{\|\mathbf{x}_q\|} + \frac{X_{kp}}{\|\mathbf{x}_p\|} * \frac{X_{kq}}{\|\mathbf{x}_q\|}$$

$$= \frac{X_{lp}\,X_{lq} + X_{kp}\,X_{kq}}{\|\mathbf{x}_p\|\,\|\mathbf{x}_q\|}$$

$$= \frac{X_{kp}\,X_{kq} + X_{lp}\,X_{lq}}{\sqrt{\left(X_{kp}^2 + X_{lp}^2\right)\left(X_{kq}^2 + X_{lq}^2\right)}} \quad .$$

Wenn wir den Korrelationskoeffizienten des Zusammenhangs zwischen den beiden Variablen auf Basis von n Objekten ausrechnen, bekommen wir:

$$r_{x_p\,x_q} = \frac{\sum\limits_{i=1}^{n}\left(X_{pi} - \overline{X}_p\right)\left(X_{qi} - \overline{X}_q\right)}{\sqrt{\sum\limits_{i=1}^{n}\left(X_{pi} - \overline{X}_p\right)^2 \sum\limits_{i=1}^{n}\left(X_{qi} - \overline{X}_q\right)^2}} \quad .$$

Wenn der Mittelwert der Variablen Null beträgt, was bei standardisierten Variablen der Fall ist, dann reduziert sich dieser Ausdruck auf

$$r_{x_p\,x_q} = \frac{\sum\limits_{i=1}^{n} X_{pi}\,X_{qi}}{\sqrt{\sum\limits_{i=1}^{n} X_{pi}^2 \sum\limits_{i=1}^{n} X_{qi}^2}} \quad .$$

Da wir nur zwei Objekte, k und l, haben, können wir auch schreiben:

$$r_{x_p\,x_q} = \frac{X_{kp}\,X_{kq} + X_{lp}\,X_{lq}}{\sqrt{\left(X_{kp}^2 + X_{lp}^2\right)\left(X_{kq}^2 + X_{lq}^2\right)}} \quad ,$$

was genau dem Ausdruck für $cos\,\gamma$ entspricht.

Wir stellen damit fest, dass bei standardisierten Daten der Cosinus des Winkels zwischen zwei Merkmalsvektoren im Objektraum dem Korrelationskoeffizienten zwischen den Merkmalen entspricht.

Wenn zwei Variablen X_p und X_q unkorreliert sind $\left(r_{x_p\,x_q} = 0\right)$, stehen ihre Vektoren im Objektraum in einem geraden Winkel ($\gamma = 90°$) zueinander. In diesem Fall

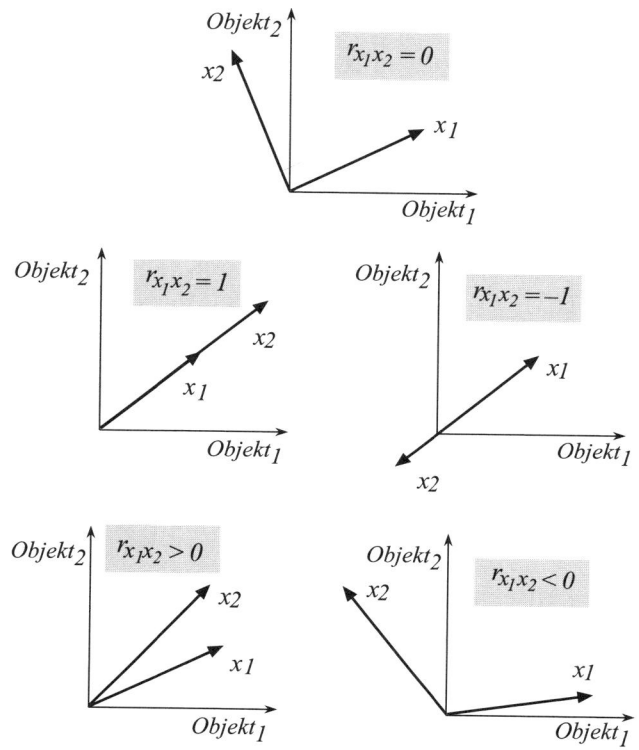

Abbildung 10.9: Einige Spezialfälle

spricht man auch von *orthogonalen* Vektoren. Wenn sie eine perfekte positive Korrelation $\left(r_{x_p\,x_q}=1\right)$ aufweisen, fallen die Vektoren zusammen (haben die gleiche Richtung). Haben sie dagegen eine perfekte negative Korrelation $\left(r_{x_p\,x_q}=-1\right)$, zeigen die entsprechenden Vektoren im Objektraum in die entgegengesetzte Richtung.

Interpretation der Länge der Vektoren. Es lässt sich auch zeigen, dass die Länge (der Norm) eines Merkmalsvektors proportional zur Standardabweichung des betreffenden Merkmals ist. Auch in diesem Fall können wir das am besten anhand eines einfachen Beispiels zeigen:

Die Länge eines Merkmalsvektors **x** im Objektraum ist definiert als

$$\|\mathbf{x}\| = \sqrt{\sum_{i=1}^{n} X_i^2} \quad,$$

wobei X_i, die i-te Koordinate oder das i-te Element des Vektors $\mathbf{x}$ im Objektraum darstellt und n die Anzahl der Dimensionen (Objekte) dieses Raumes.

Die Standardabweichung einer Variablen X ist definiert als

$$s_x = \sqrt{\frac{\sum_{i=1}^{n} \left(X_i - \overline{X}\right)^2}{n-1}} \quad.$$

Wenn der Mittelwert von X Null beträgt, was bei standardisierten Variablen der Fall ist, reduziert sich dieser Ausdruck zu

$$s_x = \frac{1}{\sqrt{n-1}} \sqrt{\sum_{i=1}^{n} X_i^2} \quad.$$

Ein Vergleich mit der Formel für die Länge des Vektors $\mathbf{x}$ im Objektraum zeigt sofort, dass

$$\|\mathbf{x}\| = \sqrt{n-1} * s_x \quad.$$

Wir sehen, dass die Länge eines Merkmalsvektors proportional zur Streuung (Standardabweichung) des Merkmals ist. Es lässt sich sogar zeigen, dass dies auch gilt, wenn der Mittelwert nicht gleich Null ist. Der Proportionalitätsfaktor wird dadurch nur um einen konstanten Faktor verändert. Je länger der als Pfeil dargestellte Vektor im Objektraum ist, desto grösser ist die Standardabweichung der betreffenden Variablen.

Wenn wir mit standardisierten Variablen zu tun haben, sind die Standardabweichungen der Variablen alle auf den Wert Eins normiert. Alle Vektoren haben in diesem Fall die gleiche Länge.

Wir sehen, dass die Länge eines Merkmalsvektors proportional zur Streuung (Standardabweichung) des Merkmals ist. Es lässt sich sogar zeigen, dass dies auch gilt, wenn der Mittelwert nicht gleich Null ist. Der Proportionalitätsfaktor wird dadurch nur um einen konstanten Faktor verändert. Je länger der als Pfeil dargestellte Vektor im

Objektraum ist, desto grösser ist die Standardabweichung der betreffenden Variablen.

Wenn wir mit standardisierten Variablen zu tun haben, sind die Standardabweichungen der Variablen alle auf den Wert Eins normiert. Alle Vektoren haben in diesem Fall die gleiche Länge.

Auch an diesem Punkt mssen wir auf einige Grundbegriffe der Geometrie und auf einige mathematischen Operationen mit Vektoren zurückgreifen.

Exkurs: 'Basis' und 'Basisvektoren'.
Wir haben bereits gesehen, dass der Pfeil vom Ursprung des Achsensystems zu dem Punkt mit den Koordinaten $(X_1, X_2, \ldots, X_n)$ als Vektor $\mathbf{x}$ bezeichnet wird. Geometrisch gesehen hat jeder Vektor eine Länge und eine Richtung.

Es sind verschiedene mathematische Operationen mit Vektoren definiert. Die algebraischen Einzelheiten haben wir bereits bei der Übersicht über die Matrix-Algebra behandelt. Für die geometrische Deutung des Vorgangs bei der Faktorenanalyse sind folgende Operationen von Bedeutung:

Addition: $\mathbf{a} + \mathbf{b} = \mathbf{c}$
Für jeden Vektor $\mathbf{a}$ gibt es auch einen entgegengerichteten Vektor $-\mathbf{a}$, so dass $\mathbf{a} + (-\mathbf{a}) = \mathbf{0}$, wobei $\mathbf{0}$ den Nullvektor repräsentiert (der Nullvektor hat die Länge 0 und keine Richtung). $-\mathbf{a}$ hat die umgekehrte Richtung von $\mathbf{a}$.

Subtraktion: $\mathbf{a} - \mathbf{b} = \mathbf{c}$
Dieser Ausdruck lässt sich in eine Addition umformen:
$\mathbf{a} - \mathbf{b} = \mathbf{a} + (-\mathbf{b}) = \mathbf{c}$.

Skalar-Multiplikation: $r * \mathbf{a} = \mathbf{c}$
Auch dies lässt sich als eine Addition ausdrücken:
$r * \mathbf{a} = \sum_{i=1}^{r} \mathbf{a} = \mathbf{c}$.
Die Länge des Vektor $\mathbf{c}$ beträgt $\|\mathbf{c}\| = |r| * \|\mathbf{a}\|$.

Das Zerlegen eines Vektors in seine Komponenten:
Wenn wir die zwei Vektoren $\mathbf{a}$ und $\mathbf{b}$ haben, wofür gilt, dass sie keine Nullvektoren sind ($\neq \mathbf{0}$) und dass sie linear unabhängig sind, dann kann jeder Vektor in der Ebene, in der auch $\mathbf{a}$ und $\mathbf{b}$ liegen, als Kombination dieser beiden Vektoren ausgedrückt werden: $\mathbf{c} = r\,\mathbf{b} + s\,\mathbf{a}$.

Zwei Vektoren $\mathbf{a}$ und $\mathbf{b}$ sind linear unabhängig, wenn gilt, dass sie nicht parallel sind; oder anders gesagt, dass sie sich nicht in einem Vektorraum mit nur einer Dimension darstellen lassen. Beide Vektoren zeigen somit in eine andere (nicht-entgegengesetzte) Richtung bzw. stellen unterschiedliche Dimensionen dar. Drei Vektoren sind linear unabhängig, wenn sie nicht alle in der gleichen Ebene liegen, sich also nicht in einem zwei-dimensionalen Raum darstellen lassen. So könnte man fortfahren. Wir können festhalten, dass zwei

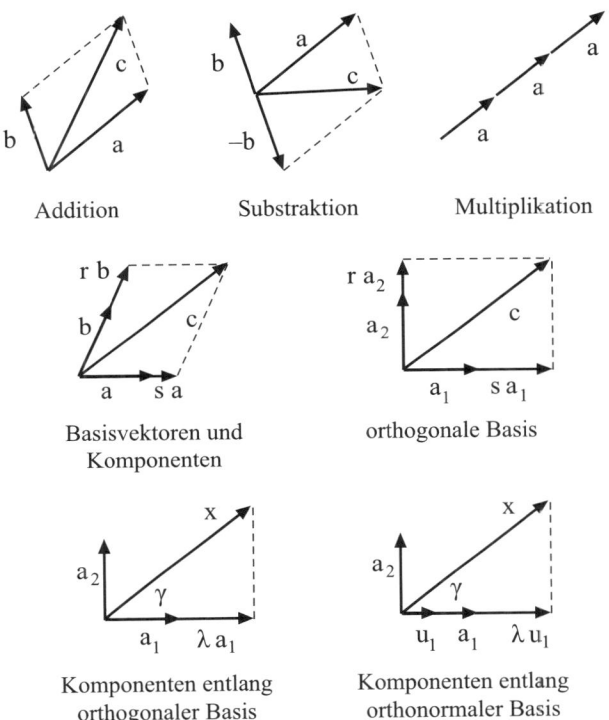

Addition   Substraktion   Multiplikation

Basisvektoren und   orthogonale Basis
Komponenten

Komponenten entlang   Komponenten entlang
orthogonaler Basis   orthonormaler Basis

Abbildung 10.10: Operationen mit Vektoren und Basis-vektoren

Vektoren unabhängig sind, wenn sie einander nicht durch eine Skalar-Multiplikation und/oder Addition aufheben können. Die Vektoren $\mathbf{a}_1, \mathbf{a}_2, \ldots, \mathbf{a}_m$ sind linear *abhängig*, wenn es n Zahlen $\lambda_1, \lambda_2, \ldots, \lambda_m$ gibt, die nicht gleich Null sind, wofür gilt:

$$\lambda_1 \mathbf{a}_1, \lambda_2 \mathbf{a}_2, \ldots, \lambda_m \mathbf{a}_m = \mathbf{0} \quad .$$

Eine Menge linear unabhängiger Vektoren $\mathbf{a}_1, \mathbf{a}_2, \ldots, \mathbf{a}_m$ bilden zusammen die *Basis* eines (m-dimensionalen) Raumes, der durch die Vektoren aufgespannt wird. Solche Vektoren heissen *Basisvektoren*. Die Basisvektoren können sowohl geradwinklig als auch schiefwinklig zueinander stehen. Im Falle einer Basis mit nur zwei unabhängigen Vektoren ist dieser Raum eine Ebene und hat die Dimension 'zwei' ($\mathbb{R}^2$).

Die Komponente eines Vektors $\mathbf{x}$ entlang dem Basisvektor $\mathbf{a}$ wird gegeben durch

$$\|\mathbf{x}\| \cos \gamma = \lambda \quad .$$

Wenn $\cos \gamma = 0$ ist $\gamma = 90°$ und die Vektoren $\mathbf{x}$ und $\mathbf{a}$ sind *orthogonal* bzw. stehen senkrecht aufeinander. Die Komponenten zweier orthogonaler Vektoren entlang einander sind immer Null.

Wenn eine Menge Vektoren $\mathbf{a}_1, \mathbf{a}_2, \ldots, \mathbf{a}_m$ orthogonal sind und eine Länge grösser als Null aufweisen, nennen wir diese Vektoren eine *orthogonale Basis* des m-dimensionalen Raumes $\mathbb{R}^m$. Wenn alle Basisvektoren zusätzlich eine Länge von Eins haben, spricht man von einer *orthonormalen Basis*. Um alle Basisvektoren auf die Länge Eins zu bringen, kann man jeden Basisvektor durch seine Länge dividieren. Auf diese Weise erhalten wir neue, auf Länge Eins normierte Basisvektoren:

$$\text{neuer Basisvektor} = \mathbf{u} = \frac{\mathbf{a}}{\|\mathbf{a}\|} \quad .$$

Wie wir bereits gesehen haben, gilt für einen willkürlichen Vektor $\mathbf{x}$ aus diesem (orthonormalen) Raum $\mathbb{R}^m$, dass man ihn auf eine Linearkombination seiner Komponenten auf den Basisvektoren zurückführen kann:

$$\mathbf{x} = \lambda_1\,\mathbf{u}_1 + \lambda_2\,\mathbf{u}_2 + \ldots + \lambda_m\,\mathbf{u}_m = \sum_{i=1}^{m} \lambda_i\,\mathbf{u}_i \quad ,$$

wobei $\lambda_i = \|\mathbf{x}\|\,cos_i\,\gamma$.

Eine häufig verwendete Basis in der Vektoralgebra besteht aus den Einheitsvektoren $\mathbf{e}_1, \mathbf{e}_2, \ldots, \mathbf{e}_m$. Diese Basisvektoren haben alle eine Länge von 1 und stehen senkrecht aufeinander:

$$\mathbf{e}_1 = \begin{bmatrix} 1 \\ 0 \\ 0 \\ \vdots \\ 0 \end{bmatrix} \quad \mathbf{e}_2 = \begin{bmatrix} 0 \\ 1 \\ 0 \\ \vdots \\ 0 \end{bmatrix} \quad \ldots \quad \mathbf{e}_m = \begin{bmatrix} 0 \\ 0 \\ 0 \\ \vdots \\ 1 \end{bmatrix} \quad .$$

Die geometrische Interpretation der Faktorladungsmatrix. Nach diesen Exkursen zu einigen Grundbegriffen und Operationen der Vektoralgebra erhalten wir folgende geometrische Interpretation für die Elemente der Faktorladungsmatrix $\boldsymbol{\Lambda}^x$.

Die Spalten von $\boldsymbol{\Lambda}^x$ stellen die Koordinaten der Einheitsvektoren auf den Faktorenachsen im Raum der standardisierten Merkmalsachsen dar (Darstellung im Merkmalsraum). Die Koordinaten der Spitze des p-ten Einheitsvektors im Koordinatensystem der standardisierten Merkmale (Merkmalsraum) sind gegeben durch: $\left(\lambda_{1p}^x, \lambda_{2p}^x, \ldots, \lambda_{mp}^x, \right)$. Die Koordinaten des gleichen Einheitsvektors im Koordinatensystem, das durch die latenten Faktoren aufgespannt wird (Faktorenraum), betragen: $(0, \ldots, 0, 1, 0, \ldots, 0)$, wobei die Eins an der p-ten Stelle steht.

Die Länge des Einheitsvektors im Koordinatensystem der standardisierten Merkmale beträgt

$$\sqrt{\lambda_p^x} = \sqrt{\sum_{i=1}^{m} \lambda_{ip}^{x\,2}} \quad ,$$

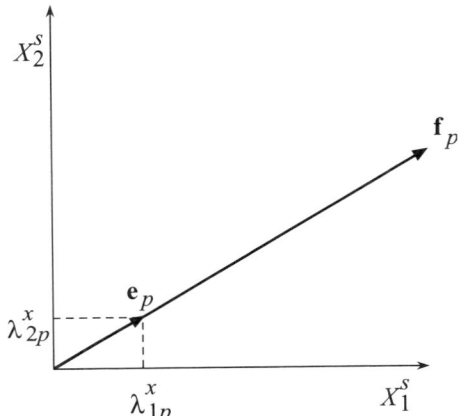

Abbildung 10.11: Geometrische Bedeutung der Spalten der Faktorladungsmatrix

während sie im Faktorenraum per Definition Eins beträgt.

Die Zeilen von $\boldsymbol{\Lambda}^x$ stellen die Koordinaten der standardisierten Merkmalsvektoren in einem Achsensystem dar, das durch die Faktorvektoren aufgespannt wird.

10.7.3 Zur Geometrie der Hauptkomponentenanalyse

Wir gehen zunächst von zwei korrelierten Merkmalen aus, die zusammen eine bi-variate Normalverteilung bilden. Die Punktwolke des Streuungsdiagramms ist demzufolge ellipsenförmig.

Bei drei (tri-variat normalverteilten) Variablen ist das drei-dimensionale Streuungsdiagramm meistens Zigarrenförmig. Man spricht dann von einem Ellipsoid. Wenn wir mit mehr als drei Variablen zu tun haben, redet man von einem Hyper-Ellipsoid. Bei diesen multivariaten Normalverteilungen haben diese (Hyper-)Ellipsoide eine Wahrscheinlichkeitsinterpretation: Ein Punkt liegt mit einer gewissen Wahrscheinlichkeit innerhalb eines bestimmten Hyper-Ellipsoids (vgl. auch Kapitel 2).

Geometrisch gesehen besteht die Hauptachsentransformation darin, dass man ein neues Achsensystem sucht, wo-

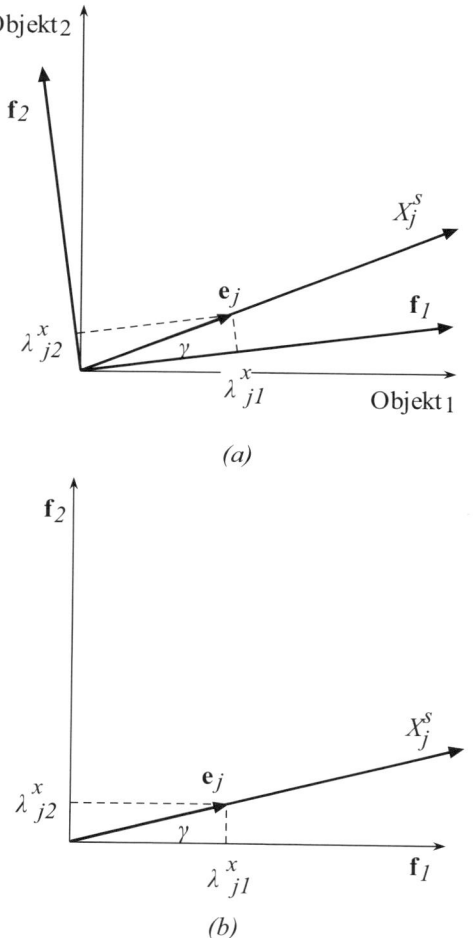

Abbildung 10.12: Geometrische Bedeutung der Zeilen der Faktorladungsmatrix

mit sich die Daten auf einfache Weise darstellen lassen. Die Faktoren bilden die gesuchten neuen Achsen.

Die Bedingung der hierarchischen Varianzaufteilung unter den neuen latenten Faktoren besagt, dass wir die Achsen so wählen sollen, dass in der Richtung der entsprechenden Achse das grösste Mass an Streuung in den Daten vorliegt. Oder anders gesagt: dass die Streuung der

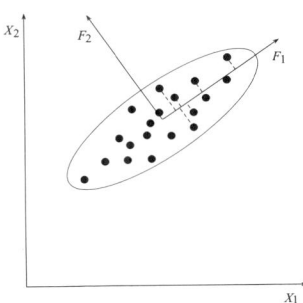

Abbildung 10.13: Hauptkomponenten einer bi-variaten Normalverteilung

Projektionen der einzelnen Punkte auf diese Achse grösser ist als wenn man die Achse in irgendeine andere Richtung gelegt hätte. Das bedeutet, dass wir die erste Achse genau in der Längsrichtung der Ellipse bzw. entlang der längsten Achse der Ellipse legen müssen. Dies ist die erste Hauptachse. Sie geht durch den Schwerpunkt der Punktwolke. Die zweite Achse wird nun so gewählt, dass sie senkrecht zur ersten Hauptachse liegt und ebenfalls durch den Schwerpunkt geht. In dem in Figur 10.13 dargestellten zwei-dimensionalen Fall haben wir für die zweite Hauptachse keine Alternativen zur Verfügung. Alle 'Freiheitsgrade' sind bereits durch die Festlegung des ersten Faktors aufgebraucht. Es gibt lediglich eine Möglichkeit für die Lage der zweiten Hauptachse.

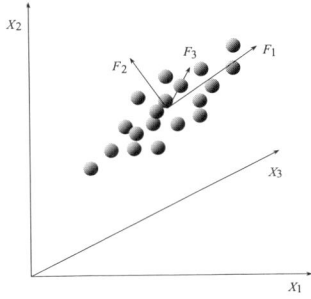

Abbildung 10.14: Hauptkomponenten einer drei-dimensionalen Normalverteilung

Im drei- oder mehrdimensionalen Fall wird man für die eindeutige Festlegung der zweiten Hauptachse wiederum nach der nächstgrössten Achse des Punkteschwarmes suchen müssen usw. Nach der Wahl der ersten Hauptachse wird dazu ein Unterraum festgelegt, im hier dargestellten drei-dimensionalen Fall eine Ebene, die senkrecht zur bereits gewählten ersten Hauptachse liegt und durch den Schwerpunkt geht. Der ganze Punkteschwarm wird nun auf diese Ebene bzw. auf diesen Unterraum projiziert. Figur 10.15 zeigt zum Beispiel die Projektion eines Punktes auf die Fläche, die durch die beiden Achsen F_2 und F_3 aufgespannt wird. Und in diesem Unterraum wird dann nach der nächstgrössten Achse des Punkteschwarmes gesucht usw., bis alle Hauptachsen nacheinander bestimmt sind.

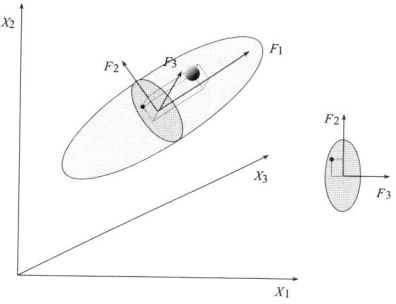

Abbildung 10.15: Projektion eines Punktes auf eine Fläche

Sind auf diese Weise alle neuen Achsen festgelegt, dann kennen wir zwar die Richtung der Hauptachsen, aber noch nicht die Masseinheiten (die Skala), die wir auf diesen Achsen verwenden sollen. Diese Masseinheit wird durch die sog. 'Einheitsvektoren' gegeben. Einheitsvektoren sind Vektoren mit der Länge Eins entlang der jeweiligen Achsen. Die Faktorladungen λ_{jk}^x $(j = 1, 2, \ldots, m)$ stellen nun die Koordinaten der Spitze dieses Einheitsvektors vom k-ten Faktor im Achsensystem der standardisierten manifesten Merkmale dar. Damit sind die neuen Hauptachsen eindeutig und vollständig festgelegt.

Wie wir gesehen haben, wird die Hauptkomponentenmethode algebraisch nicht anhand der (standardisierten)

Merkmalswerte, sondern anhand der Korrelationsmatrix durchgeführt. Es lässt sich zeigen, dass jede Hauptachse durch einen Eigenvektor $\boldsymbol{\lambda}_{jk}$ $(k = 1, 2, \ldots, r)$ und einen Eigenwert λ_k der Korrelationsmatrix $\mathbf{R}$ gegeben ist (vgl. nächsten Abschnitt).[7] Der Eigenwert λ entspricht der (unstandardisierten) Varianz (Streuung) der Punktwolke in der Richtung der betreffenden Hauptachse. Die Wurzel des Eigenwertes entspricht der Länge des Einheitsvektors des betreffenden Faktors ausgedrückt in den Masseinheiten der standardisierten Merkmalsachsen.

Die Länge der Hauptachsenvektoren der Ellipsoide entspricht den Standardabweichungen der auf die Hauptachsen projizierten Merkmalswerte (bzw. den unstandardisierten Standardabweichungen der durch die beiden Hauptachsen repräsentierten Faktoren) (vgl. Figur 10.16).

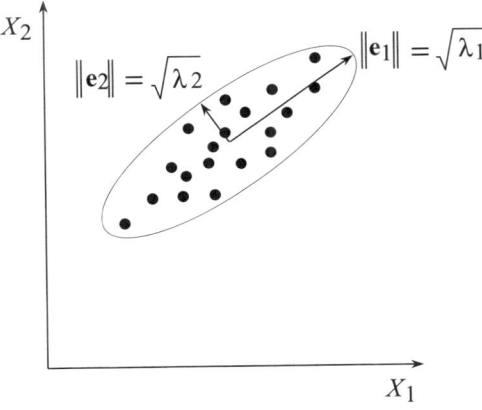

Abbildung 10.16: Standardabweichung der Streuung auf den Hauptachsen

---

10.7.4 Algebraische Formulierung der Hauptkomponentenmethode

Wenn vorausgesetzt wird, dass die Faktoren orthogonal sind, lautet das Fundamentaltheorem:

$$\mathbf{R} = \boldsymbol{\Lambda}^x \boldsymbol{\Lambda}^{x\prime} \quad.$$

Wenn wir nun beide Seiten dieser Gleichung mit $\boldsymbol{\Lambda}^x$ rechtsmultiplizieren, bekommen wir:

$$\mathbf{R}\,\boldsymbol{\Lambda}^x = \boldsymbol{\Lambda}^x \boldsymbol{\Lambda}^{x\prime} \boldsymbol{\Lambda}^x \quad.$$

Zusätzlich definieren wir

$$\boldsymbol{\Lambda}^{x\prime} \boldsymbol{\Lambda}^x = \boldsymbol{\Lambda} \quad.$$

Dabei ist die Matrix $\boldsymbol{\Lambda}$ eine Diagonalmatrix mit den Varianzanteilen, die auf die einzelnen Faktoren entfallen, auf ihrer Hauptdiagonalen. Daraus folgt

$$\mathbf{R}\,\boldsymbol{\Lambda}^x = \boldsymbol{\Lambda}^x \boldsymbol{\Lambda} \quad.$$

Betrachten wir zunächst nur den ersten Faktor. Dann haben wir es mit der ersten Spalte von $\boldsymbol{\Lambda}^x$, nämlich $\boldsymbol{\lambda}_1^x$, und mit dem ersten Diagonalelement von $\boldsymbol{\Lambda}$, nämlich λ_1 zu tun:

$$\mathbf{R}\,\boldsymbol{\lambda}_1^x = \boldsymbol{\lambda}_1^x \lambda_1 \quad.$$

In Worten lautet das Problem: Die Merkmalskorrelationsmatrix $\mathbf{R}$ soll mit einem Vektor $\boldsymbol{\lambda}_1^x$ multipliziert werden, so dass das Resultat gleich demselben Vektor $\boldsymbol{\lambda}_1^x$ mal einen Skalarwert λ_1 ist. Dies entspricht dem sog. Eigenwert-Eigenvektor-Problem, das wir aus der Matrix-Algebra bereits kennen:

$$(\mathbf{R} - \lambda_1\,\mathbf{I})\,\boldsymbol{\lambda}_1^x = \mathbf{0} \quad.$$

Ausgeschrieben ergibt dies:

$$
\begin{bmatrix}
1 - \lambda_1 & r_{12} & \cdots & r_{1m} \\
r_{21} & 1 - \lambda_1 & \cdots & r_{2m} \\
\vdots & \vdots & \ddots & \vdots \\
r_{m1} & r_{m2} & \cdots & 1 - \lambda_1
\end{bmatrix}
\begin{bmatrix}
\lambda_{11}^x \\
\lambda_{21}^x \\
\vdots \\
\lambda_{m1}^x
\end{bmatrix}
=
\begin{bmatrix}
0 \\
0 \\
\vdots \\
0
\end{bmatrix} \quad.
$$

Dieses Gleichungssystem hat nur eine Lösung, wenn die Determinante der Matrix $(\mathbf{R} - \lambda_1\,\mathbf{I})$ gleich Null ist:

$$|\mathbf{R} - \lambda_1 \mathbf{I}| = 0 \quad .$$

Diese Gleichung hat m Lösungen für λ_1. Diese m Lösungen nennt man die *Eigenwerte*. Der grösste davon entspricht dem gesuchten Wert λ_1. Wenn man diesen Wert in die Gleichung

$$\mathbf{R}\,\boldsymbol{\lambda}_1^x = \boldsymbol{\lambda}_1^x\,\lambda_1$$

einsetzt, erhält man die Elemente des Eigenvektors $\boldsymbol{\lambda}_1^x$. Auf analoge Weise bekommt man die Lösungen für die übrigen Eigenwerte und Eigenvektoren.

Die Elemente von $\boldsymbol{\lambda}_1^x$ sind zunächst nur relativ (d.h. in ihrem Verhältnis zueinander) bekannt. Die gewünschte Skalierung ergibt sich aus der Forderung, die besagt, dass die Summe der quadrierten Elemente von $\boldsymbol{\lambda}_1^x$ gleich dem Eigenwert λ_1 sein sollen:

$$\lambda_{j1} = \lambda_{j1}^* \frac{\sqrt{\lambda_1}}{\sqrt{\sum\limits_{i=1}^{m} \lambda_{j1}^*}} \quad ,$$

wobei: λ_{j1}^* das unskalierte Element und λ_{j1} das skalierte Element darstellen.

10.7.5 Bestimmung der Anzahl zu extrahierender gemeinsamer Faktoren

Es stellt sich nun die Frage nach der Anzahl der zu extrahierenden gemeinsamen Faktoren. Es macht selbstverständlich keinen Sinn, mehr Faktoren zu extrahieren als wir manifeste Merkmale haben. Die Punktwolke lässt sich ja bereits ohne Informationsverlust im Achsensystem der m manifesten Variablen darstellen. Wozu brauchen wir dann noch eine weitere Dimension? Diese würde uns keine weiteren Informationen bereitsstellen, abgesehen davon, dass diese zusätzliche Dimension beliebig wählbar wäre und sich somit gar nicht eindeutig bestimmen liesse. Wir können aus einem Datensatz mit m Variablen also maximal m *orthogonale Faktoren* extrahieren. Man nennt dies die *vollständige Lösung*.

Bei einer vollständigen Lösung ergeben sich aus m Merkmalen auch m gemeinsame Faktoren, es sei denn, es bestünden zwischen gewissen Merkmalen perfekte Korrelationen. Diese würden eine Informationsüberlappung und eine Reduktion der Anzahl der im Datensatz vorhandenen unabhängigen Dimensionen aufdrängen.

Betrachten wir dazu ein Beispiel: Es seien zwei der m Merkmale perfekt miteinander korreliert. Bezüglich dieser beiden Merkmale besteht *vollständige Informationsredundanz*. Sie können durch *eine* Dimension ersetzt werden: Der durch m Merkmale beschriebene Datensatz enthält in diesem Fall nur $m-1$ grundlegende gemeinsame Dimensionen, und infolgedessen können nur $m - 1$ Faktoren extrahiert werden.

Nun sind perfekte Korrelationen die Ausnahme, mehr oder weniger hohe (aber nicht perfekte) Korrelationen jedoch die Regel. Es bestehen dann ausschliesslich *partielle Redundanzen*. Je grösser diese sind, desto besser können wir ohne allzu grossen Informationsverlust unseren Datensatz auf einige wenige grundlegende Dimensionen (Faktoren) reduzieren.

Da wir bei der Hauptkomponentenlösung eine hierarchische Reihenfolge der Faktoren (d.h. Faktoren mit abnehmender Grösse der Eigenwerte bzw. Varianzen) erhalten, wird im Allgemeinen der grösste Teil der Merkmalsvarianz durch eine relativ kleine Zahl von Faktoren wiedergegeben.

Es sind nur die ersten q Faktoren (wobei $q < m$) von Interesse, die im Wesentlichen die im Datensatz enthaltene Information zusammenfassen. Man kann annehmen, dass die restlichen Faktoren mit weiter nicht interessierenden, spezifischen, mit Einzelmerkmalen verknüpften und/oder mit zufälligen Variationen zu tun haben oder vernachlässigbare gemeinsame Faktoren darstellen. Welche Faktoren sind nun wesentlich und welche nicht? Wir haben gesehen, dass die Hauptkomponentenmethode Schritt für Schritt eine neue Hauptachse (einen neuen Faktor), die einen maximalen Anteil der jeweils restlichen Varianz auf sich konzentriert, wählt. Folglich stellt sich die Frage, nach welchem Kriterium die Extraktion von weiteren Faktoren abgebrochen werden sollte bzw. nach welchem Kriterium die optimale Anzahl zu extrahierender Faktoren bestimmt werden kann.

Zur Bestimmung der Anzahl zu extrahierender Faktoren werden üblicherweise folgende Kriterien verwendet:

1. **Prozentsatz der 'erklärten' Gesamtvarianz**

   Die Extraktion von Faktoren wird abgebrochen, wenn der Prozentsatz der Merkmalsgesamtvarianz, der durch die bisher bestimmten Faktoren reproduziert wird, ein befriedigendes Niveau (z.B. 80%) erreicht hat. Dieser Entscheid ist natürlich subjektiv.

2. **Eigenwert Eins**

   Dies ist das weitaus am häufigsten verwendete Kriterium. Es werden nur diejenigen Faktoren extrahiert, deren Eigenwerte grösser als oder gleich Eins sind.
   Die Überlegung ist folgende: Die Originalmerkmale sind standardisiert und haben alle eine Varianz von Eins. Ein Faktor, der weniger Varianz repräsentiert als eines der ursprünglichen Merkmale, kann nicht mehr von Interesse sein.

3. **'Scree-Test'**

   Wenn Faktoren aus einem Satz von Zufallsdaten extrahiert werden, haben einige etwas grössere, andere etwas kleinere Eigenwerte. Diese schwanken aber alle um Eins herum, da bei Zufallsdaten grössere Korrelationen selten sind. Die hierarchische Reihenfolge bezüglich der Grösse der Eigenwerte kann graphisch durch eine Gerade approximiert werden (vgl. Figur 10.17a).

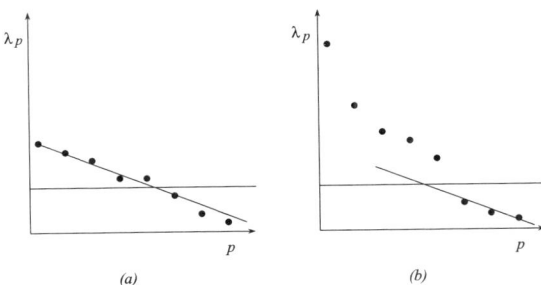

Abbildung 10.17: Scree-Diagramm von Zufallsdaten und realen Daten

Für reale Daten wird hingegen die entsprechende Graphik der Eigenwerte im Allgemeinen etwa wie in Figur 10.17b aussehen. Es ist ein klarer Bruch erkennbar: Die Anordnung der Punkte auf der rechten Seite kann, wie in Figur 10.17a, durch eine Gerade wiedergegeben werden. Es kann daraus entnommen werden, dass die zugehörigen Eigenwerte Zufallsfaktoren entsprechen. Die Punkte auf der linken Seite weichen dagegen eindeutig von diesem Trend ab und können als 'signifikant' betrachtet werden. Der Nachteil dieser Methode ist, dass für eine Beurteilung zuerst alle Faktoren extrahiert werden müssen.

4. 'Broken-stick'-Regel
Verwandt mit dem Scree-Test ist die 'Broken-stick'-Regel. Ein Faktor soll beibehalten bzw. extrahiert werden, wenn der Anteil der von diesem Faktor erklärten Varianz grösser ist als $(1/m) \sum_{j=k}^{m} 1/j$. Die Überlegung dabei ist folgende: Nehmen wir an, dass wir einen Stab mit einer Länge von Eins haben, der rein zufällig in m Teile gebrochen wird. Die erwartete Länge des k-längsten Stücks ist gegeben durch $(1/m) \sum_{j=k}^{m} 1/j$. Die Summe der Eigenwerte einer Korrelationsmatrix beträgt ebenfalls Eins und ist somit mit dem Stab vergleichbar. Wenn der Varianzanteil eines Faktors grösser ist als der erwartete Anteil eines reinen Zufallsfaktors, dann ist dies ein Indiz dafür, dass dieser Faktor kein zufälliges Rauschen, sondern einen wesentlichen Faktor darstellt, den wir beibehalten sollten.

Hiermit wäre dann das Faktorenproblem in erster Linie gelöst. Wir wissen, wieviele Faktoren wir extrahieren wollen und wir haben mittels einer bestimmten Extraktionsmethode (hier die Hauptkomponentenmethode) die Art der Faktoren festgelegt (hier: unkorreliert und mit hierachischer Varianzaufteilung). Wenn wir uns aber tatsächlich nur für die wichtigsten gemeinsamen Faktoren interessieren, dann sollten wir nicht von der vollständigen Korrelationsmatrix, sondern von der reduzierten Korrelationsmatrix ausgehen. Es wird dann nicht mehr die vollständige Varianz der manifesten Merkmale, sondern nur noch die auf die wichtigsten gemeinsamen Faktoren zurückzuführende Varianz zerlegt und hierarchisch über die Faktoren aufgeteilt. Dazu müssen wir aber erst die Kommunalitäten kennen, um diese dann in die reduzierte Korrelationsmatrix einsetzen zu können. Damit sind wir beim Kommunalitätenproblem (vgl. Abschnitt 10.8 weiter unten).

Bevor wir uns dem Kommunalitätenproblem zuwenden, wollen wir hier kurz noch eine zweite Methode der Faktorenextraktion besprechen.

10.7.6 Die Maximum-Likelihood-Methode

Bei der Hauptkomponentenmethode handelte es sich um eine mathematische Transformation der ursprünglichen Datenmatrix. Wahrscheinlichkeitsüberlegungen spielten dabei keine Rolle. Ob die Ausgangsdaten bzw. die entsprechende Korrelationsmatrix mittels einer Gesamterhebung oder anhand einer Stichprobe aus einer Grundgesamtheit ermittelt wurden, machte keinen Unterschied. Im Gegensatz dazu basiert die Maximum-Likelihood-Methode explizit auf Wahrscheinlichkeitsüberlegungen. Es wird davon ausgegangen, dass die Korrelationsmatrix anhand einer Zufallsstichprobe berechnet wurde, die durch die Zufälligkeit der Stichprobe von der 'wahren' Korrelationsmatrix in der Grundgesamtheit abweichen kann. Die Wahrscheinlichkeit solcher Abweichungen wird bei der Maximum-Likelihood-Methode explizit berücksichtigt. Um die Wahrscheinlichkeit dieser Abweichungen berechnen zu können, müssen gewisse Annahmen über die Verteilung der Variablen in der Grundgesamtheit getroffen werden. Üblicherweise wird angenommen, dass die manifesten Variablen multivariat-normalverteilt sind und einem Mittelwert von Null aufweisen.

Wie wir bereits in Abschnitt 10.3 gesehen haben, lautet das Fundamentaltheorem der Faktorenanalyse wie folgt:

$$\mathbf{R} = \Lambda^{x\prime} \, \Phi \, \Lambda^{x} \quad .$$

Interessieren wir uns lediglich für die gemeinsamen Faktoren, dann bekommt das Fundamentaltheorem folgende Gestalt (vgl. Abschnitt 10.4):

$$\mathbf{R} = \Lambda^{x\prime} \, \Phi \, \Lambda^{x} + \Psi \quad .$$

Um einen deutlichen Unterschied zwischen der Stichprobe und der Grundgesamtheit zu machen, bezeichnen wir die unbekannte Korrelationsmatrix der Grundgesamtheit als ρ und die beobachtete Korrelationsmatrix der Stichprobe als $\mathbf{R}$. Das Fundamentaltheorem lautet somit:

$$\rho = \Lambda^{x\prime}\,\Phi\,\Lambda^x + \Psi \quad.$$

In diesem Fundamentaltheorem sind unsere wichtigsten Modellannahmen festgehalten. So haben wir angenommen, dass es lineare Beziehungen zwischen den beobachteten Variablen und den latenten Faktoren gibt. Auch haben wir im voraus festgelegt, wieviele gemeinsame Faktoren für uns von Interesse sind (dieser Anzahl bestimmt z.B. die Dimension der Faktorladungsmatrix) etc. Die Grundstruktur der Kausalbeziehungen ist damit festgelegt. In unserem Modell ist aber noch eine Reihe von Unbekannten enthalten. Auf der rechten Seite dieser Gleichung stehen die Matrizen mit den noch unbekannten Elementen. Diese Unbekannten müssen geschätzt werden und werden auch als unbekannte Parameter des Modells bezeichnet. Bei der Maximum-Likelihood-Methode versucht man die Parameter nun so zu bestimmen, dass, angenommen das Modell trifft für die Grundgesamtheit zu, die Wahrscheinlichkeit, dass wir die von uns (in der Stichprobe) beobachtete Korrelationsmatrix erhalten, maximal ist.

Die Idee dabei ist folgende: Wir nehmen an, dass wir die allgemeine Form der Wahrscheinlichkeitsverteilung der manifesten Variablen in der Grundgesamtheit kennen. So gehen wir hier davon aus, dass diese Variablen multivariat normalverteilt sind. Wir kennen aber nicht die Parameter dieser multivariaten Normalverteilung (Mittelwert, Standardabweichung und Korrelationen). Erst wenn wir diese kennen, ist uns auch die spezifische Form der Verteilung unter allen möglichen multivariaten Normalverteilungen bekannt. Kennen wir diese Parameterwerte nicht, dann können wir willkürlich irgendwelche Werte annehmen und davon ausgegangen, dass dies die richtigen Werte in der Grundgesamtheit wären. Aufgrund dessen können wir die (hypothetische) Wahrscheinlichkeit berechnen, dass in einer Stichprobe, die aus einer solchen Grundgesamtheit gezogen wird, ein bestimmter Wert einer Variablen beobachtet wird. Haben wir es mit mehreren Beobachtungen zu tun, können wir die simultane Wahrscheinlichkeit der beobachteten Werte berechnen. Schliesslich können wir uns fragen, welche Parameterwerte diese Wahrscheinlichkeit maximieren würden. Jene Parameterwerte, die diese Wahrscheinlichkeit maximieren, bezeichnen wir auch als Maximum-Likelihood-Schätzungen der wahren Parameterwerte in der Grundgesamtheit. In unserem Fall bestehen die unbekannten Parameterwerte der multivariaten Normalverteilung aus den Elementen der Korrelationsmatrix (mit auf der Hauptdiagonalen liegenden Varianzen der standardisierten manifesten Merkmale und ausserhalb der Hauptdiagonale die Kovarianzen der standardisierten manifesten Variablen bzw. die Korrelationen), und diese hängen wiederum mit unseren Modellannahmen zusammen (vgl. Fundamentaltheorem). Die Maximum-Likelihood-Schätzung der unbekannten (wahren) Korrelationskoeffizienten der Grundgesamtheit impliziert also auch eine Schätzung der von uns gesuchten unbekannten Parameter unseres Modells.

Die Funktion, die bei der Maximum-Likelihood-Schätzung maximiert werden soll, lautet:

$$ln\, L = -\tfrac{1}{2}n\left[ln|\boldsymbol{\rho}| + tr\left(\boldsymbol{\rho}^{-1}\mathbf{R}\right)\right] =$$
$$= -\tfrac{1}{2}n\left[ln\left(|\boldsymbol{\Lambda}^{x\prime}\boldsymbol{\Phi}\boldsymbol{\Lambda}^{x}| + \boldsymbol{\Psi}\right) + tr\left\{\left(\boldsymbol{\Lambda}^{x\prime}\boldsymbol{\Phi}\boldsymbol{\Lambda}^{x} + \boldsymbol{\Psi}\right)^{-1}\mathbf{R}\right\}\right].$$

Die partiellen Ableitungen nach den jeweiligen unbekannten Parametern müssen dabei jeweils Null betragen, wenn ein Maximum vorliegen soll. Wir erhalten somit ein Gleichungssystem, in dem die $m \times q$ Parameter der Matrix $\boldsymbol{\Lambda}^{x}$ und m Parameter der Matrix $\boldsymbol{\Psi}$, ebenso wie $1/2\,q\,(q+1)$ Parameter in $\boldsymbol{\Phi}$ unbekannt, und $1/2\,m\,(m+1)$ Werte der beobachteten Korrelationsmatrix $\mathbf{R}$ bekannt sind. Wir haben es in diesem Gleichungssystem also mit deutlich mehr Unbekannten als Bekannten zu tun, so dass das Gleichungssystem nicht lösbar ist. Auch hier wird wieder deutlich, dass weitere Restriktionen notwendig sind.

Wir haben bereits gesehen, dass eine mögliche zusätzliche Restriktion darin besteht, zu fordern, dass die latenten Faktoren unkorreliert sind. Das bedeutet, dass $\boldsymbol{\Phi} = \mathbf{I}$. Die zweite zusätzliche Restriktion der Hauptkomponentenanalyse bestand in der Forderung, dass der erste Faktor einen maximalen Anteil der Varianz in der ursprünglichen Datenmatrix erklärt, der zweite Faktor den zweitgrössten Anteil etc. Mit diesen zusätzlichen Auflagen ist das Gleichungssystem iterativ lösbar. Wir verzichten hier auf die Darstellung der Einzelheiten dieses iterativen Verfahrens.

Ein wesentlicher Vorteil der Maximum-Likelihood-Methode ist, dass sie es uns ermöglicht, die Güte unseres Modells statistisch zu prüfen. Die Null-Hypothese dabei ist, dass die gesamte Varianz der betreffenden manifesten Variablen in der Grundgesamtheit von den q postulierten latenten Faktoren erklärt werden kann. Das bedeutet, dass $\rho - \hat{\rho} = \mathbf{0}$. Auch für die Stichprobe lässt sich dann erwarten, dass $\rho - \hat{\rho} = \mathbf{0}$. Bedingt durch die Zufälligkeit der Stichprobe kann es jedoch vorkommen, dass gewisse Abweichungen in der Stichprobe festgestellt werden, während in der Grundgesamtheit weiterhin die Null-Hypothese zutrifft. Die folgende Teststatistik ist ein Ausdruck dieser Abweichungen:

$$(n-1)\,ln\frac{|\hat{\boldsymbol{\Lambda}}'\hat{\boldsymbol{\Lambda}} + \hat{\boldsymbol{\Psi}}|}{|\mathbf{R}|} + tr\left[\left(\hat{\boldsymbol{\Lambda}}'\hat{\boldsymbol{\Lambda}} + \hat{\boldsymbol{\Psi}}\right)^{-1}\mathbf{R}\right] - m \quad .$$

Diese Teststatistik ist (asymptotisch) χ^2-verteilt mit $1/2\left[(m-q)^2 - m - q\right]$ Freiheitsgraden.

Die Null-Hypothese geht davon aus, dass die vom Modell vorhergesagte Korrelationsmatrix perfekt mit der Korrelationsmatrix in der Grundgesamtheit übereinstimmt. Die Teststatistik in der Grundgesamtheit beträgt dann genau Null. In der Stichprobe ist es aber trotzdem möglich, dass die Teststatistik einen Wert grösser als Null aufweist. Ist die Überschreitungswahrscheinlichkeit eines bestimmten in der Stichprobe beobachteten Wertes der Teststatistik kleiner als das kritische Signifikanz-Niveau (üblicherweise 0,05), dann ist dies ein Indiz dafür, dass das Modell in der Grundgesamtheit nicht zutrifft bzw. dass die beobachteten Abweichungen nicht auf den Zufall der Stichprobenziehung zurückzuführen sind. Wir sollten dann das Modell ändern, z.B. indem wir die Anzahl der postulierten gemeinsamen latenten Faktoren (q) erhöhen. Wir streben also nach einem Modell, in dem die Überschreitungswahrscheinlichkeit der Teststatistik grösser als 0,05 ist. Mit der Maximum-Likelihood-Methode bekommen wir auf diese Weise statistische Hinweise auf die Anzahl zu extrahierender Faktoren.

10.8 Das Kommunalitätenproblem

Die Kommunalität h_j^2 haben wir als die Summe der Quadrate der Ladungen der gemeinsamen Faktoren auf die j-te Variable definiert. Da durch die Standardisierung der Variablen die Varianz jeder Variablen auf Eins normiert wurde, entspricht die Kommunalität dem Anteil der Einheitsvarianz der j-ten Variablen, der auf die gemeinsamen Faktoren zurückgeführt werden kann. Diese Varianzanteile sind uns im voraus nicht bekannt. Es gibt aber verschiedene Methoden, die Kommunalitäten a priori zumindest schätzungsweise bestimmen zu können. Die Wahl einer Schätzmethode und damit der Kommunalitäten, die wir auf der Hauptdiagonalen unserer reduzierten Korrelationsmatrix einsetzen, nennt man das Kommunalitätenproblem.

Wie man bereits vermuten kann, sind das Kommunalitätenproblem und das Faktorenproblem eng miteinander verflochten. Wenn wir die Kommunalitäten festgelegt haben, ist damit auch die Anzahl der zu extrahierenden Faktoren bestimmt. Man kann nun so vorgehen, dass man zuerst die Kommunalitäten bestimmt und dann die Faktorenzahl ermittelt (direkte Schätzung der Kommunalitäten). Andererseits kann man zuerst die Anzahl der zu extrahierenden Faktoren (q) festlegen und dann die Kommunalitäten so wählen, dass die reduzierte Korrelationsmatrix möglichst vollständig durch diese q unabhängigen Faktoren dargestellt werden kann.

Die theoretischen Unterschiede zwischen den verschiedenen Schätzmethoden haben eine untergeordnete Bedeutung. Vor allem bei höheren Variablenzahlen genügen recht grobe Annäherungen. Wir werden darum ohne grosse Umschweife die wichtigsten Schätzmethoden auflisten:

1. *Der höchste Korrelationskoeffizient*
   Für die j-te manifeste Variable lassen sich die Korrelationen mit den übrigen manifesten Variablen berechnen. Die j-te Zeile der Korrelationsmatrix $\mathbf{R}$ enthält die entsprechenden Korrelationskoeffizienten. Als die einfachste Schätzung der Kommunalität der j-ten Variablen hat sich die Wahl des höchsten Korrelationskoeffizienten dieser Zeile (abgesehen von der Korrelation der j-ten Variablen mit sich selbst) gut bewährt, obwohl sie sich theoretisch nur schwer begründen lässt.

Man sollte diese Methode nur dann verwenden, wenn die Variablenzahl grösser als 10 bis 20 ist. Dann unterscheiden sich die Ergebnisse nur geringfügig von denen, die man mit einer der genaueren Methoden erhält.

2. *Das Quadrat des multiplen Korrelationskoeffizienten (SMC)*
Man hat nachweisen können, dass die untere Grenze für die Kommunalität durch das Quadrat des multiplen Korrelationskoeffizienten

$$R^2_{j \cdot 1,2,\ldots,j-1,j+1,\ldots,m}$$

bestimmt ist. Auch hat man nachweisen können, dass bei zunehmender Variablenzahl und gleichbleibender Faktorenzahl diese untere Grenze gegen den wahren Wert der Kommunalität konvergiert.

Die Wahl des Quadrats des multiplen Korrelationskoeffizienten ist von den aufwendigeren Schätzmethoden der Kommunalitäten die theoretisch klarste und empfehlenswerteste.

3. *Die Iteration*
Auch diese Methode hat sich praktisch bewährt, obwohl sie theoretisch nicht über jeden Zweifel erhaben ist. Aus theoretischen Gründen ist sie darum nicht besonders zu empfehlen. Die Methode verläuft iterativ:

a) Entscheidung über die Anzahl der zu extrahierenden Faktoren, z.B. mit Hilfe von einer Hauptkomponentenanalyse.

b) Erste Schätzung der Kommunalitäten mittels der Methode des Quadrats des multiplen Korrelationskoeffizienten (SMC).

c) Es wird nun eine Hauptachsentransformation (auf Basis der reduzierten Korrelationsmatrix) durchgeführt.

d) Aus dem Faktorenmuster werden die Kommunalitäten berechnet und als neue Schätzungen in die Diagonale der reduzierten Korrelationsmatrix eingesetzt.

e) Die Schritte (c) und (d) werden wiederholt, bis nur noch geringe Unterschiede zwischen den Kommunalitäten des letzten und des vorletzten Schritts auftreten.

10.9 Das Rotationsproblem

Oft sind die Faktoren oder Komponenten, die bei einer
Hauptachsenlösung bzw. einer Hauptkomponentenlösung
zum Vorschein kommen, nicht immer einfach zu interpretieren. Dies liegt auch daran, dass nicht die leichte Inter-
pretierbarkeit, sondern die Orthogonalität und die Varianzaufteilung, also die Zusatzbedingungen, als Kriterien für
die Wahl der Faktoren dienen. In solchen Fällen wird die
Hauptachsenlösung oder Hauptkomponentenlösung oft nur
als vorläufige Lösung akzeptiert, und es wird eine zweite
abgeleitete Lösung im Sinne einer sog. *Einfachstruktur* angestrebt. Dies ist erlaubt, da die Lösung nicht im voraus
eindeutig bestimmt war, sondern nur durch zusätzliche Restriktionen (mehr oder weniger 'künstlich') erzeugt werden
konnte. Im Prinzip hatten wir also mit unendlich vielen
gleichwertigen Lösungen zu tun, woraus wir durch die Zusatzbedingungen nur eine 'willkürliche' Lösung ausgewählt
haben. Wir können darum mit genausoviel Berechtigung
eine andere Lösung auswählen, wenn uns dies dienlich ist.

Das Rotationsproblem stellt die Frage, welches der unendlich vielen möglichen Koordinatensysteme innerhalb des
gemeinsamen Faktorenraumes zur Darstellung der Daten
verwendet werden soll.

Das Ziel bei der Suche nach einer zweiten abgeleiteten
Lösung ist es, eine möglichst einfache Interpretation der
extrahierten Faktoren zu ermöglichen. Dies ist gewährleistet, wenn wir die Faktorenachsen so transformieren, dass
auf jedem Faktor möglichst nur hohe oder tiefe Ladungen
(Korrelationen) vorkommen.

Die Ladungen lassen sich als Korrelationen zwischen
den Merkmalen und den Faktoren interpretieren. Wenn das
obige Ziel erreicht werden kann, ist eine relativ eindeutige
Zuordnung von Merkmalen zu Faktoren möglich. Eine Variable, die stark mit einem Faktor korreliert, hat offenbar
viel mit diesem 'zu tun'. Wenn dagegen mittlere Ladungen
auftreten, heisst dies, dass ein Merkmal im Allgemeinen
mit zwei oder mehreren Faktoren mittelmässig verknüpft
ist. Eine Interpretation der Bedeutung der Faktoren wird
dann erschwert. Natürlich können wir keine Einfachstruk-
turen finden, wo es keine gibt; sie müssen also in den Daten
vorhanden sein. Es ist nun die Aufgabe, jene Faktoren-

Einfachstruktur
– Faktorladungs-
struktur, in der die
Faktoren möglichst
eindeutig bestimmten
manifesten Variablen
zugeordnet werden
können

ladungsstruktur zu finden, die einer Einfachstruktur am
nächsten kommt.

Die Transformation der Faktorenachsen bzw. die Transformation der Faktorladungsmatrix kann geometrisch als
Rotation der Faktorenvektoren gegenüber den fest bleiben-
den Merkmalsvektoren (wir befinden uns immer noch im
Objektraum, auch wenn wir die ursprünglichen Objektachsen nicht mehr einzeichnen) verstanden werden. Bei
der Hauptkomponentenanalyse wird eine Einfachstruktur
dann erreicht, wenn die neuen Faktorenvektoren (-achsen)
möglichst durch die Schwerpunkte von Bündeln von Merkmalsvektoren verlaufen.

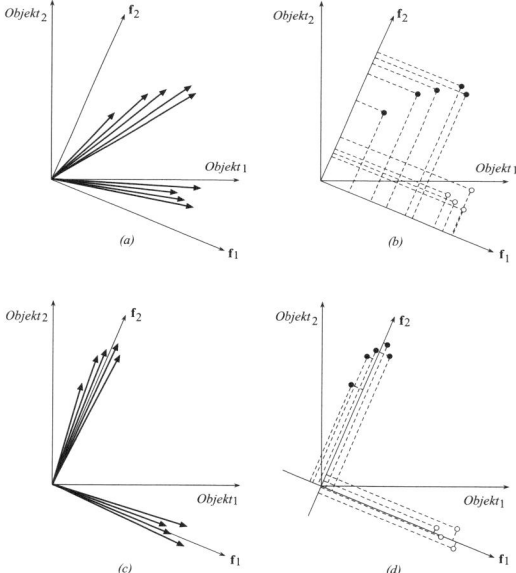

Abbildung 10.18: Beispiele für eine Einfachstruktur

In Figur 10.18a und 10.18c sind zwei Situationen dargestellt, inklusive möglicher orthogonaler Faktoren. In Figur
10.18b und 10.18d sind die entsprechenden Projektionen
der Spitzen der Merkmalsvektoren auf den Faktorenachsen dargestellt. Zur Vereinfachung wurden dazu die dazugehörigen Merkmalsvektoren weggelassen. Die Projektionen drücken bekanntlich die Korrelationen zwischen den

Faktoren und den Merkmalen aus. Anhand dieser Projektionen wird deutlich, dass wir es in Figur 10.18a und 10.18b *nicht* mit einer Einfachstruktur zu tun haben. Die Korrelationen zwischen einem Faktor und den Merkmalen streuen über den ganzen Bereich. In Figur 10.18c und 10.18d dagegen liegen die Korrelationen entweder nahe bei Null oder sind relativ hoch. Hier liegt also eine Einfachstruktur vor.

orthogonale Rotation – Transformation der Faktorachsen zu einer Einfachstruktur, wobei die Unkorreliertheit der Faktoren beibehalten bleibt

Eine abgeleitete Lösung kann grundsätzlich auf zwei Arten erreicht werden:

a) *Orthogonale Rotation:* Die Faktoren stehen weiterhin senkrecht aufeinander, und die Faktoren sind also immer noch unkorreliert.

b) *Schiefwinklige Rotation:* Die Faktoren dürfen einen schiefen Winkel zwischen sich einschliessen, können also miteinander korreliert sein.

schiefwinklige Rotation – Transformation der Faktorenachsen zu einer Einfachstruktur, wobei auch korrelierte Faktoren erlaubt sind

Es ist klar, dass die schiefwinklige Rotation flexibler ist. Sie lässt mehr mögliche Achsensysteme zu. Sie ist weniger restriktiv. So ist z.B. deutlich, dass in Figur 10.18c und 10.18d orthogonale Faktoren ausreichen um eine Einfachstruktur zu erreichen. In Figur 10.18a und 10.18b dagegen ist die Einschränkung auf orthogonale Faktoren zu restriktiv, um eine Einfachstruktur zu erhalten.

Es gibt nun eine Reihe von Methoden, eine solche Einfachstruktur zu finden. Um nur einen Eindruck davon zu vermitteln, wieviele Varianten es dabei gibt, seien in Tabelle 10.2 einige aufgezählt (Bortz, 1989, S. 548).

Wir werden hier nur die meistgebräuchlichen behandeln.

10.9.1 Orthogonale Rotation nach der Varimax-Methode

Bei diesem Verfahren wird die Einfachheit eines Faktors durch die Streuung der quadrierten Faktorladungen eines Faktors (einer Spalte aus der Faktorladungsmatrix Λ^c) ausgedrückt. Wenn diese Streuung (Varianz) maximal ist, dann liegen die einzelnen Ladungen nahe Null oder nahe an Eins, so dass dieser Faktor möglichst einfach interpretiert werden kann. Wenn man diese Varianz über alle Faktoren summiert, dann erhält man eine Grösse, die ein Maximum

Varimax-Rotation – orthogonale Rotationsmethode, bei der die Varianz in den Spalten der Faktorladungsmatrix maximiert wird

Tabelle 10.2: Rotationsmethoden

Binormamin	(Dickman, 1960
Biquartimin	(Carroll, 1957)
Covarimin	(Carrol, 1960)
Equimax	(Landahl, 1938; Saunders, 1962)
Maxplane	(Cattell und Muerle, 1960; Eber, 1966)
Oblimax	(Pinzka und Saunders, 1954)
Oblimin	(Jennrich und Sampson, 1966)
Parsimax	(Crawford,1967)
Promax	(Hendrickson und White, 1964)
Quartimax	(Neuhaus und Wrigley, 1954)
Quartimin	(Carrol, 1953)
Tandem	(Comrey, 1973)
Varimax	(Kaiser, 1958, 1959)
Varisim	(Schöneman, 1966)

annehmen muss, wenn im gesamten Faktorenmuster die Faktoren möglichst einfach zu interpretieren sind (bzw. die Varianz der Quadrate der Faktorladungen der einzelnen Faktoren auf den Variablen gross ist).

Diese Grösse hat den Nachteil, dass den Variablen mit höherer Kommunalität ein wesentlich grösseres Gewicht gegeben wird als solchen mit geringerer. Das Kriterium wurde darum so abgeändert, dass die Faktorladungen erst durch die jeweiligen Kommunalitäten geteilt werden, bevor sie in die Formel eingehen. Dadurch werden alle Variablenvektoren gewissermassen auf gleiche Länge gebracht und erhalten das gleiche Gewicht. (Im ursprünglichen Objektraum hatten die Variablen durch die vorangegangene Standardisierung alle die gleiche Varianz und damit alle die gleiche Länge, ausgedrückt in den Einheiten der Objektachsen, bekommen. Nun haben aber bei der Hauptachsenlösung die Merkmalsvektoren im reduzierten Faktorenraum eine Länge, die kleiner als Eins ist. Die Varianz wird ja durch die berücksichtigten Faktoren nicht mehr voll wiedergegeben. Die Länge eines Merkmalsvektors, ausgedrückt in den Einheiten der Faktorachsen, ist gleich der Wurzel aus der Kommunalität dieses Merkmals.)

Insgesamt lautet das Kriterium:

$$m \sum_{k=1}^{r} \sum_{j=1}^{m} \left(\frac{v_{jk}}{h_j} \right)^4 - \sum_{k=1}^{r} \left[\sum_{j=1}^{m} \left(\frac{v_{jk}}{h_j} \right)^2 \right]^2 \longrightarrow \text{maximal} \quad ,$$

wobei: v_{jk} = Faktorladung der j-ten Variablen auf dem k-ten Faktor in der gesuchten (rotierten) Faktorenmustermatrix **V**.

Die neue rotierte Faktorenmustermatrix wird durch ein iteratives Verfahren ermittelt, das uns hier nicht weiter beschäftigen muss (vgl. dazu z.b. Holm, 1976, S. 104–109).

Für die Interpretation der Varimax-Faktorenladungsmatrix **V** gilt dasselbe wie für die Hauptachsen-Faktorenladungsmatrix $\mathbf{\Lambda}^x$. Die Aufteilung der Gesamtvarianz auf die einzelnen Faktoren ist nun nicht mehr streng hierarchisch wie bei der Hauptachsenlösung. Die Varimax-Rotation führt zu einem gewissen Varianzausgleich.

10.9.2 Schiefwinklige Rotation nach der Promax-Methode

Wenn wir im Sinne der Einfachstruktur fordern, dass die Faktorenvektoren möglichst durch die Schwerpunkte von Bündeln von Merkmalsvektoren verlaufen sollen, ist es klar, dass eine schiefwinklige Lösung bedeutend anpassungsfähiger ist. Sie ist auf alle Fälle dann einer orthogonalen Lösung überlegen, wenn verschiedene Bündel von Merkmalsvektoren nicht mehr oder weniger senkrecht aufeinander stehen. Dafür wird aber die Eigenschaft der Nichtkorreliertheit der Faktoren geopfert.

Eine schiefwinklige Rotation resultiert immer in zwei verschiedenen Lösungen, der *Primärfaktorenlösung* einerseits und der *Referenzvektorenlösung* andererseits. Wir werden noch sehen, warum. Betrachten wir in erster Instanz die *Primärfaktorenlösung*. Die neuen Achsen der Primärfaktorenlösung sind so gerichtet, dass sie mehr oder weniger durch die Schwerpunkte von Bündeln von Merkmalsvektoren verlaufen.

Die neuen Koordinaten der Merkmalsvektoren im schiefwinkligen Faktorensystem werden wiederum durch die *Faktorenmuster*-Matrix dargestellt. Dadurch, dass wir hier mit einem schiefwinkligen Achsensystem zu tun haben, sind die

Primärfaktorenlösung – Resultat einer schiefwinkligen Rotation, wobei die Faktoren durch die Merkmalsbündel verlaufen

Faktorenmuster – Matrix mit den Koordinaten der Merkmalsvektoren im schiefwinkligen Faktorenraum

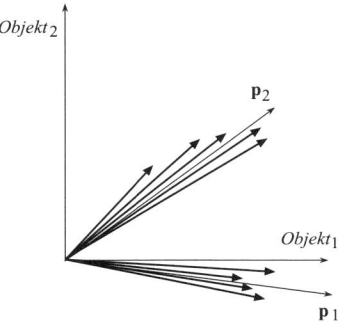

Abbildung 10.19: Primärfaktoren einer schiefwinkligen Rotation

Koordinaten *nicht* mehr durch eine senkrechte Projektion der Vektorenspitzen auf die Achsen, sondern durch eine Projektion parallel zur jeweils anderen Achse gegeben. Diese Koordinaten können nun auch Werte, die ausserhalb des Bereichs -1 bis und mit $+1$ liegen, annehmen.

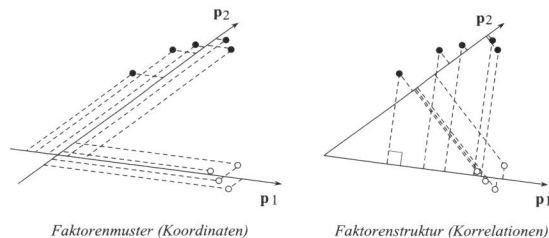

Faktorenmuster (Koordinaten)   Faktorenstruktur (Korrelationen)

Abbildung 10.20: Faktorenmuster und Faktorenstruktur der Primärfaktoren einer schiefwinkligen Rotation

Im Gegensatz zu der bisherigen Interpretation der Faktorenmustermatrix (bei orthogonalen Lösungen) sind die Elemente dieser Matrix *nicht* mehr als Korrelationen zwischen den Faktoren und den Variablen zu interpretieren!

Faktorenstruktur
– Matrix mit den Korrelationen zwischen den manifesten Merkmalen und den latenten Faktoren

Diese Korrelationen werden bei schiefwinkligen Lösungen durch eine separate Matrix, die *Faktorenstruktur*, gegeben. Geometrisch gesehen entsteht diese Faktorenstruktur durch die senkrechte Projektion der Merkmalsvektoren auf die Faktorenachsen.

Die Praxis zeigt uns, dass die Primärfaktorenlösung häufig immer noch nicht besonders gut interpretierbar ist. Auch Figur 10.20 (rechts) zeigt dies deutlich. Die Faktorenstruktur (Korrelationen zwischen Merkmalen und Faktoren) ist für schiefwinklige Primärfaktoren keine ideale Einfachstruktur, da, je nach Schiefe der Faktorenachsen, auch Merkmale, die mit einem bestimmten Faktor nur wenig zu tun haben, noch relativ hoch mit ihm korreliert sein können.

Die zweite und besser interpretierbare Lösung ist die sog. *Referenzfaktorenlösung*. Bei dieser Lösung wird die neue Faktorenachse so gewählt, dass die senkrechten Projektionen der Merkmalsvektorenspitzen eines Merkmalbündels auf die Faktoren so nahe wie möglich am Nullpunkt (Ursprung) liegen. Die Korrelationen der Merkmale dieses Merkmalbündels mit dem betreffenden Faktor sind also alle sehr klein. Die übrigen Merkmale (der anderen Merkmalbündel) weisen mit diesem Faktor Korrelationen auf, die relativ weit von Null entfernt liegen. Dies entspricht also viel eher unseren Vorstellungen einer Einfachstruktur, und diese Referenzvektoren sind relativ einfach zu interpretieren.

Referenzfaktorenlösung – Resultat einer schiefwinkligen Rotation, wobei die Faktorenstruktur eine Einfachstruktur aufweist

Etwas formeller ausgedrückt, entstehen die Referenzvektoren dadurch, indem man sie so wählt, dass jeder Referenzvektor $\mathbf{r}_k$ ($k = 1, 2, \ldots, q$) einen schiefen Winkel mit dem entsprechenden Primärfaktor $\mathbf{p}_k$ einschliesst, aber senkrecht auf allen übrigen Primärfaktoren $\mathbf{p}_k$ ($l = 1, 2, \ldots, q; l \neq k$) steht.

In der Praxis bezieht man sich meistens auf die Referenzvektoren, wenn man die Faktoren anhand der Korrelationen mit den manifesten Variablen interpretieren möchte.

Die Promax-Methode operiert mit einer vorgegebenen Zielmatrix $\mathbf{A}$ für die Korrelationen zwischen den Referenzfaktoren und den Merkmalen (= Referenzfaktorenstruktur-Matrix, $\mathbf{V}^{rs}$). Diese Zielmatrix wird durch Potenzierung (gewöhnlich wird die vierte Potenz genommen) der Elemente der ursprünglichen orthogonalen Faktorladungsmatrix $\boldsymbol{\Lambda}^x$ unter Beibehaltung des Vorzeichens gewonnen:

$$a_{jk} = \left(\lambda_{jk}^x\right)^4 \qquad (1 = 1, 2, \ldots, m; k = 1, 2, \ldots, q) \quad ,$$

wobei das Vorzeichen von λ_{jk}^x auf a_{jk} übertragen wird.

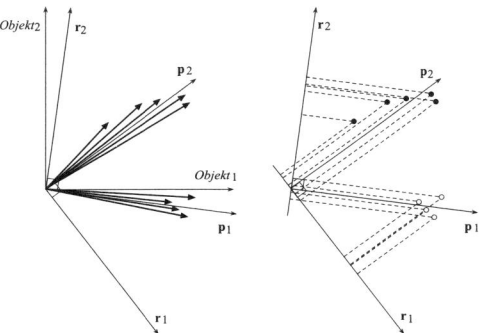

Abbildung 10.21: Referenzfaktoren und Referenzfaktorenstruktur einer schiefwinkligen Rotation

Diese Potenzierung hat den Effekt, dass kleinere Korrelationen praktisch verschwinden (Null werden), grössere Korrelationen aber noch relativ gross bleiben. Dies entspricht somit dem Konzept der Einfachstruktur bei der Referenzvektorenlösung.

Aus dieser Zielmatrix können wir nun eine Transformationsmatrix ableiten, die die ursprüngliche Faktorladungsmatrix $\boldsymbol{\Lambda}^x$ in eine $\mathbf{V}^{rs}$-Matrix transformieren soll, die der Zielmatrix $\mathbf{A}$ möglichst nahe kommt:

$$\mathbf{T}^r = \left(\boldsymbol{\Lambda}^{x\prime}\,\boldsymbol{\Lambda}^x\right)^{-1}\boldsymbol{\Lambda}^{x\prime}\,\mathbf{A}\quad.$$

Die neue schiefwinklige Referenzfaktorenstruktur-Matrix $\mathbf{V}^{rs}$ ist dann gegeben durch:

$$\mathbf{V}^{rs} = \boldsymbol{\Lambda}^x\,\mathbf{T}^r\quad.$$

Es ist diese Referenzstrukturmatrix, die uns besonders interessiert, da in ihr die Korrelationen der latenten Referenzfaktoren mit den manifesten Variablen enthalten sind.

Die Matrix $\boldsymbol{\Phi}^r$ der Korrelationen zwischen den Referenzfaktoren ist nun gegeben durch

$$\boldsymbol{\Phi}^r = \mathbf{T}^{r\prime}\,\mathbf{T}^r\quad.$$

Aus diesen ersten Ergebnissen der schiefwinkligen Rotation können wir nach

$$\mathbf{V}^{rm} = \mathbf{V}^{rs}\,\left(\boldsymbol{\Phi}^r\right)^{-1}$$

das Referenzfaktoren-Muster berechnen, obwohl wir dies in der Praxis selten brauchen werden. In ihr sind die Koordinaten der Merkmalsvektoren im schiefwinkligen Referenzfaktorensystem enthalten.

Die Korrelationen zwischen den Referenzvektoren und den Primärfaktoren werden bestimmt durch

$$\boldsymbol{\Phi}^{pr} = diag\left\{(\boldsymbol{\Phi}^r)^{-1}\right\}^{-1/2} \quad,$$

wobei 'diag' andeutet, dass nur die diagonalen Elemente von $(\boldsymbol{\Phi}^r)^{-1}$ zu berücksichtigen sind. $\boldsymbol{\Phi}^{pr}$ ist damit eine diagonale Matrix, womit sich auch die Primärfaktorenlösung ermitteln lässt:

$$\begin{aligned}
\mathbf{T}^p &= (\mathbf{T}^{r\prime})^{-1}\,\boldsymbol{\Phi}^{pr} \\
\mathbf{V}^{ps} &= \mathbf{V}^{rm}\,\boldsymbol{\Phi}^{pr} \\
\boldsymbol{\Phi}^p &= \mathbf{T}^{p\prime}\,\mathbf{T}^p \\
\mathbf{V}^{pm} &= \mathbf{V}^{ps}\,(\boldsymbol{\Phi}^p)^{-1} \quad,
\end{aligned}$$

wobei
$\mathbf{V}^{ps}$ = Primärfaktorenstruktur-Matrix,
$\boldsymbol{\Phi}^p$ = Matrix der Korrelationen zwischen den Primärfaktoren,
$\mathbf{V}^{pm}$ = Primärfaktorenmuster-Matrix.

In der Primärfaktorenstruktur-Matrix sind die Korrelationen der latenten Primärfaktoren mit den manifesten Variablen enthalten, während die Primärfaktorenmuster-Matrix die Koordinaten der Merkmalsvektoren im System der Primärfaktoren darstellt.

10.10 Das Faktorenwertproblem

Als letztes Problem der Hauptkomponentenanalyse bleibt noch die Berechnung der Faktorenwerte, d.h. die numerische Einstufung der Objekte auf den Skalen der gefundenen Hauptachsen. Im Modell

$$\mathbf{X}^s = \boldsymbol{\xi}\,\boldsymbol{\Lambda}^{x\prime}$$

sind die Elemente der Matrix $\boldsymbol{\xi}$ zu finden. Auch hier müssen wir wieder zwischen verschiedenen Situationen unterscheiden:

1. *Vollständige Lösung* $(q = m)$
   Wenn alle Faktoren extrahiert werden, kann diese Gleichung direkt für $\boldsymbol{\xi}$ gelöst werden. Die Faktorenladungsmatrix $\boldsymbol{\Lambda}^x$ ist dann nämlich quadratisch und invertierbar und wir bekommen:

$$\boldsymbol{\xi} = \mathbf{X}^s \left(\boldsymbol{\Lambda}^{x\prime}\right)^{-1} \quad.$$

2. *Unvollständige Lösung* $(q < m)$
   In diesem Fall ist $\boldsymbol{\Lambda}^x$ nicht quadratisch und kann nicht invertiert werden. Es sind hauptsächlich zwei Verfahren zur Lösung des Problems im Gebrauch. Wir suchen dabei eine Lösung der Form

$$\boldsymbol{\xi} = \mathbf{X}^s\,\mathbf{B} \quad,$$

in der $\mathbf{B}$ eine zu findende Koeffizientenmatrix darstellt. Um diese zu ermitteln, stehen folgende Methoden zur Verfügung:

a) *Lösung mit sog. pseudoinverser Matrix von* $\boldsymbol{\Lambda}^x$.
   Man rechts-multipliziert die Gleichung $\mathbf{X}^s = \boldsymbol{\xi}\,\boldsymbol{\Lambda}^{x\prime}$ mit $\boldsymbol{\Lambda}^x$ und erhält so

$$\mathbf{X}^s\,\boldsymbol{\Lambda}^x = \boldsymbol{\xi}\,\boldsymbol{\Lambda}^{x\prime}\,\boldsymbol{\Lambda}^x \quad.$$

Der Term $\boldsymbol{\Lambda}^{x\prime}\,\boldsymbol{\Lambda}^x$ kann auch als Diagonalmatrix $\boldsymbol{\Lambda}$ mit den Eigenwerten λ_k $(k = 1, 2, \ldots, r)$ auf der Hauptdiagonalen geschrieben werden, so dass sich die Gleichung wie folgt umformulieren lässt:

$$\mathbf{X}^s\,\boldsymbol{\Lambda}^x = \boldsymbol{\xi}\,\boldsymbol{\Lambda} \quad.$$

Für $\boldsymbol{\xi}$ ergibt sich daraus die Lösung:

$$\boldsymbol{\xi} = \mathbf{X}^s\,\boldsymbol{\Lambda}^x\,\boldsymbol{\Lambda}^{-1} \quad.$$

In diesem Fall gilt für $\mathbf{B}$:

$$\mathbf{B} = \boldsymbol{\Lambda}^x\,\boldsymbol{\Lambda}^{-1} \quad.$$

Die Koeffizienten, mit denen die Merkmalswerte multipliziert werden müssen, damit man die Faktorenwerte erhält, werden auf diese Weise durch spaltenweise Division der Elemente von $\boldsymbol{\Lambda}^x$ durch den zugehörigen Eigenwert gewonnen:

$$b_{kj} = \frac{\Lambda^x_{jk}}{\lambda_k} \qquad (j = 1, 2, \ldots, m; k = 1, 2\ldots, q) \quad.$$

b) *Lösung mit Regressionsmodell*

Die Abhängigkeit der ξ-Werte von den X^s-Werten kann auch als Schätzproblem im Sinne der multiplen Regression aufgefasst werden. Zwar sind ja die Faktorenwerte gar nicht beobachtet worden, aber wir kennen die Korrelationen zwischen den Merkmalen und den Faktoren aus der Faktorenladungsmatrix $\boldsymbol{\Lambda}^x$.

Beim normalen multiplen Regressionsproblem haben wir das System der Normalgleichungen:

$$\mathbf{g} = \mathbf{R}\,\mathbf{b}^* \quad .$$

Während der Vektor $\mathbf{g}$ die Korrelationen zwischen dem (standardisierten) abhängigen Merkmal Y^s und den (standardisierten) unabhängigen Merkmalen X_j^s ($j = 1, ..., m$) darstellt, enthält die Matrix $\mathbf{R}$ die Korrelationen zwischen allen unabhängigen Merkmalen X_p^s und X_q^s ($p, q = 1, \ldots, m$) und der Vektor $\mathbf{b}^*$ die m standardisierten Regressionskoeffizienten. Im Falle des Faktorenwertproblems haben wir r multiple Regressionsprobleme gleichzeitig, nämlich für jeden Faktor eines, zu lösen. Anstelle des Vektors $\mathbf{g}$ haben wir nun die Matrix $\boldsymbol{\Lambda}^x$ (Korrelationen zwischen den r abhängigen Faktoren und den m unabhängigen Merkmalen) und anstelle des Vektors $\mathbf{b}^*$ eine Matrix $\mathbf{B}$ von je m Regressionskoeffizienten für die r Regressionsgleichungen. Als Matrix $\mathbf{R}$ verwenden wir die schon bekannte Korrelationsmatrix der Merkmale. Daraus ergibt sich:

$$\boldsymbol{\Lambda}^x = \mathbf{R}\,\mathbf{B}$$

und

$$\mathbf{B} = \mathbf{R}^{-1}\,\boldsymbol{\Lambda}^x \quad .$$

Die Lösung für die Matrix der Faktorenwerte sieht dann so aus:

$$\boldsymbol{\xi} = \mathbf{X}^s\,\mathbf{R}^{-1}\,\boldsymbol{\Lambda}^x \quad .$$

Die beiden Lösungen a) und b) führen im Allgemeinen zu leicht verschiedenen Resultaten. Nur wenn alle Faktoren extrahiert werden (also $q = m$), sind sie identisch. Sie stimmen dann auch mit den Ergebnissen für die direkte vollständige Lösung überein.

Die Faktorenwerte für die schiefwinkligen Lösungen lassen sich wie folgt aus der ursprünglichen unrotierten Faktorenwertematrix $\boldsymbol{\xi}$ berechnen:

$$\boldsymbol{\xi}^r = \mathbf{T}^{r\prime}\,\boldsymbol{\xi} \quad \text{und} \quad \boldsymbol{\xi}^p = \mathbf{T}^{p\prime}\,\boldsymbol{\xi} \quad ,$$

wobei $\boldsymbol{\xi}^r$ die Faktorwertematrix der Referenzfaktoren und $\boldsymbol{\xi}^p$ die Faktorwertematrix der Primärfaktoren darstellen.

Damit haben wir eine möglichst einfach zu interpretierende Struktur erhalten, anhand derer wir die Faktoren interpretieren und bezeichnen können.

Die Faktorenwerte können, gerade bei geographischen Problemen, eine wichtige zusätzliche Rolle für die Interpretation der Bedeutung der Faktoren spielen. Oft wird klar, welches Phänomen mit einem Faktor verknüpft ist, wenn die räumliche Verteilung der Faktorenwerte bekannt ist.

10.11 Vergleich mit Regression

Die Faktorenanalyse hat gewisse Ähnlichkeiten mit der Regressionsanalyse. Gehen wir von einer einfachen Regression aus, wobei die beiden Variablen X_1 und X_2 zu X_1^s und X_2^s standardisiert werden. Die Regression von X_2^s auf X_1^s ergibt die Gerade

$$X_2^s = r\,X_1^s \quad ,$$

die die Summe der quadrierten *vertikalen* Abstände (parallel zur X_2^s-Achse) der Beobachtungspunkte von der Regressionsgeraden minimalisiert. Der Koeffizient r entspricht dabei den Korrelationskoeffizienten zwischen X_1^s und X_2^s; da die Variablen standardisiert sind, ist die Regressionskonstante gleich Null. Im umgekehrten Fall der Regression von X_1^s auf X_2^s bekommen wir die Gerade

$$X_1^s = \frac{1}{r}\,X_2^s \quad .$$

Diese minimalisiert die Summe der quadrierten *horizontalen* Abstände (parallel zur X_1^s-Achse) der Punkte von der Geraden. Die beiden Geraden sind nicht identisch, ausser bei perfekter Korrelation von X_1^s und X_2^s ($r = 1$).

Bei der Bestimmung der ersten Hauptachse sind X_1^s und X_2^s gleichberechtigt. Sie entspricht einer Geraden, die so gelegt wird, dass die Summe der quadrierten *normalen* (senkrechten) Abstände der Punkte von ihr minimal wird.

Literatur

Arminger, G. (1979) *Faktorenanalyse.* Teubner, Stuttgart. (Ähnlich wie Überla (1977), wenn auch leicht kürzer.)

Backhaus, K., Erichson, B., Plinke, W. & Weiber, R. (2008, 12. Aufl.) *Multivariate Analysemethoden. Eine anwendungsorientierte Einführung.* Springer, Berlin. Kapitel 3. (Äusserst knapp, reicht für eine reflektierte Anwendung nicht aus.)

Bortz, J. (2005, 6. Aufl.) *Statistik für Human- und Sozialwissenschaftler.* Springer, Heidelberg. Kapitel 15. (Etwas veraltet aber gediegen.)

Fahrmeir, L. & Hamerle, A. (Hrsg.) (1984) *Multivariate statistische Verfahren.* Springer, Berlin. Kapitel 11. (Sehr gediegen, relativ methematisch.) Vgl. auch neuere Ausagbe: **Fahrmeir, L. & Hamerle, A. & Tutz, G. (Hrsg.)** (1996, 2. Aufl.) *Multivariate statistische Verfahren.* de Gruyter, Berlin.

Holm, K. (Hrsg.) (1976) *Die Befragung. Band 3. Die Faktorenanalyse.* Francke, München.

Jobson, J.D. (1994, korrigierte Fassung) *Applied Multivariate Data Analysis. Volume II: Categorical and Multivariate Methods.* Springer, Berlin. Kapitel 9. (Sehr umfassend, gutes Nachschlagewerk für Anwender.)

Kim, J.-O. & Mueller, Ch.W. (1985) *Introduction to Factor Analysis. What it is and how to do it.* Series: Quantitative Applications in the Social Sciences. Nr. 13, Sage, Beverly Hills. (Kurz, einfach, geeignet als erster Einstieg.)

Kim, J.-O. & Mueller, Ch.W. (1985) *Factor Analysis. Statistical Methods and Practical Issues.* Series: Quantitative Applications in the Social Sciences. Nr. 14, Sage, Beverly Hills. (Kurz, einfach, geeignet als erster Einstieg.)

Überla, K. (1984, Nachdruck der 2. Aufl.) *Faktorenanalyse. Eine systematische Einführung für Psychologen, Mediziner, Wirtschafts- und Sozialwissenschaftler.* Springer, Berlin. (Sehr umfassend und didaktisch gut aufbereitet, allerdings etwas alt und zum Teil mit einer etwas unüblichen Notationsweise.)

Literatur zu Faktorrotationen

Caroll, J.B. (1953) An analytical solution for approximating simple structure in factor analysis. In: *Psychometrika.* Bd. 18, S. 23–38.

Caroll, J.B. (1957) Biquartimin criterion for rotation to oblique simple structure in factor analysis. In: *Science.* Bd. 1268, S. 1114–1115.

Caroll, J.B. (1960) *IBM704 program for generalized analytical rotation solution in factor analysis.* Unveröffentlichtes Manuskript, Harvard University.

Catell, R.B. & Muerle, J. (1960) The "maxplane" program for factor rotation to oblique simple structure. In: *Educational and Psychological Measurement.* Bd. 208, S. 569–590.

Comrey, A.L. (1973) *A First Course in Factor Analysis.* Academic Press, New York.

Crawford, G. (1967) *A General Method for the Rotation for Factor Analysis.* Vortrag am Frühjahrstreffen der Psychometric Society, 1. April, 1967, Madison.

Dickman, K.W (1960) *Factor Validity of a Rating Instrument.* Unveröffentlichte Dissertation, University of Illinois.

Eber, H.W. (1966) Towards oblique simple structure: A new version of Catell's Maxplane rotation program for the 7094. In: *Multiple Bahavior Research.* Bd. 1, S. 112–125.

Hendrickson, A.E. & White, P.O. (1964) Promax: A quick method for rotation to oblique simple structure. In: *British Journal of Statistical Psychology.* Bd. 17, S. 65–70.

Jennrich, R.L. & Sampson, P.E. (1966) Rotation for simple loadings. In: *Psychometrika.* Bd. 31, S. 312–323.

Kaiser, H.E. (1958) The Varimax criterion of analytic rotation in factor analysis. In: *Psychometrika.* Bd. 23, S. 187–200.

Kaiser, H.E. (1959) Computer program for varimax rotation in factor analysis. In: *Educational and Psychological Measurement.* Bd. 19, S. 413–420.

Landahl, H.D. (1938) Centroid orthogonal transformation. In: *Psychometrika* Bd. 3, S. 219–223.

Neuhaus, J.O. & Wrigley, C. (1954) The Quartimax method: An analytical approach to orthogonal simple structure. In: *British Journal of Statistical Psychology.* Bd. 7, S. 82–91.

Pinzka, C. & Saunders, D.R. (1954) Analytical rotation to simple structure II: The extension to an oblique solution. In: *Research Bulletin.* RB-34-31, Educational Testing Servive, Princeton, New York.

Saunders, D.R. (1962) Transvarimax: Some properties of the rotiomax and equimax criteria for blind orthogonal rotation. Vortrag am Treffen der American Psychological Association, St. Louis, 1962.

Schneman, P.H. (1966) Varisim: A new machine method for orthogonal rotation. In: *Psychometrika.* Bd. 31, S. 235–248.

11. Strukturgleichungsmodelle

11.1 Einleitung

Bisher haben wir die verschiedenen Teile des gesamten Strukturgleichungsmodells getrennt voneinenader betrachtet. Erst haben wir uns mit Pfadmodellen als Erweiterung der Regressionsanalyse beschäftigt (vgl. Kapitel 8), danach haben wir uns in Kapitel 9 ausführlich den sog. Messmodellen gewidmet, letzteres im Sinne der konfirmatorischen Faktorenanalyse (vgl. Kapitel 9) und der explorativen Faktorenanalyse (vgl. Kapitel 10).

In diesem Kapitel wollen wir abschliessend kurz auf die Kombination dieser beiden Modelle im sog. vollständigen Strukturgleichungsmodell eingehen. Da wir die beiden Hauptbausteine dieses Modells bereits ausführlich kennengelernt haben, werden wir uns hier auf die Darstellung der Besonderheiten des Gesamtmodells beschränken.

Bevor wir dies tun, wollen wir uns aber erst fragen, warum wir die Messmodelle und das Pfadmodell überhaupt in einem Gesamtstrukturmodell zusammenfassen sollen. Hinweise dazu haben wir am Anfang dieses Kapitels bereits bekommen. Im wesentlichen gibt es zwei wichtige Gründe dafür, unser Pfadmodell mit unseren Messmodellen kombinieren zu wollen. Erstens möchten wir unsere Parameter unseres Pfadmodells nicht anhand von messfehlerbehafteten manifesten Variablen, sondern anhand der von den Messfehlern bereinigten latenten Variablen schätzen. Es sind diese latenten Variablen, welche den von uns gesuchten theoretischen Konstrukten am nächsten kommen, und es sind diese theoretischen Konstrukte, die wir in unserem Pfadmodell miteinander in kausale Beziehung gesetzt haben. Nur auf diese Weise können wir unser theoretisches kausales Modell richtig prüfen und die dazugehörigen Parameter richtig einschätzen. Zweitens kann es vorkommen, dass gewisse (latente) Variablen unseres Pfadmodells unvermutete Zusammenhänge mit einzelnen Indikatoren aufweisen, die nicht in Erscheinung treten, wenn wir die Modelle getrennt betrachten. Die Kombination der verschiedenen Messmodelle mit dem Pfadmodell ermöglicht es, diese Beziehungen ausfindig zu machen und dementsprechend im Modell zu berücksichtigen.

Die Erfahrung hat gezeigt, dass der Unterschied zwischen den Koeffizientenschätzungen des klassischen Pfadmodells mit direkt messbaren Variablen und dem Strukturmodell mit kausalen Beziehungen zwischen den latenten Konstrukten erheblich sein kann. Strukturmodelle sind also nicht nur ein Hobby für Leute, die Freude an der 24. Stelle nach dem Dezimalkomma haben, sondern stellen einen wesentlichen Fortschritt auf der Suche nach den wirklichen Zusammenhängen dar.

11.2 Die Teile des Strukturgleichungs-modells

Im Rahmen der Pfadanalyse haben wir bereits Modelle kennengelernt, die komplexe, lineare und kausale Relationen zwischen verschiedenen Variablen darstellen. Die Pfadanalyse ist in diesem Sinne eine Erweiterung der klassischen Regressionsanalyse bzw. die klassische Regressionsanalyse ist ein Spezialfall der Pfadanalyse. Während wir bei der klassischen Regressionsanalyse immer nur eine Regressionsgleichung mit nur einer abhängigen Variablen betrachtet haben, haben wir bei der Pfadanalyse eine Vielzahl von (miteinander verknüpften) Regressionsgleichungen simultan betrachtet. Zusammen stellten diese Regressionsgleichungen das sog. Pfadmodell oder Kausalmodell dar.

Bei diesen komplexen Modellen haben wir zwischen exogenen und endogenen Variablen unterschieden. Als endogene Variablen haben wir solche Variablen bezeichnet, die in mindestens einer der Regressionsgleichungen unseres Modells als abhängige Variable vorkommen. Dies sind genau jene Variablen, auf die in unserem Pfaddiagramm mindestens ein gerader Pfeil zeigt. Exogene Variablen sind dagegen solche Variablen, die in unseren Modellgleichungen

ausschliesslich als unabhängige Variablen vorkommen und
in unserem Pfaddiagramm ausschliesslich als Ursprung von
geraden Pfeilen dienen. In der LISREL-Notation werden latente endogene Variablen mit η (sprich: 'eta') und latente
exogene Variablen mit ξ (sprich: 'ksi') gekennzeichnet.

Die Abhängigkeiten zwischen den exogenen und den endogenen Variablen können wir wie folgt als Regressionsgleichung aufschreiben:

$$\eta_j = \gamma_{j1}\xi_1 + \gamma_{j2}\xi_2 + \ldots + \gamma_{jn}\xi_n + \beta_{j1}\eta_1 +$$
$$+ \beta_{j2}\eta_2 + \ldots + \beta_{jm}\eta_m + \zeta_j$$
$$(j = 1, 2, \ldots m) \quad ,$$

wobei γ_{jk} und β_{jk} die Regressionskoeffizienten und ζ_j die
'Störvariable' darstellen. Der Regressionskoeffizient γ_{jk} ist
jener Regressionskoeffizient, der den kausalen Einfluss der
k-ten exogenen Variablen auf die j-te endogene Variable
darstellt. Ebenso stellt β_{jk} den Einfluss der k-ten endogenen Variablen auf die j-te endogene Variable dar. Für
jede endogene Variable η_j $(j = 1, 2, \cdots m)$ gibt es so eine
Gleichung. In Matrizenform lassen sich diese Gleichungen
wie folgt zusammenfassen:

$$
\begin{bmatrix} \eta_1 \\ \eta_2 \\ \vdots \\ \eta_m \end{bmatrix}
=
\begin{bmatrix} \beta_{11} & \beta_{12} & \cdots & \beta_{1m} \\ \beta_{21} & \beta_{22} & \cdots & \beta_{1m} \\ \vdots & \vdots & & \vdots \\ \beta_{m1} & \beta_{m1} & \cdots & \beta_{mm} \end{bmatrix}
\begin{bmatrix} \eta_1 \\ \eta_2 \\ \vdots \\ \eta_m \end{bmatrix}
+
$$
$$
+
\begin{bmatrix} \gamma_{11} & \gamma_{12} & \cdots & \gamma_{1n} \\ \gamma_{21} & \gamma_{22} & \cdots & \gamma_{1n} \\ \vdots & \vdots & & \vdots \\ \gamma_{m1} & \gamma_{m1} & \cdots & \gamma_{mn} \end{bmatrix}
\begin{bmatrix} \xi_1 \\ \xi_2 \\ \vdots \\ \xi_n \end{bmatrix}
+
\begin{bmatrix} \zeta_1 \\ \zeta_2 \\ \vdots \\ \zeta_m \end{bmatrix}
$$

$$\boldsymbol{\eta} = \mathbf{B}\,\boldsymbol{\eta} + \boldsymbol{\Gamma}\,\boldsymbol{\xi} + \boldsymbol{\zeta} \quad .$$

Aus dieser Matrizenschreibweise wird auch deutlich,
was es bedeutet, wenn wir in unserem Pfaddiagramm zwischen zwei Variablen keine direkte kausale Verbindung in
Form eines geraden Pfeiles eingezeichnet haben. Es bedeutet nichts anderes, als dass wir davon ausgehen, dass die
potenzielle unabhängige Variable keinen Einfluss auf diese abhängige Variable ausübt. Der entsprechende Regressionskoeffizient in der **B**- oder $\boldsymbol{\Gamma}$-Matrize beträgt Null.

Pfadmodelle sind nun ihrerseits wieder eine Unterform der Strukturgleichungsmodelle. Bei Strukturgleichungsmodellen ist das Pfadmodell noch um die Messmodelle der betreffenden Variablen erweitert. Für jede Variable unserer Pfadanalyse ist also zusätzlich noch ein Messmodell formuliert, das die (lineare) Abhängigkeit der direkt beobachtbaren (manifesten) Variablen (Indikatoren) von den nicht direkt beobachtbaren (latenten) Variablen darstellt. Diese nicht direkt beobachtbaren latenten Variablen können wir auch als die 'wahren' – von Messfehlern bereinigten – Variablen auffassen. Es sind diese Variablen, worauf sich unser theoretisches Kausalmodell eigentlich bezieht. Die latenten Variablen entsprechen somit unseren eigentlichen theoretischen Konstrukten, die wir in unserem Pfadmodell miteinander kausal verknüpft haben. Das Pfadmodell bildet nun das sog. Haupt- oder Strukturmodell des Strukturgleichungsmodells (vgl. Figur 11.1).

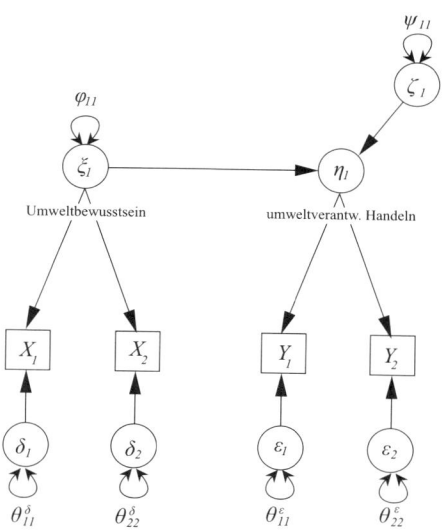

Abbildung 11.1: Beispiel eines Pfaddiagramms eines Strukturgleichungsmodells

Auch die Zusammenhänge zwischen den theoretischen Variablen unseres Pfadmodells und den tatsächlich gemessenen Indikatoren wollen wir wieder mit Hilfe von Regressionsgleichungen beschreiben. Die Indikatoren der exogenen (latenten) Variablen ξ werden üblicherweise mit X und die Indikatoren der endogenen (latenten) Variablen η mit Y bezeichnet.

Die Regressionsgleichungen des Messmodells der (latenten) exogenen Variablen in der üblichen LISREL-Notation lauten:

$$X_j = \lambda_{j1}^x \xi_1 + \lambda_{j2}^x \xi_2 + \ldots + \lambda_{jn}^x \xi_n + \delta_j \qquad (j = 1, 2, \ldots q) \quad ,$$

wobei λ_{jk}^x den Regressionskoeffizienten für die Abhängigkeit der j-ten Indikatorvariablen X_j von der k-ten latenten exogenen Variablen ξ_k darstellt.

In Matrizenform:

$$\begin{bmatrix} X_1 \\ X_2 \\ \vdots \\ X_q \end{bmatrix} = \begin{bmatrix} \lambda_{11}^x & \lambda_{12}^x & \cdots & \lambda_{1n}^x \\ \lambda_{21}^x & \lambda_{22}^x & \cdots & \lambda_{2n}^x \\ \vdots & \vdots & & \vdots \\ \lambda_{q1}^x & \lambda_{q2}^x & \cdots & \lambda_{qn}^x \end{bmatrix} \begin{bmatrix} \xi_1 \\ \xi_2 \\ \vdots \\ \xi_n \end{bmatrix} + \begin{bmatrix} \delta_1 \\ \delta_2 \\ \vdots \\ \delta_q \end{bmatrix}$$

$$\mathbf{x} = \boldsymbol{\Lambda}_x \boldsymbol{\xi} + \boldsymbol{\delta} \quad .$$

Analog gilt für das Messmodell der latenten endogenen Variablen:

$$Y_j = \lambda_{j1}^y \eta_1 + \lambda_{j2}^y \eta_2 + \ldots + \lambda_{jm}^y \eta_m + \varepsilon_j \qquad (j = 1, 2, \ldots p) \quad .$$

In Matrizenform:

$$\begin{bmatrix} Y_1 \\ Y_2 \\ \vdots \\ Y_p \end{bmatrix} = \begin{bmatrix} \lambda_{11}^y & \lambda_{12}^y & \cdots & \lambda_{1m}^y \\ \lambda_{21}^y & \lambda_{22}^y & \cdots & \lambda_{2m}^y \\ \vdots & \vdots & & \vdots \\ \lambda_{p1}^y & \lambda_{p2}^y & \cdots & \lambda_{pm}^y \end{bmatrix} \begin{bmatrix} \eta_1 \\ \eta_2 \\ \vdots \\ \eta_m \end{bmatrix} + \begin{bmatrix} \varepsilon_1 \\ \varepsilon_2 \\ \vdots \\ \varepsilon_p \end{bmatrix}$$

$$\mathbf{y} = \boldsymbol{\Lambda}_y \boldsymbol{\eta} + \boldsymbol{\varepsilon} \quad .$$

Jede der beobachteten Variablen können wir somit in Form einer Regressionsgleichung schreiben.

11.2.1 Die Identifikation des Gesamtmodells

Analog zur Pfadanalyse und zur konfirmatorischen Faktorenanalyse spielt auch beim Gesamtmodell das Problem der Identifiaktion eine entscheidende Rolle. Wir haben dabei jeweils einige wenige notwendige und hinreichende Bedingungen für die Identifikation der jeweiligen Modelle aufstellen können. Auch für das Gesamtmodell lassen sich einige hinreichende Bedingungen für die Identifikation des Gesamtmodells formulieren:

Zwei-Schritt-Regel zur Identifikationsregel des Gesamtstrukturmodells: In einem ersten Schritt betrachten wir nur unsere Messmodelle und vernachlässigen unser Pfadmodell. Die beiden Messmodelle können dann als konfirmatorische Faktorenanalyse umformuliert werden. Man vernachlässigt dabei also die Matrizen: $\mathbf{B}$, $\boldsymbol{\Gamma}$ und $\boldsymbol{\Psi}$. Für die konfirmatorische Faktorenanalyse wendet man dann die dort gültigen Regeln der Identifikation an.

In einem zweiten Schritt betrachtet man ausschliesslich das Pfadmodell. Man geht also davon aus, dass jede latente Variable auf perfekte Weise durch eine manifeste Variable gemessen werden kann. Ausgehend von dieser hypothetischen Situation überprüft man, ob die Parameter dieses Modells identifiziert sind. Wir verwenden dazu die üblichen Identifikationsregeln der Pfadanalyse.

11.2.2 Spezifikationsprobleme und Interpretationsprobleme des Gesamtmodells

Durch die Zusammenführung von Pfad- und Messmodell können zum Teil auch Schwierigkeiten ans Tageslicht treten, die bei der separaten Betrachtung der Teilmodelle keine Rolle spielten. So kann es vorkommen, dass:

- unvorhergesehene *direkte* Abhängigkeitsrelationen zwischen den Variablen verschiedener Messmodelle zu falschen Einschätzungen gewisser Parameter führen;
- verschiedene Messmodelle sich über die 'Brücke' des Pfadmodells gegenseitig beeinflussen und somit die durch die einzelnen Messmodelle festgelegte Bedeutungsstruktur der theoretischen Variablen verändern.

Wir wollen diesen Problemen der Reihe nach nachgehen. Zuerst also die Probleme, die dadurch entstehen, dass unvorhergesehene Abhängigkeitsrelationen zwischen den Variablen verschiedener Messmodelle auftreten: Bei einer separaten Betrachtung, z.B. in Form verschiedener konfirmatorischer Faktorenanalysemodelle – und zwar für jede der betrachteten latente Variablen getrennt – treten solche gegenseitigen Beeinflussungen nicht hervor. Bei der gemeinsamen Betrachtung im Gesamtmodell sind solche direkten Abhängigkeitsbeziehungen durchaus denkbar. In so einem Fall spricht man auch von *Infizierung* oder *Kontaminierung*.

Kontaminierung – Beeinflussung der verschiedenen Messmodelle untereinander

Wie wir wissen, können Indikatoren häufig nur einen Aspekt von einem komplexen theoretischen Begriff erfassen. Man nennt dies *Unterrepräsentierung*. Auch wenn keine Messfehler vorliegen würden, ist in so einem Fall damit zu rechnen, dass die Korrelation[1] zwischen dem latenten Kontrukt und dem Indikator nicht genau Eins beträgt. Ein Teil von dem, was wir üblicherweise als 'Messfehler' betrachten, ist in diesem Sinne also nicht als Folge von Messfehlern, sondern als Folge der Unterrepräsentation aufzufassen.

Analog ist es auch denkbar, dass ein Indikator mehr misst, als er eigentlich messen soll. Man kann dann von *Überrepräsentation* sprechen. Indikatoren erfassen dann also nicht nur einen Teil des gesuchten theoretischen Konstruktes, sondern auch noch einen Teil einer fremden (latenten) Variablen. Wenn diese fremde Variable auch ein Teil unseres Strukturgleichungsmodells ist, kann dies dazu führen, dass es zu Verwirrungen kommt. Dies kommt vor allem dann vor, wenn theoretische Begriffe einander sehr ähnlich sind.

Dazu ein Beispiel: Wir versuchen den Zusammenhang zwischen der erfahrenen Bedrohung durch Umweltprobleme und der negativen Beurteilung der Wirtschaft zu ermitteln. Wir vermuten, dass die negative Beurteilung der Wirtschaft von der erfahrenen Bedrohung durch Umweltprobleme abhängig ist. Die negative Beurteilung der Wirtschaft versuchen wir mit der Stellungnahme zur Aussage 'Die Fabriken sind schuld an der heutigen Misere', und die erfahrene Bedrohung mittels der Aussage 'Ich bräuchte gar

---

[1] Bzw. der standardisierte Regressionskoeffizient der Abhängigkeitsrelation zwischen dem latenten Konstrukt und dem Indikator.

nicht weniger Auto zu fahren, wenn die chemischen Fabriken nicht so viele Abgase in die Luft schleudern würden',
zu erfassen. Zur Vereinfachung gehen wir davon aus, dass
alle Variablen standardisiert sind und beide theoretischen
Begriffe vollständig mit den jeweiligen Indikatoren übereinstimmen. Wir postulieren also ein perfektes Messmodell,
in dem die Regressionskoeffizienten der Abhängigkeitsbeziehungen zwischen dem latenten Konstrukt und der manifesten Variablen genau Eins betragen und keine Messfehler
vorkommen.

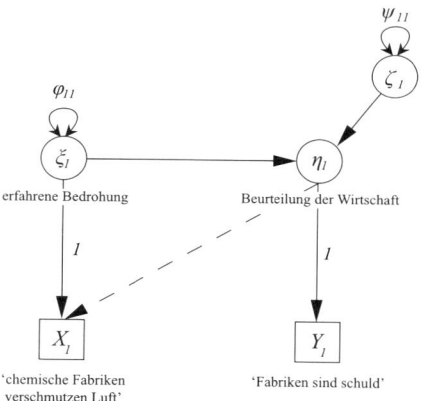

Abbildung 11.2: Beispiel für direkte Beziehungen zwischen zwei Messmodellen

Ein Problem, das jetzt auftreten kann, ist, dass der Indikator X_1 (chemische Fabriken) nicht nur ein Indikator
für die erfahrene Bedrohung, sondern auch für die negative
Beurteilung der Wirtschaft ist. Nehmen wir an, dass diese
Aussage für 20% auch indikativ für die negative Beurteilung der Wirtschaft ist und dass die beobachtete Korrelation zwischen den beiden Indikatoren 0,60 beträgt.

Im Normalfall würden wir diese beobachtete Korrelation zwischen den manifesten Indikatoren vollständig auf
die kausale Beziehung zwischen den beiden Konstrukten
zurückführen. In diesem Fall geht dies jedoch nicht, da etwa die Hälfte des Zusammenhangs zwischen den Indikatoren auf eine gemeinsame Ursache, nämlich die negati-

ve Beurteilung der Wirtschaft, zurückzuführen ist. Ohne Berücksichtigung der Doppelrolle des Indikators Y (chemische Fabriken) würden wir den kausalen Zusammenhang zwischen unseren theoretischen Konstrukten also weit (in diesem Fall um 20%) überschätzen.

Man spricht in solchen Fällen, mit einem hochgestochenen Wort, auch von einer *semantischen Verwirrung* von zwei Begriffen, da der empirische Geltungsbereich – jener Bereich empirischer Phänomene, die als Indikatoren für ein bestimmtes theoretisches Konstrukt dienen können, die also die Bedeutungsinterpretation der latenten Variablen bestimmen – nicht mehr völlig getrennt ist.[2] Die einzige Möglichkeit, dieses Problem in den Griff und richtige Schätzungen für die Parameter zu bekommen, ist, die entsprechenden Beziehungen zwischen den einzelnen Messmodellen explizit in das Modell aufzunehmen.

Das zweite Problem, das beim Zusammenfügen von Messmodellen und dem Pfadmodell auftreten kann, ist, dass verschiedene Messmodelle sich über die 'Brücke' des Pfadmodells gegenseitig beeinflussen und somit die durch die einzelnen Messmodelle festgelegten Bedeutungsstrukturen der theoretischen Variablen verändern. Obwohl auch hier der Begriff 'semantische Verzerrung' vielleicht nicht fehl am Platze wäre, versuchen die Wissenschaftler, es uns leicht zu machen, indem sie in diesem Fall nicht von einer semantischen Verzerrung, sondern von einer *epistemischen Verzerrung* sprechen. Dies drückt den Sachverhalt aus, dass, wenn man die Messmodelle unabhängig voneinander schätzt, dies andere Resultate ergibt, als wenn man das gesamte Modell, inklusive der Verbindung der theoretischen Konzepte im Pfadmodell, schätzt. Damit hat sich also auch die Bedeutungsstruktur der theore-

semantische Verwirrung – Überlappung des Bedeutungsbereichs verschiedener latenter Konstrukte. Die entsprechenden Indikatoren laden auf mehreren latenten Variablen

epistemische Verzerrung – Veränderung der Faktorladungen beim Verbinden der verschiedenen Messmodelle mittels eines Pfadmodells für die latenten Variablen

---

2 Manchmal trifft man in der Literatur auch den Begriff 'differential bias' oder 'funktionelle Verzerrung' an. Dies drückt technisch gesehen den gleichen Sachverhalt aus. Der Begriff bezieht sich jedoch auf die Situation, in der eine manifeste Variable sowohl den Indikator eines anderen theoretischen Konstruktes als auch eine selbständige Variable im Pfadmodell darstellt. Dieser feine Unterschied hängt lediglich damit zusammen, ob man in Figur 11.2 die Abhängigkeitsrelation zwischen der erfahrenen Bedrohung und der Variablen 'chemische Fabriken' als strukturelle Beziehung im Pfadmodell oder als Beziehung zwischen einem theoretischen Konstrukt und einem empirischen Phänomen im Geltungsbereich dieses Konstruktes auffasst.

tischen Variablen, die wir vorderhand aus den separat geschätzten Messmodellen gewonnen haben, verändert. Es ist dann auch nicht verwunderlich, dass sich unter diesen Umständen auch die Schätzungen der Koeffizienten für das Pfadmodell verändern. Dies kann man überprüfen, indem man die gefundenen Schätzungen der Parameter des Messmodells, so wie sie anhand der getrennten Schätzungen ermittelt wurden, dem Modell als fixierte Parameter mitgibt und die Resultate mit der Schätzung des Gesamtmodells vergleicht, ohne dass diese Parameter fixiert wurden.

Diese letzte Vorgehensweise lässt sich selbstverständlich auch dazu verwenden, die latenten Variablen ohne Veränderung ihrer Bedeutungsstruktur in das Gesamtmodell aufzunehmen. Gegen einen solchen Vorgang wurde aber in der Fachliteratur folgender Einwand erhoben:

Die einzelnen theoretischen Begriffe entnehmen ihre Bedeutung nicht nur aus den Indikatoren, sondern ebenso aus den Zusammenhängen mit den anderen theoretischen Variablen. Die Bedeutung, welche diese Begriffe aus den Zusammenhängen mit anderen theoretischen Begriffen erhalten, unterscheidet sich vom Inhalt, der sich direkt aus realen empirischen Erscheinungen, die Teil von ihr sind, ableitet. Man kann z.B. sagen, dass umweltverantwortliches Handeln das ist, was die 18 Indikatoren, die wir in den Übungen dazu verwendet haben, messen. Andererseits kann man auch sagen, dass, was man damit misst, nur umweltverantwortliches Handeln – so wie man sich das theoretisch vorstellt – sein kann, wenn es gleichzeitig so mit den anderen latenten Variablen verknüpft ist, wie man es erwartet. Letzterer Aspekt nennt man auch die *nominale* Bedeutung, im Gegensatz zur *empirischen* Bedeutung.

Dieses Argument ergibt jedoch nur Sinn, wenn tatsächlich klare und gesicherte Vorstellungen über diese Zusammenhänge bestehen bzw. die Struktur des Pfadmodells, zumindest was diesen theoretischen Begriff betrifft, nicht mehr zur freien Disposition steht. Dies ist jedoch selten der Fall. Es wird dann auch häufig für ein Vorgehen in zwei Schritten plädiert.

In einem ersten Schritt werden die Messmodelle aufgestellt und so umgeformt, dass die latenten Variablen dem entsprechen, was man zu messen sucht.

In einem zweiten Schritt führt man dann die Ergebnisse des Messmodells im Gesamtmodell ein und schätzt die Koeffizienten des Pfadmodells.

Mit dieser Betrachtung einzelner Probleme des Gesamtmodells sind wir am Ende dieses Kapitels angelangt. Abschliessend wollen wir noch etwas zurückblicken auf das, was wir bisher gelernt haben.

11.3 Fazit

Angefangen haben wir unsere Überlegungen mit der einfachen Korrelations- und Regressionsanalyse als Methode zur Analyse einfacher kausaler Zusammenhänge. Schon bald haben wir eingesehen, dass unsere Welt komplexer ist als das, was wir mit einfacher Regression darstellen können, und wir haben unsere Überlegungen auf die multiple Regressionsanalyse und auf die Pfadanalyse ausgedehnt. Damit konnten wir bereits recht komplexe Zusammenhänge untersuchen und modellieren.

In all diesen Überlegungen wurde davon ausgegangen, dass unsere Beobachtungen perfekt mit der Wirklichkeit übereinstimmen bzw. dass wir die Phänomene perfekt messen können. Von dieser Annahme wissen wir aber, dass sie sehr unrealistisch ist. Sowohl im naturwissenschaftlichen als auch im sozial- und wirtschaftswissenschaftlichen Bereich haben wir es immer mit Messfehlern zu tun. Um auch diese Beschränkung unserer Betrachtungen aufzuweichen, haben wir uns ausführlicher mit sog. Messmodellen auseinandergesetzt, mittels derer wir die Beziehungen zwischen unseren tatsächlichen Beobachtungen (den manifesten Variablen) und den von uns gesuchten (theoretischen) Phänomenen untersuchen konnten. Letzteres sowohl in Form der konfirmatorischen als auch der explorativen Faktorenanalyse.

Schliesslich sind wir in diesem Kapitel wieder zu unseren ursprünglichen Kausalmodellen (Pfadmodellen) zurückgekehrt, jedoch diesmal unter expliziter Berücksichtigung unserer Messmodelle. Auf diese Art und Weise sind wir der Realität der kausalen Zusammenhänge in der Welt methodisch einen wichtigen Schritt näher gekommen. Gleichzeitig haben wir auf unserem Weg – quasi nebenbei – eini-

ges an allgemeinen statistischen Kenntnissen mitnehmen
können, die uns auch bei der Anwendung und kritischen
Beleuchtung anderer statistischer Methoden von Nutzen
sein können.

Im Vergleich mit den üblichen Einführungen zur multivariaten Statistik ist die wichtigste Errungenschaft der
hier vorliegenden Kapitel jedoch die zusammenhängende
Darstellung der wichtigsten Methoden als eine Suche nach
immer besseren und realeren statistischen Modellen. Wir
sind dabei wesentlich weiter gegangen als dies in den bisherigen Einführungen üblich war. Wichtigster Fortschritt dabei war die explizite und systematische Analyse und Einbeziehung von Messmodellen. Dadurch wurde gleichzeitig der
Finger auf eine Schwachstelle vieler bisheriger empirischer
Untersuchungen gelegt. Messvorgänge sind nicht objektiv.
Wenn das Messen objektiv wäre, dann würden auch keine
Messfehler auftreten oder zumindest wären sie viel kleiner.

Unsere Messinstrumente sind aber nach unseren Vor-
kenntnissen über die zu messenden Phänomene aufgebaut,
unabhängig davon, ob es dabei um das Messen von Nie-
derschlagsmengen oder um das Messen des umweltverantwortlichen Handelns geht. Gleichgültig also, ob wir einen
Fragebogen gestalten oder einen Regenmesser bauen: Messen ist ein subjektiver Vorgang und mit allen Schwächen
unseres Vorwissens verbunden.

Durch die offene Darlegung unseres Messinstruments in
Form eines Messmodells legen wir die Subjektivität unserer
Beobachtungen und unserer Interpretationen bzw. unserer
Interpretationsrahmen für uns selbst und für andere bloss.
Es ist mit Sicherheit auch dieser Aspekt, der dafür verant-
wortlich ist, dass viele Forschende nicht gerne von ihren
Messmodellen sprechen, geschweige denn, dass sie sie ex-
plizit in die statistische Auswertung aufnehmen. Struktur-
gleichungsmodelle ermöglichen und erzwingen das Hinter-
fragen, das Reflektieren unserer Vorkenntnisse und unserer
Konzeptualisierungen.

Durch das Messen konfrontieren wir unser Vorwissen
mit der Realität. Unser Vorwissen steckt in der Frage, die
wir ('der Realität') stellen. Gleichgültig, ob dies die Frage
nach der Niederschlagsmenge oder nach dem umweltverantwortlichen Handeln ist. Einmal befragen wir die Natur,
im anderen Fall die Menschen.

Durch das explizite Aufnehmen unserer Messinstrumente wird deutlich, dass die Schwierigkeit nicht immer bei der Suche nach der 'objektiv' richtigen Antwort auf unsere Forschungsfrage, sondern beim Stellen der richtigen Fragen liegt. Dies reicht von der übergeordneten Forschungsfrage bis hinunter zur Fragebogenfrage.

Es wäre verwunderlich, wenn nicht jeder Leser beim Lesen dieser Kapitel in zunehmendem Masse von den präsentierten Methoden verunsichert wurde. Dies hängt damit zusammen, dass die Idee einer objektiven Wissenschaft und die Idee objektiver Wahrnehmung bzw. Messung tiefe Wurzeln in unserer Gesellschaft und in der heutigen Wissenschaft hat. Was man hier in diesem Buch als zunehmende Beunruhigung erfahren hat, weil vieles sich als irgendwie beliebig und subjektiv herausstellte, ist nichts anderes als das Aufweichen dieser alten Ideen. Es ist nicht die Schwäche der präsentierten Methoden, dass sie scheinbar keine eindeutigen und objektiven Ergebnisse liefern können, sondern eine Schwäche unseres bisherigen Wissenschaftsverständnisses. Man könnte es sogar umkehren: Es ist vielleicht eine Stärke dieser Methoden, dass sie explizit auf die subjektive Rolle des Forschers oder der Forscherin hinweisen und explizite Entscheidungen von ihnen fordern und nur dann sinnvolle Resultate ergeben können.

Die erfahrene zunehmende Beunruhigung ist also verständlich und notwendig. Nur dadurch gewinnt man auch eine kritische Haltung den eigenen Forschungsergebnissen gegenüber und nur so findet man den Weg zu besseren Forschungsergebnissen. Man sollte also nicht bei der Verzweiflung stehen bleiben, sondern sie kreativ einsetzen: Die Messinstrumente verbessern, die kausalen Modelle verändern, die richtigen Fragen stellen, kreativ weitersuchen

Anhang: Ableitung der implizierten Varianz-Kovarianz-Matrix aus den Modellgleichungen

Wie wir wissen, ist ein Erwartungswert nichts anderes als der Wert einer (Zufalls-)Variablen, den wir bei einer nächsten Beobachtung erwarten würden, wenn wir über keine zusätzlichen Informationen bezüglich dieser Beobachtung verfügten. Im Allgemeinen erwarten wir dann genau den Mittelwert der bisherigen Beobachtungen dieser Variablen.

Bisher haben wir verschiedene solcher Erwartungswerte oder Mittelwerte kennengelernt:

- Mittelwert der Variablen Y:

$$\mu_y = \sum_{i=1}^{N} (Y_i * p(Y)) \quad .$$

- Mittelwert der quadrierten Abweichungen vom Mittelwert von Y bzw. die Varianz der Variablen Y:

$$\sigma_{yy} = \sigma_y = \frac{1}{N} \sum_{i=1}^{N} (Y_i - \mu_y)^2 \quad .$$

- Mittelwert des Produktes der Abweichungen vom jeweiligen Mittelwert von X bzw. Y oder die Kovarianz der Variablen X und Y:

$$\sigma_{xy} = \frac{1}{N} \sum_{i=1}^{N} ((X_i - \mu_x)(Y_i - \mu_y)) \quad .$$

- Mittelwert des Produktes der standardisierten Werte von X bzw. Y oder die Korrelation der Variablen X und Y:

$$\rho_{xy} = \frac{1}{N} \sum_{i=1}^{N} \left(\frac{(X_i - \mu_x)}{\sigma_x} \frac{(Y_i - \mu_y)}{\sigma_y} \right) \quad .$$

Manchmal spricht man anstelle von Mittelwerten auch von Erwartungswerten ('expectation'). Dementsprechend verwendet man für diese Mittelwerte auch folgende Notation:

$$\begin{aligned}
\mu_y &= E(Y) \\
\sigma_y^2 &= E(Y - E(Y))^2 \\
\sigma_{xy} &= E[(X - E(X))(Y - E(Y))] \\
\rho_{xy} &= E\left[\frac{(X - E(X))}{\sigma_x} \frac{(Y - E(Y))}{\sigma_y} \right] \quad .
\end{aligned}$$

Für solche Mittelwerte oder Erwartungswerte gelten folgende Rechenregeln:

a) Wenn $Y = X + c$, wobei c eine Konstante ist, dann

$$E(Y) = E(b\,X) = b\,E(X) \quad .$$

b) Wenn $Y = b\,X$, wobei b eine Konstante ist, dann

$$E(Y) = E(X + c) = E(X) + c \quad.$$

c) Wenn $Y = X_1 + X_2$, wobei b eine Konstante ist, dann

$$E(Y) = E(X_1 + X_2) = E(X_1) + E(X_2) \quad.$$

Kehren wir nun zurück zu unseren Modellgleichungen in Matrizenschreibweise:

$$\boldsymbol{\eta} = \mathbf{B}\,\boldsymbol{\eta} + \boldsymbol{\Gamma}\,\boldsymbol{\xi} + \boldsymbol{\zeta} \quad.$$

Diese Gleichung für unser Pfadmodell lässt sich auch schreiben als:

$$\boldsymbol{\eta} = (\mathbf{I} - \mathbf{B})^{-1}\,(\boldsymbol{\Gamma}\boldsymbol{\xi} + \boldsymbol{\zeta}) \quad.$$

Man nennt dies auch die *reduzierte* Form ('reduced form') unserer Strukturmodellgleichung. Die Messmodellgleichungen behalten wir in ihrer althergebrachten Form bei:

$$\mathbf{x} = \boldsymbol{\Lambda}_x\boldsymbol{\xi} + \boldsymbol{\delta} \quad,$$

$$\mathbf{y} = \boldsymbol{\Lambda}_y\boldsymbol{\eta} + \boldsymbol{\varepsilon} \quad.$$

Als erstes wollen wir die Varianz-Kovarianz-Matrix der Indikatoren für die endogenen latenten Variablen berechnen:

$$
\begin{aligned}
\boldsymbol{\Sigma}_{yy}\,(\boldsymbol{\theta}) &= E(\mathbf{y}\mathbf{y}') \\
&= E\{(\boldsymbol{\Lambda}_y\boldsymbol{\eta} + \boldsymbol{\varepsilon})\,(\boldsymbol{\Lambda}_y\boldsymbol{\eta} + \boldsymbol{\varepsilon})'\} \\
&= E\{(\boldsymbol{\Lambda}_y\boldsymbol{\eta} + \boldsymbol{\varepsilon})\,([\boldsymbol{\Lambda}_y\boldsymbol{\eta}]' + \boldsymbol{\varepsilon}')\} \\
&= E\{(\boldsymbol{\Lambda}_y\boldsymbol{\eta} + \boldsymbol{\varepsilon})\,(\boldsymbol{\eta}'\boldsymbol{\Lambda}'_y + \boldsymbol{\varepsilon}')\} \\
&= E\{\boldsymbol{\Lambda}_y\boldsymbol{\eta}\boldsymbol{\eta}'\boldsymbol{\Lambda}'_y + \boldsymbol{\eta}\boldsymbol{\Lambda}_y\boldsymbol{\varepsilon}' + \boldsymbol{\varepsilon}\boldsymbol{\eta}'\boldsymbol{\Lambda}'_y + \boldsymbol{\varepsilon}\boldsymbol{\varepsilon}'\} \\
&= E(\boldsymbol{\Lambda}_y\boldsymbol{\eta}\boldsymbol{\eta}'\boldsymbol{\Lambda}'_y) + E(\boldsymbol{\eta}\boldsymbol{\Lambda}_y\boldsymbol{\varepsilon}') + E(\boldsymbol{\varepsilon}\boldsymbol{\eta}'\boldsymbol{\Lambda}'_y) + E(\boldsymbol{\varepsilon}\boldsymbol{\varepsilon}') \\
&= \boldsymbol{\Lambda}_y E(\boldsymbol{\eta}\boldsymbol{\eta}')\,\boldsymbol{\Lambda}'_y + \boldsymbol{\Lambda}_y E(\boldsymbol{\eta}\boldsymbol{\varepsilon}') + E(\boldsymbol{\varepsilon}\boldsymbol{\eta}')\,\boldsymbol{\Lambda}'_y + E(\boldsymbol{\varepsilon}\boldsymbol{\varepsilon}') \quad.
\end{aligned}
$$

Nach den üblichen Annahmen der Regressionsanalyse dürfen die Residualwerte der Regression nicht mit den unabhängigen Variablen korrelieren. Nach dieser Annahme sind $E(\boldsymbol{\eta}\boldsymbol{\varepsilon}')$ und $E(\boldsymbol{\varepsilon}\boldsymbol{\eta}')$ also Null. Der letzte Term dieser Gleichung $E(\boldsymbol{\varepsilon}\boldsymbol{\varepsilon}')$ entspricht genau der Varianz-Kovarianz der Messfehlervariablen $\boldsymbol{\varepsilon}$ der Indikatoren für die endogenen latenten Variablen. Wir können also auch schreiben:

$$\boldsymbol{\Sigma}_{yy}(\boldsymbol{\theta}) = \boldsymbol{\Lambda}_y\, E(\boldsymbol{\eta}\boldsymbol{\eta}')\, \boldsymbol{\Lambda}'_y + \boldsymbol{\Theta}_\varepsilon \quad .$$

Wir setzen nun für $\boldsymbol{\eta}$ die reduzierte Formel ein und erhalten so:

$$
\begin{aligned}
\boldsymbol{\Sigma}_{yy}(\boldsymbol{\theta}) &= \boldsymbol{\Lambda}_y E(\boldsymbol{\eta}\boldsymbol{\eta}')\, \boldsymbol{\Lambda}'_y + \boldsymbol{\Theta}_\varepsilon \\
&= \boldsymbol{\Lambda}_y E\Big\{ \big[(\mathbf{I}-\mathbf{B})^{-1}\,(\boldsymbol{\Gamma}\boldsymbol{\xi}+\boldsymbol{\zeta})\big]\big[(\mathbf{I}-\mathbf{B})^{-1}\,(\boldsymbol{\Gamma}\boldsymbol{\xi}+\boldsymbol{\zeta})\big]'\Big\} \boldsymbol{\Lambda}'_y + \boldsymbol{\Theta}_\varepsilon \\
&= \boldsymbol{\Lambda}_y E\Big\{ (\mathbf{I}-\mathbf{B})^{-1}\,(\boldsymbol{\Gamma}\boldsymbol{\xi}+\boldsymbol{\zeta})\,[\boldsymbol{\Gamma}\boldsymbol{\xi}+\boldsymbol{\zeta}]'\,\big[(\mathbf{I}-\mathbf{B})^{-1}\big]'\Big\} \boldsymbol{\Lambda}'_y + \boldsymbol{\Theta}_\varepsilon \\
&= \boldsymbol{\Lambda}_y E\Big\{ (\mathbf{I}-\mathbf{B})^{-1}\,(\boldsymbol{\Gamma}\boldsymbol{\xi}+\boldsymbol{\zeta})\,[(\boldsymbol{\Gamma}\boldsymbol{\xi})'+\boldsymbol{\zeta}']\,\big[(\mathbf{I}-\mathbf{B})^{-1}\big]'\Big\} \boldsymbol{\Lambda}'_y + \boldsymbol{\Theta}_\varepsilon \\
&= \boldsymbol{\Lambda}_y E\Big\{ (\mathbf{I}-\mathbf{B})^{-1}\,(\boldsymbol{\Gamma}\boldsymbol{\xi}+\boldsymbol{\zeta})\,[\boldsymbol{\xi}'\boldsymbol{\Gamma}'+\boldsymbol{\zeta}']\,\big[(\mathbf{I}-\mathbf{B})^{-1}\big]'\Big\} \boldsymbol{\Lambda}'_y + \boldsymbol{\Theta}_\varepsilon \\
&= \boldsymbol{\Lambda}_y E\Big\{ (\mathbf{I}-\mathbf{B})^{-1}\,(\boldsymbol{\Gamma}\boldsymbol{\xi}\boldsymbol{\xi}'\boldsymbol{\Gamma}'+\boldsymbol{\Gamma}\boldsymbol{\xi}\boldsymbol{\zeta}'+\boldsymbol{\zeta}\boldsymbol{\xi}'\boldsymbol{\Gamma}'+\boldsymbol{\zeta}\boldsymbol{\zeta}')\,\big[(\mathbf{I}-\mathbf{B})^{-1}\big]'\Big\} \boldsymbol{\Lambda}'_y + \\
&\quad +\boldsymbol{\Theta}_\varepsilon \\
&= \boldsymbol{\Lambda}_y (\mathbf{I}-\mathbf{B})^{-1} E\{\boldsymbol{\Gamma}\boldsymbol{\xi}\boldsymbol{\xi}'\boldsymbol{\Gamma}'+\boldsymbol{\Gamma}\boldsymbol{\xi}\boldsymbol{\zeta}'+\boldsymbol{\zeta}\boldsymbol{\xi}'\boldsymbol{\Gamma}'+\boldsymbol{\zeta}\boldsymbol{\zeta}'\}\,\big[(\mathbf{I}-\mathbf{B})^{-1}\big]'\,\boldsymbol{\Lambda}'_y + \\
&\quad +\boldsymbol{\Theta}_\varepsilon \\
&= \boldsymbol{\Lambda}_y (\mathbf{I}-\mathbf{B})^{-1} \{E(\boldsymbol{\Gamma}\boldsymbol{\xi}\boldsymbol{\xi}'\boldsymbol{\Gamma}')+E(\boldsymbol{\Gamma}\boldsymbol{\xi}\boldsymbol{\zeta}')+E(\boldsymbol{\zeta}\boldsymbol{\xi}'\boldsymbol{\Gamma}')+ \\
&\quad +E(\boldsymbol{\zeta}\boldsymbol{\zeta}')\}\,\big[(\mathbf{I}-\mathbf{B})^{-1}\big]'\,\boldsymbol{\Lambda}'_y + \boldsymbol{\Theta}_\varepsilon \\
&= \boldsymbol{\Lambda}_y (\mathbf{I}-\mathbf{B})^{-1} \{\boldsymbol{\Gamma} E(\boldsymbol{\xi}\boldsymbol{\xi}')\,\boldsymbol{\Gamma}'+\boldsymbol{\Gamma} E(\boldsymbol{\xi}\boldsymbol{\zeta}')+E(\boldsymbol{\zeta}\boldsymbol{\xi}')\,\boldsymbol{\Gamma}'+ \\
&\quad +E(\boldsymbol{\zeta}\boldsymbol{\zeta}')\}\,\big[(\mathbf{I}-\mathbf{B})^{-1}\big]'\,\boldsymbol{\Lambda}'_y + \boldsymbol{\Theta}_\varepsilon \quad .
\end{aligned}
$$

Auch in diesem Ausdruck sollten nach den üblichen Annahmen die Terme $E(\boldsymbol{\xi}\boldsymbol{\zeta}')$ und $E(\boldsymbol{\zeta}\boldsymbol{\xi}')$ Null betragen. Die Terme $E(\boldsymbol{\xi}\boldsymbol{\xi}')$ und $E(\boldsymbol{\zeta}\boldsymbol{\zeta}')$ haben wir auch bereits als Varianz-Kovarianz-Matrix $\boldsymbol{\Phi}$ der exogenen latenten Variablen bzw. als Varianz-Kovarianz-Matrix $\boldsymbol{\Psi}$ der Störvariablen $\boldsymbol{\zeta}$ der endogenen latenten Variablen kennengelernt. Die Gleichung vereinfacht sich darum zu:

$$\boldsymbol{\Sigma}_{yy}(\boldsymbol{\theta}) = \boldsymbol{\Lambda}_y(\mathbf{I}-\mathbf{B})^{-1}\,(\boldsymbol{\Gamma}\boldsymbol{\Phi}\boldsymbol{\Gamma}'+\boldsymbol{\Psi})\,\big[(\mathbf{I}-\mathbf{B})^{-1}\big]'\,\boldsymbol{\Lambda}'_y + \boldsymbol{\Theta}_\varepsilon \quad,$$

womit wir unser erstes Ziel erreicht haben. Völlig analog können wir zeigen, dass

$$\boldsymbol{\Sigma}_{xx}(\boldsymbol{\Theta}) = \boldsymbol{\Lambda}_x\boldsymbol{\Phi}\boldsymbol{\Lambda}'_x + \boldsymbol{\Theta}_\delta \quad .$$

Für $\boldsymbol{\Sigma}_{yx}(\boldsymbol{\theta})$ gilt, dass

$$
\begin{aligned}
\boldsymbol{\Sigma}_{yx}(\boldsymbol{\Theta}) &= E(\mathbf{y}\mathbf{x}') \\
&= E\big\{(\boldsymbol{\Lambda}_y\boldsymbol{\eta}+\varepsilon)\,(\boldsymbol{\Lambda}_x\boldsymbol{\xi}+\boldsymbol{\delta})'\big\} \\
&= E\big\{(\boldsymbol{\Lambda}_y\boldsymbol{\eta}+\varepsilon)\,(\boldsymbol{\xi}'\boldsymbol{\Lambda}'_x+\boldsymbol{\delta}')\big\} \\
&= E(\boldsymbol{\Lambda}_y\boldsymbol{\eta}\boldsymbol{\xi}'\boldsymbol{\Lambda}'_x+\boldsymbol{\Lambda}_y\boldsymbol{\eta}\boldsymbol{\delta}+\varepsilon\boldsymbol{\xi}'\boldsymbol{\Lambda}'_x+\varepsilon\boldsymbol{\delta}') \\
&= E(\boldsymbol{\Lambda}_y\boldsymbol{\eta}\boldsymbol{\xi}'\boldsymbol{\Lambda}'_x)+E(\boldsymbol{\Lambda}_y\boldsymbol{\eta}\boldsymbol{\delta})+E(\varepsilon\boldsymbol{\xi}'\boldsymbol{\Lambda}'_x)+E(\varepsilon\boldsymbol{\delta}') \\
&= \boldsymbol{\Lambda}_y E(\boldsymbol{\eta}\boldsymbol{\xi}')\,\boldsymbol{\Lambda}'_x+\boldsymbol{\Lambda}_y E(\boldsymbol{\eta}\boldsymbol{\delta})+E(\varepsilon\boldsymbol{\xi})\,\boldsymbol{\Lambda}'_x+E(\varepsilon\boldsymbol{\delta}') \quad .
\end{aligned}
$$

Auch hier betragen wieder die Terme $E(\boldsymbol{\eta}\boldsymbol{\delta})$, $E(\boldsymbol{\varepsilon}\boldsymbol{\xi}')$ und $E(\boldsymbol{\varepsilon}\boldsymbol{\delta}')$ Null, so dass:

$$\boldsymbol{\Sigma}_{yx}(\boldsymbol{\theta}) = \boldsymbol{\Lambda}_y E(\boldsymbol{\eta}\boldsymbol{\xi}') \boldsymbol{\Lambda}'_x \quad .$$

Durch Einsetzen der reduzierten Form für $\boldsymbol{\eta}$ erhalten wir:

$$
\begin{aligned}
\boldsymbol{\Sigma}_{yx}(\boldsymbol{\theta}) &= \boldsymbol{\Lambda}_y E\left\{ (\mathbf{I} - \mathbf{B})^{-1} \left(\boldsymbol{\Gamma}\boldsymbol{\xi} + \boldsymbol{\zeta} \right) \boldsymbol{\xi}' \right\} \boldsymbol{\Lambda}'_x \\
&= \boldsymbol{\Lambda}_y (\mathbf{I} - \mathbf{B})^{-1} E\{ \left(\boldsymbol{\Gamma}\boldsymbol{\xi} + \boldsymbol{\zeta} \right) \boldsymbol{\xi}' \} \boldsymbol{\Lambda}'_x \\
&= \boldsymbol{\Lambda}_y (\mathbf{I} - \mathbf{B})^{-1} E(\boldsymbol{\Gamma}\boldsymbol{\xi}\boldsymbol{\xi}' + \boldsymbol{\zeta}\boldsymbol{\xi}') \boldsymbol{\Lambda}'_x \\
&= \boldsymbol{\Lambda}_y (\mathbf{I} - \mathbf{B})^{-1} E(\boldsymbol{\Gamma}\boldsymbol{\xi}\boldsymbol{\xi}') + E(\boldsymbol{\zeta}\boldsymbol{\xi}') \boldsymbol{\Lambda}'_x \\
&= \boldsymbol{\Lambda}_y (\mathbf{I} - \mathbf{B})^{-1} \boldsymbol{\Gamma} \left\{ E(\boldsymbol{\xi}\boldsymbol{\xi}') + E(\boldsymbol{\zeta}\boldsymbol{\xi}') \right\} \boldsymbol{\Lambda}'_x \\
&= \boldsymbol{\Lambda}_y (\mathbf{I} - \mathbf{B})^{-1} \boldsymbol{\Gamma}\boldsymbol{\Phi}\boldsymbol{\Lambda}'_x \quad .
\end{aligned}
$$

Da die Varianz-Kovarianz-Matrix der beobachteten Variablen symmetrisch ist, ist der letzte Teil $\boldsymbol{\Sigma}_{xy}(\boldsymbol{\theta})$ redundant. Somit ist unsere Ableitung komplett.

12. Logit-Analyse

12.1 Einleitung

In den Sozial- und Wirtschaftswissenschaften wird häufig versucht, Erklärungen für das Verhalten oder Handeln von einzelnen Leuten zu finden. Dieses Verhalten oder Handeln besteht zu einem wesentlichen Teil aus mehr oder weniger bewusst getroffenen Entscheidungen. Bei jeder dieser Entscheidungen stehen meistens mehrere Alternativen zur Auswahl. Bei der Wahl eines Wohnortes kann man z.B. zwischen einem Wohnort 'auf dem Land' und einem Wohnort 'in einer Stadt' wählen. In einem Haushalt kann man sich entscheiden 'Alu-Deckel zu sammeln' oder 'keine Alu-Deckel zu sammeln'. Bei der Wahl eines Verkehrsmittels für den täglichen Weg zur Arbeit kann man z.B. zwischen dem 'Privatauto' und dem 'öffentlichen Verkehr' wählen. Aber auch wenn wir zu einer bestimmten Aussage Stellung beziehen sollen, z.B. zu der Aussage 'Der Mensch hat nicht das Recht, die Natur zu zerstören', stehen uns verschiedene Antworten (z.B. 'unakzeptabel', 'keine Meinung', 'akzeptabel') zur Auswahl. Ein weiteres Beispiel, das uns im Folgenden noch weiter beschäftigen wird, ist die Beantwortung der folgenden Frage: 'Halten Sie das neue Landwirtschaftsgesetz (Artikel 31 a und 31 b) für eine nützliche Massnahme, um die Zukunft der Landwirtschaft zu sichern?' Auch hier kann die befragte Person zwischen verschiedenen Alternativen entscheiden, nämlich zwischen: 'Ja', 'Nein' oder 'Ich kann die Auswirkungen der Artikel nicht beurteilen'. In all diesen Fällen besteht die zu erklärende Entscheidung in der Wahl zwischen verschiedenen Alternativen oder Antwortkategorien. Diese Entscheidung stellt nun eine zu erklärende Variable dar. Die Entscheidungsalternativen bilden dabei die Ausprägungen dieser Variablen. Diese Aus-

prägungen lassen sich jedoch nicht, wie bei der Messung
der Temperatur oder des Umsatzes, auf einer einfachen numerischen Messlatte (Skala) einordnen. Wir haben es hier
nicht mit einer 'metrisch skalierten', sondern mit einer 'nominal skalierten' Variablen zu tun.[1] Jede Antwortkategorie
stellt eine eigene Kategorie dar, die man höchstens mit einem Namen (daher auch der Ausdruck 'nominal') bezeichnen könnte. Natürlich können wir eine Zahl als 'Namen'
für eine solche Kategorie wählen. Es ist sogar üblich, dass
die verschiedenen Antwortkategorien auf diese Weise nu-
meriert werden. Dabei ist jedoch zu bedenken, dass diese
'Zahl' dann aber nicht mehr als solche interpretiert werden
kann: '1' ist dann z.B. nicht unbedingt kleiner als '2' und
'1' + '2' ist nicht = '3' etc.

Zur Erklärung der betreffenden Entscheidung wird die
zu erklärende (abhängige) Variable auf verschiedene *erklärende* (unabhängige) Variablen zurückgeführt. Es liegt
dabei auf der Hand, insbesondere die Charakteristika der
verschiedenen zur Auswahl stehenden Alternativen (z.B.
unterschiedliche Kosten) oder die Eigenschaften des Ent-
scheidungsträgers (z.B. das Geschlecht oder eine bestimmte Werteinstellung) oder die Besonderheiten der spezifischen Situation, in der die Entscheidung getroffen wird
(z.B. Einpersonenhaushalt/Mehrpersonenhaushalt, Stadt/
Land), als erklärende Variablen beizuziehen. Vielfach sind
diese erklärenden Variablen ebenfalls nur in Form von kategorialen (nominal oder ordinal skalierten) Variablen darstellbar oder erfassbar. In solchen Fällen haben wir es sowohl mit einer nominal skalierten abhängigen Variablen als
auch mit verschiedenen nominal skalierten unabhängigen
Variablen zu tun.

Insgesamt haben wir es bei solchen Problemstellungen
mit einem *asymmetrischen* Ansatz zu tun; d.h., dass wir
im voraus eine klare Vorstellung davon haben, welche Variable erklärt werden soll (die abhängige Variable, in unserem Beispiel: 'Die Wahl zwischen verschiedenen Entschei-

---

[1] In besonderen Fällen können wir bestenfalls eine Rangordnung
der verschiedenen Entscheidungsalternativen angeben, z.B. bei den
Antwortkategorien: 'trifft voll zu', 'trifft eher zu', 'unentschieden'
'trifft eher nicht zu' und 'trifft gar nicht zu'. Man spricht hier
auch von ordinal skalierten Variablen. In dieser ersten Fassung
des Kapitels werden wir uns aber auf nominal skalierte Variablen
beschränken.

dungsalternativen') und welche Variablen zur Erklärung
herangezogen werden sollen (die unabhängigen Variablen).
Wir vermuten somit eine eindeutige kausale Abhängigkeitsrelation zwischen der abhängigen und den unabhängigen
Variablen. Wir kennen solche Situationen bereits von der
Regressionsanalyse. Wenn die zu erklärende Variable kategorial ist, können wir jedoch nicht ohne weiteres auf die
herkömmliche Regressionsanalyse zurückgreifen, da diese
ausschliesslich von metrisch skalierten abhängigen Variablen ausgeht. Für solche Fällen hat sich in den vergangenen
Jahren immer mehr eine besondere Variante der Regressionsanalyse durchgesetzt. Diese Variante wird als *Logit-
Analyse* bezeichnet.[2]

Logit-Analyse ist also eine Methode zur Analyse von
Abhängigkeitsrelationen zwischen kategorialen Variablen.
Wir wollen uns nun dieser Analyseform zuwenden und an-
hand eines Beispiels bezüglich der Einstellung zum neuen
Landwirtschaftsgesetz erläutern.

Logit-Analyse –
Regressionsanalyse
mit einer nominal
skalierten abhängigen
Variablen

12.2 Basis-Form

Die Daten für eine solche Analyse lassen sich üblicherweise,
wie in Tabelle 12.1 dargestellt, in Form einer Datenmatrix
darstellen.

Jede Zeile stellt hier eine Beobachtungseinheit (z.B. eine Person, ein Betrieb, eine Region) dar. Anstelle von Beobachtungseinheiten spricht man manchmal auch von Objekten. Die Spalten entsprechen den Merkmalen (Variablen) dieser Beobachtungseinheiten. Wir können nun alle
Beobachtungseinheiten, die die gleichen Ausprägungen auf
den erklärenden (unabhängigen) Variablen $(X_1, X_2, \cdots ,
X_m)$ aufweisen, zu einer Gruppe oder Subpopulation zu-
sammenfassen. Wir bekommen so für jede mögliche Ausprägungskombination der unabhängigen Variablen eine *Subpopulation*. Wenn wir zum Beispiel drei erklärende (unabhängige) Variablen haben und diese Variablen u bzw. v
und w Kategorien aufweisen, dann können wir $(u \times v \times w)$
Subpopulationen unterscheiden. Alle Mitglieder einer bestimmten Subpopulation sind bezüglich der erklärenden

---

[2] Wie wir später noch sehen werden, kann die Logit-Analyse auch als
eine Variante der log-linearen Modellanalyse betrachtet werden

Tabelle 12.1: Rohdatenmatrix

Respondent	erklärende Variablen			zu erklärende Variable
	X_1	X_2	$\cdots$ X_m	Y
$i = 1$	1	2	3	3
$i = 2$	2	1	1	2
$i = 3$	1	1	2	3
$i = 4$	1	2	3	1
$i = 5$	1	1	2	3
$i = 6$	2	1	3	2
$i = 7$	2	1	3	2
$i = 8$	1	2	1	3
$\vdots$	$\vdots$	$\vdots$	$\vdots$	$\vdots$
$i = n$	1	2	2	3

Variablen $(X_1, X_2, \ldots, X_m)$ identisch, jedoch nicht unbedingt bezüglich der zu erklärenden (abhängigen) Variablen Y. Manche werden die Alternative '1', manche die Alternative '2' etc. gewählt haben.

Die Tabelle 12.1 lässt sich nun, wie in Tabelle 12.2 dargestellt, zusammenfassen.

In Tabelle 12.2 stellt $n_{r|g}$ die Anzahl Respondenten, die zu Subpopulation g gehören und die Alternative r gewählt haben, dar.[3] Wir können diese Anzahl selbstverständlich auch in Form des relativen Anteils $p_{r|g}$ bezüglich der totalen Anzahl der Mitglieder $(n_{\cdot|g})$ der betreffenden Subpopulation darstellen (vgl. Tabelle 12.3). Diese relativen Anteile können wir nun aber auch als die beobachtete Wahrscheinlichkeit, dass eine bestimmte Person aus der Subpopulation g die Entscheidungsalternative bzw. die Antwortkategorie r gewählt hat, auffassen. Wir werden in diesem Kapitel

---

[3] Falls es sich um nicht-numerische Variablen, wie z.B. bei der Variable 'Geschlecht' mit den Kategorien 'männlich' und 'weiblich' handelt, dann werden üblicherweise die einzelnen Kategorien mit einer Zahl versehen. Wir könnten selbstverständlich auch jeweils ein anderes Symbol, z.B. einen Buchstaben, verwenden. Wir werden hier jedoch davon ausgehen, dass die Kategorien von 1 bis R (= totale Anzahl Kategorien der betreffenden Variablen) durchnumeriert wurden. Der Index r bezieht sich dann auf die r-te Kategorie.

Tabelle 12.2: Kompakte Darstellung der Rohdaten mittels Subpopulationen

Sub-population	erklärende Variablen X_1 X_2 $\cdots$ X_m			zu erklärende Variable Y				
				$r = 1$	$r = 2$	$\cdots$	$r = R$	total
$g = 1$	1	1	1	$n_{1\mid 1}$	$n_{2\mid 1}$	$\cdots$	$n_{R\mid 1}$	$n_{\cdot\mid 1}$
$g = 2$	1	1	2	$n_{1\mid 2}$	$n_{2\mid 2}$	$\cdots$	$n_{R\mid 2}$	$n_{\cdot\mid 2}$
$g = 3$	1	1	$\vdots$	$n_{1\mid 3}$	$n_{2\mid 3}$	$\cdots$	$n_{R\mid 3}$	$n_{\cdot\mid 3}$
$g = 4$	1	1	w	$n_{1\mid 4}$	$n_{2\mid 4}$	$\cdots$	$n_{R\mid 4}$	$n_{\cdot\mid 4}$
$g = 5$	1	2	1	$n_{1\mid 5}$	$n_{2\mid 5}$	$\cdots$	$n_{R\mid 5}$	$n_{\cdot\mid 5}$
$g = 6$	1	2	2	$n_{1\mid 6}$	$n_{2\mid 6}$	$\cdots$	$n_{R\mid 6}$	$n_{\cdot\mid 6}$
$\vdots$	$\vdots$	$\vdots$	$\vdots$	$\vdots$	$\vdots$		$\vdots$	$\vdots$
$g = G$	u	v	w	$n_{1\mid G}$	$n_{2\mid G}$	$\cdots$	$n_{R\mid G}$	$n_{\cdot\mid G}$
								$n_{\cdot\mid\cdot} = N$

noch häufiger auf diese Darstellungsform zurückkommen. In erster Instanz möchten wir hier aber noch etwas genauer begründen, wieso wir für die Erklärung der getroffenen Entscheidungen nicht die herkömmliche klassische Regressionsanalyse verwenden können.

Tabelle 12.3: Relative Häufigkeiten der Antwortkategorien innerhalb der Subpopulationen

Sub-population	erklärende Variablen X_1 X_2 $\ldots$ X_m			zu erklärende Variable Y				
				$r = 1$	$r = 2$	$\cdots$	$r = R$	total
$g = 1$	1	1	1	$p_{1\mid 1}$	$p_{2\mid 1}$	$\cdots$	$p_{R\mid 1}$	1
$g = 2$	1	1	2	$p_{1\mid 2}$	$p_{2\mid 2}$	$\cdots$	$p_{R\mid 2}$	1
$\vdots$	$\vdots$	$\vdots$	$\vdots$	$\vdots$	$\vdots$		$\vdots$	$\vdots$
$g = G$	u	v	w	$p_{1\mid G}$	$p_{2\mid G}$	$\cdots$	$p_{R\mid G}$	1

12.3 Der konventionelle regressions-analytische Ansatz

Von der klassischen Regressionsanalyse her erinnern wir uns noch, dass wir unter Zuhilfenahme von sog. *Dummy*-Variablen ohne weiteres auch kategoriale *un*abhängige Variablen in die Analyse einbeziehen konnten. Der wesentliche Unterschied zu unserer jetzigen Problemlage ist nur das Skalenniveau der *ab*hängigen Variablen. Um den Effekt dieses niedrigeren Skalenniveaus der *ab*hängigen Variablen darstellen zu können, wollen wir schauen, was geschieht, wenn man im klassischen Regressionsmodell anstelle einer metrisch skalierten abhängigen Variablen eine nominal skalierte abhängige Variable einführt. Von der unabhängigen Variablen nehmen wir vorläufig einfachheitshalber an, dass sie weiterhin metrisch skaliert ist. Betrachten wir dazu ein Beispiel: Es handelt sich hier um die bereits erwähnte Einstellung zum neuen Landwirtschaftsgesetz (Artikel 31 a und 31 b). Dieses Beispiel entstammt einer Studie, die Jakob Weiss und Brigitte Stucki 1994 im Kanton Zürich durchführten. Dabei wurde vermutet, dass das Alter der befragten Person etwas zur Erklärung der Wahl einer bestimmten Antwortkategorie beiträgt. Wir beschränken uns dabei vorläufig auf die folgenden zwei Antwortmöglichkeiten: 'halte es für nützlich' und 'halte es nicht für nützlich'.

Das klassische Regressionsmodell für die Analyse einer Abhängigkeitsrelation sieht bekanntlich wie folgt aus:

$$Y_i = \beta_0 + \beta_1 X_{1i} + \varepsilon_i \quad .$$

Wenn wir dieses Modell auf unser Beispiel anwenden, würde Y_i die Wahl der Antwortkategorie 'nützlich' ($Y_i = 1$) versus 'nicht nützlich' ($Y_i = 0$) und X_{1i} das Alter in Jahren darstellen. Die Restvariable ε_i ist, wie wir uns von der Regressionsanalyse noch erinnern, der Ausdruck vieler kleiner mehr oder weniger zufälliger Einflüsse weiterer weniger relevanter Variablen. Es wird dabei angenommen, dass sich diese mehr oder weniger zufälligen Einflüsse im Grossen und Ganzen aufheben werden, so dass ε_i im Durchschnitt Null betragen wird ($E(\varepsilon_i) = 0$).

Angewendet auf unser Beispiel führt die Regressionsanalyse zum in Figur 12.1 dargestellten Resultat.

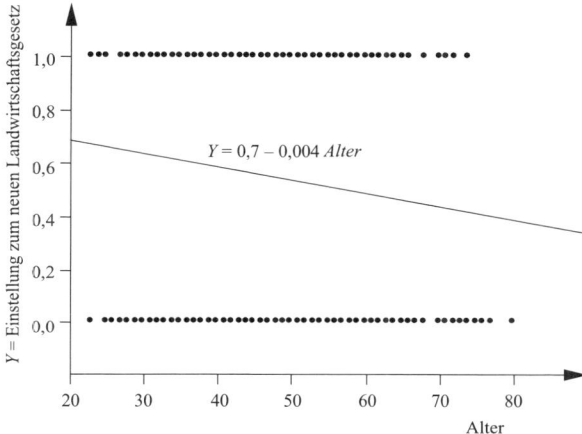

Abbildung 12.1: Lineares Regressionsmodell für eine dichotome abhängige Variable und eine metrisch skalierte unabhängige Variable

Dieses Resultat stellt uns aber vor einige Probleme. Das **erste Problem** hat damit zu tun, dass sich das Regressionsmodell in diesem Fall auch als ein Wahrscheinlichkeitsmodell interpretieren lässt. Berechnen wir nämlich für eine bestimmte Subpopulation i den Durchschnittswert (Erwartungswert) von beiden Seiten unserer Regressionsgleichung, dann erhalten wir:[4]

$$
\begin{aligned}
E(Y_i) &= E(\beta_0 + \beta_1 X_{1i} + \varepsilon_i) \\
&= \beta_0 + \beta_1 E(X_{1i}) + E(\varepsilon_i) \\
&= \beta_0 + \beta_1 X_{1i} + E(\varepsilon_i) \\
&= \beta_0 + \beta_1 X_{1i} \quad .
\end{aligned}
$$

---

[4] Da unsere unabhängige Variable in diesem Fall eine metrisch skalierte Variable ist, kann es unendlich viele solcher Subpopulationen geben; für jeden potenziellen Wert von X_1 eine. Wenn man genau genug misst, wird wahrscheinlich kein einziger gemessener Wert von X_1 exakt mit einem der anderen Werte übereinstimmen. Jede neue Beobachtung i von X können wir in so einem Fall als eine eigene Subpopulation g betrachten. Wir verwenden hier darum weiterhin den Index i anstelle des Index g zur Kennzeichnung einer bestimmten Subpopulation. Innerhalb einer solchen Subpopulation ist der Wert von X_1 konstant. Der Durchschnitt von X_1 innerhalb der Subpopulation i beträgt darum auch X_{1i}.

Ausgehend von einer metrischen abhängigen Variablen wäre der Erwartungswert des linken Terms nichts anderes als der gewichtete Durchschnitt der Ausprägungen (0 und 1) von Y_i. Als Gewichte dienen die Auftretenswahrscheinlichkeiten dieser Ausprägungen $P_{1|i} = P(Y_i = 1)$ und $P_{2|i} = 1 - P_{1|i} = P(Y_i = 0)$. Daraus resultiert:

$$\begin{aligned} E(Y_i) &= \left(P_{1|i}\right) 1 + \left(P_{2|i}\right) 0 \\ &= P_{1|i} \quad . \end{aligned}$$

Wir können also auch schreiben:

$$P_{1|i} = E(Y_i) = \beta_0 + \beta_1 X_{1i} \quad .$$

Die abhängige Variable im klassischen Regressionsmodell stellt also die Wahrscheinlichkeit dar, dass eine Person im Alter von X_i Jahren das neue Landwirtschaftsgesetz als nützlich erachtet. Nehmen wir an, wir hätten nicht das in Figur 12.1 dargestellte Resultat, sondern die folgende Regressionsgleichung erhalten:

$$Y_i = 0{,}7 - 0{,}5\, X_{1i} \quad ,$$

dann würde das bedeuten, dass die Einstellung zum neuen Landwirtschaftsgesetz erheblich stärker vom Alter abhängig ist als dies in unserem Datensatz der Fall ist. Anhand dieses Modells können wir vorhersagen, wie gross die Wahrscheinlichkeit ist, dass eine Person im Alter von 60 Jahren das neue Landwirtschaftsgesetz nützlich findet. Setzen wir diesen Wert in die Gleichung ein, dann würden wir diese Wahrscheinlichkeit auf $-29{,}3$ schätzen. Es ist klar, dass dies nicht stimmen kann. Eine Wahrscheinlichkeit kann nicht grösser als Eins oder kleiner als Null sein. Generell kann bei der Anwendung des klassischen Regressionsmodells auf so eine Situation mit einer dichotomen abhängigen Variablen bei gewissen Werten der unabhängigen Variablen die vorhergesagte Wahrscheinlichkeit grösser als Eins und für andere Werte kleiner als Null werden. Unser Modell lässt unter Umständen also unmögliche Werte zu. In unserem realen Beispiel war dies zum Glück nicht der Fall.

Das **zweite Problem** ist die Verletzung einer wichtigen Bedingung der klassischen Regressionsanalyse. Bei der Regressionsanalyse werden die gesuchten Parameter (die

Regressionskonstante β_0 und die Regressionskoeffizienten $\beta_1, \beta_2, \cdots, \beta_m$) normalerweise mittels des sog. Kleinste-Quadrate-Verfahrens ('ordinary least squares' bzw. OLS) geschätzt. Dabei wird davon ausgegangen, dass die Streuung (Varianz) der Abweichungen ε_i (in der Grundgesamtheit) für jede Subpopulation i bzw. für jeden Wert X_{1i} gleich ist (Bedingung der Streuungsgleichheit bzw. der Homoskedastizität). Schauen wir nun, ob diese Bedingungen auch in unserem Fall einer dichotomen abhängigen Variablen und einer unabhängigen Variablen zutreffen:

Die Abweichungen

$$\varepsilon_i = Y_i - (\beta_0 + \beta_1 X_{1i})$$

können in unserem Beispiel nur zwei Werte annehmen:

$$\varepsilon_i = \begin{cases} 1 - (\beta_0 + \beta_1 X_{1i}) & \text{wenn} \quad Y_i = 1 \\ 0 - (\beta_0 + \beta_1 X_{1i}) & \text{wenn} \quad Y_i = 0 \end{cases} \quad .$$

Die erste Abweichung $(1 - (\beta_0 + \beta_1 X_{1i}))$ tritt mit einer Wahrscheinlichkeit von $P_{1|i}$ auf, während die zweite mögliche Abweichung $(0 - (\beta_0 + \beta_1 X_{1i}))$ mit einer Wahrscheinlichkeit von $(1 - P_{1|i}) = P_{2|i}$ vorkommen wird. Weiterhin wissen wir, dass sich diese Abweichungen im Durchschnitt ausgleichen sollen, bzw. dass

$$\begin{aligned} E(\varepsilon_i) &= P_{1|i} \left(1 - (\beta_0 + \beta_1 X_{1i})\right) + \left(1 - P_{1|i}\right) \left(0 - (\beta_0 + \beta_1 X_{1i})\right) \\ &= 0 \quad . \end{aligned}$$

Gemäss den vorherigen Ausführungen gilt auch:

$$\begin{aligned} P_{1|i} &= \beta_0 + \beta_1 X_{1i} \\ P_{2|i} &= \left(1 - P_{1|i}\right) = 1 - \beta_0 - \beta_1 X_{1i} \quad . \end{aligned}$$

Dies können wir in der Formel für die Varianz der Abweichungen

$$\sigma_{\varepsilon_i}^2 = E\left(\varepsilon_i^2\right) = P_{1|i} \left(1 - (\beta_0 + \beta_1 X_{1i})\right)^2 + \left(1 - P_{1|i}\right) \left(0 - (\beta_0 + \beta_1 X_{1i})\right)^2$$

einsetzen. Daraus folgt, dass

$$\sigma_{\varepsilon_i}^2 = E\left(\varepsilon_i^2\right) \quad = \quad P_{1|i}\left(1 - (\beta_0 + \beta_1\,X_{1i})\right)^2 +$$

$$+ \left(1 - P_{1|i}\right)\left(0 - (\beta_0 + \beta_1\,X_{1i})\right)^2$$

$$= \quad P_{1|i}\left(1 - P_{1|i}\right)^2 + \left(1 - P_{1|i}\right)\left(-P_{1|i}\right)^2$$

$$= \quad \left(1 - P_{1|i}\right)\left(P_{1|i}\left(1 - P_{1|i}\right) + \left(P_{1|i}\right)^2\right)$$

$$= \quad P_{1|i}\left(1 - P_{1|i}\right)\left(1 - P_{1|i} + P_{1|i}\right)$$

$$= \quad P_{1|i}\left(1 - P_{1|i}\right)(1)$$

$$= \quad P_{1|i}\left(1 - P_{1|i}\right) = P_{1|i}\left(P_{2|i}\right)$$

$$= \quad (\beta_0 + \beta_1 X_{1i})\left(1 - \beta_0 - \beta_1\,X_{1i}\right) \quad .$$

Wie aus dieser Formulierung ersichtlich ist, ist in unserem Fall die Varianz der Abweichungen von X_{1i} abhängig und somit die Bedingung der Homoskedastizität nicht erfüllt. Die normale Kleinste-Quadrate-Schätzung der Parameter verliert dadurch ihre 'Effizienz', d.h. dass die Schätzung der Parameter eine relativ grosse Streuung aufweist bzw. sehr unsicher wird.

Das **dritte Problem** hat mit der funktionalen Form unseres Modells zu tun. In den meisten Entscheidungssituationen ist nämlich davon auszugehen, dass die Wahrscheinlichkeit, dass eine bestimmte Alternative gewählt wird, nicht linear zunimmt, wenn die unabhängige Variable um eine Einheit zunimmt. In den meisten Fällen ist auf Grund inhaltlicher Überlegungen eher anzunehmen, dass eine Zunahme der unabhängigen Variablen um eine Einheit bei einem absolut niedrigem Niveau nur eine relativ geringe Auswirkung auf die abhängige Variable hat. Hat die unabhängige Variable jedoch einmal ein gewisses Niveau erreicht, dann wird in vielen Fällen erwartet, dass eine solche Veränderung einen relativ grossen Einfluss hat. Weisst die unabhängige Variable dagegen bereits einen sehr hohen Wert auf, dann wird vielfach davon ausgegangen, dass eine Änderung um nur eine Einheit kaum noch Folgen für die unabhängige Variable hat. Graphisch gesehen wird der Zusammenhang dann nicht einer Geraden, sondern einer 'S'-Kurve gleichen. Ein typisches Beispiel für einen solchen Zusammenhang ist die Einführung einer neuen Technik[5]

---

[5] Auch die Einführung einer neuen Technik ist eine Entscheidung, nämlich die Entscheidung, diese neue Technik einzuführen oder sie eben nicht einzuführen.

in Abhängigkeit der Zeit. Am Anfang wird die Neuerung noch mit Skepsis betrachtet und nur von einigen wenigen Pionieren übernommen. Irgendwann spricht sich der Erfolg der Neuerung herum und sie wird von der breiten Masse der potenziellen Anwender übernommen. Wenn die meisten Leute diese Neuerung schon haben, geht die Verbreitung jedoch nur noch zögernd voran, da inzwischen schon wieder Aussicht auf noch bessere Techniken besteht bzw. die letzten 'Dickköpfe' schwer zu überreden sind.

Eine lineare Funktion zur Darstellung der Abhängigkeit einer Entscheidung von einer unabhängigen Variablen würde in solchen Fällen unter Umständen nicht zu einem befriedigenden Resultat führen (vgl. Figur 12.2).

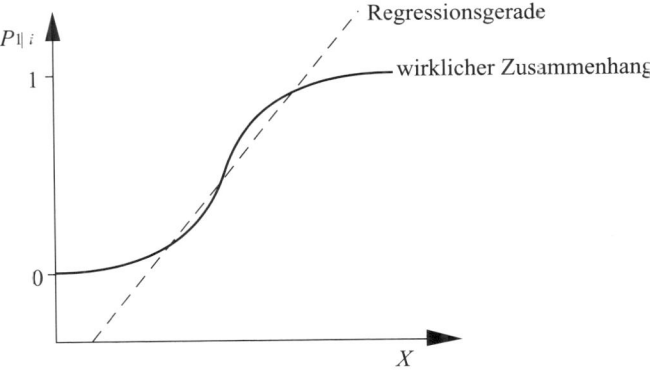

Abbildung 12.2: Problem der funktionalen Form bei Anwendung klassischer linearer Regression

Auch im Zusammenhang mit unserem Beispiel ist ein solcher S-förmiger Zusammenhang zu erwarten. Ältere Bauern werden sich unter Umständen scheuen, kurz vor dem Ruhestand noch Neuerungen durchzuführen und sind dementsprechend skeptisch gegenüber dem neuen Landwirtschaftsgesetz. Es macht aber keinen grossen Unterschied, ob man 55 oder 65 ist, da die notwendige Anpassung sowieso längere Zeit (z.B. etwa zehn Jahre) beanspruchen wird. Jüngere Bauern und Bäuerinnen werden der Zukunft nicht ausweichen können und sind somit unter Umständen eher geneigt, Anpassungen vorzunehmen und stellen sich dementsprechend positiver ein. Besonders jene Bauern und Bäuerinnen, die etwa zehn Jahre vor der Pensionierung stehen, können die Meinung aber ziemlich rasch ändern, wenn sie den Zeitpunkt überschritten haben, wonach sie die Vollendung des Anpassungsprozesses nicht mehr als aktiver Landwirt erleben werden. In dieser Alterskategorie dürften die Meinungen also ziemlich auseinander gehen. Bei den Bauern und Bäuerinnen, die dagegen gerade am Anfang ihrer beruflichen Tätigkeiten stehen, wird man dem neuen Landwirtschaftsgesetz eindeutig positiver gegenüberstehen, obwohl für sie vielleicht die damit einhergehenden Investitionen noch ein Problem darstellen, solange sie den Hof z.B. noch nicht vollständig übernommen haben.

Verallgemeinert bedeutet diese S-förmige Abhängigkeitsrelation, dass eine kleine Veränderung in der Wahrscheinlichkeit, dass eine bestimmte Alternative gewählt wird, schwieriger zu erreichen ist, wenn die Wahrscheinlichkeit nahe Null oder Eins liegt als wenn sie nahe 0,5 liegt. Dort, wo die Entscheidungsträger also relativ sicher (Wahrscheinlichkeit nahe bei 1 oder bei 0) über die Wahl einer Alternative sind, ist eine Veränderung der Entscheidung nur schwer zu erreichen. Der Entscheidungsträger ist nur mit grossem Aufwand vom Gegenteil zu überzeugen. Dort, wo Entscheidungsträger indifferenter sind (Wahrscheinlichkeit nahe 0,5), braucht es dagegen nur sehr wenig, um eine Entscheidungsveränderung herbeizuführen. Die Unterstellung einer S-förmigen Abhängigkeit dürfte also in den meisten Entscheidungssituationen der Wirklichkeit am nächsten kommen. Das klassische Regressionsmodell geht dagegen von einer konstanten Veränderungsneigung (β) aus.

12.4 Alternative Ansätze

Um die Nachteile des klassischen Regressionsanalyse-Ansatzes für kategoriale abhängige Variablen zu umgehen und um ein realistischeres Modell für die postulierte Abhängigkeitsrelation zu erhalten, hat man verschiedene Transformationen des linearen Regressionsmodells vorgeschlagen.

Anstatt einer völlig neuen nicht-linearen Formulierung für die uns interessierende Relation zu suchen, gehen wir weiterhin von der linearen Darstellung $\beta_0 + \beta_1 X_{1i}$ aus, die wir aber durch eine Transformation in eine nicht-lineare S-förmige Relation umwandeln. Wir formulieren die Relation zwischen $P_{1|i}$ und X_{1i} als eine (nicht-lineare) Funktion einer (linearen) Funktion. Dies tun wir nicht, um die Welt noch komplizierter zu machen als sie schon ist, sondern weil, wie wir noch sehen werden, dieser Vorgang einige wesentliche Vorteile hat. Ausgangspunkt ist das folgende Modell:

$$P_{1|i} = f(\beta_0 + \beta_1 X_{1i}) \quad .$$

Wir transformieren also den rechten Teil unserer Regressionsgleichung, so dass die resultierende Form besser unseren Vorstellungen entspricht und gleichzeitig gewisse Probleme der klassischen Regressionsanalyse für kategorial skalierte abhängige Variablen gelöst werden. Es sind nun mehrere solcher Transformationsfunktionen denkbar. Wir wollen hier nur die populärste Variante vorstellen.[6] Bei der logistischen Regression und bei der Logit-Analyse geht man im Normalfall von der kumulativen logistischen Wahrscheinlichkeitsfunktion aus, da sie im Grossen und Ganzen unsere Zwecke gut erfüllt:

$$\begin{aligned} P_{1|i} = f(\beta_0 + \beta_1 X_{1i}) &= \frac{1}{1 + e^{-\beta_0 + \beta_1 X_{1i}}} \\ &= \frac{e^{\beta_0 + \beta_1 X_{1i}}}{1 + e^{\beta_0 + \beta_1 X_{1i}}} \quad . \end{aligned}$$

Nach dieser Formulierung variiert $P_{1|i}$ zwischen 0 und 1, wenn $\beta_0 + \beta_1 X_{1i}$ von $-\infty$ bis $+\infty$ bzw. wenn X_i von $-\infty$ bis $+\infty$ variiert. Figur 12.3 zeigt den Verlauf dieser Funktion. Auf der horizontalen Achse sind die verschiedenen Werte von $\beta_0 + \beta_1 X_{1i}$ bzw. ist die Variable X aufgetragen, während die vertikale Achse den Funktionswert $P_{1|i}$ darstellt. Dieses (nicht-lineare) Modell nennt man auch das *logistische Modell*.

Im nächsten Schritt wird ersichtlich, wieso die Formulierung der Relation als (nicht-lineare) Funktion einer (linearen) Funktion so vorteilhaft ist. Die logistische Funktion lässt sich nämlich wie folgt wieder in eine lineare Gleichung zurückverwandeln:

---

[6] Andere Varianten sind z.B. die kumulative Normalverteilungsfunktion und die kumulative Gauchy-Verteilungsfunktion.

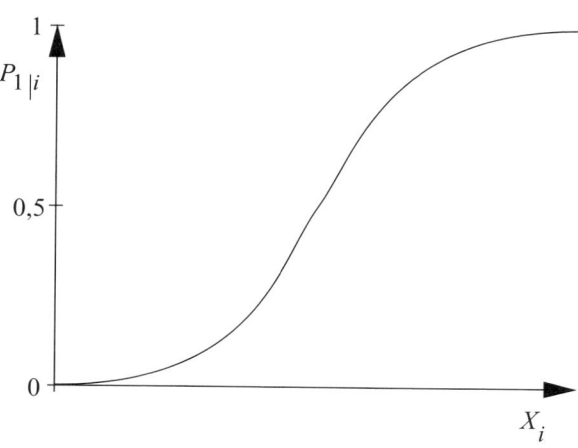

Abbildung 12.3: Die kumulative logistische Wahrscheinlichkeitsfunktion

$$P_{1|i} = \frac{e^{\beta_0 + \beta_1 X_{1i}}}{1 + e^{\beta_0 + \beta_1 X_{1i}}}$$

$$P_{1|i}\left(1 + e^{\beta_0 + \beta_1 X_{1i}}\right) = e^{\beta_0 + \beta_1 X_{1i}}$$

$$P_{1|i} + P_{1|i}\, e^{\beta_0 + \beta_1 X_{1i}} = e^{\beta_0 + \beta_1 X_{1i}}$$

$$P_{1|i} = e^{\beta_0 + \beta_1 X_{1i}} - P_{1|i}\, e^{\beta_0 + \beta_1 X_{1i}}$$

$$P_{1|i} = \left(1 - P_{1|i}\right) e^{\beta_0 + \beta_1 X_{1i}}$$

$$\frac{P_{1|i}}{1 - P_{1|i}} = e^{\beta_0 + \beta_1 X_{1i}}$$

$$ln\left(\frac{P_{1|i}}{1 - P_{1|i}}\right) = ln\left(e^{\beta_0 + \beta_1 X_{1i}}\right)$$

$$ln\left(\frac{P_{1|i}}{P_{2|i}}\right) = \beta_0 + \beta_1 X_{1i} \quad .$$

Letztere Gleichung nennt man auch das lineare *Logit-Modell*. Die linke Seite dieser Gleichung ist auch als der *Logit* oder 'log-odds', abgekürzt $L_{12|i}$, bekannt und stellt den natürlichen Logarithmus des Wahrscheinlichkeitsverhältnisses der beiden Entscheidungsalternativen '1' und '2' bei gegebenem Wert X_i dar.

Selbstverständlich hätten wir auch von einem logistischen Modell für $P_{2|i}$ ausgehen können, dann würde $P_{2|i}$ auf der linken Seite des Logit-Modells oberhalb und $P_{1|i}$

lineares Logit-Modell –
$ln\left(\frac{P_{1|i}}{P_{2|i}}\right) =$
$\beta_0 + \beta_1 X_{1i}$

unterhalb des Bruchstrichs stehen. Jene Kategorie, deren Wahrscheinlichkeit *unter* dem Bruchstrich steht, nennt man auch die *Referenzkategorie*. Hat man die Entscheidungskategorien im Datensatz numeriert, dann wählen die meisten Computerprogramme automatisch jene Entscheidungskategorie mit der höchsten Nummer als Referenzkategorie. Wenn wir die Kategorie 'nützlich' als '1' kodieren und 'nicht nützlich' als '0', dann wird die Kategorie 'nützlich' als Referenzkategorie gewählt und steht deren Wahrscheinlichkeit $P(Y_i = \text{'nützlich'}) = P_{1|i}$ unter dem Bruchstrich, während die Wahrscheinlichkeit, dass die Person die Kategorie 'nicht nützlich' wählt $P(Y_i = \text{'nicht nützlich'}) = P_{0|i}$ oberhalb des Bruchstrichs steht. In unserem praktischen Fall wurde 'nützlich' jedoch mit '1' und 'nicht nützlich' mit '2' kodiert, so dass die Kategorie 'nicht nützlich' als Referenzkategorie dient.

Sowohl das logistische Modell als auch das Logit-Modell stellen exakt den gleichen Sachverhalt dar, jedoch in unterschiedlicher Formulierung. Wir wollen hier weiter vom Logit-Modell ausgehen. Wie bei der klassischen Regression kann man auch beim Logit-Modell kategorial-skalierte unabhängige Variablen in Form von 'Dummy-Variablen' in das Modell aufnehmen. Haben wir es ausschliesslich mit metrisch skalierten unabhängigen Variablen zu tun, spricht man manchmal auch von einer *logistischen Regression*, während man die Bezeichnung *Logit-Modell* für jene Fälle, in denen kategoriale unabhängige Variablen vorkommen, reserviert. Diese Unterscheidung ist jedoch nicht wesentlich. Wir werden darum den Begriff 'Logit-Modell' für beide Varianten verwenden.

logistische Regression – Regression mit einer kategorial skalierten abhängigen Variablen und metrisch skalierten unabhängigen Variablen

Das Logit-Modell kann keine unmöglichen Werte vorhersagen, hat eine eindeutige Wahrscheinlichkeitsinterpretation, entspricht der von uns erwarteten S-Kurve und, wie wir weiter unten noch sehen werden, sind bei Verwendung des richtigen Schätzverfahrens auch die Heteroskedastizitätsprobleme gelöst. Wir haben damit ein Modell gefunden, mit dem wir einigermassen zufriedenstellend die Abhängigkeit der Antwortwahrscheinlichkeiten $P(Y_i)$ von der unabhängigen Variablen X_1 darstellen können.

12.5 Erweiterung auf mehrere unabhängige Variablen

Das hier vorgestellte Logit-Modell lässt sich ohne weiteres auf mehrere unabhängige Variablen ausdehnen. In allgemeiner Formulierung sieht das logistische Modell wie folgt aus:

$$P_{1|i} = \frac{e^{\beta_0 + \beta_1 X_{1i} + \beta_2 X_{2i} + \ldots + \beta_m X_{mi}}}{1 + e^{\beta_0 + \beta_1 X_{1i} + \beta_2 X_{2i} + \ldots + \beta_m X_{mi}}} \quad .$$

Das entsprechende lineare Logit-Modell lautet dann:

$$ln\left(\frac{P_{1|i}}{P_{2|i}}\right) = \beta_0 + \beta_1 X_{1i} + \beta_2 X_{2i} + \ldots + \beta_m X_{mi} \quad ,$$

wobei m die Anzahl unabhängiger Variablen angibt. In der kompakteren Matrix-Schreibweise können wir schreiben:

$$ln\left(\frac{P_{1|i}}{P_{2|i}}\right) = [1, X_{1i}, X_{2i}, \ldots, X_{mi}] \begin{bmatrix} \beta_0 \\ \beta_1 \\ \beta_2 \\ \vdots \\ \beta_m \end{bmatrix}$$

$$= \mathbf{x}_i' \boldsymbol{\beta} \quad .$$

Auch am Prinzip der Schätzmethode (vgl. weiter unten) ändert sich durch die Erweiterung zu einem Modell mit mehreren unabhängigen Variablen nichts. Im nächsten Abschnitt wollen wir uns anhand unseres Beispiels überlegen, wie nun die Parameter unseres Modells zu interpretieren sind.

12.6 Die Kodierungsformen und Interpretation der Parameter

Wenn wir Schätzungen für unsere Parameter erhalten, interessiert uns in erster Linie ihr Vorzeichen und ihr Betrag. In unserem Beispiel mit der Einstellung zum neuen Landwirtschaftsgesetz gibt es nur zwei Entscheidungsalternativen oder Antwortmöglichkeiten. In diesem Fall ist der Parameterwert β wie folgt zu interpretieren: β_1 gibt die Veränderung des Logits bei einer Veränderung der unabhängigen Variablen um eine Einheit an (wenn alle anderen unabhängigen Variablen konstant gehalten werden). Vergleichen wir eine jüngere Person mit einer um ein Jahr älteren Person, dann wird der natürliche Logarithmus des Verhältnisses der Wahrscheinlichkeit, dass die ältere Person die Alternative 1 wählt, zur Wahrscheinlichkeit, dass diese Person Alternative 2 wählt, um β_1 Einheiten erhöht sein als bei der jüngeren Person (angenommen, diese beiden Personen sind bezüglich aller anderen Merkmale identisch).

Ist das Vorzeichen des Parameters positiv, so heisst das, dass eine Zunahme der unabhängigen Variablen eine Zunahme des Logits mit sich bringt. Anders gesagt: die Wahrscheinlichkeit, dass die Alternative '1' gewählt wird, wird grösser. Bei nur zwei Entscheidungsalternativen bedeutet dies selbstverständlich auch, dass die Wahrscheinlichkeit, dass die Alternative '2' gewählt wird, kleiner wird.

In unserem Beispiel erhielten wir z.B. folgendes Resultat:

$$ln\left(\frac{\hat{P}_{\text{'nützlich'}|i}}{\hat{P}_{\text{'nicht nützlich'}|i}}\right) = 0{,}7884 - 0{,}0173\,Alter_i \quad,$$

wobei

$$\hat{P}_{\text{'nützlich'}|i} = \frac{e^{0{,}7884-0{,}0173\,Alter_i}}{1 + e^{0{,}7884-0{,}0173\,Alter_i}} \quad.$$

Das Vorzeichen ist in diesem Fall negativ, was bedeutet, dass unsere S-Kurve nicht von links unten nach rechts oben, sondern von links oben nach rechts unten verläuft. Bei zunehmendem Alter steht man dem neuen Landwirtschaftsgesetz also kritisch gegenüber, während es von jungen Landwirten eher als nützlich eingestuft wird. Etwa 61% der ganz jungen – sagen wir 20-jährigen – Bauern und Bäuerinnen werden nach diesem Modell das neue Landwirtschaftsgesetz als etwas Nützliches betrachten, während dieser Anteil bei den 60-Jährigen bereits auf 44% gesunken ist. Dies lässt sich einfach ausrechnen, indem man das Alter in die Formel für $\hat{P}_{\text{'nützlich'}|i}$ einsetzt.

Dieser Zusammenhang zwischen der Wahrscheinlichkeit, dass das neue Landwirtschaftsgesetz als nützlich eingestuft wird und dem Alter ist in Figur 12.4 graphisch dargestellt. Beschränken wir uns auf den Abschnitt zwischen 20 und 65 Jahren, dann sehen wir, dass die Kurve fast linear verläuft. Dies sieht jedoch schon anders aus, wenn wir es mit einer Kurve vergleichen, bei der der Regressionskoeffizient deutlich höher liegt. Die Kurve fällt dann scharf ab. In diesem Fall ist der Unterschied zur klassischen Regression augenfällig. Der Unterschied im Antwortverhalten zwischen einem 20-jährigen und einem 21-jährigen Bauern $(P_{1|20} - P_{1|21} = 0{,}45 - 0{,}42 = 0{,}2)$ ist dann nicht mehr gleich gross wie der Unterschied zwischen einem 64-jährigen und einem 65-jährigen $(P_{1|64} - P_{1|65} = 0{,}082 - 0{,}0792 = 0{,}003)$. Die Bedeutung der Grösse des Parameters ist in diesem Fall also vom *absoluten* Wert der unabhängigen Variablen 'Alter' abhängig. Je grösser jedoch der Regressionskoeffizient β_1, desto steiler wird die S-Kurve in ihrem mittleren Bereich und umso flacher wird sie in den beiden Endbereichen sein. Ist unser Regressionskoeffizient β_1 also relativ gross, so bedeutet dies, dass im mittleren Alter ein kleiner Unterschied im Alter einen relativ grossen Unterschied im Antwortverhalten mit sich bringen kann. Dafür sind aber ältere Landwirte oder auch ganz junge Landwirte eher gleicher Meinung. Kleinere Altersunterschiede machen hier kaum einen Unterschied (vgl. Figur 12.4). Beträgt der Regressionskoeffizient β_1 genau Null, dann ist die Kurve horizontal.

Wir können den Betrag unseres Regressionskoeffizienten β_1 auch für den Vergleich verschiedener Modelle (mit den gleichen unabhängigen Variablen und Messeinheiten!) heranziehen.

Auf ähnliche Weise lässt sich die Konstante β_0 interpretieren. Die Konstante β_0 drückt aus, wo die S-Kurve die Y-Achse schneidet. Wir kennen das auch von der klassischen Regressionsanalyse. Ein höherer Wert dieser Konstante bedeutet, dass sich der Schnittpunkt mit der Y-Achse nach oben verschiebt. Wenn der Regressionskoeffizient β_1 *positiv* ist und unverändert bleibt, während die Konstante β_0 grösser wird, verschiebt sich die S-Kurve nach links. Wenn der Regressionskoeffizient β_1 *negativ* ist und unverändert bleibt, während die Konstante β_0 grösser wird, verschiebt sich die S-Kurve dagegen nach rechts. Die Konstante β_0 drückt aus, wo der wirkungsträchtige Wertebereich liegt, also jener Bereich, den wir vorher als 'mittleren' Bereich unserer S-Kurve bezeichnet haben. In unserem Beispiel ist der Regressionskoeffizient β_1 negativ. Ein grösserer Wert der Regressionskonstante β_0 deutet auf einen 'mittleren' Bereich bei relativ höheren Werten der unabhängigen Variablen X_1 hin. Bei einem kleineren Wert der Regressionskonstanten β_0 haben wir es mit einem 'mittleren' Bereich bei relativ niedrigen Werten der unabhängigen Variablen X_1 zu tun. Die Kurven in Figur 12.4 z.B. weisen ihre stärkste Steigung bei $P_{\text{'nützlich'}|i} = 0,5$ auf. Diesem Punkt auf der Kurve entspricht ein Alter von $-\beta_0/\beta_1$.

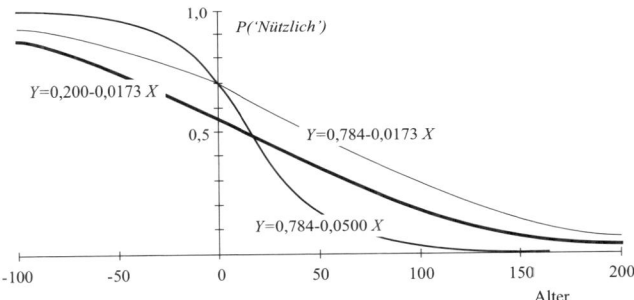

Abbildung 12.4: Verschiedene Varianten der logistischen Kurve für die Wahrscheinlichkeit der Bewertung 'nützlich' in Bezug auf das neue Landwirtschaftsgesetz

Haben wir es mit nominal oder ordinal skalierten unabhängigen Variablen zu tun, dann ist die Interpretation der Parameter etwas komplizierter. Als erstes wollen wir darum ein Modell betrachten, in dem die Einstellung zum neuen Landwirtschaftsgesetz davon abhängig gemacht wird, ob die Landwirte 1994 einen Beitrag für integrierte Produktion (IP) beantragt haben (Antwortmöglichkeiten: 'ja', 'nein') und ob sie die bestehende Landwirtschaft als bereits ökologisch genug oder nicht betrachten. Es gibt nun zwei verschiedene Möglichkeiten, diese kategorialen unabhängigen Variablen in das Modell zu integrieren.

Dummy-Kodierung
– Darstellung der verschiedenen Kategorien einer Variablen mittels Dummy-Variablen, die mit 0 oder 1 kodiert sind. Die letzte Kategorie weist auf allen Dummy-Variablen den Wert 0 auf

12.6.1 Dummy-Kodierung

Dummy-Kodierung oder 'cornered effect coding': Ausgangspunkt bei dieser Kodierungsart ist eine kategoriale Variable X mit R Kategorien. Diese Variable lässt sich nach der folgenden Regel in $(R-1)$ Dummy-Variablen zerlegen:

$$D_r^x = \left\{ \begin{array}{ll} 1 & \text{falls Kategorie } k \text{ der Variable } X \text{ vorliegt} \\ 0 & \text{sonst} \end{array} \right. ,$$

wobei $r = 1, 2, \ldots, (R-1)$.

In unserem Beispiel hat die Variable X_1 ('Unterstützung für IP beantragt oder nicht') nur zwei Kategorien ('ja', 'nein') $(R = 2)$. Wir können in diesem Fall also mit nur einer Dummy-Variablen (D^{ip}) auskommen $(R - 1 = 2 - 1 = 1)$. Die Kategorie R ('nein') ist die sog. *Referenzkategorie*. Auf analoge Weise können wir X_2 mit einer Dummy-Variablen $D^{ök}$ darstellen.

Tabelle 12.4: Dummy-Kodierung zweier dichotomer Variablen

X_1		D^{ip}
$r = 1$	ja	1
$r = 2$	nein	0

X_2		$D^{ök}$
$r = 1$	ökologisch genug	1
$r = 2$	nicht ökologisch genug	0

Wenn aber unsere kategoriale unabhängige Variable mehr als nur zwei Kategorien hat, dann brauchen wir dementsprechend auch mehrere Dummy-Variablen. Tabelle 12.5 zeigt z.B., wie eine Variable mit vier Antwortkategorien in drei Dummy-Variablen zerlegt wird.

Verwenden wir in unserem Beispiel für die unabhängigen Variablen die Dummy-Kodierung, erhalten wir folgendes Resultat:

$$ln\left(\frac{P_{\text{'nützlich'}|i}}{P_{\text{'nicht nützlich'}|i}}\right) = 0{,}1012 - 1{,}1030\, D^{ip} + 1{,}0542\, D^{ök}$$

$$P_{\text{'nützlich'}|i} = \frac{e^{0{,}1012 - 1{,}1030\, D^{ip} + 1{,}0542\, D^{ök}}}{1 + e^{0{,}1012 - 1{,}1030\, D^{ip} + 1{,}0542\, D^{ök}}} ,$$

Tabelle 12.5: Dummy-Kodierung einer kategorialen Variablen mit vier Kategorien

X	D_1	D_2	D_3
$r = 1$	1	0	0
$r = 2$	0	1	0
$r = 3$	0	0	1
$r = 4$	0	0	0

wobei $D^{ip} = 1$, wenn der IP-Beitrag und $D^{ip} = 0$, wenn kein IP-Beitrag beantragt wurde. $D^{ök} = 1$, wenn die heutige Landwirtschaft als ökologisch genug und $D^{ök} = 0$, wenn sie nicht als ökologisch genug eingestuft wird.

Haben wir es mit einem Bauern oder mit einer Bäuerin zu tun, die keinen IP-Beitrag beantragt hat ($D^{ip} = 0$), aber trotzdem findet, dass die Landwirtschaft ökologischer werden sollte ($D^{ök} = 0$), dann reduziert sich die obige Gleichung auf:

$$ln\left(\frac{P_{'nützlich'|i}}{P_{'nicht\ nützlich'|i}}\right) = 0{,}1012$$

$$P_{'nützlich'|i} = \frac{e^{0,1012}}{1 + e^{0,1012}} = 0{,}5253 \quad .$$

Die Regressionskonstante stellt in diesem Fall also den Logit-Wert einer ganz bestimmten Subpopulation dar. Haben wir es dagegen mit Landwirten zu tun, die sowohl eine weitere Ökologisierung der Landwirtschaft befürworten ($D^{ök} = 0$) als auch einen Antrag auf einen IP-Beitrag gestellt haben ($D^{ip} = 1$), dann erhalten wir:

$$ln\left(\frac{P_{'nützlich'|i}}{P_{'nicht\ nützlich'|i}}\right) = 0{,}1012 - 1{,}1030 = -1{,}0018$$

$$P_{'nützlich'|i} = 0{,}2686 \quad .$$

Die Wahrscheinlichkeit, das neue Landwirtschaftsgesetz nützlich zu finden, nimmt somit *im Vergleich zur vorherigen Gruppe* ab.

Ist sowohl $D^{ip} = 1$ als auch $D^{ök} = 1$, dann ist

$$ln\left(\frac{P_{'nützlich'|i}}{P_{'nicht\ nützlich'|i}}\right) = 0{,}1012 - 1{,}1030 + 1{,}0542 = 0{,}0524 \quad .$$

$$P_{\text{'nützlich'}|i} = 0{,}5131$$

Wir sehen also, dass in dieser Gruppe die Frage, ob der Bauer oder die Bäuerin einen Antrag zur Unterstützung der eigenen integrierten Produktion gestellt hat, einen grösseren Effekt auf die Wahrscheinlichkeit hat, das neue Landwirtschaftsgesetz nützlich zu finden, als die Frage, ob die Leute die heutige Landwirtschaft als ökologisch genug oder als nicht ökologisch genug beurteilen (1,1030>1,0542). Auch sind die Effekte einander entgegengesetzt. Das Merkmal 'IP-Beitrag beantragt' hat einen positiven Effekt auf die Wahrscheinlichkeit, das neue Landwirtschaftsgesetz nützlich zu finden, während die Meinung, dass die heutige Landwirtschaft schon ökologisch genug ist, diese Wahrscheinlichkeit eher abnehmen lässt. Dies kommt in den unterschiedlichen Vorzeichen zum Ausdruck.

In allen Fällen handelt es sich um Veränderungen in der Wahrscheinlichkeit, das neue Landwirtschaftsgesetz nützlich zu finden im Vergleich zu jener Gruppe, die keinen Antrag auf IP-Unterstützung gestellt hat und die die heutige Landwirtschaft nicht als ökologisch genug betrachtet. Diese Gruppe ist in diesem Fall die *Referenzgruppe*. Würden wir eine andere Gruppe als Referenzgruppe wählen, dann ergeben sich auch wieder andere Parameterwerte. Um diese 'Willkürlichkeit' zu vermeiden, wird manchmal statt einer Dummy-Kodierung auch eine Effekt-Kodierung verwendet.

12.6.2 Effekt-Kodierung

Effekt-Kodierung
– Darstellung der verschiedenen Kategorien einer Variablen mittels Dummy-Variablen, die mit 0, 1 oder −1 kodiert sind. Die letzte Kategorie weist auf allen Dummy-Variablen den Wert −1 auf.

Die Effektkodierung ('central effect coding') wird durch folgende Regel charakterisiert:

$$D_r^x = \begin{cases} 1 & \text{falls Kategorie } k \text{ der Variablen } X \text{ vorliegt} \\ -1 & \text{falls Kategorie } R \text{ der Variablen } X \text{ vorliegt} \\ 0 & \text{sonst} \end{cases},$$

wobei $r = 1, 2, \ldots, (R-1)$.

In unserem Beispiel würde dann die Dummy-Variable für 'Unterstützung für IP beantragt oder nicht' wie in Tabelle 12.6 dargestellt aussehen. Im Falle einer kategorialen unabhängigen Variablen mit vier Kategorien sieht die Effektkodierung wie in Tabelle 12.7 dargestellt aus.

Dies beeinflusst aber unsere Interpretation. Die Regressionskonstante stellt den durchschnittlichen Logit-Wert

Tabelle 12.6: Effekt-Kodierung zweier dichotomer Variablen

X_1		
$r = 1$	ja	1
$r = 2$	nein	-1

X_2		$D^{ök}$
$r = 1$	ökologisch genug	1
$r = 2$	nicht ökologisch genug	-1

Tabelle 12.7: Effekt-Kodierung einer kategorialen Variablen mit vier Kategorien

X	D_1	D_2	D_3
$r = 1$	1	0	0
$r = 2$	0	1	0
$r = 3$	0	0	1
$r = 4$	-1	-1	-1

über alle Subpopulationen dar. Die Regressionskoeffizienten lassen sich dann als Abweichungen von diesem Mittelwert interpretieren. Verwenden wir die Effektkodierung, dann erhalten wir für unser Beispiel folgendes Resultat:

$$ln \left(\frac{P_{\text{‘nützlich’}|i}}{P_{\text{‘nicht nützlich’}|i}} \right) = 0{,}0768 + 0{,}5515 \, D^{ip} - 0{,}5271 \, D^{ök} \quad .$$

Die durchschnittliche Wahrscheinlichkeit, das neue Landwirtschaftsgesetz nützlich zu finden, beträgt somit:

$$P_{\text{‘nützlich’}|i} = 0{,}5192 \quad .$$

Wir sehen, dass insgesamt die Meinung zum neuen Landwirtschaftsgesetz bei den Bauern und Bäuerinnen recht ausgeglichen ist.

Haben wir es aber mit Landwirten zu tun, die keinen IP-Beitrag beantragt haben ($D^{ip} = -1$), aber trotzdem finden, dass die Landwirtschaft ökologischer werden sollte ($D^{ök} = -1$), dann reduziert sich die obige Gleichung auf:

$$ln\left(\frac{P_{\text{'}nützlich\text{'}|i}}{P_{\text{'}nicht\ nützlich\text{'}|i}}\right) = 0{,}0768 + 0{,}5515\,D^{ip} - 0{,}5271\,D^{ök}$$

$$= 0{,}0524$$

$$P_{\text{'}nützlich\text{'}|i} = 0{,}5131 \quad .$$

Die Wahrscheinlichkeit, das neue Landwirtschaftsgesetz als nützlich einzustufen, liegt in dieser Gruppe also leicht unter dem Durchschnitt. Für die genau entgegengesetzte Gruppe ($D^{ip} = 1$ und $D^{ök} = 1$) ist der Effekt selbstverständlich genau umgekehrt:

$$ln\left(\frac{P_{\text{'}nützlich\text{'}|i}}{P_{\text{'}nicht\ nützlich\text{'}|i}}\right) = 0{,}0768 - 0{,}5515\,D^{ip} + 0{,}5271\,D^{ök}$$

$$= 0{,}1012$$

$$P_{\text{'}nützlich\text{'}|i} = 0{,}5253 \quad .$$

Im Allgemeinen wird die Effektkodierung der Dummy-Kodierung vorgezogen.

12.7 Das Schätzen der Parameter

Zur Schätzung der Parameter ($\beta_0, \beta_1, \ldots, \beta_m$) unseres Modells stehen verschiedene Schätzmethoden zur Verfügung. Je nach Ausgangslage sind aber nicht alle Schätzmethoden gleich adäquat. Wesentlich ist, ob für die verschiedenen Ausprägungskombinationen bzw. Teilstichproben i bzw. g der unabhängigen Variablen $X_1, X_2, \ldots, X_m$ mehrere Beobachtungen vorliegen oder nicht. Wenn nämlich mehrere Beobachtungen pro Teilstichprobe vorliegen bzw. mehrere Respondenten mit der gleichen Ausprägungskombination befragt wurden, dann können wir die Miglieder dieser Gruppe oder Teilstichprobe zusammenfassen und spezifisch für diese Gruppe die Wahrscheinlichkeit, dass eine bestimmte Entscheidungsalternative vorgezogen wird, anhand der entsprechenden relativen Häufigkeit innerhalb dieser Gruppe schätzen. Selbstverständlich ist eine solche Schätzung umso genauer, je mehr Respondenten (Beobachtungen) es in dieser Gruppe gibt. In solchen Fällen können wir die Parameter unseres Modells mittels der *gewichteten*

Kleinste-Quadrate-Methode ('weighted-least-squares' bzw. WLS) schätzen.

Liegt pro Ausprägungskombination der unabhängigen Variablen dagegen nur eine oder liegen nur sehr wenige Beobachtungen vor bzw. wurden nur wenige Respondenten mit dieser Ausprägungskombination befragt, dann können wir die entsprechenden Antwortwahrscheinlichkeiten nicht auf diese Weise abschätzen und somit auch nicht auf die gewichtete Kleinste-Quadrate-Methode zurückgreifen. In unserem Beispiel mit einer metrisch skalierten unabhängigen Variablen (Alter) werden wir nach aller Wahrscheinlichkeit nur sehr wenige Respondenten mit dem genau gleichen Alter vorfinden. Hier eignet sich aber das sog. *Maximum-Likelihood*-Schätzverfahren.

12.8 Das gewichtete Kleinste-Quadrate-Verfahren

Haben wir bei der Stichprobenerhebung darauf geachtet, dass in jeder Alterskategorie eine grössere Anzahl Personen befragt wurden, so dass wir mehrere Beobachtungen für jede Ausprägungskombination der unabhängigen Variablen haben, können wir die gewichtete Kleinste-Quadrate-Methode zur Schätzung der von uns gesuchten Parameter verwenden.

Wir können anhand der relativen Häufigkeiten in den einzelnen Teilstichproben den Wert des Logits für die jeweilige Teilpopulation (Teilgrundgesamtheit) schätzen:

$$
L_{12|g}^{obs} = ln\left(\frac{p_{1|g}}{p_{2|g}}\right) = \beta_0 + \beta_1 X_{1g} + \left(L_{12|g}^{obs} - L_{12|g}\right) \quad ,
$$

wobei $\left(L_{12|g}^{obs} - L_{12|g}\right)$ die Abweichung unserer Schätzung auf Basis der Teil*stichprobe* $\left(L_{12|g}^{obs}\right)$ vom wahren Logit-Wert in der Teil*population* $\left(L_{12|g}\right)$ darstellt. Für jede Teilpopulation g erhalten wir so einen beobachteten Logit-Wert. Wir können nun versuchen, anhand dieser beobachteten (geschätzten) Logit-Werte die gesuchten Parameterwerte zu finden. Analog zur klassischen Regressionsanalyse können wir dazu das Kleinsten-Quadrate-Verfahren anwenden. Diesmal werden die gesuchten Parameterwerte nicht durch Minimierung von $\varepsilon_i = \left(Y_i - \hat{Y}_i \right)$, sondern durch Minimierung von $\left(L_{12|g}^{obs} - L_{12|g} \right)$ ermittelt.

Wenn wir aus den gleichen Teilpopulationen weitere Stichproben ziehen würden, so würden wir wahrscheinlich auch andere Schätzungen für unsere Logit-Werte bekommen. Werte, die weit vom wirklichen Wert entfernt liegen, sind dabei eher unwahrscheinlich und Werte, die nahe dem wahren Wert liegen, werden dagegen häufiger vorkommen. Die Schätzungen für unsere Logits weisen also eine stichprobenbedingte Wahrscheinlichkeitsverteilung auf. Wenn wir sorgfältig vorgegangen sind und unsere Respondenten rein zufällig ausgewählt und unabhängig voneinander befragt haben,[7] dann dürfen wir annehmen, dass sich die stichprobenbedingte Wahrscheinlichkeitsverteilung unserer Logitschätzungen bei zunehmender Stichprobengrösse der Normalverteilung annähern wird. Unter diesen Bedingungen lässt sich dann zeigen, dass sich der Mittelwert der Abweichungen unserer Schätzungen vom wahren Logit-Wert bei zunehmender Stichprobengrösse Null und die Varianz (Streuung) dieser Abweichungen der Varianz unserer Schätzungen nähert:

$$E\left(L_{12|g}^{obs} - \hat{L}_{12|g} \right) \longrightarrow 0 \qquad \text{und}$$

$$\sigma^2_{\left(L_{12|g}^{obs} - \hat{L}_{12|g} \right)} \longrightarrow \frac{1}{n_g P_{1|g} \left(1 - P_{1|g} \right)} \quad .$$

Dies ändert sich auch nicht, wenn man $P_{1|g}$ durch die entsprechende beobachtete relative Häufigkeit ersetzt. Wir wollen den Beweis hierfür den Spezialisten überlassen. Anhand

---

[7] Im Fachjargon würde man sagen, dass die Beobachtungen das Resultat von unabhängigen und rein zufälligen Ziehungen (mit Zurücklegen) aus einer binomial verteilten ($B\left(n_g, P_{r|g} \right)$) Grundgesamtheit mit Antwortwahrscheinlichkeiten $P_{1|i}$ und $P_{2|i}$ sind. Die Wahrscheinlichkeit in einer Teilstichprobe g vom Umfang n_g q Respondenten zu finden, die die Entscheidungsalternative '1' wählen, wird dabei durch folgende Wahrscheinlichkeitsfunktion gegeben: $P(Q = q \mid g) = f(q \mid n_g, P_{1|g}) = \binom{n_g}{q} \left(P_{1|g} \right)^q \left(1 - P_{1|g} \right)^{n_g - q}$ mit dem Mittelwert: $n_g P_{1|g}$ und der Varianz: $1/\left\{ n_g P_1 \left(1 - P_{1|g} \right) \right\}$. (Vgl. z.B. auch Weber, 1983, 82–83.)

dieser Formeln ist aber ersichtlich, dass die Varianz der Abweichungen $\sigma^2_{\left(\hat{L}^{obs}_{12|g}-L_{12|g}\right)}$ von den Antwortwahrscheinlichkeiten $P_{1|g}$ in der betreffenden Subpopulation abhängig ist. Es ist also nicht zu erwarten, dass diese Varianz in jeder Altersklasse (Subpopulation) gleich gross sein wird. Wir kennen dieses Phänomen bereits unter dem Namen 'Heteroskedastizität' bzw. 'Streuungs*ungleichheit*. Die gewöhnliche Kleinste-Quadrate-Schätzmethode ist jedoch nur anwendbar, wenn keine Heteroskastiziztät vorliegt. Liegt Heteroskedastizität vor, dann gehen die Beobachtungen jener Teilstichproben, die eine grosse Streuung in den Abweichungen aufweisen, ungewollt mit grösserem Gewicht in die Schätzung ein als Beobachtungen aus Stichproben mit einer nur geringen Streuung.

Um diese Verzerrung wieder wettzumachen, können wir die entsprechenden Beobachtungen gewichten. Wir versehen sie quasi mit einem Gegengewicht und zwar entspricht das Gegengewicht der Inverse der Streuung der Abweichungen. Wir minimieren dann:

$$\sum_{g=1}^{G} w_g \left(L^{obs}_{12|g} - L_{12|g} \right)^2 = \sum_{g=1}^{G} w_g \left(L^{obs}_{12|g} - \beta_0 - \beta_1 X_{1g} \right)^2 \quad ,$$

wobei $w_g = 1/\sigma^2_{\left(\hat{L}^{obs}_{12|g}-L_{12|g}\right)} = n_g\, p_{1|g} \left(1 - p_{1|g} \right)$.

Wir sprechen dann nicht mehr von der Methode der Kleinste-Quadrate-Schätzung (bzw. 'ordinary least squares' oder OLS), sondern von der *gewichteten* Kleinste-Quadrate-Schätzung ('weighted least squares' oder WLS). Aus der obigen Formulierung ist ersichtlich, dass der Gewichtungsfaktor w_g ebenfalls Null wird, wenn die relative Häufigkeit $p_{1|g}$ den Wert 1 oder 0 annimmt oder wenn die Anzahl der Beobachtungen n_g in der entsprechenden Teilstichprobe g Null beträgt, was bedeutet, dass jene Teilstichprobe bei der Schätzung völlig vernachlässigt wird. Wenn die Anzahl der Respondenten n_g in der Teilstichprobe Null beträgt, ist dies richtig so. Wenn also eine bestimmte Alterskategorie in der Stichprobe nicht vorkommt, dann brauchen wir diese in der Schätzung auch nicht zu berücksichtigen. Ist dagegen die Alterskategorie g nicht leer, sondern sind lediglich die Antwortkategorien in dieser Teilstichprobe extrem schief verteilt ($n_{1|g}$ gleich 1 oder

0), so scheint dies nicht ganz berechtigt, da diese Informationen sonst verloren wären. Bei diesen Fällen einfach das Gewicht auf einen Wert grösser als Null zu setzen scheitert aber daran, dass der Logit für diese Fälle unendlich gross wäre und somit die Berechnungen zusammenbrechen würden. Es wird darum manchmal empfohlen, falls, $n_{1|g}$ oder $n_{2|g}$ Null betragen, diese durch eine sehr kleine Zahl nahe Null, z.B. 0,5, zu ersetzen. Die Verfälschung, die dadurch zustande kommt, ist vernachlässigbar klein, während der Gewinn an Information erheblich sein kann.

12.9 Das Maximum-Likelihood-Verfahren

Im Gegensatz zur gewichteten Kleinste-Quadrate-Schätzung hat die Maximum-Likelihood-Schätzmethode ('Maximum-Likelihood-Estimation' bzw. MLE)[8] kaum Nachteile. Das Maximum-Likelihood-Verfahren ist auch anwendbar, wenn für gewisse Ausprägungskombinationen der unabhängigen Variablen nur einzelne Beobachtungen vorliegen. Dieses Verfahren ist somit auch dann anwendbar, wenn wir es mit metrisch skalierten unabhängigen Variablen zu tun haben. Abgesehen von ihrer sehr allgemeinen Anwendbarkeit hat die Maximum-Likelihood-Schätzung auch noch weitere günstige Eigenschaften; z.B., dass die Schätzwerte bei zunehmender Stichprobengrösse immer besser werden.

Ausgangspunkt bildet die Wahrscheinlichkeit (Likelihood oder Mutmasslichkeit), das von uns beobachtete Antwort/Entscheidungsmuster in einer Stichprobe zu erhalten, wenn unser Modell mit den dazugehörigen Parameterwerten unsere Grundgesamtheit tatsächlich adäquat beschreibt. Diese Wahrscheinlichkeit ist selbstverständlich von den (noch) unbekannten Parameterwerten abhängig. Die Parameterwerte werden nun so gewählt, dass die 'Wahrscheinlichkeit' (Likelihood), das von uns gefundene Antwort/Entscheidungsmuster zu erhalten, maximal ist.

Wenn wir unsere Stichprobe nach den gewählten Entscheidungsalternativen ordnen – erst die n_1 Respondenten, die die Alternative '1' wählten, dann die restlichen (n_2) Respondenten, die die Alternative '2' wählten – dann ist diese Likelihood gegeben durch:

---

[8] Auf gut Deutsch: die maximale Mutmasslichkeitsschätzung.

$$Likelihood = \Lambda = \prod_{i=1}^{n_1} P_{1|i} \prod_{i=n_1+1}^{N} P_{2|i} =$$

$$= \prod_{i=1}^{n_1} \frac{e^{\beta_0+\beta_1 X_{1i}}}{1+e^{\beta_0+\beta_1 X_{1i}}} \prod_{i=n_1+1}^{N} \frac{1}{1+e^{\beta_0+\beta_1 X_{1i}}} \quad .$$

Wir suchen nun jene Parameterwerte, wofür Λ maximal wird. Dieses Problem lässt sich mit ein wenig höherer Mathematik lösen. Da wir wohl kaum eine solche Berechnung von Hand machen werden und das Programmieren der entsprechenden Computerprogramme auch nicht zu unserem Metier gehört, wollen wir die Einzelheiten dieser Berechnung den Spezialisten überlassen. Wichtig ist es nur noch, zu vermerken, dass zur Vereinfachung der Berechnungen meistens nicht Λ maximiert, sondern $ln(\Lambda)$ maximiert wird, was schlussendlich zum gleichen Resultat führt. Die meisten Computerprogramme geben dann auch diese 'Log-Likelihood' anstelle des Likelihood-Werts aus.

Wir werden in diesem Kapitel, ausser wenn anders erwähnt, immer die Maximum-Likelihood-Schätzmethode verwenden.

12.10 Die Güte des gesamten Modells

Nachdem wir die Parameter des Modells erfolgreich geschätzt haben, wollen wir im Allgemeinen auch gerne wissen, wie gut unsere ursprünglichen Modellvorstellungen eigentlich waren bzw. in welchem Masse unser Modell ein einigermassen getreues Abbild der Wirklichkeit in der Grundgesamtheit darstellt. Analog zur klassischen Regressionsanalyse können wir auch dies mittels eines statistischen Tests in Erfahrung bringen. Bei der klassischen Regressionsanalyse wurde als Mass für die Güte des gesamten Modells das sog. 'Bestimmtheitsmass' R^2 beigezogen. Dieses Mass drückt das Verhältnis der erklärten zur nicht-erklärten Variation der abhängigen Variablen aus. Die erklärte Variation stellt dabei jenen Teil der Variation der unabhängigen Variablen dar, das auf den Einfluss der unabhängigen Variablen zurückgeführt werden kann. Wenn R^2 nahe Eins liegt, können fast 100% der Variation erklärt werden und haben wir es mit einem ausgezeichneten Modell zu tun.

Pseudo-R^2 – Mass
für die Güte des
gesamten Modells

Auch in unserem Fall verwenden wir wiederum ein ähnliches Mass. Diesmal basiert es jedoch nicht auf der Variation oder auf der Summe der quadrierten Abweichungen, sondern auf den entsprechenden Likelihood-Werten. Das so ermittelte Mass nennt man darum auch *pseudo-*R^2 oder ρ^2 ('Rho-Quadrat')

$$\rho^2 = 1 - \frac{ln\left(\Lambda\left(\hat{\boldsymbol{\beta}}\right)\right)}{ln(\Lambda(c))} \quad ,$$

wobei $ln\left(\Lambda\left(\hat{\boldsymbol{\beta}}\right)\right)$ den maximierten Likelihood des geschätzten Modells und $ln(\Lambda(c))$ die maximierte Likelihood des Modells mit lediglich dem konstanten Term β_0 als Parameter ist.

Obwohl sowohl R^2 als auch ρ^2 zwischen 0 und 1 variieren können und die Interpretation der beiden Grössen analog ist, muss bedacht werden, dass ρ^2 im Allgemeinen bedeutend kleiner ausfällt als der vergleichbare R^2-Wert. Ein Modell mit einem ρ^2 von 0,2 oder 0,4 wird bereits als ein recht gutes Modell betrachtet.

In unserem einfachen logistischen Regressionsmodell für die Einstellung zum neuen Landwirtschaftsgesetz mit *Alter* als erklärender Variablen beträgt $-2\,ln(\Lambda(c))$ 1125,666, während $-2\,ln\left(\Lambda\left(\hat{\boldsymbol{\beta}}\right)\right)$=1118,111. Wir sehen bereits jetzt, dass der Unterschied nicht gravierend ist. Das Modell weisst einen ρ^2 von 0,0067 auf, was bedeutet, dass das Modell nur einen fast vernachlässigbaren Teil der Einstellung zum neuen Landwirtschaftsgesetz erklärt.

Der sog. *Log-Likelihood-Ratio-Test* basiert auf dem gleichen Prinzip. Die Teststatistik wird wie folgt berechnet:

$$\text{Log-Likelihood-Ratio} \;=\; -2\,ln\left(\frac{\Lambda(c)}{\Lambda\left(\hat{\boldsymbol{\beta}}\right)}\right)$$

$$=\; -2\left[ln(\Lambda(c)) - ln\left(\Lambda\left(\hat{\boldsymbol{\beta}}\right)\right)\right] \quad .$$

Die Null-Hypothese lautet in diesem Fall:

$H_0:$ Das Modell trägt nichts zur Erklärung der abhängigen Variablen bei bzw. der Log-Likelihood-Ratio=0;

$H_1:$ Das Modell trägt signifikant zur Erklärung der abhängigen Variablen bei bzw. der Log-Likelihood-Ratio ist sehr gross.

Wenn die Null-Hypothese zutrifft, dann weist diese Test-statistik eine χ^2-Verteilung mit $m - 1$ Freiheitsgraden auf. Ist die Überschreitungswahrscheinlichkeit kleiner als 0,05, dann wird die Null-Hypothese verworfen. In unserem Bei-spiel beträgt diese Log-Likelihood-Statistik 2243,771 mit 1 Freiheitsgrad und einen Überschreitungswahrscheinlichkeit (p) von 0,0060. Dies bedeutet, dass das Modell auf stati-stisch signifikante Weise zur Erklärung der Einstellung zum neuen Landwirtschaftsgesetz beiträgt. Der Erklärungsgrad ist also gering, aber statistisch signifikant.

Wir können auch eine andere Statistik verwenden, die aber auch auf der Log-Likelihood-Ratio-Statistik basiert. Diesmal vergleichen wir die maximierte Log-Likelihood un-seres Modells mit der maximal erreichbaren Likelihood. Dieses Maximum wird beim denkbar allgemeinsten Modell erreicht. Ein solches Modell muss perfekt zu unseren Da-ten passen. Von der klassischen Regression wissen wir be-reits, dass dies der Fall ist, wenn unser Modell gleich viele Parameter wie es Elemente (bzw. Teilstichproben) in der Stichprobe gibt, aufweist. Wir nennen ein solches Modell ein *satuiertes* Modell. Unsere Teststatistik sieht nun wie folgt aus:

satuiertes Modell – Modell, in das sämtli-che mögliche Effekte aufgenommen sind. Die satuierte Modell hat Null Freiheitsgra-de. Die mittels des satuierten Modells vorhergesagten re-lativen Häufigkeiten entsprechen genau den beobachteten re-lativen Häufigkeiten bzw. das satuierte Modell passt perfekt zu den beobachteten Daten

$$H^2 = -2\left[ln\left(\Lambda^{sat}\right) - ln\left(\Lambda\left(\hat{\boldsymbol{\beta}}\right)\right)\right] \quad .$$

Dies ist auch die Teststatistik, die das SAS-Computerpro-gramm-Paket für die Prüfung der Güte des gesamten Mo-dells verwendet. Die Interpretation dieser Teststatistik ist jedoch anders als bei der oben erwähnten Form der Log-Likelihood-Ratio-Teststatistik. Die Hypothese lautet nun:

H_0 : Das Modell passt perfekt zu den beobachteten Daten bzw. der $H^2 = 0$;

H_1 : Das Modell passt nicht gut zu den beobachteten Da-ten bzw. H^2 ist sehr gross.

In diesem Fall streben wir nicht die *Verwerfung* der Null-Hypothese, sondern die *Annahme* der Null-Hypothese an.[9] Die Null-Hypothese wird üblicherweise nicht verwor-fen, wenn die Überschreitungswahrscheinlichkeit grösser oder gleich 0,005 ist. Während oben also eine sehr klei-ne Überschreitungswahrscheinlichkeit für die statistische

---

[9] Strikt genommen müsste man sagen, dass wir danach streben, die Null-Hypothese nicht verwerfen zu müssen.

Signifikanz des Modells spricht, ist es hier genau umgekehrt. Eine hohe Überschreitungswahrscheinlichkeit deutet auf ein statistisch signifikantes Modell hin. In unserem Beispiel beträgt die H^2-Statistik 53,37 und die entsprechende Überschreitungswahrscheinlichkeit 0,4985. Das Modell ist also auch nach diesem Ergebnis und nach den üblichen Testkriterien statistisch signifikant.

12.11 Das Prüfen von Hypothesen über die Parameter

Im Allgemeinen haben wir es nicht mit Grundgesamtheiten, sondern mit Stichproben zu tun. Jede Stichprobe wird, bedingt durch die Zufälligkeit unserer Stichprobe, unterschiedliche Werte für die gesuchten Parameter ergeben. Es stellt sich also die Frage, in wie weit wir uns tatsächlich auf die von uns ermittelten Parameterwerte verlassen können. Die Statistik kann uns hier keine absoluten Sicherheiten vermitteln. Anderseits können wir mit gewisser Wahrscheinlichkeit sagen, dass der 'wirkliche' Wert unserer Parameter in der Grundgesamtheit innerhalb eines bestimmten Wertebereichs liegt.

Häufig interessiert uns dabei nicht einmal der eigentlichen Wert der Parameter, sondern lediglich, ob der Parameterwert Null beträgt oder von Null abweicht. Oder anders ausgedrückt, ob die entsprechende unabhängige Variable überhaupt einen Einfluss auf die Wahrscheinlichkeit einer bestimmten Alternative zu wählen hat oder nicht. Bezogen auf unser Beispiel wollen wir also wissen, ob das Alter für die Beurteilung des neuen Landwirtschaftsgesetzes überhaupt eine Rolle spielt oder nicht. Wie gesagt können wir diese Frage nicht mit absoluter Sicherheit beantworten. Wir können jedoch, auf Basis unserer Stichprobe, mit einer gewissen Wahrscheinlichkeit sagen, ob das Alter eine Rolle spielt oder nicht.

Wir formulieren dazu folgende ('Null'-)Hypothese:

$$H_0 : \beta_j = 0 \quad .$$

Wenn diese These verworfen wird, muss automatische das Komplement dieser Hypothese (die 'Alternativ'-Hypothese) zutreffen:

$$H_1 : \beta_j \neq 0 \quad ,$$

wobei β_j den j-ten Koeffizienten unseres linearisierten Logit-Modells darstellt. In der klassischen Regressionsanalyse haben wir bereits solche Tests kennengelernt. Bei der Regressionsanalyse haben wir zur Überprüfung solcher Hypothesen die sogenannte t-Teststatistik verwendet. Hier wollen wir aber weiterhin von der Log-Likelihood-Ratio-Teststatistik gebrauch machen. Zum Prüfen, ob die einzelnen Parameterwerte statistisch signifikant von Null abweichen, vergleichen wir unser Modell mit einem Modell, in dem der betreffende Parameterwert auf Null fixiert wurde bzw. mit einem Modell, in dem die betreffende unabhängige Variable nicht vorkommt. Dieses Modell nennen wir das *reduzierte* Modell. Die Teststatistik sieht dann wie folgt aus:

$$H^2 = -2 \left[ln\left(\Lambda\left(\hat{\boldsymbol{\beta}}\right) \right) - ln\left(\Lambda^{red} \right) \right]$$

oder ausführlicher:

$$H^2 = -2 \left[ln\left(\Lambda\left(\hat{\boldsymbol{\beta}}\right) \right) - ln(\Lambda(\beta_0, \beta_1, \ldots, \beta_{j-1}, \beta_{j+1}, \ldots, \beta_m)) \right]$$

mit:
H_0 : die betreffende unabhängige Variable hat keinen statistisch signifikanten Einfluss auf die abhängige Variable bzw. der Parameterwert dürfte in der Grundgesamtheit Null betragen bzw. der $H^2 = 0$;

H_1 : die betreffende unabhängige Variable hat einen statistisch signifikanten Einfluss auf die abhängige Variable bzw. der Parameterwert weicht in der Grundgesamtheit statistisch signifikant von Null ab bzw. H^2 ist sehr gross.

Selbstverständlich streben wir nach einem Modell, in dem alle Parameter statistisch signifikant von Null abweichen, also viel zur Erklärung der abhängigen Variablen beitragen. Wir wollen in diesem Fall die Null-Hypothese gerne verwerfen! Wenn die Überschreitungswahrscheinlichkeit gross ist, liegt der Log-Likelihood-Ratio nahe bei Null. Dies ist ein Indiz dafür, dass die Null-Hypothese in der Grundgesamtheit zutreffen könnte. Ist dagegen die Überschreitungswahrscheinlichkeit klein, dann ist der Log-Likelihood-Ratio sehr gross, was bedeutet, dass die Null-Hypothese

wahrscheinlich nicht zutrifft. Wir streben nach einer möglichst kleinen Überschreitungswahrscheinlichkeit. Üblicherweise wird die Null-Hypothese verworfen, wenn die Überschreitungswahrscheinlichkeit unter 0,05 liegt.

In unserem Beispiel nur mit *Alter* als unabhängiger Variablen beträgt H^2 8,03. Bei einem Freiheitsgrad ergibt das
eine Überschreitungswahrscheinlichkeit von 0,0046, was auf
statistische Signifikanz dieser erklärenden Variablen hinweist.

Im anderen Beispiel mit den beiden kategorialen Variablen 'Beitrag für IP beantragt' und 'Landwirtschaft ist
genug' sieht das Ressultat wie im Anhang dargestellt aus.
Das Gesamtmodell weist einen Likelihood-Ratio von 6 bei
einem Freiheitsgrad auf. Dies resultiert in einer Überschreitungswahrscheinlichkeit von 0,0143. Da dies unter 0,05 liegt,
würden wir im Normalfall dieses Modell als ungenügend
verwerfen. Die Regressionskoeffizienten weisen einen H^2
von 27,37 bzw. 24,83 auf und Überschreitungswahrscheinlichkeiten, die beide so gut wie Null betragen. Der Einfluss
der beiden Variablen ist nach den üblichen Kriterien also
statistisch Signifikant. Da die mangelnde Güte des Modells
offensichtlich nicht auf diese beiden erklärenden Variablen
zurückzuführen ist, ist zu vermuten, dass weitere Effekte,
die noch nicht im Modell berücksichtigt wurden, einen erheblichen Einfluss haben könnten.

Literatur

Aldrich, J.H. & Nelson, F. D. (1985) *Linear Probability, Logit,
and Probit Models*. Series: Quantitative Applications in the Social Sciences. Nr. 45, Sage, Beverly Hills. (Geeignet für erste
Anfänge in der Logit-Analyse, aber nicht mehr.)

Agresti, A. (2002, 2. Aufl.) *Categorical Data Analysis*. Wiley, New
York. (Sehr umfassendes Standardwerk, entspricht etwa dem
Stand der Forschung.)

Fahrmeir, L. & Hamerle, A. (Hrsg.) (1984) *Multivariate statistische Verfahren* Springer, Berlin. Kapitel 6. (Sehr gediegen, relativ mathematisch.)

Jobson, J.D. (1994 Korrigierte Fassung) *Applied Multivariate Data Analysis. Volume II: Categorical and multivariate methods.*
Springer, Berlin. Kapitel 8.3. (Anwendungsorientiert, aber etwas
knapp.)

Liao, T.F. (1994) *Interpreting Probability Models. Logit, probit, and
other generalized linear models.* Series: Quantitative Applications in the Social Sciences. Nr. 101, Sage, Beverly Hills. (Kurz,
einfach, geeignet als erster Einstieg.)

Menard, S. (2001, 2. Aufl.) *Applied Logistic Regression Analysis.* Series: Quantitative Applications in the Social Sciences. Nr. 106, Sage, Beverly Hills. (Kurz, einfach, geeignet als erster Einstieg in logistische Regression.)

Wrigley, N. (2002) *Categorical Data Analysis for Geographers and Environmental Scientists.* Longman, London. (Sehr übersichtlich, sauber bearbeitet mit Beispielen, didaktisch hervorragend.)

13. Log-lineare Modelle

13.1 Einleitung

Log-lineare Modelle werden zur Analyse von Zusammenhängen zwischen kategorial skalierten Variablen verwendet. Die Art und Weise, wie diese Zusammenhängen zustande gekommen sind, spielt dabei keine Rolle. Ebenso wie bei der Korrelationsanalyse wird weder zwischen Ursache und Folge noch zwischen unabhängigen und abhängigen Variablen unterschieden. Es handelt sich also um eine symmetrische Fragestellung, bei der alle Variablen den gleichen kausalen Status haben. Im Gegensatz zur Korrelationsanalyse werden mit Hilfe log-linearer Modelle nicht Zusammenhänge zwischen *metrisch* skalierten Variablen, sondern zwischen *kategorial* (nominal oder ordinal) skalierten Variablen untersucht. Um diesem Unterschied Rechnung zu tragen, spricht man im Falle kategorial skalierter Variablen anstelle von Zusammenhängen auch von *Assoziationen*. So könnten wir uns z.B. dafür interessieren, wie die Befürwortung einer CO_2-Abgabe (mit den nominalen Kategorien 'dafür' und 'dagegen') mit der Variablen Geschlecht (mit den nominalen Kategorien 'Mann' und 'Frau') zusammenhängt.

Assoziation – Zusammenhang zwischen kategorialen Variablen

13.2 Darstellung der Zusammenhänge in Form einer Kreuztabelle

Die Zusammenhänge zwischen kategorial skalierten Variablen werden üblicherweise in Form einer Kreuztabelle oder 'Kontingenztabelle' dargestellt. Nehmen wir ein hypothetisches Beispiel: Die Variablen A und B haben beide zwei

Tabelle 13.1: Zwei-dimensionale (2×2)-Kreuztabelle mit den absoluten Häufigkeiten der Variablen A und B

		B		
		+	−	total
A	+	86	34	120
	−	79	101	180
	total	165	135	300

Ausprägungen, '+' und '−'. Tabelle 13.1. stellt die zwei-dimensionale (2×2)-Kreuztabelle der Variablen A und B dar. Tabelle 13.2 gibt die gleiche Tabelle in verallgemeinerter Schreibweise wieder. n_{ij} gibt dabei die beobachtete Zellenhäufigkeit der Zelle in der i-ten Zeile und der j-ten Spalte an, während $n_{i\cdot}$ das Zeilentotal der i-ten Zeile darstellt:

$$n_{i\cdot} = \sum_{j=1}^{J} n_{ij} \quad .$$

Die Zeilentotalen $(n_{1\cdot}, n_{2\cdot})$ bilden zusammen die Randver-

Tabelle 13.2: Verallgemeinerte Schreibweise für eine zweidimensionale Kreuztabelle mit absoluten Häufigkeiten

		B		
		$j = 1$	$j = 2$	total
A	$i = 1$	n_{ij}	$\cdots$	$f_{i\cdot}$
	$i = 2$	$\vdots$	$\ddots$	$\vdots$
	total	$n_{\cdot j}$	$\cdots$	N

teilung von A. Analog ist $n_{\cdot j}$ das Spaltentotal der j-ten Spalte:

$$n_{\cdot j} = \sum_{i=1}^{I} n_{ij} \quad .$$

Die Spaltentotalen $(n_{\cdot 1}, n_{\cdot 2})$ bilden zusammen die Randverteilung von B. Die totale Anzahl der beobachteten Objekte wird durch N wiedergegeben:

Tabelle 13.3: Verallgemeinerte Schreibweise für eine zwei-
dimensionale Kreuztabelle mit relativen Häufigkeiten

$$
\begin{array}{c|cc|c}
 & \multicolumn{3}{c}{\text{B}} \\
 & j=1 & j=2 & \text{total} \\
\hline
i=1 & p_{ij} & \cdots & p_{i\cdot} \\
A \quad i=2 & \vdots & \ddots & \vdots \\
\hline
\text{total} & p_{\cdot j} & \cdots & 1
\end{array}
$$

$$
N = \sum_{i=1}^{I} \sum_{j=1}^{J} n_{ij} \quad .
$$

In Tabelle 13.3 sind nicht die absoluten Häufigkeiten,
sondern die entsprechenden relativen Häufigkeiten dargestellt. p_{ij} bezeichnet den relativen Anteil der Zellenhäufigkeit in der i-ten Zeile und der j-ten Spalte an der totalen
Anzahl der beobachteten Objekte (N):

$$
p_{ij} = n_{ij}/N \qquad \text{und} \qquad n_{ij} = p_{ij} * N \quad .
$$

$p_{i\cdot}$ ist der relative Anteil des Zeilentotals an der totalen
Anzahl der beobachteten Objekte (N):

$$
p_{i\cdot} = n_{i\cdot}/N \quad .
$$

Schliesslich stellt $p_{\cdot j}$ den relativen Anteil des Spaltentotals
an der totalen Anzahl der beobachteten Objekte (N) dar:

$$
p_{\cdot j} = n_{\cdot j}/N \quad .
$$

Selbstverständlich lassen sich auch die relativen Anteile
bezüglich des jeweiligen Zeilen- oder Spaltentotals berechnen: Der relative Anteil *bezüglich des Zeilentotals* wird z.B.
gegeben durch:

$$
n_{ij}/n_{i\cdot} \quad .
$$

Analog ist der relative Anteil *bezüglich des Spaltentotals*

$$
n_{ij}/n_{\cdot j} \quad .
$$

In Tabelle 13.4 sind diese verschiedenen Darstellungs-
weisen unserer hypothetischen Kreuztabelle nochmals in-
tegriert dargestellt. Die positive Kategorie wurde dabei jeweils mit '1' und die negative mit '2' kodiert.

Tabelle 13.4: Integrierte Darstellung der Kreuztabelle mittels der Prozedur FREQ aus dem SAS-Statistik-Programm-Paket

```
Table of A by B
A              B
Frequency  |           |           |    total
Expected   |           |           |
Deviation  |           |           |
Percent    |           |           |
Row Pct    |           |           |
Col Pct    |     1     |     2     |
```

	1	2	total
1	86	34	120
	66.0	54.0	
	20.0	-20.0	
	28.67	11.33	40.0
	71.67	28.33	
	52.12	25.19	
2	79	101	180
	99.0	81.0	
	-20.0	20.0	
	26.33	33.67	60.0
	43.89	56.11	
	47.88	74.81	
total	165	135	300
	55.00	45.00	100.00

Statistics for table of A by B

Statistics	DF	Value	Prob
Chi-Square	1	22.447	0.000
Likelihood ratio Chi-Square	1	22.988	0.000

Sample Size = 300

13.3 Formen der Datenerhebung

Die Häufigkeiten, die in einer solchen Kreuztabelle dargestellt werden, können auf unterschiedliche Weise zustande gekommen sein.

13.3.1 Multinomiales Erhebungsschema

In den meisten Fällen entstammen die Variablen einer Zufallsstichprobe aus einer Grundgesamtheit (Population).

Dies ist z.B. der Fall, wenn wir eine bestimmte Anzahl zufällig ausgewählter Personen aus einer Grundgesamtheit befragen. Sämtliche Variablen oder Merkmale haben dann den Charakter einer Zufallsvariablen. Bevor man eine Person befragt hat, weiss man nicht, welche Ausprägung diese Person bezüglich der Merkmale aufweisen bzw. welche Antwortkategorien sie ankreuzen wird. Auch die totale Anzahl der Personen mit einem bestimmten Merkmal ist bzw. die Randsummen n_i. und $n_{\cdot j}$ sind im voraus nicht bekannt. Sie sind ebenfalls durch den Zufall der Stichprobe mitbestimmt. In diesem Fall werden die Zellenhäufigkeiten in der Kreuztabelle eine sog. *multinomiale* Wahrscheinlichkeitsverteilung aufweisen.[1] Das entsprechende Erhebungsschema bezeichnet man als *multinomiales Erhebungsschema*.

13.3.2 Produktnomiales Erhebungsschema

Es kommt manchmal auch vor, dass nicht nur eine, sondern mehrere Zufallsstichproben gezogen werden. Zum Beispiel je eine Stichprobe in jeder Gruppe (Teilgrundgesamtheit). Wenn wir z.B. Männer und Frauen bezüglich ihres umweltverantwortlichen Handelns miteinander vergleichen wollen, können wir aus der Grundgesamtheit aller Frauen eine Stichprobe von 100 Frauen und aus der Grundgesamtheit aller Männer eine Stichprobe von 100 Männern ziehen, um dann diese Personen auf ihr umweltverantwortliches Handeln hin zu befragen. Welche Ausprägung diese Personen bezüglich dem umweltverantwortlichen Handeln haben, wissen wir dabei noch nicht. Dagegen wissen wir im voraus, zu welcher Gruppe (Männer oder Frauen) sie gehören. Das umweltverantwortliche Handeln ist eine Zufallsvariable, während die Gruppenzugehörigkeit mittels des Stichprobeverfahrens vom Forscher oder von der Forscherin kontrolliert wird. Die Randsummen für die Kategorien des Merkmals 'Geschlecht' liegen somit im voraus fest. In diesem Fall werden die Zellenhäufigkeiten in der Kreuztabelle eine sog. *Produkt-Multinomial*-Wahrscheinlichkeits-

---

[1] Die entsprechende Wahrscheinlichkeitsfunktion sieht wie folgt aus:

$$p\left(n_{ij}, \ldots, n_{IJ}\right) = \frac{N!}{n_{ij}! * \ldots * n_{IJ}!} \pi_{ij} * \ldots * \pi_{IJ} \quad .$$

verteilung aufweisen.[2] Das Erhebungsschema nennt man darum auch *produktmultinomiales Erhebungsschema*.

13.3.3 Poisson-Erhebungsschema

In einigen wenigen Fällen entstammen die Daten einem *Poisson-Erhebungsschema*. In diesem Fall ist auch der Stichprobenumfang am Anfang noch nicht bekannt, sondern von der Zufälligkeit der Stichprobe abhängig. Dies tritt z.B. dann auf, wenn wir eine Passantenbefragung durchführen, in der wir z.B. jede zehnte Person, die innerhalb einer bestimmten Periode an einem bestimmten Ort vorbeikommt, befragen. Die Zellenhäufigkeiten unserer Kreuztabelle weisen dann eine Poisson-Wahrscheinlichkeitsverteilung[3] auf.

Wir werden später sehen, welche Bedeutung diese unterschiedlichen Formen der Datenerhebung für unsere Analyse haben. Wenn nicht anders erwähnt, werden wir in diesem Kapitel davon ausgehen, dass die Zellenhäufigkeiten in der Kreuztabelle eine *Multinomial*-Wahrscheinlichkeitsverteilung aufweisen.

13.4 Zusammenhänge zwischen kategorialen Variablen

Um verstehen zu können, was es bedeutet, wenn zwei kategoriale Variablen statistisch gesehen miteinander zusammenhängen, wollen wir uns erst überlegen, was es heisst,

---

[2] Die Wahrscheinlichkeitsfunktion lautet dann:

$$p\left(n_{ij}, \ldots, n_{IJ}\right) = \prod_{i=1}^{I} \left[\frac{n_{i\cdot}!}{n_{ij}! * \ldots * n_{IJ}!} \pi_{ij} * \ldots * \pi_{IJ} \right] \quad,$$

wobei I die Anzahl der Gruppen (Teilgrundgesamtheiten) darstellt.

[3] Die Wahrscheinlichkeitsfunktion einer Poisson-Verteilung sieht wie folgt aus:

$$p\left(n_{ij}, \ldots, n_{IJ}\right) = \prod_{i=1}^{I} \prod_{j=1}^{J} \frac{\lambda_{ij}^{n_{ij}}}{n_{ij}!} e^{-\lambda_{ij}} \quad,$$

wobei λ einen Parameter dieser Verteilung darstellt.

wenn zwei kategorial skalierte Variablen *keinen* Zusammenhang aufweisen. Wenn zwei Variablen keinen Zusammenhang, keine Kovariation, aufweisen, dann bezeichnet man diese beiden Variablen auch als 'unabhängig'.[4] Wenn A und B in unserem Beispiel 'unabhängig' sind, dann muss die relative Verteilung der Objekte (bezüglich des Zeilentotals) über die beiden Ausprägungen '+' und '−' von B für die positive und negative Klasse von A gleich sein. Beide Verteilungen sind dann 'unabhängig' von der Ausprägung von A. Wenn diese beiden relativen Verteilungen identisch sind, dann sind sie natürlich auch identisch mit der relativen *Rand*verteilung über die beiden Kategorien von B.

Das gleiche gilt auch im umgekehrten Sinne: Wenn A und B unabhängig sind, also nicht kovariieren, muss die relative Verteilung der Objekte (bezüglich des Spaltentotals) über die beiden Ausprägungen von A innerhalb der positiven und der negativen Klasse von B gleich sein. Beide (relativen) Verteilungen sollten dann mit der (relativen) Randverteilung von A identisch sein.

Wenn in unserem Beispiel A und B unabhängig sind, würden wir erwarten, dass die relative Verteilung über die beiden Kategorien von B innerhalb der positiven Klasse von A (0,72; 0,28) (vgl. Tabelle 13.4) ebenso wie die Verteilung über die beiden Kategorien von B innerhalb der negativen Klasse von A (0,44; 0,56) mit der relativen Randverteilung von B (0,55; 0,45) übereinstimmt. Wir sehen direkt, dass dies in unserem Beispiel nicht der Fall ist. Auch das Umgekehrte (für die Verteilungen über die Kategorien von A innerhalb der Klasse von B) trifft nicht zu. (Der Leser soll sich selbst hiervon überzeugen.)

Da bei Unabhängigkeit der beiden Variablen A und B die Variable A keinen Einfluss auf die Verteilung von B (über die beiden Kategorien von B) ausübt, sind alle Informationen über die Verteilungen von B bereits in der Randverteilung von B vertreten. Umgekehrt sind auch alle Informationen über die Verteilungen von A bereits in der Randverteilung von A enthalten. *Wenn die beiden Variablen A und B unabhängig voneinander sind,* lassen sich die Zellenhäufigkeiten unserer Kreuztabelle also aus den Rand-

---

[4] Es handelt sich hier um eine Unabhängigkeit im statistischen und nicht im kausalen Sinne.

verteilungen ermitteln. So wissen wir z.B., dass die Zelle
(++) 55% oder 66 der 120 Objekte der positiven Klasse
von A enthalten soll. Da 120 in diesem Fall das gleiche
ist wie 40% der insgesamt 300 Objekte, kann man auch
schreiben:

$$0,55 * (0,40 * 300) = 0,55 * 0,40 * 300 = 66 \quad .$$

Dies ist die *erwartete Häufigkeit* in der Zelle (++) *unter
der Annahme der Unabhängigkeit* der beiden Variablen A
und B. Dieses Vorgehen lässt sich für alle Zellen unserer
Kreuztabelle wiederholen. Verallgemeinert kann man die
erwartete Häufigkeit[5] einer Zelle also wie folgt ausdrücken:

$$n_{ij} = p_{i.} * p_{.j} * N = \frac{n_{i.} * n_{.j}}{N} \quad .$$

Der erwartete Anteil dieser Zelle an der Gesamtzahl
aller Objekte (die *erwartete relative Häufigkeit*) ist demzufolge:

$$p_{ij} = p_{i.} * p_{.j} \quad .$$

Analog können wir für alle Zellen unserer Kreuztabelle die
erwarteten Häufigkeiten (unter Annahme der Unabhängigkeit) berechnen (vgl. Tabelle 13.5).

Tabelle 13.5: Kreuztabelle mit den erwarteten Häufigkeiten unter der Annahme unabhängiger Merkmale

		B +	−	total
A	+	66	54	120
	−	99	81	180
total		165	135	300

Durch den Vergleich der *beobachteten* Zellenhäufigkeiten mit den *erwarteten* Zellenhäufigkeiten können wir feststellen, ob die Variablen A und B tatsächlich unabhängig

---

[5] Für die erwartete Häufigkeit n_{ij} verwenden wir hier die gleiche Symbolik wie für die beobachteten Werte n_{ij}, mit der Einschränkung, dass wir jetzt gross geschriebene Buchstaben verwenden.

sind. Um diesen Vergleich zu vereinfachen, hat der Statistiker Pearson (1857–1936) eine Kennzahl entwickelt, die die Abweichungen zwischen den beiden Kreuztabellen in einer Kennzahl zum Ausdruck bringt. Diese Kennzahl bezeichnet man als die *Pearson-Chi-Quadrat*-Kennzahl:[6]

Pearson-Chi-Quadrat – Mass für die Stärke der Abweichungen der beobachteten Zellenhäufigkeiten von den erwarteten Zellenhäufigkeiten

$$X^2 = \sum_{i=1}^{I} \sum_{j=1}^{J} \frac{(n_{ij} - \hat{n}_{ij})^2}{\hat{n}_{ij}} \quad .$$

In Tabelle 13.6 wird dargestellt, wie der (Pearson-)Chi-Quadrat-Wert für unsere Kreuztabelle von Hand berechnet werden kann.

Tabelle 13.6: Pearson-Chi-Quadrat für Unabhängigkeit von A und B

ij	Zelle	beobachtete Häufigkeit n_{ij}	erwartete Häufigkeit $\hat{n}_{ij}$	$(n_{ij} - \hat{n}_{ij})$	$(n_{ij} - \hat{n}_{ij})^2$	$\frac{(n_{ij} - \hat{n}_{ij})^2}{\hat{n}_{ij}}$
11	++	86	66	20	400	6,06
12	+−	34	54	−20	400	7,41
21	−+	79	99	−20	400	4,04
22	−−	101	81	20	400	4,94
					Total	22,45

Der (Pearson-)Chi-Quadrat-Wert X^2 beträgt in diesem Falle 22,45.

Wenn die Variablen A und B tatsächlich unabhängig sind, wird die Kreuztabelle mit den beobachteten Häufigkeiten genau mit der Kreuztablle der erwarteten Häufigkeiten übereinstimmen und die Pearson-Chi-Quadrat-Kennzahl X^2 den Wert Null annehmen. Wenn keine Unabhängigkeit vorliegt, wird die X^2 grösser als Null sein.

---

[6] In vielen Publikationen wird anstelle von X^2 auch χ^2 als Symbol für die Pearson-Chi-Quadrat-Statistik verwendet. Dies ist jedoch etwas irreführend, da χ^2 in der Statistik bereits für eine Zufallsvariable mit einer Chi-Quadrat-Wahrscheinlichkeitsverteilung reserviert ist. X^2 ist einer χ^2-Statistik sehr ähnlich, allerdings nicht exakt mit ihr identisch.

13.5 Der Chi-Quadrat-Test für die Unabhängigkeit zweier Variablen

Da in den meisten Fällen unsere Beobachtungen auf einer Stichprobe beruhen und sich nicht auf die ganze Population (Grundgesamtheit) beziehen, kann die in der Stichprobe beobachtete relative Häufigkeitsverteilung durchaus von der wirklichen relativen Häufigkeitsverteilung in der Grundgesamtheit abweichen. Die festgestellten Unterschiede zwischen der beobachteten Kreuztabelle (der Stichprobe) und der erwarteten Kreuztabelle müssen also nicht immer auf das Nicht-Zutreffen unserer Unabhängigkeitsannahmen in der Grundgesamtheit hinweisen, sondern können unter Umständen auch auf die Abweichung der Stichprobe von der Grundgesamtheit zurückzuführen sein. Auch wenn die Annahme der Unabhängigkeit in Wirklichkeit (in der Grundgesamtheit) zutrifft, wird die X^2 nicht immer den Wert Null aufweisen, sondern – bedingt durch die Zufälligkeit unserer Stichprobe – leicht von Null abweichen. Wenn wir die Wahrscheinlichkeitsverteilung dieser Stichprobenfluktuationen (unter Annahme der Unabhängigkeit) kennen, dann können wir einen formalen Test zur Überprüfung, ob tatsächlich eine Unabhängigkeit der Variablen vorliegt, formulieren. Die Pearson-Chi-Quadrat-Kennzahl X^2 weist nun unter gewissen Umständen tatsächlich eine uns bekannte Wahrscheinlichkeitsverteilung auf, nämlich die sog. χ^2- oder 'Chi-Quadrat'-Wahrscheinlichkeitsverteilung.[7] Eigentlich handelt es sich dabei um eine ganze Familie von Verteilungen, in Abhängigkeit der Dimension der Kreuztabelle.[8] Anstatt von der 'Dimension' oder der 'Anzahl Zellen' einer Kreuztabelle spricht man in diesem Zusammenhang meistens von der Anzahl der *Freiheitsgrade* ('degrees of freedom'= *df*). Die Anzahl der Freiheitsgrade gibt, genauer genommen, die Anzahl *frei schätzbarer* Zellenhäufigkeiten wieder.[9] Für jede Anzahl frei schätzbarer

Freiheitsgrade – Anzahl frei schätzbarer Zellenhäufigkeiten

---

[7] Genau genommen entspricht die Wahrscheinlichkeit der Pearson-Chi-Quadrat-Kennzahl X^2 nur annäherungsweise (bei hinreichend grossem N, z.B. $N > 20$) der uns theoretisch bekannten χ^2-Wahrscheinlichkeitsverteilung.

[8] Je grösser die Anzahl der Zellen, desto ähnlicher ist die χ^2-Verteilung der sog. Normalverteilung.

[9] Mit der 'Anzahl frei schätzbarer Zellenhäufigkeiten' ist die minimale Anzahl der Zellenhäufigkeiten gemeint, die man kennen muss,

Zellen gibt es eine uns bekannte Chi-Quadrat-Wahrscheinlichkeitsverteilung.

Nehmen wir nun an, dass unsere Unabhängigkeitsthese in Wirklichkeit zutrifft und berechnen mit Hilfe dieser Wahrscheinlichkeitsverteilung die Wahrscheinlichkeit, dass wir unter diesen Umständen eine Stichprobe mit der von uns beobachteten Kreuztabelle und den dazugehörigen X^2 erhalten. Wenn diese Wahrscheinlichkeit sehr gering ist, dann nehmen wir an, dass unsere Annahme der Unabhängigkeit nicht gerechtfertigt war. Wir setzen also voraus, dass die festgestellte Abweichung zwischen den beiden Kreuztabellen nicht auf den Stichprobenzufall zurückzuführen ist, sondern durch die falsche Hypothese verursacht wurde. Wir kommen zu der Schlussfolgerung, dass die beiden Variablen voneinander abhängig sind. Wenn diese Wahrscheinlichkeit jedoch relativ gross ist, gehen wir davon aus, dass die beiden Variablen tatsächlich unabhängig sind.

Diese grobe intuitive Darstellung müssen wir aber noch etwas präzisieren. Wenn wir über Wahrscheinlichkeitsverteilungen sprechen, müssen wir nämlich einen Unterschied zwischen diskreten und kontinuierlichen oder metrischen (Zufalls-)Variablen machen. Die X^2 ist eine metrische (Zufalls-)Variable und das bedeutet, dass wir unsere Überle-

---

um die übrigen Zellenhäufigkeiten berechnen zu können (angenommen, dass die Zeilen- und Spaltentotalen gegeben sind). Für eine zwei-dimensionale Kreuztabelle ist die Anzahl der Freiheitsgrade gegeben durch $(I-1) \times (J-1)$, wobei I die Anzahl der Zeilen und J die Anzahl der Spalten in der Kreuztabelle angeben. Die Summe aller Zellenhäufigkeiten einer Zeile muss selbstverständlich genau das Zeilentotal betragen. Anders gesagt: Die Summe aller relativen Häufigkeiten (bezüglich des Zeilentotals) einer Zeile muss genau Eins betragen. Die Verteilung der Objekte über alle Zellen dieser Zeile unserer Kreuztabelle ist somit bekannt, wenn wir die Zellenhäufigkeiten bzw. die relativen Zellenhäufigkeiten aller Zellen dieser Zeile ausser der letzten Zelle kennen. Die letzte Zellenhäufigkeit lässt sich direkt aus den anderen Zellenhäufigkeiten dieser Zeile ableiten. Diese letzte Zelle gibt uns keine zusätzlichen Informationen mehr. Das gleiche gilt auch für die Spalten. So wird die Chi-Quadrat-Kennzahl nur durch $(I-1)*(J-1)$ Häufigkeiten geprägt. In der (2×2)-Kreuztabelle unseres Beispiels gibt es also $(2-1)*(2-1) = 1$ Freiheitsgrad. Die Wahrscheinlichkeitsverteilung unserer Chi-Quadrat-Kennzahl hängt nur von der Anzahl der Freiheitsgrade ab.

Tabelle 13.7: Beispiel einer diskreten Wahrscheinlichkeitsverteilung

i	n_i	n_i/N	π_i
1	10'000	0,100	0,100
2	12'100	0,121	0,121
3	17'800	0,178	0,178
4	20'200	0,202	0,202
5	17'800	0,178	0,178
6	12'100	0,121	0,121
7	10'000	0,100	0,100
total	100'000	1,000	1,000

gungen im Zusammenhang mit unserer Hypothese anpassen müssen.

Wie wir wissen, kann eine diskrete Variable nur eine beschränkte Anzahl Werte annehmen. Um die Wahrscheinlichkeit einer dieser Ausprägungen zu ermitteln, brauchen wir Informationen über die gesamte Population (Grundgesamtheit). Nehmen wir z.B. an, dass wir es mit einer diskreten (Zufalls-)Variablen mit nur sieben Ausprägungen zu tun haben. Die Häufigkeitsverteilung dieser Zufallsvariablen in der Grundgesamtheit ist in Tabelle 13.7 dargestellt. Die ganze Grundgesamtheit umfasst in diesem Fall 100'000 Personen.

Die Wahrscheinlichkeit des Auftretens einer bestimmten Ausprägung ist identisch mit der entsprechenden relativen Häufigkeit in der Grundgesamtheit. In Figur 13.1 ist die Wahrscheinlichkeitsverteilung in graphischer Form wiedergegeben. Die Längen der vertikalen Linien stellen die entsprechenden Wahrscheinlichkeiten dar und summieren sich zu Eins.

Eine stetige oder metrische Variable kann nicht nur eine begrenzte Zahl, sondern unendlich viele Werte annehmen. Um eine Wahrscheinlichkeitsverteilung einer metrischen Variablen tabellarisch darstellen zu können, müssen wir die Werte in Klassen zusammenfassen (vgl. Tabelle 13.8).

Die Wahrscheinlichkeit auf genau einen Wert ist bei einer stetigen Zufallsvariablen immer unendlich klein. Dies ist leicht einzusehen, wenn man sich überlegt, dass die Sum-

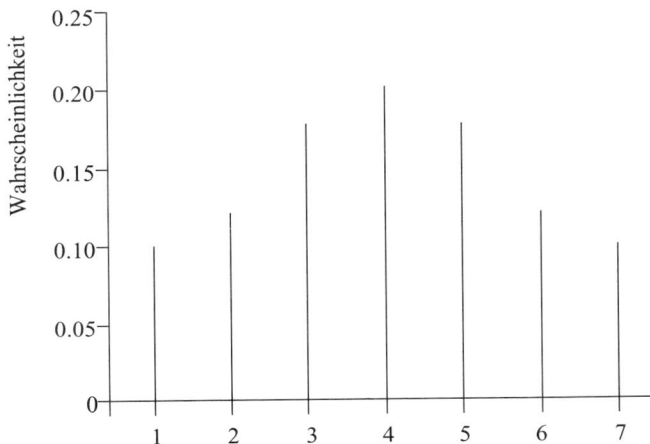

Abbildung 13.1: Graphische Darstellung einer diskreten Wahrscheinlichkeitsverteilung

Tabelle 13.8: Beispiel einer stetigen Wahrscheinlichkeitsverteilung

Klasse	n_i	n_i/N	π_i	Dichte	Fläche
0-10	2'000	0,02	0,02	0,002	0,02
10-20	7'000	0,07	0,07	0,007	0,07
20-30	11'000	0,11	0,11	0,011	0,11
30-40	14'000	0,14	0,14	0,014	0,14
40-50	16'000	0,16	0,16	0,016	0,16
50-60	16'000	0,16	0,16	0,016	0,16
60-70	14'000	0,14	0,14	0,014	0,14
70-80	11'000	0,11	0,11	0,011	0,11
80-90	7'000	0,07	0,07	0,007	0,07
90-100	2'000	0,02	0,02	0,002	0,02
total	100'000	1,000	1,000		1,00

me all dieser Wahrscheinlichkeiten eins betragen soll und es unendlich viele solche Werte gibt. Sinnvollerweise können wir bei stetigen Variablen nur von Wahrscheinlichkeiten sprechen, wenn wir eben eine ganze Reihe möglicher Werte in einem Wertebereich zusammenfassen. Die Wahrscheinlichkeit, dass die Variable einen Wert innerhalb solch eines Wertebereiches annimmt, ist *nicht* unendlich klein. Gra-

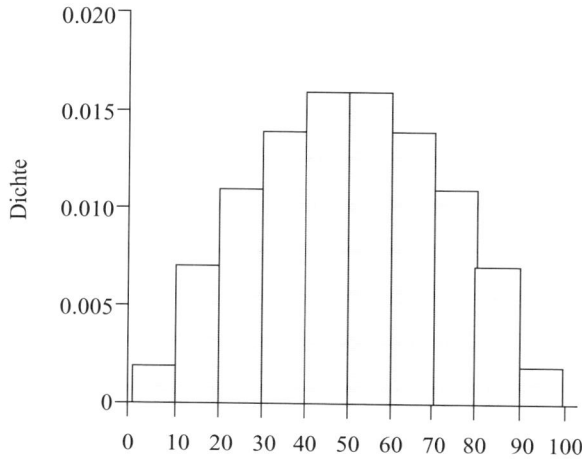

Abbildung 13.2: Graphische Darstellung einer stetigen Wahrscheinlichkeitsverteilung

Wahrscheinlich-keitsdichte – durchschnittliche Wahrscheinlichkeit in einem bestimmten Wertebereich. Die Fläche unter der Wahrscheinlichkeitsdichtekurve entspricht der Wahrscheinlichkeit, dass der Wert in einem bestimmten Bereich liegt

phisch geben wir die Wahrscheinlichkeit eines Wertebereiches als Fläche an. Die Breite der Fläche entspricht der Breite des Wertebereiches (der Klasse) und die Höhe gibt die *Wahrscheinlichkeitsdichte* dieser Klasse von Werten an. Die Wahrscheinlichkeitsdichte ist definiert als die Wahrscheinlichkeit dividiert durch den Wertebereich (der durchschnittlichen Wahrscheinlichkeit). Die Fläche entspricht somit der Wahrscheinlichkeit. Alle Flächen summieren sich wieder zu Eins.

Wenn wir nun die Klassenbreiten verringern, wird die Kurve, die dadurch entsteht, gleichmässiger. So entsteht die sog. Dichtekurve oder Dichtefunktion einer stetigen Verteilung. Die Fläche unter der Dichtekurve entspricht der Wahrscheinlichkeit. Wenn wir die mathematische Formulierung dieser Dichtekurve kennen, können wir durch Integralrechnung immer die Wahrscheinlichkeit eines Wertebereiches berechnen. Wir können aber weiterhin keine Wahrscheinlichkeit für einen einzelnen Wert berechnen.

Die Wahrscheinlichkeitsdichtefunktion der Chi-Quadrat-Wahrscheinlichkeitsverteilung lautet:

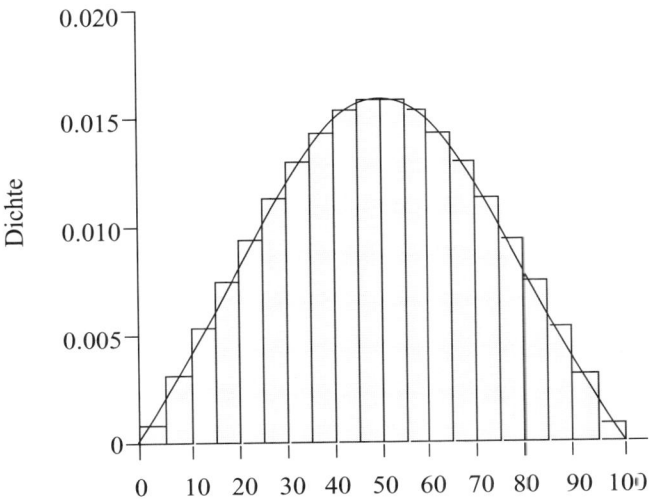

Abbildung 13.3: Dichtekurve einer stetigen Wahrscheinlichkeitsverteilung

$$f_{df}\left(\chi^2\right) = \begin{cases} \frac{1}{2^{df/2}\Gamma\left(\frac{df}{2}\right)}\chi^{(df-2)/2}\,e^{-\chi/2} & \text{für}\quad \chi^2 \geq 0 \\ \\ 0 & \text{für}\quad \chi^2 < 0 \end{cases}$$

Im Falle unseres Chi-Quadrat-Tests können wir also nicht von der Wahrscheinlichkeit eines bestimmten Chi-Quadrat-Wertes sprechen. Wir berechnen darum stattdessen die Wahrscheinlichkeit, dass die X^2-Kennzahl (unter Annahme unseres Unabhängigkeitsmodells) rein stichprobenbedingt einen Wert $\geq$ des beobachteten X^2-Werts annimmt, also die Wahrscheinlichkeit für den Bereich vom beobachteten X^2-Wert bis ∞ (unendlich). Man spricht darum nicht von Wahrscheinlichkeit, sondern von *Überschreitungswahrscheinlichkeit* ('*Prob*' oder '*p*'). Wenn nun diese Wahrscheinlichkeit sehr klein ist, nehmen wir an, dass dieser X^2-Wert höchstwahrscheinlich nicht durch Stichprobenfluktuationen, sondern durch die Abhängigkeit zwischen A und B entstanden ist.

In unserem ursprünglichen Beispiel (vgl. Tabelle 13.6) stellen wir fest, dass diese Überschreitungswahrscheinlichkeit $< 0,000$ ist ($X^2 = 22,45$ bei 1 Freiheitsgrad). Wir

Überschreitungswahrscheinlichkeit – Wahrscheinlichkeit, dass eine Prüfgrösse grösser als die gefundene ist (es wird dabei angenommen, dass die Null-Hypothese in der Grundgesamtheit zutrifft)

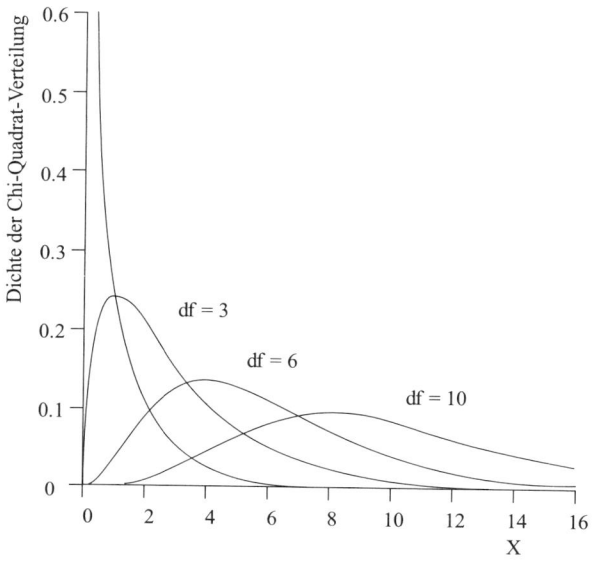

Abbildung 13.4: Dichtekurven verschiedener Chi-Quadrat-Wahrscheinlichkeitsverteilungen

erachten nun diese Wahrscheinlichkeit als zu 'gering', um unter Annahme der Unabhängigkeit durch die Zufälligkeit unserer Stichprobe verursacht zu sein. Sie ist zu 'klein', um auf die Unabhängigkeit der beiden Variablen A und B zu schliessen. Wir gehen folglich davon aus, dass in diesem Fall A und B abhängig sind. Die beiden Variablen A und B weisen also einen statistisch 'signifikanten' Zusammenhang auf.

Wie klein ist aber 'klein' bzw. wie gering muss 'gering' sein, damit unsere Schlussfolgerung tatsächlich berechtigt ist? Auf diese Frage gibt es keine klare Antwort. Dies ist dem subjektiven Sicherheitsempfinden des Einzelnen überlassen. Salopp ausgedrückt, könnte man sagen: 'Je kleiner die Überschreitungswahrscheinlichkeit, desto grösser die Sicherheit, dass die Schlussfolgerung, dass ein Zusammenhang vorliegt, zutrifft.' Üblicherweise legt man in der Statistik die Grenze bei etwa 0,05. Wenn also die Überschreitungswahrscheinlichkeit unter 0,05 liegt, dann würde man daraus schliessen, dass A und B einen statistisch signifikanten Zusammenhang aufweisen.

13.6 Vergleich relativer Häufigkeitsverteilungen

In dem vorherigen Abschnitt haben wir gesehen, wie wir durch Vergleich der relativen Häufigkeitsverteilungen der verschiedenen Zeilen und durch Vergleich der relativen Häufigkeitsverteilungen der Spalten einer Kreuztabelle feststellen können, ob eine Unabhängigkeit der Variablen vorliegt oder nicht. Wir wollen in diesem Abschnitt noch einige weitere Möglichkeiten zum Vergleich relativer Häufigkeitsverteilungen vorstellen. Diese weiteren Möglichkeiten sind sehr hilfreich bei der Interpretation der Resulate der später in diesem Kapitel noch vorzustellenden log-linearen Modellanalyse. Die einfachste Methode, um zwei relative Häufigkeitsverteilungen miteinander zu vergleichen, ist die Berechnung der Differenzen der relativen Häufigkeiten.

Tabelle 13.9: Tabelle 13.4 wiederholt

Table of A by B A Frequency Expected Deviation Percent Row Pct Col Pct	B 1	 2	total
1	86 66.0 20.0 28.67 71.67 52.12	34 54.0 -20.0 11.33 28.33 25.19	120 40.0
2	79 99.0 -20.0 26.33 43.89 47.88	101 81.0 20.0 33.67 56.11 74.81	180 60.0
total	165 55.00	135 45.00	300 100.00

13.6.1 Differenzen relativer Häufigkeiten

Um die relativen Häufigkeiten $\left(p_{j|i} = n_{ij}/n_{i\cdot}\right)$ *(bzgl. des Zeilentotals)* in der i-ten Zeile mit den relativen Häufigkeiten in der h-ten Zeile zu vergleichen, berechnen wir für jede Spalte die Differenz zwischen den entsprechenden relativen Häufigkeiten:

$$p_{j|i} - p_{j|h} \quad \text{für} \quad (j = 1, 2, \ldots, J) \quad .$$

In der Kreuztabelle 13.4 (hier nochmals wiederholt als Tabelle 13.9) erhalten wir so zwei Differenzen: 0,28 und $-0,28$. Diese Differenzen können theoretisch zwischen -1 und $+1$ variieren. Wir haben bereits gesehen, dass wenn die beiden Variablen A und B voneinander unabhängig sind, die relativen Häufigkeitsverteilungen identisch sein sollten, d.h. dass die Differenzen für den Vergleich der i-ten und h-ten Zeile Null betragen sollen. Verallgemeinert für den Fall, dass wir es mit einer $(I \times J)$-Kreuztabelle zu tun haben, kann man sagen, dass wenn die beiden Variablen A und B unabhängig voneinader sind, für jeden beliebigen Vergleich zweier Zeilen die Differenzen Null sein sollen. Das ist hier deutlich nicht der Fall. Was bedeutet diese Abweichung nun aber? Handelt es sich hier um eine schwerwiegende oder um eine unbedeutende Abweichung? Um diese Frage besser beantworten zu können, bezieht man sich häufig nicht auf die einfachen Differenzen, sondern auf das Verhältnis der relativen Häufigkeiten oder, wie man manchmal auch sagt, auf das *relative Risiko*.

13.6.2 Relatives Risiko bzw. Verhältnis relativer Häufigkeiten

Beim Vergleich von Differenzen relativer Häufigkeiten ist es häufig schwierig, die Bedeutung der Differenzen abzuschätzen. So ist die Differenz zwischen 0,010 und 0,001 genau 0,009, aber auch die Differenz zwischen 0,910 und 0,901 beträgt 0,009. Bei der blossen Betrachtung der Differenzen würde man also meinen, dass die Differenzen gleichbedeutend sind. Betrachten wir aber nicht nur die Differenzen, sondern auch die relativen Häufigkeiten, woraus sie gebildet wurden, dann würde man doch eher meinen,

dass die erste Differenz viel bedeutungsvoller ist als die
zweite. Immerhin ist die Differenz im ersten Fall 90% von
0,010 und im zweiten Fall nur knapp 1% von 0,910. Anstelle der Differenz zweier relativer Häufigkeiten verwendet
man darum für den Vergleich von relativen Häufigkeitsverteilungen auch das *Verhältnis* der relativen Häufigkeiten.
Dieses Verhältnis wird auch als relatives Risiko bezeichnet.
Für den Vergleich der *i*-ten mit der *h*-ten Zeile sind diese
Verhältnisse definiert als:

$$p_{j|i}/p_{j|h} \quad \text{für} \quad (j = 1, 2, \ldots, J) \quad .$$

Für die Kreuztabelle 13.9 betragen sie: 1,63 resp. 0,50. Das
relative Risiko kann zwischen 0 und ∞ variieren. Stimmen die relativen Häufigkeiten überein, was z.B. bei Unabhängigkeit der beiden Variablen zu erwarten wäre, dann
beträgt das relative Risiko genau 1. Das Verhältnis zwischen 0,010 und 0,001 beträgt 10, und das Verhältnis zwischen 0,910 und 0,901 liegt fast bei Eins. In Anbetracht
dieser Verhältnisse stellt die erste Differenz nun deutlich
eine viel bedeutendere Abweichung dar als die zweite.

13.6.3 Odds-Ratio

Eine völlig andere Weise, um die relativen Häufigkeitsverteilungen miteinander zu vergleichen, geht von der sog.
Odds-Ratio aus. Die *Odds* zweier Kategorien einer Verteilung beschreibt das Verhältnis zwischen den relativen
Häufigkeiten dieser beiden Kategorien. So wird das Verhältnis zwischen der ersten und zweiten Kategorie der Variablen *B* (vgl. Tabelle 13.9) durch die folgende Odds beschrieben:

$$0{,}55/0{,}45 = 1{,}22 \quad .$$

Odds – das Verhält-
nis der relativen
Häufigkeiten zwei-
er Kategorien einer
Variablen

Diese Odds beschreibt die relativen *Rand*-Häufigkeiten der
Variablen *B* und wird darum auch als *marginale* Odds
bezeichnet. Dementsprechend können wir aber auch eine
Odds für jede Zeile unserer Kreuztabelle berechnen. In der
ersten Zeile beträgt diese 2,53 und für die zweite Zeile 0,78.
In der ersten Zeile gibt es für jeden Respondenten in der
zweiten Spalte 2,53 Respondenten in der ersten. In der
zweiten Zeile kommen auf jeden Respondeten in der zweiten Spalte 0,78 Respondenten in der ersten. Diese Odds

gelten für die jeweilige Zeile und werden darum auch als *bedingte* Odds bezeichnet. Verallgemeinert ist die Odds der beiden Kategorien (Spalten) j und k innerhalb der i-ten Zeile definiert als:

$$\Omega_i = p_{j|i}/p_{k/i} \quad .$$

Um nun die relative Häufigkeitsverteilung in den verschiedenen Zeilen miteinander zu vergleichen, bildet man das Verhältnis der entsprechenden Odds der beiden Zeilen. Dieses Verhältnis bezeichnet man als *Odds-Ratio* Es ist leicht nachzuvollziehen, dass, wenn eine Unabhängigkeit der Variablen vorliegt, die entsprechenden Odds in den verschiedenen Zeilen gleich sind und damit die Odds-Ratio Eins beträgt. Die Odds-Ratio der j-ten und k-ten Kategorie (Spalte) und der i-ten und h-ten Zeile ist definiert als:

Odds-Ratio
– der Quotient oder das Verhältnis zweier Odds

$$\text{Odds-Ratio}_{ih} = \Theta_{ih} = \frac{\Omega_i}{\Omega_h} = \frac{p_{j|i}/p_{k/i}}{p_{j|h}/p_{k/h}} \quad .$$

In der Tabelle 13.9 beträgt die Odds-Ratio für den Vergleich der beiden Zeilen 3,24, was auf eine Abhängigkeit der Variablen hinweist. Wie das relative Risiko können auch Odds-Ratios von 0 bis ∞ variieren. Wenn die Odds-Ratio > 1, ist deutet dies darauf hin, dass die Respondenten in der ersten Zeile eine *grössere* Wahrscheinlichkeit aufweisen, der ersten Kategorie der Spaltenvariablen anzugehören, als die Respondenten in der zweiten Zeile. Wenn die Odds-Ratio $0 < \Theta < 1$ ist, dann bedeutet dies, dass die erste Kategorie der Spaltenvariablen in der ersten Zeile *weniger* wahrscheinlich als in der zweiten Zeile ist. Eine Odds-Ratio von 3,24 bedeutet allerdings *nicht*, dass die Wahrscheinlichleit $p_{1|1}$ 3,24-mal so gross ist wie $p_{1|2}$, sondern nur, dass die Odds der ersten Kategorie der Spaltenvariablen in der ersten Zeile 3,24-mal so gross ist wie die Odds in der zweiten Zeile. Wenn eine der Zellen eine relative Häufigkeit von Null aufweist, dann wird die Odds-Ratio entweder Null oder ∞ betragen. Je weiter die Odds-Ratios von Eins entfernt sind, desto stärker ist die Assoziation zwischen den beiden Variablen.

Allerdings ist zu beachten, dass, wenn wir die Reihenfolge der beiden Spalten j und k umkehren, sich zwar an der Stärke der Assoziation zwischen den beiden Variablen

selbstverständlich nichts ändert, trotzdem aber sich der
Wert der Odds-Ratio in ihre Inverse wandelt. Das gleiche
passiert, wenn die beiden Zeilen vertauscht werden. Die
Odds-Ratio für den Vergleich der beiden Zeilen in der Tabelle 13.9 würde beim Vertauschen der Spalten nur noch
$1/3{,}24 = 0{,}31$ betragen. Das ist natürlich etwas verwir-
rend. Lieber hätte man ein Mass für die Stärke des Zusammenhangs, das nicht von der Reihenfolge der Spalten
oder Zeilen abhängig ist. Zum Teil erreicht man dies, indem
man den natürlichen Logarithmus der Odds-Ratio berechnet. Das Resultat nennt man auch die *Log-Odds-Ratio* Im
ersten Fall (ohne Vertauschung der Spalten) beträgt die
Log-Odds-Ratio in der Tabelle 13.9 genau 1,176 und im
zweiten Fall (mit Vertauschung der Spalten) $-1{,}176$. Der
Betrag ist nun in beiden Fällen tatsächlich gleich, als Ausdruck einer gleich starken Assoziation. Nur das Vorzeichen
ist unterschiedlich. Das Vorzeichen gibt die Richtung der
Veränderung des Wahrscheinlichkeitsverhältnisses an.

Log-Odds-Ratio –
der natürliche Loga-
rithmus der Odds-
Ratio

Selbstverständlich können wir diese Masszahlen auch
für Kreuztabellen mit mehr als nur zwei Zeilen oder Spalten berechnen. Für die Berechnung der Odds-Ratios verwenden wir dann irgend eine beliebige Kombination von
Spaltenkategorien und irgend eine beliebige Kombination
zweier Zeilen. In einer $(I \times J)$-Kreuztabelle gibt es somit
$\binom{I}{2} * \binom{J}{2}$ verschiedene Odds-Ratios. Im Allgemeinen
beschränkt man sich aber auf die sog. *lokalen Odds-Ratios*.
Das sind die Odds-Ratios jeweils benachbarter Spalten und
Zeilen. Sie sind definiert als:

$$\Theta_{ij} = \frac{p_{i,j}\, p_{i+1,j+1}}{p_{i,j+1}\, p_{i+1,j}} \quad \text{für} \quad (i = 1, 2, \ldots, I-1) \text{ und}$$
$$(j = 1, 2, \ldots, J-1) \quad .$$

Betrachten wir dazu folgendes Beispiel: In einer grösseren
Befragung in Deutschland wurden die folgenden Fragen gestellt:

1. Würden Sie sagen, dass Sie selten oder oft mit einem
   PKW auf der Autobahn fahren?
2. Wenn Sie berücksichtigen, dass durch eine Geschwindigkeitsbegrenzung vom 100 km/h auf Autobahnen und
   80 km/h auf Bundesstrassen ein wesentlicher Beitrag

zur Rettung des Waldes geleistet werden könnte, wären Sie dann bereit, auf Autobahnen nicht schneller als 100 km/h und auf Bundesstrassen nicht schneller als 80 km/h zu fahren?

Es wurde vermutet, dass zwischen den Antworten auf diesen beiden Fragen ein Zusammenhang bzw. eine Assoziation besteht. Die entsprechende Kreuztabelle ist in Tabelle 13.10 dargestellt. Die Zeilen entsprechen den Antworten auf die erste Frage und die Spalten den Antworten auf die zweite Frage.

Betrachten wir zuerst die Differenz zwischen den Zeilenanteilen in der ersten Zeile und den entsprechenden Zeilenanteilen in den anderen Zeilen, dann erhalten wir das in Tabelle 13.11 dargestellte Resultat.

Es fällt sofort auf, dass keine dieser Differenzen genau Null beträgt, was bereits ein Hinweis auf einen möglichen Zusammenhang zwischen diesen beiden Variablen ist. Allerdings sehen wir auch, dass die meisten Differenzen relativ gering sind. Abgerundet auf eine Dezimalstelle nach dem Komma würden die meisten sogar Null betragen. Vergleichen wir die erste und letzte Zeile miteinander, dann springt ins Auge, dass nur in der ersten und in der letzten Spalte wesentliche Differenzen zu beobachten sind. Von jenen Personen, die sehr oft von der Autobahn Gebrauch machen, weigert sich ein bedeutend *grösserer* Anteil (Differenz < 0) kategorisch, weniger schnell zu fahren als bei den Personen, die sehr wenig Autobahnfahrten machen. Auch sind die 'Vielfahrer' im Vergleich zu den Personen, die sehr wenig Autobahnfahrten machen, viel weniger häufig bereit, sich in jedem Fall bei der Fahrtgeschwindigkeit einzuschränken. Auf gleiche Weise lassen sich auch die anderen Differenzen interpretieren. Eine ähnliche Tabelle lässt sich aber für den Vergleich zwischen der dritten Zeile und allen übrigen Zeilen aufstellen. Analog lassen sich auch die Spalten miteinander vergleichen. Wir wollen hier aber darauf verzichten und stattdessen schauen, wie wir die Häufigkeitsverteilungen in der Kreuztabelle anhand des *Verhältnisses der relativen Häufigkeiten* vergleichen können. Dazu berechnen wir erst die in Tabelle 13.12 dargestellten Verhältnisse zwischen den verschiedenen relativen Zeilenhäufigkeiten in der ersten Zeile.

Tabelle 13.10: Kreuztabelle der Häufigkeit von Autobahnfahrten und das freiwillige Einhalten von Geschwindigkeitsbeschränkungen im Interesse der Umwelt

Häufigkeit Anteil Zeilenanteil Spaltenanteil	nein, auf keinen Fall				ja, auf jeden Fall	total
sehr selten	22 0,0220 0,1401 0,1257	14 0,0140 0,0892 0,1489	22 0,0220 0,1401 0,1384	16 0,0160 0,1019 0,1194	17 0,0170 0,1083 0,1288	66 0,0661 0,4204 0,2171	157 0,1573 1,0000
	19 0,0190 0,0833 0,1086	22 0,0220 0,0965 0,2340	36 0,0361 0,1579 0,2264	35 0,0351 0,1535 0,2612	31 0,0311 0,1360 0,2348	85 0,0852 0,3728 0,2796	228 0,2285 1,0000
	37 0,0371 0,1595 0,2114	20 0,0200 0,0862 0,2128	39 0,0391 0,1681 0,2453	39 0,03910 0,1681 0,2910	30 0,0301 0,1293 0,2273	67 0,0671 0,2888 0,2204	232 0,2325 1,0000
	37 0,0371 0,1989 0,2114	14 0,0140 0,0753 0,1489	28 0,0281 0,1505 0,1761	26 0,0261 0,1398 0,1940	30 0,0301 0,1613 0,2273	51 0,0511 0,2742 0,1678	186 0,1864 1,0000
	31 0,0311 0,2541 0,1771	16 0,0160 0,1311 0,1702	24 0,0240 0,1967 0,1509	14 0,0140 0,1148 0,1045	17 0,0170 0,1393 0,1288	20 0,0200 0,1639 0,0658	122 0,1222 1,0000
sehr oft	29 0,0291 0,3973 0,1657	8 0,0080 0,1096 0,0851	10 0,0100 0,1370 0,0629	4 0,0040 0,0548 0,0299	7 0,0070 0,0960 0,0530	15 0,0150 0,2055 0,0493	73 0,0731 1,0000
total	175 0,1754 1,0000	94 0,0942 1,0000	159 0,1593 1,0000	134 0,1343 1,0000	132 0,1323 1,0000	304 0,3046 1,0000	998 1,0000

In der ersten Zeile sind die relativen Zeilenhäufigkeiten aus der ersten Zeile der Tabelle 13.10 nochmals aufgeführt. In der zweiten Zeile sind dann die Odds (Wahrscheinlichkeitsverhältnisse) zwischen der ersten Kategorie der Spaltenvariablen und den übrigen Kategorien der Spaltenva-

Tabelle 13.11: Differenz zwischen den Zeilenanteilen in der ersten Zeile und den entsprechenden Zeilenanteilen in den anderen Zeilen der Kreuztabelle 13.10

Differenz zwischen Zeile 1 und ...	nein, auf keinen Fall					ja, auf jeden Fall
... Zeile 2	0,0568	0,7955	−0,1780	−0,0516	−0,0277	0,0476
... Zeile 3	−0,0194	0,0030	−0,0280	−0,0662	−0,0210	0,1316
... Zeile 4	−0,0588	0,0139	−0,0104	−0,0379	−0,0530	0,1462
... Zeile 5	−0,1140	−0,0419	−0,0566	−0,0129	−0,0310	0,2565
... Zeile 6	−0,2572	−0,0204	0,0031	0,0471	0,0123	0,2149

Tabelle 13.12: Bedingte Odds für die Personen, die sehr selten von der Autobahn Gebrauch machen

	nein, auf keinen Fall					ja, auf jeden Fall
Zeilenanteile	0,1401	0,0892	0,1401	0,1019	0,0183	0,4204
nein, auf keinen Fall	1,00	1,57	1,00	1,37	1,29	0,33
	0,64	1,00	0.64	0,88	0,82	0,21
	1,00	1,57	1.00	1,37	1,29	0,33
	0,73	1,14	0.73	1,00	0,94	0,24
	0,77	1,21	0,77	1,06	1,00	0,26
ja, auf jeden Fall	3,00	4,71	3,00	4,13	3,88	1,00

riablen aufgeführt. In der dritten Zeile das Gleiche für das Verhältnis der zweiten Kategorie zu den übrigen Kategorien usw. Das Verhältnis der Wahrscheinlichkeit einer Kategorie zu sich selbst beträgt selbstverständlich Eins. Darum ist in der Hauptdiagolnalen dieser Tabelle jeweils eine Eins eingetragen. Wenn wir die erste Zeile mit Odds anschauen, dann fällt auf, dass die Wahrscheinlichkeit der ersten Kategorie (nein, auf keinen Fall) im Vergleich zu den anderen Kategorien relativ klein ist. Die erste Antwortkatego-

rie wird weniger gewählt als eine der anderen Kategorien
(Odds > 1). Eine Ausnahme bildet die letzte Kategorie.
Im Vergleich zu der letzten Kategorie (ja, auf jeden Fall)
wird die Kategorie (nein, auf keinen Fall) doch häufiger
gewählt (Odds < 1). Die Interpretation der übrigen Zeilen
dieser Tabelle erfolgt auf analoge Weise. Für jede Zeilen-
kategorie der Kreuztabelle 13.11 lässt sich so eine Tabelle
mit Odds erzeugen und entsprechend interpretieren (vgl.
Tabelle 13.13).

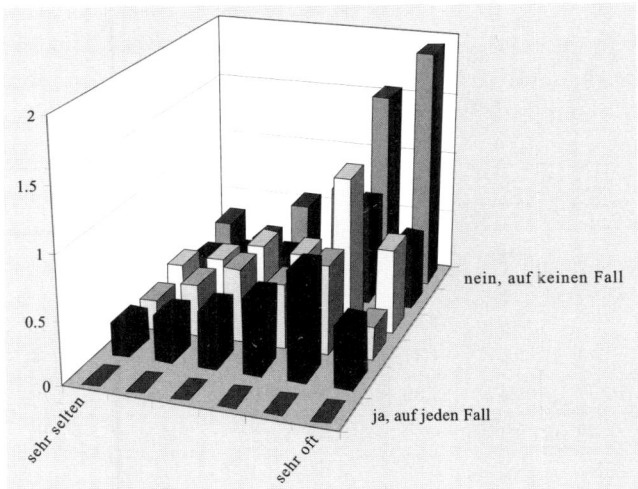

Abbildung 13.5: Graphische Darstellung des Vergleichs
von Odds

Figur 13.5 zeigt graphisch, wie sich jeweils die bedingten Odds in der letzten Spalte ändern, wenn die befragten Personen häufiger von der Autobahn Gebrauch machen (die erste Reihe Säulen wurden weggelassen, damit
die anderen nicht verdeckt werden). Wir sehen darin eine deutlich steigende Tendenz. Das Verhältnis der Wahrscheinlichkeit der verschiedenen Kategorien der Spaltenvariablen zur letzten Kategorie der Spaltenvariablen nimmt
im Grossen und Ganzen zu, wenn die Befragten häufiger
von der Autobahn Gebrauch machen. Das heisst, dass die
Wahrscheinlichkeit, dass diese Personen sich freiwillig ei-

Tabelle 13.13: Bedingte Odds für die verschiedenen Kategorien der Spaltenvariablen in Tabelle 13.10

		nein, auf keinen Fall					ja, auf jeden Fall
sehr selten	Zeilenanteile	0,1401	0,0892	0,1401	0,1019	0,0183	0,4204
	nein, auf keinen Fall	1,00	1,57	1,00	1,37	1,29	0,33
		0,64	1,00	0,64	0,88	0,82	0,21
		1,00	1,57	1,00	1,37	1,29	0,33
		0,73	1,14	0,73	1,00	0,94	0,24
		0,77	1,21	0,77	1,06	1,00	0,26
	ja, auf jeden Fall	3,00	4,71	3,00	4,13	3,88	1,00
	Zeilenanteile	0,1401	0,0892	0,1401	0,1019	0,0183	0,4204
	nein, auf keinen Fall	1,00	0,86	0,53	0,54	0,61	0,22
		1,16	1,00	0,61	0,63	0,71	0,26
		1,90	1,64	1,00	1,03	1,16	0,42
		1,84	1,59	0,97	1,00	1,13	0,41
		1,63	1,41	0,86	0,89	1,00	0,36
	ja, auf jeden Fall	4,48	3,86	2,36	2,43	2,74	1,00
	Zeilenanteile	0,1401	0,0892	0,1401	0,1019	0,0183	0,4204
	nein, auf keinen Fall	1,00	1,85	0,95	0,95	1,23	0,55
		0,54	1,00	0,51	0,51	0,67	0,30
		1,05	1,95	1,00	1,00	1,30	0,58
		1,05	1,95	1,00	1,00	1,30	0,58
		0,81	1,50	0,77	0,77	1,00	0,45
	ja, auf jeden Fall	1,81	3,35	1,72	1,72	2,23	1,00
	Zeilenanteile	0,1401	0,0892	0,1401	0,1019	0,0183	0,4204
	nein, auf keinen Fall	1,00	2,64	1,32	1,42	2,31	0,73
		0,38	1,00	0,50	0,54	0,87	0,27
		0,76	2,00	1,00	1,08	1,75	0,55
		0,70	1,86	0,93	1,00	1,62	0,51
		0,81	2,14	1,07	1,15	1,87	0,59
	ja, auf jeden Fall	1,38	3,64	1,82	1,96	3,18	1,00

Fortsetzung

		nein, auf keinen Fall					ja, auf jeden Fall
	Zeilenanteile	0,1401	0,0892	0,1401	0,1019	0,0183	0,4204
	nein, auf keinen Fall	1,00	1,94	1,29	2,21	1,82	1,55
		0,52	1,00	0,67	1,14	0,94	0,80
		0,77	1,50	1,00	1,71	1,41	1,20
		0,45	0,88	0,58	1,00	0,82	0,70
		0,55	1,06	0,71	1,21	1,00	0,85
	ja, auf jeden Fall	0,65	1,25	0,83	1,43	1,18	1,00
sehr oft	Zeilenanteile	0,1401	0,0892	0,1401	0,1019	0,0183	0,4204
	nein, auf keinen Fall	1,00	3,63	2,90	7,25	4,14	1,93
		0,28	1,00	0,80	2,00	1,14	0,53
		0,34	1,25	1,00	2,50	1,43	0,67
		0,14	0,50	0,40	1,00	0,57	0,27
		0,24	0,88	0,70	1,75	1,00	0,47
	ja, auf jeden Fall	0,52	1,88	1,50	3,75	2,14	1,00

ne Geschwindigkeitsbegrenzung auferlegen, geringer wird, wenn sie häufiger von der Autobahn Gebrauch machen. Weiter oben haben wir aber auch geschildert, wie man diese Tendenz auch zahlenmässig festhalten kann. Wir berechnen dazu das Verhältnis der bedingten Odds bzw. die Odds-Ratios. In Tabelle 13.14 sind z.B. die Odds-Ratios für den Vergleich der bedingten Odds jener Leute, die sehr selten von der Autobahn Gebrauch machen, mit jenen Leuten, die sehr oft von der Autobahn Gebrauch machen, aufgeführt.

Selbstverständlich lässt sich auch jetzt wieder eine Vielzahl solcher Tabellen erstellen, je nachdem, welche Zeilen der ursprünglichen Kreuztabelle wir gerade miteinander vergleichen möchten. Bis jetzt haben wir uns auch auf den Vergleich von Zeilen der ursprünglichen Kreuztabelle beschränkt. Analog können wir aber auch mittels der Differenzen, den bedingten Odds und den Odds-Ratios bzw. Log-Odds-Ratios Spalten miteinander vergleichen. Wir werden es hier aber bei diesem Beispiel belassen. Schliesslich haben wir gezeigt, dass wir in einer zwei-dimensionalen

Tabelle 13.14: Odds-Ratios und Log-Odds-Ratios für den Vergleich der bedingten Odds der Personen, die sehr selten von der Autobahn Gebrauch machen, mit den bedingten Odds der Personen, die sehr oft von der Autobahn Gebrauch machen

Odds-Ratios	nein, auf keinen Fall					ja, auf jeden Fall
nein, auf keinen Fall	1,00	0,43	0,34	0,19	0,31	0,17
	2,31	1,00	0,80	0,44	0,72	0,40
	2,90	1,26	1,00	0,55	0,91	0,50
	5,27	2,28	1,82	1,00	1,65	0,91
	3,20	1,39	1,10	0,61	1,00	0,55
ja, auf jeden Fall	5,80	2,51	2,00	1,10	1,81	1,00

Log-Odds-Ratios	nein, auf keinen Fall					ja, auf jeden Fall
nein, auf keinen Fall	0,00	−0,84	−1,06	−1,66	−1,16	−1,76
	0,84	0,00	−0,23	−0,83	−0,33	−0,92
	1,06	0,23	0,00	−0,60	−0,10	−0,69
	1,66	0,83	0,60	0,00	0,50	−0,10
	1,16	0,33	0,10	−0,50	0,00	−0,60
ja, auf jeden Fall	1,76	0,92	0,69	0,10	0,60	0,00

Kreuztabelle, in der jede Variable mehr als nur zwei Kategorien aufweist, eine Vielzahl von Odds-Ratios berechnen können. In Tabelle 13.15 sind schliesslich noch die lokalen Odds-Ratios und die lokalen Log-Odds-Ratios der urspünglichen Kreuztabelle (13.10) dargestellt. In beiden Subtabellen stehen die Odds-Ratios bzw. die Log-Odds-Ratios für das Verhältnis zwischen den Zeilenanteilen der betreffenden und der nächsten Spalte und für den Vergleich der betreffenden und der nächsten Zeile. Für die letzte Spalte bzw. letzte Zeile gibt es keine *nächste* Spalte oder Zeile mehr und darum lassen sich keine Odds-Ratios bzw. Log-Odds-Ratios mehr berechnen. Was bedeutet es

Tabelle 13.15: *Lokale* Odds-Ratios und *lokale* Log-Odds-Ratios der Kreuztabelle 13.10

Odds-Ratios	nein, auf keinen Fall					ja, auf jeden Fall
sehr selten	1,82	1,04	1,34	0,83	0,70	
	0,47	1,19	1,03	0,87	0,81	
	0,70	1,03	0,93	1,50	0,76	
	1,36	0,75	0,63	1,05	0,69	
	0,53	0,83	0,69	1,44	1,82	
sehr oft						

Log-Odds-Ratios	nein, auf keinen Fall					ja, auf jeden Fall
sehr selten	0,60	0,04	0,29	−0,18	−0,35	
	−0,76	0,18	0,03	−0,14	−0,21	
	−0,36	0,03	−0,07	0,40	−0,27	
	0,31	−0,29	−0,47	0,05	−0,37	
	−0,63	−0,18	−0,38	0,37	0,60	
sehr oft						

aber, wenn eine lokale Odds-Ratio z.B. Θ_{ij} 1,82 beträgt (vgl. Zelle links oben in der Tabelle 13.5 für Log-Odds)? Eine Odds-Ratio von 1,82 weist darauf hin, dass das Wahrscheinlichkeitsverhältnis (Odds) der Kategorie 'nein, auf keinen Fall' und der benachbarten Kategorie um einen Faktor 1,82 zunimmt, wenn man von der ersten Zeile 'sehr selten' zur nächsten Zeile wechselt. Ausgehend von der Zelle links oben in unserer ursprünglichen Kreuztabelle 13.10 wird also die Chance, dass jemand bereit ist, freiwillig Geschwindigkeitsbeschränkungen einzuhalten, kleiner, wenn die Befragten häufiger von der Autobahn Gebrauch machen.

Gehen wir allerdings von der ersten Zelle in der zweiten Zeile unserer ursprünglichen Kreuztabelle aus, dann beträgt die Odds-Ratio nur noch 0,47. Dies bedeutet, dass das Wahrscheinlichkeitsverhältnis (Odds) der Kategorie 'nein, auf keinen Fall' und der benachbarten Kategorie um einen Faktor 0,47 *abnimmt*, wenn man von der zweiten Zeile zur dritten Zeile wechselt (also noch häufiger von der Autobahn Gebrauch macht). Ausgehend von der ersten Zelle in der zweiten Zeile in unserer unrsprünglichen Kreuztabelle 13.10 wird also die Chance, dass jemand bereit ist, freiwillig Geschwindigkeitsbeschränkungen einzuhalten, *grösser*, wenn die Befragten noch häufiger von der Autobahn Gebrauch machen. Wir erhalten in diesem Fall also ein nicht sehr einheitliches Bild.

Es lässt sich zeigen, dass eine enge Beziehung zwischen den Odds-Ratios und den log-linearen Modellen besteht. Deswegen trifft man diese Begriffe in der Fachliteratur häufig an. Wir werden uns aber nicht weiter um diese Beziehung kümmern und die Odds-Ratios nur zur Beschreibung der Zusammenhänge innerhalb einer Kreuztabelle verwenden. Insbesondere werden wir ihnen bei der Analyse ordinaler Variablen mittels log-linearer Modelle noch begegnen.

13.7 Masse für die Stärke des Zusammenhangs

Sobald wir mittels eines Chi-Quadrat-Tests festgestellt haben, dass es einen statistisch signifikanten Zusammenhang zwischen den Variablen A und B gibt, stellt sich die Frage, wie stark dieser Zusammenhang ist. Analog zum Korrelationskoeffizienten als Ausdruck für die Stärke des linearen Zusammenhangs zwischen zwei metrisch skalierten Variablen suchen wir eine Masszahl für die Stärke des Zusammenhangs zwischen zwei kategorial skalierten Variablen. Es wurden dazu eine Reihe von Masszahlen entwickelt. Wir werden uns hier auf die wichtigsten beschränken.

13.7.1 Kontingenzkoeffizient

Der Kontingenzkoeffizient basiert auf der X^2-Teststatistik. Die X^2-Teststatistik hat jedoch den Nachteil, dass sie sehr stark von N abhängig ist und keine Obergrenze hat. Mit dem Kontingenzkoeffizienten hat man versucht, diese Nachteile zu beheben:

$$C = \sqrt{\frac{X^2}{X^2 + N}} \quad .$$

Wenn keine Assoziation vorliegt, weist sie einen Wert von Null auf. Wenn die Stärke der Assoziation zunimmt, dann nähert sich der Kontingenzkoeffizient dem Wert Eins. Selbst wenn eine perfekte Assoziation vorliegt, erreicht er aber nicht immer den Wert Eins. In quadratischen Kreuztabellen, also Kreuztabellen mit gleich vielen Spalten wie Zeilen, liegt sein Maximum bei $\sqrt{(I-1)/I}$, wobei I die Anzahl Spalten/Anzahl Zeilen darstellt. Um auch diesen Nachteil zu beheben, berechnet man manchmal auch den korrigierten Kontingenzkoeffizienten:

$$C_{adj} = \frac{C}{C_{max}} \quad .$$

Diese Korrektur hat jedoch nur im Falle quadratischer Kreuztabellen Sinn.

13.7.2 Cramers V

Cramers V versucht, die Nachteile des Kontingenzkoeffizienten zu überwinden, indem die Dimensionen der Kreuztabelle explizit berücksichtigt werden:

$$V = \sqrt{\frac{X^2}{N\,m}} \quad ,$$

wobei m die kleinste von $(I-1)$ oder $(J-1)$ darstellt.

In Analogie zum Korrelationskoeffizienten variiert auch diese Grösse zwischen 0 und 1. Es ist jedoch schwer zu sagen, wie stark nun eigentlich eine Assoziation ist, wenn der Wert zwischen 0 und 1 liegt. Man greift darum häufig lieber zu Assoziationsmassen, die nicht auf der X^2-Teststatistik basieren.

13.7.3 Proportionale Fehler-Reduktion

Die Proportionale Fehler-Reduktion bzw. *proportional reduction in error = PRE*, ist ein Assoziationsmass, das auf einer einfachen Idee einer Assoziation aufbaut. Stellen wir uns z.B. vor, dass wir rein zufällig Personen aus einer

Grundgesamtheit ziehen und ihre Ausprägung bezüglich einer Variablen A versuchen zu raten. Wenn ich nichts über diese Person weiss, werde ich dabei selbstverständlich ziemlich viele Fehler machen. Wenn ich aber weiss, was für eine Ausprägung diese Person bzgl. der Variablen B – die eng mit der Variablen A zusammenhängt – hat, dann werde ich wahrscheinlich schon deutlich weniger Fehler machen. Die Fehlerrate reduziert sich, wenn ich B kenne. Wenn die Assoziation zwischen A und B perfekt ist, dann wird man A sogar genau vorhersagen können. Dies führt zu einer maximalen Fehlerreduktion. Ist die Assoziation nicht ganz perfekt, dann wird man auch weiterhin Fehler machen, wenn auch weniger als wenn man gar keine Kenntnis von B hätte:

$$PRE_A = \frac{p(A) - p(B)}{p(A)} \quad ,$$

wobei $p(A) =$ Wahrscheinlichkeit eines Fehlers bei der Schätzung von A ohne Kenntnisse von B, und $p(B) =$ Wahrscheinlichkeit eines Fehlers bei der Schätzung von A mit Kenntnissen von B.

Wenn keine Assoziation vorliegt, ist $PRE_A = 0$. Wenn dagegen perfekte Assoziation vorliegt, nimmt PRE_A den Wert Eins an. Es gibt jedoch auch Situationen, in denen statistisch gesehen keine Unabhängigkeit besteht und PRE_A trotzdem den Wert Null annimmt. Dies passiert vor allem dann, wenn die Randverteilung über die Kategorien von A sehr schief ist.

Analog lässt sich PRE_B berechnen. Diese beiden Masse werden nicht unbedingt auch den gleichen Wert annehmen, obwohl sie auf der gleichen Assoziation beruhen. Sie sind also davon abhängig, welche Variable man als die zu schätzende bzw. als die zu erklärende Variable bezeichnet. Dieses Assoziationsmass eignet sich also gut für (asymmetrische) Fragestellungen, in denen man zwischen einer abhängigen (zu erklärenden) Variablen und einer unabhängigen (erkärenden) Variablen unterscheidet. Es gibt nun verschiedene Verfahren, um $p(A)$ und $p(B)$ zu berechnen.

13.7.4 Goodman und Kruskals Lambda (asymmetrisch)

Wenn man nichts über B weiss, so wird bei der asymmetrischen Variante von Goodman und Kruskals Lambda angenommen, dass immer auf jene Kategorie von A getippt wird, die die grösste relative Häufigkeit aufweist. Die Fehlerrate wird dann Eins minus diese relative Häufigkeit betragen. Wenn Kenntnisse über die Ausprägung von B vorliegen, dann wird man auf jene Kategorie von A tippen, deren relative Häufigkeit *bezüglich dem Randtotal der betreffenden Kategorie von B* maximal ist. Die Fehlerrate beträgt dann wiederum Eins minus diese relative Häufigkeit. Für jede Kategorie von B lässt sich so eine Fehlerrate bestimmen. Wenn wir jeweils genau wisssen, welche Ausprägung eine befragte Person bzgl. B aufweist, dann entspricht die gesamte Fehlerrate der gewichteten Summe der Fehlerraten für die jeweiligen Kategorien von B (gewichtet nach der relativen Häufigkeit der entsprechenden Kategorie):

$$\lambda_A = \frac{\sum_{j=1}^{J} max(p_j) - max(p_{i.})}{1 - max(p_{i.})} \quad ,$$

wobei $max(p_{i.})$ die grösste relative Randhäufigkeit von A und $max(p_j)$ die grösste relative Zellenhäufigkeit in der j-ten Spalte von B darstellt.

Ausgedrückt in absoluten Häufigkeiten kann man auch schreiben:

$$\lambda_A = \frac{\sum_{j=1}^{J} max(n_j) - max(n_{i.})}{N - max(n_{i.})} \quad ,$$

wobei $max(n_{i.})$ die grösste absolute Randhäufigkeit von A und $max(n_j)$ die grösste absolute Zellenhäufigkeit in der j-ten Spalte von B darstellt.

13.7.5 Goodman und Kruskals Lambda (symmetrisch)

Die symmetrische Version von Goodman und Kruskals Lambda wird dann als Assoziationsmass verwendet, wenn keine klare Trennung zwischen einer abhängigen und einer unabhängigen Variablen möglich ist. Das Grundprinzip bleibt dabei gleich, nur geht man jetzt davon aus, dass bei der Hälfte aller Personen die Ausprägung von A und bei der anderen Hälfte die Ausprägung von B geschätzt wird. Es lässt sich dann zeigen, dass

$$
\begin{aligned}
\lambda &= \frac{\sum\limits_{j=1}^{J} max(p_j) + \sum\limits_{i=1}^{I} max(p_i) - max(p_{i\cdot}) - max(p_{\cdot j})}{2 - max(p_{i\cdot}) - max(p_{\cdot j})} \\
&= \frac{\sum\limits_{j=1}^{J} max(n_j) + \sum\limits_{i=1}^{I} max(n_i) - max(n_{i\cdot}) - max(n_{\cdot j})}{2 - max(n_{i\cdot}) - max(n_{\cdot j})} \quad .
\end{aligned}
$$

13.8 Ein log-lineares Modell zur Analyse des Zusammenhangs zwischen zwei Variablen

Die Analyse der Zusammenhänge zwischen Variablen anhand des Vergleichs der erwarteten Häufigkeiten mit den tatsächlich beobachteten Häufigkeiten, so, wie wir dies beim Chi-Quadrat-Test durchgeführt haben, lässt sich mittels log-linearer Modellanalyse auch in komplexeren Situationen (z.B. mit mehr als zwei Variablen) verallgemeinern. Wir betrachten dazu aber erst die uns bereits bekannte Situation mit nur zwei Variablen und modellieren unsere Hypothese, dass die beiden Variablen in der Grundgesamtheit keinen Zusammenhang aufweisen, anhand eines log-linearen Modells.

Ausgangspunkt dabei waren die unter der Annahme unserer Hypothese zu erwartenden Häufigkeiten:

$$
\hat{n}_{ij} = p_{i\cdot} * p_{\cdot j} * N = \frac{n_{i\cdot} * n_{\cdot j}}{N} \quad .
$$

Wir logarithmieren nun beide Seiten dieser Gleichung und erhalten damit:

$$
\begin{aligned}
ln\,\hat{n}_{ij} &= ln\,n_{i\cdot} + ln\,n_{\cdot j} - lnN \\
&= ln\,(p_{i\cdot} * N) + ln\,(p_{\cdot j} * N) - ln\,N \\
&= ln\,p_{i\cdot} + ln\,N + ln\,p_{\cdot j} + ln\,N - ln\,N \\
&= lnN + ln\,p_{i\cdot} + ln\,p_{\cdot j} \quad .
\end{aligned}
$$

Wir sehen nun, dass der natürliche Logarithmus der erwarteten Häufigkeit einer Zelle in unserer Kreuztabelle sich aus der Summe von drei Zahlen zusammensetzt. Die erste Zahl ($ln\,N$) ist für alle Häufigkeiten bzw. für alle Zellen unserer Kreuztabelle gleich. Diese Zahl ist lediglich vom Umfang unserer Stichprobe abhängig. Die beiden anderen Zahlen sind von den Randhäufigkeiten der entsprechenden Variablen abhängig. Sie stellen den Einfluss der beiden Variablen A und B auf die erwartete Zellenhäufigkeit dar, unter der Annahme, dass diese beiden Variablen keinen Zusammenhang aufweisen bzw. unabhängig voneinander sind. Wir werden weiter unten noch ausführlicher auf diese Interpretation zurückkommen. Vereinfacht können wir diesen Sachverhalt wie folgt darstellen:

$$ln\,\hat{n}_{ij} = \lambda + \lambda_i^A + \lambda_j^B \quad ,$$

wobei

$$\lambda = \frac{1}{IJ} \sum_{i=1}^{I} \sum_{j=1}^{J} ln\,\hat{n}_{ij}$$

$$\lambda_i^A = \frac{1}{J} \sum_{j=1}^{J} ln\,\hat{n}_{ij} - \lambda$$

$$\lambda_j^B = \frac{1}{I} \sum_{i=1}^{I} ln\,\hat{n}_{ij} - \lambda \quad .$$

Dieser Ausdruck ist also nichts anderes als eine andere Formulierung unserer Hypothese bzw. der (logarithmierten) erwarteten Häufigkeiten. Sie ist das *log-lineare Modell* für die Hypothese, dass die beiden Variablen statistisch gesehen keinen Zusammenhang aufweisen. Die drei λ-Terme bezeichnen wir als die *Parameter* unseres Modells. Dieser Modellausdruck lässt sich selbstverständlich wieder in die ursprüngliche Formulierung umformen.

In einem ersten Schritt setzen wir dazu die Formeln für unsere drei λ-Parameter in die obige Gleichung ein. Wir erhalten dann:

log-lineares Modell
$- ln\,\hat{n}_{ij} = \lambda + \lambda_i^A + \lambda_j^B + \lambda_{ij}^{AB} + \dots$

$$ln\,\hat{n}_{ij} \;=\; \frac{1}{IJ}\sum_{i=1}^{I}\sum_{j=1}^{J}ln\,\hat{n}_{ij} + \frac{1}{J}\sum_{j=1}^{J}ln\,\hat{n}_{ij} - \frac{1}{IJ}\sum_{i=1}^{I}\sum_{j=1}^{J}ln\,\hat{n}_{ij} +$$

$$\frac{1}{I}\sum_{i=1}^{I}ln\,\hat{n}_{ij} - \frac{1}{IJ}\sum_{i=1}^{I}\sum_{j=1}^{J}ln\,\hat{n}_{ij}$$

$$=\; \frac{1}{J}\sum_{j=1}^{J}ln\,\hat{n}_{ij} + \frac{1}{I}\sum_{i=1}^{I}ln\,\hat{n}_{ij} - \frac{1}{IJ}\sum_{i=1}^{I}\sum_{j=1}^{J}ln\,\hat{n}_{ij} \quad .$$

Wir sehen nun, dass in dieser Formulierung der Ausdruck $ln\,\hat{n}_{ij}$ verschiedene Male vorkommt. Der erste Term enthält die Summe von $ln\,\hat{n}_{ij}$ über die i Kategorien der Variablen A, der zweite Term die Summe von $ln\,\hat{n}_{ij}$ über die j Kategorien von B und der letzte Term die Summe von $ln\,\hat{n}_{ij}$ über i und j. Als zweiter Schritt summieren wir darum unsere ursprüngliche Gleichung

$$ln\,\hat{n}_{ij} = ln\,n_{i.} + ln\,n_{.j} - ln\,N$$

einmal über die i Kategorien der Variablen A, einmal über die j Kategorien von B und schliesslich einmal sowohl über i als auch j und bekommen dann die folgenden drei Gleichungen:

$$\sum_{i=1}^{I}ln\,\hat{n}_{ij} \;=\; \sum_{i=1}^{I}ln\,n_{i.} + \sum_{i=1}^{I}ln\,n_{.j} - \sum_{i=1}^{I}ln\,N$$

$$=\; \sum_{i=1}^{I}ln\,n_{i.} + I\,ln\,n_{.j} - \sum_{i=1}^{I}ln\,N$$

$$\sum_{j=1}^{J}ln\,\hat{n}_{ij} \;=\; \sum_{j=1}^{J}ln\,n_{i.} + \sum_{j=1}^{J}ln\,n_{.j} - \sum_{j=1}^{J}ln\,N$$

$$=\; J\,ln\,n_{i.} + \sum_{j=1}^{J}ln\,n_{.j} - \sum_{j=1}^{J}ln\,N$$

$$\sum_{i=1}^{I}\sum_{j=1}^{J}ln\,\hat{n}_{ij} \;=\; \sum_{i=1}^{I}\sum_{j=1}^{J}ln\,n_{i.} + \sum_{i=1}^{I}\sum_{j=1}^{J}ln\,n_{.j} - \sum_{i=1}^{I}\sum_{j=1}^{J}ln\,N$$

$$=\; J\sum_{i=1}^{I}ln\,n_{i.} + I\sum_{j=1}^{J}ln\,n_{.j} - IJ\,ln\,N \quad .$$

Diese setzen wir für die entsprechenden Summenterme in der im ersten Schritt erhaltenen Gleichung ein und bekommen dann:

$$
\begin{aligned}
ln\,\hat{n}_{ij} &= \frac{1}{J}\left(J\,ln\,n_{i\cdot} + \sum_{j=1}^{J} ln\,n_{\cdot j} - \sum_{j=1}^{J} ln\,N\right) + \\
&\quad + \frac{1}{I}\left(\sum_{i=1}^{I} ln\,n_{i\cdot} + I\,ln\,n_{\cdot j} - \sum_{i=1}^{I} ln\,N\right) + \\
&\quad - \frac{1}{IJ}\left(J\sum_{i=1}^{I} ln\,n_{i\cdot} + I\sum_{j=1}^{J} ln\,n_{\cdot j} - IJ\,ln\,N\right) \\
&= ln\,n_{i\cdot} + \frac{1}{J}\sum_{j=1}^{J} ln\,n_{\cdot j} - ln\,N + \frac{1}{I}\sum_{i=1}^{I} ln\,n_{i\cdot} + \\
&\quad + ln\,n_{\cdot j} - ln\,N - \frac{1}{I}\sum_{i=1}^{I} ln\,n_{i\cdot} - \frac{1}{J}\sum_{j=1}^{J} ln\,n_{\cdot j} + ln\,N \\
&= ln\,n_{i\cdot} + ln\,n_{\cdot j} - ln\,N \quad,
\end{aligned}
$$

womit wir dann wieder zurück bei unserer ersten logarithmierten Gleichung wären.

13.9 Interpretation der Parameter

Durch die Logarithmierung unserer ursprünglichen Gleichung für die Unabhängigkeit der Variablen A und B haben wir eine lineare Gleichung

$$ ln\,\hat{n}_{ij} = \lambda + \lambda_i^A + \lambda_j^B $$

erhalten. Diese ähnelt einer linearen Regressionsgleichung einer Regressionsanalyse mit Dummy-Variablen:

$$ Y = \beta_0 + \beta_i\,D_i^A + \beta_j\,D_j^B \quad, $$

wobei D_i^A die Dummy-Variable für das Zutreffen der i-ten Kategorie der Variablen A und D_j^B die Dummy-Variable für das Zutreffen der j-ten Kategorie der Variablen B darstellen. Die 'abhängige' Variable (der Term links vom Gleichheitszeichen) ist aber im log-linearen Fall nicht eine der Variablen A und B, sondern besteht aus den (logarithmierten erwarteten) Häufigkeiten der verschiedenen Zellen unserer Kreuztabelle. Diese Häufigkeiten werden durch das Zutreffen oder Nicht-Zutreffen der Kategorien unserer ursprünglichen Variablen geprägt. Wenn zwei Variablen keinen Zusammenhang miteinander aufweisen, werden sie auch unabhängig voneinander ihren Einfluss auf die Zellenhäufigkeiten ausüben. Weisen sie jedoch einen Zusammenhang auf, dann wird das gemeinsame Auftreten gewisser Ausprägungen von A und B darüber hinaus eine verstärkte Wirkung auf die Zellenhäufigkeiten ausüben. Wir können die Parameter unserer linearen Gleichung dementsprechend interpretieren.

Haupteffekte – Effekte der Randverteilungen der Variablen auf die Zellenhäufigkeiten

So enthält das log-lineare Modell für die Unabhängigkeit zweier Variablen drei Parameter: λ, λ_i^A, und λ_j^B. Der erste Parameter entspricht dem Durchschnitt der logarithmierten erwarteten Häufigkeiten aller Zellen. Er stellt die erwartete Zellenhäufigkeit dar, falls wir nichts über die Verteilung der Variablen A und B über ihre Kategorien und über ihren Zusammenhang wissen. Die Parameter λ_i^A und λ_j^B stellen die jeweilige Abweichung der erwarteten logarithmierten Zellenhäufigkeit von diesem Durchschnitt dar. Der Parameter λ_i^A entspricht somit dem Einfluss der Ausprägung i der Variablen A auf die erwartete logarithmierte Zellenhäufigkeit. Er wäre ein Ausdruck für die Anpassung unserer Schätzung für die Zellenhäufigkeiten, wenn wir zusätzlich die Häufigkeitsverteilung der Variablen A über ihre Kategorien kennen würden. Analog entspricht λ_j^B dem Einfluss der Ausprägung j der Variablen B auf die erwartete logarithmierte Zellenhäufigkeit. Oder anders gesagt: Es entspricht der Anpassung unserer Schätzung für die Zellenhäufigkeiten, die wir vornehmen, wenn wir zusätzlich die Häufigkeitsverteilung der Variablen B kennen. Diese beiden Einflussfaktoren bezeichnet man auch als *Haupteffekte* der Variablen A und B.

Da diese Haupteffekte jeweils eine Abweichung vom Durchschnitt darstellen, muss die Summe dieser Effekte über alle Kategorien der jeweiligen Variablen Null betragen. Neben unserer Modellgleichung

$$ln\,\hat{n}_{ij} = \lambda + \lambda_i^A + \lambda_j^B$$

müssen darum folgende Nebenbedingungen erfüllt sein:

$$\sum_{i=1}^{I} \lambda_i^A = 0$$

$$\sum_{j=1}^{J} \lambda_j^B = 0 \quad .$$

13.10 Weitere mögliche log-lineare Modelle

Die Hypothese, dass die beiden Variablen A und B keinen Zusammenhang aufweisen, ist nur eine mögliche Hypothese unter vielen. Dies gilt auch für das entsprechende log-lineare Modell. Es ist nur eine bestimmte Variante unter vielen möglichen log-linearen Modellen für zwei Variablen. Die allgemeinste Form eines log-linearen Modell für zwei Variablen sieht wie folgt aus:

$$ln\,\hat{n}_{ij} = \lambda + \lambda_i^A + \lambda_j^B + \lambda_{ij}^{AB} \quad ,$$

wobei $\lambda_{ij}^{AB} = ln\,\hat{n}_{ij} - \lambda_i^A - \lambda_j^B - \lambda$.

Es enthält alle möglichen denkbaren Effekte der Variablen A und B auf die erwarteten (logarithmierten) Zellenhäufigkeiten. Darum nennt man dieses Modell auch das *saturierte* oder *gesättigte* Modell. Neben dem Durchschnitt und den Haupteffekten enthält es auch einen Term für den Einfluss des *Zusammenwirkens* bzw. der *Interaktion* der beiden Variablen A und B auf die erwarteten (logarithmierten) Zellenhäufigkeiten. Auch für diesen Interaktionseffekt gilt übrigens, dass dessen Summe über die Kategorien von A *und* über die Kategorien von B Null betragen muss. Für das saturierte Modell gilt also zusätzlich noch die Nebenbedingung:

saturiertes Modell
– Modell mit allen denkbaren Effekten

Interaktionseffekt
– Effekt des Zusammenhangs zweier Variablen auf die Zellenhäufigkeiten

$$\sum_{i=1}^{I} \lambda_{ij}^{AB} = \sum_{j=1}^{J} \lambda_{ij}^{AB} = 0 \quad .$$

Wenn die beiden Variablen A und B keinen Zusammenhang aufweisen, ist dieser zusätzlicher Effekt des Zusammenwirkens (bzw. des Zusammenhangs) zwischen A und B auf die erwarteten Zellenhäufigkeiten gleich Null. Unser

Chi-Quadrat-Test für die Unabhängigkeit der beiden Variablen A und B entspricht also dem Test der Hypothese, dass $\lambda_{ij}^{AB} = 0$.

Ausser dieser Hypothese wäre es auch denkbar, dass wir zusätzlich erwarten, dass die beiden Kategorien der Variablen B gleich wahrscheinlich sind. Das entsprechende loglineare Modell lautet dann:

$$ln\,\hat{n}_{ij} = \lambda + \lambda_i^A \quad .$$

In diesem Modell beträgt nicht nur der Interaktionseffekt zwischen A und B, sondern auch der Haupteffekt der Variablen B Null.

Analog können wir die Hypothese formulieren, dass nicht die Kategorien von B, sondern die Kategorien von A gleich wahrscheinlich sind. Dies führt dann zu folgendem loglinearen Modell:

$$ln\,\hat{n}_{ij} = \lambda + \lambda_j^B \quad .$$

Schliesslich ist auch noch denkbar, dass sowohl die Kategorien von A als auch die Kategorien von B jeweils gleich wahrscheinlich sind. Dies führt zum Minimalmodell oder 'Null-Modell':

$$ln\,\hat{n}_{ij} = \lambda \quad .$$

Bezeichnung	Modell	Anzahl Freiheitsgrade
gesättigtes Modell	$ln\,\hat{n}_{ij} = \lambda + \lambda_i^A + \lambda_j^B + \lambda_{ij}^{AB}$	0
Unabhängigkeitsmodell	$ln\,\hat{n}_{ij} = \lambda + \lambda_i^A + \lambda_j^B$	$(I-1)(J-1)$
kein B-Effekt	$ln\,\hat{n}_{ij} = \lambda + \lambda_i^A$	$I(J-1)$
kein A-Effekt	$ln\,\hat{n}_{ij} = \lambda + \lambda_j^B$	$J(I-1)$
Null-Modell	$ln\,\hat{n}_{ij} = \lambda$	$IJ-1$

Im Weiteren sind auch Modelle wie z.B.

$$ln\,n_{ij} = \lambda + \lambda_{ij}^{AB}$$

hierarchische Modelle – enthalten für jeden vorhandenen Effekt auch die entsprechenden Effekte niederer Ordnung

oder

$$ln\,n_{ij} = \lambda + \lambda_i^A + \lambda_{ij}^{AB}$$

denkbar. Im Gegensatz zu den vorherigen Modellen sind diese beiden letzten Modelle aber nicht *hierarchisch* aufgebaut. Sie enthalten 'höhere' Interaktionseffekte, während

nicht alle 'niedrigeren' Haupteffekte der in diesem Interaktionseffekt involvierten Variablen ins Modell aufgenommen
sind. So weist das letzte Modell einen Interaktionseffekt
zwischen A und B auf, während aber der Haupteffekt von
B fehlt.

In der Praxis beschränkt man sich auf hierarchische Modelle. Auch in diesem Kapitel werden wir nur hierarchisch
aufgebaute log-lineare Modelle betrachten. Hierarchische
Modelle sind erheblich einfacher mit Hilfe des Computers
zu berechnen. Auch die Interpretation nicht-hierarchischer
Modelle bereitet uns vielfach grosse Schwierigkeiten. Wir
wissen dann meistens gar nicht mehr, wie unter diesen
Umständen Interaktionseffekte zu interpretieren sind.

Bisher haben wir uns auf log-lineare Modelle für die
Analyse der Zusammenhänge zwischen lediglich zwei Variablen beschränkt. Das Verfahren lässt sich aber ohne weiteres auch auf Situationen erweitern, in denen wir die Zusammenhänge zwischen drei oder mehr Variablen betrachten.
Es sind dann nicht nur Zwei-Variablen-Interaktionseffekte,
sondern auch Drei- und Mehr-Variablen-Interaktionseffekte
denkbar. In einem hierarchischen Modell kommen von allen
Interaktionseffekten auch die entsprechenden Interaktions-
und Haupteffekte niedrigerer Ordnung vor. Ein Beispiel eines solchen komplexeren hierarchischen Modells ist folgendes:

$$ln\,\hat{n}_{ij} \quad = \quad \lambda + \lambda_i^A + \lambda_j^B + \lambda_k^C + \lambda_l^D + \lambda_{ij}^{AB} + \lambda_{ik}^{AC} + \lambda_{jk}^{BC}$$
$$+ \lambda_{il}^{AD} + \lambda_{jl}^{BD} + \lambda_{kl}^{CD} + \lambda_{ijk}^{ABC} + \lambda_{ikl}^{BCD} \quad .$$

Um zu prüfen, ob dieses Modell hierarchisch aufgebaut
ist, schauen wir zuerst die Interaktionseffekte höchster Ordnung an. Zum Beispiel den Drei-Variablen-Interaktionsef-
fekt λ_{ikl}^{BCD}. Dieser Interaktionseffekt bezieht sich auf die
Variablen B, C und D. In einem hierarchischen Modell
sollten auch die Effekte niedrigerer Ordnung bezüglich dieser Variablen im Modell vorkommen. Das bedeutet in diesem Fall, dass auch die Zwei-Variablen-Interaktionseffekte
λ_{jk}^{BC}, λ_{jl}^{BD} und λ_{kl}^{CD} vorkommen müssen. Zusätzlich dürfen
die entsprechenden Haupteffekte λ_j^B, λ_k^C, λ_l^D und selbstverständlich auch die Modellkonstante λ nicht fehlen. Auf
analoge Weise verfährt man mit den anderen Interaktions-

effekten und kann so bestimmen, ob das Modell hierarchisch ist.

Eine weitere Einschränkung der möglichen Modelle hängt mit dem gewählten Erhebungsschema zusammen (vgl. Abschnitt 14.3). Eine Kreuztabelle, die nach einem produkt-multinomialem Erhebungsschema erhoben wurde, engt die Menge der möglichen Modelle ein und macht zusätzliche Nebenbedingungen notwendig. So sind die Randsummen der Gruppenvariablen bzw. die Stichprobengrössen in den einzelnen Gruppen fest vorgegeben. Sind z.B. in einer drei-dimensionalen Kreuztabelle $A \times B \times C$ die Randsummen von A vorgegeben, dann muss das log-lineare Modell die Nebenbedingungen

$$n_{i..} = \sum_{j=1}^{J} \sum_{k=1}^{K} \hat{n}_{ijk} \qquad \text{für} \quad (i = 1, 2, \ldots, I)$$

erfüllen. Diese Bedingung lässt sich aber nur dann erfüllen, wenn der Haupteffekt der Variablen A im Modell enthalten ist. Sind nicht nur die Randsummen der Variablen A, sondern auch die Randsummen der Variablen B fest vorgegeben, dann müssen nicht nur die Haupteffekte von A und B, sondern auch die Interaktionseffekte zwischen diesen beiden Variablen im Modell enthalten sein. Der Zusammenhang zwischen diesen beiden Variablen ist dann nämlich vom Forscher oder von der Forscherin künstlich im voraus festgelegt.

Das Ziel der log-linearen Modellanalyse ist es, ein möglichst einfaches Modell zu finden, das die beobachteten Zusammenhänge zwischen den Variablen hinreichend erklären bzw. die beobachteten Häufigkeiten hinreichend vorhersagen kann. Man spricht in diesem Zusammenhang auch von der Suche nach einem möglichst sparsamen ('parsimonious') Modell.

13.11 Verallgemeinerte Schreibweise für log-lineare Modelle

Wir betrachten nochmals den einfachen Fall einer (2×2)-Kreuztabelle der Variablen A und B. Wenden wir unsere

Modellgleichung

$$ln\,\hat{n}_{ij} = \lambda + \lambda_i^A + \lambda_j^B + \lambda_{ij}^{AB}$$

für das saturierte Modell auf jede der Zellen an, dann erhalten wir folgende Gleichungen:

$$
\begin{aligned}
ln\,\hat{n}_{11} &= \lambda + \lambda_1^A + \lambda_1^B + \lambda_{11}^{AB} \\
ln\,\hat{n}_{12} &= \lambda + \lambda_1^A + \lambda_2^B + \lambda_{12}^{AB} \\
ln\,\hat{n}_{21} &= \lambda + \lambda_2^A + \lambda_1^B + \lambda_{21}^{AB} \\
ln\,\hat{n}_{22} &= \lambda + \lambda_2^A + \lambda_2^B + \lambda_{22}^{AB} \quad .
\end{aligned}
$$

Etwas anders angeordnet, könnte man auch schreiben:

$$
\begin{aligned}
ln\,\hat{n}_{11} &= \lambda + \lambda_1^A + & \lambda_1^B + & & \lambda_{11}^{AB} \\
ln\,\hat{n}_{12} &= \lambda + \lambda_1^A + & & \lambda_2^B + & & \lambda_{12}^{AB} \\
ln\,\hat{n}_{21} &= \lambda + & \lambda_2^A + \lambda_1^B + & & & & \lambda_{21}^{AB} \\
ln\,\hat{n}_{22} &= \lambda + & \lambda_2^A + & \lambda_2^B + & & & & & \lambda_{22}^{AB}
\end{aligned}
$$

In Matrizenschreibweise:

$$
\begin{bmatrix} ln\,\hat{n}_{11} \\ ln\,\hat{n}_{12} \\ ln\,\hat{n}_{21} \\ ln\,\hat{n}_{22} \end{bmatrix}
= \lambda \begin{bmatrix} 1 \\ 1 \\ 1 \\ 1 \end{bmatrix}
+ \lambda_1^A \begin{bmatrix} 1 \\ 1 \\ 0 \\ 0 \end{bmatrix}
+ \lambda_2^A \begin{bmatrix} 0 \\ 0 \\ 1 \\ 1 \end{bmatrix}
+ \lambda_1^B \begin{bmatrix} 1 \\ 0 \\ 1 \\ 0 \end{bmatrix} +
$$

$$
+ \lambda_2^B \begin{bmatrix} 0 \\ 1 \\ 0 \\ 1 \end{bmatrix}
+ \lambda_{11}^{AB} \begin{bmatrix} 1 \\ 0 \\ 0 \\ 0 \end{bmatrix}
+ \lambda_{12}^{AB} \begin{bmatrix} 0 \\ 1 \\ 0 \\ 0 \end{bmatrix} +
$$

$$
+ \lambda_{21}^{AB} \begin{bmatrix} 0 \\ 0 \\ 1 \\ 0 \end{bmatrix}
+ \lambda_{22}^{AB} \begin{bmatrix} 0 \\ 0 \\ 0 \\ 1 \end{bmatrix} \quad .
$$

Berücksichtigt man auch noch die Nebenbedingungen

$$\sum_{i=1}^{I} \lambda_i^A = 0 \quad \Rightarrow \quad \lambda_2^A = -\lambda_1^A$$

$$\sum_{j=1}^{J} \lambda_j^B = 0 \quad \Rightarrow \quad \lambda_2^B = -\lambda_1^B$$

$$\sum_{i=1}^{I} \lambda_{ij}^{AB} = \sum_{j=1}^{J} \lambda_{ij}^{AB} = 0 \quad \Rightarrow \quad \lambda_{12}^{AB} = -\lambda_{11}^{AB}$$

$$\lambda_{22}^{AB} = -\lambda_{21}^{AB}$$

$$\lambda_{21}^{AB} = -\lambda_{11}^{AB} \quad ,$$

dann erhält man:

$$
\begin{bmatrix} ln\,\hat{n}_{11} \\ ln\,\hat{n}_{12} \\ ln\,\hat{n}_{21} \\ ln\,\hat{n}_{22} \end{bmatrix} = \lambda \begin{bmatrix} 1 \\ 1 \\ 1 \\ 1 \end{bmatrix} + \lambda_1^A \begin{bmatrix} 1 \\ 1 \\ 0 \\ 0 \end{bmatrix} - \lambda_1^A \begin{bmatrix} 0 \\ 0 \\ 1 \\ 1 \end{bmatrix} +
$$

$$
+ \lambda_1^B \begin{bmatrix} 1 \\ 0 \\ 1 \\ 0 \end{bmatrix} - \lambda_1^B \begin{bmatrix} 0 \\ 1 \\ 0 \\ 1 \end{bmatrix} + \lambda_{11}^{AB} \begin{bmatrix} 1 \\ 0 \\ 0 \\ 0 \end{bmatrix} - \lambda_{11}^{AB} \begin{bmatrix} 0 \\ 1 \\ 0 \\ 0 \end{bmatrix}
$$

$$
- \lambda_{11}^{AB} \begin{bmatrix} 0 \\ 0 \\ 1 \\ 0 \end{bmatrix} + \lambda_{11}^{AB} \begin{bmatrix} 0 \\ 0 \\ 0 \\ 1 \end{bmatrix} \quad .
$$

Die Matrizengleichung reduziert sich dann zu:

$$
\begin{bmatrix} ln\,\hat{n}_{11} \\ ln\,\hat{n}_{12} \\ ln\,\hat{n}_{21} \\ ln\,\hat{n}_{22} \end{bmatrix} = \lambda \begin{bmatrix} 1 \\ 1 \\ 1 \\ 1 \end{bmatrix} + \lambda_1^A \begin{bmatrix} 1 \\ 1 \\ -1 \\ -1 \end{bmatrix} + \lambda_1^B \begin{bmatrix} 1 \\ -1 \\ 1 \\ -1 \end{bmatrix} +
$$

$$
+ \lambda_{11}^{AB} \begin{bmatrix} 1 \\ -1 \\ -1 \\ 1 \end{bmatrix} \quad .
$$

Oder noch kürzer:

$$
ln \begin{bmatrix} \hat{n}_{11} \\ \hat{n}_{12} \\ \hat{n}_{21} \\ \hat{n}_{22} \end{bmatrix} = \begin{bmatrix} 1 & 1 & 1 & 1 \\ 1 & 1 & -1 & -1 \\ 1 & -1 & 1 & -1 \\ 1 & -1 & -1 & 1 \end{bmatrix} \begin{bmatrix} \lambda \\ \lambda_1^A \\ \lambda_1^B \\ \lambda_{11}^{AB} \end{bmatrix}
$$

$$
ln\,\hat{\mathbf{n}} = \mathbf{X}\,\boldsymbol{\lambda} \quad ,
$$

wobei

$$
\hat{\mathbf{n}} = \begin{bmatrix} \hat{n}_{11} \\ \hat{n}_{12} \\ \hat{n}_{21} \\ \hat{n}_{22} \end{bmatrix} \quad \mathbf{X} = \begin{bmatrix} 1 & 1 & 1 & 1 \\ 1 & 1 & -1 & -1 \\ 1 & -1 & 1 & -1 \\ 1 & -1 & -1 & 1 \end{bmatrix} \quad \boldsymbol{\lambda} = \begin{bmatrix} \lambda \\ \lambda_1^A \\ \lambda_1^B \\ \lambda_{11}^{AB} \end{bmatrix} \quad .
$$

Design-Matrix – Matrix, die auf kompakter Weise wiedergibt, wie die erklärenden Faktoren im Modell mit einander kombiniert werden

Die Matrix $\mathbf{X}$ nennt man auch die *Design-Matrix*. Der aufmerksame Leser wird bemerkt haben, dass die Kodierung dieser Designmatrix der sog. Effekt-Kodierung entspricht.

13.12 Schätzung der Parameter und der erwarteten Häufigkeiten

Mit unserem log-linearen Modell ist die von uns hypothetisch erwartete Modellstruktur vorgegeben. Die genauen Parameterwerte sind uns aber weiterhin unbekannt. Diese versucht man nun anhand der von uns beobachteten Stichprobe zu schätzen. Die üblichste Methode zur Schätzung der erwarteten Häufigkeiten ist das sog. Maximum-Likelihood-Schätzverfahren, oder auf Deutsch: das Verfahren der maximalen Mutmasslichkeitsschätzung. Kurz gefasst könnte man sich das Verfahren so vorstellen, dass für die Parameter jene Werte gewählt werden, die – wenn das Modell in der Grundgesamtheit zutreffen würde – die Wahrscheinlichkeit, dass wir tatsächlich die von uns beobachteten Zellenhäufigkeiten erhalten, maximieren.

So ist z.B. die Mutmasslichkeit oder Likelihood einer bestimmten, mittels dem multinomialen Erhebungsschema (vgl. Abschnitt 14.2) zustande gekommenen Häufigkeitsverteilung $(n_{11}, \ldots, n_{IJ})$ in einer zwei-dimensionalen Kreuztabelle gegeben durch:

$$\Lambda(\hat{n}_{11}, \ldots, \hat{n}_{IJ}; n_{11}, \ldots, n_{IJ}) = \frac{N!}{n_{11}! * \ldots * n_{IJ}!} \pi_{11} * \ldots * \pi_{IJ}$$

$$= \frac{N!}{n_{11}! * \ldots * n_{IJ}!} e^{\left\{ -N \, ln \, N + \sum\limits_{i=1}^{I} \sum\limits_{j=1}^{J} n_{ij} \, ln \, \hat{n}_{ij} \right\}} .$$

Für das produkt-nomiale Erhebungsschema gilt dagegen folgende Likelihood:

$$\Lambda(\hat{n}_{11}, \ldots, \hat{n}_{IJ}; n_{11}, \ldots, n_{IJ}) = \prod_{i=1}^{I} \frac{n_{i.}!}{n_{11}! * \ldots * n_{IJ}!} \pi_{11} * \ldots * \pi_{IJ}$$

$$= \frac{n_{i.}!}{n_{11}! * \ldots * n_{IJ}!} e^{\left\{ -\sum\limits_{i=1}^{I} n_{i.} \, ln \, n_{i.} + \sum\limits_{i=1}^{I} \sum\limits_{j=1}^{J} n_{ij} \, ln \, \hat{n}_{ij} \right\}}$$

Links vom Gleichheitszeichen steht jeweils die Likelihood als Funktion von den erwarteten und von den beobachteten Zellenhäufigkeiten. Indem wir in diese beiden Formeln für $ln \, \hat{n}_{ij}$ unsere Modellgleichung

$$ln \, \hat{n}_{ij} = \lambda + \lambda_i^A + \ldots + \lambda_{ij}^{AB}$$

einsetzen, können wir die Likelihood auch als Funktion von den gesuchten Modellparametern und von den beobachteten Zellenhäufigkeiten betrachten:

$$
\Lambda\big(\lambda,\ldots,\lambda_{IJ}^{AB};n_{11},\ldots,n_{IJ}\big) = \tfrac{N!}{n_{11}!*\ldots*n_{IJ}!}\,\pi_{11}*\ldots*\pi_{IJ}
$$

$$
= \tfrac{N!}{n_{11}!*\ldots*n_{IJ}!}\,e^{\left\{N\,\lambda+\sum\limits_{i=1}^{I}\sum\limits_{j=1}^{J}n_{ij}\left(\lambda,\cdots,\lambda_{IJ}^{AB}\right)\right\}}
$$

und für das produkt-nomiale Erhebungsschema:

$$
\Lambda\big(\lambda,\ldots,\lambda_{IJ}^{AB};n_{11},\ldots,n_{IJ}\big) = \prod_{i=1}^{I}\tfrac{n_{i\cdot}!}{n_{11}!*\ldots*n_{IJ}!}\,\pi_{11}*\ldots*\pi_{IJ}
$$

$$
= \tfrac{n_{i\cdot}!}{n_{11}!*\ldots*n_{IJ}!}\,e^{\left\{-\sum\limits_{i=1}^{I}n_{i\cdot}\,ln\,n_{i\cdot}+\sum\limits_{i=1}^{I}\sum\limits_{j=1}^{J}n_{ij}\left(\lambda,\ldots,\lambda_{IJ}^{AB}\right)\right\}} \;.
$$

Diese Formulierungen können wir verwenden, um die Parameter und damit auch die erwarteten Zellenhäufigkeiten zu schätzen. Im Falle unserer Unabhängigkeitshypothese der Variablen A und B lassen sich die erwarteten Zellenhäufigkeiten auch einfach aus den Randtotalen ermitteln. Bei komplexeren log-linearen Modellen ist dies jedoch nicht mehr so einfach. In solchen Fällen wird dann auf ein iteratives (schrittweises) Verfahren zurückgegriffen. Dazu fängt man mit gewissen Startwerten für die Parameter an. Daraus berechnet man die entsprechende Likelihood-Funktion. Im nächsten Schritt passt man die Parameterwerte leicht an und schaut, ob der Likelihood-Wert dadurch zunimmt. So verfährt man weiter, bis die Likelihood sich nicht mehr nennenswert steigern lässt. Wir haben dann jene Parameter gefunden, die eine maximale Likelihood aufweisen. Anhand dieser Parameterwerte lassen sich dann ohne weiteres auch die erwarteten Zellenhäufigkeiten berechnen, die wir danach wieder mit den beobachteten Zellenhäufigkeiten vergleichen können.

13.13 Test für die Güte des Modells

Likelihood-Ratio-Chi-Quadrat – (zerlegbares) Mass für die Abweichung der beobachteten Zellenhäufigkeiten von den erwarteten Zellenhäufigkeiten

Haben wir auf der im vorherigen Abschnitt beschriebenen Weise die erwarteten Zellenhäufigkeiten ermittelt, so lassen diese sich wiederum mittels der X^2-Kennzahl mit den beobachteten Zellenhäufigkeiten vergleichen und auf statistische Signifikanz prüfen. Ein alternativer statistischer Test für die Güte eines Modells ist der sog. *Likelihood-Ratio-Chi-Quadrat-Test*. Die dazugehörige Kennzahl ist der Quotient der maximalen Likelihood bei Gültigkeit des Modells in der Grundgesamtheit und der Maximum-Likelihood des saturierten (perfekt passenden) Modells:

$$\Lambda^2 = 2 \ln \frac{\Lambda(\text{reduziertes Modell}; n_{ij}, \dots, n_{IJ})}{\Lambda(\text{saturiertes Modell}; n_{ij}, \dots, n_{IJ})}$$

$$= -2 \ln \frac{\Lambda(\text{saturiertes Modell}; n_{ij}, \dots, n_{IJ})}{\Lambda(\text{reduziertes Modell}; n_{ij}, \dots, n_{IJ})}$$

$$= 2 * \sum_{i=1}^{I} \sum_{j=1}^{J} n_{ij} \ln \left(\frac{n_{ij}}{\hat{n}_{ij}} \right) \quad .$$

X^2 und Λ^2 weisen beide bei grossen Stichproben annähernd eine X^2-Wahrscheinlichkeitsverteilung auf. Man sagt auch, dass X^2 und Λ^2 'asymptotisch' χ^2-verteilt sind. Obwohl X^2 und Λ^2 in den meisten Fällen nicht identische Werte annehmen werden, werden sie im Falle einer hinreichend grossen Stichprobe zur gleichen Schlussfolgerung führen. Wir werden später noch sehen, dass Λ^2 gewisse Vorteile aufweist, wenn wir verschiedene Modelle miteinander vergleichen.

Wenn N sehr klein ist, z.B. kleiner als 20, dann ist keiner der beiden Unabhängigkeitstests brauchbar. Die Wahrscheinlichkeitsverteilung dieser beiden Kennzahlen weicht dann nämlich zu sehr von der theoretisch bekannten χ^2-Verteilung ab, und die Überschreitungswahrscheinlichkeiten lassen sich dann nicht mehr hinreichend genau ermitteln.

Zusätzlich zu diesen Testgrössen müssen wir auch die dazugehörige Anzahl der Freiheitsgrade kennen. Die Anzahl der Freiheitsgrade gibt die Anzahl der Zellen in unserer (mehrdimensionalen) Kreuztabelle an, die frei, d.h. ohne Einschränkung, variieren können. In unserem Beispiel konnten wir die erwarteten Häufigkeiten direkt aus unserer Annahme der Unabhängigkeit ableiten. Manchmal jedoch möchte man überprüfen, ob die beobachtete Verteilung mit einer bestimmten theoretischen Verteilung übereinstimmt, deren genaue Form anhand gewisser Parameter, die aber selbst wieder aus der Stichprobe geschätzt werden müssen, beschrieben wird. Durch diese Schätzung wird ein zusätzlicher Unsicherheitsfaktor eingeführt, den wir bei der Berechnung der stichprobenbedingten Wahrscheinlichkeitsverteilung unserer X^2-Kennzahl einbeziehen sollten. Dies geschieht, indem man die Anzahl der Freiheitsgrade anpasst. Demzufolge lautet die allgemeine Formulierung der Anzahl der Freiheitsgrade des χ^2-Tests für den

Vergleich verschiedener diskreter Häufigkeitsverteilungen:
df = die Anzahl Zellen bzw. die Anzahl zu schätzender
Zellenhäufigkeiten unserer (mehrdimensionalen) Kreuztabelle minus die Zahl der zu schätzenden Parameter.

Für jeden zu schätzenden Parameter geht also ein Freiheitsgrad verloren. Er stellt für die Variationsmöglichkeiten
der Zellenhäufigkeiten eine Einschränkung dar. Im Minimal-
oder Null-Modell können alle Zellenhäufigkeiten bis auf die
letzte frei variieren, da sich alle Häufigkeiten zusammen
zum Gesamttotal N bzw. alle logarithmierten Häufigkeiten
zu $lnN = \lambda$ addieren müssen. Es geht also ein Freiheitsgrad verloren. Bei einem Modell, in dem neben λ auch noch
der Parameter λ_i^A vorkommt, können die Zellenhäufigkeiten bis auf die letzte Zelle der Zeile frei variieren, da sich die
Zellenhäufigkeiten in jeder Zeile zum entsprechenden Zeilentotal addieren müssen (vgl. Figur 13.6). Für das zwei-
dimensionale Unabhängigkeitsmodell gilt dies sowohl für
die Zeilen bzw. für die Kategorien von A wie auch für die
Spalten bzw. für die Kategorien von B. Und so weiter und
so fort für komplexere Modelle.

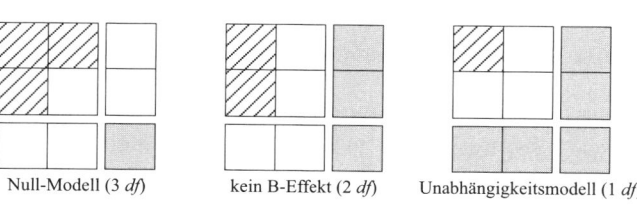

Null-Modell (3 *df*)   kein B-Effekt (2 *df*)   Unabhängigkeitsmodell (1 *df*)

    frei zu schätzende Zellenhäufigkeiten

    vom Modell im voraus determinierte Randhäufigkeit

Abbildung 13.6: Beispiele für die Ermittlung der Anzahl
der Freiheitsgrade

13.14 Vergleich verschiedener Modelle

Log-lineare Modell lassen sich nicht ohne weiteres anhand
der Λ^2 oder X^2-Kennzahl vergleichen. Ist ein log-lineares
Modell M_1 vollständig in einem anderen Modell M_2 enthalten, d.h. dass alle Parameter von M_1 auch im M_2 enthalten

sind, dann können wir die Λ^2-Statistik für den Vergleich der Modelle heranziehen:

$$\Lambda^2(M_1) - \Lambda^2(M_2) = \Lambda^2(M_1|M_2)$$
$$\text{mit}$$
$$df(M_1) - df(M_2) = df(M_1|M_2) \quad,$$

wobei $\Lambda^2(M_1|M_2)$ die *bedingte* Likelihood-Ratio-Chi-Quadrat-Teststatistik für die Null-Hypothese, dass beide Modelle gleich gut zu den beobachteten Zellehäufigkeiten passen, darstellt. Sie ist ein Indikator für den Unterschied zwischen den auf Basis des Modells M_1 erwarteten Zellenhäufigkeiten und denen, die man auf Basis des Modells M_2 erwarten würde. Sind die Unterschiede klein, so tragen die zusätzlichen Parameter in M_2 wenig zu einer Verbesserung der Modellanpassung bei. Sind die Abweichungen dagegen erheblich, dann stellen sie wesentliche Verbesserungen des Modells M_1 dar. $\Lambda^2(M_1|M_2)$ testet die statistische Signifikanz der Parameter, die in M_2, aber nicht in M_1 enthalten sind.

bedingte Likelihood-Ratio-Chi-Quadrat – Testgrösse für die Differenz der Güte zweier Modelle

13.15 Test für einzelne Parameter

Von dieser bedingten Likelihood-Ratio-Chi-Quadrat-Teststatistik können wir nun auch Gebrauch machen, um einzelne Parameter unseres Modells auf ihre statistische Signifikanz hin zu prüfen. Wir vergleichen dazu immer das gesamte Modell mit dem Modell, in dem der betreffende Parameter nicht vorkommt. Zur Prüfung der statistischen Signifikanz des Unterschiedes ziehen wir wieder die $\Lambda^2(M_1|M_2)$ bei. Die Anzahl der Freiheitsgrade für diesen Test beträgt hier selbstverständlich genau Eins.

Es ist dabei darauf zu achten, dass die Testergebnisse nichts über die statistische Signifikanz dieser Parameter in anderen möglichen Modellen aussagen. Es wird nämlich ausschliesslich mit dem ursprünglich von uns formulierten Modell verglichen. Mit den gleichen Daten, aber mit einem anderen Modell, können sich völlig andere Resultate ergeben.

13.16 Test für den Einfluss der Haupt- und Interaktionseffekte

Auf analoge Weise können wir einen Test für die Hypothese, dass nicht nur einer, sondern mehrere Parameter, z.B. alle Haupteffekte der Variablen A, statistisch signifikant von Null abweichen, durchführen. Wir formulieren dazu folgende Hypothese:

$$\lambda_1^A = \lambda_2^A = \ldots = \lambda_I^A = 0$$

Sie besagt, dass der Haupteffekt der Variablen A Null beträgt. Auch wenn die Hypothese in der Grundgesamtheit zutrifft, kann es vorkommen, dass *einzelne* Haupteffektparameter der Variablen A signifikant von Null abweichen, während die anderen tatsächlich Null betragen. Gesamthaft betrachtet erwarten wir aber, dass der Haupteffekt dieser Variablen keinen statistisch signifikanten Einfluss auf die Zellenhäufigkeiten hat. Auf gleiche Weise können wir mit den Interaktionsparametern zweier oder mehrerer Variablen verfahren. Auch hier gilt wieder: Wenn die Überschreitungswahrscheinlichkeit unter der kritischen Signifikanzgrenze (z.B. unter 0,05) liegt, dann muss die Hypothese verworfen werden.

Wir können somit nicht nur die Güte des Gesamtmodells oder von einzelnen Parametern, sondern auch die Signifikanz von Gruppen von Parametern prüfen.

13.17 Die Suche nach einem geeigneten Modell

Bei einfachen Modellen mit nur wenigen Variablen lassen sich alle denkbaren hierarchischen Modelle auf einfache Weise miteinander vergleichen. Haben wir es mit einer grösseren Anzahl Variablen zu tun, so nimmt die Anzahl möglicher hierarchischer Modelle sprunghaft zu. So gibt es bei vier Variablen bereits 167 mögliche hierarchische Modelle. Um aus einer solchen Menge auf effiziente Weise das geeignetste Modell auszuwählen, sind verschiedene Auswahlverfahren entwickelt worden. Das üblichste Verfahren ist die schrittweise Selektion von Modellen:

1. Wir vergleichen die Güte der folgenden Modelle:
   a) Minimalmodell,
   b) Modell mit nur Haupteffekten,
   c) Modell mit Haupteffekten und allen Zwei-Varia-blen-Interaktionen,
   d) Modell mit Haupteffekten, Zwei-Variablen-Inter-aktionen und Drei-Variablen-Interaktionen,
   e) etc. bis zum gesättigten Modell.

   Wir suchen das einfachste Modell, das die beobachte-ten Häufigkeiten gerade noch hinreichend reproduzie-ren kann ($p > 0,05$). Wenn nur das gesättigte Modell hinreichend zu den beobachteten Häufigkeiten passt (und das tut es bekanntlich immer), dann hört die Su-che hier auf. Es gibt dann kein einfacheres geeignetes Modell. Sonst gehen wir davon aus, dass das optima-le Modell zwischen dem gerade noch hinreichend pas-senden Modell und dem gerade nicht mehr passenden Modell liegt.

2. Für die weitere Suche können wir nun einerseits eine Vorwärtssuchstrategie oder eine Rückwärtssuchstrate-gie wählen. Die Vorwärtssuchstrategie geht vom gera-de nicht mehr passenden Modell aus und erweitert das Modell schrittweise mit jeweils einem der noch fehlen-den Parameter des geraden passenden Modells. Wir bilden dazu jeweils wieder die Differenz zwischen dem $\Lambda^2(M_{neu})$ dieser neuen Modelle und dem $\Lambda^2(M_{alt})$ des gerade nicht mehr passenden Ausgangsmodells. Diese Differenz können wir – wie oben beschrieben – als Test-grösse zur Prüfung der Hypothese verwenden, dass die Erweiterung des Modells eine signifikante Verbesserung des Modells mit sich bringt. Auch diese Testgrösse ist χ^2-verteilt mit $df = df_{alt} - df_{neu}$.

   Wir ergänzen unser gerade nicht mehr passendes Mo-dell mit jenem Parameter mit dem grössten, statistisch signifikanten bedingten Λ^2. Als Nächstes ergänzen wir das Modell mit dem nächst grössten, statistisch signifi-kanten Λ^2 und prüfen, ob das konditionale Likelihood-Ratio-Chi-Quadrat dieser Erweiterung ebenfalls noch signifikant ist. Gleichzeitig achten wir darauf, dass alle auf diese Weise ergänzten Parameter weiterhin signifi-kant sind. Ist einer der bisher auf diese Weise ergänzten Parameter nicht mehr signifikant, dann können wir diesen Parameter wieder aus dem Modell entfernen. Auf diese Weise kann man fortfahren, bis keine Erweiterungen mehr signifikante Verbesserungen darstellen. Wir haben dann ein akzeptables Modell gefunden.

13.18 Leere Zellen

Es kommt häufig vor, dass in der beobachteten Kreuztabelle gewisse Zellen leer sind bzw. eine beobachtete Häufigkeit n_{ij} von Null aufweisen. Solche leeren Zellen können auf zwei verschiedene Arten entstehen:

1. Eine leere Zelle könnte durch die Zufälligkeit unserer Stichprobe leer geblieben sein. Zufälligerweise weisst keiner der Befragten in unserer Stichprobe eine solche Merkmalskombination auf. In der Grundgesamtheit ist jedoch durchaus damit zu rechnen, dass diese Kombination vorkommt. Man spricht dann von stichprobenbedingten leeren Zellen ('random zeros' oder 'sample zeros'). Besonders wenn viele Variablen mit jeweils vielen verschiedenen Kategorien gleichzeitig untersucht werden sollen, treten solche stichprobenbedingt leere Zellen häufig auf. Es kann dann sogar vorkommen, dass gewisse Randhäufigkeiten ebenfalls Null betragen. Letzteres kann dazu führen, dass bei der Anwendung unseres Schätzalgorithmus negative oder undefinierte erwartete Zellenhäufigkeiten auftreten. Die Resultate sind dann nicht mehr ohne weiteres interpretierbar.

2. Es kann jedoch auch vorkommen, dass eine Zelle *logischerweise* leer bleiben *muss*. Wenn wir z.B. untersuchen möchten, wie die Wahl eines Verkehrsmittels (mit den Kategorien 'öffentliche Verkehr' und 'Auto'), mit dem Alter (mit den Kategorien '< 18', '18–30', '31–50' und '> 50') und dem Umweltbewusstsein (mit den Kategorien 'wenig umweltbewusst' und 'stark umweltbewusst') zusammenhängt, dann ist zu berücksichtigen, dass Personen unter 18 Jahren gar kein Auto fahren dürfen. Die Kombination '< 18' und 'Auto' *kann* sowohl in unserer Stichprobe als auch in der Grundgesamtheit gar nicht vorkommen. In solchen Fällen

spricht man auch von strukturell leeren Zellen ('structural zeros') und von unvollständigen Kreuztabellen. Bis jetzt sind wir immer davon ausgegangen, dass auch leere Zellen in unserer beobachteten Kreuztabelle zumindest theoretisch eine positive Auftretenswahrscheinlichkeit haben. Dies trifft im Fall strukturell leerer Zellen jedoch nicht zu.

Im Allgemeinen sind stichprobenbedingte leere Zellen – vor allem bei Verwendung der Maximum-Likelihood-Schätzmethode – kein Problem. Nur wenn eben die Randhäufigkeiten Null betragen, sind gewisse Massnahmen erforderlich. Die einfachste Lösung ist dann, zu allen Zellenhäufigkeiten eine sehr kleine Zahl (z.B. 0,5) dazuzuaddieren. Damit sind die Schätzprobleme gelöst und der Einfluss dieser 'Manipulation' auf die Resultate ist zu vernachlässigen.

Eine weitere Möglichkeit ist das Zusammenlegen von verschiedenen Kategorien der Variablen. Der Preis, der dafür zu bezahlen ist, ist natürlich ein gewisser Informationsverlust. Es ist aber generell zu überlegen, was die entscheidende Kategorisierung der Variablen ist. Nicht immer ist die in der Erhebung verwendete Kategorisierung für eine bestimmte inhaltliche Fragestellung die richtige.

Als letzte Massnahme ist es natürlich auch denkbar, dass man die Stichprobengrösse erhöht, um damit die Chance, dass stichprobenbedingte leere Zellen auftreten, zu verringern.

Dem Problem der strukturell leeren Zellen kann man begegnen, indem die entsprechenden erwarteten Zellenhäufigkeiten auf Null fixiert werden. Man führt dazu eine neue Variable δ_{ij} ein, die den Wert Null annimmt, wenn die betreffende Zelle der i-ten Zeile und j-ten Spalte strukturell leer ist. In allen anderen Fällen ist $\delta_{ij} = 1$. Durch Multiplikation aller erwarteten Häufigkeiten mit dieser Variablen im Rahmen des Schätzungsverfahrens wird das gewünschte Ziel erreicht. Selbstverständlich muss dann auch die Anzahl der Freiheitsgrade angepasst werden. df = Anzahl Zellen in der Kreuztabelle minus die Anzahl strukturell leerer Zellen minus die Anzahl zu schätzender Parameter. Solche log-linearen Modelle bezeichnet man auch als *Quasi-Log-Lineare-Modelle*.

Quasi-Log-Lineare-Modelle – log-lineares Modell für eine Frequenztabelle mit gewissen strukturell leeren Zellen

13.19 Die Verwendung log-linearer Modelle für die Analyse von Logit-Modellen

Obwohl log-lineare Modelle ziemlich anders aussehen als Logit-Modelle, lässt es sich relativ leicht zeigen, dass Logit-Modelle einen Sonderfall log-linearer Modelle darstellen. Wir betrachten dazu eine hypothetische $2 \times J \times K$-Kreuztabelle der Variablen A, B und C. Im Gegensatz zu den log-linearen Modellen, in denen wir versuchten, die Zellenhäufigkeiten dieser Kreuztabelle anhand der beobachteten Variablen A, B und C vorherzusagen, versuchen wir bei der Logit-Analyse die (relativen) Häufigkeiten einer bestimmten *abhängigen* Variablen, z.B. A, anhand der beobachteten Variablen B und C vorherzusagen. Während im ersten Fall keine Unterscheidung in 'abhängige' und 'unabhängige' Variablen getroffen wurde und alle Variablen in der Kreuztabelle gleichermassen zur Erklärung der Zellenhäufigkeiten beigezogen wurden, wird im zweiten Fall ein expliziter Unterschied zwischen 'abhängigen' und 'unabhägigen' Variablen gemacht und es werden nur die unabhängigen Variablen (A und B) zur Erklärung der (relativen) Häufigkeiten der Ausprägungen der abhängigen Variablen beigezogen. Ansonsten gelten die gleiche Prinzipien für die Schätzung der Parameter, für die Suche nach einem geeigneten Modell, für die Bestimmung der Güte des Modells etc.

$A: i = 1$

B	C: $k=1$	C: $k=2$
$j=1$	n_{111}	n_{112}
$j=2$	n_{121}	n_{122}

$A: i = 2$

B	C: $k=1$	C: $k=2$
$j=1$	n_{211}	n_{212}
$j=2$	n_{221}	n_{222}

Abbildung 13.7: Drei-dimensionale Kreuztabelle $A*B*C$

Der einzige Unterschied liegt darin, dass wir jetzt vor allem daran interressiert sind, wie die abhängige Variable A von den unabhängigen Variablen B und C beeinflusst wird. Dementsprechend behandeln wir die Beziehungen zwischen den *unabhängigen* Variablen B und C als gegeben. Die-

$$C$$

		$k = 1$	$k = 2$
B	$j = 1$	n_{i11}	n_{i12}
	$j = 2$	n_{i21}	n_{i22}
		marginal	

Abbildung 13.8: marginale Kreuztabelle $B*C$

se Beziehungen werden also nicht weiter hinterfragt, sondern als 'Faktum' hingenommen. Das bedeutet – bezogen auf unser drei-dimensionales Beispiel –, dass wir für jede Ausprägungskombination von B und C versuchen, vorherzusagen, wieviele befragte Personen bezüglich der Variablen A die Ausprägung $i = 1$ und wieviele die Ausprägung $i = 2$ aufweisen. Jede Ausprägungskombination der unabhängigen Variablen B und C können wir dabei als eine unabhängige Stichprobe betrachten, in der die abhängige Variable A eine (Binomial-)Verteilung aufweist. Die Grösse dieser unabhängigen Stichproben entspricht nun genau der beobachteten Zahl $n_{\cdot jk}$ der Personen mit der betreffenden Ausprägungskombination für die beiden Variablen B und C. Wie immer stehen auch diese Stichprobengrössen am Anfang der Analyse fest. Bekanntlich kann man das log-lineare Modell für den Zusammenhang zwischen den Variablen A, B und C so formulieren, dass tatsächlich die vorhergesagten Zellenhäufigkeiten der (marginalen) Kreuztabelle $B * C$ (vgl. Figur 13.8) mit den beobachteten Zellenhäufigkeiten übereinstimmen. Dies wird nämlich dann erreicht, wenn sowohl die Haupteffekte λ_j^B und λ_k^C als auch der Interaktionseffekt λ_{jk}^{BC} im Modell aufgenommen werden. Dieser Teil des log-linearen Modells für die Zusammenhänge zwischen allen drei Variablen A, B und C ist nichts anderes als das satuierte Modell der (marginalen) Kreuztabelle $B * C$, und bekanntlich stimmen in satuierten Modellen die vorhergesagten Häufigkeiten perfekt mit den beobachteten Häufigkeiten überein. Verwenden wir also log-lineare Modelle für die Analyse von *Abhängigkeiten* zwischen einer (kategorial skalierten) abhängigen und einer oder mehreren (kategorial skalierten) unabhängigen Variablen, dann müssen wir dafür Sorge tragen, dass sämtliche Parameter für die marginale Kreuztabelle der *unabhängen* Variablen im Modell aufgenommen werden.

Nun, da wir das festgestellt haben, können wir uns die formalen Zusammenhänge zwischen log-linearen Modellen und Logit-Modellen etwas genauer anschauen. Ausgehend von unserem Beispiel einer drei-dimensionalen ($2 \times J \times K$) Kreuztabelle der Variablen A, B und C lautet das vollständige (satuierte) log-lineare Modell wie folgt:

$$ln\, m_{ijk} = \lambda + \lambda_i^A + \lambda_j^B + \lambda_k^C + \lambda_{ij}^{AB} + \lambda_{ik}^{AC} + \lambda_{jk}^{BC} + \lambda_{ijk}^{ABC} \quad .$$

Wenn wir davon ausgehen, dass A die zu erklärende bzw. die abhängige Variable und B und C die erklärenden bzw. unabhängigen Variablen darstellen, dann interessieren uns in erster Linie die (marginalen) (Rand-)Häufigkeiten m_{1jk} für die Kategorie $i = 1$ von A und m_{2jk} für die Kategorie $i = 2$ von A. Diese Häufigkeiten, bzw. der natürliche Logarithmus dieser Häufigkeiten sind im satuierten log-linearen Modell gegeben durch:

$$ln\, m_{1jk} = \lambda + \lambda_1^A + \lambda_j^B + \lambda_k^C + \lambda_{1j}^{AB} + \lambda_{1k}^{AC} + \lambda_{jk}^{BC} + \lambda_{1jk}^{ABC}$$

bzw. durch:

$$ln\, m_{2jk} = \lambda + \lambda_2^A + \lambda_j^B + \lambda_k^C + \lambda_{2j}^{AB} + \lambda_{2k}^{AC} + \lambda_{jk}^{BC} + \lambda_{2jk}^{ABC} \quad .$$

Bei der Logit-Analyse interessieren wir uns aber explizit für den natürlichen Logarithmus des Verhältnisses dieser beiden Randhäufigkeiten. Dieses Verhältniss haben wir in Kapitel 12 auch als *Logit* bezeichnet. Selbstverständlich gilt nach den üblichen Rechenregeln für Logarithmen, dass:

$$ln\left(\frac{m_{1jk}}{m_{2jk}}\right) = ln\, m_{1jk} - ln\, m_{2jk} \quad .$$

Setzen wir darin die oben definierten log-lineare Modellform dieser logarithmierten Randhäufigkeiten ein, dann erhalten wir:

$$
\begin{aligned}
ln\left(\frac{m_{1jk}}{m_{2jk}}\right) =\ & ln\, m_{1jk} - ln\, m_{2jk} \\
=\ & \lambda + \lambda_1^A + \lambda_j^B + \lambda_k^C + \lambda_{1j}^{AB} + \lambda_{1k}^{AC} + \lambda_{jk}^{BC} + \lambda_{1jk}^{ABC} - \lambda - \lambda_2^A - \\
& \lambda_j^B - \lambda_k^C - \lambda_{2j}^{AB} - \lambda_{2k}^{AC} - \lambda_{jk}^{BC} - \lambda_{2jk}^{ABC} \\
=\ & (\lambda - \lambda) + \left(\lambda_1^A - \lambda_2^A\right) + \left(\lambda_j^B - \lambda_j^B\right) + \left(\lambda_k^C - \lambda_k^C\right) + \left(\lambda_{1j}^{AB} - \lambda_{2j}^{AB}\right) + \\
& + \left(\lambda_{1k}^{AC} - \lambda_{2k}^{AC}\right) + \left(\lambda_{jk}^{BC} - \lambda_{jk}^{BC}\right) + \left(\lambda_{1jk}^{ABC} - \lambda_{2jk}^{ABC}\right) \\
=\ & \left(\lambda_1^A - \lambda_2^A\right) + \left(\lambda_{1j}^{AB} - \lambda_{2j}^{AB}\right) + \left(\lambda_{1k}^{AC} - \lambda_{2k}^{AC}\right) + \left(\lambda_{1jk}^{ABC} - \lambda_{2jk}^{ABC}\right) \quad .
\end{aligned}
$$

Wenn wir annehmen, dass die üblichen Zusatzbedingungen für log-lineare Modelle gelten (Summe der Parameter eines Haupt- bzw. Interaktionseffektes über die verschiedenen Kategorien der betreffenden Variablen beträgt Null oder anders gesagt: wir verwenden die in Kapitel 12 ausführlicher dargestellte Effektkodierung für die entsprechenden Dummy-Variablen), dann gilt auch, dass $\lambda_1^A = -\lambda_2^A$, $\lambda_1^B = -\lambda_2^B$, $\lambda_{1j}^{AB} = -\lambda_{2j}^{AB}$ usw. Setzen wir dies bei der obigen Gleichung in die Terme zwischen den Klammern ein, dann erhalten wir:

$$
\begin{aligned}
ln\left(\frac{m_{1jk}}{m_{2jk}}\right) &= \left(\lambda_1^A + \lambda_1^A\right) + \left(\lambda_{1j}^{AB} + \lambda_{1j}^{AB}\right) + \\
&\quad + \left(\lambda_{1k}^{AC} + \lambda_{1k}^{AC}\right) + \left(\lambda_{1jk}^{ABC} + \lambda_{1jk}^{ABC}\right) \\
&= 2\,\lambda_1^A + 2\,\lambda_{1j}^{AB} + 2\,\lambda_{1k}^{AC} + 2\,\lambda_{1jk}^{ABC}
\end{aligned}
$$

oder wenn wir definieren, dass

$$
\begin{aligned}
\beta_0 &= 2\lambda_1^A & \beta_j^B &= 2\lambda_{1j}^{AB} \\
\beta_k^C &= 2\lambda_{1k}^{AC} & \beta_{jk}^{BC} &= 2\lambda_{1jk}^{ABC}
\end{aligned}
\quad,
$$

dann können wir auch schreiben:

$$
ln\left(\frac{m_{1jk}}{m_{2jk}}\right) = \beta_0 + \beta_j^B + \beta_k^C + \beta_{jk}^{BC} \quad,
$$

was genau dem in Kapitel 12 behandelten saturierten linearen Logit-Modell entspricht. Dies wird noch deutlicher, wenn wir die dort verwendete Notation anwenden:

$$
ln\left(\frac{P_{1|g}}{P_{2|g}}\right) = \beta_0 + \beta_1\,D_{1g} + \beta_2\,D_{2g} + \beta_3\left(D_{1g}\,D_{2g}\right) \quad,
$$

wobei D_{jg} die Dummy-Variable der j-ten unabhängigen Variablen X_j in der g-ten Substichprobe bzw. der g-ten Ausprägungskombination der unabhängigen Variablen darstellt. In unserem Beispiel handelt es sich dabei um die Ausprägungskombinationen der unabhängigen Variablen B und C, die jeweils durch die tiefgestellten Indizes i und j bezeichnet werden. Den Index g können wir hier also auch durch ij ersetzen.

Analog lassen sich auch die reduzierten Logit-Modelle für unsere drei-dimensionale Kreuztabelle aus dem log-linearen Modell ableiten:

$$ln\left(\frac{m_{1jk}}{m_{2jk}}\right) = \beta_0 + \beta_j^B + \beta_k^C + \beta_{jk}^{BC}$$

$$ln\left(\frac{m_{1jk}}{m_{2jk}}\right) = \beta_0 + \beta_j^B + \beta_k^C$$

$$ln\left(\frac{m_{1jk}}{m_{2jk}}\right) = \beta_0 + \beta_j^B$$

$$ln\left(\frac{m_{1jk}}{m_{2jk}}\right) = \beta_0 + \beta_k^C$$

$$ln\left(\frac{m_{1jk}}{m_{2jk}}\right) = \beta_0$$

$$ln\, m_{ijk} = \lambda + \lambda_i^A + \lambda_j^B + \lambda_k^C + \lambda_{ij}^{AB} + \lambda_{ik}^{AC} + \lambda_{jk}^{BC} + \lambda_{ijk}^{ABC}$$

$$ln\, m_{ijk} = \lambda + \lambda_i^A + \lambda_j^B + \lambda_k^C + \lambda_{ij}^{AB} + \lambda_{ik}^{AC} + \lambda_{jk}^{BC}$$

$$ln\, m_{ijk} = \lambda + \lambda_i^A + \lambda_j^B + \lambda_k^C + \lambda_{ij}^{AB} + \lambda_{jk}^{BC}$$

$$ln\, m_{ijk} = \lambda + \lambda_i^A + \lambda_j^B + \lambda_k^C + \lambda_{ik}^{AC} + \lambda_{jk}^{BC}$$

$$ln\, m_{ijk} = \lambda + \lambda_i^A + \lambda_j^B + \lambda_k^C + \lambda_{jk}^{BC}\quad.$$

Schliesslich lässt sich dieser Zusammenhang zwischen loglinearen Modellen und Logit-Modellen auch auf Situationen erweitern, in der die Variablen mehr als nur zwei Kategorien aufweisen und in der mehr als nur drei Variablen betrachtet werden.

Literatur

Agresti, A. (2002 2. Aufl.) *Categorical Data Analysis*. Wiley, New York. (Sehr umfassendes Standardwerk, entspricht etwa dem Stand der Forschung.)

Fahrmeir, L. & Hamerle, A. (Hrsg.) (1984) *Multivariate statistische Verfahren*. de Gruyter, Berlin. Kapitel 10. (Umfassend, eher mathematisch.)

Kennedy, J.J. (1992 2. Aufl.) *Analyzing Qualitative Data. Introductory Log-Linear Analysis for Behavioral Research*. Praeger, New York. (Einfach, gut als Einstieg.)

Knoke, D. & Bohrnstedt, G.W. (2002 4. Aufl.) *Statistics for Social Data Analysis*. Peacock, Itasca. Kapitel 10.

Knoke, D. & Burke, P.J. (1980) *Log-linear Models*. Series: Quantitative Applications in the Social Sciences. Nr. 20, Sage, Beverly Hills. (Einfach und kurz.)

Ishii-Kuntz, M. (1994) *Ordinal Log-linear Models*. Series: Quantitative Applications in the Social Sciences. Nr. 97, Sage, Beverly Hills. (Einfach und kurz, gute Ergänzung für die Ananlyse von ordinal skalierten Variablen.)

Langeheine, R. (1980) *Log-lineare Modelle zur multivariaten Analyse qualitativer Daten. Eine Einführung*. Oldenbourg, München.

Reynolds, H.T. (1984) *Analysis of Nominal Data*. Series: Quantitative Applications in the Social Sciences. Nr. 7, Sage, Beverly Hills. (Fängt mit einfachen Assoziationsmassen an und hört bei den Anfängen der log-linearen Modellanalyse auf.)

Wrigley, N. (2002) *Categorical Data Analysis for Geographers and Environmental Scientists*. Longman, London.

14. Latente-Klassen-Analyse

14.1 Einleitung

Die Ausgangslage der Latenten-Klassen-Analyse ist die Problemstellung, in der von einer Reihe manifester 'Indikatoren' oder Variablen auf eine (oder auf mehrere) latente Variable(n) geschlossen werden soll. Wir treffen dies insbesondere dann an, wenn wir ein bestimmtes (theoretisches) Konstrukt (eine theoretisch postulierte Variable) in der Praxis nicht *direkt* messen können. Wir können dann nicht mit unserem Messinstrument oder unserer Messlatte zu unserem Objekt hingehen und die uns interessierende Eigenschaft messen. Gerade in der Sozialforschung kommt dies vielfach vor. Es gibt z.B. keine einfache Messlatte für die Intelligenz einer Person oder für ihre Einstellung zur Umwelt. Dies heisst nicht, dass wir nicht doch einige Hinweise auf die Ausprägung des betreffenden Objekts oder der betreffenden Person auf die gesuchte Messdimension bekommen können. Gerade bei Befragungen können wir – auf indirektem Wege – durch das Stellen von Fragen, die unmittelbar z.B. mit der Intelligenz oder mit der Einstellung zur Umwelt einer Person zu tun haben, Hinweise auf die Intelligenz oder auf die Einstellung zur Umwelt dieser Person bekommen. Die gestellten Fragen stellen dabei die (manifesten bzw. beobachtbaren) 'Indikatoren' für die von uns gesuchte (latente bzw. nicht direkt messbare) Messdimension dar.

Bei der Latenten-Klassen-Analyse wird nun davon ausgegangen, dass jede der manifesten Variablen von der latenten Variablen *verursacht* wird. Ein Beispiel einer solchen latenten Variablen ist die Variable 'Religiosität'. Die Religiosität einer Person kann man nicht direkt erfassen. Wir können uns aber vorstellen, dass die religiöse Einstellung

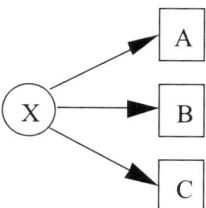

Abbildung 14.1: Pfaddiagramm der Latenten-Klassen-Analyse

einer Person sie auch dazu veranlasst, sich auf eine bestimmte Art und Weise zu verhalten. Diese Verhaltensweisen werden quasi durch die Religiosität der Person 'verursacht'. So ist es z.B. denkbar, dass, je religiöser eine Person ist, sie umso häufiger die Kirche besuchen wird. Auch wird sie wahrscheinlich häufiger beten und sich 'orthodox' verhalten. Schliesslich werden solche Personen auch häufiger von sich behaupten, dass der Glaube für sie etwas Wichtiges ist.

Im ähnlichen Sinne können wir uns vorstellen, dass 'Körpergrösse' die Ursache des 'Körpergewichts', des 'Schuhmasses' und der 'Kragenweite' ist, und somit diese manifesten Variablen als Indikatoren für die 'Körpergrösse' dienen können.

Ein weiteres Beispiel stammt aus unserer eigenen Forschungsarbeit. Darin kommen regelmässig die latenten Variablen 'Berufsethik' und 'Arbeitsmoral' als zwei Teildimensionen des Weberianischen Begriffs 'Arbeitsmoral' vor. Auch diese lassen sich anhand verschiedener manifester Indikatoren erfassen. Es wird auch dabei wieder davon ausgegangen, dass eine bestimmte Einstellung des Respondenten gegenüber der Arbeit die Ursache dafür ist, dass man auf gewisse Fragen[1] so und nicht anders antwortet.

---

[1] So wird angenommen, dass Leute mit einer hohen Berufsethik die Aussage 'Beruf ist wie ein Stück Heimat' (Variable 'he') eher bestätigen und die Frage 'Wenn Sie von Ihrem Schutzengel jeden Monat ein paar tausend Franken überwiesen bekämen, würden Sie dann Ihren Beruf an den Nagel hängen?' (Variable 'sc') eher verneinend beantworten würden. Von Leuten mit einer hohen Arbeitsmoral wird angenommen, dass sie auf die beiden Fragen 'Es soll Arbeitslose geben, die im Grunde genommen gar keine Arbeit suchen. Finden Sie dieses Verhalten richtig?' (Variable 'al') und

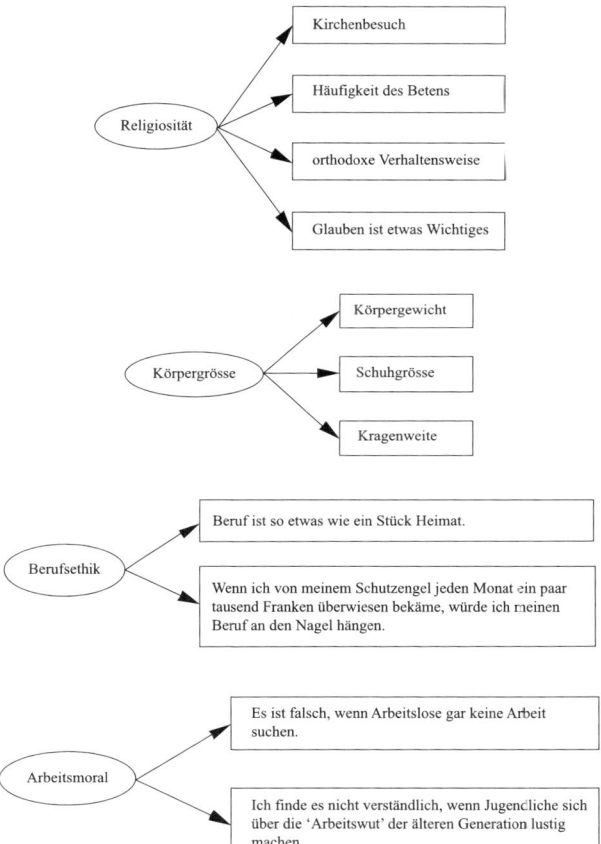

Abbildung 14.2: Beispiele für latente Variablen und Indikatoren

Von der klassischen (metrischen) multivariaten Statistik her wissen wir auch, dass wir bei zwei oder mehreren Variablen eine Kovariation beobachten können, wenn diese eine gemeinsame Ursache haben. Wenn die manifesten Indikatoren einer latenten Variablen alle durch diese latente

---

'Unter den Jugendlichen machen sich manche über die 'Arbeitswut' der älteren Generation lustig. Finden Sie das verständlich?' (Variable 'aw') eher ablehnend reagieren werden. (Diese Annahmen werden manchmal auch als 'Hilfstheorien' bezeichnet.)

Variable verursacht werden, dann ist zu erwarten, dass die manifesten Indikatoren untereinander kovariieren.

Die Latente-Klassen-Analyse untersucht diese Kovariationen zwischen den manifesten Variablen. Dabei wird versucht, aus dem Muster dieser Kovariationen auf die latente Variable zu schliessen. In diesem Sinne ist die Latente-Klassen-Analyse ein Hilfsmittel zur Messung latenter Variablen.

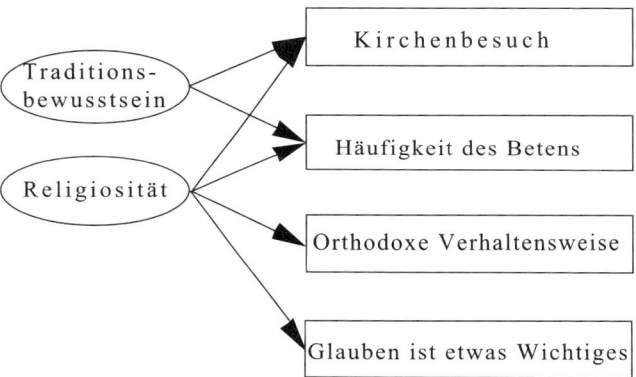

Abbildung 14.3: Beispiel mehrerer latenter Ursachen für die gleichen manifesten Folgen

Latente-Klassen-Analyse – ausgehend von nominal skalierten manifesten Variablen wird mittels der Latenten-Klassen-Analyse versucht, auf die 'dahinter stehenden' nominal skalierten latenten Variablen zu schliessen bzw. es wird versucht, typische Gruppen (Klassen) ausfindig zu machen

Die Latente-Klassen-Analyse geht nun davon aus, dass die latente Variable die Kovariation zwischen den manifesten Variablen 'erklären' kann. Das heisst, es wird angenommen, dass die manifesten Variablen ausschliesslich von der latenten Variablen und nicht von irgendwelchen anderen Variablen verursacht werden. Ob diese Annahme realistisch ist, hängt natürlich sehr stark von den gewählten Indikatoren ab. Man kann sich z.B. vorstellen, dass dies gerade beim Beispiel der Religiosität nicht gegeben ist. So könnte es eine weitere Variable, z.B. 'Konformismus' oder 'Traditionsbewusstsein', geben, die den Indikator 'Kirchenbesuch' mit beeinflusst.

Wir werden später noch sehen, wie wir dieses Problem angehen können. In erster Instanz gehen wir einfachheitshalber davon aus, dass wir tatsächlich die Items so gut gewählt haben, dass unsere Annahme im Grossen und Ganzen gerechtfertigt ist.

Wenn diese Annahme zutrifft, dann bedeutet das, dass wir mittels unserer latenten Variablen sozusagen die gesamte Kovariation zwischen den manifesten Variablen 'erklären' können. Nur ein ganz kleiner Teil der Kovariation bleibt unter Umständen unerklärt. Diese von der latenten Variablen unerklärt bleibende Restkovariation ist auf zufällige Messfehler oder auf den Einfluss irgendwelcher anderer Störvariablen zurückzuführen. Dies ist die Grundannahme der Latenten-Klassen-Analyse.

Bis zu diesem Punkt ist dieser Ansatz mit der traditionellen Faktorenanalyse vergleichbar. Der Unterschied liegt jedoch darin, dass die Faktorenanalyse von metrischen Variablen ausgeht, während die Latente-Klassen-Analyse nominalskalierte Variablen (sowohl für die latenten als auch für die manifesten Variablen) voraussetzt.

Es gibt neben der Latenten-Klassen-Analyse und der klassischen Faktorenanalyse eine Reihe statistischer Methoden, die zur Analyse der Relationen zwischen manifesten und latenten Variablen entwickelt wurden. All diese Methoden sind gemeinsam bekannt als *'latent structure analysis'*. Darunter fällt sowohl die normale *Faktorenanalyse* für metrisch skalierte manifeste und metrisch skalierte latente Variablen als auch die *'latent trait analysis'* für dichotome oder ordinale manifeste Variablen und metrische latente Variablen. Weiterhin gehört die sog. *'latent profile analysis'* für die Analyse metrischer manifester und diskreter latenter Variablen und, wie gesagt, auch die Latente-Klassen-Analyse für die Analyse von diskreten manifesten und diskreten latenten Variablen dazu (vgl. Figur 14.4).

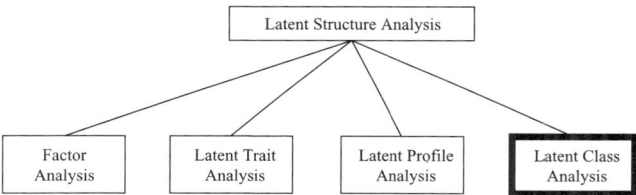

Abbildung 14.4: Eine Klassifikation der verschiedenen Ansätze in der 'Latente-Struktur-Analyse'

14.2 Lokale Unabhängigkeit

Die oben erwähnte Grundannahme der Latenten-Klassen-Analyse wird auch als die 'Bedingung der lokalen Unabhängigkeit' bezeichnet. Überlegen wir zuerst, was lokale Unabhängigkeit genau bedeutet, wenn wir von nominal skalierten Variablen ausgehen.

Wenn zwei Variablen keine Kovariation, keinen Zusammenhang aufweisen, dann bezeichnet man diese beiden Variablen auch als 'unabhängig'. Nehmen wir ein Beispiel: die (manifesten) Variablen A und B haben beide nur zwei Ausprägungen, '+' und '−'. Die zwei-dimensionale (2×2) Kreuztabelle der Variablen A und B ist in Tabelle 14.1 dargestellt.

Tabelle 14.1: Zwei-dimensionale (2×2)-Kreuztabelle mit den absoluten Häufigkeiten der Variablen A und B

		B +	B −	total
A	+	86	34	120
	−	79	101	180
	total	165	135	300

manifeste Kreuztabelle – mehrdimensionale Kreuztabelle der manifesten Variablen

Wir kennen dieses hypothetische Beispiel bereits aus Kapitel 13 zu log-linearen Modelle. In dieser Tabelle liegt eindeutig ein Zusammenhang bzw. eine Abhängigkeit zwischen den Variablen A und B vor. Die beiden Variablen A und B weisen also eine Kovariation auf. Sie 'kovariieren' bzw. gewisse Kategorien von A und B kommen gehäuft gemeinsam vor. Bei der Latenten-Klassen-Analyse vermuten wir, dass dieses gemeinsame Vorkommen darauf zurückzuführen ist, dass beide Variablen als (manifeste) Indikatoren für das gleiche (latente) theoretische Konstrukt dienen. Mittels der Latenten-Klassen-Analyse möchten wir darum versuchen, diese Kovariation zwischen den manifesten Variablen auf eine gemeinsame Ursache (die latente Variable) zurückzuführen. Gehen wir einfachheitshalber mal davon aus, dass wir diese dritte Variable (X) bereits kennen. Wir nehmen auch an, dass diese dritte Variable ebenfalls nur

zwei Ausprägungen hat. Für jede Ausprägung von X könnte man nun eine Kreuztabelle für die Variablen A und B
aufstellen (vgl. Tabelle 13.9). Zusammen bilden diese beiden Kreuztabellen eine drei-dimensionale $(2 \times 2 \times 2)$ Kreuztabelle (vgl. Tabelle 14.2). Da eine der Variablen latent ist,
spricht man auch von einer *latenten Kreuztabelle*.

**latente Kreuztabel-
le** – mehrdimensionale
Kreuztabelle der ma-
nifesten Variablen *und*
der latenten Variablen

Tabelle 14.2: Die gesamte (manifeste) Kreuztabelle für A
und B und die latenten Kreuztabellen für die Variablen A
und B innerhalb der Kategorien von X

		B $j=1$	$j=2$	total
A	$i=1$	86	34	120
	$i=2$	79	101	180
	total	165	135	300

X $t=1$

		B $j=1$	$j=2$	total
A	$i=1$	80	20	100
	$i=2$	40	10	50
	total	120	30	150

X $t=2$

		B $j=1$	$j=2$	total
A	$i=1$	6	14	20
	$i=2$	39	91	130
	total	45	105	150

Tabelle 14.3: Listenweise Darstellung der latenten Kreuztabelle für die Variablen A, B und X

t	i	j	n_{ijt}^{ABX}
1	1	1	80
1	1	2	20
1	2	1	40
1	2	2	10
2	1	1	6
2	1	2	14
2	2	1	39
2	2	2	91

lokale Unabhängig-keit – bei der Laten-ten-Klassen-Analyse wird innerhalb der einzelnen latenten Klassen Unabhängig-keit zwischen den ver-schiedenen manifesten Variablen angestrebt

Die Bedingung der lokalen Unabhängigkeit ist erfüllt, wenn *innerhalb* jeder einzelnen Ausprägung t der latenten Variablen X die beiden manifesten Variablen A und B unabhängig voneinander sind. Für eine bestimmte Ausprägung t von X muss darum gelten:

$$P_{ijt}^{(AB|X)} = P_{it}^{(A|X)} * P_{jt}^{(B|X)} \quad .$$

Die Ausprägung t der latenten Variablen X kommt mit der Wahrscheinlichkeit P_t^X vor, so dass die Bedingung der lokalen Unabhängigkeit wie folgt ausgedrückt werden kann:[2]

$$P_{ijt}^{ABX} = P_{it}^{(A|X)} * P_{jt}^{(B|X)} * P_t^X$$

Für die erwarteten absoluten Häufigkeiten gilt dann:

$$\hat{n}_{ijk}^{ABX} = N * P_{ijt}^{ABX} = N * P_{it}^{(A|X)} * P_{jt}^{(B|X)} * P_t^X \quad .$$

Wenn wir nun für jede der *bedingten* latenten Kreuzta-bellen die Chi-Quadrat-Kennzahl ausrechnen würden, be-kämen wir in beiden Fällen einen Chi-Quadrat-Wert von Null.[3] Das heisst, dass lokal, also innerhalb einer bestimm-ten Klasse von X, keine Kovariation oder Abhängigkeit zwischen A und B festgestellt werden kann. Die neue Va-riable X hat den anfänglich beobachteten Zusammenhang zwischen A und B verschwinden lassen. Wenn es einen *di-rekten* kausalen Zusammenhang zwischen A und B gegeben hätte, wäre der Zusammenhang zwischen A und B durch die Einführung von X nicht (ganz) verschwunden. Es gibt in diesem Fall aber offenbar keinen direkten kausalen Zu-sammenhang zwischen A und B. Der beobachtete Zusam-menhang (Kovariation) ist also ein reiner Scheinzusammen-hang, der auf die gemeinsame Ursache X zurückzuführen

---

[2] In der Literatur sind unterschiedliche Schreibweisen für die in-haltlich identischen Ausdrücke anzutreffen. So sind z.B. folgende Ausdrücke völlig identisch:

$$P(A = i, B = j, X = t) \qquad \text{und} \qquad \pi_{ijt}^{ABX}$$

oder

$$P(A = i|X = t), quad \quad \pi_{it}^{(A|X)} \qquad \text{und} \qquad \pi_{it}^{A\overline{X}} \quad .$$

[3] Mit zwei Freiheitsgraden (der Leser soll sich überlegen, wieso wir jetzt einen Freiheitsgrad mehr haben).

ist. Dies entspricht genau der Annahme der Latenten-Klassen-Analyse.

In Wirklichkeit kennen wir nur die manifeste Kreuztabelle. Wir suchen dann eine latente Variable X, die die Respondenten so in latenten Kreuztabellen verteilt, dass die beobachteten Zusammenhänge zwischen A und B in jeder dieser latenten Kreuztabellen möglichst verschwinden. In unserem Beispiel sind verschiedene Zerlegungen unserer ursprünglichen manifesten Kreuztabelle denkbar, die alle diesen Anforderungen genügen. Mittels der Latenten-Klassen-Analyse versuchen wir aber nicht, irgendeine Zerlegung zu finden, die unserer Annahme genügt, sondern jene Zerlegung, die am wahrscheinlichsten die von uns beobachtete manifeste Kreuztabelle produziert hat. Das heisst, dass wir bei der Suche nach den latenten Kreuztabellen (latenten Klassen) von dem Maximum-Likelihood-Prinzip oder dem Prinzip der maximalen Mutmasslichkeit ausgehen (vgl. auch Abschnitt 14.4 weiter unten).

Die einzelnen Kategorien von X stellen nun sog. typische oder charakteristische Klassen oder Gruppen der Grundgesamtheit dar. Die latenten Gruppen (Klassen) werden durch die Latente-Klassen-Analyse so gewählt, dass sie intern möglichst homogen sind, während sie sich voneinander möglichst stark unterscheiden. In diesem Sinne gleicht die Problemstellung der Latenten-Klassen-Analyse der der Clusteranalyse für metrische manifeste Variablen. Bei der Clusteranalyse haben wir es jedoch nicht mit einem Wahrscheinlichkeitsmodell zu tun, in dem Wahrscheinlichkeitsüberlegungen eine Rolle spielen, sondern mit einem heuristischen Modell. Es lassen sich bei der Clusteranalyse im Allgemeinen auch keine formalen statistischen Tests für die Güte einer Klasseneinteilung formulieren. Die Wahl des Distanzmasses, eines Klassifikationsalgorithmus und der Klassenzahl bleiben bei der klassischen Clusteranalyse relativ arbiträr.

Übrigens, wenn wir eine latente Variable so postulieren, dass sie nur eine Kategorie aufweist, können wir nicht mehr von lokalen Unabhängigkeiten sprechen. In so einem Fall reduziert sich unser Modell zu einem Modell globaler Unabhängigkeit, da es nur noch eine (latente) Kreuztabelle gibt. Eine Latente-Klassen-Analyse mit einer latenten Variablen mit nur einer einzigen Kategorie (Klasse) ist dann

nichts anderes als die statistische Überprüfung globaler Unabhängigkeit der manifesten Variablen. Latente-Klassen-
Analyse hat darum nur Sinn, wenn wir annehmen, dass
die latente Variable mindestens zwei Kategorien (Klassen)
aufweist.

14.3 Formale Darstellung der Latenten-Klassen-Analyse

Wir haben bereits gesehen, dass die in der Stichprobe beobachteten relativen Häufigkeiten (bezüglich N) von den
wirklichen relativen Häufigkeiten in der Grundgesamtheit
abweichen können. Diese relativen Häufigkeiten in der
Grundgesamtheit bezeichnen wir auch als Wahrscheinlichkeiten. Statt eines P verwenden wir für *Wahrscheinlichkeiten* nun das Symbol π (das griechische Äquivalent für P).
Ausgedrückt in Wahrscheinlichkeiten lautet nun die Grund-
dannahme der Latenten-Klassen-Analyse also:

$$\pi_{ijt}^{ABX} = \pi_{it}^{(A|X)} * \pi_{jt}^{(B|X)} * \pi_t^X \quad ,$$

wobei
π_{ijt}^{ABX} = die Wahrscheinlichkeit, dass ein zufällig
ausgewähltes Objekt aus der Grundge-
samtheit sowohl der Klasse i von A als auch
der Klasse j von B und t von X angehört.
Für jede Zelle der latenten Kreuztabelle
gibt es so eine Wahrscheinlichkeit.

$\pi_{it}^{(A|X)}$ = die *konditionale Wahrscheinlichkeit*, dass
ein zufällig ausgewähltes Objekt aus der
Klasse t von X zur Klasse i von A gehört.

$\pi_{jt}^{(B|X)}$ = die *konditionale Wahrscheinlichkeit*, dass
ein zufällig ausgewähltes Objekt aus der
Klasse t von X zur Klasse j von B gehört.

π_t^X = die Wahrscheinlichkeit, dass ein zufällig
ausgewähltes Objekt aus der Grundgesamtheit der Klasse t von X angehört (die
latente Klassenwahrscheinlichkeit).

Verallgemeinern wir diesen Ausdruck auf mehr als zwei manifeste Variablen, dann bekommen wir:[4]

$$\pi_{ij\cdots mt}^{AB\cdots EX} = \pi_{it}^{(A|X)} * \pi_{jt}^{(B|X)} * \cdots * \pi_{mt}^{(E|X)} * \pi_t^X \quad .$$

14.3.1 Latente Klassenwahrscheinlichkeiten

Die latenten Klassenwahrscheinlichkeiten ('latent class probabilities') $\left(\pi_t^X\right)$ beschreiben die Verteilung der Objekte über die verschiedenen latenten Klassen. Innerhalb einer latenten Klasse sind die manifesten Variablen so gut wie unabhängig voneinander. Jede Klasse stellt eine 'typische' oder charakteristische Gruppe in der Population und eine bestimmte Ausprägung auf der latenten Dimension (X) dar.

Die latente Klassenwahrscheinlichkeit gibt uns auch die geschätzte relative Grösse dieser latenten Klasse in der Grundgesamtheit an. Die Summe der latenten Klassenwahrscheinlichkeiten oder der relativen Anteile der latenten Klassen in der Grundgesamtheit muss selbstverständlich immer Eins betragen:

latente Klassen-wahrscheinlichkeit
– Wahrscheinlichkeit, dass ein zufällig ausgewähltes Objekt aus der Grundgesamtheit zu einer bestimmten latenten Klasse gehört = die geschätzte relative Grösse dieser latenten Klasse

---

[4] Wie wir später noch sehen werden, lässt sich diese Grundannahme auch als log-lineares Modell formulieren. Für den Fall mit nur zwei manifesten Variablen würde das log-lineare Modell wie folgt aussehen:

$$\hat{n}_{ijt}^{ABX} = \tau\, \tau_i^A\, \tau_j^B\, \tau_t^X\, \tau_{it}^{AX}\, \tau_{jt}^{BX}$$

oder

$$G_{ijt}^{ABX} = \lambda + \lambda_i^A + \lambda_j^B + \lambda_t^X + \lambda_{it}^{AX} + \lambda_{jt}^{BX} \quad ,$$

wobei

$$
\begin{aligned}
G_{ijt}^{ABX} &= ln\hat{n}_{ijt}^{ABX} \\
\lambda_i^A &= \ln\tau_i^A \quad \left(\text{analog für} \quad \lambda_j^B \text{und} \quad \lambda_t^X\right) \\
\lambda_{it}^{AX} &= \ln\tau_{it}^{AX} \quad \left(\text{analog für} \quad \lambda_{jt}^{BX}\right) \quad .
\end{aligned}
$$

Bei der log-linearen Modellanalyse gehen wir jedoch davon aus, dass alle Variablen manifest sind bzw. direkt beobachtet werden können. Die Parameter eines solchen log-linearen Modells lassen sich normalerweise also aus den beobachteten Häufigkeiten F_{ijt}^{ABX} berechnen. In unserem Fall verfügen wir jedoch nicht über diese Häufigkeiten, und wir können nur versuchen, sie mit Hilfe unserer Latenten-Klassen-Analyse zu schätzen. Mit diesen Schätzungen können wir dann die Parameter des entsprechenden log-linearen Modells berechnen.

$$\sum_{t=1}^{T} \pi_t^X = 1 \quad .$$

Durch diese Bedingung ist klar, dass sich die letzte latente Klassenwahrscheinlichkeit direkt aus den übrigen bereits bekannten Klassenwahrscheinlichkeiten ableiten lässt. Eine der latenen Klassenwahrscheinlichkeiten ist redundant und braucht nicht geschätzt zu werden.

14.3.2 Konditionale Wahrscheinlichkeiten

konditionale Wahrscheinlichkeit – die Wahrscheinlichkeit, dass ein willkürlich ausgewähltes Objekt aus einer bestimmten latenten Klasse t von X eine bestimmte Ausprägung (z.B. i) einer manifesten Variablen (z.B. A) aufweist

Die konditionalen Wahrscheinlichkeiten ('conditional probabilities') $\left(\pi_{it}^{(A|X)}, \ \pi_{jt}^{(B|X)} \right)$ geben an, wie gross die Wahrscheinlichkeit ist, dass ein willkürlich ausgewähltes Objekt aus einer bestimmten latenten Klasse t von X eine bestimmte Ausprägung i bzw. j der manifesten Variablen A bzw. B aufweist, oder anders ausgedrückt: dass eine willkürlich aus der latenten Klasse t ausgewählte Person auf die Frage A bzw. B mit der Antwortkategorie i bzw. j reagiert. Für jede Ausprägung (Antwortkategorie) der manifesten Variablen können wir eine solche konditionale Wahrscheinlichkeit schätzen. Gemeinsam stellen die konditionalen Wahrscheinlichkeiten ein Profil dar, anhand dessen die latenten Klassen zu charakterisieren sind. In diesem Sinne können wir die konditionalen Wahrscheinlichkeiten einer latenten Klasse mit den Faktorladungen eines Faktors in der Faktorenanalyse oder mit Durchschnittswerten eines Clusters bezüglich der manifesten Merkmale bei der Clusteranalyse vergleichen. Tabelle 14.4 stellt sowohl die latenten Klassenwahrscheinlichkeiten als auch die konditionalen Wahrscheinlichkeiten für das Beispiel zur Einstellung zur Arbeit dar.[5]

Die Summe der konditionalen Wahrscheinlichkeiten einer manifesten Variablen innerhalb einer latenten Klasse muss selbstverständlich wieder Eins betragen:

---

[5] Die Kategorie 1 entspricht beim Item 'he' einer zustimmenden Antwort, während die Kategorie 3 eine ablehnende Antwort beinhaltet (Kategorie 2 = unbestimmt). Bei den übrigen drei Items ('sc', 'al' und 'aw') entspricht die Kategorie 1 einer Ablehnung, während die Kategorie 3 eine Zustimmung beinhaltet.

Tabelle 14.4: Ausgabe des Computerprogramms LCAG bezüglich des Beispiels zur Einstellung zur Arbeit

P r o b a b i l i t i e s   M a t r i x

| l a t e n t | | m a n i f e s t | | | | | |
| X | | he | | | sc | | |
	1	1	2	3	1	2	3
1	.0810	.1994	.4479	.3527	.2218	.2383	.5399
2	.7046	.8013	.0896	.1091	.7714	.0214	.2072
3	.2144	.1540	.0361	.8099	.3569	.0282	.6149

| l a t e n t | | m a n i f e s t | | | | | |
| X | | al | | | aw | | |
	1	1	2	3	1	2	3
1	.0810	.6909	.0989	.2102	.5206	.2871	.1923
2	.7046	.9541	.0205	.0254	.5548	.0531	.3921
3	.2144	.3101	.0132	.6767	.2484	.0000	.7516

$$\sum_{i=1}^{I} \pi_{it}^{(A|X)} = 1 \qquad \text{für} \qquad t = 1, \ldots, T$$

$$\sum_{j=1}^{J} \pi_{jt}^{(B|X)} = 1 \qquad \text{für} \qquad t = 1, \ldots, T \quad .$$

Auch hier gilt wieder, dass sich die letzte konditionale Wahrscheinlichkeit direkt aus den konditionalen Wahrscheinlichkeiten der übrigen Ausprägungen dieser manifesten Variablen ableiten lässt. Wir brauchen also nicht alle konditionalen Wahrscheinlichkeiten zu schätzen.

Die latenten Klassenwahrscheinlichkeiten werden zusammen mit den konditionalen Wahrscheinlichkeiten auch als die *Parameter* unseres Modells bezeichnet. Es sind diese Parameter, die wir mittels unserer Latenten-Klassen-Analyse versuchen zu ermitteln bzw. zu schätzen.

14.4 Die Schätzung der Parameter

Das meistverwendete Schätzverfahren für die Schätzung unbekannter Parameter ist die sog. Maximum-Likelihood-Schätzung (maximale Mutmasslichkeitsschätzung). Bei diesem Ansatz versucht man jene Parameterwerte zu finden, von denen am stärksten vermutet wird, dass sie die beobachteten Zusammenhänge zwischen den manifesten Variablen produziert haben. Die Mutmasslichkeit einer bestimmten Konfiguration von Parameterwerten lässt sich als Funktion der Parameterwerte und den beobachteten Häufigkeiten ausdrücken:

$$\Lambda\left(\mathbf{p}|\mathbf{f}\right) \quad ,$$

wobei $\boldsymbol{\theta}$ die Menge bzw. den Vektor aller Parameter und $\mathbf{n}$ den Vektor der beobachteten Häufigkeiten darstellt.

Ausgehend von einer bestimmten Stichprobe sind die beobachteten Häufigkeiten konstant. Vereinfachend können wir also auch schreiben:

$$\Lambda\left(\boldsymbol{\theta}\right) \quad .$$

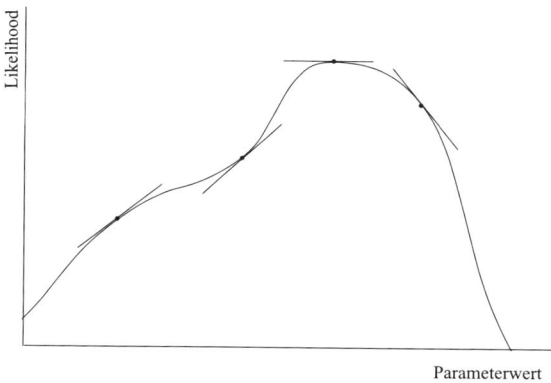

Abbildung 14.5: Beispiel einer Likelihood-Funktion mit nur einem Parameter

Die Kombination von Parameterwerten, für die diese Funktion maximal ist, nennen wir die *Maximum-Likelihood-Lösung*. Im Allgemeinen ist es sogar für moderne leistungsfähige Computer nicht möglich, für alle möglichen Konfigurationen von Parameterwerten die Maximum-Likelihood-Funktion zu berechnen und miteinander zu vergleichen, um dann jene Konfiguration mit dem höchsten Funktionswert auszuwählen. Die meisten Computeralgorithmen gehen darum iterativ vor, wobei, ausgehend von irgendwelchen Startwerten für den Parameter, nur jene Konfigurationen 'durchprobiert' werden, von denen man auf Basis der Startwerte annehmen darf, dass sie einen höheren Funktionswert (Likelihood) erzeugen werden.

Wie dies geschieht, lässt sich am einfachsten erklären, wenn wir das Problem auf der Suche nach nur einem unbekannten Parameter reduzieren.

In Figur 14.5 ist die maximale Mutmasslichkeitsfunktion graphisch dargestellt. Es ist einfach zu sehen, dass wenn die Tangente eine positive Steigung hat, die Funktion offenbar bei einer Zunahme des Parameterwertes ebenfalls zunimmt. Wenn die Tangente eine negative Steigung aufweist, bedeutet dies dagegen, dass die Funktion abnimmt, wenn der Parameterwert zunimmt. Typischerweise ist die Tangente genau horizontal, wenn ein Maximum erreicht wird.

Wir können den maximalen Wert einer Funktion finden, wenn wir von einem arbiträren Parameterwert ausgehen und diesen Wert jeweils anhand der Information bezüglich der Tangente ändern. Normalerweise führt diese Methode zu einer Lösung. Das heisst jedoch nicht, dass diese Lösung auch immer die gewünschte optimale Lösung (mit maximaler Likelihood) ist. Nehmen wir z.B. an, dass wir anfänglich einen Parameterwert zwischen a und b wählen (vgl. Figur 15.6). Diese Prozedur wird dann als Lösung den Parameterwert lm ermitteln. Wenn aber der Anfangswert des Parameters zwischen c und d gewählt wird, ergibt die Prozedur die Lösung am. Letztere Lösung (am) ist, wie aus der Graphik leicht ersichtlich ist, ein *globales* Maximum, während lm nur ein *lokales Maximum* darstellt. Es kann also leicht passieren, dass die Lösung nur ein lokales Maximum darstellt und somit nicht der gesuchten optimalen Lösung entspricht, wenn die Anfangswerte weit weg vom wirklichen Maximum gewählt werden. Um sicherzugehen, dass die gefundene Lösung auch tatsächlich der optimalen Lösung entspricht, ist es also empfehlenswert, verschiedene Anfangswerte auszuprobieren.

In den meisten Fällen haben wir nicht einen, sondern mehrere Parameter, die wir gleichzeitig schätzen müssen. Das Verfahren lässt sich aber auf analoge Weise auf die si-

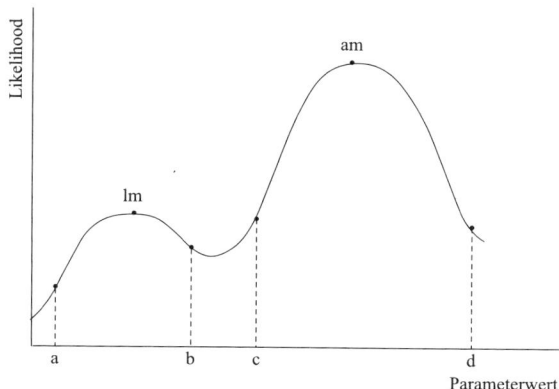

Abbildung 14.6: Beispiel einer Likelihood-Funktion mit einem lokalen Maximum

multane Suche nach mehreren optimalen Parameterwerten generalisieren.

Es gibt zwei Computeralgorithmen, welche beide die Maximum-Likelihood-Lösung auf diesem iterativen Weg zu ermitteln versuchen:

- Newton/Raphson-Algorithmus oder genauer Fischers 'Scoring'-Algorithmus;
- Goodmans Iterative-Proportional-Fitting-Algorithmus oder 'EM'-Algorithmus.[6]

Beide Algorithmen wurden in den 70er Jahren des vergangenen Jahrhunderts entwickelt und stellten einen grossen Durchbruch auf dem Gebiet der Latenten-Klassen-Analyse dar, deren 'Idee' ja bereits anfangs der 50er Jahre vom Soziologen Lazarsfeld formuliert wurde.

Bei der richtigen Handhabung spielt es im Prinzip keine Rolle, welcher der beiden Algorithmen verwendet wird. Im Generellen ergeben beide Algorithmen die gleichen Resultate. Wir werden hier, wegen der Einfachheit seiner Handhabung, nur Goodmans EM-Algorithmus anwenden.

---

[6] Dieser Algorithmus besteht aus zwei Schritten:
▷ Die Berechnung der Expected Sufficient Statistics (nämlich gewisse Randverteilungen) auf Basis der Ergebnisse der letzten Iteration;
▷ die Maximierung der Likelihood-Funktion durch neue Schätzungen für die Parameter auf Basis der Expected Sufficient Statistics.

Zur Beschreibung des Algorithmus' kehren wir zu unserem Beispiel mit nur zwei manifesten (A und B) Variablen und einer latenten Variablen (X) zurück.

1. Wir gehen jetzt von willkürlich gewählten Parameterwerten aus. Das heisst, dass wir für die latenten Klassenwahrscheinlichkeiten und für die konditionalen Wahrscheinlichkeiten Startwerte wählen. Selbstverständlich sollten dabei auch diese Startwerte die Nebenbedingungen

$$\sum_{t=1}^{T} \hat{\pi}_t^{(1)X} = 1$$

$$\sum_{i=1}^{I} \hat{\pi}_{it}^{(1)(A|X)} = 1 \qquad \text{für} \qquad t = 1, \ldots, T$$

$$\sum_{j=1}^{J} \hat{\pi}_{jt}^{(1)(B|X)} = 1 \qquad \text{für} \qquad t = 1, \ldots, T$$

erfüllen. Auch sollten in erster Instanz die extremen Werte Null und Eins vermieden werden.

2. Mit Hilfe dieser Werte und unserer Modellannahme berechnen wir nun erst die erwarteten Wahrscheinlichkeiten für die Zellen der *latenten* Kreuztabelle:

$$\hat{\pi}_{ijt}^{(1)ABX} = \hat{\pi}_{it}^{(1)(A|X)} * \hat{\pi}_{jt}^{(1)(B|X)} * \hat{\pi}_t^{(1)X} \quad .$$

Sowohl die willkürlich gewählten Startwerte für die Parameter als auch die daraus ermittelten erwarteten Wahrscheinlichkeiten für die Zellen der latenten Kreuztabelle bezeichnet man als vorläufige 'Schätzungen'. Es ist allgemein üblich, solche Schätzungen durch ein 'Dächlein' (^) auf dem entsprechenden Symbol zu markieren.

3. Durch Summieren können wir anschliessend die erwarteten Wahrscheinlichkeiten der einzelnen Zellen der *manifesten* Kreuztabelle berechnen:

$$\hat{\pi}_{ij}^{(1)AB} = \sum_{t=1}^{T} \hat{\pi}_{ijt}^{(1)ABX} \quad .$$

4. Aus den Zellenwahrscheinlichkeiten der latenten und der manifesten Kreuztabelle lassen sich nun auch die bedingten Wahrscheinlichkeiten für die Zugehörigkeit eines Objektes aus einer bestimmten Zelle der manifesten Kreuztabelle zu einer bestimmten latenten Klasse berechnen:

$$\hat{\pi}_{tij}^{(1)(X|AB)} = \frac{\sum_{t=1}^{T} \hat{\pi}_{ijt}^{(1)ABX}}{\hat{\pi}_{ij}^{(1)AB}} \quad .$$

Bis jetzt haben wir uns auf die Grundgesamtheit bezogen. Wir wollen aber, dass unser Modell die Beobachtungen unserer Stichprobe zuverlässig reproduzieren kann. Wir wollen also die beobachteten relativen Häufigkeiten einbeziehen.

5. Auf Basis unserer vorläufigen Schätzungen für die latenten Klassen und konditionalen Wahrscheinlichkeiten in der Grundgesamtheit kann man wie folgt auch Schätzungen für die erwarteten relativen Zellenhäufigkeiten (bezüglich N) der latenten Kreuztabelle unserer Stichprobe ermitteln:

$$\hat{p}_{ijt}^{(1)ABX} = \hat{\pi}_{tij}^{(1)(X|AB)} * p_{ij}^{AB} \quad .$$

Es lässt sich nachweisen, dass es sich hier wiederum um eine Schätzung handelt, die den Likelihood-Funktionswert, der mit diesen Schätzungen verbunden ist, maximiert. Den Beweis dafür überlassen wir den Statistikern. Diese im letzten Schritt erhaltenen relativen Häufigkeiten kann man als an die beobachtete Kreuztabelle angepassten (neuen) 'Wahrscheinlichkeiten' für die Zellen der latenten Kreuztabelle (vgl. auch mit dem zweiten Schritt dieses Algorithmus) auffassen. Damit ist der E-Schritt abgeschlossen.

6. Im M-Schritt werden die vorläufigen Schätzungen für die latenten Klassen und konditionalen Wahrscheinlichkeiten durch Anpassung an die Randtotalen der geschätzten relativen Häufigkeiten der latenten Kreuztabelle unserer Stichprobe verbessert:

$$\hat{\pi}_t^{(2)X} = \sum_{i=1}^{I}\sum_{j=1}^{J} \hat{p}_{ijt}^{(1)ABX}$$

$$\hat{\pi}_{it}^{(2)(A|X)} = \left(\sum_{j=1}^{J} \hat{p}_{ijt}^{(1)ABX}\right) \Big/ \hat{\pi}_t^{(2)X}$$

$$\hat{\pi}_{jt}^{(2)(B|X)} = \left(\sum_{i=1}^{I} \hat{p}_{ijt}^{(1)ABX}\right) \Big/ \hat{\pi}_t^{(2)X} \ .$$

Jetzt ist der Iterationsschritt abgeschlossen. Mit diesen verbesserten Schätzungen für die gesuchten Parameter können wir wieder von vorne anfangen. Durch diese schrittweise Veränderung unserer Parameterwerte bekommen wir schliesslich die gesuchte Maximum-Likelihood-Lösung.

Es gibt zwei Methoden, um dieses iterative Verfahren abzubrechen.

1. *Abbruch nach Erreichen der erwünschten Genauigkeit:* Wenn man die Iteration nicht anhalten würde, würden die Schätzungen immer näher zu den wirklichen Maximum-Likelihood-Werten kommen (vorausgesetzt, es gibt ein solches Maximum). Eine so hohe Genauigkeit ist jedoch meistens nicht gefragt. Es reicht meistens schon, wenn wir die Maximum-Likelihood-Schätzung bis auf einige Dezimalstellen kennen. Meistens bricht man also das Iterationsverfahren ab, wenn die im letzten Iterationsschritt erzielten Veränderungen (Verbesserungen) der Parameter für die gewünschte Genauigkeit nicht mehr erheblich sind. Den Schwellenwert, unter dem die erzielte Verbesserung als nicht mehr erheblich erachtet wird, nennt man auch die Toleranz oder das Toleranzkriterium ('Criterion').

2. *Abbruch nach maximaler Anzahl von Iterationsschritten:* Wenn die Likelihood-Funktion relativ flach ist, kann es zum Teil sehr lange dauern, bis ein Maximum gefunden wird. Um in solchen Fällen nicht übermässig Computerressourcen zu verschwenden, gibt man zusätzlich meistens eine obere Grenze für die Anzahl der Iterationsschritte an. Das Verfahren bricht bei Erreichen dieser oberen Grenze automatisch ab.

Die Ergebnisse dieses Verfahrens entsprechen der Maximum-Likelihood-Lösung für die gesuchten Parameter oder

entsprechen einem sog. 'terminalen' Wert Null oder Eins.
Wenn während des Iterationsprozesses ein bestimmter Parameter den Wert Eins oder Null annimmt, wird dieser
Wert bei den weiteren Iterationsschritten beibehalten. Man
erhält dann als Ergebnis die Maximum- Likelihood-Lösung
*unter der Annahme, dass die betreffenden Parameter in der
Grundgesamtheit den Wert Null bzw. Eins haben.*

Wie wir bereits gesehen haben, wird in ganz wenigen
Fällen kein optimales Ergebnis erreicht. Die Lösung ent-
spricht dann nur dem lokalen Maximum der Likelihood-
Funktion. In der Praxis kommt das bei Verwendung des
EM-Algorithmus jedoch relativ selten vor. Um sicher zu
gehen, empfiehlt es sich jedoch, die Prozedur mit verschiedenen Startwerten zu wiederholen. Wenn man unterschiedliche Lösungen bekommt, ist das Ergebnis mit dem tief-
sten Chi-Quadrat-Wert die gesuchte Maximum-Likelihood-
Lösung. Wenn verschiedene Lösungen den gleichen Chi-
Quadrat-Wert aufweisen, dann haben wir es mit einem sog.
Identifikationsproblem zu tun. Es existiert unter Umständen dann keine eindeutige Schätzung für alle Parameter.
Die Likelihood-Funktion weist in solchen Fällen entweder
gar kein Maximum oder verschiedene gleichwertige Maxi-
ma auf. Auf die Chi-Quadrat-Kennzahl als Mass für die
Güte der Anpassung unseres Modells an den beobachteten
Daten kommen wir weiter unten noch zurück.

Modelle, die nicht identifizierbar sind, kann man identifizierbar machen, indem man weitere Restriktionen einführt
(das Modell abändert). Auch hierauf werden wir weiter unten noch zurückkommen.

14.5 Die Identifikation

Die Anzahl der Parameter, die man auf diese Weise schätzen kann, ist durch die Anzahl der Freiheitsgrade in der
manifesten Kreuztabelle beschränkt. Dies leuchtet sofort
ein, wenn man wiederum unser Beispiel betrachtet.

Wenn wir unsere Modellgleichung

$$\hat{\pi}_{ijt}^{ABX} = \hat{\pi}_{it}^{(A|X)} * \hat{\pi}_{jt}^{(B|X)} * \hat{\pi}_t^X$$

in die Gleichung

$$\hat{\pi}_{ij}^{AB} = \sum_{t=1}^{T} \hat{\pi}_{ijt}^{ABX}$$

einsetzen, bekommen wir eine Gleichung, die die gesuchte Beziehung zwischen der Wahrscheinlichkeit einer Zelle der *manifesten* Kreuztabelle und unseren Parametern darstellt. Für jede Zelle der *manifesten* Kreuztabelle gibt es so eine Gleichung. In unserem Beispiel gibt es also vier solche Gleichungen:

$$\begin{aligned} \hat{\pi}_{ij}^{AB} &= \sum_{t=1}^{T} \hat{\pi}_{ijt}^{ABX} \\ &= \hat{\pi}_{i1}^{(A|X)} * \hat{\pi}_{j1}^{(B|X)} * \hat{\pi}_{1}^{X} + \hat{\pi}_{i2}^{(A|X)} * \hat{\pi}_{j2}^{(B|X)} * \hat{\pi}_{2}^{X} \, . \end{aligned}$$

Die Zellen*wahrscheinlichkeiten* der manifesten Kreuztabelle werden mittels der relativen Zellen*häufigkeiten* (bezüglich N) geschätzt. Wir dürfen also diese Wahrscheinlichkeiten durch die entsprechenden relativen Häufigkeiten ersetzen. Diese relativen Häufigkeiten sind uns bekannt:

$$p_{11}^{AB} = \hat{\pi}_{11}^{(A|X)} * \hat{\pi}_{11}^{(B|X)} * \hat{\pi}_{1}^{X} + \hat{\pi}_{12}^{(A|X)} * \hat{\pi}_{12}^{(B|X)} * \hat{\pi}_{2}^{X}$$

$$p_{12}^{AB} = \hat{\pi}_{11}^{(A|X)} * \hat{\pi}_{21}^{(B|X)} * \hat{\pi}_{1}^{X} + \hat{\pi}_{12}^{(A|X)} * \hat{\pi}_{22}^{(B|X)} * \hat{\pi}_{2}^{X}$$

$$p_{21}^{AB} = \hat{\pi}_{21}^{(A|X)} * \hat{\pi}_{11}^{(B|X)} * \hat{\pi}_{1}^{X} + \hat{\pi}_{22}^{(A|X)} * \hat{\pi}_{12}^{(B|X)} * \hat{\pi}_{2}^{X}$$

$$p_{22}^{AB} = \hat{\pi}_{21}^{(A|X)} * \hat{\pi}_{21}^{(B|X)} * \hat{\pi}_{1}^{X} + \hat{\pi}_{22}^{(A|X)} * \hat{\pi}_{22}^{(B|X)} * \hat{\pi}_{2}^{X} \, .$$

Insgesamt haben wir es hier mit vier Gleichungen und zehn unbekannten Parametern zu tun. Wir wissen aber auch, dass sich alle relativen Zellenhäufigkeiten zusammen zu Eins summieren. Die letzte relative Zellenhäufigkeit ist also direkt aus den übrigen Zellenhäufigkeiten abzuleiten. Dies gilt auch für unsere letzte Gleichung. Die letzte Gleichung liefert uns keine zusätzlichen Informationen mehr und ist redundant. Es bleiben somit nur noch drei (nicht-redundante) Gleichungen übrig.

Auch bei den Parametern haben wir es aber mit Redundanzen zu tun. Dank der Nebenbedingungen

$$\sum_{t=1}^{T} \hat{\pi}_t^X \;\; = \;\; 1$$

$$\sum_{i=1}^{I} \hat{\pi}_{it}^{(A|X)} \;\; = \;\; 1 \qquad \text{für} \qquad t = 1, \ldots, T$$

$$\sum_{j=1}^{J} \hat{\pi}_{jt}^{(B|X)} \;\; = \;\; 1 \qquad \text{für} \qquad t = 1, \ldots, T$$

brauchen wir nicht zehn sondern nur noch fünf unbekannte Parameter zu schätzen, da die übrigen fünf direkt aus den ersten fünf und unseren Nebenbedingungen abzuleiten sind.

Eine allgemein bekannte mathematische Regel besagt nun, dass wir mindestens gleich viele Gleichungen wie Unbekannte haben sollten, wenn das Gleichungssystem eine eindeutige Lösung haben soll. Diese Bedingung ist eine notwendige, jedoch noch nicht eine hinreichende Bedingung für die Existenz einer eindeutigen Lösung für die von uns gesuchten Parameter.

In unserem Beispiel haben wir es mit drei (nicht-redundanten) Gleichungen und fünf (nicht-redundanten) Unbekannten zu tun. Das heisst also, dass in unserem Beispiel keine eindeutige Lösung existiert.

Der Unterschied zwischen der Anzahl (nicht-redundanter) Gleichungen und der Anzahl (nicht-redundanter) Parameter wird auch als die Anzahl *Freiheitsgrade* unseres Modells bezeichnet. Die Anzahl (nicht-redundanter) Gleichungen hängt von der Anzahl der Zellen in der manifesten Kreuztabelle ab und damit von der Anzahl manifester Variablen und der Anzahl ihrer Ausprägungen. Die Anzahl der Parameter wird zusätzlich auch noch von der Anzahl postulierter latenter Klassen mitbestimmt.

In unserem Beispiel mit einer zwei-dimensionalen manifesten Kreuztabelle gibt es $(I \times J)$ verschiedene Zellen, wobei I die Anzahl der Kategorien (Ausprägungen) der ersten manifesten Variablen (A) und J die Anzahl der Kategorien der zweiten manifesten Variablen (B) darstellen. Davon ist eine Zelle redundant. Es bleiben also $((I \times J) - 1)$ nicht-redundante Zellen bzw. Gleichungen übrig. Verallgemeinert gibt es

$$\left(\prod_{q=1}^{Q} C_q \right) - 1$$

(nicht-redundante) Gleichungen; wobei Q die Anzahl manifester Variablen und C_q die Anzahl Kategorien (Ausprägungen) der q-ten manifesten Variablen darstellt.

Die Parameter bestehen aus den latenten Klassenwahrscheinlichkeiten und den konditionalen Wahrscheinlichkeiten. Bei den latenten Klassenwahrscheinlichkeiten ist wiederum die letzte redundant, so dass nur $(T-1)$ latente Klassenwahrscheinlichkeiten geschätzt werden müssen, wobei T der Anzahl postulierter latenter Klassen entspricht. Innerhalb einer latenten Klasse müssen sich die konditionalen Wahrscheinlichkeiten einer manifesten Variablen auch zu Eins summieren. Für jede manifeste Variable innerhalb einer latenten Klasse gibt es also auch immer eine redundante konditionale Wahrscheinlichkeit. Für die erste manifeste Variable (A) innerhalb der ersten latenten Klasse von X gibt es also $(I-1)$ konditionale Wahrscheinlichkeiten zu schätzen. Für jede latente Klasse gibt es insgesamt $(I-1)+(J-1)$ konditionale Wahrscheinlichkeiten zu schätzen. Für alle latenten Klassen zusammen gibt es also $T \times ((I-1)+(J-1))$ (nicht-redundante) konditionale Wahrscheinlichkeiten zu schätzten. Insgesamt und verallgemeinert gibt es

$$(T-1) + \sum_{q=1}^{Q} T \left(C_q - 1 \right)$$

(nicht-redundante) Parameter zu schätzen.

Folglich lautet die Formel für die Anzahl der Freiheitsgrade des zu analysierenden Modells:

$$df = \left(\prod_{q=1}^{Q} C_q \right) - 1 - \left\{ (T-1) + \sum_{q=1}^{Q} T \left(C_q - 1 \right) \right\}$$

Modelle, die eine negative Anzahl Freiheitsgrade haben, sind also *nicht* identifiziert (auch nicht, wenn das Computerprogramm eine Lösung angibt). Solche Modelle kann man aber identifizierbar machen, indem man weitere Restriktionen einführt. Durch diese Restriktionen werden unbekannte Parameter zu bekannten Parametern, so dass im ganzen weniger Parameter geschätzt werden müssen. Selbstverständlich reicht das Indentifikationsproblem an sich nicht als Begründung für die Einführung weiterer Restriktionen aus. Zusätzlich müssen triftige theoretische Gründe vorliegen, um gerade diese Restriktion und nicht eine andere einzuführen. Wir werden später noch ausführlicher auf die Einführung von Restriktionen zurückkommen.

Wenn die Anzahl der Freiheitsgrade genau gleich Null ist, müssen wir genau gleich viele (nicht-redundante) Parameter schätzen, wie es (nicht-redundante) Gleichungen gibt. In so einem Fall gibt es genau nur eine Lösung und die geschätzten erwarteten Zellenhäufigkeiten werden dann zwangsläufig genau mit den beobachteten Werten übereinstimmen. Dieses Modell mit Null Freiheitsgraden ist das ausführlichste oder allgemeinste Modell (das Modell mit den meisten Parametern), das man mit dieser manifesten Kreuztabelle schätzen kann. Mann nennt so ein Modell auch ein 'gesättigtes' Modell. Alle Modelle mit $df > 0$ sind 'eingeschränktere' Versionen von diesem allgemeinen Modell. Bei diesen eingeschränkteren Versionen werden im voraus gewisse Parameterwerte als Null postuliert. In solchen Modellen gibt es weniger (nicht-redundante) Parameter zu schätzen als es (nicht-redundante) Gleichungen gibt. Es gibt dann mehrere mögliche Lösungen für das Gleichungssystem, wovon wir jene mit dem höchsten Likelihood-Wert auswählen. Auch solche Modelle ergeben Schätzungen für die erwarteten Zellenhäufigkeiten der manifesten Kreuztabelle. Durch die weitere Restriktion des Modells stimmen diese Vorhersagen (die geschätzten erwarteten Häufigkeiten) jedoch nicht mehr perfekt mit den beobachteten Häufigkeiten überein. Durch Vergleich der geschätzten erwarteten Zellenhäufigkeiten mit den beobachteten Zellenhäufigkeiten der manifesten Kreuztabelle können wir nun feststellen, ob unser eingeschränkteres Modell gut mit unseren Beobachtungen übereinstimmt.

gesättigtes (saturiertes) Modell – Modell mit genau Null Freiheitsgraden. Dieses Modell passt perfekt zu den Daten

14.6 Die Zuordnung der Objekte zu latenten Klassen

Vielfach ist die Latente-Klassen-Analyse nur der erste Schritt im Forschungsprozess. Die latente Klassenanalyse wird dabei als Teil des Messinstrumentes verwendet, als Messmodell für latente Konstrukte oder zur Reduktion der Anzahl der Variablen, die in einer späteren Auswertungsphase weiter verarbeitet werden müssen. Nachdem die Objekte auf der latenten Dimension eingestuft worden sind, versucht man dann, in einem zweiten Schritt, die Resultate der 'Messungen' mit irgendwelchen anderen methodischen Hilfsmitteln weiterzuverarbeiten. In diesem zweiten Schritt könnte, je nach Problemstellung, durchaus auch wieder eine Latente-Klassen-Analyse zur Anwendung kommen. Ein solches Vorgehen mit zwei aufeinanderfolgenden Latenten-Klassen-Analysen ist mit der sekundären Faktorenanalyse vergleichbar, wobei man die Resultate einer ersten Faktorenanalyse mittels einer zweiten darauf folgenden Faktorenanalyse weiterverarbeitet.

Die Zuordnung der Objekte zu latenten Klassen kommt der Berechnung der Faktorwerte gleich. Die Respondenten mit den gleichen Ausprägungen bezüglich den manifesten Dimensionen werden als identisch aufgefasst und dementsprechend auch zur gleichen latenten Klasse zugeordnet bzw. mit dem gleichen 'Wert' auf der latenten Dimension versehen. Jede Zelle der manifesten Kreuztabelle wird einer bestimmten latenten Klasse zugeordnet. Wir berechnen dazu erst die bedingten Wahrscheinlichkeiten $\hat{\pi}_{tij}^{(X|AB)} = P(X = t|A = i, B = j)$, dass ein willkürlich gewähltes Objekt aus der Zelle ij der manifesten Kreuztabelle zur Klasse t von X gehört:

$$\hat{\pi}_{tij}^{(X|AB)} = \hat{\pi}_{ijt}^{ABX} / \sum_{t=1}^{T} \hat{\pi}_{ijt}^{ABX} \quad .$$

bedingte Wahrscheinlichkeit – Wahrscheinlichkeit, dass eine bestimmte Ausprägungskombination der manifesten Variablen zu einer bestimmten latenten Klasse gehört

Für jede Zelle der manifesten Kreuztabelle gibt es gleich viele solcher bedingten Wahrscheinlichkeiten wie es latente Klassen gibt. In unserem Beispiel zur Einstellung zum Beruf gibt es drei latente Klassen. Pro Zelle der manifesten Kreuztabelle gibt es also drei solcher bedingten Wahrscheinlichkeiten. Die Objekte einer solchen Zelle werden nun jener latenten Klasse mit der höchsten bedingten Wahrscheinlichkeit zugeordnet. Diese höchste bedingte Wahrscheinlichkeit dieser Zelle der manifesten Kreuztabelle nennen wir die *modale Wahrscheinlichkeit*. Die entsprechende latente Klasse nennen wir die *modale Klasse* dieser Zel-

modale Klasse – jene latente Klasse, deren bedingte Wahrscheinlichkeit für eine bestimmte Ausprägungskombination der manifesten Variablen am höchsten ist

le. In Tabelle 14.5 werden diese Wahrscheinlichkeiten für unser Beispiel bezüglich der Einstellung zur Arbeit dargestellt. Die modalen Wahrscheinlichkeiten wurden dabei jeweils unterstrichen.

Die bedingten Wahrscheinlichkeiten lassen sich auch als Anteil aller Objekte der betreffenden Zelle der manifesten Kreuztabelle, die zu der entsprechenden latenten Klasse gehören, interpretieren. Nur der Anteil der Objekte dieser Zelle, die auf diese Weise zur modalen Klasse 'gehören', wird bei unserem Zuordnungsverfahren 'richtig' zugeordnet. Die übrigen werden nach dieser Betrachtungsweise 'falsch' zugeordnet. Die Zuordnung zu latenten Klassen ist also probabilistisch und mit Fehlern behaftet. Der Anteil 'falsch' zugeordneter Objekte einer bestimmten Zelle der manifesten Kreuztabelle beträgt also

$$1 - \text{die modale Wahrscheinlichkeit} = 1 - \hat{\pi}_{t^*ij}^{(X|AB)} = e \quad ,$$

wobei t^* die modale Klasse bezeichnet.

Je grösser diese modale Wahrscheinlichkeit, desto eindeutiger konnten die Objekte aus der betreffenden Zelle der manifesten Kreuztabelle einer latenten Klasse zugeordnet werden. Die Grösse der modalen Wahrscheinlichkeiten ist also ein Mass für die Stärke der Beziehung zwischen der latenten Klasse und der Zelle der manifesten Kreuztabelle.

Die modale Wahrscheinlichkeit gibt die Wahrscheinlichkeit an, dass ein willkürliches Objekt *aus einer bestimmten Zelle* der manifesten Kreuztabelle 'richtig' zugeordnet wird. Wenn wir nun die mit den Zellenwahrscheinlichkeiten gewichtete Summe all dieser Wahrscheinlichkeiten bilden, bekommen wir die Wahrscheinlichkeit, dass irgend ein willkürliches Objekt *aus unserer Grundgesamtheit* 'richtig' zugeordnet wird:

$$\sum_{i=1}^{I} \sum_{j=1}^{J} \left(\hat{\pi}_{t^*ij}^{(X|AB)} \hat{\pi}_{ij}^{AB} \right) \quad .$$

Wenn wir als Gewicht statt $\hat{\pi}_{ij}^{AB}$ nun die tatsächlich beobachteten relativen Häufigkeiten p_{ij}^{AB} verwenden, bekommen wir den *Gesamtanteil 'richtig' zugeordneter Objekte:*

$$\sum_{i=1}^{I} \sum_{j=1}^{J} \left(\hat{\pi}_{t^*ij}^{(X|AB)} p_{ij}^{AB} \right) \quad .$$

Tabelle 14.5: Zuordnung der Objekte zu latenten Klassen am Beispiel zur Einstellung zur Arbeit

Latent Classifications

he	sc	al	aw	lc 1	2	3	e
1	1	1	1	.006	.991	.004	.00944
1	1	1	2	.031	.969	.000	.03123
1	1	1	3	.003	.981	.017	.01939
1	1	2	1	.036	.957	.007	.04313
1	1	2	2	.177	.823	.000	.17682
1	1	2	3	.019	.950	.032	.05021
1	1	3	1	.046	.721	.233	.27868
1	1	3	2	.269	.731	.000	.26910
1	1	3	3	.014	.414	.572	.42810
1	2	1	1	.176	.815	.009	.18538
1	2	1	2	.555	.445	.000	.44506
1	2	1	3	.097	.861	.041	.13869
1	2	2	1	.585	.406	.009	.41487
1	2	2	2	.893	.107	.000	.10743
1	2	2	3	.408	.541	.051	.45901
1	2	3	1	.563	.228	.209	.43690
1	2	3	2	.934	.066	.000	.06561
1	2	3	3	.208	.161	.632	.36850
1	3	1	1	.047	.929	.023	.07058
1	3	1	2	.226	.774	.000	.22606
1	3	1	3	.023	.881	.095	.11865
1	3	2	1	.243	.721	.036	.27941
1	3	2	2	.661	.339	.000	.33941
1	3	2	3	.127	.719	.154	.28093
1	3	3	1	.159	.274	.567	.43283
1	3	3	2	.769	.231	.000	.23063
1	3	3	3	.030	.098	.872	.12820
2	1	1	1	.100	.892	.007	.10759
2	1	1	2	.393	.607	.000	.39292
2	1	1	3	.054	.914	.032	.08594
2	1	2	1	.424	.567	.009	.43333
⋮	⋮	⋮	⋮	⋮	⋮	⋮	⋮

Eine weitere Masszahl für die Stärke der Beziehung zwischen den latenten Variablen (X) und den manifesten Variablen (A und B) wurde von Clogg entwickelt und nennt sich *Lambda*:

$$\lambda = \frac{E_1 - E_2}{E_1} \quad ,$$

wobei

$$E_1 = 1 - \hat{\pi}_{t^*}^{X}$$

$$E_2 = \sum_{i=1}^{I} \sum_{j=1}^{J} \left(1 - \hat{\pi}_{t^*ij}^{(X|AB)}\right) \hat{\pi}_{ij}^{AB} \quad .$$

E_1 ist die Fehlerquote, die entsteht, wenn *alle* Objekte der grössten latenten Klasse zugeordnet werden. In unserem Beispiel zur Einstellung zur Arbeit würde so eine Zuordnung implizieren, dass alle Objekte der zweiten latenten Klasse zugeordnet werden. Da aber 8% bzw. 21% aller Objekte aller Wahrscheinlichkeit nach eigentlich zur ersten bzw. dritten latenten Klasse gehören, würden wir damit in 29% der Fälle einen Fehler machen. Diesen 29% entspricht die Fehlerquote E_1.

Beim Vergleich der Formel für E_2 mit der Formel für die Gesamtwahrscheinlichkeit der 'richtigen' Zuordnung eines Objektes zeigt sich sofort, dass E_2 das Komplement dieses Anteils ist, entspricht also dem Anteil 'falsch' zugeordneter Objekte. E_2 ist die erwartete Fehlerquote, die durch die Zuweisung zu latenten Klassen auf Basis der modalen Wahrscheinlichkeiten entsteht.

Je stärker der Zusammenhang zwischen der latenten Variablen (X) und den manifesten Variablen (A und B), desto kleiner wird E_2 sein und desto mehr wird sich λ dem Wert Eins nähern. Wenn dieser Zusammenhang schwach ist, wird λ kleiner als Eins sein.

14.7 In wieweit stimmt unser Modell mit der Wirklichkeit überein?

Für den Vergleich der geschätzten erwarteten Zellenhäufigkeiten mit den beobachteten Zellenhäufigkeiten der manifesten Kreuztabelle können wir wiederum die uns bereits bekannte (Pearson-)Chi-Quadrat-Kennzahl X^2 beiziehen und einen formalen Test durchführen (vgl. auch Kapitel 13). In diesem Fall verwenden wir die Chi-Quadrat-Kennzahl jedoch nicht für die Überprüfung der Unabhängigkeit zweier Variablen, sondern für die Überprüfung der Übereinstimmung (Güte) unserer Modellvorhersagen. Eine solche Überprüfung nennt man auch 'Goodness-of-Fit-Test'. Als Anzahl der Freiheitsgrade verwenden wir dabei die im vorhergehenden Abschnitt ermittelte Anzahl der Freiheitsgrade.

Beim Chi-Quadrat-Goodness-of-Fit-Test werden die geschätzten Zellen-Wahrscheinlichkeiten $\hat{\pi}_{ij}^{AB}$ der manifesten Kreuztabelle mit den in unserer Stichprobe beobachteten

Wahrscheinlichkeiten p_{ij}^{AB} oder genauer mit den beobachteten relativen Frequenzen f_{ij}^{AB} verglichen, indem folgende Kennzahl berechnet wird:

$$X^2 = \sum_{i=1}^{I} \sum_{j=1}^{J} \left(n_i j^{AB} - n\,\hat{\pi}_{ij}^{AB} \right)^2 / n\,\hat{\pi}_{ij}^{AB} \quad ,$$

wobei n den Stichprobenumfang angibt. Wenn diese Zahl klein ist, ist das ein Indiz dafür, dass unser Modell relativ gut zu den beobachteten Daten passt. Solche in der Pearson-Chi-Quandrat-Kennzahl dargestellten Abweichungen können jedoch auch durch die Zufälligkeit unserer Stichprobe bedingt sein. Auch wenn das Modell für die Grundgesamtheit zutrifft (exakt passt), muss das Modell noch nicht exakt mit den Ergebnissen der *Stichprobe* übereinstimmen. Die Wahrscheinlichkeit, dass wir die von uns beobachteten Abweichung (oder eine noch grössere Abweichung) beobachten, während das Modell in der Grundgesamtheit eigentlich zutrifft, wird nun durch die Überschreitungswahrscheinlichkeit $p\left(X^2\right)$ oder p dargestellt. Wenn diese Wahrscheinlichkeit gross ist, ist dies ein Indiz dafür, dass wir annehmen dürfen, dass trotz der beobachteten Abweichung unser Modell für die Grundgesamtheit zutreffen könnte.

Im Falle der Verwendung des Maximum-Likelihood-Schätzverfahrens ist es jedoch allgemein üblich, nicht diese Pearson-Chi-Quadrat-Kennzahl zum Vergleich zweier Kreuztabellen sondern die *Log-Likelihood-Ratio*-Kennzahl oder *Likelihood-Chi-Quadrat*-Kennzahl Λ^2 zu verwenden. Wie wir später noch sehen werden, hat letztere Kennzahl unter anderem den Vorteil, dass wir sie gut für den Vergleich hierarchisch verschachtelter Modelle verwenden können:

$$\text{Log-Likelihood-Ratio} = \Lambda^2 = 2\,ln(\Lambda(\boldsymbol{\theta}_{sat})\,/\Lambda\,(\boldsymbol{\theta}_{red})) \quad ,$$

wobei: $\Lambda(\boldsymbol{\theta}_{sat})$ die Likelihood des gesättigten Modells auf Basis der geschätzten Parameter $\boldsymbol{\theta}_{sat}$ darstellt, und $\Lambda(\boldsymbol{\theta}_{red})$ die Likelihood des von uns postulierten (ungesättigten bzw. reduzierten) Modells auf Basis der geschätzten Parameter $\boldsymbol{\theta}_{red}$.

Oder anders ausgedrückt:

$$\Lambda^2 = 2 \sum_{i=1}^{I} \sum_{j=1}^{J} n_{ij}^{AB} \ln\left(f_{ij}^{AB}/n\,\hat{\pi}_{ij}^{AB}\right) \quad .$$

Der Grundgedanke dabei ist folgender: Wie wir gesehen
haben, stimmt das gesättigte Modell perfekt mit den beobachteten Daten überein. Der Wert der Likelihood-Funktion
$\Lambda(\boldsymbol{\theta}_{sat})$ kann in diesem Fall also nicht mehr mit einem anderen Modell mit den gleichen beobachteten Variablen ver-
bessert werden. Wenn die Werte der Likelihood-Funktion
von anderen (ungesättigten) Modellen mit dem Wert des
gesättigten Modells, das perfekt zu den Daten passt, verglichen werden, dann können wir uns ein Bild machen,
wie weit diese Modelle voneinander abweichen und auch in
wieweit das (ungesättigte) Modell mit den Beobachtungen
übereinstimmt. Diesen Vergleich macht man, indem man
die Ratio (das Verhältnis) dieser beiden Likelihood-Werte

$$\Lambda(\boldsymbol{\theta}_{sat})\,/\,\Lambda(\boldsymbol{\theta}_{red})$$

berechnet. Je besser das von uns zu überprüfende Modell
mit dem 'perfekten' Modell, und damit auch mit den beobachteten Daten, übereinstimmt, umso näher liegt der Wert
dieser Ratio bei Eins. Wenn das zu überprüfende Modell
nicht mit dem gesättigten Modell übereinstimmt, bekommt
diese Ratio einen Wert > 1.

Um für einen formalen Test brauchbar zu sein, sollte die
Kennzahl jedoch eine uns bekannte Stichprobenverteilung
(unter der Annahme, dass das von uns zu überprüfende
Modell korrekt ist) aufweisen. Wenn man den natürlichen
Logarithmus dieser Ratio nimmt und das Ergebnis mit dem
Faktor 2 multipliziert, dann erhält man die sog. *Log-Likelihood-Ratio*-Kennzahl oder *Likelihood-Chi-Quadrat*-Kenn-
zahl Λ^2. Nähert sich der Wert dieser Kennzahl dem Wert
Null, dann nähert sich auch das zu überprüfende Modell
dem gesättigten Modell bzw. den beobachteten Daten. Unter bestimmten Umständen lässt sich nun nachweisen, dass
diese Teststatistik eine Wahrscheinlichkeitsverteilung hat,
die der χ^2-Verteilung annähernd gleich kommt. Wir können
darum auch mit der Log-Likelihood-Ratio einen formalen
Test durchführen.

Wenn das postulierte Modell in Wirklichkeit (in der Grundgesamtheit) zutrifft, dann müssten die Kreuztabellen mit den geschätzten erwarteten Häufigkeiten mit der Kreuztabelle der beobachteten Häufigkeiten übereinstimmen $\left(\Lambda^2 = 0\right)$. Da unsere Beobachtungen aber auf einer Stichprobe beruhen, ist es denkbar, dass unsere Beobachtungen von der Wirklichkeit (Grundgesamtheit) abweichen und damit auch das Λ^2 stichprobenbedingt von Null abweicht, obwohl das Modell in Wirklichkeit trotzdem korrekt wäre. Grosse Abweichungen sind dabei unwahrscheinlicher als kleine.

Wenn – unter der Annahme, dass unser Modell an sich korrekt ist – die Wahrscheinlichkeit, dass ein Λ^2-Wert grösser als der von uns festgestellte Λ^2_{beob}-Wert ist, sehr gering ist, nehmen wir an, dass unsere Annahme (Korrektheit des Modells) falsch war. Ist diese Überschreitungswahrscheinlichkeit jedoch relativ gross, dann könnte der festgestellte Λ^2-Wert durchaus auch durch die Zufälligkeit unserer Stichprobe bedingt sein. In so einem Fall gehen wir davon aus, dass unser Modell tatsächlich korrekt ist bzw. nicht verworfen muss.

In der Praxis wird für diese Überschreitungswahrscheinlichkeit oft ein Schwellenwert von 0,05 gewählt. Wenn die festgestellte Überschreitungswahrscheinlichkeit also > 0,05 ist, dann nehmen wir an, dass das Modell korrekt ist. Liegt die festgestellte Überschreitungswahrscheinlichkeit dagegen unter 0,05, dann nehmen wir an, dass das Modell nicht korrekt ist. Da wir normalerweise unser Modell so formulieren, dass wir vermuten können, es treffe in der Wirklichkeit zu, streben wir also einen möglichst geringen Λ^2-Wert und eine möglichst hohe Überschreitungswahrscheinlichkeit an.

Das Modell des Beispiels zur Einstellung zum Beruf (vgl. Tabelle 14.6) ergab z.B. folgende Resultate: Die zu dem festgestellten Λ^2-Wert von 58,839 gehörende Überschreitungswahrscheinlichkeit $p\left(\Lambda^2\right)$ betrug bei 54 Freiheitsgraden 0,303 und liegt damit also beträchtlich über dem Schwellenwert von 0,05. Wir schliessen daraus, dass unser Modell recht gut zu den von uns beobachteten Daten passt und durchaus auch in der Grundgesamtheit korrekt sein dürfte. Dies ist natürlich kein formaler *Beweis* für die Korrektheit unseres Modells, sondern nur ein statistisches *Indiz* dazu.

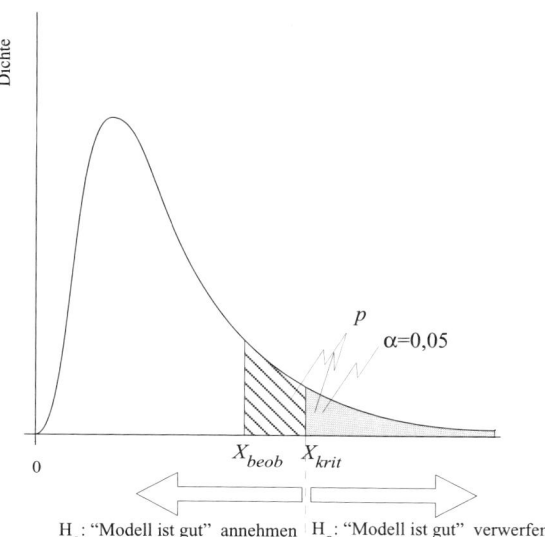

Abbildung 14.7: Entscheidung bei einem Chi-Quadrat-Test für die Güte des Modells

Tabelle 14.6: Ergebnisse der Modellevaluation des Beispiels zur Einstellung zur Arbeit

```
S t a t i s t i c s

Statistics

1 − e                    :     .883
Lambda                   :     .604

number of iterations     :     387      criterion  :  .000010
Pearson's Chi Square     :   60.715        p(x)     :     .247
Likelihood Chi Square    :   58.839        p(x)     :     .303
degrees of freedom       :      54
```

Um eventuellen Mängeln am Modell auf die Spur zu kommen, betrachtet man zusätzlich für jede Zelle der manifesten Kreuztabelle die Differenz (Abweichung) zwischen den auf Basis unseres Modells erwarteten Häufigkeiten und den beobachteten Häufigkeiten:

$$resid = n_{ij}^{AB} - \hat{n}_{ij}^{AB} \quad .$$

Diese Differenzen bezeichnet man auch als Residualwerte. Diese Residualwerte sind aber nicht immer gleich bedeutsam. Einer Abweichung von 2 in einer Zelle, in der man 23'000 Objekte erwartet, ist relativ unbedeutend gegenüber einer Abweichung von 2 in einer Zelle, in der man nur 5 Objekte erwartet. Um die Residualwerte sinnvoll miteinander vergleichen zu können, werden sie wie folgt erst vergleichbar gemacht bzw. standardisiert:

$$resid_{ij}^{AB} = \frac{n_{ij}^{AB} - \hat{n}_{ij}^{AB}}{\sqrt{\hat{n}_{ij}^{AB}}} \quad .$$

Für jede Zelle der manifesten Kreuztabelle bekommen wir damit ein Mass für den Beitrag zur Abweichung des Modells von den beobachteten Daten. Zellen mit einem hohen standardisierten Residualwert tragen viel zur Abweichung bei. Wenn man das Modell durch die Einführung weiterer Restriktionen verbessern möchte, ist es sinnvoll, sich theoretisch zu überlegen, ob nicht gerade bei den Merkmalen solcher Zellen angesetzt werden sollte.

Auch kann es vorkommen, dass wir es hier mit Zellen mit besonders extremen Fällen oder 'Ausreissern' zu tun haben. Wenn wir solche 'Ausreisserzellen' auf Messfehler zurückführen können, könnten wir auf die entsprechenden Objekte verzichten und die Analyse wiederholen.

14.8 Anwendungen der Latenten-Klassen-Analyse

Bis jetzt haben wir uns auf die Erklärung der Funktionsweise der Latenten-Klassen-Analyse beschränkt. Wo dies angebracht schien, haben wir einige Beispiele gegeben. In diesem Abschnitt wollen wir nun das Beispiel betreffend die Einstellung zum Beruf etwas weiter verfolgen und verschiedene Anwendungen anhand dieses Beispiels erläutern.

14.8.1 Exkurs: Die (wirtschafts-)geographische Bedeutung der Arbeitsmoral und Berufsethik

Die kulturellen Kontingenzen der Akkumulationsregime
Die herkömmlichen Theorien zur Regionalentwicklung konzentrieren sich weitgehend auf die Erklärung der Wachstumsunterschiede zwischen peripheren und zentralen Regionen. Immer häufiger aber wurde man in den vergangenen 20 Jahren damit konfrontiert, dass es

Tabelle 14.7: Residualwerte für das Beispiel zur Einstellung zur Arbeit

Estimated Expected Manifest Frequencies

he	sc	al	aw	observed frequencies	est.exp. man.freq.	standardized residual
1	1	1	1	237.000	230.171	.450
1	1	1	2	23.000	22.520	.101
1	1	1	3	158.000	164.329	-.494
1	1	2	1	6.000	5.117	.390
1	1	2	2	2.000	.569	1.896
1	1	2	3	3.000	3.644	-.337
1	1	3	1	9.000	8.419	.200
1	1	3	2	.000	.795	-.892
1	1	3	3	10.000	10.361	-.112
1	2	1	1	7.000	7.772	-.277
1	2	1	2	2.000	1.361	.547
1	2	1	3	6.000	5.196	.353
1	2	2	1	.000	.335	-.579
1	2	2	2	.000	.121	-.348
1	2	2	3	.000	.178	-.421
1	2	3	1	1.000	.740	.302
1	2	3	2	.000	.246	-.496
1	2	3	3	.000	.741	-.861
1	3	1	1	57.000	65.884	-1.094
1	3	1	2	7.000	7.571	-.207
1	3	1	3	57.000	49.104	1.127
1	3	2	1	.000	1.825	-1.351
1	3	2	2	.000	.371	-.609
1	3	2	3	2.000	1.293	.622
1	3	3	1	7.000	5.949	.431
1	3	3	2	2.000	.677	1.609
1	3	3	3	11.000	11.712	-.208
2	1	1	1	25.000	28.577	-.669
2	1	1	2	5.000	4.020	.489
2	1	1	3	21.000	19.719	.289
2	1	2	1	1.000	.967	.034
⋮	⋮	⋮	⋮	⋮	⋮	⋮

periphere und nicht zu den traditionell industrialisierten Gebieten gehörende Regionen und Länder gibt, die dieses Muster von Wachstumspolen und stagnierenden Peripherien durchbrechen und heutzutage enorme Wachstumsraten aufweisen. Man bezeichnete dieses Phänomen auch als 'peripheres Wachstum' und diese Regionen als 'new industrial spaces' (Scott, 1988 und Storper & Walker, 1988). Man stellte fest, dass diese neuen Wachstumsregionen keine mit den traditionellen Wachstumspolen vergleichbare Struktur aufweisen. Die angestammten Theorien fingen an, fehlzuschlagen. Es wurde immer deutlicher, dass es nicht nur einen Weg zur wirtschaftlichen Entwicklung, sondern verschiedene 'Pathways to regional development' gibt. Es wurde klar, dass das bis vor kurzem noch als hegemonial betrachtete Modell fordistischer Massenproduktion, grosser Wachstumspole und dichter regionaler Konzentrationen riesiger Produktionsanlagen nicht mehr das unausweichliche historische und geografische Schicksal der modernen Industriegesellschaft darstellt, sondern dass es im Gegenteil eine Reihe ganz verschiedener erfolgreicher Modelle für die Entwicklung unserer fortgeschrittenen kapitalistischen Gesellschaft gibt (Scott, 1988, S. 4f.). Diese verschiedenen Modelle bezeichnet man, in Nachfolge der Regulierungsschule der französischen marxistischen ökonomischen Theorie, auch als sog. 'Regimes d'accumulation'. Es handelt sich hierbei um eine Beschreibung für eine bestimmte sozial-ökonomische und technologisch-institutionelle Struktur eines Landes oder einer Region und übersteigt also eine rein wirtschaftliche Beschreibung. Stattdessen wird gerade das Eingebettetsein der ökonomischen Strukturen in einen sozialen Kontext besonders betont.

Ohne nun zu sehr auf die Einzelheiten dieses neueren Forschungsansatzes in der Wirtschaftsgeographie eingehen zu wollen (vgl. dazu Ernste & Meier, 1991) – schliesslich geht es uns hier um die Latente-Klassen-Analyse – können wir festhalten, dass es verschiedene mögliche Akkumulationsregimes gibt, deren Entwicklung weitgehend auch vom sozialen Kontext abhängt. Die Theorie besagt, dass wir an einem Scheideweg stehen, an dem das alte fordistische Akkumulationsregime *unter Umständen* von einem neuen Akkumulationsregime, das unter dem Namen 'flexible Spezialisierung' bekannt geworden ist, abgelöst werden könnte (Piore & Sabel, 1984). Wir wollten nun wissen, ob in der Schweiz soziale Bedingungen vorliegen, die besonders für das Modell der flexiblen Spezialisierung sprechen würden. Wir konzentrierten uns dabei auf die vielgerühmte und vielfach als einer der wichtigsten Standortfaktoren der Schweiz und seiner Regionen hervorgehobene 'schweizerische Arbeitsmoral'.

Das fordistische Modell ist dabei typischerweise mit jener asketischen Haltung assoziiert, die Max Weber in seiner berühmten Studie über die protestantische Ethik und den Geist des Kapitalismus beschrieben hat. Diese kulturell geprägte Arbeitseinstellung nennen wir nun 'Arbeitsmoral'; sie wird beschrieben durch Attribute wie Pünktlichkeit, Präzision, Disziplin, Pflichtbewusstsein, Gewissenhaftigkeit, Opferbereitschaft und Fleiss.

Auf der anderen Seite haben wir es mit flexibler Spezialisierung zu tun. Flexible Spezialisierung basiert auf einer Einstellung zum Arbeits- und Berufsleben, das im Gegensatz zum Fordismus viel mehr Wert auf Aspekte wie Kooperation, Kommunikation und Professionismus legt. Wir bezeichnen diese Einstellung mit 'Berufsethik'. Stichworte dazu sind: Kompetenz, Erfahrung, Kreativität, Kooperationsbereitschaft, Solidarität und Selbstvertrauen.

Wir erwarteten nun, dass sich, wie in sovielen Ländern, auch in der Schweiz die kontingenten kulturellen Eigenschaften, die die Basis des Akkumulationsregimes bilden, grundlegend gewandelt haben. Wir erwarteten, dass die Arbeitsmoral im Schwinden begriffen sei, während Berufsethik gerade einen grossen Aufschwung erlebt.

14.8.2 Anwendung am Beispiel zur Arbeitsmoral und Berufsethik

Für die beiden Teildimensionen (Berufsethik und Arbeitsmoral) haben wir eine separate Messkala entworfen, basie-

rend auf sieben bzw. zehn Items. Insgesamt wurden, mittels
einer schriftlichen Befragung, Daten zu 989 Arbeitern und
Angestellten einer Reihe Zürcher Firmen zusammengetra-
gen.

Es ist selbstverständlich, dass Berufsethik und Arbeitsmoral zwei verwandte Begriffe sind. Sie werden häufig auch
als Komponenten einer mehr traditionellen Haltung gegenüber beruflichen Aktivitäten aufgefasst. Wenn sich jedoch beide Komponenten tatsächlich in verschiedene Richtungen entwickeln, dann sollte es möglich sein, sie auch
empirisch eindeutig voneinander zu trennen. Dies ist also
die Hypothese, die wir gerne überprüfen möchten. Um die
Sache nicht komplizierter zu machen als im Rahmen dieser
Vorstellung einer Latenten-Klassen-Analyse nötig ist, wurden auf Basis einfacher Itemanalyse für jede Dimension nur
zwei der Items ausgewählt. Unsere Hypothese unterstellt
nun die in Figur 14.8 dargestellten Relationen:

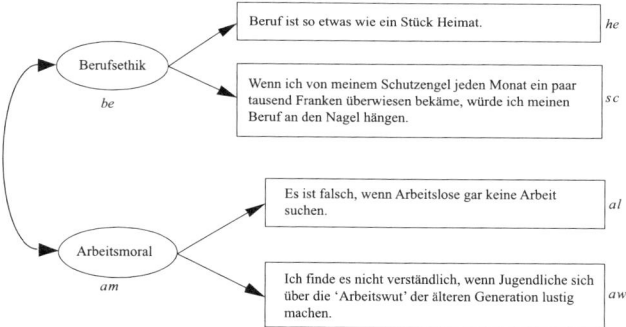

Abbildung 14.8: Pfaddiagramm der hypothetischen kausalen Relationen

Wobei die Dimensionen 'Arbeitsmoral' und 'Berufsethik' nicht direkt wahrnehmbar sind, also latente Dimensionen darstellen, während die Antworten auf die einzelnen
Items die eigentlichen beobachtbaren (manifesten) Dimensionen sind.

14.8.3 Modelle mit einer latenten Variablen

Als erstes nehmen wir an, dass die zwei gesuchten (latenten) Dimensionen unseres Beispiels nicht eindeutig voneinander unterschieden werden können und somit die Einschätzungen der einzelnen Items durch den Respondenten nur das Resultat einer einzigen latenten Variablen sind, von der wir nicht im voraus wissen, wieviele Klassen sie umfasst. Um die Sache nicht komplizierter zu machen als nötig, streben wir ein möglichst einfaches Modell an, also ein Modell mit möglichst wenig latenten Klassen, das aber hinreichend gut zu den von uns beobachteten Daten passt. Um nun diese 'minimale' Klassenzahl zu bestimmen, führen wir eine explorative Latente-Klassen-Analyse durch. Wir fangen mit dem einfachsten Modell an, d.h. einem Modell mit nur zwei latenten Klassen und erhöhen die Klassenzahl Schritt für Schritt, bis wir ein Modell erhalten, dass unserem Anpassungskriterium genügt. Dieses Vorgehen ist mit dem Extrahieren von Faktoren bei der explorativen Faktorenanalyse zu vergleichen.

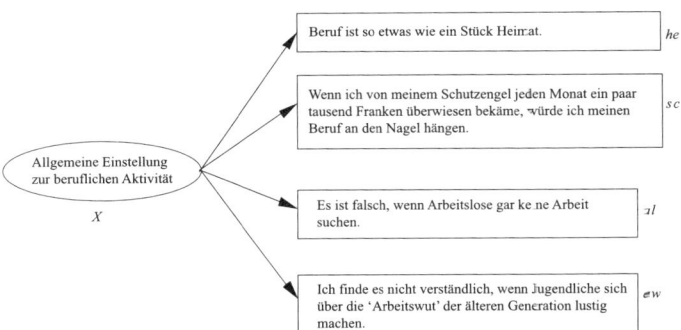

Abbildung 14.9: Pfaddiagramm eines Modells mit einer latenten Variablen (Beispiel bezüglich der Einstellung zur Arbeit)

'Explorative' Latente-Klassen-Analyse. Wir ziehen grundsätzlich eine einfachere Theorie einer komplizierteren Theorie vor, vorausgesetzt, dass beide Theorien die Wirklichkeit in zufriedenstellendem Masse repäsentieren. Man nennt dies auch das Prinzip der 'Sparsamkeit' oder

'Parsimony'. Das heisst in unserem Fall, dass wir eine
möglichst geringe Anzahl latenter Variablen mit jeweils
einer möglichst geringen Anzahl Ausprägungen (latenten
Klassen) annehmen wollen. Dementsprechend nehmen wir
in erster Instanz an, dass nur eine latente Variable genügt,
um die Zusammenhänge zwischen den beobachteten (manifesten) Variablen zu erklären bzw. 'die Realität' zu repräsentieren. Wir lassen offen, wie viele Ausprägungen (latenten Klassen) diese eine latente Variable besitzt. Mittels
der sog. 'explorativen' Latenten-Klassen-Analyse wollen
wir herausfinden, wieviele latente Klassen gebraucht werden, um die beobachteten Zusammenhänge zwischen den
manifesten Variablen ausreichend 'erklären' zu können. Die
Bezeichnung 'explorativ' ist vielleicht etwas irreführend, da
sie sich ausschliesslich auf die unbekannte Anzahl latenter
Klassen bezieht. 'Explorativ' heisst also nicht, dass überhaupt keine (theoretischen) Vorkenntnisse oder Vorannah-
men nötig sind. Nur schon durch die Auswahl der manifesten Variablen sind die Ergebnisse weitgehend vorbestimmt.
Eine solche Auswahl sollte denn auch gründlich überlegt
und theoretisch fundiert vorgenommen werden. Wie wir
im letzten Abschnitt dieses Kapitels noch deutlicher sehen werden, eignet sich die Latente-Klassen-Analyse nicht
für eine rein explorative Vorgehensweise, sondern nur für
die Analyse klar strukturierter und theoretisch ausgereifter
Fragestellungen. In diesem Sinne ist die Latente-Klassen-
Analyse, ebenso wie die klassische 'explorative' Faktorenanalyse, sehr empfindlich für den sog. 'GIGO'('Garbage In,
Garbage Out')-Effekt.

Wir haben bereits gesehen, dass es keinen Sinn ergibt,
eine Latente-Klassen-Analyse mit nur einer latenten Klasse durchzuführen, da dies lediglich einem Test auf Unabhängigkeit der manifesten Variablen in der Grundgesamtheit gleichkommen würde. Die geringste Anzahl latenter Klassen, wofür eine Latente-Klassen-Analyse sinnvoll erscheint, beträgt also zwei. Führen wir im Falle unseres Beispiels bezüglich der Einstellung zur Arbeit eine
Latente-Klassen-Analyse mit zwei latenten Klassen durch,
bekommen wir das in Tabelle 14.8 dargestellte Resultat.

Wenn wir die (Log-Likelihood-Ratio-)Chi-Quadrat-
Teststatistik betrachten, fällt sofort auf, dass dieses Modell sehr schlecht zu den beobachteten Daten passt. Die

Tabelle 14.8: Resultate einer Latenten-Klassen-Analyse mit einer latenten Variablen mit zwei latenten Klassen (Beispiel bezüglich der Einstellung zur Arbeit)

P r o b a b i l i t i e s   M a t r i x

l a t e n t   m a n i f e s t

X	he			sc		
	1	2	3	1	2	3
1 .7585	.7516	.0814	.1670	.7811	.0174	.2015
2 .2415	.1809	.1881	.6310	.1887	.1129	.6984

l a t e n t   m a n i f e s t

X	al			aw		
	1	2	3	1	2	3
1 .7585	.2725	.0931	.6343	.5652	.0286	.4063
2 .2415	.1991	.0759	.7250	.5445	.0945	.3610

Statistics

‾ – e	:	.878
Lambda	:	.495

number of iterations	:	1877	criterion	:	.000010
Pearson's Chi Square	:	320.997	p(x)	:	.000
Likelihood Chi Square	:	107.140	p(x)	:	.000
degrees of freedom	:	63			

Überschreitungswahrscheinlichkeit ist kleiner als 0,000. Die Wahrscheinlichkeit – angenommen, unser Modell ist korrekt – rein stichprobenbedingt anstelle von 0 (perfekter Übereinstimmung) einen Chi-Quadrat-Wert von 107,140 zu beobachten, ist äusserst gering. Diese Abweichung von Null ist also wohl kaum auf 'Pech' bei der Stichprobenziehung zurückzuführen und muss aller Wahrscheinlichkeit nach auf die *In*korrektheit unseres Modells zurückzuführen sein. Wir versuchen es darum noch einmal, diesmal aber mit drei latenten Klassen. Wir formulieren also ein neues Modell mit einer latenten Variablen und drei latenten Klassen.

Diese Resultate (vgl. Tabelle 14.9) sind schon erheblich befriedigender. Im Vergleich zum kritischen Schwellenwert von 0,05 ist die Überschreitungswahrscheinlichkeit nun genügend gross, um annehmen zu dürfen, dass die verbleibende Abweichung stichprobenbedingt ist. Das Modell repräsentiert, wenn auch nicht in überragender Weise (die Überschreitungswahrscheinlichkeit liegt nur knapp über dem Schwellenwert), doch in zufriedenstellendem Masse die 'Wirklichkeit'. Wir gehen somit davon aus, dass dieses Modell die gesuchte einfachste Darstellung der 'Wirklichkeit' ist. Selbstverständlich könnte man noch weiter gehen und Modelle mit noch mehr latenten Klassen postulieren. Je mehr latente Klassen wir annehmen, desto kleiner wird die Anzahl der Freiheitsgrade. Die maximale Anzahl auf diese Weise identifizierbarer latenter Klassen beträgt in diesem Fall genau neun. Bei neun latenten Klassen ist nämlich die Anzahl der Freiheitsgrade bis auf Null gesunken. Wie wir uns noch vom Abschnitt 14.5 über das Identifikationsproblem erinnern, passt ein solches Modell mit $df = 0$ exakt zu den beobachteten Daten. Bei Modellen mit $df < 0$ sind die Parameter nicht mehr identifiziert. Tabelle 14.10 gibt die Statistiken zur Evaluation der verschiedenen Modelle wieder.

Tabelle 14.9: Resultate einer Latenten-Klassen-Analyse mit einer latenten Variablen und drei latenten Klassen (Beispiel bezüglich der Einstellung zur Arbeit)

Probabilities Matrix

latent			he			sc	
X		1	2	3	1	2	3
1	.1877	.1592	.1662	.6745	.0843	.0931	.8226
2	.0841	.5746	.1756	.2498	.6256	.1951	.1793
3	.7282	.7355	.0840	.1805	.7822	.0090	.2088

latent			al			aw	
X		1	2	3	1	2	3
1	.1877	.1944	.0248	.7809	.5430	.0660	.3910
2	.0841	.2668	.3778	.3555	.6341	.3659	.0000
3	.7282	.2690	.0722	.6588	.5560	.0018	.4421

Statistics

1 − e	:	.864			
Lambda	:	.498			
number of iterations	:	1143	criterion	:	.000010
Pearson's Chi Square	:	71.662	p(x)	: .054	.065*
Likelihood Chi Square	:	68.469	p(x)	: .089	.105*
degrees of freedom	:	54			55*

Wir wollen hier bei dem einfachen Modell mit drei latenten Klassen bleiben. Die explorative Latente-Klassen-Analyse ist hiermit abgeschlossen.

Tabelle 14.10: Entwicklung der Evaluationsstatistiken bei Zunahme der Anzahl latenter Klassen (Beispiel bezüglich der Einstellung zur Arbeit)

Anzahl latenter Klassen	$1-e$	λ	X^2	$p\,(> X^2)$	Λ^2	$p\,(> \Lambda^2)$	df
1	1,000	1,000	702,795	0,000	188,441	0,000	72
2	0,894	0,506	331,808	0,000	107,175	0,000	63
3	0,864	0,498	71,662	0,054	68 469	0,089	54
4	0,784	0,605	57,932	0,093	57 929	0,094	45
5	0,855	0,684	35,668	0,484	40.688	0,272	36
6	0,746	0,553	28,394	0,391	32,651	0,209	27
7	0,694	0,551	21,554	0,252	24,588	0,137	18
8	0,743	0,596	17,066	0,048	18,470	0,030	9
9	0,713	0,559	10,688	-	11,905	-	0

Konfirmatorische Latente-Klassen-Analyse. In einem nächsten Schritt wollen wir zeigen, wie wir zusätzliche Hypothesen formulieren und überprüfen können. Dies ist die sog. überprüfende oder konfirmatorische Latente-Klassen-Analyse.

Wenn wir die Resultate unserer explorativen Latenten-Klassen-Analyse mit einer latenten Variablen und drei latenten Klassen betrachten, fällt uns zum Beispiel auf, dass die konditionale Wahrscheinlichkeit $\hat{\pi}_{23}^{(aw|X)}$ mit 0,0018 besonders klein ist. Dies legt nun die Vermutung nahe, dass diese konditionale Wahrscheinlichkeit in Wirklichkeit (in der Grundgesamtheit) vielleicht sogar Null wäre und dass die geschätzte Wahrscheinlichkeit nur stichprobenbedingt von diesem wirklichen Wert Null abweicht. Diese Vermutung lässt sich nun in eine Hypothese umformulieren:

$$\pi_{23}^{(aw|X)} = 0 \quad .$$

Wenn diese Hypothese wahr ist, würde das unser Modell vereinfachen. Wir brauchen einen Parameter weniger zu schätzen und eventuell fällt es uns dann auch leichter, die einzelnen latenten Klassen zu interpretieren. Die obenstehende Hypothese bildet eine sog. zusätzliche Restriktion für das vorangehende allgemeinere (unrestringierte) Modell. Da diese Restriktion einen bestimmten Parameter auf einen bestimmten Wert (in diesem Fall den Wert Null) festlegt, spricht man auch von einem 'fixed value constraint'.[7]

---

[7] Weitere Beispiele solcher fixed value constraints sind:

Tabelle 14.11: Mit einem 'fixed value constraint' restringiertes Modell (Beispiel bezüglich der Einstellung zur Arbeit)

P r o b a b i l i t i e s   M a t r i x

l a t e n t   m a n i f e s t

X		he			sc	
	1	2	3	1	2	3
1	.1873	.1602	.1658	.6740	.0825	.0929	.8246
2	.0888	.5788	.1714	.2498	.6281	.1883	.1835
3	.7239	.7354	.0841	.1805	.7830	.0087	.2083

l a t e n t   m a n i f e s t

X		al			aw	
	1	2	3	1	2	3
1	.1873	.1945	.0244	.7811	.5425	.0654	.3921
2	.0888	.2679	.3647	.3674	.6370	.3630	.0000
3	.7239	.2688	.0719	.6593	.5553	.0000	.4447

Statistics

1 − e	:	.862			
Lambda	:	.501			
number of iterations	:	1067	criterion	:	.000010
Pearson's Chi Square	:	72.591	p(x)	:	.067
Likelihood Chi Square	:	68.483	p(x)	:	.122
degrees of freedom	:	56			

Dies im Gegensatz zu den 'equality constraints', die wir später noch kennenlernen werden. Führen wir nun eine Latente-Klassen-Analyse mit diesem restringierten Modell durch, bekommen wir die in Tabelle 14.11 dargestellten Resultate.

Wir sehen, dass sich die Anpassung dieses einfacheren Modells an die beobachteten Daten sogar noch etwas verbessert hat (die Überschreitungswahrscheinlichkeit ist grösser geworden). Um nun entscheiden zu können, ob diese Verbesserung wiederum statistisch signifikant ist und nicht auf irgendwelche Stichprobenfluktuationen zurückzuführen

$$\pi_{31}^{(sc|X)} = 1, \quad \pi_{12}^{(al|X)} = 0{,}33, \quad \pi_2^X = 0, \quad \pi_3^X = 0{,}75 \quad .$$

Die letzten zwei Restriktionen beziehen sich nicht auf konditionale Wahrscheinlichkeiten, sondern auf die latenten Klassenwahrscheinlichkeiten. Wir können sowohl den latenten Klassenwahrscheinlichkeiten als auch den konditionalen Wahrscheinlichkeiten zusätzliche Restriktionen auferlegen. Wie leicht einzusehen ist, ist die Schätzung eines Modells mit der Zusatzrestriktion $\pi_2^X = 0$ identisch mit einer latenten Klassenanalyse mit nur zwei latenten Klassen.

ist, können wir die Log-Likelihood-Ratio-Chi-Quadrat-Werte miteinander vergleichen.[8] Wir bilden dazu die Differenz der Λ^2- und df-Werte:

$$\frac{\Lambda^2_{restringiert} - \Lambda^2_{unrestringiert}}{df_{restringiert} - df_{unrestringiert}} \quad,$$

bzw.

$$\frac{\Lambda^2_{H_1} - \Lambda^2_{H_0}}{df_{H_1} - df_{H_0}} \quad,$$

wobei H_0 das 'Referenzmodell', in diesem Fall das unrestringierte Modell mit drei latenten Klassen, und H_1 das Modell mit der Zusatzhypothese darstellt. Für den auf diese Weise erhaltenen Λ^2- und df-Wert für die Veränderung der Anpassung können wir anhand einer Tabelle oder mit Hilfe des Computers oder eines Taschenrechners wiederum die Überschreitungswahrscheinlichkeit berechnen. In Tabelle 14.12 sind diese Resultate aufgeführt. Wir kommen nun zur Schlussfolgerung, dass die Verbesserung der Anpassung (bei einem kritischen Schwellenwert von 0,05) statistisch signifikant ist und dass wir also getrost annehmen dürfen, dass unser einfacheres Modell (H_1) korrekt ist. Wir könnten nun auch noch weitere 'fixed value constraints' einführen und auf diese Weise die daraus folgenden Modelle jeweils mit dem vorhergehenden Modell vergleichen.

Wenn wir jedoch mehrere Restriktionen gleichzeitig einführen, ist es möglich, dass der Effekt einer Restriktion den Effekt einer anderen teilweise wieder aufhebt. Auch wenn das restringierte Modell dann eine signifikante Verbesserung der Modellanpassung bewirkt, bedeutet dies noch nicht, dass jede einzelne Restriktion auch eine signifikante Verbesserung ist. Um das zu überprüfen, muss man jede Restriktion einzeln, anstelle von mehreren gleichzeitig, einführen.

Ein weiterer Punkt, worauf geachtet werden sollte, ist die sog. 'Verschachtelung' der Modelle. Der Vergleich zweier Modelle mittels der Differenz der jeweiligen Λ^2- und df-Werte ist nur erlaubt, wenn das restringiertere Modell das

---

[8] Dies ist nur für das Log-Likelihood-Ratio-Chi-Quadrat und nicht für das Pearson-Chi-Quadrat erlaubt, da letzteres nicht 'additiv' ist. Die Begründung dafür überlassen wir den Statistikern.

Referenzmodell beinhaltet bzw. bedingt. Man sagt auch,
dass die Modelle ineinander verschachtelt ('nested') sind.
Das heisst, dass jene Parameter, die im Referenzmodell auf
einen bestimmten Wert fixiert waren, auch im einfacheren
(restringierteren) Modell fixiert sein sollen. Nun wird der
Leser vielleicht sagen: 'Ja, aber in unserem Beispiel war
das Referenzmodell doch ein unrestringiertes Modell?' Das
stimmt insoweit, dass wir im voraus keine Restriktionen
eingeführt hatten. Im Abschnitt 14.4 über die Schätzung
der Parameter haben wir festgehalten, dass die mit dem
EM-Algorithmus ermittelte Lösung der Maximum-Likelihood-Lösung für die gesuchten Parameter *oder einem terminalen Wert* (Null oder Eins) entspricht. Wenn während
des Iterationsprozesses ein bestimmter Parameter den Wert
Eins oder Null annimmt, wird dieser Wert bei den weiteren Iterationsschritten beibehalten. Man erhält dann als
Ergebnis die Maximum-Likelihood-Lösung, *unter der Annahme, dass die betreffenden Parameter in der Grundgesamtheit den Wert Null bzw. Eins haben.* Diese Annahme
ist aber nichts anderes als eine Hypothese (eine Restriktion), die durch das Verfahren implizit eingeführt wurde.
Wenn wir nun nochmals die Ergebnisse der 'unrestringierten' (explorativen) Latenten-Klassen-Analyse anschauen,
stellen wir fest, dass die geschätzte konditionale Wahr-
scheinlichkeit $\hat{\pi}_{32}^{(aw|X)}$ den terminalen Wert Null erhalten
hat. Das gesamte Ergebnis entspricht also einem Modell
mit der zusätzlichen Restriktion

$$\hat{\pi}_{32}^{(aw|X)} = 0 \quad .$$

Wenn wir diese (implizite) Restriktion des Referenz-
modells nicht auch im einfacheren (restringierteren) Modell beibehalten, beinhaltet das restringiertere Modell nicht
mehr das Referenzmodell bzw. sind die beiden Modelle
nicht mehr verschachtelt. Es könnte dann leicht passieren, dass der gleiche Parameter im restringierteren Modell nicht mehr als Null geschätzt wird. Wir vergleichen
dann zwei Modelle, die in mehr als nur unserer zusätzlich
zu überprüfenden Hypothese unterschiedlich sind. Dementsprechend dürfen wir die Λ^2- und *df*-Werte nicht mehr miteinander vergleichen. Das ist auch der Grund, wieso wir
in unserem restringierteren Modell nicht nur eine zusätzliche Restriktion, sondern zwei zusätzliche Restriktionen ein-

geführt haben. Hiermit stellen wir sicher, dass jener Parameter, der im ersten Modell einen terminalen Wert bekommen hat, auch im zweiten Modell auf diesen Wert fixiert bleibt und die Modelle also nur bezüglich der von uns zu prüfenden Hypothese unterschiedlich sind. Nur dann darf man die entsprechenden Λ^2- und df-Werte vergleichen.[9]

Tabelle 14.12: Teststatistiken für die Überprüfung der einzelnen Hypothesen (Beispiel bezüglich der Einstellung zur Arbeit)

Modell	Λ^2	df	$\Lambda^2 - \Lambda^2_{H_0}$	$df - df_{H_0}$	$p(> \Lambda^2)$
H_0*	68,469	54	-	-	-
H_1	68,483	56	0,014	1	0,906
H_2	72,500	57	4,031	2	0,133

* 'unrestringiertes' Modell mit drei latenten Klassen

Wir wollen jetzt noch ein weiteres Beispiel der Überprüfung von Hypothesen mittels latenter Klassenanalyse geben. Bei der Betrachtung der Ergebnisse unserer explorativen latenten Klassenanalyse fällt z.B. auch noch auf, dass die konditionalen Wahrscheinlichkeiten $\hat{\pi}_{11}^{(aw|X)}$ und $\hat{\pi}_{13}^{(aw|X)}$, ebenso wie $\hat{\pi}_{21}^{(aw|X)}$ und $\hat{\pi}_{23}^{(aw|X)}$, einander relativ ähnlich sind. Das gleiche gilt für die beiden konditionalen Wahrscheinlichkeiten $\hat{\pi}_{31}^{(aw|X)}$ und $\hat{\pi}_{33}^{(aw|X)}$. Dies legt die Vermutung nahe, dass die erste und die letzte latente Klasse sich bezüglich der manifesten Variablen AW nicht wesentlich unterscheiden. Auch diese Vermutung lässt sich wiederum als eine Hypothese in Form von Restriktionen umformulieren:

$$\hat{\pi}_{11}^{(aw|X)} = \hat{\pi}_{13}^{(aw|X)}$$
$$\hat{\pi}_{21}^{(aw|X)} = \hat{\pi}_{23}^{(aw|X)}$$
$$\hat{\pi}_{31}^{(aw|X)} = \hat{\pi}_{33}^{(aw|X)} \quad .$$

Diese Hypothese besteht aus drei 'equality constraints', wovon die dritte, wie leicht festzustellen ist, redundant ist. Diese Hypothese besteht also aus zwei nicht-redundanten

---

[9] Nur dann ist auch gewährleistet, dass die Differenz der Anzahl der Freiheitsgrade positiv ist.

Teilhypothesen. Wir nennen dieses neue restringierte Modell das H_2-Modell und die entsprechende Hypothese die H_2-Hypothese. Auch diese Hypothese lässt sich auf analoge Weise mittels eines Vergleichs mit dem H_0-Modell überprüfen. Die Resultate sind in den Tabellen 14.12 und 14.13 aufgeführt.

Auch diese Hypothese scheint statistisch signifikant zu sein. Die Hypothese, dass die erste und letzte latente Klasse sich bezüglich der manifesten Variablen AW nicht wesentlich unterscheiden, ist damit also bestätigt. Wie bereits vorher erwähnt, heisst dies jedoch nicht, dass die einzelnen Teilhypothesen auch als korrekt angenommen werden können. Dafür hätten wir sie schrittweise, einen nach dem anderen, überprüfen sollen. Wir überlassen es hier dem Leser und der Leserin, dies als Übung nachzuholen.

Tabelle 14.13: Mit zwei 'equality constraints' restringiertes Modell (Beispiel bezüglich der Einstellung zur Arbeit)

Probabilities Matrix

latent X		he 1	he 2	he 3	sc 1	sc 2	sc 3
1	.1189	.0018	.1602	.8380	.0025	.0846	.9129
2	.0873	.4359	.2250	.3390	.4505	.2151	.3344
3	.7938	.7250	.0863	.1887	.7539	.0146	.2315

latent X		al 1	al 2	al 3	aw 1	aw 2	aw 3
1	.1189	.1960	.0000	.8040	.5557	.0111	.4331
2	.0873	.2056	.3285	.4658	.6063	.3937	.0000
3	.7938	.2690	.0760	.6550	.5557	.0111	.4331

Statistics

1 − e	:	.893
Lambda	:	.483

number of iterations	:	1128	criterion	:	.000010
Pearson's Chi Square	:	72.549	p(x)	:	.080
Likelihood Chi Square	:	72.500	p(x)	:	.081
degrees of freedom	:	57			

Da es sich in unserem Beispiel bei den manifesten Variablen um sog. Likert-Items handelt, deren Antwortkategorien eine Ordnung aufweisen, ist die Behandlung dieser Items mittels einer ausschliesslich auf nominale Variablen ausgerichteten Latenten-Klassen-Analyse nicht besonders effizient. Wir haben mehr Informationen, nämlich die Information über die Ordnung der Antwortkategorien, zur Verfügung, als wir in unsere Analyse einfliessen lassen können. Um dieses Problem angehen zu können, hat Clogg (1979) eine Methode vorgeschlagen, womit wir bei der Latenten-Klassen-Analyse doch die Ordnung unserer Antwortkategorien mit berücksichtigen können. Wir definieren dafür einige Zusatzrestriktionen, die das Modell erfüllen muss. Wir gehen dabei davon aus, dass die latente Variable ebenso wie die manifesten Variablen aus drei ordinalen Kategorien ('hoch', 'mittel' und 'niedrig') bestehen, und zwar so, dass folgende Bedingungen erfüllt werden:[10]

- In der ersten latenten Klasse (die latente Klasse 'niedrig') werden keine Respondenten mit der manifesten Antwortkategie 3 ('hoch') zugelassen. Bei den Respondenten dieser latenten Klasse sind also nur die manifesten Antwortkategorien 1 und 2 ('niedrig' bzw. 'mittel') erlaubt. Die Antwortkategorie 2 wird auch in diesem Fall als 'Messfehler', bedingt durch die Ungenauigkeit des Messinstrumentes, betrachtet.
- In der zweiten latenten Klasse (die latente Klasse 'mittel') sind alle manifesten Antwortkategorien 1, 2 und 3 zugelassen.
- In der dritten latenten Klasse (die latente Klasse 'hoch') kommt die erste manifeste Antwortkategorie ('niedrig') nicht vor. Bei den Respondenten dieser latenten Klasse sind also nur die manifesten Antwortkategorien 2 und 3 ('mittel' bzw. 'hoch') erlaubt. Die Antwortkategorie 2 wird in diesem Fall als 'Messfehler', bedingt durch die Ungenauigkeit des Messinstrumentes, betrachtet.

Ausgehend von unserem Beispiel bezüglich der Einstellung zur Arbeit sehen diese Restriktionen wie folgt aus

---

[10] Verallgemeinert lautet diese Regel wie folgt: Für ein Objekt der t-ten latenten Klasse werden nur die gleiche oder die benachbarte manifeste Antwortkategorie zugelassen ($t-1$, t oder $t+1$). Diese Regel kann man also auch in solchen Fällen anwenden, in denen man es mit mehr als nur drei Antwortkategorien zu tun hat.

$$\begin{array}{llll}
\pi_{11}^{(he|X)} & = & 0 & \pi_{33}^{(he|X)} = 0 \\
\pi_{11}^{(sc|X)} & = & 0 & \pi_{33}^{(sc|X)} = 0 \\
\pi_{11}^{(al|X)} & = & 0 & \pi_{33}^{(al|X)} = 0 \\
\pi_{11}^{(aw|X)} & = & 0 & \pi_{33}^{(aw|X)} = 0 \quad .
\end{array}$$

Das Resultat einer Latenten-Klassen-Analyse dieses Modells ist recht enttäuschend (vgl. Tabelle 14.14).

Wir sehen direkt, dass die Anpassung des Modells unter ein akzeptables Niveau absinkt. Unsere Respondenten können offenbar nicht gut zu Klassen mit einer positiven, intermediairen oder einer negativen Einstellung gegenüber beruflichen Aktivitäten zugeteilt werden. Es könnte jedoch auch sein, dass die von uns formulierten Bedingungen einer solchen Zuteilung noch zu streng waren. Vielleicht ist es realistischer, in der ersten Klasse zum Beispiel doch zumindest einige wenige Fälle der Antwortkategorie 3 zuzulassen, solange der, auf die Ordinalität der latenten Klassen zurückzuführende, relative 'Überhang' zur Kategorie 1 dadurch nicht zunichte gemacht wird. Analog könnten wir uns vorstellen, dass in der dritten latenten Klasse gewissermassen auch die Antwortkategorie 1 zuzulassen wäre. Es gibt Varianten der Latente-Klassen-Analyse, die tatsächlich solche feineren Nuancen zulassen, es würde aber den Rahmen dieses Buches sprengen, diese ausführlicher darzustellen.

Ein weiterer Grund, weshalb unser neues Modell sich nicht als statistisch signifikant erweist, kann sein, dass wir es doch mit zwei unterschiedlichen Komponenten, Berufsethik und Arbeitsmoral, zu tun haben, während unsere bisherigen Analysen nur von einer latenten Dimension ausgingen. Haben wir also das Unvereinbare zu vereinbaren versucht?

Wenn unsere ursprüngliche Hypothese von einer veränderten Einstellung der modernen arbeitenden Bevölkerung korrekt ist, dann würden wir erwarten, dass die Antwortkategorie 'einverstanden' oder 'hoch' auf den beiden Items, die zur Erfassung der Berufsethik entworfen wurden, relativ selten in Kombination mit der Antwortkategorie 'einverstanden' oder 'hoch' auf den Items zur Arbeitsmoral vorkommen wird. Das gleiche wäre für die Antwortkategorie 'nicht-einverstanden' oder 'niedrig' zu erwarten. Dies würde also erklären, warum die latenten Klassenwahr-

Tabelle 14.14: Restringiertes Modell für ordinale Variablen (Beispiel bezüglich der Einstellung zur Arbeit)

Probabilities Matrix

latent				manifest				
X			he				sc	
		1	2	3	1	2	3	
1	.0374	.0000	.2744	.7256	.0000	.1211	.8789	
2	.9465	.6368	.0970	.2662	.6634	.0317	.3050	
3	.0161	.6843	.3157	.0000	.6302	.3698	.0000	

latent				manifest				
X			al				aw	
		1	2	3	1	2	3	
1	.0374	.0000	.0094	.9906	.0000	.2544	.7456	
2	.9465	.2657	.0801	.6541	.5859	.0259	.3882	
3	.0161	.2045	.7955	.0000	.3507	.6493	.0000	

Statistics

1 − e	:	.963
Lambda	:	.311

number of iterations	:	210	criterion	:	.000010
Pearson's Chi Square	:	142.530	p(x)	:	.000
Likelihood Chi Square	:	128.438	p(x)	:	.000
degrees of freedom	:	62			

scheinlichkeiten der latenten Klassen 'hoch' und 'niedrig' in unserem letzten Modell als so klein geschätzt wurden.

Als nächsten Schritt in unserer Analyse wollen wir darum einen Blick auf einige Modelle mit zwei oder mehreren latenten Variablen werfen.

14.8.4 Modelle mit mehreren latenten Variablen

Bis jetzt sind wir immer von nur einer latenten Variablen ausgegangen. Gerade auch im Beispiel bezüglich der Einstellung zur Arbeit haben wir bei der latenten Variablen zwei Teildimensionen unterschieden (vgl. auch Abschnitt 14.4). So kommt es häufiger vor, dass wir vermuten, dass die Zusammenhänge zwischen den Indikatoren durch mehrere latente Variablen (direkt oder indirekt) gleichzeitig verursacht werden.

Modelle mit korrelierten latenten Variablen. In erster Instanz wollen wir davon ausgehen, dass, auch wenn wir es hier mit unterschiedlichen latenten Dimensionen zu tun haben, beide latenten Dimensionen zumindest einen gewissen Zusammenhang aufweisen werden, was in Figur 14.10

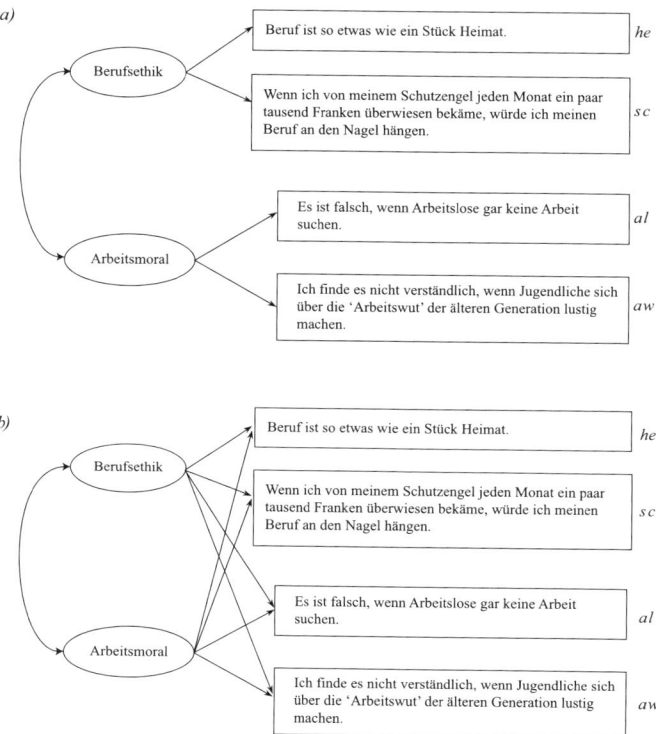

Abbildung 14.10: Pfaddiagramm für Modell mit zwei korrelierten latenten Variablen

durch einen gebogenen Doppelfeil dargestellt wurde. Wenn wir davon ausgehen, dass beide latenten Variablen jeweils drei Kategorien oder Klassen aufweisen, dann können wir den Zusammmhang der beiden latenten Variablen wie in Figur 14.11 dargestellt in einer (3×3)-Kreuztabelle mit ingesamt neun Zellen darstellen.

Wir können nun diese Kreuztabelle zusammenklappen und in Form einer einzigen neuen hypothetischen latenten Variablen X mit neun Kategorien darstellen. Damit können wir wieder eine normale Latente-Klassen-Analyse durchführen. Wie aus Figur 14.10 ersichtlich ist, sind wir hier davon ausgegangen, dass es keine *direkte* Beziehung zwischen der latenten Variablen 'Berufsethik' (be) und den Items 'al' und 'aw', die zur Messung der Arbeitsmoral entworfen wurden, gibt. Es gibt nur eine indirekte Beziehung zwischen Berufsethik und diesen beiden Items, nämlich via die latente Variable 'Arbeitsmoral' (am). Umgekehrt gibt es auch keine *direkte* Beziehung zwischen Arbeitsmoral (am) und den Items 'he' und 'sc'. Wiederum gibt es hier nur eine indirekte Beziehung, via die Berufsethik. Das heisst, dass wenn wir die Berufsethik konstant halten, Arbeitsmoral und die Antworten auf die Items 'he' und 'sc' einander nicht beeinflussen. Das gleiche gilt für die Berufsethik und die Items 'al' und 'aw' unter Konstanthaltung der Arbeitsmoral.

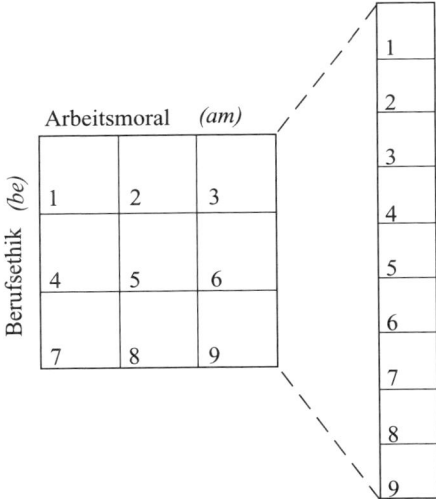

Abbildung 14.11: Das Zusammenklappen zweier latenter Variablen zu einer

Formell bedeuten diese Annahmen, dass wir folgende Restriktionen in unserem Modell einführen:

$$\pi_{ir1}^{(he|be\,am)} = \pi_{ir2}^{(he|be\,am)} = \pi_{ir3}^{(he|be\,am)}$$

$$\text{für } r = (1,\ldots,3) \text{ und } i = (1,\ldots,3)$$

$$\pi_{jr1}^{(sc|be\,am)} = \pi_{jr2}^{(sc|be\,am)} = \pi_{jr3}^{(sc|be\,am)}$$

$$\text{für } r = (1,\ldots,3) \text{ und } j = (1,\ldots,3)$$

$$\pi_{k1s}^{(al|be\,am)} = \pi_{k2s}^{(al|be\,am)} = \pi_{k3s}^{(al|be\,am)}$$

$$\text{für } s = (1, \ldots, 3) \text{ und } k = (1, \ldots, 3)$$

$$\pi_{l1s}^{(aw|be\,am)} = \pi_{l2s}^{(aw|be\,am)} = \pi_{l3s}^{(aw|be\,am)}$$

$$\text{für } s = (1, \ldots, 3) \text{ und } l = (1, \ldots, 3).$$

Die erste Gleichung besagt z.B., dass die Wahrscheinlichkeit, dass eine spezifische Person der r-ten latenten Klasse der latenten Variablen 'Berufsethik' (be) auf das Item 'he' mit der Antwortkategorie i reagiert, unabhängig ist von der Zugehörigkeit desselben Respondenten zu einer der latenten Klassen der latente Variablen 'Arbeitsmoral' (am). Die übrigen Gleichungen können in gleicher Weise interpretiert werden.

Wenn wir nun unsere Kreuztabelle der beiden latenten Variablen zusammenklappen und als eine einzige latente Variable X mit neuen latenten Klassen darstellen, müssen wir diese Restriktionen wie folgt anpassen:

$$
\begin{array}{ccccccccccc}
\pi_{i11}^{(he|be\,am)} & = & \pi_{i12}^{(he|be\,am)} & = & \pi_{i13}^{(he|be\,am)} & \to & \pi_{i1}^{(he|X)} & = & \pi_{i2}^{(he|X)} & = & \pi_{i3}^{(he|X)} \\
\pi_{i21}^{(he|be\,am)} & = & \pi_{i22}^{(he|be\,am)} & = & \pi_{i23}^{(he|be\,am)} & \to & \pi_{i4}^{(he|X)} & = & \pi_{i5}^{(he|X)} & = & \pi_{i6}^{(he|X)} \\
\pi_{i31}^{(he|be\,am)} & = & \pi_{i32}^{(he|be\,am)} & = & \pi_{i33}^{(he|be\,am)} & \to & \pi_{i7}^{(he|X)} & = & \pi_{i8}^{(he|X)} & = & \pi_{i9}^{(he|X)} \\
\pi_{j11}^{(sc|be\,am)} & = & \pi_{j12}^{(sc|be\,am)} & = & \pi_{j13}^{(sc|be\,am)} & \to & \pi_{j1}^{(sc|X)} & = & \pi_{j2}^{(sc|X)} & = & \pi_{j3}^{(sc|X)}
\end{array}
$$

usw. bis

$$
\pi_{l31}^{(aw|be\,am)} = \pi_{l32}^{(aw|be\,am)} = \pi_{l33}^{(aw|be\,am)} \to \pi_{l7}^{(aw|X)} = \pi_{l8}^{(aw|X)} = \pi_{l9}^{(aw|X)}
$$

Der aufmerksame Leser wird sofort bemerkt haben, dass es bei diesen Zusatzrestriktionen auch wieder Redundanzen gibt. So ist es z.B. leicht nachvollziehbar, dass, wenn die ersten zwei Restriktionen zutreffen, die dritte logischerweise auch zutreffen muss. Wir brauchen also nicht alle Restriktionen festzulegen, sondern können uns mit den nicht-redundanten Restriktionen begnügen. Das entsprechende Resultat der Latenten-Klassen-Analyse ist in Tabelle 14.15 wieder gegeben.

Aus diesem Resultat lässt sich nun ohne weiteres die Kreuztabelle der latenten Variablen ableiten.

Anhand dieser auf Basis unseres Modells geschätzten Wahrscheinlichkeiten kann man auch die Zellenhäufigkeiten dieser Kreuztabelle berechnen:

$$\hat{n}_{rs}^{be\,am} = N * \hat{\pi}_{rs}^{be\,am} \quad .$$

Tabelle 14.15: Arbeitsmoral und Berufsethik als zwei korrelierte latente Dimensionen

P r o b a b i l i t i e s   M a t r i x

latent		manifest					
X		he			sc		
		1	2	3	1	2	3
1	.0000	.4879	.2896	.2225	.2882	.5265	.1853
2	.0841	.4879	.2896	.2225	.2882	.5265	.1853
3	.0360	.4879	.2896	.2225	.2882	.5265	.1853
4	.1114	.0926	.1493	.7580	.1321	.0554	.8125
5	.0000	.0926	.1493	.7580	.1321	.0554	.8125
6	.0622	.0926	.1493	.7580	.1321	.0554	.8125
7	.6870	.7412	.0837	.1751	.7791	.0000	.2209
8	.0425	.7412	.0837	.1751	.7791	.0000	.2209
9	.0384	.7412	.0837	.1751	.7791	.0000	.2209

P r o b a b i l i t i e s   M a t r i x

latent		manifest					
X		al			aw		
		1	2	3	1	2	3
1	.0000	.2810	.0681	.6509	.5625	.0000	.4375
2	.0841	.4678	.5222	.0000	.6736	.3264	.0000
3	.0360	.0000	.0000	1.000	.4925	.1703	.3372
4	.1114	.2810	.0681	.6509	.5625	.0000	.4375
5	.0000	.4678	.5222	.0000	.6736	.3264	.0000
6	.0622	.0000	.0000	1.000	.4925	.1703	.3372
7	.6870	.2810	.0681	.6509	.5625	.0000	.4375
8	.0425	.4678	.5222	.0000	.6736	.3264	.0000
9	.0384	.0000	.0000	1.000	.4925	.1703	.3372

Statistics

$1 - e$	:	.790				
Lambda	:	.329				
number of iterations	:	1187	criterion	:	.000010	
Pearson's Chi Square	:	57.812	p(x)	:	.157	.408*
Likelihood Chi Square	:	58.587	p(x)	:	.141	.381*
degrees of freedom	:	48				56*

Diese Häufigkeiten können wir wiederum für einen Test auf Unabhängigkeit der beiden latenten Variablen (Berufsethik und Arbeitsmoral) verwenden. Ein Pearson-Chi-Quadrat-Test dieser Ergebnisse zeigt uns, dass der Zusammenhang zwischen beiden latenten Variablen (Arbeitsmoral und Berufsethik) statistisch höchst signifikant ist (Chi-Quadrat 364,466 mit vier Freiheitsgraden und einer Überschreitungswahrscheinlichkeit < 0,000). Die Stärke dieses Zusammenhangs können wir mittels des gebräuchlichen Kontingenzkoeffizienten Lambda oder mit Hilfe des Unsicherheitskoeffizienten darstellen. In unserem Fall betragen diese Kennzah-

Tabelle 14.16: Latente Klassenwahrscheinlichkeiten der beiden latenten Variablen (am und be)

		Arbeitsmoral (am)			
		$s = 1$	$s = 2$	$s = 3$	total
Berufs-	$r = 1$	0.0000	0.0226	0.0360	00586
ethik	$r = 2$	0.1114	0.0000	0.0622	0.1762
(be)	$r = 3$	0.6870	0.0425	0.0384	0.7679
	total	0.7984	0.0651	0.1366	1.0001

len 0,519, 0,138 bzw. 0,250, was eher auf einen schwachen Zusammenhang hinweist.

Wenn wir die Anpassungs-Güte unseres Modells betrachten, sehen wir, dass unser Modell relativ gut zu den von uns beobachteten Daten passt ($\Lambda^2 = 58{,}587$ mit 56 Freiheitsgraden und einer Überschreitungswahrscheinlichkeit von 0,381).

Aber auch jetzt möchten wir gerne ordinale latente Kategorien haben und somit auch die Ordinalität der manifesten Antwortkategorien berücksichtigen. Ich habe darum schliesslich analog zum vorherigen Fall zusätzliche Restriktionen für geordnete latente Klassen auf der jeweiligen latenten Dimension eingeführt und die Analyse nochmals durchgeführt. Das Resultat wurde in Tabelle 14.17 dargestellt.

Wir sehen, dass dieses Modell relativ gut zu den beobachteten Daten passt. Wenn wir wiederum eine Kreuztabelle für die latenten Variablen aufstellen und einen (Pearson-) Chi-Quadrat-Test auf Unabhängigkeit durchführen, kommen wir zur Schlussfolgerung, dass die beiden (ordinalen) latenten Variablen nicht unabhängig voneinander sind ($X^2 = 207{,}559$ und die Überschreitungswahrscheinlichkeit bei vier Freiheitsgraden beträgt 0,000), wenn auch der Zusammenhang nicht besonders stark ist ($c = 0{,}416$; $\lambda = 0{,}007$ und $U = 0{,}064$). Auch hier ist es wieder auffallend, wie viele Objekte durch die zusätzlichen Restriktionen in die mittleren Kategorien 'gezwungen' werden.

Auch dieses Modell passt hinreichend zu den Daten. Wenn wir einen Blick auf die resultierende Kreuztabelle der latenten Variablen werfen, kommen wir auch jetzt wieder zur Schlussfolgerung, dass die beiden latenten Di-

Tabelle 14.17: Arbeitsmoral und Berufsethik als zwei korrelierte latente Dimensionen unter Berücksichtigung der Ordinalität

P r o b a b i l i t i e s   M a t r i x

l a t e n t		m a n i f e s t					
X		he			sc		
		1	2	3	1	2	3
1	.0355	.9099	.0901	.0000	.9814	.0186	.0000
2	.3201	.9099	.0901	.0000	.9814	.0186	.0000
3	.0000	.9099	.0901	.0000	.9814	.0186	.0000
4	.0333	.4694	.0930	.4375	.4676	.0360	.4964
5	.5758	.4694	.0930	.4375	.4676	.0360	.4964
6	.0092	.4694	.0930	.4375	.4676	.0360	.4964
7	.0000	.0000	.6736	.3264	.0000	.4419	.5581
8	.0158	.0000	.6736	.3264	.0000	.4419	.5581
9	.0104	.0000	.6736	.3264	.0000	.4419	.5581

l a t e n t		m a n i f e s t					
X		al			aw		
		1	2	3	1	2	3
1	.0355	.5163	.4837	.0000	.8337	.1663	.0000
2	.3201	.2405	.0548	.7047	.5515	.0148	.4336
3	.0000	.0000	.2955	.7045	.0000	1.0000	.0000
4	.0333	.5163	.4837	.0000	.8337	.1663	.0000
5	.5758	.2405	.0548	.7047	.5515	.0148	.4336
6	.0092	.0000	.2955	.7045	.0000	1.0000	.0000
7	.0000	.5163	.4837	.0000	.8337	.1663	.0000
8	.0158	.2405	.0548	.7047	.5515	.0148	.4336
9	.0104	.0000	.2955	.7045	.0000	1.0000	.0000

Statistics

1 − e	:	.761				
Lambda	:	.436				
number of iterations	:	358	criterion	:	.000010	
Pearson's Chi Square	:	79.436	p(x)	:	.021	.039*
Likelihood Chi Square	:	69.674	p(x)	:	.104	.161*
degrees of freedom	:	56				59*

mensionen zwar schwach ($c = 0,416$; $\lambda = 0,007$ und $U = 0,064$), aber doch auf statistisch signifikante Weise (Chi-Quadrat $= 207,559$ bei vier Freiheitsgraden und einer Überschreitungswahrscheinlichkeit $< 0,000$) miteinander korreliert sind. Zusätzlich zeigt sich nun aber, dass dieser Zusammenhang positiv ist. Auch jetzt sehen wir aber wieder, dass sehr viele Respondenten durch die zusätzlichen Restriktionen in die mittlere Kategorie 'gezwungen' werden.

Bezüglich beider Dimensionen überwiegt die mittlere Kategorie, während bei der Berufsethik, trotz der strengen Restriktionen zur Berücksichtigung der Ordinalität, deut-

Tabelle 14.18: a) geschätzte latente Klassenwahrscheinlichkeiten und b) geschätzte latente Klassenhäufigkei-
ten (Beispiel bezüglich der Einstellung zur Arbeit unter
Berücksichtigung der Ordinalität)

a)

		Arbeitsmoral (am)			
		niedrig	mittel	hoch	total
Berufsethik	niedrig	0,0355	0,3201	0,0000	0,3556
(be)	mittel	0,0333	0,5758	0,0092	0,6183
	hoch	0,0000	0,0158	0,0104	0,0262
	total	0,0688	0,9117	0,0196	1,0001

b)

		Arbeitsmoral (am)			
		niedrig	mittel	hoch	total
Berufsethik	niedrig	35,1095	316,5789	0,0000	351,688
(be)	mittel	32,9337	569,4662	9,0988	611,499
	hoch	0,0000	15,6262	10,2856	25,9118
	total	68,0432	901,671	989,099	989,0898

lich ein Überhang zu einer niedrigeren Berufsethik zu be-
obachen ist; dies ist für die Arbeitsmoral viel weniger eindeutig. Wenn bezüglich der Arbeitsmoral überhaupt von
einem Überhang gesprochen werden kann, wäre es ein ge-
ringfügiger Überhang zu einer niedrigen Arbeitsmoral. Das
Resultat bleibt relativ unbefriedigend, da die Grösse der
latente Klassenwahrscheinlichkeit der jeweiligen mittleren
Kategorie der latenten Variablen die Vermutung nahe legt,
dass unsere relativ groben Ordinalitätsrestriktionen eventuell zu wenig Spielraum für eine nuanciertere und damit
unter Umständen auch ausgewogenere Ordnung der latenten Klassen offenlassen. Auch die positive Richtung der
Rang-Korrelation zwischen den beiden latenten Variablen
ist gewissermassen gegen unsere Erwartungen, da wir erwarteten, dass es als Reaktion auf die entfremdeten Ar-
beitsbedingungen, die so charakteristisch für das fordistische Akkumulationsregime waren, zu einer Repression der
Arbeitsmoral kommen würde und dass der Wunsch nach
mehr Entfaltungsmöglichkeiten im Sinne von Verantwortung, Kommunikation und Professionalität zu einer höher-
en Bewertung der Berufsethik führen würde.

Modell mit unkorrelierten latenten Variablen. In unseren bisherigen Modellen mit zwei latenten Variablen sind wir von korrelierten latenten Variablen ausgegangen. Neben dem (Pearson-)Chi-Quadrat-Test auf Unabhängigkeit der latenten Variablen können auch theoretische Gründe zur Vermutung beitragen, dass die latenten Variablen unabhängig sind bzw. keinen Zusammenhang aufweisen.[11] In so einem Fall kann man das Modell entsprechend vereinfachen, indem man weitere Restriktionen einführt.

Die Unabhängigkeit der latenten Dimensionen be und am bedeutet, dass

$$\pi_{rs}^{be\,am} = \pi_{r\cdot}^{be\,am} * \pi_{\cdot s}^{be\,am} \qquad .$$

Um so eine Restriktion berücksichtigen zu können, muss der Computeralgorithmus angepasst werden. Nach jedem M-Schritt werden die Schätzungen der latenten Klassenwahrscheinlichkeiten $\hat{\pi}_t^X$ bzw. $\hat{\pi}_{rs}^{be\,am}$ via der gebräuchlichen 'iterativen proportional fitting'-Prozedur dem Unabhängigkeitsmodell für die latenten Variablen angepasst. Die daraus resultierenden Schätzungen entsprechen dann noch immer den Maximum-Likelihood- Schätzungen unter Annahme der Richtigkeit unseres Modells. Diese Resultate können dann wiederum in den nächsten Iterationsschritt eingehen.[12]

Obwohl dies in Anbetracht der Resultate unserer Analyse mit zwei korrelierten latenten Variablen nicht besonders sinnvoll erscheint, haben wir in Tabelle 14.19 doch die Resultate einer Analyse mit der zusätzlichen Bedingung der Unabhängigkeit der latenten Variablen dargestellt. Wie erwartet, erweist sich das Modell in Anbetracht unserer Daten als recht unrealistisch.

---

[11] Analog zur klassischen Faktorenanalyse spricht man in diesem Zusammenhang auch von 'orthogonalen' latenten Variablen.

[12] Verallgemeinert beruht das Prinzip dieses erweiterten EM-Algorithmus auf der Auferlegung eines log-linearen Modells auf die Kreuztabelle der latenten Variablen. In diesem speziellen Fall lautet das loglineare Modell:

$$F_{rs}^{YZ} = \tau\,\tau_r^Y\,\tau_s^Z$$

oder

$$G_{rs}^{YZ} = \lambda + \lambda_r^Y + \lambda_s^Z \qquad .$$

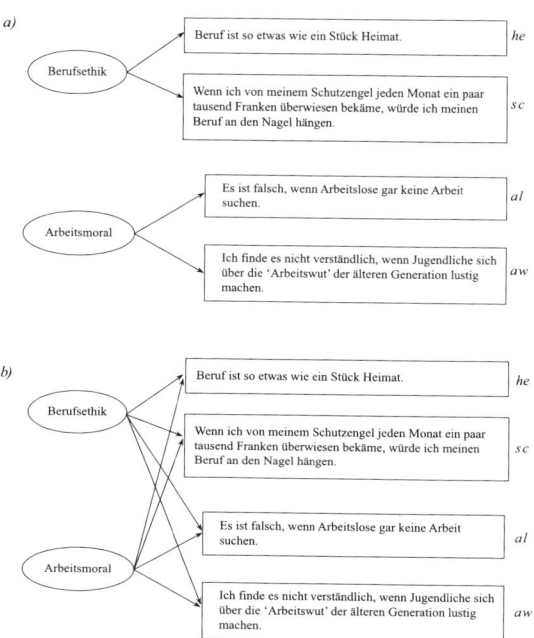

Abbildung 14.12: Pfaddiagramme für Modelle mit un-korrelierten latenten Variablen

Wenn man nun wieder eine Kreuztabelle der beiden latenten Variablen mit den absoluten Häufigkeiten konstruiert und einen (Pearson-)Chi-Quadrat-Test auf Unabhängigkeit durchführt, dann stellen wir fest, dass tatsächlich Unabhängigkeit vorliegt ($X^2 = 0,001$; $df = 4$; Überschreitungswahrscheinlichkeit $= 1,000$). Die erwähnten Kennzahlen für die Stärke des Zusammenhangs sind dementsprechend alle Null.

In Figur 14.12b ist ein Modell dargestellt, bei dem alle Indikatoren direkt von allen latenten Variablen beeinflusst werden.[13] Die Indikatoren sind also nicht mehr ausschliesslich Indikatoren für eine bestimmte latente Dimension, sondern werden auch von weiteren latenten Dimensionen mitbeeinflusst. Gerade in den Sozialwissenschaften kommt dies in der Praxis häufiger vor, wenn zwei einander

---

[13] Ein solches Modell entspricht weitgehend dem Ansatz der klassischen explorativen Faktorenanalyse.

nahe stehende theoretische Begriffe wie 'Arbeitsmoral' und 'Berufsethik' operationalisiert werden müssen. Das Modell, das diesen Gegebenheiten Rechnung trägt, umfasst eine erheblich höhere Anzahl zu schätzender Parameter als im vorhergehenden Modell. Bei solchen Modellen kann es denn auch leicht passieren, dass die maximale Anzahl schätzbarer Parameter (vgl. auch Abschnitt 14.5 über das Identifikationsproblem im Abschnitt 15.5) überschritten wird und wir mit einem nicht identifizierbaren Modell zurückbleiben.

Tabelle 14.19: Arbeitsmoral und Berufsethik als zwei unkorrelierte latente Dimensionen

P r o b a b i l i t i e s   M a t r i x

latent			he			sc	
X		1	2	3	1	2	3
1	.1126	.4136	.2978	.2886	.5425	.1387	.3189
2	.0380	.4136	.2978	.2886	.5425	.1387	.3189
3	.0783	.4136	.2978	.2886	.5425	.1387	.3189
4	.1168	.2756	.0815	.6429	.2577	.0319	.7105
5	.0394	.2756	.0815	.6429	.2577	.0319	.7105
6	.0812	.2756	.0815	.6429	.2577	.0319	.7105
7	.2626	.8500	.0369	.1132	.8481	.0021	.1497
8	.0885	.8500	.0369	.1132	.8481	.0021	.1497
9	.1827	.8500	.0369	.1132	.8481	.0021	.1497

latent			al			aw	
X		1	2	3	1	2	3
1	.1126	.3498	.0471	.6031	.6565	.0111	.3225
2	.0380	.1905	.3534	.4561	.6242	.2005	.1753
3	.0783	.1494	.0211	.8295	.3907	.0169	.5924
4	.1168	.3498	.0471	.6031	.6565	.0111	.3225
5	.0394	.1905	.3534	.4561	.6242	.2005	.1753
6	.0812	.1494	.0211	.8295	.3907	.0169	.5924
7	.2626	.3498	.0471	.6031	.6565	.0111	.3225
8	.0885	.1905	.3534	.4561	.6242	.2005	.1753
9	.1827	.1494	.0211	.8295	.3907	.0169	.5924

Statistics

$1 - e$	:	.431		
Lambda	:	.228		
number of iterations	:	124	criterion	: .000010
Pearson's Chi Square	:	163.176	p(x)	: .000
Likelihood Chi Square	:	91.801	p(x)	: .001
degrees of freedom	:	52		

Wenn wir zusätzlich noch die Bedingung der Unabhängigkeit zwischen den latenten Variablen *be* und *am* lockern, spitzt sich dieses Problem sogar noch weiter zu. In unserem Beispiel bezüglich der Einstellung zur Arbeit mit den beiden Teildimensionen Arbeitsmoral und Berufsethik haben wir es mit 81 Zellen in der manifesten Kreuztabelle zu tun (wovon 80 nicht-redundant sind). Die maximale Anzahl identifizierbarer Parameter beträgt somit 80. Diese Anzahl wird in unserem unrestringierten Modell bereits bei neun postulierten latenten Klassen erreicht. Wenn wir also annehmen, dass die latenten Variablen 'Arbeitsmoral' und 'Berufsethik' jeweils drei Ausprägungen aufweisen, umfasst die Kreuztabelle der latenten Variablen bereits diese maximale Anzahl von neun latenten Klassen. Ohne weitere Restriktionen ist dieses Modell also noch gerade identifiziert (und passt zwangsläufig genau zu den beobachteten Daten). Da die Reihenfolge der latenten Klassen aber willkürlich ist, wissen wir in diesem Fall nicht, welche latenten Klassen zu welcher Zelle der Kreuztabelle der latenten Variablen gehört. Die Teildimensionen lassen sich in diesem Fall nicht klar unterscheiden. Die Postulierung solcher Teildimensionen ohne zusätzliche Restriktionen hat darum keinen grossen Sinn.

14.8.5 Vergleich zwischen Gruppen

Selbstverständlich kann man für verschiedene Gruppen von Respondenten (z.B. für Männer und Frauen oder für 'Alte' und 'Junge') separate Latente-Klassen-Analysen durchführen und die Resultate miteinander vergleichen. Für das Beispiel bezüglich der Einstellung zur Arbeit wollen wir zwei Gruppen unterscheiden, nämlich 'Junge' (bis 40 Jahre) und 'Alte' (ab 40 Jahre). Für beide Gruppen berechnen wir eine unrestringierte Latente-Klassen-Analyse mit drei latenten Klassen. Um nun zu überprüfen, ob für beide Gruppen gemeinsam das postulierte Modell mit drei latenten Klassen zutrifft, können wir die beiden Λ^2-Werte und die dazugehörige Anzahl der Freiheitsgrade addieren und die entsprechende Überschreitungswahrscheinlichkeit berechnen. Die Ergebnisse dieser simultanen Überprüfung bestätigen die Ergebnisse für einzelne Gruppen (vgl. Tabelle 14.20 und 14.21).

Wir wollen nun die Ergebnisse der beiden Gruppen genauer miteinander vergleichen. Da die beiden Analysen ge-

Tabelle 14.20: Latente-Klassen-Analyse der Gruppe 'Junge' (Beispiel bezüglich der Einstellung zur Arbeit)

Probabilities Matrix

latent				manifest		
X		he			sc	
	1	2	3	1	2	3
1	.0712	.7607	.0497	.1896	.9341	.0659	.0000
2	.6851	.6516	.0936	.2548	.7513	.0125	.2361
3	.2437	.1013	.2210	.6777	.2031	.1243	.6726

latent				manifest		
X		al			aw	
	1	2	3	1	2	3
1	.0712	.2810	.4148	.3042	.5786	.4214	.0000
2	.6851	.2532	.0842	.6626	.5436	.0000	.4564
3	.2437	.1097	.0563	.8341	.5804	.1028	.3168

Statistics

1 − e	:	.835
Lambda	:	.477

number of iterations	:	960	criterion	:	.000010	
Pearson's Chi Square	:	74.505	p(x)	:	.034	.060*
Likelihood Chi Square	:	56.911	p(x)	:	.367	.478*
degrees of freedom	:	54				57*

Tabelle 14.21: Latente-Klassen-Analyse der Gruppe 'Alte' (Beispiel bezüglich der Einstellung zur Arbeit)

Probabilities Matrix

latent				manifest		
X		he			sc	
	1	2	3	1	2	3
1	.0661	.4941	.2365	.2694	.5132	.3337	.1531
2	.3217	.5120	.0984	.3896	.0000	.0451	.9549
3	.6122	.7941	.0793	.1266	.9962	.0023	.0015

latent				manifest		
X		al			aw	
	1	2	3	1	2	3
1	.0661	.2741	.4081	.3177	.6211	.3789	.0000
2	.3217	.3158	.0332	.6510	.5634	.0346	.4020
3	.6122	.2652	.0685	.6663	.5584	.0000	.4416

Statistics

1 − e	:	.961
Lambda	:	.899

number of iterations	:	879	criterion	:	.000010	
Pearson's Chi Square	:	42.993	p(x)	:	.859	.915*
Likelihood Chi Square	:	46.892	p(x)	:	.743	.328*
degrees of freedom	:	54				57*

trennt durchgeführt wurden, werden die latenten Klassenwahrscheinlichkeiten von Gruppe zu Gruppe verschieden
sein. Anders ausgedrückt bedeutet das, dass es einen Zusammenhang zwischen der Gruppenvariablen ('Alter') und
der latenten Variablen 'allgemeine Einstellung zur Arbeit'
gibt.

Auch die konditionalen Wahrscheinlichkeiten werden
von Gruppe zu Gruppe Unterschiede aufweisen. Das heisst,
dass die Beziehungen zwischen der latenten Variablen ('we-
berianische Arbeitsmoral') und den manifesten Variablen
unterschiedlich stark sind. Die Gruppierungsvariable 'Alter' übt also einen Einfluss auf die Stärke des kausalen Zusammenhangs zwischen der weberianischen Arbeitsmoral
und den manifesten Variablen aus. Wie wir uns aus den
vorherigen Kapiteln noch erinnern, bezeichnen wir dieses
Phänomen auch als 'Interaktion' zwischen der latenten Variablen und der Gruppenvariablen bezüglich der manifesten
Variablen.

Auch direkte Effekte der Gruppierungsvariablen ('Alter') und der latenten Variablen ('allgemeine Einstellung
zur beruflichen Aktivität') sind nicht auszuschliessen. Insgesamt sieht unser Pfaddiagramm wie in Figur 14.13 wiedergegeben aus.

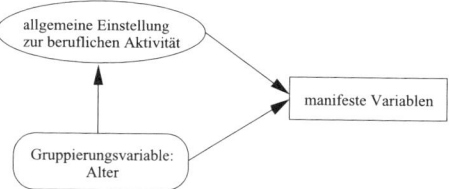

Abbildung 14.13: Pfaddiagramm eines Modells mit einer
Gruppenvariablen (Beispiel bezüglich der Einstellung zur
Arbeit)

Statt nun zwei getrennte Analysen durchzuführen, hätten wir auch auf einmal, simultan, die Lösung für beide Gruppen bekommen können. Man definiert dazu eine
zusätzliche (künstliche) latente Variable 'Alter'' ('Alter-

Strich'),[14] die perfekt mit der manifesten Variablen 'Alter' verbunden wird. Eine solche Variable nennen wir auch eine *quasi-latente* Variable.[15]

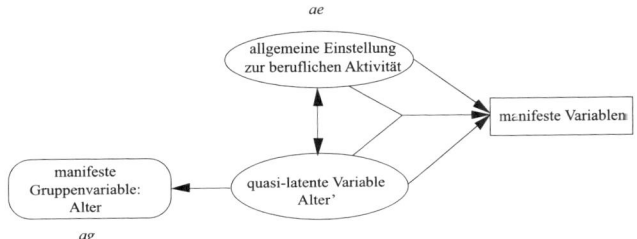

Abbildung 14.14: Pfaddiagramm eines Modells mit einer latenten Gruppenvariablen (Beispiel bezüglich der Einstellung zur Arbeit)

Wir können nun folgende Kreuztabelle der latenten Variablen aufstellen:

Tabelle 14.22: Kreuztabelle der latenten Variablen und der Gruppenvariablen (Beispiel bezüglich der Einstellung zur Arbeit)

		Einstellung zur beruflichen Aktivität		
		$s = 1$	$s = 2$	$s = 3$
Alter'	$r = 1$	$t = 1$	$t = 2$	$t = 3$
(ag)	$r = 2$	$t = 4$	$t = 5$	$t = 6$

Diese Kreuztabelle können wir nun wieder in einer von uns konstruierten latenten Variablen X mit sechs latenten Klassen zusammenfassen. Die folgenden Restriktionen

---

[14] Der Apostroph ′ deutet dabei darauf hin, dass wir es hier mit dem künstlich konstruierten latenten Pendant der (manifesten) Variablen 'Alter' zu tun haben.

[15] Mittels dieses 'Tricks' können wir im Prinzip für alle manifesten Variablen quasi-latente Variablen definieren und mit Hilfe des in Fussnote 4 dieses Kapitels bereits erwähnten Vorgehens mit Hilfe der log-linearen Modellanalyse komplexe Zusammenhänge zwischen den einzelnen Variablen im Sinne eines modifizierten LISREL-Ansatzes' untersuchen.

verbinden nun die manifeste Variable 'Alter' auf perfekte
Weise mit der latenten Variablen 'Alter':

$$\pi_{11}^{(ag|X)} = \pi_{12}^{(ag|X)} = \pi_{13}^{(ag|X)} = 1$$
$$\pi_{14}^{(ag|X)} = \pi_{15}^{(ag|X)} = \pi_{16}^{(ag|X)} = 0$$
$$\pi_{21}^{(ag|X)} = \pi_{22}^{(ag|X)} = \pi_{23}^{(ag|X)} = 0$$
$$\pi_{24}^{(ag|X)} = \pi_{25}^{(ag|X)} = \pi_{26}^{(ag|X)} = 1 \quad .$$

Die Ergebnisse einer solchen simultanen Analyse sind
identisch mit denen der separaten Analysen. Wir können
nun aber zusätzlich einige weitere Hypothesen überprüfen.

So können wir überprüfen, ob die latenten Klassenwahrscheinlichkeiten zwischen den beiden Gruppen verschieden
sind. Dazu führen wir die zusätzlichen Restriktionen ein,
so dass die ersten drei latenten Klassenwahrscheinlichkeiten (der Gruppe 'Junge') mit den zweiten drei latenten
Klassenwahrscheinlichkeiten (der Gruppe 'Alte') übereinstimmen:

$$\pi_1^X = \pi_4^X \quad \text{bzw.} \quad \pi_{11}^{ag\,ae} = \pi_{21}^{ag\,ae}$$
$$\pi_2^X = \pi_5^X \quad \text{bzw.} \quad \pi_{12}^{ag\,ae} = \pi_{22}^{ag\,ae}$$
$$\pi_3^X = \pi_6^X \quad \text{bzw.} \quad \pi_{13}^{ag\,ae} = \pi_{23}^{ag\,ae} \quad .$$

Eine dieser Restriktionen ist selbstverständlich wieder
redundant. Die Hypothese gleicher latenter Klassenwahrscheinlichkeiten ist identisch mit der Hypothese, dass die
(quasi-latente) Gruppenvariable ('Alter' bzw. ag) und die
latente Variable ('allgemeine Einstellung zur beruflichen
Aktivität' bzw. ae) unabhängig sind (vgl. Figur 14.14).

Eine wichtige Bedingung haben wir dabei aber bis jetzt
übersehen. So ist ein solches Vorgehen nur vertretbar, wenn
die Bedeutung der latenten Variablen in beiden Gruppen
die gleiche ist. Auch wenn wir, entsprechend unseren Vermutungen, etwas voreilig diese latente Variable in beiden
Gruppen als 'Arbeitsmoral im weberianischen Sinne' bezeichnet haben, heisst das noch nicht, dass die Ergebnisse unseren Vermutungen tatsächlich entsprechen. Die Bedeutung der latenten Variable wird durch die Beziehung
zwischen der latenten Variablen und den manifesten Variablen – durch die konditionalen Wahrscheinlichkeiten –

Tabelle 14.23: Simultane Latente-Klassen-Analyse in zwei Gruppen (Beispiel bezüglich der Einstellung zur Arbeit)

P r o b a b i l i t i e s   M a t r i x

l a t e n t   m a n i f e s t

X		ag		he	
		1	2	1	2	3
1	.3244	1.0000	.0000	.6328	.0764	.2908
2	.0746	1.0000	.0000	.0000	.2636	.7364
3	.0419	1.0000	.0000	.6281	.2180	.1539
4	.0370	.0000	1.0000	.4941	.2365	.2694
5	.3423	.0000	1.0000	.7941	.0793	.1266
6	.1799	.0000	1.0000	.5120	.0984	.3896

l a t e n t   m a n i f e s t

X		sc			al	
		1	2	3	1	2	3
1	.3244	.7400	.0266	.2334	.2796	.0000	.7204
2	.0746	.0928	.1324	.7748	.0856	.0353	.8791
3	.0419	.7429	.0170	.2401	.0000	1.0000	.0000
4	.0370	.5132	.3337	.1531	.2741	.4081	.3177
5	.3423	.9962	.0023	.0015	.2652	.0685	.6663
6	.1799	.0000	.0451	.9549	.3158	.0332	.6510

l a t e n t   m a n i f e s t

X		aw	
		1	2	3
1	.3244	.5431	.0347	.4223
2	.0746	.5786	.0976	.3238
3	.0419	.6059	.1371	.2570
4	.0370	.6211	.3789	.0000
5	.3423	.5584	.0000	.4416
6	.1799	.5634	.0346	.4020

Statistics

1 − e	:	.941				
Lambda	:	.911				
number of iterations	:	751	criterion	:	.000010	
Pearson's Chi Square	:	129.076	p(x)	:	.082	.158*
Likelihood Chi Square	:	101.618	p(x)	:	.655	.790*
degrees of freedom	:	108				114*

festgelegt.[16] Wenn die konditionalen Wahrscheinlichkeiten von Gruppe zu Gruppe gleich sind, dann übt die Gruppenvariable *keinen* direkten Effekt und zusammen mit der latenten Variablen auch *keinen* Interaktionseffekt auf die manifesten Variablen aus.

---

[16] Auf analoge Weise legen die Korrelationen zwischen den (latenten) Faktoren und den manifesten Variablen bei der Faktorenanalyse die Bedeutung der Faktoren fest.

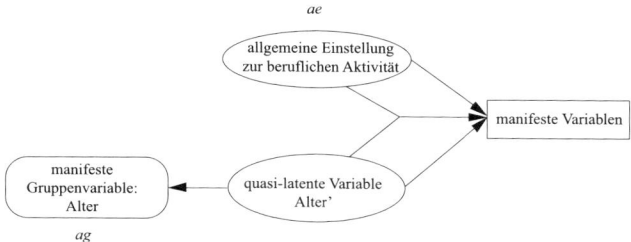

Abbildung 14.15: Pfaddiagramm einer simultanen Gruppenanalyse, wobei die Gruppenvariable und die latente Variable unabhängig sind (Beispiel bezüglich der Einstellung zur Arbeit)

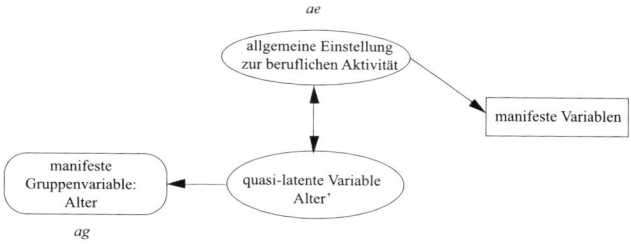

Abbildung 14.16: Pfaddiagramm einer simultanen Gruppenanalyse mit gleich bedeutenden latenten Klassen (Beispiel bezüglich der Einstellung zur Arbeit)

Die dieser Vorstellung entsprechenden zusätzlichen Restriktionen für das Beispiel bezüglich der Einstellung zur Arbeit lauten:

$$\pi_{i1}^{(he|ae)} = \pi_{i2}^{(he|ae)} = \pi_{i3}^{(he|ae)} \qquad \text{für} \qquad i = (1,\ldots,3)$$

$$\pi_{j1}^{(sc|ae)} = \pi_{j2}^{(sc|ae)} = \pi_{j3}^{(sc|ae)} \qquad \text{für} \qquad j = (1,\ldots,3)$$

$$\pi_{k1}^{(al|ae)} = \pi_{k2}^{(al|ae)} = \pi_{k3}^{(al|ae)} \qquad \text{für} \qquad k = (1,\ldots,3)$$

$$\pi_{l1}^{(aw|ae)} = \pi_{l2}^{(aw|ae)} = \pi_{l3}^{(aw|ae)} \qquad \text{für} \qquad l = (1,\ldots,3)$$

analog für die anderen manifesten Variablen. Auch hier gibt es wieder gewisse Redundanzen, so dass wir nicht alle Restriktionen in den Computer einzugeben brauchen.

Die Resultate zeigen, dass das Modell mit den gleichbedeutenden latenten Klassen tatsächlich gut zu den Daten passt ($\Lambda^2 = 137,784$, $df = 132$ und die Überschreitungs-

Tabelle 14.24: Überprüfung, ob latente Klassen in den beiden Gruppen gleichbedeutend sind (Beispiel bezüglich der Einstellung zur Arbeit)

Probabilities Matrix

latent				manifest		
X		ag			he	
		1	2	1	2	3
1	.0785	1.0000	.0000	.5926	.2073	.2002
2	.1760	1.0000	.0000	.9535	.0465	.0000
3	.1864	1.0000	.0000	.0932	.1556	.7512
4	.0747	.0000	1.0000	.5926	.2073	.2002
5	.3402	.0000	1.0000	.9535	.0465	.0000
6	.1443	.0000	1.0000	.0932	.1556	.7512

latent					manifest		
X			sc			al	
		1	2	3	1	2	3
1	.0785	.6464	.1302	.2234	.2212	.3870	.3918
2	.1760	.7714	.0088	.2198	.2811	.0376	.6813
3	.1864	.4260	.0482	.5258	.2293	.0311	.7396
4	.0747	.6464	.1302	.2234	.2212	.3870	.3918
5	.3402	.7714	.0088	.2198	.2811	.0376	.6813
6	.1443	.4260	.0482	.5258	.2293	.0311	.7396

latent		manifest		
X			aw	
		1	2	3
1	.0785	.5933	.2068	.1999
2	.1760	.5622	.0000	.4378
3	.1864	.5417	.0388	.4195
4	.0747	.5933	.2068	.1999
5	.3402	.5622	.0000	.4378
6	.1443	.5417	.0388	.4195

Statistics

1 − e	:	.847				
Lambda	:	.768				
number of iterations	:	948	criterion	:	.000010	
Pearson's Chi Square	:	138.974	p(x)	:	.322	367*
Likelihood Chi Square	:	137.784	p(x)	:	.348	394*
degrees of freedom	:	132				134*

wahrscheinlichkeit $= 0,348$) und wir die ursprünglichen Unterschiede zwischen den konditionalen Wahrscheinlichkeiten der latenten Klassen in den verschiedenen Gruppen auf Stichprobenfluktuationen zurückführen können (vgl. auch Tabelle 14.24). Zur gleichen Schlussfolgerung gelangen wir, wenn wir dieses restringierte Modell (H_1) mit dem unrestringierte Modell (H_0) vergleichen (siehe Tabelle 14.26).

Tabelle 14.25: Überprüfung, ob latente Klassen in den beiden Gruppen gleichbedeutend *und* gleich gross sind (Beispiel bezüglich der Einstellung zur Arbeit)

P r o b a b i l i t i e s   M a t r i x

l a t e n t   m a n i f e s t

X		ag		he		
		1	2	1	2	3
1	.1841	1.0000	.0000	.0196	.2223	.7581
2	.0866	1.0000	.0000	.9667	.0333	.0000
3	.1580	1.0000	.0000	.9573	.0427	.0000
4	.0953	.0000	1.0000	.0196	.2223	.7581
5	.1706	.0000	1.0000	.9667	.0333	.0000
6	.3056	.0000	1.0000	.9573	.0427	.0000

l a t e n t   m a n i f e s t

X		sc			al		
		1	2	3	1	2	3
1	.1841	.4586	.0645	.4769	.2233	.0905	.6862
2	.0866	.8087	.0036	.1878	.1649	.0000	.8351
3	.1580	.7176	.0350	.2473	.3140	.1214	.5646
4	.0953	.4586	.0645	.4769	.2233	.0905	.6862
5	.1706	.8087	.0036	.1878	.1649	.0000	.8351
6	.3056	.7176	.0350	.2473	.3140	.1214	.5646

l a t e n t   m a n i f e s t

X		aw		
		1	2	3
1	.0953	.2658	.0000	.7342
2	.1706	.5606	.0673	.3721
3	.1628	.6796	.0459	.2745
4	.0953	.2658	.0000	.7342
5	.1706	.5606	.0673	.3721
6	.3056	.6796	.0459	.2745

Statistics

1 − e	:	.834
Lambda	:	.763

number of iterations	:	1558	criterion	:	.000010
Pearson's Chi Square	:	439.913	p(x)	:	.000	.000*
Likelihood Chi Square	:	171.204	p(x)	:	.022	.029*
degrees of freedom	:	136				138*

Wenn wir, wie in Figur 14.17 dagestellt, *zusätzlich* fordern, dass die latenten Klassenwahrscheinlichkeiten der entsprechenden latenten Klassen gleich sind (Modell H_2), stellen wir fest, dass das Modell unseren Anforderungen nicht mehr genügt und verworfen werden sollte ($\Lambda^2 = 170,876$, $df = 134$ und die Überschreitungswahrscheinlichkeit $= 0{,}017$). Auch hier können wir wieder das Modell mit dem vorhergehenden Modell vergleichen.[17] Der Vergleich ergibt einen Λ^2-Wert von $170{,}876 - 137{,}784 = 33{,}092$ und eine Überschreitungswahrscheinlichkeit von 0,000 bei $134 - 132 = 2$ Freiheitsgrade, was das vorhergehende Resultat bestätigt. Die latenten Klassen können wir also durchaus als gleichbedeutend annehmen, das Grössenverhältnis zwischen den latenten Klassen innerhalb der Gruppen ist aber für die beiden Gruppen signifikant verschieden und braucht also eine tiefgründigere Erklärung, z.B. im Sinne unterschiedlicher Berufskulturen etc.

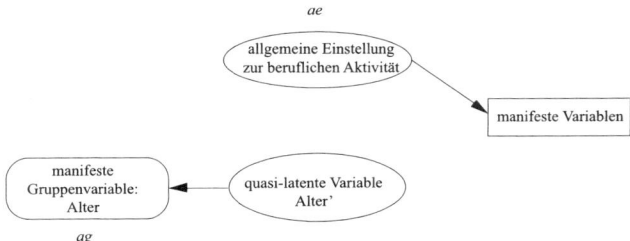

Abbildung 14.17: Pfaddiagramm einer simultanen Gruppenanalyse ohne irgendeinen Einfluss der Gruppenvariablen (Beispiel bezüglich der Einstellung zur Arbeit)

Prinzipiell ist es auch möglich, Modelle in der Form wie sie z.B. in Figur 14.18 dargestellt wurde, zu überprüfen. Dafür würden wir für jede manifeste Variable eine quasi-latente Variable definieren und der so entstehenden Kreuztabelle aller latenten Variablen ein dem Modell entsprechendes log-lineares Modell auferlegen. In unserem Beispiel würde das bedeuten, dass wir 486 latente Klassen postulieren würden. Da aber nur schon die notwendigen Restriktionen für ein solches Modell mehrere Seiten umfassen würden, werden wir das hier unterlassen und es dem interessierten Leser als Übung überlassen.

Insgesamt lassen sich mittels der restringierten Latenten-Klassen-Analyse auf äusserst flexible Art und Weise viele verschiedenartige Modelle überprüfen. Die hier vorgeführten Beispiele sind nur eine kleine Auswahl für die

---

[17] Dies ist erlaubt, da dieses letzte Modell das vorhergehende bedingt; sie sind also verschachtelt.

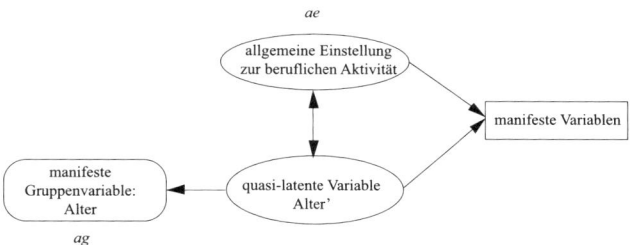

Abbildung 14.18: Pfaddiagramm einer simultanen Gruppenanalyse ohne Interaktionseffekt zwischen latenter Variablen und Gruppenvariablen bezüglich der manifesten Variablen (Beispiel bezüglich der Einstellung zur Arbeit)

meist verwendeten Anwendungen von Latenten-Klassen-Analyse.

Tabelle 14.26: Teststatistiken für die schrittweise Überprüfung der einzelnen Hypothesen (Beispiel bezüglich der Einstellung zur Arbeit)

Modell	Λ^2	df	$\Lambda^2_{H_{z-1}} - \Lambda^2_{H_z}$	$df_{H_{z-1}} - df_{H_z}$	$p\left\{ > \left(\Lambda^2_{H_{z-1}} - \Lambda^2_{H_z} \right) \right\}$
H_0*	101,618	108	-	-	-
H_1**	137,784	132	36,166	24	0,053
H_2***	170,876	134	33,092	2	0,000

* 'unrestringiertes' Modell mit zwei Gruppen
** Modell mit zwei Gruppen und gleichbedeutenden latenten Klassen
*** Modell mit zwei Gruppen, gleichbedeutenden latenten Klassen
     und gleichen latenten Klassenwahrscheinlichkeiten

14.9 Probleme der Latenten-Klassen-Analyse

Obwohl die Latente-Klassen-Analyse so gut wie keine Anforderungen an die Verteilung der Variablen stellt und grundsätzlich auch die üblicherweise so problematischen leeren Zellen in der manifesten Kreuztabelle kein Problem darstellen, ist auch die Latente-Klassen-Analyse nicht ohne Probleme. Das grösste Problem teilt die Latente-

Klassen-Analyse mit den meisten Verfahren zur Analyse nominaler Daten und hängt mit der Teststatistik zusammen. Dieses Problem spielt also nur eine Rolle, wenn man tatsächlich über eine Stichprobe verfügt und Aussagen über die Grundgesamtheit machen möchte.[18] Die Verteilung der gebräuchlichen Teststatistiken (Maximum-Likelihood-Ratio-Chi-Quadrat und Pearson-Chi-Quadrat) weisen eben nur unter bestimmten Bedingungen eine Chi-Quadrat-Verteilung auf. Die Wissenschaftler streiten sich noch darüber, welche Bedingungen es genau sind. Klar ist auf jeden Fall, dass die Bedingungen sich auf die Zellenbelegungen in der manifesten Kreuztabelle beziehen. Wenn diese (absoluten) Zellenhäufigkeiten in vielen Zellen sehr gering sind oder sogar Null betragen, dann wird unsere Teststatistik von der theoretischen Chi-Quadrat-Verteilung abweichen, so dass die berechnete Überschreitungswahrscheinlichkeit nicht mehr mit der wirklichen Überschreitungswahrscheinlichkeit übereinstimmt und unser statistischer Test also unbrauchbar wird. Die meisten Wissenschaftler gehen davon aus, dass die üblichen Testverfahren ohne weiteres angewandt werden dürfen, *wenn in nicht mehr als 20% aller Zellen der manifesten Kreuztabelle die (erwartete) Zellenhäufigkeit kleiner als 5 ist.* Gewisse Zellenhäufigkeiten dürfen also durchaus kleiner als 5 oder sogar 0 sein, nur dürfen das nicht zu viele sein. Andere Wissenschaftler glauben, dass eine Zellenhäufigkeit von mindestens 1 in mindestens 80% aller Zellen bereits ausreicht, um formale Tests durchführen zu können. Geschichtlich weist die Tendenz der wissenschaftlichen Forschungen auf diesem Gebiet in die Richtung einer Lockerung der Bedingungen. Das heisst aber noch nicht, dass wir die Anforderungen auf die leichte Schulter nehmen und davon ausgehen können, dass irgendwann in der Zukunft irgend ein Statistiker wohl nachweisen wird, dass das, was wir tun, statistisch gerechtfertigt war. Wie dem auch sei, es ist klar, dass bei einem gegebenen Stichprobenumfang die Einbeziehung weiterer manifester Variablen und damit eine Vergrösserung der Anzahl Zellen der manifesten Kreuztabelle die Wahrscheinlichkeit, dass eine Zellenhäufigkeit sehr gering

---

[18] Sonst braucht man überhaupt keine formalen Tests. Die von den Computerprogrammen ausgegebenen Teststatistiken sind also *nicht* zu interpretieren.

bis sogar Null wird, relativ gross ist. Das gleiche gilt auch für die Zunahme der Anzahl Ausprägungen der einzelnen manifesten Variablen.

Als Beispiel können wir uns überlegen, wie gross die Anzahl Zellen der manifesten Kreuztabelle werden darf, wenn wir immerhin über die beträchtliche Stichprobe von 989 Personen verfügen. Wir nehmen dabei an, dass die Personen (Objekte) gleichmässig über alle Zellen verteilt sind, soweit die Zellen überhaupt belegt sind. Gehen wir zusätzlich davon aus, dass sich in 20% aller Zellen keine Objekte befinden (Zellenhäufigkeit $= 0$), dann haben wir es mit der Konstellation zu tun, in der bei einer maximalen Anzahl Zellen der manifesten Kreuztabelle noch gerade statistische Tests zulässig sind. Diese maximale Anzahl Zellen (unter günstigsten Bedingungen) lässt sich aus folgender Formel ableiten:

$$\frac{N}{(X - 0,2\,X)} = 5 \quad ,$$

wobei X die gesuchte Anzahl Zellen darstellt. Bei einer Stichprobe mit 989 Respondenten beträgt diese maximale Anzahl Zellen 165. In unserem Beispiel mit Gruppenvergleichen hatten wir es mit vier manifesten Variablen mit jeweils drei Ausprägungen und einer manifesten Gruppenvariablen mit zwei Ausprägungen zu tun. Gesamthaft hatten wir also $3 * 3 * 3 * 2 = 162$ Zellen in der manifesten Kreuztabelle. Wir sind also schon sehr nahe an das Maximum herangekommen. Selbstverständlich hatten wir es dabei nicht mit einer Gleichverteilung auf die belegten Zellen zu tun (wenn das der Fall wäre, wäre eine Latente-Klassen-Analyse ja völlig sinnlos). Das heisst, dass wir mit Sicherheit zu viele Zellen mit Häufigkeiten < 5 hatten. Wir sehen also, dass auch für einfache Problemstellungen mit nur wenigen Variablen mit wenigen Ausprägungen schon enorme Stichproben erforderlich sind.

Insgesamt eignet sich die Latente-Klassen-Analyse also nur für theoretisch ausgereifte Problemstellungen mit nur wenig Variablen. Ganz sicher eignet sie sich nicht für das so populäre und ebenso verwerfliche explorative Vorgehen im Sinne von: 'Füttern wir alle zur Verfügung stehenden Variablen in den Computer hinein, und schauen wir, was dabei herauskommt.' Wie bereits erwähnt, ist auch die Latente-Klassen-Analyse, ebenso wie die Faktorenalyse, sehr empfindlich für den 'Garbage-In-Garbage-Out'-(GIGO-)Effekt. Die Resultate sind so gut oder so schlecht wie die Vorüberlegungen!

Literatur

Clogg, C.C. (1979) Some Latent Structure Models for the Analysis of Likert-Type Data. In: *Social Science Research*, Bd. 8, S. 287–301.

Ernste, H. (1993) Die Emanzipation der schweigenden Mehrheit. In: *Geographica Helvetica*. Bd. 48, Nr. 2, S. 85–92. (Eine Anwendung der Latenten-Klassen-Analyse in der Umweltforschung.)

Ernste, H. & Fischer, M.M. (1991) Latent class modeling and typological analysis. In: *Sistemi Urbani*. Bd. 13, Nr. 1–3, S. 163–173.

Ernste, H. & Meier, V. (1992) Communicating regional development. In: Ernste, H. & Meier, V. (Hrsg.) *Regional Development and Contemporary Industrial Response. Extending Flexible Specialisation.* S. 263–285, Belhaven Press, London.

Hagenaars, J.A. (1993) Loglinear Models with Latent Variables. In: *Sage University Paper Series on Quantitative Applications in the Social Sciences*, Nr. 94, Sage, Beverly Hills. (Kurz und einfach, Zusammenhang mit log-linearer Modellen wird deutlich gemacht.)

Hagenaars, J.A. (1990) *Categorical Longitudinal Data; Log-linear, Panel, Trend, and Cohort Analysis.* Sage, Newbury Park.

Hagenaars, J.A. & McCutcheon, A.L. (Hrsg.) (2009) *Applied Latent Class Analysis.* Cambridge University Press, Cambridge.

McCutcheon, A.L. (1987) Latent Class Analysis. In: *Sage University Paper Series on Quantitative Applications in the Social Sciences*, Bd. 64, Sage, Beverly Hills. (Ideal als Einstieg, kurz und einfach.)

Piore, M. & Sabel, Ch. (1988) *The Second Industrial Divide: Possibilities For Prosperity.* Basic Books, New York.

Scott, A.J. (1988) *New Industrial Spaces: Flexible Production Organisation and Regional Development in North America and Western Europe.* Pion, London.

Storper, M. & Walker, R. (1989) *The Capitalist Imperative. Territory, technology, and industrial growth.* Basil Blackwell, New York.

A. Repetitorium: Matrix-Algebra

A.1 Einleitung

Mit diesem Anhang zur elementaren Matrix-Algebra wird *nicht* bezweckt, einen flächendeckende und auf alle Einzelheiten eingehende Übersicht über die Matrix-Algebra zu geben. Grundsätzlich wird in diesem Buch Kenntnis der Matrix-Algebra vorausgesetzt. Vielmehr wird versucht, die für ein minimales Verständnis der üblichen statistischen Verfahren notwendigen Begriffe der Matrix-Algebra kurz und in möglichst leicht verständlicher Sprache zu erläutern und somit für die Leser eine einfache Möglichkeit zum Nachschlagen und zur Auffrischung ihrer Kenntnisse anzubieten.

A.2 Allgemeines

In der empirischen Forschung beziehen wir uns üblicherweise auf die Beobachtung von Untersuchungs*objekten*, z.B. Personen, Messstationen, Regionen etc. Uns interessieren dabei ganz bestimmte *Merkmale* (Variablen). Manchmal beschränkt sich unsere empirische Untersuchung auf nur ein Objekt, an dem wir sehr viele verschiedene Merkmale beobachten. Dies ist z.B. der Fall bei sog. qualitativen Untersuchungen, wobei z.B. von Tiefeninterviews oder Fallstudien Gebrauch gemacht wird. Vielfach aber möchte man nicht nur Aussagen über einige wenige Fälle, sondern über eine grössere Anzahl an Objekten machen. In solchen Fällen beobachten wir meistens nur eine beschränkte Anzahl Merkmale an einer grösseren Anzahl von Objekten, z.B. mittels Messungen an einer Vielzahl von Messpunkten oder mittels einer standardisierten Befragung einer Reihe von Personen. Die so erhobenen Daten lassen sich vielfach in Form von Zahlen ausdrücken. Wir können diese Daten nun vereinfacht in Form einer *Matrize* ausdrücken.

$$
\mathbf{X} =
\begin{array}{c}
 \\
Obj.\ 1 \\
Obj.\ 2 \\
Obj.\ 3 \\
Obj.\ 4 \\
Obj.\ 5
\end{array}
\begin{array}{ccc}
Var.\ 1 & Var.\ 2 & Var.\ 3 \\
\left[\begin{array}{rrr}
23{,}7 & 7{,}3 & 8{,}0 \\
2{,}0 & -3{,}4 & 2{,}1 \\
-1{,}8 & 2{,}0 & -6{,}9 \\
0{,}0 & -5{,}6 & 2{,}1 \\
12{,}5 & -3{,}0 & 1{,}0
\end{array}\right]
\end{array}.
$$

Die üblichen statistischen Methoden bestehen hauptsächlich aus matematische Manipulationen (Operationen), wie Multiplizieren, Dividieren, Addieren und Substrahieren der einzelnen Elemente (Zahlen) dieser Datenmatrize. Diese Manipulationen können wir in Form von Gleichungen formal mathematisch darstellen, z.B.:

$$23{,}7 - 9{,}1 = 14{,}6$$

(was übrigens nichts anderes als den Wert der ersten Variablen des ersten Objektes minus den Mittelwert dieser Variablen über alle Objekte darstellt). Es ist, vor allem auch bei grösseren Datenmengen, sehr aufwendig, diese Operationen für jedes Element einzeln aufzuschreiben. Bei der mathematischen Darstellung statistischer Analyseverfahren, bedienen wir uns darum gerne der kompakteren Matrizenschreibweise, bei der wir ganze Matrizen oder auch Teile davon (z.B. eine Spalte oder eine Zeile) in einen einzelnen Buchstaben zusammenfassen.

Wenn wir z.B. m Merkmale (Variablen) an n Objekte (z.B. Personen oder Messpunkte) beobachten, können wir die gesamte Datenmenge in einer einzigen Matrize mit n *Zeilen* und m *Spalten* darstellen.

$$
\mathbf{A} =
\begin{bmatrix}
a_{11} & a_{12} & \cdots & a_{1m} \\
a_{21} & a_{22} & \cdots & a_{2m} \\
\vdots & \vdots & & \vdots \\
a_{n1} & a_{n2} & \cdots & a_{nm}
\end{bmatrix}.
$$

Das Element a_{ij} stellt nun den Messwert der j. Variablen an dem i. Objekt dar. Die j. Spalte repräsentiert die Messwerte $a_{1j}, a_{2j}, \ldots, a_{nj}$ der j. Variablen an den n

verschiedener Objekte. Die i. Zeile umfasst die Messwerte $a_{i1}, a_{i2}, \ldots, a_{im}$ der m verschiedenen Merkmale (Variablen) des i. Objektes und charakterisiert somit dieses ganz bestimmte Objekt i. Die Gesamtmenge aller Daten können wir nun mit dem Symbol $\mathbf{A}$ darstellen.

A.3 Definitionen

Eine $(n \times m)$-Matrix $\mathbf{A}$ ist ein rechteckiges Schema von $n \times m$ (reelen) Zahlen, bestehend aus n Zeilen und m Spalten. Für Matrizen werden in der Literatur häufig fettgedruckte Grossbuchstaben verwendet. In handschriftlichen Darstellungen geben wir eine Matrize als einen *Gross*buchstaben mit einem Querstrich *unterhalb* des Buchstabens an. Die Grösse (Anzahl Zeilen und Spalten) einer Matrize nennen wir die *Ordnung*, den Typ oder die *Dimension* einer Matrix. Die hier dargestellte Matrize $\mathbf{A}$ ist also eine Matrize $(n \times m)$-ter Ordnung.

$$\mathbf{A} = \begin{bmatrix} a_{11} & a_{12} & \cdots & a_{1m} \\ a_{21} & a_{22} & \cdots & a_{2m} \\ \vdots & \vdots & & \vdots \\ a_{n1} & a_{n2} & \cdots & a_{nm} \end{bmatrix}.$$

Die einzelnen Zahlen in der Matrize nennen wir die *Elemente* der Matrize. a_{ij} stellt nun jenes Element dar, das in der i. Zeile und j. Spalte der Matrize steht. i ist hierbei der sog. *Zeilenindex* und j der *Spaltenindex*.

Die Elemente einer Matrize kann man auch als eine Menge von Zahlen auffassen. So können wir die Matrize

$$\mathbf{A} = \begin{bmatrix} a_{11} & a_{12} \\ a_{21} & a_{22} \end{bmatrix}$$

auch als eine *Menge* mit vier Elementen schreiben

$$\mathbf{A} = \{a_{11}, a_{12}, a_{21}, a_{22}\}$$

oder vereinfacht als

$$\mathbf{A} = \{a_{ij}\} \qquad (i = 1, 2; j = 1, 2)$$

und verallgemeinert als

$$\mathbf{A} = \{a_{ij}\} \qquad (i = 1, 2, \ldots, n; j = 1, 2, \ldots, m) \quad .$$

Wenn eine Matrix nur aus einer Spalte oder nur aus einer Zeile besteht, sprechen wir von einem *Vektor*.[1] Wir unterscheiden dabei zwischen *Spalten*- und *Zeilenvektoren*. Zur Bezeichnung von Vektoren verwendet man im Allgemeinen fettgedruckte *Klein*buchstaben. Zur Unterscheidung der Zeilenvektoren von den Spaltenvektoren werden die Kleinbuchstaben zur Bezeichnung der Zeilenvektoren zusätzlich noch mit einem Akzent (Strich) versehen. Für die handschriftliche Darstellung von Vektoren verwenden wir hier einen Pfeil unterhalb des Kleinbuchstabens. Vektoren sind spezielle Matrizen. So ist eine Zeilenvektor nichts anderes als eine $(1 \times m)$- Matrize, und ein Spaltenvektor nichts anderes als eine $(n \times 1)$-Matrize.

$$\mathbf{a} = \begin{bmatrix} a_1 \\ a_2 \\ \vdots \\ a_n \end{bmatrix}$$

$$\mathbf{a}' = \begin{bmatrix} a_1 & a_2 & \cdots & a_m \end{bmatrix} \quad .$$

Eine weitere besondere Matrize ist die Matrize mit nur eine Spalte *und* nur eine Zeile. Diese (1×1)-Matrize umfasst also nur ein Element, nur eine Zahl. Diese einzelne Zahl nennt man auch einen *Skalar*.

Eine Matrix mit gleich viel Zeilen als Spalten nennen wir quadratisch. Eine *quadratische Matrize* ist also eine Matrize $(n \times n)$-ter Ordnung. Bei quadratischen Matrizen bilden die Elemente, die auf der Diagonale von links oben nach rechts unten in der Matrize stehen, zusammen die sog. *Hauptdiagonale* der Matrize.

Bei jeder Matrize können wir die Zeilen und Spalten miteinander verstauschen, ohne dass dadurch irgendwelche Informationen verloren gehen. In unserer Datenmatrize wären dann die Variablen als Zeilen und die Objekte

---

[1] Die Bezeichnung 'Vektor' wurde vermutlich zuerst in England benutzt; sie geht auf das lateinische Verb 'vehere' – bewegen (vgl. auch 'Vehikel') zurück.

als Spalten dargestellt. Eine solche Matrize mit vertausch-
ten Spalten und Zeilen nennen wir auch die *transponierte
Matrix*. Durch Transponierung einer Matrix wird die erste Spalte zur ersten Zeile und umgekehrt etc. Die Transponierte einer Matrix kennzeichnen wir wieder mit einem
Akzent (Strich). (Um die transponierte Matrix einer quadratischen Matrix zu bekommen, spiegelt man die Elemente in Bezug auf die Hauptdiagonale.)

$$\mathbf{A} = \begin{bmatrix} a_{11} & a_{12} & \cdots & a_{1m} \\ a_{21} & a_{22} & \cdots & a_{2m} \\ \vdots & \vdots & & \vdots \\ a_{n1} & a_{n2} & \cdots & a_{nm} \end{bmatrix}$$

$$\mathbf{A}' = \begin{bmatrix} a_{11} & a_{21} & \cdots & a_{n1} \\ a_{12} & a_{22} & \cdots & a_{n2} \\ \vdots & \vdots & & \vdots \\ a_{1m} & a_{2m} & \cdots & a_{nm} \end{bmatrix}$$

oder

$$\mathbf{A} = \{a_{ij}\} \qquad (i = 1, 2, \ldots, n; j = 1, 2, \ldots, m)$$

$$\mathbf{A}' = \{a_{ji}\} \qquad (i = 1, 2, \ldots, n; j = 1, 2, \ldots, m) \quad .$$

Durch das Transponieren eines Spaltenvektors entsteht
ein Zeilenvektor. Jetzt ist es auch verständlich, wieso wir
vorher zur Unterscheidung eines Zeilenvektors von einem
Spaltenvektor einen Akzent verwendet haben.

Die *Spur* ('trace') einer quadratischen Matrix $\mathbf{A}$ der
Ordnung $(n \times n)$ ist gleich der Summe ihrer Hauptdiagonalelemente und wird mit $tr\,(\mathbf{A})$ bezeichnet.

$$tr(\mathbf{A}) = a_{11} + a_{22} + \ldots + a_{nn} = \sum_{i=1}^{n} a_{ii} \quad .$$

Eine quadratische Matrize $\mathbf{A}$ heisst *symmetrisch*, wenn
$\mathbf{A} = \mathbf{A}'$, d.h. wenn $a_{ij} = a_{ji}$ $(i = 1, 2, \ldots, n; j = 1, 2, \ldots, m)$.
Die Zeilen und Spalten sind in diesem Fall also identisch,
wie z.B. in

$$\begin{bmatrix} 1 & 4 & 5 \\ 4 & 2 & 6 \\ 5 & 6 & 3 \end{bmatrix} \quad .$$

Die quadratische Matrize $\mathbf{D}$, deren sämtlichen Elemente *ausserhalb* der Hauptdiagonalen Null sind, heisst *Diagonalmatrix*.

$$\mathbf{D} = \begin{bmatrix} d_1 & 0 & 0 & \cdots & 0 \\ 0 & d_2 & 0 & \cdots & 0 \\ 0 & 0 & d_3 & & \vdots \\ \vdots & \vdots & & \ddots & 0 \\ 0 & 0 & \cdots & 0 & d_n \end{bmatrix} \ .$$

Eine *Skalar-Matrize*, ist eine Diagonalmatrix, wobei alle Elemente auf der Hauptdiagonale gleich sind ($d_1 = d_2 = \ldots = d_n = d$).

$$\mathbf{D} = \begin{bmatrix} d & 0 & 0 & \cdots & 0 \\ 0 & d & 0 & \cdots & 0 \\ 0 & 0 & d & & \vdots \\ \vdots & \vdots & & \ddots & 0 \\ 0 & 0 & \cdots & 0 & d \end{bmatrix} \ .$$

Ferner definiert man, falls $d_i \geq 0$ für alle $i = 1, 2, \ldots, n$ ist:

$$\mathbf{D}^{1/2} = \begin{bmatrix} \sqrt{d_1} & 0 & 0 & \cdots & 0 \\ 0 & \sqrt{d_2} & 0 & \cdots & 0 \\ 0 & 0 & \sqrt{d_3} & & \vdots \\ \vdots & \vdots & & \ddots & 0 \\ 0 & 0 & \cdots & 0 & \sqrt{d_n} \end{bmatrix} \ .$$

Die quadratische Matrize

$$\mathbf{A}_u = \begin{bmatrix} a_{11} & 0 & \cdots & 0 \\ a_{21} & a_{22} & \cdots & 0 \\ \vdots & \vdots & \ddots & \vdots \\ a_{n1} & a_{n2} & \cdots & a_{nm} \end{bmatrix}$$

heisst *untere Dreiecksmatrix* und

$$\mathbf{A}_o = \begin{bmatrix} a_{11} & a_{11} & \cdots & a_{1m} \\ 0 & a_{22} & \cdots & a_{2m} \\ \vdots & \vdots & \ddots & \vdots \\ 0 & 0 & \cdots & a_{nm} \end{bmatrix}$$

heisst *obere Dreiecksmatrix*. Bei einer Dreiecksmatrix sind sämtliche Elemente auf jeweils einer Seite der Hauptdiagonalen Null.

Die *Einheitsmatrix* oder *Identitätsmatrix* ist eine besondere Skalar-Matrix. Die Hauptdiagonale einer Einheitsmatrix besteht aus lauter Einsen.

$$\mathbf{I} = \begin{bmatrix} 1 & 0 & 0 & \cdots & 0 \\ 0 & 1 & 0 & \cdots & 0 \\ 0 & 0 & 1 & & \vdots \\ \vdots & \vdots & & \ddots & 0 \\ 0 & 0 & \cdots & 0 & 1 \end{bmatrix} .$$

Einen *Einheitsvektor* kann man sich als eine Spalte oder eine Zeile einer Einheitsmatrix vorstellen, wobei das i-te Element 1 ist, während alle übrigen Elemente Null betragen.

$$\mathbf{e}_i = \begin{bmatrix} 0 \\ \vdots \\ 0 \\ 1 \\ 0 \\ \vdots \\ 0 \end{bmatrix} \leftarrow i\text{-te Stelle} \quad .$$

Der *Nullvektor* $\mathbf{0}$ ist ein Vektor mit lauter Nullen und der *Einsenvektor* $\mathbf{1}$ ein Vektor mit lauter Einsen.

$$\mathbf{0} = \begin{bmatrix} 0 \\ 0 \\ \vdots \\ 0 \end{bmatrix} \qquad \mathbf{1} = \begin{bmatrix} 1 \\ 1 \\ \vdots \\ 1 \end{bmatrix} \quad .$$

A.4 Matrizenoperationen

A.4.1 Addition

Zwei Matrizen können nur addiert werden, wenn sie gleicher Ordnung (gleich gross) sind.

$$\mathbf{A} = \begin{bmatrix} 3 & 1 \\ 5 & 2 \\ 2 & 4 \end{bmatrix} \qquad \mathbf{B} = \begin{bmatrix} 5 & 4 \\ 1 & 2 \\ 1 & 3 \end{bmatrix}$$

$$\mathbf{A} + \mathbf{B} = \mathbf{C}$$

$$c_{ij} = a_{ij} + b_{ij} \qquad (i = 1, 2, \ldots, n; \ j = 1, 2, \ldots, m)$$

$$\begin{bmatrix} 3 & 1 \\ 5 & 2 \\ 2 & 4 \end{bmatrix} + \begin{bmatrix} 5 & 4 \\ 1 & 2 \\ 1 & 3 \end{bmatrix} = \begin{bmatrix} 3+5=8 & 1+4=5 \\ 6 & 4 \\ 3 & 7 \end{bmatrix} = \mathbf{C} \quad .$$

A.4.2 Subtraktion

Analog gilt:

$$\mathbf{A} - \mathbf{B} = \mathbf{C}$$

$$c_{ij} = a_{ij} - b_{ij} \qquad (i = 1, 2, \ldots, n; \ j = 1, 2, \ldots, m)$$

$$\begin{bmatrix} 3 & 1 \\ 5 & 2 \\ 2 & 4 \end{bmatrix} - \begin{bmatrix} 5 & 4 \\ 1 & 2 \\ 1 & 3 \end{bmatrix} =$$

$$= \begin{bmatrix} 3-5=-2 & 1-4=-3 \\ 4 & 0 \\ 1 & 1 \end{bmatrix} = \mathbf{C} \quad .$$

A.4.3 Multiplikation

Die Multiplikation von Matrizen ist etwas trickreicher, vor allem da nicht jede Multiplikation von Matrizen definiert ist, und da *nicht* gilt, dass $\mathbf{A} * \mathbf{B} = \mathbf{B} * \mathbf{A}$. So ergibt die *Linksmultiplikation* ('premultiplication') von $\mathbf{B}$ mit $\mathbf{A}$, $\mathbf{A} * \mathbf{B}$, nicht unbedingt das Gleiche wie die *Rechtsmultiplikation* ('postmultiplication') von $\mathbf{B}$ mit $\mathbf{A}$, $\mathbf{A} * \mathbf{B}$. Die Multiplikation $\mathbf{A} * \mathbf{B}$ ist nur möglich wenn $\mathbf{A}$ gleich viele Spalten wie $\mathbf{B}$ Zeilen hat.

$$
\mathbf{A} = \begin{bmatrix} 3 & 1 \\ 5 & 2 \\ 2 & 4 \end{bmatrix} \qquad \mathbf{B} = \begin{bmatrix} 5 & 4 & 1 & 3 \\ 1 & 2 & 7 & 6 \end{bmatrix}
$$

$$
\underset{(n \times k)}{\mathbf{A}} \quad * \quad \underset{(k \times m)}{\mathbf{B}} \quad = \quad \underset{(n \times m)}{\mathbf{C}}
$$

$$
c_{ij} = \sum_{l=1}^{k} a_{il} * b_{lj} \qquad (i = 1, 2, \ldots, n; \; j = 1, 2, \ldots, m)
$$

$$
\begin{bmatrix} 3 & 1 \\ 5 & 2 \\ 2 & 4 \end{bmatrix} * \begin{bmatrix} 5 & 4 & 1 & 3 \\ 1 & 2 & 7 & 6 \end{bmatrix} =
$$

$$
= \begin{bmatrix} (3*5)+(1*1)=16 & (3*4)+(1*2)=14 & 10 & 15 \\ (5*5)+(2*1)=26 & (5*4)+(2*2)=24 & 19 & 27 \\ 14 & 16 & 30 & 30 \end{bmatrix} = \mathbf{C}
$$

Wenn man eine Matrixmultiplikation von Hand berechnet, ist es praktisch, die zu multiplizierenden Matrizen wie folgt anzuordnen.

$(k \times k)$	$\mathbf{B}$ $(k \times m)$
$\mathbf{A}$ $(n \times k)$	$\mathbf{C}$ $(n \times m)$

Um c_{ij} zu berechnen multipliziert man alle Elemente der i. Zeile von $\mathbf{A}$ mit den entsprechenden Elemente der j. Spalte von $\mathbf{B}$. c_{ij} ist die Summe all dieser Produkten.

		5	4	1	3
		1	2	7	6
3	1	16	14	10	15
5	2	26	24	19	27
2	4	14	16	30	30

In der Regel werden wir Matrizenmanipulationen aber nicht von Hand, sondern mit Hilfe des Computers ausführen.

A.4.4 Multiplikation von Vektoren

Für zwei Vektoren

$$\mathbf{a} = \begin{bmatrix} a_1 \\ a_2 \\ \vdots \\ a_n \end{bmatrix} \qquad \mathbf{b} = \begin{bmatrix} b_1 \\ b_2 \\ \vdots \\ b_n \end{bmatrix} \quad ,$$

aufgefasst als $(n \times 1)$-Matrizen, gelten als Spezialfall der Matrizenmultiplikation die beiden folgenden Produkte:

$$\mathbf{a'b} = \begin{bmatrix} a_1 & a_2 & \cdots & a_n \end{bmatrix} \begin{bmatrix} b_1 \\ b_2 \\ \vdots \\ b_n \end{bmatrix} = \sum_{i=1}^{n} a_i \, b_i$$

und

$$\mathbf{ab'} = \begin{bmatrix} a_1 \\ a_2 \\ \vdots \\ a_n \end{bmatrix} \begin{bmatrix} b_1 & b_2 & \cdots & b_n \end{bmatrix}$$

$$= \begin{bmatrix} a_1 \, b_1 & a_1 \, b_2 & \cdots & a_1 \, b_n \\ a_2 \, b_1 & a_2 \, b_2 & \cdots & a_2 \, b_n \\ \vdots & \vdots & & \vdots \\ a_n \, b_1 & a_n \, b_2 & \cdots & a_n \, b_n \end{bmatrix} \quad .$$

$\mathbf{a'b}$ heisst *inneres Produkt* oder *Skalarprodukt* der beiden Vektoren $\mathbf{a}$ und $\mathbf{b}$ und ist ein Skalar.

$$\underset{(1\times n)}{\mathbf{a'}} \quad * \quad \underset{(n\times 1)}{\mathbf{b}} \quad = \quad \underset{(1\times 1)}{c} \quad .$$

Folglich ist immer:

$$\mathbf{a'b} \neq \mathbf{ab'} \quad .$$

$\mathbf{ab'}$ heisst *dyadisches Produkt* der beiden Vektoren $\mathbf{a}$ und $\mathbf{b}$ und ist eine quadratische Matrix.

$$\underset{(n\times 1)}{\mathbf{a}} \quad * \quad \underset{(1\times n)}{\mathbf{b'}} \quad = \quad \underset{(n\times n)}{\mathbf{C}}$$

Ein häufig benötigtes Vektorprodukt ist das Skalarprodukt eines Vektors $\mathbf{a}$ mit sich selbst.

$$\mathbf{a'a} = \begin{bmatrix} a_1 & a_2 & \cdots & a_n \end{bmatrix} \begin{bmatrix} a_1 \\ a_2 \\ \vdots \\ a_n \end{bmatrix} = \sum_{i=1}^{n} a_i^2$$

Wir werden diesem Skalarprodukt eines Vektors mit sich selbst, unter anderem bei der Berechnung der Länge eines Vektors wieder begegnen.

A.4.5 Exkurs: Vektoren geometrisch betrachtet

Vektoren werden manchmal auch geometrisch dargestellt. Um Vektoren im Raum darstellen zu können, benötigt man drei Angaben:

1. die Länge des Vektors;
2. die Richtung (Lage im Raum) des Vektors;
3. die Orientierung (Richtungssinn) des Vektors (gibt an, nach welcher Seite der Richtung des Vektors positiv zu nehmen ist).

Der Vektor wird bei der Darstellung in einem rechtwinkligen kartesisches Achsensystem erst in seiner Komponenten parallel zu den Koordinatenachsen zerlegt.

Dann gilt, wie wir etwas weiter unten noch sehen werden: $\mathbf{a} = \mathbf{a}_1 + \mathbf{a}_1$. Nun hat jeder Vektor einen dazu gehörigen Vektor mit gleicher Orientierung und Richtung und mit der Länge 1. Diesen Vektor nennen wir den zu $\mathbf{a}$ gehörigen Einheitsvektor $\mathbf{e}_a$.

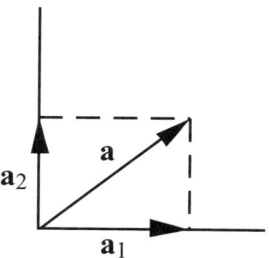

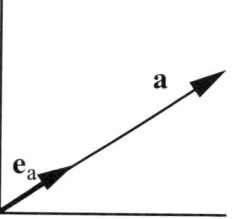

Der Vektor **a** ist nun als Produkt eines Skalars (seines Betrags) α und des zu ihm gehörenden Einheitsvektors $\mathbf{e}_a$ darstellbar.

$$\mathbf{a} = \alpha\,\mathbf{e}_a \quad \text{mit } \alpha = \text{Länge von} \quad \mathbf{a} = ||\mathbf{a}||$$

Was für **a** gilt, gilt aber auch für $\mathbf{a}_1$ und $\mathbf{a}_2$. Wenn nun $\mathbf{e}_{a_1}$ den Einheitsvektor in Richtung der x-Achse und $\mathbf{e}_{a_2}$ den Einheitsvektor in der Richtung der y-Achse ist, dann gilt

$$\mathbf{a}_1 = \alpha_1\,\mathbf{e}_{a_1} \quad \text{und} \quad \mathbf{a}_2 = \alpha_2\,\mathbf{e}_{a_2} \quad \Rightarrow \quad \mathbf{a} = \alpha_1\,\mathbf{e}_{a_1} + \alpha_2\,\mathbf{e}_{a_2} \quad .$$

Die Grössen α_1 und α_2 sind die skalaren *Komponenten* des Vektors **a** die man auch als *Koordinaten* des Vektors bezeichnet. Die Einheitsvektoren $\mathbf{e}_{a_1}$ und $\mathbf{e}_{a_2}$ werden als Grund- oder *Basisvektoren* bezeichnet. Die Basisvektoren legen quasi die Masseinheiten der Achsen fest, da sie genau die Länge einer Masseinheit entsprechen. Die Koordinaten ihrer Endpunkte (in einem zwei-dimensionalen Raum) sind (1, 0) bzw. (0, 1). Das erste Element (die erste Komponente) eines Vektors stellt also die Ausdehnung des Vektors in der Richtung der x-Achse, und das zweite Element (die zweite Komponente) die in der Richtung der y-Achse dar.

Die Elemente des Vektors repräsentieren bei der Darstellung in einem rechtwinkligen kartesischen Achsensystem also die Koordinaten des Vektors.

Wie wir auf der nächsten Seite sehen, lässt sich also auch die Addition und Multiplikation zweier Vektoren geometrisch abbilden. Geometrisch ist die Addition zweier Vektoren mit der

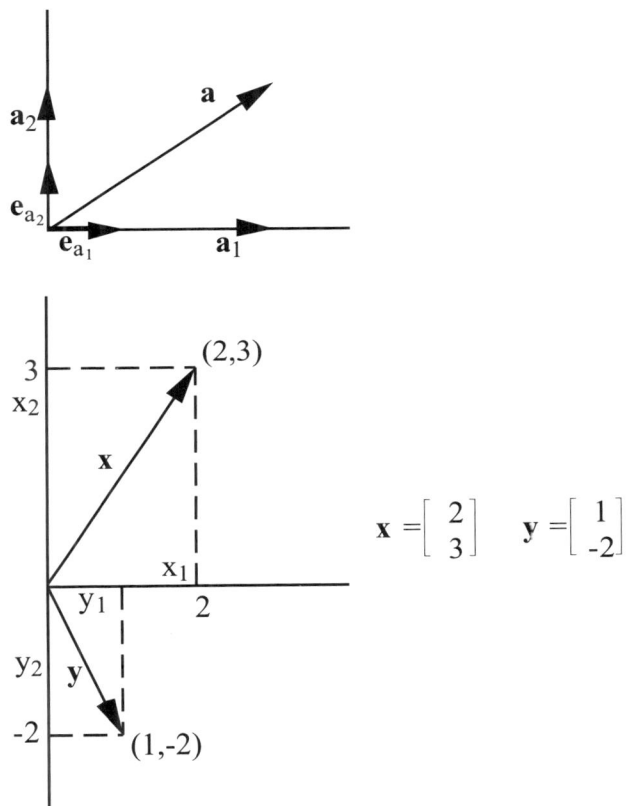

$$\mathbf{x} = \begin{bmatrix} 2 \\ 3 \end{bmatrix} \qquad \mathbf{y} = \begin{bmatrix} 1 \\ -2 \end{bmatrix}$$

Bildung der Diagonale des von den beiden zu addierenden Vektoren aufgespannten Parallelogramms dargestellt.

Oder anders ausgedrückt: Verschiebt man den Vektor **b** parallel, bis sein Anfangspunkt im Endpunkt von **a** liegt, dann stellt der vom Anfangspunkt von **a** zum Endpunkt von **b** führende Vektor **c** die Summe der Vektoren **a** und **b** dar.

Die Multiplikation eines Vektors mit einem Skalar a, z. B. dem Skalar $a = 2$ oder $a = -1$ ist geometrisch mit der Verlängerung von um $a \times$ ihrer ursprünglichen Länge in der gleichen Richtung, wenn a positiv ist, oder in der entgegengesetzten Richtung, wenn a negativ ist, zu vergleichen (vgl. nachfolgende Figur).

Die *Länge* oder *Norm* eines Vektors **x** in diesem euklidischen Raum ist definiert als die positive Wurzel aus dem Skalarprodukt dieses Vektors mit sich selbst:

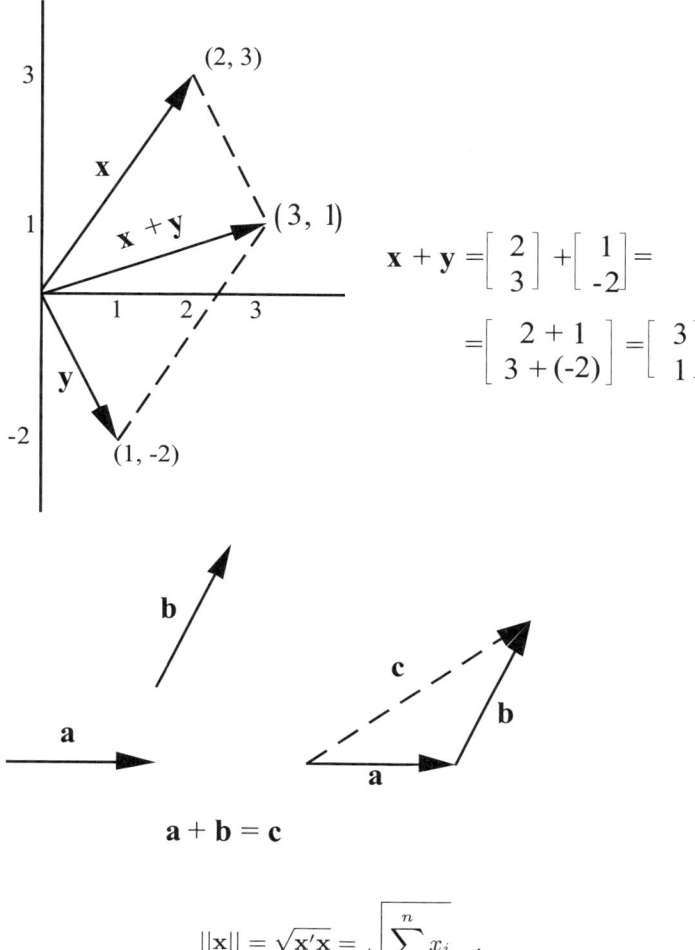

$$\|\mathbf{x}\| = \sqrt{\mathbf{x'x}} = \sqrt{\sum_{i=1}^{n} x_i} \quad .$$

Ein Vektor $\mathbf{x}$ besitzt Länge 1, wenn $\|\mathbf{x}\| = 1$. Jeder von $\mathbf{0}$ verschiedene Vektor $\mathbf{x}$ beliebiger Länge kann auf Länge 1 *normiert* werden, indem man jedes seiner Elemente (Komponenten) durch seine Länge dividiert:

$$\text{auf Länge 1 normierter Vektor } \mathbf{x} = \mathbf{x}* = \frac{1}{\|\mathbf{x}\|}\mathbf{x} \quad .$$

Die *Richtung eines Vektors* ist durch den Cosinus des Winkels zwischen dem Vektor und der horizontalen (Referenz-)Achse gegeben. Wir können dabei jede beliebige Achse unseres Achsensystems als Referenzachse wählen.

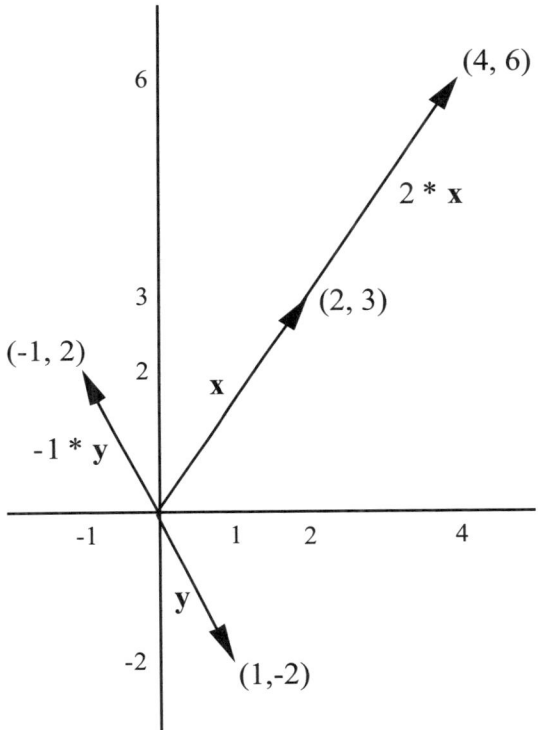

$$cos\,(\alpha_i) = \frac{x_i}{||\mathbf{x'}||} \quad,$$

wobei α_i den Winkel zwischen dem Vektor und der i. Referenzachse darstellt.

Der Winkel zwischen zwei Vektoren lässt sich nun einfach aus der folgenden Gleichung ermitteln:

$$\mathbf{a'b} = \left(||\mathbf{a'}||\ ||\mathbf{b}||\right) cos\,(\Theta_{\mathbf{ab}}) \quad.$$

Es gibt also einen direkten Zusammenhang zwischen dem Skalarprodukt zweier Vektoren und dem Winkel zwischen ihnen.

Zwei von $\mathbf{0}$ verschiedene Vektoren $\mathbf{a}$ und $\mathbf{b}$ heissen *orthogonal*, wenn ihren Skalarprodukt genau Null beträgt ($cos\,(90°) = 0$).

$$\mathbf{a'b} = 0 \quad.$$

Geometrisch gesehen heisst dies, dass die beiden Vektoren gradwinklig aufeinander stehen.

Hat jeder der beiden Vektoren $\mathbf{a}$ und $\mathbf{b}$ neben der Eigenschaft der Orthogonalität auch noch die Länge 1, so nennt man

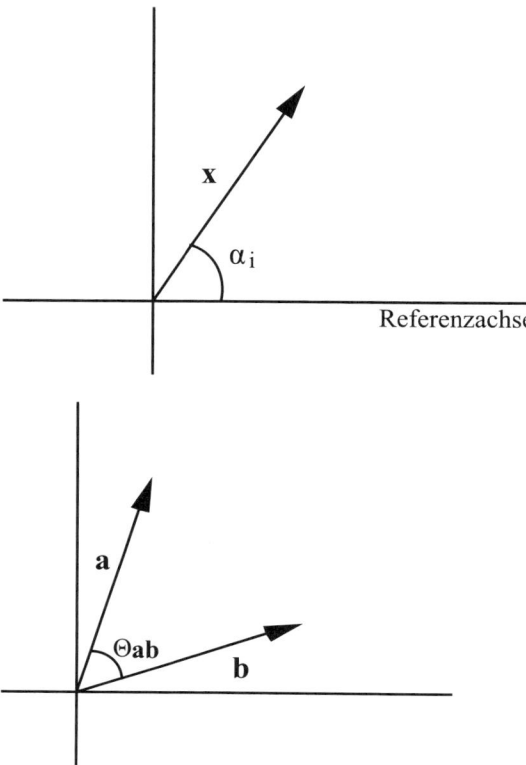

sie *orthonormal*. Nebenbei sei bemerkt, dass je zwei verschiede-
ne n-dimensionale Einheitsvektoren $\mathbf{e}_i$ und $\mathbf{e}_j$ $(i \neq j)$ orthonormal sind. Die Basisvektoren eines Achsensystems sind orthonor-
mal.

A.4.6 Division (Inversion)

Die Division von Matrizen ist als solches nicht definiert.
Wie wir aber aus der Algebra wissen, können wir die Divi-
sion a/b von a durch b auch als eine Multiplikation $\left(b^{-1}\right)$
von a mit der Inverse von b schreiben.

$$\frac{a}{b} = a * b^{-1} \quad .$$

Wenn wir also $\left(b^{-1}\right)$ kennen, können wir die Division
auch als Produkt schreiben. Die Inverse $\left(b^{-1}\right)$ von b zeichnet sich nun dadurch aus, dass, wenn man sie wieder mit b

multipliziert, genau 1 ergibt.

$$b * b^{-1} = 1 \quad .$$

Wenn wir also zu einer Matrix $\mathbf{B}$ eine andere Matrix finden, so dass gilt

$$\mathbf{B} * \mathbf{B}^{-1} = \mathbf{I} \quad ,$$

dann können wir diese Matrix $\mathbf{B}^{-1}$ als Inverese von $\mathbf{B}$ betrachten und anstelle von der Division von $\mathbf{A}$ durch $\mathbf{B}$ die Multiplikation von $\mathbf{A}$ mit der Inversematrix $\mathbf{B}^{-1}$ von $\mathbf{B}$ durchführen.

$$\mathbf{A} * \mathbf{B}^{-1} = \mathbf{C}$$

Nicht zu jeder Matrize $\mathbf{B}$ existiert jedoch so eine Inverse-Matrix $\mathbf{B}^{-1}$. So sind *nicht*-quadratische Matrizen grundsätzlich *nicht* invertierbar. Aber auch nicht jede quadratische Matrix ist invertierbar. Eine quadratische Matrix ist nur dann invertierbar, wenn sie 'regulär' ist. Was das heisst wird deutlich, wenn wir uns im Folgenden überlegen was eine 'lineare Abhängigkeit' von Vektoren bedeutet und was der 'Rang' einer Matrize ist.

Bevor wir uns aber der Problematik der Invertierbarkeit von Matrizen weiter zuwenden, sind noch zwei Spezialfälle inverser Matrizen zu erwähnen.

$$\mathbf{D}^{-1} = \begin{bmatrix} \frac{1}{d_1} & 0 & 0 & \cdots & 0 \\ 0 & \frac{1}{d_2} & 0 & \cdots & 0 \\ 0 & 0 & \frac{1}{d_3} & & \vdots \\ \vdots & \vdots & & \ddots & 0 \\ 0 & 0 & \cdots & 0 & \frac{1}{d_n} \end{bmatrix}$$

$$\mathbf{D}^{-1/2} = \begin{bmatrix} \frac{1}{\sqrt{d_1}} & 0 & 0 & \cdots & 0 \\ 0 & \frac{1}{\sqrt{d_2}} & 0 & \cdots & 0 \\ 0 & 0 & \frac{1}{\sqrt{d_3}} & & \vdots \\ \vdots & \vdots & & \ddots & 0 \\ 0 & 0 & \cdots & 0 & \frac{1}{\sqrt{d_n}} \end{bmatrix} \quad .$$

Um verstehen zu können unter welchen Umständen eine quadratische Matrize invertierbar ist, überlegen wir uns erst, was es bedeutet, wenn zwei Vektoren linear von einander abhängig sind. Fangen wir mit einem Beispiel aus der 'normalen' Algebra an: Die lineare Gleichung

$$k_1\, X + k_2\, Y = 0$$

können wir auflösen für X als lineare Funktion von Y, oder für Y als lineare Funktion von X. Im ersten Fall finden wir als Lösung:

$$X = \frac{-k_2}{k_1}\, Y \quad,$$

wobei $k_1 \neq 0$. Wenn aber die lineare Gleichung nur dann eine Lösung für X hat, wenn $k_1 = k_2 = 0$, dann können wir sinnvollerweise nicht mehr behaupten, dass X als eine lineare Funktion von Y ausgedrückt werden kann. In einem solchen Fall werden die Variablen X und Y als *linear unabhängig* bezeichnet. Dieses Prinzip können wir nun auch auf Vektoren anwenden.

Die Vektoren $\mathbf{a_1}, \mathbf{a_2}, \dots, \mathbf{a_m}$ heissen *linear abhängig*, wenn es (reele) Zahlen $a_1, a_2, \dots, a_m$ gibt, *die nicht alle Null sind*, so dass

$$a_1\, \mathbf{a}_1 + a_2\, \mathbf{a}_2 + \cdots + a_m\, \mathbf{a}_m = \sum_{i=1}^{m} a_i\, \mathbf{a}_i = \mathbf{0}$$

gilt. Die Vektoren lassen sich also aus einer Linearkombination der übrigen Vektoren ableiten. Ein Vektor $\mathbf{b}$ heisst *Linearkombination* der Vektoren $\mathbf{a}_1, \mathbf{a}_2, \dots, \mathbf{a}_m$, wenn es (reele) Zahlen $a_1, a_2, \dots, a_m$ gibt, so dass $a_1\, \mathbf{a}_1 + a_2\, \mathbf{a}_2 + \dots + a_m\, \mathbf{a}_m = \sum_{i=1}^{m} a_i\, \mathbf{a}_i = \mathbf{b}$. In einem solchen Fall gibt es also gewisse Informationsredundanzen in dieser Menge von Vektoren. Gewisse Vektoren liefern keine neue Informationen, die nicht bereits in den anderen Vektoren, woraus sie sich mittels einer linearen Gleichung ableiten lassen, vorhanden waren.

Ist so eine Ableitung nicht möglich (existiert keine Kombination von reelen Zahlen, wofür die obige Bedingung gilt), dann sind die Vektoren $\mathbf{a_1}, \mathbf{a_2}, \dots, \mathbf{a_m}$ also linear unabhängig. Sie lassen sich dann nur noch auf triviale Weise als Linearkombination der Vektoren darstellen. Nämlich nur dann, wenn $a_1 = a_2 = \dots = a_m = 0$.

Betrachten wir die Spaltenvektoren einer Matrix **A**, dann heisst die Maximalzahl der linear unabhängigen Spaltenvektoren der *Spaltenrang* von **A**. Analog heisst die Maximalzahl der linear unabhängigen Zeilenvektoren der *Zeilenrang* von **A**. Der Spaltenrang von **A** ist immer gleich dem Zeilenrang von **A**. Diese eindeutig bestimmte Zahl heisst *Rang* von **A** und wird mit $rg(\mathbf{A})$ bezeichnet.

Gilt für eine $(n \times m)$-Matrix **A**: $rg(\mathbf{A}) = min\{n, m\}$, so sagt man, **A** besitze *vollen Rang*. Eine Matrix mit vollem Rang weist also die maximale Anzahl unabhängiger Spalten- oder Zeilenvektoren auf. Eine quadratische Matrix mit vollem Rang heisst *regulär* ($rg(\mathbf{A}) = n$), andernfalls *singulär* ($rg(\mathbf{A}) < n$). Singuläre Matrizen sind nicht invertierbar, d.h. es existiert keine Inverse $\mathbf{A}^{-1}$. Diese Eigenschaft wird auch durch die sog. Determinante $|\mathbf{A}|$ der Matrix **A** ausgedrückt. (Auf die genaue Definition der Determinante brauchen wir im Kontext dieses Buches nicht einzugehen.) Wenn **A** nicht singulär ist, ist die Determinante $|\mathbf{A}| \neq 0$. Wenn die Determinante $|\mathbf{A}| \neq 0$ ist, so ist die quadratische Matrix **A** invertierbar. Es existiert dann also eine Matrix $\mathbf{A}^{-1}$, wofür gilt:

$$\mathbf{A} * \mathbf{A}^{-1} = \mathbf{I} \quad .$$

A.4.7 Eigenwerte und Eigenvektoren

In der Statistik kommt es häufig vor, dass wir ein Gleichungssystem der folgenden Form

$$\mathbf{A}\,\mathbf{x} = \lambda\,\mathbf{x}$$

lösen möchten. **A** ist dabei eine quadratische Matrix der Ordnung $(n \times n)$. λ heisst *Eigenwert* (bzw. latente oder charakteristische Wurzel) von **A** und **x** ist der dazu gehörige *Eigenvektor* (bzw. der latente oder charakteristische Vektor) von **A**. Dabei schliesst man die triviale Lösung, wobei $\mathbf{x} = \mathbf{0}$ und λ ein beliebiger Wert, aus. Formt man $\mathbf{A}\,\mathbf{x} = \lambda\,\mathbf{x}$ um, so erhält man:

$$\mathbf{A}\,\mathbf{x} = \lambda_i\,\mathbf{I}_n\,\mathbf{x}$$

$$\mathbf{A}\,\mathbf{x} - \lambda_i\,\mathbf{I}_n\,\mathbf{x} = \mathbf{0}$$

$$(\mathbf{A} - \lambda_i\,\mathbf{I}_n)\,\mathbf{x} = \mathbf{0}\quad.$$

Dieses Gleichungssystem heisst *charakteristische Gleichung* der Matrix $\mathbf{A}$. Wenn wir nun $(\mathbf{A} - \lambda_i\,\mathbf{I}_n)$ als $\mathbf{B}$ zusammenfassen, ist direkt ersichtlich, dass wir es hier wiederum mit einem normalen Gleichungssystem zu tun haben;

$$\mathbf{B} * \mathbf{x} = \mathbf{0}\quad.$$

Für jeden Eigenwert λ_i gibt es nun eine Matrix $\mathbf{B}$ und damit auch eine andere Lösung $\mathbf{x}$ für das Gleichungssystem. Wenn wir für einen bestimmten Wert λ_i eine Lösung $\mathbf{x}$ gefunden haben, dann lässt sich nachweisen, dass auch $k\mathbf{x}$ eine gültige Lösung ist. Um trotzdem zu einer eindeutigen Lösung zu gelangen, wird $\mathbf{x}$ normiert, d.h. dass $\mathbf{x}'\mathbf{x} = 1$. Die Eigenvektoren werden also auf die Länge 1 normiert.

Ganz allgemein nennt man die Aufgabe, die Eigenwerte und Eigenvektoren einer Matrix $\mathbf{A}$ der Ordnung $(n \times n)$ zu bestimmen, auch *Eigenwertproblem*. Die Lösung des Eigenwertproblems hat folgende bemerkenswerte Eigenschaften:

1. Wenn $\mathbf{A}$ symmetrisch ist, dann sind die Eigenvektoren, die jeweils mit einem anderen Eigenwert korrespondieren, orthogonal. Oder anders gesagt: Dann sind die Eigenvektoren unabhängig und im geometrischen Sinne stehen sie gradwinklig auf einander.

2. Wenn $\mathbf{A}$ symmetrisch ist, dann gibt der Rang von $\mathbf{A}$, $rg(\mathbf{A})$, von die Anzahl der Eigenwerte von $\mathbf{A}$ an, die nicht Null betragen. Die Anzahl der von Null abweichenden Eigenwerte einer symmetrischen Matrix $\mathbf{A}$ gibt also die maximale Anzahl unabhängiger (orthogonale) (Zeilen- oder Spalten-)Vektoren der Matrix $\mathbf{A}$ an.

A.4.8 Wichtigste elementare Rechenregeln für Matrizen

$\mathbf{A} + \mathbf{B} = \mathbf{B} + \mathbf{A}$

$\mathbf{A} + \mathbf{0} = \mathbf{A}$

$(\mathbf{A} + \mathbf{B}) + \mathbf{C} = \mathbf{A} + (\mathbf{B} + \mathbf{C}) = \mathbf{A} + \mathbf{B} + \mathbf{C}$

$a\,(\mathbf{A} + \mathbf{B}) = a\,\mathbf{A} + a\,\mathbf{B}$

$(a + b)\,\mathbf{A} = a\,\mathbf{A} + b\,\mathbf{A}$

$a\,(b\mathbf{A}) = (a\,b)\,\mathbf{A} = (b\,a)\,\mathbf{A} = b\,(a\,\mathbf{A})$

$$(\mathbf{A}')' = \mathbf{A}$$
$$(\mathbf{A} + \mathbf{B})' = \mathbf{A}' + \mathbf{B}'$$
$$(\mathbf{A}\,\mathbf{B})' = \mathbf{B}'\,\mathbf{A}'$$
$$(\mathbf{A}\,\mathbf{B}\,\mathbf{C})' = \mathbf{C}'\,\mathbf{B}'\,\mathbf{A}'$$
$$(\mathbf{A}\,\mathbf{B})^{-1} = \mathbf{B}^{-1}\,\mathbf{A}^{-1}$$
$$(\mathbf{A}\,\mathbf{B})\,\mathbf{C} = \mathbf{A}\,(\mathbf{B}\mathbf{C}) = \mathbf{A}\,\mathbf{B}\,\mathbf{C}$$
$$\mathbf{A}\,(\mathbf{B} + \mathbf{C}) = \mathbf{A}\mathbf{B} + \mathbf{A}\mathbf{C}$$
$$(\mathbf{B} + \mathbf{C})\,\mathbf{A} = \mathbf{B}\mathbf{A} + \mathbf{C}\mathbf{A}$$
$$a\,(\mathbf{A}\mathbf{B}) = (a\mathbf{A})\,\mathbf{B} = \mathbf{A}\,(a\,\mathbf{B}) = a\,\mathbf{A}\mathbf{B}$$
$$\mathbf{I}\mathbf{A} = \mathbf{A}\,\mathbf{I} = \mathbf{A}$$
$$\mathbf{0}\mathbf{A} = \mathbf{A}\,\mathbf{0} = \mathbf{0}$$
$$(\mathbf{A}\,\mathbf{B}\,\mathbf{C})^{-1} = \mathbf{C}^{-1}\mathbf{B}^{-1}\mathbf{A}^{-1}$$
$$\left(\mathbf{A}^{-1}\right)^{-1} = \mathbf{A}$$
$$\mathbf{I}^{-1} = \mathbf{I}$$
$$(\mathbf{A}')^{-1} = \left(\mathbf{A}^{-1}\right)'$$
$$(a\,\mathbf{A})^{-1} = \tfrac{1}{a}\mathbf{A}^{-1} \quad \text{für } a \neq 0$$

A.5 Beispiele für die Verwendung von Matrizen-Algebra

A.5.1 Berechnung der Spalten- und Zeilen-Summen und der Summe aller Matrixelemente

Wenn man einen Matrix **A** von links mit dem entsprechenden Einheitsvektor multipliziert, erhält man einen Zeilenvektor, dessen Elemente die Summen der Spalten der Matrix darstellen.

$$\mathbf{1}\,\mathbf{A} = \begin{bmatrix} 1 & 1 & 1 \end{bmatrix} \begin{bmatrix} 4 & -1 \\ 0 & 1 \\ 2 & 2 \end{bmatrix} = \begin{bmatrix} 6 & 2 \end{bmatrix} \quad .$$

Eine Multiplikation von rechts dagegen, würde in einem Spaltenvektor der Zeilentotale resultieren.

$$\mathbf{A}\,\mathbf{1} = \begin{bmatrix} 4 & -1 \\ 0 & 1 \\ 2 & 2 \end{bmatrix} \begin{bmatrix} 1 \\ 1 \end{bmatrix} = \begin{bmatrix} 3 \\ 1 \\ 4 \end{bmatrix} \quad .$$

Wenn eine Matrix sowohl von links als auch von rechts mit dem entsprechenden Einheitsvektor multipliziert wird,

bekommt man einen Skalar, der die Summe aller Matrix-
elemente darstellt.

$$\mathbf{1}\,\mathbf{A}\,\mathbf{1} = \begin{bmatrix} 1 & 1 & 1 \end{bmatrix} \begin{bmatrix} 4 & -1 \\ 0 & 1 \\ 2 & 2 \end{bmatrix} \begin{bmatrix} 8 \end{bmatrix} = 8 \quad.$$

A.5.2 Berechnung von Mittelwerten, Kovarianz und Korrelation mittels Matrizenrechnung

Gehen wir von einer $(n \times m)$ Datenmatrix aus mit n Objekten und m Variablen, dann kann man die Mittelwerte
der Variablen wie folgt in Form eines Spaltenvektors ausdrücken

$$\left(\frac{1}{n}\right)\mathbf{1}'\,\mathbf{X} \quad.$$

Z.B.:

$$\mathbf{X} = \begin{bmatrix} 2 & 3 & 1 \\ -1 & 1 & 1 \\ 0 & 4 & 2 \\ -1 & 0 & 0 \end{bmatrix} \quad,$$

$$\left(\frac{1}{n}\right)\mathbf{1}'\,\mathbf{X} = \left(\frac{1}{4}\right)\begin{bmatrix} 1 & 1 & 1 & 1 \end{bmatrix}\begin{bmatrix} 2 & 3 & 1 \\ -1 & 1 & 1 \\ 0 & 4 & 2 \\ -1 & 0 & 0 \end{bmatrix} =$$

$$= \begin{bmatrix} 0 & 2 & 1 \end{bmatrix} \quad.$$

Multipliziert man dieses Resultat nun mit einem Einser-
Spalten-Vektor mit gleich vielen Elemente als es Objekte
(n) in der Matrix $\mathbf{X}$ hat, dann bekommt man

$$\mathbf{1}\left(\frac{1}{n}\right)\mathbf{1}'\,\mathbf{X} = \begin{bmatrix} 1 \\ 1 \\ 1 \\ 1 \end{bmatrix}\begin{bmatrix} 0 & 2 & 1 \end{bmatrix} = \begin{bmatrix} 0 & 2 & 1 \\ 0 & 2 & 1 \\ 0 & 2 & 1 \\ 0 & 2 & 1 \end{bmatrix} \quad.$$

Wir erhalten also eine Matrize mit in jeder Spalte den
Mittelwert der entsprechenden Variablen (Spalte) von $\mathbf{X}$.
Wenn wir nun diese Matrize von der ursprünglichen Datenmatrix $\mathbf{X}$ substrahieren, resultiert eine Matrix mit den Abweichungen der Variablenwerte von ihren jeweiligen Mittelwerten.

$$\mathbf{B} = \mathbf{X} - \mathbf{1}\left(\frac{1}{n}\right)\mathbf{1}'\mathbf{X} = \begin{bmatrix} 2 & 3 & 1 \\ -1 & 1 & 1 \\ 0 & 4 & 2 \\ -1 & 0 & 0 \end{bmatrix} - \begin{bmatrix} 0 & 2 & 1 \\ 0 & 2 & 1 \\ 0 & 2 & 1 \\ 0 & 2 & 1 \end{bmatrix}$$

$$= \begin{bmatrix} 2 & 1 & 0 \\ -1 & -1 & 0 \\ 0 & 2 & 1 \\ -1 & -2 & -1 \end{bmatrix}.$$

Bezeichnen wir diese Matrize der Abweichungen nun mit **B**, dann ist die Schätzung der Kovarianz einer Population, anhand einer Stichprobe, gegeben durch

$$\hat{\boldsymbol{\Sigma}} = \frac{1}{(n-1)}\mathbf{B}'\mathbf{B} = \frac{1}{3}\begin{bmatrix} 6 & 5 & 1 \\ 5 & 10 & 4 \\ 1 & 4 & 2 \end{bmatrix} =$$

$$= \begin{bmatrix} \hat{\sigma}^2_{x_1} & \hat{\sigma}_{x_1 x_2} & \hat{\sigma}_{x_1 x_3} \\ \hat{\sigma}_{x_2 x_1} & \hat{\sigma}^2_{x_2} & \hat{\sigma}_{x_2 x_3} \\ \hat{\sigma}_{x_3 x_1} & \hat{\sigma}_{x_3 x_2} & \hat{\sigma}^2_{x_3} \end{bmatrix}.$$

Die Matrize $\hat{\boldsymbol{\Sigma}}$ nennen wir auch die Varianz-Kovarianz-Matrix. Wenn wir nun anhand von $\hat{\boldsymbol{\Sigma}}$ folgende Diagonalmatrix bilden

$$\mathbf{D} = \begin{bmatrix} \hat{\sigma}^2_{x_1} & 0 & 0 \\ 0 & \hat{\sigma}^2_{x_2} & 0 \\ 0 & 0 & \hat{\sigma}^2_{x_3} \end{bmatrix},$$

dann ergibt die Quadratwurzel dieser Matrix, eine Matrix mit den Standardabweichungen der Variablen in der Hauptdiagonale,

$$\mathbf{D}^{1/2} = \begin{bmatrix} \sqrt{\hat{\sigma}^2_{x_1}} & 0 & 0 \\ 0 & \sqrt{\hat{\sigma}^2_{x_2}} & 0 \\ 0 & 0 & \sqrt{\hat{\sigma}^2_{x_3}} \end{bmatrix}.$$

Die Matrix $\mathbf{D}^{1/2}$ hat dagegen die Inversen dieser Standardabweichungen in der Hauptdiagonale. Wenn wir nun die Varianz-Kovarianz-Matrix $\hat{\boldsymbol{\Sigma}}$ von rechts mit $\mathbf{D}^{1/2}$ multiplizieren, ist dies nichts anderes, als dass wir die Varianzen und Kovarianzen durch die jeweiligen Standardabweichungen dividieren.

$$\hat{\boldsymbol{\Sigma}} \mathbf{D}^{-1/2} = \begin{bmatrix} \sqrt{\hat{\sigma}_{x_1}^2} & \dfrac{\hat{\sigma}_{x_1 x_2}}{\sqrt{\hat{\sigma}_{x_2}^2}} & \dfrac{\hat{\sigma}_{x_1 x_3}}{\sqrt{\hat{\sigma}_{x_3}^2}} \\[3ex] \dfrac{\hat{\sigma}_{x_2 x_1}}{\sqrt{\hat{\sigma}_{x_1}^2}} & \sqrt{x_2} & \dfrac{\hat{\sigma}_{x_2 x_3}}{\sqrt{\hat{\sigma}_{x_3}^2}} \\[3ex] \dfrac{\hat{\sigma}_{x_3 x_1}}{\sqrt{\hat{\sigma}_{x_1}^2}} & \dfrac{\hat{\sigma}_{x_3 x_2}}{\sqrt{\hat{\sigma}_{x_2}^2}} & \sqrt{\hat{\sigma}_{x_3}^2} \end{bmatrix} .$$

Multiplizieren wir dies nun wieder von links mit $\mathbf{D}^{1/2}$, erhalten wir die Korrelations-Matrix $\mathbf{R}$:

$$\mathbf{R} = \mathbf{D}^{-1/2} \hat{\boldsymbol{\Sigma}} \mathbf{D}^{-1/2} =$$

$$= \begin{bmatrix} 1 & \dfrac{\hat{\sigma}_{x_1 x_2}}{\sqrt{\hat{\sigma}_{x_1}^2 \, \hat{\sigma}_{x_2}^2}} & \dfrac{\hat{\sigma}_{x_1 x_3}}{\sqrt{\hat{\sigma}_{x_1}^2 \, \hat{\sigma}_{x_3}^2}} \\[3ex] \dfrac{\hat{\sigma}_{x_2 x_1}}{\sqrt{\hat{\sigma}_{x_2}^2 \, \hat{\sigma}_{x_1}^2}} & 1 & \dfrac{\hat{\sigma}_{x_2 x_3}}{\sqrt{\hat{\sigma}_{x_2}^2 \, \hat{\sigma}_{x_3}^2}} \\[3ex] \dfrac{\hat{\sigma}_{x_3 x_1}}{\sqrt{\hat{\sigma}_{x_3}^2 \, \hat{\sigma}_{x_1}^2}} & \dfrac{\hat{\sigma}_{x_3 x_2}}{\sqrt{\hat{\sigma}_{x_3}^2 \, \hat{\sigma}_{x_2}^2}} & 1 \end{bmatrix} =$$

$$= \begin{bmatrix} 1 & 0{,}65 & 0{,}77 \\ 0{,}65 & 1 & 0{,}89 \\ 0{,}77 & 0{,}89 & 1 \end{bmatrix} .$$

A.5.3 Anwendung von Inversen bei der Lösung eines linearen Gleichungssystems

In der Statistik haben wir häufig das Problem, dass wir eine ganze Reihe von Gleichungen (ein Gleichungssystem) gleichzeitig lösen müssen, wie z.B.

$$\begin{array}{ccccccccc} a_{11} x_1 & + & a_{12} x_2 & + & \ldots & + & a_{1m} x_m & = & b_1 \\ a_{21} x_1 & + & a_{22} x_2 & + & \ldots & + & a_{2m} x_m & = & b_2 \\ \vdots & & \vdots & & & & \vdots & & \vdots \\ a_{n1} x_1 & + & a_{n2} x_2 & + & \ldots & + & a_{nm} x_m & = & b_n \end{array} .$$

Vereinfacht lässt sich das Gleichungssystem in Matrizennotation schreiben als:

$$\underset{(n \times m)}{\mathbf{A}} \quad \underset{(m \times 1)}{\mathbf{x}} = \underset{(n \times 1)}{\mathbf{b}} \quad ,$$

wobei

$$\mathbf{A} = \begin{bmatrix} a_{11} & a_{12} & \cdots & a_{1m} \\ a_{21} & a_{22} & \cdots & a_{2m} \\ \vdots & \vdots & & \vdots \\ a_{n1} & a_{n2} & \cdots & a_{nm} \end{bmatrix} \quad \mathbf{x} = \begin{bmatrix} x_1 \\ x_2 \\ \vdots \\ x_n \end{bmatrix}$$

$$\mathbf{b} = \begin{bmatrix} b_1 \\ b_2 \\ \vdots \\ b_n \end{bmatrix} \quad .$$

$\mathbf{A}$ heisst in diesem Fall die Koeffizientenmatrix des Gleichungssystems. Der Vektor $\mathbf{x}$ enthält die unbekannten (zu bestimmenden) Parameter des Systems. Wenn $\mathbf{b} = \mathbf{0}$, dann nennt man das Gleichungssystem ein *homogenes*, andernfalls ein *inhomogenes* lineares Gleichungssystem. Es lassen sich nun vier Fälle unterscheiden:

1. Ist die Koeffizientenmatrix eines Systems $\mathbf{A}\mathbf{x} = \mathbf{b}$ quadratisch, d.h. die Anzahl Gleichungen ist gleich der Anzahl der Unbekannten, und besitzt sie vollen Rang, also $rg\,(\mathbf{A}) = m$, dann ist die Koeffizientenmatrix invertierbar, und

$$\mathbf{x} = \mathbf{A}^{-1}\mathbf{b}$$

   die eindeutig bestimmte Lösung des Gleichungssystems.

2. In vielen statistischen Anwendungen ist die Anzahl der Unbekannten in dem Gleichungssystem $\mathbf{A}\mathbf{x} = \mathbf{b}$ kleiner als die Anzahl Gleichungen. Die Koeffizientenmatrix $\mathbf{A}$ ist also $(n \times m)$-ter Ordnung und $m < n$. Auch dieses System ist eindeutig lösbar, wenn $\mathbf{A}$ einen vollen *Spalten*rang besitzt $(rg\,(\mathbf{A}) = m)$, also alle Spalten der Matrix $\mathbf{A}$ (linear) unabhängig voneinander sind. Wenn dies nämlich der Fall ist, gilt dass $\mathbf{A}'\mathbf{A}$ nicht-singulär und somit invertierbar ist. Wenn man nun die Gleichung $\mathbf{A}\mathbf{x} = \mathbf{b}$ von links mit $\mathbf{A}'$ multipliziert, erhält man

$$\mathbf{A}'\,\mathbf{A}\,\mathbf{x} = \mathbf{A}'\,\mathbf{b} \quad ,$$

   woraus sich dann

$$\mathbf{x} = (\mathbf{A}'\,\mathbf{A})^{-1}\,\mathbf{A}'\,\mathbf{b}$$

   als eindeutig bestimmte Lösung des Gleichungssystems ergibt.

3. Gilt für die $(n \times m)$-Koeffizientenmatrix des Gleichungssystems $\mathbf{A}\,\mathbf{x} = \mathbf{b}$: $rg(\mathbf{A}) < m$ (nicht alle Spalten von $\mathbf{A}$ sind also unabhängig von einander und $\mathbf{A}$ ist nicht invertierbar), dann besitzt das System anstatt einer eindeutigen Lösung unendlich viele Lösungen. Diese Lösungen lassen sich mit andere Methoden, mit de-

nen wir uns hier nicht weiter auseinandersetzen werden, wie z.B. verallgemeinerten Inversen, ermitteln.

4. Ein weiterer Spezialfall, der besonders im Zusammenhang mit der Eigenwertproblematik (vgl. weiter unten) eine Rolle spielt, ist ein Gleichungssystem, wobei
$\mathbf{b} = \mathbf{0}$. Man nennt ein solches Gleichungssystem auch
homogenes lineares Gleichungssystem.

$$\mathbf{A}\,\mathbf{x} = \mathbf{0}\quad.$$

Für ein solches System gibt es stets die triviale Lösung
$\mathbf{x} = \mathbf{0}$. Für den Fall $rg(\mathbf{A}) = m$ hat $\mathbf{A}\,\mathbf{x} = \mathbf{0}$ nur diese eine triviale Lösung $\mathbf{x} = \mathbf{0}$. Wenn $rg(\mathbf{A}) < m$, gibt
es dagegen auch nicht triviale Lösungen, die wir wiederum via den unter 3. erwähnten Methoden ermitteln
können. Ist die Koeffizientenmatrix quadratisch und
$rg(\mathbf{A}) < m - 1$, dann ist die Lösung bis auf einen beliebigen Proportionalitätsfaktor eindeutig bestimmt.

Nehmen wir ein Beispiel aus der Regressionsanalyse
(vgl. Namboodiri, K. (1984) Matrix Algebra. An Introduction. Sage, Berverly Hills, pp. 41–46):

	Y	X
1	64	57
2	53	50
3	67	61
4	58	52
5	51	45

$$
\begin{aligned}
Y_i &= \hat{\beta}_0 + \hat{\beta}_1\,X_i + e_i \\
e_i &= Y_i - \hat{\beta}_0 - \hat{\beta}_1\,X_i\quad.
\end{aligned}
$$

Um die Kleinste-Quadrate-Lösung zu ermitteln, müssen
wir

$$\sum_{i=1}^{n} e_i^2 = \sum_{i=1}^{n}\left(Y_i - \hat{\beta}_0 - \hat{\beta}_1\,X_i\right)^2$$

minimieren. Es kann gezeigt werden, dass dies in einem
Gleichungssystem mit zwei lineare Gleichungen, den sog.
Normalgleichungen, resultiert.

$$(n)\, \hat{\beta}_0 + \left(\sum_{i=1}^{n} X_i\right) \hat{\beta}_1 = \sum_{i=1}^{n} Y_i$$

$$\left(\sum_{i=1}^{n} X_i\right) \hat{\beta}_0 + \left(\sum_{i=1}^{n} X_i\right) \hat{\beta}_1 = \sum_{i=1}^{n} X_i\, Y_i \quad .$$

In Matrixschreibweise könnte man schreiben:

$$\begin{bmatrix} n & \sum\limits_{i=1}^{n} X_i \\ \sum\limits_{i=1}^{n} X_i & \sum\limits_{i=1}^{n} X_i \end{bmatrix} \begin{bmatrix} \hat{\beta}_0 \\ \hat{\beta}_1 \end{bmatrix} = \begin{bmatrix} \sum\limits_{i=1}^{n} Y_i \\ \sum\limits_{i=1}^{n} X_i\, Y_i \end{bmatrix} \quad ,$$

$$\mathbf{X}' \mathbf{X}\, \hat{\boldsymbol{\beta}} = \mathbf{X}'\, \mathbf{y}$$

wobei

$$\mathbf{X}' \mathbf{X} = \begin{bmatrix} n & \sum\limits_{i=1}^{n} X_i \\ \sum\limits_{i=1}^{n} X_i & \sum\limits_{i=1}^{n} X_i \end{bmatrix}$$

die Koeffizientenmatrix darstellt und

$$\mathbf{X} = \begin{bmatrix} 1 & x_1 \\ 1 & x_2 \\ \vdots & \vdots \\ 1 & X_n \end{bmatrix}$$

die um eine Spalte mit Einsen für die Regressionskonstante erweiterte Datenmatrix.

$$\hat{\boldsymbol{\beta}} = \begin{bmatrix} \hat{\beta}_0 \\ \hat{\beta}_1 \end{bmatrix}$$

stellt den Vektor der unbekannten Parameter dar, während mit

$$\mathbf{y} = \begin{bmatrix} y_1 \\ y_2 \\ \vdots \\ Y_n \end{bmatrix}$$

der Vektor der beobachteten Werte der abhängigen Varia-blen bezeichnet wird. Hieraus lässt sich nach den Regeln der Matrix-Algebra ableiten, dass

$$\hat{\boldsymbol{\beta}} = (\mathbf{X}' \mathbf{X})^{-1} \mathbf{X}' \mathbf{y} \quad .$$

$$5 \hat{\beta}_0 + 265 \hat{\beta}_1 = 293$$

$$265 \hat{\beta}_0 + 14199 \hat{\beta}_1 = 15696$$

$$\begin{bmatrix} 5 & 265 \\ 265 & 14199 \end{bmatrix} \begin{bmatrix} \hat{\beta}_0 \\ \hat{\beta}_1 \end{bmatrix} = \begin{bmatrix} 293 \\ 15696 \end{bmatrix}$$

$$\begin{bmatrix} \hat{\beta}_0 \\ \hat{\beta}_1 \end{bmatrix} = \begin{bmatrix} 5 & 265 \\ 265 & 14199 \end{bmatrix}^{-1} \begin{bmatrix} 293 \\ 15696 \end{bmatrix} = \begin{bmatrix} 1{,}1260 \\ 1{,}0844 \end{bmatrix} \quad .$$

A.5.4 Diagonalisierung symmetrischer Matrizen

Symmetrische Matrizen spielen im Rahmen der multivariaten statistischen Analyse eine beonders wichtige Rolle. So ist z.B. die Eigenwerttheorie bei symmetrischen Matrizen relativ einfach. Dies ist vor allem vom Nutzen bei typischen Problemstellungen wie etwa bei der Schätzungen von Parametern.

Zu jeder symmetrischen Matrix $\mathbf{A}$ gibt es eine orthogonale Matrix $\mathbf{P}$, so dass

$$\mathbf{P}' \mathbf{A} \mathbf{P} = \boldsymbol{\Lambda} \qquad \text{bzw.} \qquad \mathbf{A} = \mathbf{P} \boldsymbol{\Lambda} \mathbf{P}' \quad .$$

Dabei ist $\boldsymbol{\Lambda}$ eine Diagonalmatrix, deren Hauptdiagonalelemente die Eigenwerte $\lambda_1, \lambda_2, \ldots, \lambda_n$ von $\mathbf{A}$ sind. Die Spaltenvektoren von $\mathbf{P}$ sind paarweise orthonormalen Eigenvektoren von $\mathbf{A}$.

Man nennt dies die *Diagonalisierung* einer symmetrischen Matrix $\mathbf{A}$. Diese Diagonalisierung symmetrischer Matrizen ist von grundlegender Bedeutung. Sie bildet beispielsweise die Basis für die im Rahmen der Hauptkomponenten- und Faktorenanalyse durchzuführenden Hauptachsentransformation. Bei der Diagonalisierung bleiben die wichtigsten Eigenschaften der Matrix $\mathbf{A}$ erhalten, denn $\boldsymbol{\Lambda}$ besitzt dieselben Eigenwerte, dieselbe Spur und den gleichen Rang wie $\mathbf{A}$. $\boldsymbol{\Lambda}$ ist also in dieser Hinsicht $\mathbf{A}$ sehr ähnlich.

A.5.5 Hauptachsentransformation

Ziel ist es, die ursprünglichen standartisierten Spaltenvektoren der Datenmatrix $z_1, z_2, \ldots, z_p$ in *orthogonale Hauptachsen* $h_1, h_2, \ldots, h_p$ zu transformieren. Graphisch gesehen und etwas salopp ausgedrückt, bedeutet dies nichts anderes, als dass wir im Achsensystem, das durch die *Objekte* aufgespannt wird (dem sog. Objektraum), so an den Variablenvektoren zerren, bis diese Variablenvektoren selbst ein neues Vektorensystem bilden, dessen Achsen gradwinklig (orthogonal) aufeinander stehen. Zusätzlich wird dabei darauf geachtet, dass die einzelnen Hauptachsen eine hierarchische Varianzaufteilung aufweisen. Diese neue Achsen nennen wir die Hauptachsen. Es handelt sich dabei jedoch immer noch um Vektoren, die wie Variablen zu interpretieren sind. Ebenso wie die ursprünglichen Variablen weisen sie eine gewisse Varianz auf, die durch die Streuung der Projektion der Objektpunkte (im Merkmalsraum) auf diese Hauptachsen zum Ausdruck kommt. Die Hauptachsen werden nun so gewählt, dass die erste Hauptachse eine möglichst grosse Varianz aufweist. Die zweite Hauptachse wird dann so gewählt, dass sie von der noch übriger Varianz ebenfalls eine möglichst grossen Anteil auf sich konzentriert, usw. für die übrigen Hauptachsen. Formal bedeutet das, dass die i-te Hauptachse durch folgende Gleichung aus den ursprünglichen (standardisierte) Merkmalsvektoren abgeleitet wird:

$$h_i = (z_1, z_2, \ldots, z_p) \, t_i \quad ,$$

wobei t_i einen normierter Gewichtsvektor $\|t_i\| = 1$ darstellt, so dass die erste Hauptachse h_i maximale Varianz trägt (d.h. $h'_1 \, h_1 = \max$), die zweite Hauptachse h_2 weist unter den übrigen (zu h_1 orthogonalen) Vektoren maximale Varianz auf usw.

Ist der Rang $rg(Z)$ der standardisierten Datenmatrix $Z = [z_1, z_2, \cdots, z_p]$ gleich der Anzahl der Spalten p dieser Matrix (Z hat also vollen Spaltenrang), dann enthält die Datenmatrix keine redundanten Informationen bzw. keine überflüssigen Variablen. Wir können um die vollständige Information darzustellen also auf keine einzige Dimension verzichten. Graphisch ausgedrückt bedeutet dies, dass wir auf keine einzige Achse im Achsensystem verzichten können. Der Raum, in dem wir die Objekte als Punkte darstellen, lässt sich nicht ohne Informationsverlust reduzieren. Bei einer standardisierten Datenmatrix $\mathbf{Z}$ mit vollem Spaltenrang lassen sich somit gleich viele Hauptachsen extrahieren wie $\mathbf{Z}$ Spalten (Variablen) hat:

$$\mathbf{H} = \mathbf{Z}\,\mathbf{T} \quad ,$$

wobei $\mathbf{H} = [\mathbf{h}_1, \mathbf{h}_2, \cdots, \mathbf{h}_p]$ die orthogonalen Hauptachsen enthält und $\mathbf{T}$ die Transformationsmatrix ist.

Nach der Rechenregel: $(\mathbf{A}\,\mathbf{B})' = \mathbf{B}'\,\mathbf{A}'$ (vgl. weiter oben) ist $\mathbf{H}' = (\mathbf{Z}\,\mathbf{T})' = \mathbf{T}'\,\mathbf{Z}'$ und es gilt also für $\mathbf{H}$:

$$\mathbf{H}'\mathbf{H} = \mathbf{T}'\,\mathbf{Z}'\,\mathbf{Z}\,\mathbf{T} \quad ;$$

da wir bereits wissen, dass $\mathbf{Z}'\mathbf{Z} = \mathbf{R}$, können wir auch schreiben:

$$\mathbf{H}'\,\mathbf{H} = \mathbf{T}'\,\mathbf{R}\,\mathbf{T} \quad .$$

Dies wiederum zeigt grosse Ähnlichkeiten mit der allgemeinen Formel für die Diagonalisierung einer symmetrischen Matrix (vgl. vorherigen Abschnitt):

$$\mathbf{P}'\,\mathbf{A}\,\mathbf{P} = \mathbf{\Lambda} \quad .$$

Wir können also schreiben:

$$\mathbf{H}'\,\mathbf{H} = \mathbf{\Lambda} = diag(\lambda_1, \lambda_2, \cdots, \lambda_p) \quad .$$

Diese Diagonalmatrix enthält auf der Hauptdiagonale genau die Eigenwerte von $\mathbf{R}$. Betrachten wir nun zunächst die erste Hauptachse: Gesucht ist eine Linearkombination

$$\mathbf{h}_1 = \mathbf{Z}\,\mathbf{t}_1$$

mit den Nebenbedingungen $\mathbf{h}'_1\,\mathbf{h}_1 = \mathbf{t}'_1\,\mathbf{Z}'\,\mathbf{Z}\,\mathbf{t}_1 = max$ und $\mathbf{t}'_1\,\mathbf{t}_1 = 1$. Ohne diese letzte Nebenbedingung gebe es unendlich viele Möglichkeiten für $\mathbf{t}_1$. Durch die Einführung dieser Nebenbedingung wird die Länge der Einheitsvektoren der Hauptachsen eindeutig festgelegt. $\mathbf{h}'_1\,\mathbf{h}_1$ entspricht dann der Länge der Hauptachse, bzw. der Varianz, die diese Hauptachse aufweist.

Nach der Methode der Lagrange-Multiplikatoren maximiert man

$$\mathbf{t'}_1 \mathbf{Z'} \mathbf{Z} \mathbf{t}_1 - \lambda \left(\mathbf{t'}_1 \mathbf{t}_1 - 1\right) = max \quad .$$

Die partielle Ableitung nach $\mathbf{t}_1$ und das Nullsetzen liefert notwendigerweise

$$2 \mathbf{Z'} \mathbf{Z} \mathbf{t}_1 - 2 \lambda \mathbf{t}_1 = 0$$

oder

$$\left(\mathbf{Z'} \mathbf{Z} - \lambda \mathbf{I}\right) \mathbf{t}_1 = 0 \quad .$$

Da $\mathbf{Z'} \mathbf{Z} = \mathbf{R}$, haben wir es hier also mit dem Eigenwertproblem $\left(\mathbf{R} - \lambda \mathbf{I}\right) \mathbf{t}_1 = 0$ für $\mathbf{R}$ zu tun. Wenn man diese Gleichung von links mit $\mathbf{t'}_1$ multipliziert, bekommt man

$$\mathbf{t'}_1 \mathbf{Z'} \mathbf{Z} \mathbf{t}_1 - \lambda \mathbf{t'}_1 \mathbf{t}_1 = 0 \quad .$$

Wegen $\mathbf{h'}_1 \mathbf{h}_1 = \mathbf{t'}_1 \mathbf{Z'} \mathbf{Z} \mathbf{t}_1$ und der Nebenbedingung $\mathbf{t'}_1 \mathbf{t}_1 = 1$, reduziert sich dies zu

$$\mathbf{h'}_1 \mathbf{h}_1 = \lambda \quad ,$$

was durch den grössten Eigenwert $\lambda = \lambda_1$ von $\mathbf{R}$ maximiert wird. $\mathbf{t}_1$ ist dann der dazugehörige normierte Eigenvektor. Für die nächste Hauptachse gilt wiederum

$$\mathbf{h}_2 = \mathbf{Z} \mathbf{t}_2 \quad .$$

Auch soll gelten: $\mathbf{h'}_2 \mathbf{h}_2 = \mathbf{t'}_2 \mathbf{Z'} \mathbf{Z} \mathbf{t}_2 = max$ (maximaler Varianzanteil) und $\mathbf{h'}_2 \mathbf{h'}_1 = \mathbf{t'}_2 \mathbf{Z'} \mathbf{Z} \mathbf{t}_1 = 0$ (Orthogonalität der Hauptachsen). Schliesslich wählen wir zur Festlegung der Länge der Einheitsvektoren (Normierung) wieder die Zusatzbedingung $\mathbf{t'}_2 \mathbf{t}_2 = 1$. Nach der Methode von Lagrange mit Multiplikatoren λ und μ bekommen wir

$$\mathbf{t'}_2 \mathbf{Z'} \mathbf{Z} \mathbf{t}_2 - \lambda \left(\mathbf{t'}_2 \mathbf{t}_2 - 1\right) - \mu \mathbf{t'}_2 \mathbf{Z'} \mathbf{Z} \mathbf{t'}_1 = max \quad .$$

Die partielle Differentiation nach $\mathbf{t}_2$ und das Nullsetzen ergibt dann die Gleichung

$$2 \mathbf{Z'} \mathbf{Z} \mathbf{t}_2 - \lambda \mathbf{t}_2 - 2\mu \mathbf{Z'} \mathbf{Z} \mathbf{t}_1 = 0$$

$\mu = 0$ und jede Lösung von

$$\left(\mathbf{Z'} \mathbf{Z} - \lambda \mathbf{I}\right) \mathbf{t}_2 = 0$$

erfüllt diese Gleichung. Multiplizieren wir wieder von links mit $\mathbf{t'}_2$, bekommen wir

$$\mathbf{t}'_2\,\mathbf{Z}'\,\mathbf{Z}\,\mathbf{t}_2 - \lambda\,\mathbf{t}'_2\,\mathbf{t}_2 = 0 \quad ,$$

woraus folgt, dass die Varianz der zweiten Hauptachse

$$\mathbf{h}'_2\,\mathbf{h}_2 = \lambda_2$$

beträgt. λ_2 und der dazugehörige normierte Eigenvektor $\mathbf{t}_2$ bilden also ebenfalls eine Lösung. Analog werden die restlichen Hauptachsen bestimmt. Schliesslich erhält man

$$
\begin{aligned}
\mathbf{H} &= [\mathbf{h}_1\,\mathbf{h}_2\cdots\mathbf{h}_p] \\
&= [\mathbf{Z}\,\mathbf{t}_1\,\mathbf{Z}\,\mathbf{t}_2\cdots\mathbf{Z}\,\mathbf{t}_p] = \mathbf{Z}\,[\mathbf{t}_1\,\mathbf{t}_2\cdots\mathbf{t}_p] = \mathbf{Z}\,\mathbf{T} \quad ,
\end{aligned}
$$

wobei $\mathbf{t}_1\,\mathbf{t}_2\ldots\mathbf{t}_p$ orthonormierte Eigenvektoren zu den geordneten Eigenwerten $\lambda_1 \geq \lambda_2 \geq \ldots \geq \lambda_p$ von $\mathbf{R}$ darstellen.

A.6 Vektor und Matrixdifferentiation

Sei $\mathbf{x}$ ein $(n \times 1)$-Vektor mit n Komponenten $x_1, x_2, \ldots, X_n$ und $f(\mathbf{x}) = f(x_1, x_2, \ldots, X_n)$ eine skalare Funktion von $\mathbf{x}$, dann heisst der Vektor

$$
\frac{\partial f(\mathbf{x})}{\partial \mathbf{x}} =
\begin{bmatrix}
\frac{\partial f(\mathbf{x})}{\partial x_1} \\[2mm]
\frac{\partial f(\mathbf{x})}{\partial x_2} \\
\vdots \\
\frac{\partial f(\mathbf{x})}{\partial X_n}
\end{bmatrix} \quad ,
$$

die *partielle Ableitung der skalaren Funktion* $f(\mathbf{x})$ *nach dem Vektor* $\mathbf{x}$.

Differentiationsregeln:

$$\frac{\partial a}{\partial \mathbf{x}} = \mathbf{0},$$ wobei a eine Konstante ist;

$$\frac{\partial \mathbf{a}' \mathbf{x}}{\partial \mathbf{x}} = \frac{\partial \mathbf{x}' \mathbf{a}}{\partial \mathbf{x}} = \mathbf{a},$$ wobei $\mathbf{a}$ ein Vektor mit konstanten Komponenten ist;

$$\frac{\partial \mathbf{x}' \mathbf{A}}{\partial \mathbf{x}} = (\mathbf{A} + \mathbf{A}') \mathbf{x},$$ wobei $\mathbf{A}$ eine Matrix mit konstanten Elementen und falls $\mathbf{A}$ symmetrisch ist, reduziert sich das zu $2 \mathbf{A} \mathbf{x}$;

$$\frac{\partial \mathbf{x}' \mathbf{x}}{\partial \mathbf{x}} = 2 \mathbf{x}$$

Erweitern wir nun den Gedankengang, indem wir jetzt zu einem $(n \times 1)$-Vektor $\mathbf{x}$ nicht nur eine, sondern m skalare Funktionen $f_i(\mathbf{x}) = f_i(x_1, x_2, \ldots, X_n)$ betrachten und sie zu einem Vektor

$$\mathbf{f}(\mathbf{x}) = \begin{bmatrix} f_1(\mathbf{x}) \\ f_2(\mathbf{x}) \\ \vdots \\ f_m(\mathbf{x}) \end{bmatrix}$$

zusammenfassen. Dann heisst die $(n \times m)$-Matrix

$$\frac{\partial \mathbf{f}(\mathbf{x})}{\partial \mathbf{x}} = \begin{bmatrix} \frac{\partial f_1(\mathbf{x})}{\partial x_1} & \frac{\partial f_2(\mathbf{x})}{\partial x_1} & \cdots & \frac{\partial f_n(\mathbf{x})}{\partial x_1} \\ \frac{\partial f_1(\mathbf{x})}{\partial x_2} & \frac{\partial f_2(\mathbf{x})}{\partial x_2} & \cdots & \frac{\partial f_m(\mathbf{x})}{\partial x_2} \\ \vdots & \vdots & & \vdots \\ \frac{\partial f_1(\mathbf{x})}{\partial X_n} & \frac{\partial f_2(\mathbf{x})}{\partial X_n} & \cdots & \frac{\partial f_m(\mathbf{x})}{\partial x_1} \end{bmatrix},$$

die partielle Ableitung der Vektorfunktion $\mathbf{f}(\mathbf{x})$ nach dem Vektor $\mathbf{x}$. Oder kürzer:

$$\frac{\partial \mathbf{f}(\mathbf{x})}{\partial \mathbf{x}} = \begin{bmatrix} \frac{\partial f_1(\mathbf{x})}{\partial \mathbf{x}} & \frac{\partial f_2(\mathbf{x})}{\partial \mathbf{x}} & \cdots & \frac{\partial f_m(\mathbf{x})}{\partial \mathbf{x}} \end{bmatrix}.$$

Man nennt diese Ableitung auch Funktionalmatrix oder jacobische Matrix von $\mathbf{f}$ in $\mathbf{x}$.

$$\frac{\partial \mathbf{a}}{\partial \mathbf{x}} = \underset{(n \times n)}{\mathbf{0}} \quad ,$$

wobei $\mathbf{a}$ ein $(n \times 1)$-Vektor mit konstanten Komponenten ist.

$$\frac{\partial \mathbf{A}\,\mathbf{x}}{\partial \mathbf{x}} = \mathbf{A}',$$

wobei $\mathbf{A}$ eine Matrix mit konstanten Elementen ist.

Erweitern wir zu dem Fall, in dem eine skalare Funktion f von $n \times m$ unabhängigen Variablen $X_{11}, X_{12}, \ldots, X_{nm}$ in einer $(n \times m)$-Matrix

$$\mathbf{X} = \begin{bmatrix} X_{11} & X_{12} & \cdots & X_{1m} \\ X_{21} & X_{22} & \cdots & X_{2m} \\ \vdots & \vdots & & \vdots \\ X_{n1} & X_{n2} & \cdots & X_{nm} \end{bmatrix}$$

angeordnet sind. Dann ist

$$\frac{\partial f(\mathbf{X})}{\partial \mathbf{X}} = \begin{bmatrix} \frac{\partial f(\mathbf{x})}{\partial x_{11}} & \frac{\partial f(\mathbf{x})}{\partial x_{12}} & \cdots & \frac{\partial f(\mathbf{x})}{\partial x_{1m}} \\ \frac{\partial f(\mathbf{x})}{\partial x_{21}} & \frac{\partial f(\mathbf{x})}{\partial x_{22}} & \cdots & \frac{\partial f(\mathbf{x})}{\partial x_{2m}} \\ \vdots & \vdots & & \vdots \\ \frac{\partial f(\mathbf{x})}{\partial x_{n1}} & \frac{\partial f(\mathbf{x})}{\partial x_{n2}} & \cdots & \frac{\partial f(\mathbf{x})}{\partial x_{nm}} \end{bmatrix}$$

die partielle Ableitung der skalaren Matrixfunktion $f(\mathbf{x})$ nach der Matrix $\mathbf{X}$. Oder kürzer:

$$\frac{\partial f(\mathbf{x})}{\partial \mathbf{X}} = \begin{bmatrix} \frac{\partial f(\mathbf{x})}{\partial \mathbf{x}_1} & \frac{\partial f(\mathbf{x})}{\partial \mathbf{x}_2} & \cdots & \frac{\partial f(\mathbf{x})}{\partial \mathbf{x}_m} \end{bmatrix} \quad .$$

$$\frac{\partial \mathbf{a}'\,\mathbf{X}\,\mathbf{a}}{\partial \mathbf{x}} = \mathbf{a}\,\mathbf{a}' \quad ,$$

falls $\mathbf{X}$ nicht symmetrisch ist und $\mathbf{a}$ ein Vektor mit konstanten Komponenten ist.

$$\frac{\partial \mathbf{a}'\,\mathbf{X}\,\mathbf{a}}{\partial \mathbf{X}} = \mathbf{a}\,\mathbf{a}' - diag\left\{a_i^2\right\} \quad ,$$

falls $\mathbf{X}$ symmetrisch ist. Ist $\mathbf{X}$ quadratisch mit der Ordnung $(n \times n)$ und $\mathbf{A}$ eine $(n \times m)$-Matrix mit konstanten Elementen, dann gilt:

$$\frac{\partial tr(\mathbf{X})}{\partial \mathbf{X}} = \mathbf{I_n}, \frac{\partial tr(\mathbf{A}\,\mathbf{X})}{\partial \mathbf{X}} = \mathbf{A}',$$

$$\frac{\partial tr(\mathbf{X}' \, \mathbf{A} \, \mathbf{X})}{\partial \mathbf{X}} = (\mathbf{A} + \mathbf{A}') \, \mathbf{X} \quad .$$

Falls $\mathbf{X}$ regulär ist, gilt

$$\frac{\partial tr \left(\mathbf{X}^{-1} \mathbf{A} \right)}{\partial \mathbf{X}} = - \left(\mathbf{X}^{-1} \, \left(\mathbf{A}^{-1} \right)' \right) \quad .$$

A.7 Ermittlung von Extrema ohne Nebenbedingungen

Mit den Rechenregeln für die Vektor- und Matrixdifferentiation können wir nun die Bestimmung der Extremwerte einer Funktion von mehreren Variablen auf übersichtliche Weise im Matrizenkalkül behandeln.

Dazu definieren wir zunächst die **Hesse-Matrix** einer (zweimal stetig parallel differenzierbaren) Funktion $f(\mathbf{x})$.

$$\mathbf{H}(\mathbf{x}) = \begin{bmatrix} \frac{\partial^2 f(\mathbf{x})}{\partial x_1{}^2} & \frac{\partial^2 f(\mathbf{x})}{\partial x_1 \partial x_2} & \cdots & \frac{\partial^2 f(\mathbf{x})}{\partial x_1 \partial X_n} \\[2mm] \frac{\partial^2 f(\mathbf{x})}{\partial x_2 \partial x_1} & \frac{\partial^2 f(\mathbf{x})}{\partial x_2{}^2} & \cdots & \frac{\partial^2 f(\mathbf{x})}{\partial x_2 \partial X_n} \\[2mm] \vdots & \vdots & & \vdots \\[2mm] \frac{\partial^2 f(\mathbf{x})}{\partial X_n \partial x_1} & \frac{\partial^2 f(\mathbf{x})}{\partial x_1 \partial x_2} & \cdots & \frac{\partial^2 f(\mathbf{x})}{\partial X_n{}^2} \end{bmatrix} \quad .$$

$\mathbf{H}(\mathbf{x})$ ist symmetrisch.

Die Hesse-Matrix entsteht dadurch, dass man die partielle Ableitung der speziellen Vektorfunktion

$$\frac{\partial f(\mathbf{x})}{\partial \mathbf{x}} = \begin{bmatrix} \frac{\partial f(\mathbf{x})}{\partial x_1} \\[2mm] \frac{\partial f(\mathbf{x})}{\partial x_2} \\[1mm] \vdots \\[1mm] \frac{\partial f(\mathbf{x})}{\partial X_n} \end{bmatrix}$$

nach dem Vektor $\mathbf{x}$ bildet.

$$\mathbf{H}(\mathbf{x}) = \frac{\left(\frac{\partial f(\mathbf{x})}{\partial \mathbf{x}} \right)}{\partial \mathbf{x}} \qquad \text{oder kürzer} \qquad \mathbf{H}(\mathbf{x}) = \frac{\partial^2 f(\mathbf{x})}{\partial \mathbf{x} \partial \mathbf{x}'} \quad .$$

Eine notwendige Bedingung dafür, dass $f(\mathbf{x})$ an der Stelle $\mathbf{x} = \mathbf{x}_0$ ein lokales Extremum besitzt, ist

$$\frac{\partial f(\mathbf{x}_0)}{\partial \mathbf{x}} = \mathbf{0} \quad .$$

Falls dies erfüllt ist, gilt: Wenn
$\mathbf{H}(\mathbf{x}_0)$ negativ definit ist, weist $f(\mathbf{x})$ an der Stelle $\mathbf{x} = \mathbf{x}_0$ ein lokales Maximum auf,
$\mathbf{H}(\mathbf{x}_0)$ positiv definit ist, weist $f(\mathbf{x})$ an der Stelle $\mathbf{x} = \mathbf{x}_0$ ein lokales Minimum auf,
$\mathbf{H}(\mathbf{x}_0)$ indefinit ist, weist $f(\mathbf{x})$ an der Stelle $\mathbf{x} = \mathbf{x}_0$ kein Extremum auf.

A.8 Ermittlung von Extrema mit Nebenbedingungen

Im Rahmen der multivariaten Statistik treten öfters Situationen auf, bei denen eine Funktion $f(\mathbf{x}) = f(x_1, x_2, \ldots, X_n)$ maximiert oder minimiert werden soll, wobei die unabhängigen Variablen $x_1, x_2, \ldots, X_n$ eine bestimmte, in Form einer Gleichung gegebene Nebenbedingung erfüllen sollen.

Eine effiziente Lösungsmethode solcher Probleme ist die Methode der *Lagrange-Multiplikatoren* (Lagrange-Methode). Betrachten wir dazu eine Funktion $f(\mathbf{x})$, die unter der Nebenbedingung $g(\mathbf{x}) = 0$ maximiert bzw. minimiert werden soll. Eine notwendige Bedingung dafür, dass $f(\mathbf{x})$ an der Stelle $\mathbf{x} = \mathbf{x}_0$ ein lokales Extremum unter der Nebenbedingung $g(\mathbf{x}) = 0$ besitzt, ist, dass die partiellen Ableitungen der mit dem Lagrange-Multiplikator λ gebildeten Lagrange-Funktion

$$L(\mathbf{x}, \lambda) = f(\mathbf{x}) - \lambda\, g(\mathbf{x})$$

die Gleichungen

$$\frac{\partial L(\mathbf{x}_0, \lambda_0)}{\partial \mathbf{x}} = \mathbf{0}$$

$$\frac{\partial L(\mathbf{x}_0, \lambda_0)}{\partial \lambda} = 0$$

erfüllen.

Dieses Verfahren verwenden wir z.B. bei der *Varimax-Rotation* im Rahmen der explorativen Faktorenanalyse: Gesucht ist das Maximum der Funktion $f(\mathbf{x}) = \mathbf{x}' \mathbf{A} \mathbf{x}$ unter der Nebenbedingung $g(\mathbf{x}) = \mathbf{x}' \mathbf{x} - 1 = 0$, wobei $\mathbf{A}$ eine symmetrische Matrix der Ordnung $n \times n$ mit konstanten Elementen ist.

$$L(\mathbf{x}, \lambda) = \mathbf{x}' \mathbf{A} \mathbf{x} - \lambda (\mathbf{x}' \mathbf{x} - 1) \quad .$$

Die partiellen Ableitungen dieser Gleichung nach $\mathbf{x}$ bzw. λ ergeben:

$$\frac{\partial L(\mathbf{x}, \lambda_0)}{\partial \mathbf{x}} = 2 \mathbf{A} \mathbf{x} - 2 \lambda \mathbf{x} = 2 (\mathbf{A} - \lambda \mathbf{I}) \mathbf{x},$$

$$\frac{\partial L(\mathbf{x}, \lambda_0)}{\partial \lambda} = -(\mathbf{x}' \mathbf{x} - 1) \quad .$$

Setzt man diese beiden gleich Null, erhält man:

$$2(\mathbf{A} - \lambda \mathbf{I}) \mathbf{x} = \mathbf{0} \Rightarrow (\mathbf{A} - \lambda \mathbf{I}) \mathbf{x} = \mathbf{0}$$

$$-(\mathbf{x}' \mathbf{x} - 1) = 0 \Rightarrow \mathbf{x}' \mathbf{x} = 1 \quad .$$

Somit ist die Maximierung von $f(\mathbf{x}) = \mathbf{x}' \mathbf{A} \mathbf{x}$ unter der Nebenbedingung $\mathbf{x}' \mathbf{x} = 1$ auf ein Eigenwertproblem zurückgeführt. Multipliziert man die Gleichung $(\mathbf{A} - \lambda \mathbf{I}) \mathbf{x} = 0$ von links mit $\mathbf{x}'$ ergibt sich

$$\mathbf{x}' (\mathbf{A} - \lambda \mathbf{I}) \mathbf{x} = \mathbf{x}' \mathbf{A} \mathbf{x} - \lambda \mathbf{x}' \mathbf{x} = 0$$

; da gilt, dass $\mathbf{x}' \mathbf{x} = 1$, reduziert sich dies zu

$$\mathbf{x}' \mathbf{A} \mathbf{x} - \lambda = 0 \quad ;$$

also

$$\mathbf{x}' \mathbf{A} \mathbf{x} = \lambda \quad .$$

Sind die n Eigenwerte der Matrix $\mathbf{A}$ der Grösse nach geordnet $\lambda_1 \geq \lambda_2 \geq \ldots \geq \lambda_n$, so wird offensichtlich $f(\mathbf{x})$ unter der Nebenbedingung $\mathbf{x}' \mathbf{x} = 1$ maximal für den zu λ_1 gehörenden Eigenvektor $\mathbf{x} = \mathbf{x}_1$ (und minimal für den zu λ_n gehörenden Eigenvektor $\mathbf{x} = \mathbf{x}_n$). Im allgemeinen Fall ist das Maximum bzw. Minimum der Funktion $f(\mathbf{x}) = f(x_1, x_2, \ldots, X_n)$ unter $k \; (k < n)$ Nebenbedingungen

$$g_1(\mathbf{x}) = 0$$
$$g_2(\mathbf{x}) = 0$$
$$\vdots$$
$$g_n(\mathbf{x}) = 0$$

gesucht. Wir schreiben nun

$$\mathbf{g}(\mathbf{x}) = \begin{bmatrix} g_1(\mathbf{x}) = 0 \\ g_2(\mathbf{x}) = 0 \\ \vdots \\ g_n(\mathbf{x}) = 0 \end{bmatrix}, \qquad \boldsymbol{\lambda} = \begin{bmatrix} \lambda_1 \\ \lambda_2 \\ \vdots \\ \lambda_k \end{bmatrix} .$$

Eine notwendige Bedingung dafür, dass $f(\mathbf{x})$ an der Stelle $\mathbf{x} = \mathbf{x}_0$ ein lokales Extremum unter der Nebenbedingung $\mathbf{g}(\mathbf{x}) = 0$ besitzt, ist, dass die partiellen Ableitungen der mit den Lagrange-Multiplikatoren $\lambda_1, \lambda_2, \ldots, \lambda_k$ gebildeten Lagrange-Funktion

$$L(\mathbf{x}, \boldsymbol{\lambda}) = f(\mathbf{x}) - \boldsymbol{\lambda}' \, \mathbf{g}(\mathbf{x}) = f(\mathbf{x}) - \sum_{i=1}^{k} \lambda_i \, g_i(\mathbf{x})$$

die Gleichungen

$$\frac{\partial L(\mathbf{x}_0, \boldsymbol{\lambda}_0)}{\partial \mathbf{x}} = \mathbf{0}$$

$$\frac{\partial L(\mathbf{x}_0, \boldsymbol{\lambda}_0)}{\partial \boldsymbol{\lambda}} = \mathbf{0}$$

erfüllen.

B. Grundbegriffe der Testtheorie

B.1 Einleitung

Ziel dieses Kapitels ist es, möglichst kurz und bündig und trotzdem leicht verständlich die wichtigsten Begriffe und Prinzipien der statistischen Testtheorie zu erläutern. Dieses Kapitel ist hauptsächlich als Nachschlagewerk für jene Personen gedacht, die eine Auffrischung ihrer Kenntnisse auf diesem Gebiet gebrauchen können. Es wird also nicht versucht, die ganze Testtheorie in all ihren Einzelheiten zu behandeln. Für eine detailliertere Einführung sei auf die einschlägige Fachliteratur verwiesen. Auch werden die einzelnen Tests nicht ausführlich vorgestellt, sondern nur das allgemeine Prinzip der meisten Testverfahren erläutert.

B.2 Was wollen wir testen?

Der empirische Wissenschaftler möchte häufig Aussagen über eine oder mehrere *Grundgesamtheiten* (Populationen) machen, z.B. über alle Evaluatoren des Bundes, alle Geographiestudenten, alle Autofahrer, alle Städte, alle ländlichen Regionen, alle Klimastationen in einem bestimmten Gebiet.

Grundgesamtheit – alle Objekte, worüber eine Aussage gemacht werden soll, und woraus eine Stichprobe gezogen wird

Aus praktischen Gründen – z.B. im Falle sehr grosser oder sogar unendlich grosser Grundgesamtheiten – ist es jedoch meistens unmöglich, eine Population in ihrer Gesamtheit zu untersuchen. Man begnügt sich stattdessen mit *Stichproben* und schliesst von den Informationen, die man auf Grund einer Stichprobe hat, auf Eigenschaften der Grundgesamtheit.

Wir können dabei zwei Arten von Problemstellungen unterscheiden:

a) *Das Schätzen von Kennzahlen der Grundgesamtheit*

Man kennt bestimmte Kennzahlen, wie z.B. den Mittelwert oder die Varianz der Stichprobe, und möchte mit ihrer Hilfe die entsprechenden Kennzahlen der Grundgesamtheit schätzen. Als Resultat einer solchen Schätzung bekommen wir einen bestimmten Schätzwert.

Da Stichproben aber (Zufalls-)Auswahlen aus Grundgesamtheiten darstellen, ist eine solche Schätzung nie mit absoluter Genauigkeit möglich. Wir müssen damit rechnen, dass der wirkliche Wert in der Grundgesamtheit leicht von unserem Schätzwert abweichen kann. Grosse Abweichungen sind im Fall von Zufallsstichproben weniger wahrscheinlich als kleine. Unter Umständen kann man aber mit einer gewissen Wahrscheinlichkeit (z.B. mit 95%-iger Wahrscheinlichkeit) sagen, in welchem Intervall rund um den Schätzwert die wirkliche Kennzahl der Grundgesamtheit liegt. Ein derartiges Intervall nennt man *Konfidenzintervall* oder *Vertrauensintervall*. Auf diese Vertrauensintervalle werden wir hier nicht weiter eingehen.

b) *Das Testen von Hypothesen über die Grundgesamtheit*

Ausser für gewisse Kennzahlen in der Grundgesamtheit, können wir uns auch für das eventuellen Zutreffen gewisser vorgefasster Hypothesen (Aussagen) über die Grundgesamtheit interessieren. Es lassen sich dabei zwei Situationen unterscheiden:

▷ Verfügen wir über eine Grundgesamtheit und eine Stichprobe, können wir Hypothesen über diese Grundgesamtheit formulieren. Beispiele solcher Hypothesen sind:

– Der Korrelationskoeffizient zwischen zwei Variablen in der Grundgesamtheit ist gleich Null, bzw. es existiert kein linearer Zusammenhang zwischen diesen beiden Variablen in der Grundgesamtheit.

$$H_0 : \rho = 0$$

– Der Mittelwert einer Variablen in der Grundgesamtheit beträgt m.

$$H_0 : \mu = m$$

▷ Verfügen wir nicht nur über eine Stichprobe, sondern über zwei oder mehrere, dann können wir auch die Hypothese formulieren, dass z.B. beide Stichproben aus

---

Vertrauens- oder Konfidenzintervall
– Intervall rund um den Schätzwert, von dem mit z.B. 95%-iger Wahrscheinlichkeit angenommen werden darf, dass der 'wirkliche' Wert der betreffenden Kennzahl der Grundgesamtheit darin liegt

einer einzigen Grundgesamtheit oder, was formal damit identisch wäre, aus zwei gleichförmigen Grundgesamtheiten stammen. Wenn dies der Fall ist, sind auch die Kennzahlen in beiden Grundgesamtheiten gleich. Die Hypothese könnte dann z.B. lauten:

$$H_0 : \beta_1 = \beta_2 \quad .$$

Solche Hypothesen lassen sich nun mittels sog. statistischer Tests (*Signifikanztests*) überprüfen. Das Resultat eines solchen Tests ist das Verwerfen oder die Annahme der Hypothese. Da die Prüfung auf der Basis von Stichproben erfolgt, kann das Ergebnis nie sicher sein. Man kann also nie sagen, dass eine Hypothese wahr oder falsch ist. Das Resultat kann immer nur sein, dass eine Hypothese *mit einer gewissen Wahrscheinlichkeit* wahr oder falsch ist. In der Folge wollen wir uns nun diesen Signifikanztests zuwenden.

Hypothesen – Aussagen über den Wert einer Kennzahl in der Grundgesamtheit

Wir können festhalten, dass es verschiedene Arten von Hypothesen gibt, z.B.:

▷ Parameter (Kennzahlen) zweier (oder mehrerer) Grundgesamtheiten sind gleich, z.B. $\mu_1 = \mu_2$;

▷ die Verteilung einer Grundgesamtheit ist gleich einer bestimmten vorgegebenen Verteilung, z.B. der Normalverteilung mit Mittelwert μ und Standardabweichung σ oder in Kurzform: $N(\mu, \sigma)$;

▷ die Parameter einer Grundgesamtheit gleichen bestimmten vorgegebenen Werten, z.B. $\rho = 0$ oder $\mu = $ Konstante.

Solche Hypothesen nennt man auch Null-Hypothesen, auch geschrieben als H_0. Die *Alternativ-Hypothese* oder H_1-Hypothese ist immer die Verneinung der Null-Hypothese. H_1 bedeutet also immer 'nicht-H_0' oder in der Sprache der Logik '$\neg H_0$'.

B.3 Testverfahren

Ein Test, mit dem nur geprüft werden soll, ob zwei Kennzahlen gleich oder ungleich sind oder ob eine Kennzahl einen bestimmten Wert hat (z.B. $\rho = 0$), ist *zweiseitig*. Das heisst, dass sowohl eine Abweichung in eine Richtung (z.B.

$r > 0)^1$ als auch eine Abweichung in die andere Richtung ($r < 0$) denkbar und ein Indiz dafür ist, dass die Null-Hypothese (in unserem Beispiel: $\rho = 0$) verworfen werden sollte. Eine zweiseitige Hypothese sieht also z.B. wie folgt aus:

$$H_0 \quad : \quad \rho = 0$$
$$H_1 \quad : \quad \rho \neq 0 \quad .$$

Kann man dagegen auf Grund theoretischer Überlegungen oder bereits vorhandener empirischer Kenntnisse, eine der beiden Möglichkeiten ausschliessen, bietet es sich an, die Alternativ-Hypothese von vornherein entsprechend zu spezifizieren, z.B.:

$$H_0 \quad : \quad \rho > 0$$
$$H_1 \quad : \quad \rho \leq 0 \quad ,$$

und man führt nun einen einseitigen Test durch.

Um H_0 zu überprüfen (testen), setzt man H_0 als richtig voraus und berechnet, wie gross die Wahrscheinlichkeit ist, dass man unter diesen Umständen eine Stichprobe erhält, in der die Kennzahl den beobachteten Wert aufweist oder diesen sogar noch übersteigt.

Gehen wir nun von dem Beispiel aus, in dem wir folgende Hypothese testen wollen:

$$H_0 \quad : \quad \rho = 0$$
$$H_1 \quad : \quad \rho \; ? \; 0 \quad .$$

---

[1] Zur Bezeichnung von Kennzahlen der Grundgesamtheit werden üblicherweise griechische Buchstaben verwendet (ρ steht z.B. für den Korrelationskoeffizienten in der Grundgesamtheit). Hypothesen beziehen sich immer auf die Grundgesamtheit. Die Kennzahlen in einer Hypothese werden also immer mit griechischen Buchstaben angedeutet. Andererseits benutzt man normale (römische) Buchstaben zur Bezeichnung der entsprechenden Kennzahl in der Stichprobe (r steht z.B. für den Korrelationskoeffizienten in der Stichprobe). Die Indizien, auf Grund derer wir unsere Hypothese annehmen oder verwerfen, stammen immer aus der Stichprobe und werden also mit normalen (römischen) Buchstaben beschrieben.

Stellen wir uns vor, dass die uns interessierende Kennzahl der Grundgesamtheit tatsächlich den in der Null-Hypothese H_0 postulierten Wert hat. Wenn wir nun eine Reihe von Stichproben aus dieser Grundgesamtheit ziehen, finden wir rein zufallsbedingt für jede Stichprobe wahrscheinlich einen anderen Wert für die betreffende Kennzahl. Je nachdem, welche Elemente aus der Grundgesamtheit zufälligerweise gerade in die Stichprobe eingehen, kann der Wert dieser Stichproben-Kennzahl also variieren. Die in der Stichprobe vorgefundene Kennzahl, wird also zu einer Zufallsvariablen mit einer bestimmten Wahrscheinlichkeitsverteilung. Eine solche Verteilung nennt man auch *Stichprobenverteilung* ('sampling distribution'). Anhand dieser Verteilung können wir nun versuchen, die Wahrscheinlichkeit zu ermitteln, mit der wir (wenn H_0 wahr ist) den von uns in der Stichprobe beobachteten Wert der Kennzahl erhalten. Wenn dieser tatsächlich beobachtete Wert der Kennzahl sich nun (immer noch unter Annahme, dass H_0 in Wirklichkeit zutrifft) als ein sehr unwahrscheinliches Resultat herausstellt, gehen wir davon aus, dass die Null-Hypothese nicht zutrifft. Je unwahrscheinlicher (unter Annahme von H_0) also das beobachtete Resultat ist, desto stärker ist die Vermutung, dass H_0 falsch ist.

Stichprobenverteilung – stichprobenbedingte Wahrscheinlichkeitsverteilung der anhand der Stichprobe ermittelten Schätzwerte

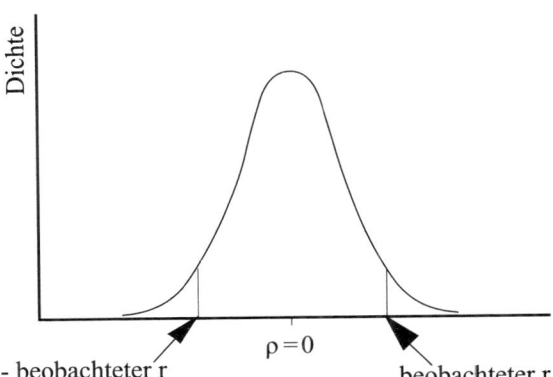

Abbildung B.1: Wahrscheinlichkeitsdichtekurve bei $\rho = 0$

Nun ist aber jedes einzelne individuelle Ergebnis, also das Auftreten genau eines bestimmten Wertes unserer Kennzahl, an sich sehr unwahrscheinlich.[2] Wir überlegen uns, welche Ereignisse (Werte) wir als Indizien *gegen* H_0 und *für* H_1 gelten lassen wollen. So sprechen in unserem Beispiel sowohl die Korrelationen $r > 0$ oder $r < 0$ gegen die Annahme $H_0 : \rho = 0$. Je weiter der beobachtete Wert r von 0 entfernt ist, desto stärker ist die Vermutung dass $\rho \neq 0$.

Die Stärke dieser Vermutung wird durch die Wahrscheinlichkeit, dass ein Ergebnis auftritt, das *mindestens* so weit von 0 entfernt liegt, als der von uns beobachtete Wert r, bestimmt. Je *kleiner* diese Wahrscheinlichkeit, desto *stärker* ist unsere Vermutung, dass H_0 nicht zutrifft. Oder allgemeiner formuliert: Die Stärke unserer Vermutung, dass H_0 nicht zutrifft, wird von der Wahrscheinlichkeit des Auftretens eines Kennwertes in der Stichprobe, der mindestens soweit von dem unter H_0 erwarteten Wert entfernt liegt wie der tatsächlich beobachtete Wert, gegeben. Wir nennen dies die *Überschreitungswahrscheinlichkeit* ('prob-value' oder 'p-value'). Manchmal spricht man in diesem Zusammenhang auch vom *Signifikanzniveau*. Diese Überschreitungswahrscheinlichkeit drückt nun nicht mehr die Wahrscheinlichkeit eines bestimmten Wertes aus, sondern umfasst die Wahrscheinlichkeit einer ganzen Reihe von Werten (eines ganzen Bereichs von Werten), die jeder für sich mindestens so unwahrscheinlich sind (unter Annahme von H_0) wie der tatsächlich beobachtete Wert.[3]

**Überschreitungs-
wahrscheinlichkeit**
– Wahrscheinlichkeit,
dass die Teststatistik
in einer Stichprobe
einen Wert $\geq$ den be-
obachteten Wert der
Teststatistik aufweist

---

[2] Genau genommen ist diese Wahrscheinlichkeit sogar unendlich klein, da die Kennzahl eine *stetige* (Zufalls-)Variable ist. Da die Anzahl möglicher Werte einer solchen stetigen (Zufalls-)Variablen bekanntlich unendlich gross ist, muss die Wahrscheinlichkeit des Auftretens eines *einzelnen* Wertes zwangsläufig unendlich klein sein. Schliesslich muss die Summe der Wahrscheinlichkeiten dieser unendlichen Zahl von möglichen Werten wieder Eins betragen.

[3] Eine solche Wahrscheinlichkeit für einen ganzen Bereich von Werten wird bekanntlich durch die Fläche unter der Wahrscheinlichkeitsdichtekurve gegeben (und ist nicht wie die Wahrscheinlichkeit eines einzelnen Wertes unendlich klein).

> **Die Überschreitungswahrscheinlichkeit** (*p* oder *Prob*) **ist die Wahrscheinlichkeit, eine Stichprobe zu bekommen, in der unsere Kennzahl mindestens soweit von dem entfernt liegt, was wir erwarten würden, wenn H_0 wahr wäre, wie der tatsächlich beobachtete Kennwert.**

Um diese Wahrscheinlichkeit berechnen zu können, müssen wir die Stichprobenverteilung unserer Kennzahl kennen. Diese ist uns jedoch meistens nicht von vornherein bekannt. In solchen Fällen lässt sich das Prüfproblem nur lösen, indem wir gewisse *Annahmen* über die Grundgesamtheit treffen. Wenn wir unsere Stichprobe rein zufällig gezogen haben, sind diese Annahmen meistens berechtigt. Eine Überprüfung, ob diese Annahmen tatsächlich zutreffen, ist jedoch trotzdem immer zu empfehlen.

Wenn wir also annehmen, dass die Merkmale in der Grundgesamtheit eine bestimmte uns theoretisch bekannte und mathematisch leicht beschreibbare Verteilung aufweisen (*theoretische Verteilung*), lässt sich daraus leicht die Stichprobenverteilung unserer Kennzahl ableiten, und anschliessend können wir dann ohne Probleme die gesuchte Überschreitungswahrscheinlichkeit ermitteln. So können wir z.B. unter Annahme, dass ein Merkmal in der Grundgesamtheit in etwa normalverteilt ist, auch davon ausgehen, dass die Stichprobenverteilung des Mittelwertes $\overline{X}$ normalverteilt sein wird.

Theoretische Verteilung – Wahrscheinlichkeitsverteilung, deren Form genau bekannt und anhand einiger wenigen Kennzahlen beschreibbar ist

Eine solche aus der Theorie bekannte Stichprobenverteilung lässt sich häufig anhand von einigen wenigen *Parametern* vollständig beschreiben. So wird z.B. eine Normalverteilung vollständig durch den Mittelwert μ und die Standardabweichung σ charakterisiert. Es gibt also für jede Kombination von Parameterwerten eine eigene Stichprobenverteilung. Manchmal können wir die Situation jedoch vereinfachen, indem wir die Stichprobenverteilungen unserer Kennzahl in eine Form transformieren, die für die verschiedenen Kombinationen der Parameterwerte gleich ist. Die bekannteste solcher Transformationen ist die *Z*-Transformation

$$Z = \frac{X - \mu}{\sigma} \quad ,$$

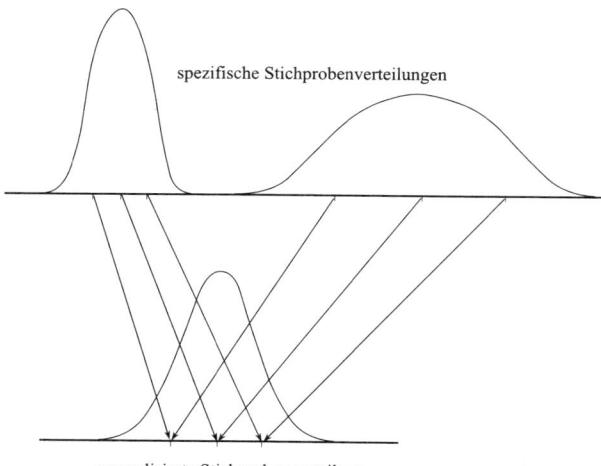

spezifische Stichprobenverteilungen

generalisierte Stichprobenverteilung

Abbildung B.2: Lineare Transformation verschiedener Verteilungen in eine generalisierte Verteilung

wobei X den untransformierten Wert und Z den transformierten Wert darstellt. Mit dieser Z-Transformation können alle Normalverteilungen (unabhängig von Mittelwert und Varianz) $N(\mu, \sigma)$ in eine *Standardnormalverteilung* $N(0, 1)$ überführt werden. Eine solche für verschiedene Parameterwerte der untransformierten Stichprobenverteilung unveränderliche Verteilung, nennen wir auch die *generalisierte Stichprobenverteilung* (vgl. Figur B.2).

Um jetzt die Annahmen über die in der Grundgesamtheit vorliegende Verteilung nicht völlig aus der Luft zu greifen, versucht man meistens anhand der Stichprobe gewisse Parameter der Verteilung zu schätzen. So würde man z.B. bei der Annahme einer Normalverteilung die Parameter μ und σ mit Hilfe der entsprechenden Stichprobenwerte $\overline{X}$ und s_x schätzen. Da solche Schätzungen, wie wir gesehen haben, zwangsläufig ungenau sind, werden hierdurch zusätzliche Unsicherheiten eingeführt. Durch diese zusätzlichen Unsicherheiten wird die Wahrscheinlichkeit, dass eine Kennzahl in der Stichprobe weit von dem wirklichen Wert in der Grundgesamtheit abweicht, grösser, und die Wahrscheinlichkeit, dass sie nahe dem wirklichen Wert liegt, kleiner. So sieht die für diese zusätzlichen Unsicher-

heiten korrigierte Stichprobenverteilung etwas flacher und
breiter aus als die ursprüngliche generalisierte Stichprobenverteilung (vgl. Figur B.3). Je grösser die Stichprobe ist,
desto genauer sind die Schätzungen der Parameter und desto kleiner also auch die zusätzlichen Unsicherheiten. Die
durch Schätzungen ermittelte Stichprobenverteilung ist also von den geschätzten Parameterwerten und auch von der
Stichprobengrösse n abhängig. Für jede Kombination von
n mit den geschätzten Parametern gibt es eine andere (korrigierte) Stichprobenverteilung.

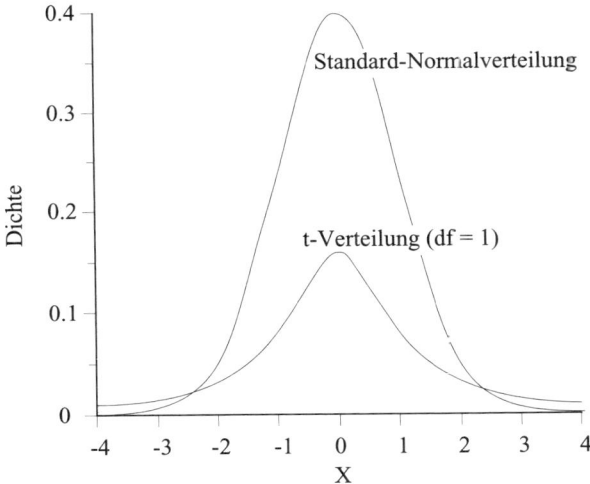

Abbildung B.3: Wirkliche und geschätzte Stichprobenverteilung

Es sind verschiedene solcher Verteilungen bekannt, wie
z.B. die t-Verteilung, die F- Verteilung, die χ^2-Verteilung
etc. (vgl. auch Figur B.4). Die Transformationsfunktion
nennen wir die *Stichprobenfunktion.*[4] Statt auf die Verteilung der ursprünglichen Kennzahl, basieren wir die Prüfung
unserer Hypothese nun auf die Verteilung der transformier-

---

[4] Beispiele solcher Transformationsfunktionen sind: $t = \frac{x-\overline{x}}{s_x}$ für das
Überprüfen der Kennzahl $\overline{x}$ bzw. μ, und $t = r\sqrt{\frac{n-2}{1-r^2}}$ für das
Überprüfen der Kennzahl r bzw. ρ etc.

Teststatistik –
Kennzahl, deren
Stichprobenverteilung
genau bekannt ist

Fehler erster Art –
Ablehnung der Null-
Hypothese, wenn
die Null-Hypothese
eigentlich wahr ist

ten Kennzahl. Eine solche transformierte Kennzahl nennt man auch *Prüfgrösse* oder *Teststatistik*. Wir können nun anhand der Verteilung dieser Prüfgrösse, oder 'Hilfsvariablen', die gesuchte Überschreitungswahrscheinlichkeit berechnen.

Wann ist aber diese Überschreitungswahrscheinlichkeit gering genug, um H_0 zu verwerfen? Diese Frage lässt sich nicht eindeutig beantworten, und wir können hier nur auf gewisse Gewohnheiten hinweisen. Häufig werden Wahrscheinlichkeiten von 0,1 oder 0,05 oder 0,025 als Schwellenwerte oder *kritisches Signifikanzniveau* α verwendet. Wenn z.B. die Überschreitungswahrscheinlichkeit ≤ 0.05 ist, wird H_0 üblicherweise verworfen. Eine solche Entscheidung ist aber immer noch mit gewissen Unsicherheiten behaftet, auch wenn sie nur gering sind. So stellt $\alpha = 0.05$, die Forderung, dass wir uns in nicht mehr als 5% aller Fälle (einmal in 20 Fällen) irrtümlicherweise gegen H_0 entscheiden, während H_0 eigentlich wahr ist.

Es können sich bei einer solchen Entscheidung grundsätzlich zwei Arten von Fehlern einschleichen.

Tabelle B.1: Verschiedene Fehlermöglichkeiten

		Entscheidung	
		Annahme von H_0	Ablehnung von H_0
wirkliche	H_0 ist wahr	richtige Entscheidung Wahrscheinlichkeit $= 1 - \alpha$ $=$ Vertrauensniveau	Fehler erster Art Wahrscheinlichkeit $= \alpha$ $=$ kritisches Signifikanzniveau
Situation	H_0 ist nicht wahr	Fehler zweiter Art Wahrscheinlichkeit $= \beta$	richtige Entscheidung Wahrscheinlichkeit $= 1 - \beta$ $=$ Trennschärfe $=$ 'Power'

Fehler zweiter Art
– Annahme der Null-
Hypothese, wenn die
Null-Hypothese ei-
gentlich falsch ist

Will man H_1 bestätigen (besteht also die theoretische Vermutung, dass H_1 wahr ist) und möchte man möglichst sicher gehen bei der Annahme von H_1 – wie z.B. bei dem t-Test, F-Test und χ^2-Unabhängigkeitstest ('independence test') –, ist α sehr klein zu wählen (eben 0,1; 0,05 oder 0,025). Will man dagegen H_0 bestätigen (hat man also die theoretische Vermutung, dass H_0 wahr ist), dann ist β re-

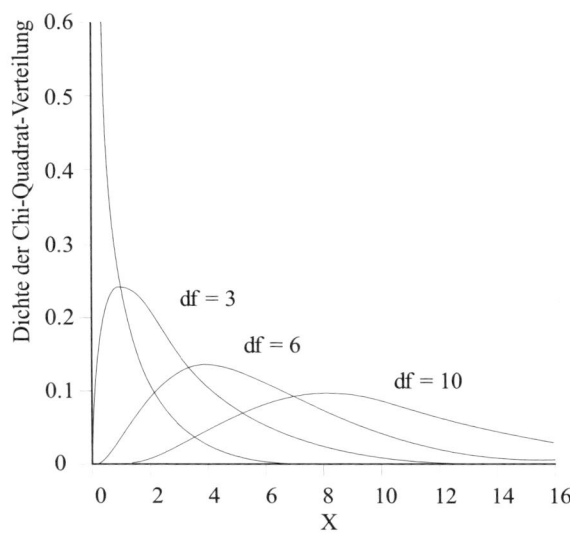

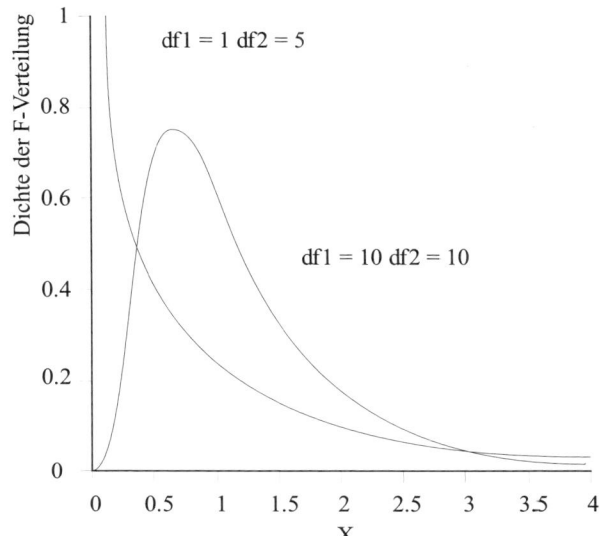

Abbildung B.4: Beispiele verschiedener (generalisierter)
Stichprobenverteilungen

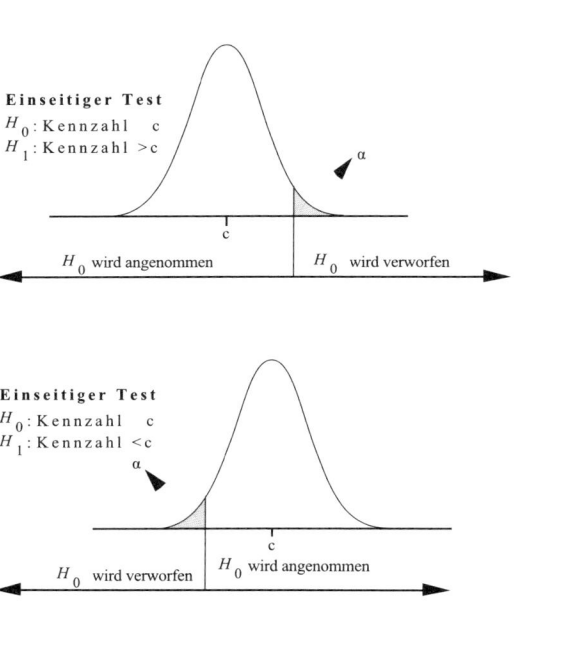

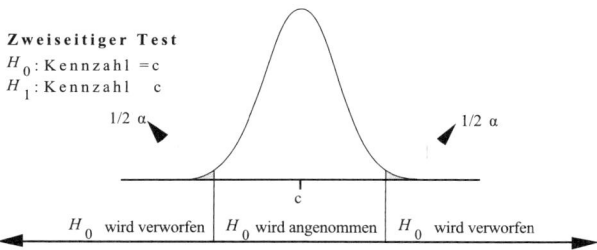

Abbildung B.5: Ein- und zweiseitige Tests

levant. Dies tritt besonders bei der Anwendung des χ^2-Anpassungstests ('goodness-of-fit-test') auf. In diesem Fall besagt die Null-Hypothese H_0, dass ein theoretisches Modell gut zu den beobachteten Daten passt, oder anders ausgedrückt, dass die Abweichungen zwischen Modellvorhersagen und Beobachtungen minimal sind. Im Allgemeinen sind wir dann daran interessiert, diese Hypothese anzunehmen bzw. nicht zu verwerfen. β hängt von α ab: je kleiner α, desto grösser β (vgl. Figur B.5). Da wir den Wert der Kennzahl der Grundgesamtheit nicht kennen – wenn wir ihn

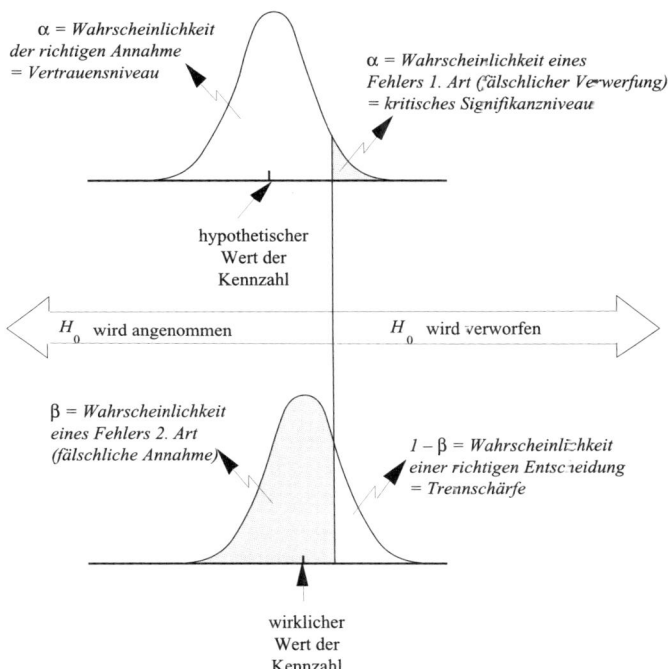

Abbildung B.6: Verschiedene Fehlerwahrscheinlichkeiten

kennen würden, müssten wir keine Tests mehr durchführen –, können wir die Wahrscheinlichkeit eines Fehlers zweiter Art, β, nicht berechnen. Wenn man H_0 bestätigen möchte, wie beim χ^2-Anpassungstest, wählt man darum α manchmal relativ hoch, z.B. $\alpha = 0,3$ oder sogar $\alpha = 0,5$.

Ablauf eines Signifikanztests:

1. Wähle eine Null-Hypothese H_0 und eine Alternativ-Hypothese H_1.
2. Wähle das gewünschte kritische Signifikanzniveau α.
3. Wähle eine passende Teststatistik.
4. Ermittle die Überschreitungswahrscheinlichkeit.
5. Wenn die Überschreitungswahrscheinlichkeit $\leq \alpha$, akzeptiere H_0 und verwerfe H_1.

B.4 Bemerkungen zum Gebrauch und Missbrauch statistischer Tests

a) *Das Wählen eines kritischen Signifikanzniveaus*

Das Wesentliche eines Signifikanztests ist die Stärke der Vermutung, dass H_0 nicht zutrifft. Dies wird durch die Überschreitungswahrscheinlichkeit p zum Ausdruck gebracht. Nun kann es sein, dass die Grösse dieser Überschreitungswahrscheinlichkeit p im Verhältnis zum kritischen Signifikanzniveau α mit gewissen Konsequenzen verbunden ist. So kann man sich z.B. vorstellen, dass ein Politiker das Instrument, mit dem er die Bevölkerung zu mehr umweltverantwortlichem Handeln animieren möchte, wechselt, nachdem er festgestellt hat, dass ein anderes Instrument statistisch signifikant besser funktioniert. In solchen Fällen ist es also angebracht, ein kritisches Signifikanzniveau α zu wählen und eine klare Entscheidung (Verwerfen oder Annehmen von H_0) zu treffen. Man sollte dabei nicht immer stur $\alpha = 0,05$ wählen, weil der berühmte Statistiker R.A. Fischer dies nun mal empfohlen hat, sondern man sollte α klein wählen, wenn das Verwerfen von H_0 kostspielige bzw. folgenreiche Konsequenzen hat.[5] In solchen Fällen möchte man mehr Sicherheit haben. Bei weniger schwerwiegenden Entscheidungen kann man auch das Risiko eingehen und α etwas grösser wählen. Vielfach ist die Grösse des Überschreitungsniveaus p aber überhaupt nicht mit solchen Konsequenzen verbunden bzw. es ist keine klare Entscheidung gefordert. Es ist dann überflüssig, ein kritisches Signifikanzniveau α zu wählen. Es reicht dann völlig aus, nur die Überschreitungswahrscheinlichkeit p (oder *Prob*) zu rapportieren.

b) *Was statistische Signifikanz nicht bedeutet*

Wenn wir feststellen, dass es einen signifikanten Einfluss, Zusammenhang oder einen signifikanten Unterschied gibt, heisst dies noch nicht, dass dieser Einfluss, Zusammenhang oder Differenz, auch gross ist. Speziell bei grossen Stichproben können auch ganz kleine Effekte oder Unter-

---

[5] Es handelt sich hier um einen eindeutig politischen Entscheid, womit wieder mal nachgewiesen wäre, dass es nicht so etwas gibt wie 'objektive oder unpolitische Wissenschaft'.

schiede signifikant sein. Statistische Signifikanz ist nicht das gleiche wie praktische Signifikanz!

c) *Die Bedeutung der Nicht-Signifikanz*
Meistens werden solche Effekte, Zusammenhänge oder Unterschiede, die *nicht* signifikant sind, gar nicht mehr weiter angeschaut und analysiert. Wenn man aber stark vermutet, dass ein bestimmter Effekt vorhanden ist, und es zeigt sich dann, dass dieser Effekt doch nicht statistisch signifikant ist, ist dies meistens ein viel interessanteres Resultat, als die Bestätigung einer 'common sense' Vermutung.

d) *Statistische Tests sind nicht immer anwendbar*
Manchmal wird aus dem Auge verloren, dass Signifikanztests auf Wahrscheinlichkeitsüberlegungen und -gesetzen beruhen. Eine Zufallsstichprobe stellt meistens sicher, dass diese Gesetze auch in unserem Fall gelten. Man sollte aber nicht zu schnell annehmen, dass dies immer der Fall ist und die Bedingungen eines Tests erfüllt sind. Eine Überprüfung der Bedingungen sollte möglichst immer unternommen werden.

e) *Die Gefahr des Signifikanzfetischismus*
Es kommt, gerade auch im Computerzeitalter, vor, dass Forscher eine enorme Anzahl Variablen erheben und diese alle auf die Signifikanz ihrer Effekte untersuchen. Unter vielen Signifikanztests wird man aber auch, rein zufällig, immer irgendwelche Effekte finden, die sich als signifikant erweisen. Schliesslich sind bei 100 Signifikanztests mit $\alpha = 0{,}05$ durchschnittlich mindestens 5 signifikante Effekte zu erwarten, auch wenn keiner dieser Effekte in Wirklichkeit signifikant ist. Es ist darum wichtig, die Untersuchung rund um eine klare und begründete Hypothese aufzubauen.

Georg Brun, Gertrude Hirsch Hadorn

Textanalyse in den Wissenschaften

Inhalte und Argumente analysieren und verstehen

*2009, 344 Seiten, zahlreiche Darstellungen,
Format 15 x 21,5 cm, broschiert
ISBN 978-3-8252-3139-2*

Das Buch vermittelt methodische Grundlagen für die Arbeit mit Texten in den Wissenschaften, besonders die Fähigkeit, Inhalt und Argumentation komplexer Texte zu erfassen, wiederzugeben und zu beurteilen. Die Einführung entspricht den fachlichen Standards der Philosophie und Geisteswissenschaften, ist fachübergreifend konzipiert und setzt kein spezifisches Wissen voraus.

Der Band richtet sich an Studierende verschiedener Fachrichtungen sowie an Personen, die sich mit dem Wissen anderer Fachrichtungen auseinandersetzen oder im Dialog mit der Öffentlichkeit stehen. Mit Fallbeispielen aus verschiedenen Wissensbereichen und kommentierten Literaturhinweisen.

vdf Hochschulverlag AG an der ETH Zürich, VOB D, Voltastrasse 24, 8092 Zürich
Tel. +41 (0)44 632 42 42, Fax +41 (0)44 632 12 32, verlag@vdf.ethz.ch, www.vdf.ethz.ch

Karl Frey, Angela Frey-Eiling

Ausgewählte Methoden der Didaktik

2009, 456 Seiten, zahlreiche Darstellungen,
Format 17 x 24 cm, broschiert
ISBN 978-3-8252-8428-2

Didaktik ist eine Kunst, die man erlernen kann. Eine zentrale Frage lautet: Welche Vorteile haben die verschiedenen didaktischen Techniken für Lernende und Lehrende zum Beispiel im Vergleich zum Frontalunterricht?

Die Publikation stellt Unterrichtsmethoden und -techniken vor. Anhand der nachgewiesenen Effektstärken können die Leser eigene Vergleiche anstellen. Der Forschungsstand ist in diesem Werk umfassend und in leicht verständlicher Sprache dargelegt.

Der Aufbau des Buches folgt lernpsychologischen Gesetzen. So werden zu Beginn einer Unterrichtseinheit Lernziele, Unterrichtsablauf und Prüfungsaufgaben formuliert.

Zielpublikum sind Studierende und Lehrende, bereits im Schuldienst tätige Personen und alle, die an einem stressfreien Unterricht interessiert sind.

vdf Hochschulverlag AG an der ETH Zürich, VOB D Voltastrasse 24, 8092 Zürich
Tel. +41 (0)44 632 42 42, Fax +41 (0)44 632 12 32, verlag@vdf.ethz.ch, www.vdf.ethz.ch

Helmut Weissert, Iwan Stössel

Der Ozean im Gebirge
Eine geologische Zeitreise durch die Schweiz

2., überarbeitete Auflage 2010
192 Seiten, zahlreiche Fotos und Grafiken,
Inhalt farbig, Format 20 x 24 cm, broschiert
ISBN 978-3-7281-3295-6

Dieses Buch nimmt Sie mit auf eine geologische Zeitreise durch die Schweiz. Erkennen Sie die Zusammenhänge zwischen Plattentektonik und Gebirgsbildung am Beispiel der Alpen und des Juras. Erfahren Sie, wie Sedimentgesteine als Archive zur Geschichte eines vergangenen Ozeans sowie zur Entstehung eines Gebirges dienen.

Das Buch hilft bei der Suche nach Spuren der Ozeangeschichte in der Landschaft Schweiz, es sensibilisiert für Zeichen von Plattenkollisionen und gibt Hinweise auf vergangene Vergletscherungen. Am Beispiel der geologischen Analyse einer Landschaft werden auch Arbeitsmethoden der Geologie vermittelt.

Nicht zuletzt ist auch der Mensch ein geologischer Faktor: Durch den Abbau von Salz, Kohle oder Kies, die Wassernutzung oder auch die Lagerung von Atommüll greift er immer wieder in natürliche Stoffkreisläufe ein und bestimmt so die Geschichte der geologischen Entwicklungen mit.

Weiterführendes Bildmaterial, Simulationen und Modelle unter www.lead.ethz.ch.

vdf Hochschulverlag AG an der ETH Zürich, VOB D, Voltastrasse 24, 8092 Zürich
Tel. +41 (0)44 632 42 42, Fax +41 (0)44 632 12 32, verlag@vdf.ethz.ch, www.vdf.ethz.ch